Michael Kastner (Hrsg.)

Leistungs- und Gesundheitsmanagement

um ein besonderes Problem, weil sowohl Belastungen in verschiedenen Lebensphasen unterschiedlich verarbeitet werden, als auch Krankheiten sich in ihnen anders darstellen. Jüngere Mitarbeiter fehlen häufiger, aber jeweils kürzer, Ältere fehlen seltener, dann aber länger. In der Summe fallen Letztere vor allem im Alter über fünfzig Jahre deutlich mehr aus. Gleichzeitig verändern sich ihre Kompetenzen dergestalt, dass einige Defizite, wie z.B. das weniger leistungsfähige Kurzzeitgedächtnis, nicht zu leugnen sind, dafür aber etwa die Sozialkompetenz zunimmt.
Schließlich sollen alle Maßnahmen zur langfristigen Optimierung ökonomisch bzw. effizient sein, d.h. mit möglichst wenig Aufwand an Geld und Zeit einen möglichst hohen Nutzen bringen und in das Gesamtkonzept einer zukunftsfähigen Organisations- und Personalentwicklung passen.
Zur Einordnung der Themen psychische Belastung, Altern und ökonomische Evaluation mag folgendes Schema dienen (Abb. 1).

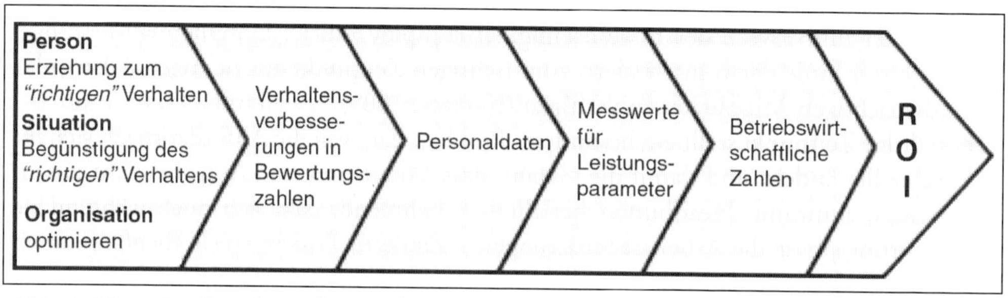

Abb. 1: Wertschöpfungskette des ganzheitlichen integrativen Leistungs- und Gesundheitsmanagements

Die Abbildung sollte zunächst von hinten gelesen werden. Unternehmen wollen langfristig einen möglichst hohen Return on Investment, der im Falle eines guten Gesundheitsmanagements nach bisherigen Erkenntnissen doch erfreuliche Werte annehmen kann. Diese werden nach unseren Vorstellungen realistisch erreicht, wenn am Beginn der Wertschöpfungskette Leistungs- und Gesundheitsverhalten optimiert werden. Dies geschieht durch „Drehen an den Rädchen" Person (erziehen), Situation (gestalten) und Organisation (organisieren), so dass in den dynamischen Wechselwirkungen zwischen diesen die folgenden Wertschöpfungsschritte entstehen.
Personen sollten nach Alter, Geschlecht, Qualifikation etc. differenziert gefördert und natürlich generell unter Berücksichtigung ihrer Besonderheiten gesund erhalten werden, so dass in deren persönlichem „Kaizen" Schritt für Schritt Verhaltensverbesserungen erreicht werden. Der Kohortenwechsel – in wenigen Jahren wird die stärkste Altersgruppe durch die 50- bis 64-Jährigen repräsentiert – bewirkt alternde Belegschaften, die z.B. psychische Belastungen anders verarbeiten als Jüngere. Die bisherige Praxis des Jugendwahns, verbunden mit dem Vorruhestand, wird jedenfalls nicht weiter betrieben werden können. Äl-

tere sollten hinsichtlich ihrer Besonderheiten mit Blick auf optimale Leistungen bis Ende des siebten Lebensjahrzehnts gefördert und platziert werden (z.B. Leistungswandlung) und es sollte ein besonderes Augenmerk auf ihre gesundheitlichen Risiken gerichtet werden.

Frauen sollten z.B. besondere Unterstützung hinsichtlich ihrer oft schwierigen Rollenvielfalt erhalten, um Beruf und Familie (Kinder- und Altenbetreuung) vereinbaren zu können. Mittlerweile wird die zu betreuende Generation schon so alt, dass deren Kinder selbst in einem Alter sind, in dem sie aufgrund körperlicher Einschränkungen nicht mehr alle Pflegeleistungen erbringen könne.

Eine differenzierte Personalentwicklung und -pflege betrifft natürlich auch die Gestaltung von Arbeitsumgebung und -aufgaben, dies von alternsgerechter Ergonomie bis hin zu Arbeitszeiten und -pausen. Kulturen sind ebenfalls beeinflussbar, etwa von der Teamentwicklung („alte und junge Hasen" zusammen oder nicht, die Altersheterogenität ist hinsichtlich der „Gesundheit" von Kommunikation durchaus umstritten) über Fehlerlernprozesse inklusive der Übertragung impliziten Wissens durch Ältere (z.B. die kleinen Tricks des Umgangs mit Belastungen) und lebenslanges Lernen bis hin zu Identifikationsprozessen, wenn z.B. Ältere die „Stories" der Unternehmensentwicklung erzählen. Entscheidend ist sicherlich auch die Vernetzung mit der Organisationsentwicklung, etwa hinsichtlich der Werte und der Frage des Umgangs mit der betrieblichen (Wieder-)Eingliederung.

Verhaltensverbesserungen drücken sich auch in Personaldaten aus, etwa welche Altersgruppen wie häufig fehlen oder inwieweit psychische Belastungen zu besonders langen Fehlzeiten führen.

Gute Daten zum Personal führen zu solchen hinsichtlich Leistung (z.B. Produktgüte, -ausschuss, Dienstleistungsqualität) und Gesundheit (z.B. Krankenstände, Präsentismus, Krankheitsbilder), die sich wiederum in guten betriebswirtschaftlichen Werten niederschlagen. Hier sind die diversen Modelle der inhaltlichen und ökonomischen Evaluation, etwa der Balanced Scorecard, zu diskutieren.

In jedem Falle sollte deutlich werden, dass die drei derzeit zentralen Themen des Leistungs- und Gesundheitsmanagements Altern, psychische Belastung und ökonomische Evaluation eng zusammenhängen.

Es liegt auf der Hand, dass bei so viel Komplexität verschiedene Wissenschaften Hand in Hand arbeiten sollten. Dies zeigte sich bereits im Programm des Kongresses. Vertreten waren Wissenschaftler aus den Bereichen Psychologie, Medizin, Betriebs- und Volkswirtschaft, Pädagogik, Soziologie und Jura.

Der Kongress gliederte sich in zwei Hauptteile. Im ersten wurden theoretische Konzepte und Ergebnisse aus empirischen Untersuchungen präsentiert. Im zweiten Hauptteil wurde in Workshops und vor Postern diskutiert und praktische Erfahrungen ausgetauscht.

2. Beurteilung der Zusammenhänge von Leistung, Gesundheit, psychischen Belastungen, Evaluation und Demographie-Problemen durch die Politik

Der Minister für Arbeit, Gesundheit und Soziales in Nordrhein-Westfalen, Karl-Josef Laumann, ließ sich vertreten durch Gottfried Richenhagen, der stellvertretend für vier Mitarbeiter seines Ministeriums darauf verwies (vgl. erster Beitrag in diesem Band), dass:

- es existentiell wichtig ist, durch höchst qualifizierte und innovative Beschäftigte Produktivität und Flexibilität bei Produkten, Dienstleistungen und Veränderungsprozessen sicherzustellen und
- dazu auch Sicherheit (Flexicurity) und Beschäftigungsfähigkeit gehören, wozu Verhalten und Verhältnisse im Unternehmen ständig optimiert werden müssen,
- zur Beschäftigungsfähigkeit neben den aktuellen fachlichen Qualifikationen auch gehören: Kompetenzen und Fähigkeiten, Gesundheit, Mobilität, Motivation und dass mit Blick auf die „Work Ability“ auch individuelle und organisationale Aspekte gleichzeitig zu berücksichtigen sind,
- vor allem die Themenfelder Personalentwicklung, Arbeitsorganisation und Arbeitsgesundheit stärker bearbeitet werden müssen,
- es flächenwirksame Angebote hinsichtlich Potentialberatung, Bildungscheck und Informations- und Servicemanagement in NRW vor allem für KMU gibt,
- ein Expertennetz KomNet für alle Fragen rund ums Thema Arbeit existiert (gesünder arbeiten, Arbeitsgestaltung, Qualifizierung) und
- solche Programme von den Unternehmen und Beschäftigten gut angenommen werden.

Damit ist das Land NRW hinsichtlich der Fragestellung des Kongresses schon recht gut gerüstet, wobei viel wissenschaftliche Kompetenz dort vertreten ist, z.B. auch in Form des Mit-Ausrichters DO-G-Net als Assoziation zahlreicher allein im Raum Dortmund ansässiger Institutionen (z.B. der Bundesanstalt für Arbeitsschutz und Arbeitsmedizin, die TU Dortmund und weiterer Institute), die zukünftig ihre Kräfte bündeln wollen.

3. Der rote Faden der Beiträge

Zentrales Thema sind die Zusammenhänge zwischen den Komponenten psychische Belastung, Altern und ökonomische Evaluation. In der Kette Belastung – psychische Belastung – (Fehl-)Beanspruchung – Beanspruchbarkeit – psychische Beeinträchtigung oder auch Stärkung (Resilienz) zeichnet sich durch die wachsenden Anforderungen in der globalisierten (Arbeits-)Welt immer mehr ab, dass diese im Trend stärker steigen als sich die Menschen „hinterherentwickeln“ können. Kosten-, Qualitäts-, Zeit-, Innovations-, Lern-, Veränderungs-, Selbstvermarktungs-, Qualifizierungs- und Konkurrenzdruck (auch um Arbeitsplätze) steigen ständig und produzieren immer mehr „Verlierer“. Der Zahlendruck in Unternehmen auf der Basis eines immer feineren Controllings lässt erhol-

same Nischen verschwinden, führt zu immer mehr Selbstausbeutung (Kastner, 2003) und macht das Gelingen einer guten Work Life Balance (Kastner, 2004) immer unwahrscheinlicher. Lieb gewonnene Denkmuster müssen über Bord geworfen werden und auf Dauer ist immer mehr Veränderung inklusive Verzicht angesagt. Solche Einsichten sind aber nicht zwangsläufig von einem entsprechenden konkreten Verhalten gefolgt. Man denke z.B. an Griechenland, wo es schon lange Tradition ist, sich zu überschulden und Veränderungen immer von den Anderen zu verlangen.
Das Thema Altern bzw. Demografie ist auch ein gutes Beispiel für seit langem vorliegende richtige Erkenntnisse, aber geringem entsprechendem Handeln. Die niedrige Reproduktionsrate in Europa (1,36 in Deutschland) bringt neben der Rentenproblematik für die Unternehmen das Problem mit sich, dass wir verstärkt auf ältere Qualifizierte setzen müssen und die „Entsorgung" Älterer mit ihren angeblichen Defiziten über Vorruhestandsregelungen immer weniger funktioniert. Nicht nur Lernprozesse, sondern auch Krankheiten, Fehlzeiten, Qualifikationen und Kompetenzen verändern sich mit dem Alter. Entsprechende Maßnahmen in einem ganzheitlichen Leistungs- und Gesundheitsmanagement müssen sich rechnen. Sie sollen nicht nur inhaltlich sinnvoll sein und erwünschte Wirkungen zeigen, d.h. effektiv sein. Sie sollen auch in einer vernünftigen Preis-Leistungsrelation stehen, also effizient sein. In Zeiten, in denen zum Zwecke des share holder values immer mehr Kostensenkungsprogramme greifen und gerade in Krisen kurzfristig geplant und „auf Sicht gefahren" wird, ist die prinzipielle Bereitschaft für Mitarbeitergesundheit Geld auszugeben eher gering. Sozialromantische Schwärmereien und Appelle an ethische Verantwortung von Unternehmensleitungen nützen wenig. Sie denken in Kategorien des Returns on Investment. Nur wer nachweisen kann, dass Investitionen in die Gesundheit von Beschäftigten, deren Leistung zumindest erhalten und sich möglichst schnell, zur Not noch mittel- und langfristig, in Cent und Euro lohnen, hat eine Chance auf Umsetzung. In einem ganzheitlichen, integrativen, systemverträglichen und nachhaltigen Leistungs- und Gesundheitsmanagement wird den o.g. Aspekten Rechnung getragen, wobei immer „doppelschienig" vorgegangen wird. Was muss inhaltlich auf individueller und organisationaler Ebene getan werden, wie ist dies instrumentell zu organisieren und wie viel kosten und bringen diese inhaltlichen und instrumentellen Schritte?

4. Die Beiträge als Perlen im roten Faden

Natürlich können zu einem solchen umfassenden Thema nur Schwerpunkte behandelt werden. Diese wurden morgens in Form von Vorträgen präsentiert und nachmittags in Workshops inhaltlich diskutiert und „geerdet".

4.1 Psychosoziale Gesundheit und Leistungsbeeinträchtigungen

Zu den wachsenden psychischen Belastungen und Beeinträchtigungen in ihren Zusammenhängen mit Leistung äußerte sich Wolfgang Schneider. Er verweist darauf, dass im Bereich der psychischen Beeinträchtigungen nicht nur deutliche Zunahmen der Fälle, sondern auch im Schnitt die längsten Krankheitszeiten zu vermelden sind. Der Zusammenhang zwischen psychosozialer Gesundheit und Leistung bzw. deren Beeinträchtigungen ist evident und wird in dem Beitrag von Wolfgang Schneider näher beleuchtet. Er zeigt die Zusammenhänge zwischen psychosozialer Gesundheit bzw. psychischen, psychosomatischen Erkrankungen, Sucht etc. und Arbeitswelt auf und sucht nach den Entstehungsbedingungen für diese. Inwieweit ist die Arbeitssituation für Burn-out, Mobbingprozesse oder auch posttraumatische Belastungsstörungen verantwortlich? Vor allem Überlastungskonstellationen und das Selbstwertgefühl verletzende Prozesse, wie z.B. Mobbing, sind über die Zeit für die Chronifizierungen der psychosozialen Beeinträchtigungen ursächlich, die wiederum Arbeitsmotivation, Kreativität und alle möglichen kognitiven Leistungen beeinträchtigen. Zur Beurteilung der Leistungsfähigkeit und psychischer Erkrankungen wird auf internationale Klassifizierungen wie die ICD-10 verwiesen. Weiter werden einige Maßnahmen zur Förderung der psychischen Gesundheit auch älterer Beschäftigter benannt. Von Arbeitsmedizinern wird gefordert, dass sie die relevanten psychosozialen Risiken und Ressourcen mit Blick auf die Arbeitsbedingungen reflektieren und im Übrigen auf der Ebene der Rehabilitation für eine adäquate berufliche Wiedereingliederung sorgen.

4.2 Ökonomische Evaluation: Kosten und Nutzen von Leistungs- und Gesundheitsmanagement

Selbst wenn auf inhaltlicher Ebene zwischen den verschiedenen Akteuren eines Unternehmens hohe Übereinstimmung herrscht, bedeutet dies noch lange nicht, dass entsprechende Aktivitäten konkret und nachhaltig umgesetzt werden. Letztlich steht alles unter Finanzierungsvorbehalt und Entscheidungen werden nach dem Muster gefällt: „Was kostet das und was bringt es?“ Ethische, ideelle und humanitäre Überlegungen reichen im kalten Wasser der Marktwirtschaft zwar für Lippenbekenntnisse, kaum aber zu finanziellen Investitionen. Schon bei dem Begriff scheiden sich die Geister, meist werden Ausgaben für Gesundheit als Kosten verbucht. Natürlich will man konkurrenzfähiger werden durch Erhöhung der Produktivität bzw. in gesättigten Märkten über die Kostenstrukturen. Wer nachweisen kann, dass Gesundheit der Mitarbeiter die Konkurrenzfähigkeit erhöht, hat Chancen auf die Umsetzung entsprechender Maßnahmen. Verfahren zu diesem Nachweis gibt es viele. Eines der meist verbreiteten ist die Balanced Scorecard, die der Nestor für deren Verbreitung in Deutschland, Peter Horváth, für das Gesundheitsmanagement präsentiert.

In seinem Beitrag beleuchtete Peter Horváth (zusammen mit Johannes Isensee und Nils Gamm) aus einer völlig anderen Perspektive das Problem der ökonomischen Evaluation. Als Controller sieht der Ökonom primär die wirtschaftlichen Aspekte der Kosten und des Nutzens von Maßnahmen zum Gesundheitsmanagement. Die Verbindung zwischen diesen beiden Themen, psychosoziale Gesundheit und ökonomische Evaluation, offenbart sich sofort bei einem Blick auf die zunehmenden Kosten, verursacht durch psychische Beeinträchtigungen. Depressive Mitarbeiter fehlen meist sehr lange und sind sehr viel schwerer in den Arbeitsprozess wieder einzugliedern als das Gros anderer ausgeheilter Erkrankungen.
Es geht hier um das Controlling von Gesundheitsmanagement durch integrative Kennzahlensysteme und Erfahrungen mit der Balanced Scorecard im Kontext des betrieblichen Gesundheitsmanagements.

4.3 Gesundheitsmanagement im Hinblick auf Altern

Psychische Belastungen, Beeinträchtigungen, Leistung und auch die ökonomische Evaluation stellen sich im Hinblick auf verschiedene Altersgruppen unterschiedlich dar. Zum Demografie-Problem trugen Heike Bantle und Rudolf Kast aus der Praxis eines Unternehmens bei. In einem Projekt „Lebenslang gesund arbeiten“ werden Facetten wie PE, Arbeitsorganisation, familienorientierte Personalpolitik, Diversitymanagement, Arbeitssicherheit, Personalmarketing, Unternehmenskultur und Führung integriert. Ein Schwerpunkt ist dabei die demografieorientierte Prävention. In der Fachlaufbahn werden altersgerechte Entwicklungswege gesucht; altersgemischte Gruppen werden zusammengestellt; die Gefährdungsbeurteilung erfolgt alterssensitiv und Gleiches gilt für die Schichtarbeit. Hier liegen praktische Erfahrungen im Umgang mit dem Demografie-Problem vor, dies in einem integrativen Ansatz, der mit dem folgenden ganzheitlichen Konzept kompatibel ist.

4.4 Führung und Gesundheit: ganzheitliches, nachhaltiges und systemverträgliches Leistungs- und Gesundheitsmanagement

Ein Konzept zur Integration von Leistung, Gesundheit, psychischen Belastungen, Evaluation und Altern stellte im Anschluss Michael Kastner im Kontext der Zusammenhänge zwischen Führung und Gesundheit vor. Letztere stellen eine entscheidende Komponente dar, zu der etliche empirische Befunde vorliegen und die sehr viel Varianz aufklärt. Dieses ganzheitliche, integrative, systemverträgliche, nachhaltige Leistungs- und Gesundheitsmanagement besteht aus einem inhaltlichen und einem instrumentellen Teil. Unter inhaltlichem Aspekt wird an den „Stellschrauben“ Person, (Arbeits-)Situation und Organisation „gedreht“, deren dynamische Wechselwirkungen letztlich optimiert werden sollen. Die Person wird in ihren vier Welten, „Körper-, Geistes-, Lebens- und persönliche soziale Welt“ in einer „Stationsausbildung“ hinsichtlich Leistung und Gesundheit „erzogen“. Die Situation wird so gestaltet, dass sie zum erwünschten Leistungs- und Gesundheitsverhalten „verführt“ und die Organisation wird im Rahmen der systemverträglichen Organisationsentwicklung so organisiert, dass im Kollektiv das erwünschte Verhalten resultiert und eine Vertrauens-Fehlerlern-Innovations-Gesundheitskultur entsteht. Im instrumentellen Teil werden die systematisch aufeinander aufbauenden Instrumente und Vorgehensweisen beschrieben, so dass entlang eines roten Fadens Schritt für Schritt gearbeitet werden kann. Dabei werden Organisationsentwicklung, Personalentwicklung und Personalpflege integriert. In diesem roten Faden findet auch die Evaluation ihren Platz.

4.5 Kennzahlen zu Zusammenhängen zwischen Gesundheitsmanagement und Performance

Deren konkrete Probleme, vor allem hinsichtlich des Zusammenhangs zwischen inhaltlicher und ökonomischer Evaluation, beschreibt im Folgenden Holger Pfaff.
In seinem Beitrag geht es darum, dass ein betriebliches Gesundheitsmanagement nur Erfolg haben kann, wenn es einfach und strategisch ausgerichtet ist und einfache Indikatoren zur Messung dieses Erfolges aufweist. Im Hinblick auf ein schlankes betriebliches Gesundheitsmanagement stellt Pfaff ein Konzept zur Präventionsreife vor, in dem
- die Strategieorientierung,
- die Selektivität (Präventionswille und -infrastruktur sollten hoch ausgeprägt sein. Analog sollen im individuellen Prozess der Hinwendung zu einem gesünderen Verhalten Personen ausgespart werden, die sich in ihrem ungesunden Verhalten [z.B. Rauchen] wohl fühlen),
- die Präventionsorientierung,
- die Evidenzbasierung,
- die Lernorientierung

systematisch abgeklopft werden. Anschließend erläutert er, wie Kennzahlen gewonnen werden, z.B. mit Blick auf Ziel- und Stellgrößen. Es wird ein Beispiel für Zustandskennzahlen gegeben und anschließend werden Zusammenhangskennzahlen erläutert. Schließlich wird der Zusammenhang zwischen Gesundheitsförderung und organisationaler Performance einerseits und zwischen Gesundheitsförderung und Innovationskraft andererseits wiederum anhand eines Beispiels (Banken) diskutiert. In beiden Fällen ergaben sich schwache, aber signifikante Korrelationen in der gewünschten Richtung.

4.6 Emotionalisierung

Kognitive Inhalte werden deutlich besser im Gedächtnis verankert, wenn sie in einem positiv emotionalisierten Kontext aufgenommen werden. In Seminaren zu Führung, Leistung und Gesundheit verweisen wir immer wieder darauf, dass wir im Zuge des Biorhythmus morgens die hoch komplexen und konzentrativen Tätigkeiten ausführen sollten und ab Mittag den eher kommunikativen Prozessen freien Lauf lassen sollten. Deshalb wurden nach den Vorträgen am Vormittag (1. Hauptteil) in Workshops und an Postern am Nachmittag die oben beschriebenen Themen durch Impulsreferate vertieft, diskutiert und es wurden die praktischen Erfahrungen der Teilnehmer ausgetauscht (2. Hauptteil). Zuvor wurde allerdings durch ein kleines Musikereignis die ganze Tagung emotionalisiert. Marie-Claudine Papadopoulos spielte unter Begleitung von Arnulf von Arnim auf ihrer Geige in einer Weise, die die Kongressteilnehmer mitriss. Schließlich sollten die Inhalte das Tor des Hippocampus unter Beteiligung des Mandelkerns durchlaufen und in die tieferen Gedächtnissphären eindringen, was in außerordentlicher Weise gelang.

4.7 Praktische Bezüge

Im Workshop A ging es anschließend um Fragen der Work Life Balance (WLB, Kastner, 2004) und die Möglichkeiten des Gesundheitscoachings. Was bedeutet WLB aus individueller, Organisations- und Gesellschaftssicht genau, welche Chancen und Risiken liegen in Aktivitäten zur Förderung der WLB und was kann im Rahmen eines Gesundheitscoachings vor allem mit Blick auf psychische Belastungen, Beanspruchungen und Beeinträchtigungen wirklich erreicht werden?

In Workshop B wurde das Thema der ökonomischen Evaluation vertieft. Welche Erfahrungen liegen beispielsweise in der Erstellung und Verwendung von Gesundheits-Balanced Scorecards vor (Möller et al., 2008)? Welche Schwierigkeiten ergeben sich bei der Erfassung und Kombination von medizinisch „harten“, psychologisch „weichen“ und technisch wiederum „harten“ Daten?

In Workshop C lag der Fokus auf den psychosomatischen Aspekten des Leistungs- und Gesundheitsmanagements sowie den psychischen Belastungen (vgl. etwa Nachreiner, 1997). Wie können wir beispielsweise die schwachen Zeichen eines kommenden Burnouts, chronischer Erschöpfung etc. erkennen und rechtzeitig tätig werden, so dass Probleme mangelnder Leistung und Gesundheit sowohl menschlich als auch ökonomisch besser bewältigt werden können?

Die Essenzen aus diesen drei Workshops wurden abschließend im Plenum referiert.

Parallel zu diesen Aktivitäten und in Pausen wurde an Postern diskutiert, deren Inhalte im vorliegenden Band in Artikeln präsentiert werden. Sie betreffen Projekte im Rahmen des Leistungs- und Gesundheitsmanagements und verdeutlichen dessen breiten Rahmen. Die Themen reichen vom Dienstleistungsstolz von Kranken- und Altenpflegern über die Resilienz (psychische Widerstands- und Pufferfähigkeit) oder die lernförderliche Organisationskultur hinsichtlich Gesundheit bis hin zur Frage, wie ein ganzheitliches, integratives Leistungs- und Gesundheitsmanagement über die Grenzen der Organisation hinaus in deren Verbindung mit Krankenkassen, Rentenversicherung und gemeinnützigen Vereinen aussehen kann.

4.8 Projekte

Auf Postern wurden Forschungsprojekte präsentiert, deren praktische Implikationen in den Pausen mit den Autoren diskutiert wurden. Die dazugehörigen Beiträge werden in der Folge geordnet nach solchen, die sich auf die kollektive Organisation und solche, die sich auf individuelle Personen beziehen.

4.8.1 Projekte zur Optimierung der Organisation im Hinblick auf Leistung und Gesundheit

4.8.1.1 Leistungs- und Gesundheitsmanagement in den Pflegediensten

Zur besonderen Problematik des Leistungs- und Gesundheitsmanagements in Pflegediensten beschreiben Peter Kuhnert, Selda Akca und Michael Kastner die dortige prekäre Situation. Ärzte und Pfleger stehen unter einem enormen Leistungsdruck und leiden selbst allzu oft unter Verausgabung und Burn-out. Dies ist u.a. begründet durch die Zunahme zu pflegender Personen bei gleichzeitiger Personalreduzierung und steigendem ökonomischen Druck. Und von der zentralen Frage des dort beschriebenen Projektes, der Wertschöpfung durch Wertschätzung, ist in den meisten Krankhäusern und Pflegeheimen wenig zu spüren. Ein besonderes Problem stellen die älteren Pflegekräfte dar. Es werden zahlreiche empirische Befunde aufgeführt, die die Bedeutung der Wertschätzung als wesentliche Komponente des Gesundheitsmanagements und Führens gerade in Dienstleistungsbereichen wie der Kranken- und Altenpflege unterstreichen.

4.8.1.2 Wertschätzung und Stolz in den Pflegediensten

Im Rahmen dieses Leistungs- und Gesundheitsmanagements in den Pflegediensten spielt die Wertschätzung eine entscheidende Rolle. Gerade in hierarchischen Systemen, wie z.B. in Krankenhäusern, in denen unterschiedliche Professionen mit verschiedenen Qualifikationsniveaus vertreten sind (z.B. Ärzte und Pfleger), treten Wertschätzungsprobleme recht schnell auf, zumal wenn die Leistungsverdichtung ständig zunimmt. Ein Modell der Wertschätzung im Pflegebereich stellen Barbara Hinding, Marion Spanowski und Michael Kastner vor, aus dem konkrete Maßnahmen zur Verbesserung der Führungskultur und auch Gesundheit der Mitarbeiter abgeleitet werden sollen.

4.8.1.3 Wertschätzung in Zeiten zunehmender Ökonomisierung der Pflegeberufe

Die besondere Problematik des Pflegeberufes und der Pflegeorganisationen beschreiben Stefan Engelbrecht, Anke Fesenfeld, Susanne Hellweg und Heike Schneider in ihrem Beitrag. Auch hier wird dem Begriff Wertschätzung, bezogen auf Wertschöpfung und Stolz, besonderer Raum geschenkt.
Vor allem wird die historische Entwicklung des Berufsstandes der Pflegenden beschrieben, die besser erkennen lässt, vor welchen Herausforderungen wir derzeit und zukünftig stehen. Es muss nicht näher beschrieben werden, dass das Demografie-Problem eine besondere Zuwendung zu der Pflegeproblematik verlangt.

4.8.1.4 Ökonomische Evaluation – ein Datenmodell zur Erfassung der Effekte und Wirkpfade von Personalauswahl, -entwicklung und betrieblicher Gesundheitsförderung

Eine ökonomische Evaluation braucht ein Datenmodell, um valide, reliable und nachvollziehbare Daten zu generieren und die Investitionsentscheidungen zu erleichtern. Ein solches gestuftes Datenmodell stellen Nils Kremeskötter, Burkhard Schmidt und Michael Kastner vor. Wirkpfade der evaluierten Maßnahmen werden hinsichtlich Wirkverzögerungen und Wirkdauer bestimmt und in gerichtete Zusammenhänge gebracht. Damit sollen Daten auf verschiedenen Ebenen verbunden werden, um ökonomische Auswirkungen von Maßnahmen im Bereich der Personalentwicklung und der betrieblichen Gesundheitsförderung abschätzen zu können.

4.8.1.5 Leistungs- und Gesundheitsmanagement über die Grenzen der Organisation hinaus

Ein ganzheitliches Leistungs- und Gesundheitsmanagement sollte natürlich nicht an den Grenzen des Unternehmens aufhören, sondern die gesamte gesundheitliche Wertschöpfung betrachten. Wie können z.B. Krankenkassen und Rentenversicherungen einbezogen werden? Inwieweit können gemeinnützige Vereine, z.B. im Sportbereich, einbezogen werden? Wie können wir ein strategisches Netzwerkmanagement als Zukunftsaufgabe im betrieblichen Gesundheitsmanagement verwirklichen? Sollten Arbeitszeitflexibilisierungen Tätigkeiten der Mitarbeiter in Vereinen, etwa der freiwilligen Feuerwehr, berücksichtigen? Dort erwerben sie nicht nur Sozialkompetenz, sondern u.U. auch gesundheitliche Kompetenzen, wenn sie etwa Notfälle versorgen müssen. Diesem Thema verbunden mit der ökonomischen Frage widmen sich Anja Höcke, Burkhard Schmidt, Michael Kastner, Anja Borowczak, Jens Buksch, Nils Gamm, Johannes Isensee, Julia Thurn und Marcus Zinsmeister. Die Vielzahl der Autoren kommt dadurch zustande, dass drei Forschungsteams involviert sind.

4.8.1.6 Lernförderliche Kultur hinsichtlich Gesundheit

In diesem Projekt, beschrieben von Barbara Hinding, Orhan Özkan, Peter Krauss-Hoffmann und Michael Kastner, wird untersucht, welche Vorgehensweisen in verschiedenen Unternehmen gewählt wurden, um die Gesundheitskompetenz der Mitarbeiter zu stärken, indem entsprechende Lernprozesse initiiert werden. Dadurch soll eine Vertrauens-Fehlerlern-Innovations-Gesundheitskultur erreicht werden, die nachhaltig zu der gewünschten Balance aus Leistung, Gesundheit und Lebensqualität führt.

4.8.2 Projekte zur Optimierung des individuellen Verhaltens im Hinblick auf Leistung und Gesundheit

Ein Unternehmen kann letztlich nur Bedingungen optimieren, Angebote unterbreiten, im Führungsprozess anregen, motivieren und fürsorgliches Verhalten hinsichtlich Beanspruchung, Leistung und Gesundheit fördern. Aber konkret umsetzen und durchhalten müssen die Personen selbst. Vielfach werden die gesündesten Nahrungs- oder Fitnessangebote unterbreitet, die kaum genutzt werden. Dieses Bild ändert sich schlagartig, wenn die Curry-Wurst auf dem Speiseplan steht.

4.8.2.1 Leistungs- und Gesundheitsmanagement individuell – Selbstmanagement zur Work Life Balance

Im ganzheitlichen Leistungs- und Gesundheitsmanagement soll zweigleisig gefahren werden, indem auf kollektiver Ebene die Organisation und Situationen (siehe auch Verhältnisprävention) und auf individueller Ebene die Person (siehe auch Verhaltensprävention) besondere Beachtung erfahren.
Für die individuelle Ebene wird in einer „Salamitaktik“ Schritt für Schritt Verhalten hinsichtlich der Körperwelt (z.B. Bewegung, Ernährung, Entspannung, Regeneration, Hygiene), der Geisteswelt (z.B. Entscheidungen, Attributionen, Zielsetzungen), der Lebenswelt (positive und negative Gefühle, z.B. Freude, Liebe, Hass, Ärger) sowie der persönlich sozialen Welt (z.B. Ausstrahlung, Mitleidsfähigkeit, Verträglichkeit) optimiert. Dadurch sollen Balancen zwischen investivem und konsumativem Verhalten sowie zwischen Belastungen/Anforderungen und Ressourcen mit Blick auf Puffer in einer Weise optimiert werden, die langfristig ein hohes Leistungsniveau bei Gesundheit und Lebensqualität gewährleistet. Das Vorgehen zum Selbstmanagement zur Work Life Balance als individuumsbe-

zogene Facette des ganzheitlichen Leistungs- und Gesundheitsmanagements beschreibt Michael Kastner.

4.8.2.2 Resilienz

Im Rahmen des Selbstmanagements zur Work Life Balance spielt die Resilienz eine entscheidende Rolle. Viele Belastungskonzepte zielen darauf ab, Belastungen zu senken. Dies wird in dem Beitrag zur Resilienz von Michael Kastner kritisch gesehen, weil davon auszugehen ist, dass diese im mentalen Bereich steigen werden. Modernere Ressourcenkonzepte zielen durchaus in diese Richtung. Allerdings sollten nach dem Modell der Work Life Balance (s. Beitrag von Kastner in diesem Band) Belastungen/Anforderungen und Ressourcen sowie Puffer aufeinander bezogen werden. Belastungen sollen bewusst aufgesucht werden, um Ressourcen zu stärken und zu pflegen. Diese sollen wiederum erlauben, steigende Belastungen und Anforderungen zu bewältigen. Dies alles, ohne die Puffer zu überdehnen. Die Resilienz als Puffer besteht in diesem Konzept aus sieben Komponenten, die zu einem Teil mit denen von Gotthard Pietsch und Stefan Schumacher (in diesem Band) übereinstimmen.
Die Resilienz wird als Thema diskutiert, das ähnlich dem organisationalen Lernen möglicherweise übertragbar vom Individuum auf die Organisation ist. Gibt es eine resiliente Organisation und wie kann diese gefördert werden?

4.8.2.3 Das Resilienztraining im nachhaltigen Personalmanagement

Gotthard Pietsch und Stefan Schumacher verweisen auf die „Verbrauchsorientierung" im Personalmanagement zu Lasten der Nachhaltigkeit beim Erhalt des „Humankapitals". Dabei wird dem Erhalt bzw. der Förderung – hier durch Trainings – der Resilienz eine besondere Wichtigkeit beigemessen. Als deren Basiskomponenten werden Assertiveness und Synegoismus, Achtsamkeit, Zielklarheit und Prozessoffenheit und Experiment und Reflexion gesehen, die gezielt trainiert werden sollen.

5. Zentrale Probleme bei der Umsetzung

Alle Themen und diskutierten Maßnahmen sollten u.a. den Blick auf vier zentrale Probleme lenken, die gerade im Leistungs- und Gesundheitsmanagement vielfach falsch oder nicht angegangen werden bzw. die letztlich viele Bemühungen doch als vergeblich oder in einem wenig zufriedenstellenden Verhältnis von Aufwand und Nutzen erscheinen lassen. Es handelt sich um die Probleme der Allokation, der Volition, der Evaluation und der Multikausalität.

a) Allokation: Alle Maßnahmen zum Leistungs- und Gesundheitsmanagement, sei es durch den Staat (z.B. Gemeindeprävention), Unternehmen oder die sonstige soziale Umgebung (u.a. Verbände, Berufsgenossenschaften, Gewerkschaften), bergen im Falle der freiwilligen Teilnahme das Problem, dass man immer „die halbkatholischen in die Kirche bekommt". Diejenigen, die das Leistungs- und Gesundheitsmanagement selbst oder in ihrem Verantwortungsbereich am dringendsten brauchen, sehen dies oft am wenigsten ein. Hier kann es sinnvoll sein, diese Personen zu einem entsprechenden Seminar zu „zwingen". Sie sind dann zwar zunächst eher unmotivierte Teilnehmer, aber dieses Problem muss der jeweilige Trainer bewältigen.
b) Volition: Selbst wenn nun Einsicht und Veränderungsmotivation durchaus vorhanden sind, muss dem allgegenwärtigen Versandungsproblem entgegengewirkt werden. „Der Weg zur Hölle ist mit guten Vorsätzen gepflastert". Es muss die erweiterte Lorenz-Kette durchlaufen werden: „Gedacht ist nicht gesagt, gesagt ist nicht gehört, gehört ist nicht verstanden, verstanden ist nicht einverstanden, einverstanden ist nicht behalten, behalten ist nicht angewandt, angewandt ist nicht beibehalten, beibehalten ist nicht automatisiert". Von der Frage, ob der Mensch überhaupt einen freien Willen hat, bis zur nachhaltigen Verwirklichung eines erwünschten Leistungs- und Gesundheitsmanagements, ist ein langer Weg, auf dem Erkenntnisse aus der Volitionsforschung sinnvoll genutzt werden können (vgl. Kastner, 2006).
c) Evaluation: Die ökonomische Evaluation von Maßnahmen zum Leistungs- und Gesundheitsmanagement, d.h. die Frage „Was kostet was und was bringt was?", stellt ein hoch komplexes Problem dar. Letztlich geht es mit Hilfe welcher Instrumente auch immer (z.B. einer Gesundheits-Balanced-Scorecard, vgl. Möller et al., 2008), um die unternehmerische Beeinflussung personeller Ressourcen auf der Basis von Ursache-Wirkung-Beziehungen in der betrieblichen Gesundheitsförderung und deren Einfluss auf die Leistung. Viele angeblich sinnvolle Maßnahmen zur Förderung von Gesundheit halten einer Evaluation nicht stand. Beispielsweise scheint es inhaltlich gehaltvoller und wirtschaftlich nützlicher, im Rahmen eines Coachings, als etwa über Gesundheitstage und -zirkel, zu agieren.
d) Bezüglich der Zusammenhänge zwischen Leistung und Gesundheit ist das generelle Problem der Multikausalität von Gesundheit schwer in den Griff zu bekommen. Die Korrelationen zwischen Arbeitsbelastungen und psychischem Wohlbefinden sind meist schwach ausgeprägt und klären maximal knapp 16% Prozent Varianz auf. Zur Gesundheit tragen mindestens folgende Faktoren bei: Alter, Geschlecht, kultureller Hintergrund, Umweltbelastungen, sozio-ökonomischer Status, physische Konstitution, individuelle Ressourcen, Gesundheitsverhalten wie z.B. Rauchen und Sport, kindliche und jugendliche Entwicklung, frühere Unfälle und Krankheiten, Persönlichkeitsfaktoren, familiäre Belastung, Wohnverhältnisse, soziale Stressoren, familiäre Situation, kritische Lebensereignisse, organisationale Ressourcen und Puffer (z.B. Handlungsspielräume) und last but not least Arbeitsbelastungen und -anforderungen.

Bei dieser Komplexität helfen nur differenzierte Konzepte, die Schritt für Schritt empirisch „abgeklopft“ werden. Es bleibt zu hoffen, dass die Fülle der in diesem Band bearbeiteten Themen zum ganzheitlichen Leistungs- und Gesundheitsmanagement nicht dazu verführt, dieses extrem wichtige Thema zu verdrängen und sich mit mehr Gemüse in der Kantine, ein wenig Bewegung und einem Gesundheitszirkel zufrieden zu geben und dies dann hochtrabend „Betriebliche Gesundheitsförderung“ zu nennen.

Literatur

Kastner, M. (2004). Verschiedene Zugänge zur Work Life Balance. In M. Kastner (Hrsg.), Die Zukunft der Work Life Balance (S. 67-106). Kröning: Asanger.

Kastner, M. (2004). Work Life Balance als Zukunftsthema. In M. Kastner (Hrsg.), Die Zukunft der Work Life Balance (S. 1-66). Kröning: Asanger.

Kastner, M. (2006). Gestörte Organisationen, gestörte Personen. Zur Psychologie der Autonomie. In Kulturwissenschaftliches Institut (Hrsg.), Jahrbuch 2005 (S. 241-264). Bielefeld: transcript Verlag.

Kastner, M. (2010). Work Life Balance für Extremjobber. In Kaiser & Ringlstetter (Hrsg.), Work-Life-Balance. Erfolgsversprechende Konzepte und Instrumente für Extremjobber.

Möller, K., Köper, B., Braun, M. & Kastner, M. u.a. (2008). Strategische Steuerung der betrieblichen Gesundheitsförderung mit Strategy Maps. ZfM, 3, 247-280.

Nachreiner, F. (1997). Inhalt und Begriff der psychischen Belastung in der deutschen und internationalen Ergonomienormung. In KOPAG, HVBG und BKK (Hrsg.), Ermittlung psychischer Belastungen. Dokumentation der Expertentagung am 30. 10. 1997.

Erfolgreich Arbeiten: Qualifizierter. Flexibler. Gesünder. – Das arbeitspolitische Rahmenkonzept zur Entwicklung und Förderung der Beschäftigungsfähigkeit in Nordrhein-Westfalen[1]

Uwe Loß, Gottfried Richenhagen, Willi Riepert

1. Anforderungen und Rahmenbedingungen moderner Arbeitswelten

Wirtschaft und Gesellschaft sind andauernden, tief greifenden Veränderungen unterworfen, die vielfach durch Begriffe wie Globalisierung, technologischer Wandel, Dienstleistungsgesellschaft und anderes beschrieben werden. Sie führen dazu, dass die Anforderungen an Unternehmen und Beschäftigte wachsen, wenn sie sich erfolgreich an Standorten und auf Märkten behaupten wollen.

Unternehmen sind mehr denn je gefordert, sich an sehr differenzierten und hinsichtlich Produktqualität und Liefertreue gewachsenen Anforderungen der nationalen und internationalen Kunden zu orientieren. Dazu müssen sie Produktivität und Flexibilität auf einem hohen Niveau halten und sowohl bei den Produkten (z.B. durch verkürzte Produktzyklen) als auch bei den Prozessen (z.B. durch andauernde Optimierung) innovativ bleiben. Gelingt dies, so leistet dies einen erheblichen Beitrag zur dauerhaften Sicherung der nationalen und internationalen Wettbewerbsfähigkeit des Unternehmens. Dazu ist es in der Regel erforderlich, die jeweiligen Produktions-, Organisations- und Personalentwicklungskonzepte immer wieder zu überprüfen und ggf. weiterzuentwickeln.

Beschäftigte müssen in die Lage versetzt werden, die mit diesen Veränderungsprozessen verbundenen Herausforderungen gleichermaßen bewältigen zu können. Sie sollten sich auf turbulenten internen und externen Arbeitsmärkten orientieren und behaupten können. Sie müssen in der Lage sein bzw. auch durch Maßnahmen des Unternehmens in die Lage versetzt werden, den sich ständig wandelnden Arbeitsanforderungen (z.B. durch le-

[1] Abdruck einer Arbeit, die die Autoren in der Zeitschrift für Arbeitswissenschaft (ZfA), Heft 2/2009, veröffentlicht haben. Wir danken den Herausgebern der ZfA für die freundliche Genehmigung zum Abdruck.

bensbegleitendes Lernen) gerecht zu werden. Nur wenn auch sie ihren Beitrag dazu leisten können, eine hohe Qualität und Produktivität sicherzustellen und Innovationen voranzutreiben, nur wenn auch sie den betrieblichen Wandel mit tragen oder sogar initiieren und ein erhöhtes Verantwortungsbewusstsein entwickeln, bleibt die Wettbewerbsfähigkeit des Unternehmens erhalten.
Wenn aber permanente Dynamik und andauernde Flexibilität gefordert sind, so tritt schnell die Frage auf, wie sich dies mit dem natürlichen und berechtigten Bedürfnis der Menschen nach Sicherheit in Einklang bringen lässt, z.B. nach Sicherheit, die nötig ist, um eine Familie zu gründen oder um für andere sorgen zu können?
Eine mögliche Antwort auf diese Frage ist das von der EU im Rahmen der Europäischen Beschäftigungsstrategie propagierte Konzept der *„Flexicurity"* (vgl. z.B. European Expert Group, 2007). Dieser Begriff, ein Kunstwort, gebildet aus „flexibility" und „security", beschreibt das Ziel, die Flexibilitätsanforderungen des globalen Wettbewerbs in Einklang zu bringen mit einer Neuausrichtung des europäischen Sozialstaatsmodells. Flexibilität und Sicherheit werden dabei nicht als Gegensätze verstanden, sondern als zwei Seiten einer Medaille, als Anforderungen, die sich wechselseitig bedingen, weil soziale Sicherheit einerseits ein entscheidender produktiver Faktor für die globale Wettbewerbsfähigkeit Europas ist und andererseits globale Wettbewerbsfähigkeit soziale Sicherheit ermöglicht.
Ein zentraler Baustein ist in diesem Zusammenhang das Thema Beschäftigungsfähigkeit. Damit ist gemeint, dass es mit zunehmender Dynamik und Flexibilisierung der Arbeitswelt für die Mitarbeiterinnen und Mitarbeiter immer wichtiger wird, ihre eigene Kompetenz, Motivation und Gesundheit mit Blick auf die Veränderungen in der Arbeitswelt zu erhalten und fortzuentwickeln. Mit Stärkung der eigenen Beschäftigungsfähigkeit erhöhen sich die Chancen, dauerhaft am Arbeitsleben teilzunehmen, sei es innerhalb oder außerhalb des Unternehmens oder der Organisation, in der sie momentan tätig sind. Beschäftigungsfähigkeit hat aber auch eine wichtige Bedeutung für die Unternehmen. Investitionen in die Beschäftigungsfähigkeit der Mitarbeiter und Mitarbeiterinnen sind zugleich Investitionen in die Innovations- und Wettbewerbsfähigkeit. Dauerhaft erfolgreich sind unter den eingangs skizzierten Bedingungen oft Unternehmen, die ihre Beschäftigten durch geeignete Arbeits- und Unternehmensstrukturen unterstützen, sich offen und konstruktiv neuen Herausforderungen zu stellen. Es geht also beim Thema Beschäftigungsfähigkeit immer um zwei Seiten einer Medaille, um das *Verhalten* der Beschäftigten und um *Verhältnisse* im Unternehmen, die Beschäftigungsfähigkeit erhalten und fördern. Insbesondere manche kleine und mittlere Betriebe und ihre Beschäftigten verfügen allerdings nicht über die notwendigen Kapazitäten und das erforderliche Know-how, entsprechende Voraussetzungen zu schaffen. Allgemein verfügen sie jedoch über Potentiale (z.B. schlanke und flexible Unternehmensstrukturen, direkte und unbürokratische Kommunikationsmöglichkeiten), deren Stärkung ihnen eigenständige Entwicklungen ermöglichen kann. Zur Sicherung des Wirtschaftsstandortes, zur Erhaltung und zur Schaffung von Arbeitsplätzen sowie zur Stärkung der Beschäftigungsfähigkeit von Frauen und Männern kommt es darauf an, die Entwicklung dieser Potentiale systematisch und andauernd zu fördern.

Es liegt deshalb im Interesse des Staates, insbesondere kleine und mittlere Unternehmen und ihre Beschäftigten dabei zu unterstützen, die notwendigen betrieblichen und persönlichen Bedingungen eigenständig und nachhaltig zu gestalten und die vorhandenen Handlungsspielräume zu erweitern bzw. zu nutzen. Zur Erreichung dieser Zielsetzung leistet die Politik der Landesregierung Nordrhein-Westfalen mit dem Rahmenkonzept „Erfolgreich Arbeiten: Qualifizierter. Flexibler. Gesünder." einen Beitrag.

2. Das Konzept

2.1 Individuelle und organisationale Beschäftigungsfähigkeit

Das erste, allerdings sehr einfache Konzept von Beschäftigungsfähigkeit geht auf den Beginn des 20. Jahrhunderts zurück und unterteilte im Hinblick auf Unterstützungsmaßnahmen Personen, die von Armut und Arbeitslosigkeit betroffen waren, in solche, die „beschäftigungsfähig" waren, und solche, für die dies nicht zutraf (Deeke & Kruppe, 2003, S. 7). Hieraus entwickelten sich dann im Laufe der Zeit verschiedene Konzepte von Beschäftigungsfähigkeit (Gazier, 1999, S. 68 f., kategorisiert sieben Hauptkonzepte), die u.a. durch Einführung quantitativer Aspekte („mehr oder weniger beschäftigungsfähig") entstanden.
Beginnend in den 1990er-Jahren avancierte Beschäftigungsfähigkeit („employability") zu einer zentralen Dimension der Arbeitsmarkt- und Beschäftigungs-, aber auch der Bildungspolitik der Europäischen Union (Schemmann, 2004, S. 111). Zuerst lag dabei der Schwerpunkt im Rahmen der ersten Europäischen Beschäftigungsstrategie auf besonderen Zielgruppen des Arbeitsmarktes (arbeitslose Jugendliche, Langzeitarbeitslose), später wurden auch in Unternehmen tätige Personen einbezogen. Dieser zuletzt genannten Entwicklungsrichtung folgt auch das hier dargestellte arbeitspolitische Konzept, das auf einem differenzierten Instrumenten-Mix aus Beratung, Weiterbildungsaktivierung, innovativen Projekten sowie auf einem zielgerichteten Informations- und Servicemanagement ruht .
Ihm liegt in Anlehnung an die in der Literatur bekannten Begriffsbestimmungen (Blancke, Roth & Schmidt, 2000, S. 9, oder Rump & Eilers, 2006, S. 21) die folgende *Definition von Beschäftigungsfähigkeit* zugrunde: Beschäftigungsfähig zu sein bedeutet, über ausreichende und aktuelle Qualifikationen, Kompetenzen und Fähigkeiten, Gesundheit, Flexibilität und Mobilität zu verfügen, um die sich ständig ändernden Anforderungen in Beruf und Arbeit, zielgerichtet und eigenverantwortlich bewältigen zu können, und so in der Lage zu sein, auf Basis Existenz sichernder Arbeit am gesellschaftlich-wirtschaftlichen Leben teilzuhaben.
Der Begriff der Beschäftigungsfähigkeit steht in einem engen Zusammenhang mit dem in der Arbeitswissenschaft, insbesondere von Ilmarinen & Tuomi (2004) entwickelten Begriff der Arbeitsfähigkeit („work ability"): Arbeitsfähigkeit kann man kurz als „on-the-job employability" bezeichnen (zur genauen Abgrenzung der Begriffe, auch im Verhältnis

zum Begriff der Leistungsfähigkeit vgl. Richenhagen, in Druck; vgl. auch Seiler, 2009). Beide Begriffe erscheinen zunächst einmal als reine Eigenschaft der Person, als Eigenschaft, die allein und ausschließlich dem Individuum zukommt. Dies ist allerdings nur eine vordergründige Betrachtungsweise. Denn die mit der Beschäftigungsfähigkeit verbundenen zentralen personalen Attribute wie kompetent, gesund, motiviert, flexibel, mobil etc. können sich nur im Arbeitsprozess letztendlich ausbilden, erhalten und weiterentwickeln. Im Rahmen des hier vertretenen Konzeptes von Beschäftigungsfähigkeit geht es also immer um die Förderung von betrieblichen Verhältnissen *und* beruflichen Verhaltensweisen, die zur Erhaltung und Verbesserung von Beschäftigungsfähigkeit bei der Ausübung von Erwerbsarbeit beitragen. Man spricht daher auch von *individueller* und *organisationaler* Beschäftigungsfähigkeit sowie der gemeinsamen Verantwortung, die Unternehmen und Beschäftigte für die Beschäftigungsfähigkeit tragen. „Erfolgreich Arbeiten: Qualifizierter. Flexibler. Gesünder." setzt bei dieser gemeinsamen Verantwortung an und verkürzt Beschäftigungsfähigkeit nicht auf individuelle Faktoren (vgl. hierzu auch Kraus, 2008, wo auf die Gefahr der Individualisierung hingewiesen wird).

2.2 Ziel, Adressaten und Handlungsfelder

Ziel des nordrhein-westfälischen Konzeptes ist es, kleine und mittlere Unternehmen sowie deren Beschäftigte im Hinblick auf den Erhalt und die Förderung von Beschäftigungsfähigkeit zu aktivieren und zu unterstützen. Dabei wird nicht unterstellt, dass sich das Thema bei den angezielten Adressaten in genau dieser Form stellt: Kaum ein Unternehmen, kaum ein Beschäftigter wird abstrakt und direkt den Erhalt oder die Förderung von Beschäftigungsfähigkeit thematisieren. Es tritt jedoch im betrieblichen Alltag eine Vielzahl von Problemen auf, hinter denen neben anderen Herausforderungen auch solche zu vermuten sind, die mit der individuellen und organisationalen Beschäftigungsfähigkeit zu tun haben. Sie machen sich im Allgemeinen durch einen wachsenden Problem- und Handlungsdruck bemerkbar:

- stagnierende oder sinkende Produktivität,
- Qualitätsprobleme,
- Lieferschwierigkeiten,
- wegbrechende Märkte,
- hohe oder steigende Fehlzeiten,
- Ausscheiden von Leistungsträgern,
- unflexible Arbeits- und Betriebszeiten oder
- Schwierigkeiten bei Personalrekrutierung und Personaleinsatz.

Erst die genauere und ganzheitliche Befassung mit den jeweiligen Problemlagen ergibt (u.U. mit Hilfe der so genannten Potentialberatung, vgl. Abschnitt 2.3), in welchen Themenfeldern der Beschäftigungsfähigkeit wirksame Lösungsstrategien entwickelt und umgesetzt werden müssen. Die Ursache von Qualitätsproblemen kann z.B. in mangelnder

Qualifikation, schlechter Arbeitsablaufgestaltung, unzureichender Ergonomie oder in allen drei Faktoren liegen. Ähnliches gilt für die anderen genannten Problemlagen.
Insgesamt geht das Konzept von drei *Themenfeldern* aus, in denen Maßnahmen erforderlich sein können:
- Kompetenzentwicklung (z.B. vorausschauende Personalentwicklung, flexiblerer Personaleinsatz durch kontinuierliche Weiterbildung, Innovationen durch kompetente Beschäftigte),
- Arbeitsorganisation (z.B. flexible Arbeitszeitmodelle, Einführung innovativer Verfahren zur Orientierung auf neue Märkte, Produkte oder Kunden, Neugestaltung der Ablauforganisation),
- Arbeitsgesundheit (z.B. betriebliche Gesundheitsförderung, erweiterte Handlungsspielräume, Förderung der Arbeitsfähigkeit).

Dabei greifen die Themenfelder in vielfältiger Weise ineinander bzw. beeinflussen sich wechselseitig, wie das Beispiel in Kasten 1 verdeutlicht.

Eine Großbäckerei mit 150 Mitarbeiterinnen und Mitarbeitern stellt Brot, Kuchen, Brötchen und andere Teigwaren her, mehr als 25 verschiedene Brot-, Brötchen- sowie 80 Kuchensorten. Jede Nacht verlassen über 7.000 Brote die Produktionshallen und werden vom Produktionsort im Gewerbegebiet in Filialen im gesamten Rheinland transportiert. Obwohl das Unternehmen wirtschaftlich erfolgreich ist, haben in letzter Zeit die Qualitätsprobleme zugenommen. Außerdem klagen Mitarbeiterinnen und Mitarbeiter vermehrt über Stress; die Fehlzeiten sind im vergangenen Jahr stark angestiegen.
Nach einer eingehenden Analyse der Arbeitsplätze in der Bäckerei unter Beteiligung der Beschäftigten steht fest, dass zum einen einige technische Veränderungen notwendig sind. Konkret: Verbesserung der Beleuchtungssituation, Einziehen einer Lärmschutzdecke und Anschaffung von Öfen, bei denen sich die Höhe der Backbleche individuell auf die Körpergröße der Mitarbeiterinnen und Mitarbeiter einstellen lässt. Zum anderen zeigt sich, dass Stress-Situationen vor allem durch Termindruck und mangelnde Handlungsspielräume auf Grund zu enger Vorgaben der Vorgesetzten entstehen. Es werden daher ein Terminplaner eingestellt und die Führungskräfte geschult bzw. neue Teams gebildet. Die Teams gestalten die Arbeitsabläufe weitgehend in eigener Regie.

Kasten 1: Themenfelder der Beschäftigungsfähigkeit – Ein Beispiel.

2.3 Instrumente und Förderangebote

Zur Herstellung, Erhaltung und Weiterentwicklung der Beschäftigungsfähigkeit stellt die Landesregierung einerseits flächenwirksame Instrumente für kleine und mittlere Betriebe und ihre Beschäftigten im Wege der anteiligen Förderung zur Verfügung. Andererseits werden neue Instrumente und Verfahren im Rahmen von innovativen Projekten entwickelt, erprobt und transferiert. Alle Förderangebote zielen auf Breitenwirkung und Verallgemeinerung. Ziel ist es, Anstöße zu geben, auch ohne öffentliche Förderung im Betrieb aktiv zu werden, „gute Praxis" zu entwickeln und zu transferieren sowie geeignete Strukturen herzustellen und zu verankern.

Flächenwirksame Angebote, sind vor allem
– die Potentialberatung,
– der Bildungsscheck „Nordrhein-Westfalen" sowie
– das Informations- und Servicemanagement.

Die genannten Instrumente werden im Handlungsfeld „Gesundheit bei Arbeit" durch Unterstützungsmaßnahmen der Krankenkassen ergänzt, die diese nach § 20 SGB V, insbesondere § 20 a SGB V anbieten. Die Entscheidung über die Nutzung aller dieser Angebote erfolgt allein durch die Betriebe bzw. bei individuellen Angeboten durch die Beschäftigten.
Potentialberatung heißt: Unter Beteiligung der Beschäftigten ermittelt eine vom Betrieb ausgewählte Unternehmensberatung dessen Stärken und Schwächen. Es wird gemeinsam ein verbindlicher Handlungsplan zur Verbesserung der betrieblichen Praxis entwickelt und – so weit wie möglich – umgesetzt. Dabei geht es nicht um traditionelle Sanierungs- oder Rationalisierungsberatung mit dem Ziel des Personalabbaus oder der Unternehmensverlagerung, sondern um eine Analyse auf Basis des Konzeptes der Beschäftigungsfähigkeit. Dieses Angebot des Landes richtet sich an kleine und mittlere Betriebe in Nordrhein-Westfalen, die älter als fünf Jahre sind und weniger als 250 Beschäftigte haben. Sie können sich für bis zu 15 Beratungstage – aus Mitteln des Europäischen Sozialfonds – 50 Prozent der Kosten bis maximal 500 Euro pro Beratungstag bezuschussen lassen. Dazu erhalten sie in einer von rund 100 Beratungsstellen in Nordrhein-Westfalen nach einer obligatorischen Beratung einen Beratungsscheck (zu den Details vgl. www.potentialberatung.nrw.de sowie Kasten 2).
In ähnlicher Weise funktioniert der *„Bildungsscheck Nordrhein-Westfalen"*, der sowohl an Unternehmen für ihre Mitarbeiterinnen und Mitarbeiter (betrieblicher Zugang) als auch direkt an einzelne Arbeitnehmerinnen und Arbeitnehmer (individueller Zugang) ausgegeben wird. Mit ihm fördert die nordrhein-westfälische Landesregierung die Teilnahme an beruflicher Weiterbildung. Zielgruppe sind Beschäftigte, die sich bisher wenig oder gar nicht an Weiterbildung beteiligt haben. Erhalten können den Bildungsscheck Unternehmen mit maximal 250 Beschäftigten und deren Mitarbeiterinnen und Mitarbeiter. Eine kostenlose Beratung ist verpflichtend. Übernommen werden anfallende Kursgebühren bis zur Hälfte, höchstens jedoch bis 500 Euro pro Bildungsscheck. Die finanziellen Mittel stammen ebenfalls aus dem Europäischen Sozialfonds. (vgl. im Einzelnen www.bildungsscheck.nrw.de sowie Kasten 3).
Flächenwirksam ist auch das ausgeprägte und sich ständig weiterentwickelnde *Informations- und Servicemanagement* zum Thema Beschäftigungsfähigkeit. Ziel ist es dabei, Unter-

Das Angebot des Landes richtet sich an kleine und mittlere Betriebe in Nordrhein-Westfalen, die älter als fünf Jahre sind und weniger als 250 Beschäftigte haben. Sie können sich – aus Mitteln des Europäischen Sozialfonds – 50 Prozent der Kosten bis maximal 500 Euro pro Beratungstag bezuschussen lassen. Dazu erhalten sie in einer von rund 100 Beratungsstellen in Nordrhein-Westfalen nach einer Beratung den Beratungsscheck. Mit dem Beratungsscheck kann die Potentialberatung sofort begonnen werden. Nach Beendigung der Potentialberatung wird mit dem Beratungsscheck die Förderung schnell und unbürokratisch beantragt. Die Potentialberatung dauert zwischen einem und 15 Tagen. Sie kann – je nach Problemlage – innerhalb von maximal 15 Monaten in zwei Schritten in Anspruch genommen werden. Adressen der Beratungsstellen und weitere Informationen finden interessierte Unternehmen im Internet unter www.potentialberatung.nrw.de.

Kasten 2: Potentialberatung mit dem Beratungsscheck – kurz gefasst.

nehmen und Beschäftigte als Kunden zu betrachten, die je nach ihren Bedarfen unterschiedlich, vor allem unterschiedlich intensiv unterstützt werden wollen. Am Anfang stehen dabei neben Printmedien Informationen im Netz (www.mags.nrw.de, Stichwort „Erfolgreich arbeiten"), die um interaktive Unterstützungskomponenten erweitert wurden und werden. So sichert z.B. KomNet NRW (www.komnet.nrw.de, vgl. auch Kasten 4), dass das Fachwissen und die Erfahrung von Experten den Unternehmen und Beschäftigten schnell, bequem und kostenlos zur Verfügung steht (direkte Fragen online oder Recherche in einer Datenbank mit redaktionell bearbeiteten Dialogen aus früheren Anfragen). Hotlines (z.B. zum Bildungsscheck oder zu Möglichkeiten des beruflichen Wiedereinstieges) ermöglichen eine direkte Kontaktaufnahme, was insbesondere in persönlichen Krisen (z.B. in Folge von Mobbing) oder bei Unternehmenskrisen wichtig ist. In Vorbereitung sind weitere Beratungsmodule, die immer aktivierend und ggf. hinführend zu einer persönlichen Beratung gestaltet werden.
Neben den flächenwirksamen Instrumenten werden *Modellprojekte* initiiert, die durch arbeitspolitische Innovation nachhaltige Strukturveränderungen hervorbringen sollen. So wurden z.B. in den Projekten „Beschäftigungsfähigkeit im Betrieb (BiB) und „Beschäftigungsfähigkeit im demografischen Wandel (demoBiB, vgl. zu beiden www.demobib.de) Online-Checks entwickelt, die Unternehmen und Beschäftigten ermöglichen, Handlungsbedarfe einzuschätzen. Andere Projekte entwickelten Instrumente zum gesunden Führen (www.gefuege-nrw.de), zur systematischen Förderung von Arbeitsfähigkeit (www.hawai4u.de) oder erprobten Strategien, wie die Beschäftigungsfähigkeit in einzel-

Mit dem „Bildungsscheck Nordrhein-Westfalen" fördert die nordrhein-westfälische Landesregierung die Teilnahme an beruflicher Weiterbildung. Zielgruppe sind Beschäftigte, die sich bisher wenig oder gar nicht an Weiterbildung beteiligt haben.

Erhalten können den Bildungsscheck Unternehmen mit maximal 250 Beschäftigten und deren Mitarbeiterinnen und Mitarbeiter. Unter bestimmten Voraussetzungen steht der Bildungsscheck auch für Berufsrückkehrende sowie Existenzgründerinnen und Existenzgründer (in den ersten fünf Jahren) zur Verfügung.

Eine kostenlose Beratung ist verpflichtend. Übernommen werden anfallende Kursgebühren bis zur Hälfte, höchstens jedoch bis 500 Euro pro Bildungsscheck. Die finanziellen Mittel stammen aus dem Europäischen Sozialfonds.

Um vor allem neue Interessenten zu erreichen, gilt: Wer im vergangenen oder im laufenden Jahr an einer beruflichen Weiterbildung teilgenommen hat, erhält keinen Bildungsscheck. Dies gilt auch für Weiterbildungsangebote, die in dieser Zeit mit Hilfe eines Bildungsschecks besucht wurden.

Ob jemand die Voraussetzungen für den Bildungsscheck erfüllt, kann mit einem Online-Check überprüft werden (http://dev.gib-nrw.de/site/homepage/service/beratertool/bildungsscheck-online-check-fuer-den-betrieblichen-und-individuellen-zugang/).

Für Beschäftigte mit geringem Einkommen gibt es auch die „Bildungsprämie" des Bundes. Informationen zu diesem bundesweiten Angebot finden Sie unter www.bildungspraemie.info.

Informationen zum Bildungsscheck Nordrhein Westfalen siehe www.bildungsscheck.nrw.de.

Kasten 3: Bildungsscheck Nordrhein-Westfalen – kurz gefasst.

nen Branchen länger erhalten werden kann (vgl. z.B. www.innova-projekt.de oder www.projekt-pegasus.de). Weitere Beispiele finden sich im Netz (z.B. www.arbeit-demografie.nrw.de, Stichwort: Projekte und Initiativen).

2.4 Beteiligung und europäische Einbindung

Die *Beteiligung* der Beschäftigten ist essentieller Bestandteil des arbeitspolitischen Konzeptes der Beschäftigungsfähigkeit in Nordrhein-Westfalen. Dies kommt z.B. dadurch zum Ausdruck, dass die Einverständniserklärung der betrieblichen Interessenvertretung (soweit vorhanden) Fördervoraussetzung für die Potentialberatung ist. Die bisherigen Erfahrungen mit der Potentialberatung zeigen auch, dass die Beratung umso erfolgreicher war, je mehr Beschäftigte im Beratungsprozess involviert waren. Insgesamt wird davon

KomNet ist ein komfortabler Helpdesk zu allen Fragen rund ums Thema Arbeit, die Adresse lautet: www.komnet.nrw.de.

KomNet bietet individuellen Rat und gesicherte Lösungswege zu den Themenfeldern
- Gesünder Arbeiten, Arbeitsschutz (Themen: Arbeitsschutzorganisation/Management, Gefahrstoffe, sichere Maschinen, Anlagen und Produkte, Arbeitsplätze, Arbeitszeit, Strahlenschutz, Mutterschutz, Jugendliche ...),
- Arbeitsgestaltung (Themen: Arbeitsorganisation, Arbeitszeitgestaltung, demografischer Wandel, Personalentwicklung, Unterstützungsangebote ...),
- Qualifizierung (Themen: Abschlüsse, Bildungsscheck, Bildungsurlaub, eLearning, Fördermöglichkeiten, Weiterbildungsangebote ...).

Wenn in der Dialogdatenbank keine passende Antwort zu finden ist, kann eine persönliche Anfrage direkt an das KomNet-Expertennetz gestellt werden. KomNet erarbeitet dann eine passende Antwort bzw. macht einen praktischen Lösungsvorschlag – qualitätsgesichert und meist schon innerhalb von 1 bis 4 Tagen.
Um diesen kostenlosen Service jederzeit nutzen zu können, muss sich der Fragesteller nur einmalig mit einer E-Mailadresse registrieren lassen.
Die Nutzer können sich jederzeit über den Bearbeitungsstatus ihrer aktuellen Anfragen informieren. In einem persönlichen Archiv werden zudem alle Antworten und Lösungen zu den persönlichen Fragen bereitgehalten.

Kasten 4: KomNet – Fragen an das Expertennetz stellen.

ausgegangen, dass ohne eine Beteiligung der Beschäftigten Beschäftigungsfähigkeit nicht erhalten und gefördert werden kann.
Mit dem Rahmenkonzept Beschäftigungsfähigkeit leistet die nordrhein-westfälische Arbeitspolitik auch einen wesentlichen Beitrag zur Realisierung der verbindlichen europäischen Beschäftigungsziele (vgl. z.B. Kommission der Europäischen Gemeinschaften, 2009). Dabei stehen vor allem die Förderung
- der Anpassungsfähigkeit von Unternehmen und Beschäftigten,
- von Investitionen in das Humankapital,
- des Unternehmergeistes,
- der beruflichen Mobilität,
- des aktiven Alterns sowie
- des Gender Mainstreams

im Mittelpunkt.

3. Erste Ergebnisse

„Erfolgreich Arbeiten: Qualifizierter. Flexibler. Gesünder." ist kein starres, in allen Einzelheiten festgeschriebenes Konzept, sondern es entwickelt sich beginnend seit 2004 (in einzelnen Elementen wie z.B. der Potentialberatung schon früher, nämlich seit 2001) ständig weiter. Es setzt auf langfristige Entwicklungen bei Unternehmen und Beschäftigten und wirkt ergänzend zu den Ansätzen, Konzepten und Strategien anderer Akteure und Organisationen im Handlungsfeld Gesundheit, z.B. zu den Fördermöglichkeiten der Krankenkassen. Aus diesen Gründen fällt eine Überprüfung des *Outcome* schwer: Was ist auf Wirkungen des Konzeptes zurückzuführen, was auf andere, parallel wirkende Konzepte, was ist allgemeinen Entwicklungstrends geschuldet...? Daher bleibt zunächst nur, den *Output* zu überprüfen, und der zeigt, dass nachhaltige Wirkungen eingetreten sind bzw. noch eintreten werden:

- Von 2001 bis zum Jahre 2008 haben fast 13.000 Unternehmen mit mehr als 400.000 Beschäftigten eine Potentialberatung in Nordrhein-Westfalen in Anspruch genommen, ca. 83% davon mit weniger als 50 Beschäftigten. In diesen Unternehmen konnte dabei im genannten Zeitraum ein überdurchschnittlicher Zuwachs an Arbeitsplätzen erreicht werden: Während nämlich in Nordrhein-Westfalen zwischen 2001 und 2008 die Zahl der Arbeitsplätze um 4,5% zurückging, wurde sie in den Unternehmen mit Potentialberatung um 1,8% gesteigert (MAGS, 2008, S. 1 ff.).
- Von Anfang 2006 bis zum 1. Quartal 2008 wurden ca. 109.000 Bildungsschecks eingelöst, ca. 83.000 Beschäftigte von KMU haben an einer durch den Bildungsscheck geförderten beruflichen Weiterbildung teilgenommen und dazu wurden von den Beratungsstellen ca. 25.000 Beratungsgespräche geführt (SALSS, 2008, S. 59 ff.). Dabei ist der „Netto-Mitahmeeffekt" gering: So sagen zwar 50 Prozent der geförderten Betriebe, dass die durch den Bildungsscheck mitfinanzierte Weiterbildung auch ohne Zuschüsse stattgefunden hätte, aber die Hälfte dieser Unternehmen sagt zugleich, dass sie durch die finanzielle Förderung und die damit verbundene Beratung zu weitergehenden Aktivitäten im Bereich der Weiterbildung veranlasst wurden. Das heißt, nur etwa jedes vierte Unternehmen hat die Förderung in Anspruch genommen, ohne das hierdurch zusätzliche Weiterbildungsaktivitäten stimuliert worden wären (a.a.O., S. 85).
- Von 2004 bis 2008 sind rund 12.000 Anfragen bei KomNet eingegangen, bei den Antworten wurde eine sehr hohe Kundenzufriedenheit erreicht. Die Dialogdatenbank enthält fast 6.000 Dialoge, die in den beiden letzten Jahren von über 1 Mio. Kunden genutzt wurden, jeder Dialog wird im Durchschnitt von über 400 Personen gelesen (Kompetenznetze NRW, 2008, S. 1 ff.).

Insgesamt lässt sich festhalten: Durch das arbeitspolitische Konzept zur Entwicklung und Förderung der Beschäftigungsfähigkeit in Nordrhein-Westfalen werden Aktivitäten und Maßnahmen initiiert, die dazu beitragen, dass Unternehmen und Beschäftigte sich erfolgreich an Standorten und auf Märkten behaupten können. Es leistet somit einen „arbeitspolitischen Beitrag zur Standortstärkung und -sicherung der Wirtschaft in NRW" (Schäffer, 2008). Dabei ist es bei ca. 400.000 kleinen und mittleren Unternehmen mit einer Beschäftigtenzahl unter 250 und ca. 3,6 Mio. Beschäftigten in Nordrhein-Westfalen nicht das Ziel, ein flächen*deckendes* Förderangebot zu gewährleisten, wohl aber in der Fläche subsidiär zu wirken: Dort, wo ohne eine arbeitspolitische Aktivierung die Gefahr besteht, dass die Wettbewerbsfähigkeit leidet und Innovationen ausbleiben, soll Hilfe zur Selbsthilfe geleistet werden.

Dies lässt sich gut am Förderprogramm „Bildungsscheck Nordrhein-Westfalen" verdeutlichen: Trotz dieses Angebotes bleibt berufliche Weiterbildung auch weiterhin überwiegend eine Aufgabe für Unternehmen und Beschäftigte, die privat zu initiieren und zu finanzieren ist. Der Staat hilft nur dort, wo der Bedarf am größten ist. Ziel der staatlichen Hilfe ist deswegen immer auch, Eigeninitiative und private Investitionen in Weiterbildung zu stärken. Dies leistet der Bildungsscheck, weil er zusätzliche Weiterbildungsaktivitäten stimuliert.

Viele Unternehmen behaupten sich an Standorten und auf Märkten jedoch auch ohne jegliche Förderung und ohne, dass es der Aktivierung durch den Staat bedarf. Viele Beschäftigte pflegen und erhalten ihre individuelle Beschäftigungsfähigkeit in Eigenverantwortung und nutzen dazu die Möglichkeiten, die ihnen Arbeitgeber, Gewerkschaften, Weiterbildungseinrichtungen oder Krankenkassen auch ohne staatliche Förderung bieten.

Literatur

Blancke, S., Roth, C. & Schmid, J. (2000). Employability („Beschäftigungsfähigkeit") als Herausforderung für den Arbeitsmarkt: Auf dem Weg zur flexiblen Erwerbsgesellschaft – Eine Konzept- und Literaturstudie. Stuttgart: Arbeitsbericht 157 der Akademie für Technikfolgenabschätzung in Baden-Württemberg.

Deeke, A. & Kruppe, T. (2003). Beschäftigungsfähigkeit als Evaluationsmaßstab? Inhaltliche und methodische Aspekte der Wirkungsanalyse beruflicher Weiterbildung im Rahmen des ESF-BA-Programmes. Nürnberg: IAB-Werkstattbericht 1.

European Expert Group on Flexicurity (2007). Flexicurity Pathways – Turning hurdles into stepping stones. Verfügbar unter http://ec.europa.eu/social/main.jsp?catId=117&langId=de [27.10.2009].

Gazier, B. (1999). Employability: Concepts und Policies. Report 1998. Berlin: Employment Observatory Research Network.

Ilmarinen J. & Tuomi K. (2004). Past, Present and Future of Work Ability. In J. Ilmarinen & S. Lehtinen (Eds.), Past, Present and Future of Work Ability: People and Work. Helsinki: Research Reports 65 Finnish Institute of Occupational Health.

Kommission der europäischen Gemeinschaften (2009). Ein gemeinsames Engagement für Beschäftigung: Mitteilung der Kommission an das europäische Parlament, den Rat, den europäischen Wirtschafts- und Sozialausschuss und den Ausschuss der Regionen. KOM(2009) 257 endgültig. Brüssel.

Kraus, K. (2008). Beschäftigungsfähigkeit oder Maximierung von Beschäftigungsoptionen: Ein Beitrag zur Diskussion um neue Leitlinien für Arbeitsmarkt- und Beschäftigungspolitik. Bonn: Friedrich-Ebert-Stiftung: Expertisen und Dokumentationen zur Wirtschafts- und Sozialpolitik. Verfügbar unter http://library.fes.de/pdf-files/wiso/05865.pdf [27.10.2009].

Kompetenznetze NRW – KomNet (2008). Präsentationsfolder zum Quartalsreport 3/2008 Düsseldorf. Verfügbar unter http://www.komnet.nrw.de/includes/downlo-ad/Quartalsreport.pdf?PHPSESSID=e35fd7b8b27120f8d2e5b6a4cbe0c0a6 [27.10.2009].

Ministerium für Arbeit, Gesundheit und Soziales des Landes Nordrhein-Westfalen MAGS (Hrsg.) (2008). Potentialberatung Nordrhein-Westfalen: Entwicklung und Ergebnisse 2000-2008. Düsseldorf. Verfügbar unter http://www.mags.nrw.de/08_PDF/001/Bericht_Potentialberatung_2008.pdf [27.10.2009].

Richenhagen, G. (in Druck). Leistungsfähigkeit, Arbeitsfähigkeit, Beschäftigungsfähigkeit und ihre Bedeutung für das Age Management. In Initiative Neue Qualität der Arbeit/Bundesanstalt für Arbeitsschutz und Arbeitsmedizin (Hrsg.), Abschlussbericht des PFIFF-Projektes (S. 73-88).

Rump, J. & Eilers, S. (2006). Managing Employability sowie Employability im Zuge des demografischen Wandels. In J. Rump, T. Sattelberger & H. Fischer (Hrsg.), Employability Management – Grundlagen, Konzepte, Perspektiven (S. 13-73 und S. 129-148). Wiesbaden: Gabler.

Sozialwissenschaftliche Forschungsgruppe GmbH – SALSS. (2008). Evaluierung des „Bildungsscheck NRW“: Endbericht. Bonn (SALSS). Verfügbar unter http://www.gib.nrw.de/service/downloads/SALSS_Univation_Bildungsscheck_Endbericht.pdf [27.10.2009].

Schäffer, W. (2008). Wir wollen besser werden. In Gesellschaft für innovative Beschäftigungsförderung mbH – G.I.B. (Hrsg.), G.I.B.INFO 4/2008.

Schemmann, M. (2004). Bedeutung und Funktion des Konzeptes „Beschäftigungsfähigkeit“ in bildungspolitischen Dokumenten der Europäischen Union. REPORT – Zeitschrift für Weiterbildungsforschung, 1, 110-116.

Sailer, K. (2008). Beschäftigungsfähigkeit als Indikator für unternehmerische Flexibilität. In B. Badura, H. Schröder & C. Vetter (Hrsg.), Fehlzeiten-Report 2008 (S. 3-13). Heidelberg: Springer.

Die Bedeutung psychischer und psychosomatischer Erkrankungen für die berufliche Leistungsfähigkeit

Wolfgang Schneider

Die zunehmende Bedeutung psychischer und psychosomatischer Erkrankungen in ihren Folgen für die betroffenen Individuen wie auch die Organisationen und Betriebe findet aktuell eine wachsende öffentliche Beachtung. Diese Entwicklung, die durch unterschiedliche Daten belegt ist, führt zu Leid und Beanspruchungen der Erkrankten und ihrer Familien, aber auch zu erheblichen betriebswirtschaftlichen Konsequenzen und Produktivitäts- oder Kreativitätseinbußen für die Wirtschaft.

Epidemiologische Daten (Jacobi et al., 2004; Wittchen & Jacobi, 2005) zeigen, dass psychische und psychosomatische Erkrankungen eine wachsende Bedeutung einnehmen und auch versorgungsepidemiologische Studien verweisen auf den hohen Anteil von Patienten mit diesen Störungen im medizinischen Versorgungssystem.

Schätzungen der WHO gehen davon aus, dass die Jahresprävalenz psychischer und psychosomatischer Erkrankungen der europäischen Bevölkerung bei ca. 30% liegt, und dies würde für alle europäischen Länder gelten. Führend sind dabei die Angsterkrankungen mit über 14,5% und die Depressionen (ca. 12%), jedoch sind auch Suchterkrankungen sowie Körperbeschwerden (somatoforme Störungen und ausgewählte Schmerzerkrankungen) ohne eine organisch zu fassende Grundlage zahlenmäßig bedeutsam (Jacoby et al., 2004). Der heute oftmals formulierte Eindruck, dass psychische Erkrankungen an Häufigkeit zunehmen würden, kann jedoch auch durch die erhöhte öffentliche Sensibilität für die Wahrnehmung und Benennung von psychosozialen Problemen sowie die erhöhte Kompetenz und Bereitschaft von Ärzten zu einer entsprechenden Diagnosestellung mit beeinflusst sein. Die WHO geht jedoch davon aus, dass es zahlenmäßig tatsächlich zu einer Zunahme der psychischen Erkrankungen gekommen ist, da diese ähnliche Häufigkeiten in Ländern mit unterschiedlichen medizinischen Versorgungsstandards aufweisen würden

Die Arbeitsunfähigkeitszeiten wegen psychischer und psychosomatischer Erkrankungen haben entgegen der Tendenz bei somatischen Krankheiten, bei denen die Arbeitsunfähigkeitszeiten seit 1996 kontinuierlich zurück gegangen sind, regelmäßig zugenommen. Dabei ist von Interesse, dass die Krankheitszeiten bei psychischen Erkrankungen deutlich länger sind als bei den Arbeitsunfähigkeitszeiten der meisten somatischen Krankheiten. Als Hintergrund für diese Entwicklung wird allgemein der steigende Druck auf dem Arbeitsmarkt angesehen. Nach einem kurzen Anstieg der Arbeitsunfähigkeitszeiten in den

Jahren 2006 und 2007 – wohl aufgrund der Stabilisierung der Wirtschaft in dieser Zeit – hat sich die oben berichtete Tendenz unter der aktuellen Krise der Finanzwelt und Wirtschaft wieder hergestellt.
Auch bei den Erwerbsunfähigkeitsrenten stellen die psychischen und psychosomatischen Erkrankungen die Krankheitsursache Nr. 1 sowohl in Deutschland als auch in der gesamten EU (siehe www.VDR.de) dar. Dies gilt für die Frauen seit 1996 und für die Männer seit 2003. Wenn weiter berücksichtigt wird, dass den psychosozialen Faktoren auch ein großer Einfluss auf die Chronifizierungsprozesse von Organerkrankungen und den damit verbundenen Leistungseinbußen der erkrankten Individuen zukommt, lässt sich die Bedeutung psychischer und sozialer Prozesse auf die Gesundheit leicht ermessen.

Zur Bedeutung der Arbeit für die psychosoziale Gesundheit

Wenn wir die Rolle der Arbeitsbedingungen bei der Entstehung von psychischen und psychosomatischen Krankheiten oder Befindlichkeitsstörungen diskutieren, muss berücksichtigt werden, dass auch die gesellschaftlichen Rahmenbedingungen von Arbeit einen nachhaltigen Einfluss auf die psychosoziale Befindlichkeit von Individuen aufweisen. Die Erfahrung und Befürchtung der realen oder drohenden Massenarbeitslosigkeit weist wohl auch eine nachhaltige Bedeutung für die psychosoziale Situation der Arbeitnehmer auf, die um ihren Arbeitsplatz und ihre materielle und soziale Existenz bangen.
Wir leben in einer „Arbeitsgesellschaft", für deren Individuen die Teilhabe an der Erwerbsarbeit nicht nur existenziell, sondern auch sozial und psychologisch einen zentralen Stellenwert einnimmt. Erwerbsarbeit soll nach dem traditionellen Verständnis dem Individuum materielle und soziale Sicherheit vermitteln und weist darüber hinaus eine wichtige Funktion für die (soziale) Identitätsbildung des Individuums sowie eine selbstwert- und autonomiefördernde Bedeutung auf (siehe z.B. Siegrist, 2009).
Die hohe Arbeitslosigkeit und die von vielen Arbeitnehmern erlebte Gefahr des Arbeitsplatzverlustes, die durch die aktuelle Wirtschaftskrise noch verschärft wird, führt zu massiven psychosozialen Bedrohungen und Belastungen für die Arbeitnehmer wie ihren Angehörigen.

Die Herausforderungen der modernen Arbeitswelt

Die moderne Arbeitswelt ist durch eine zunehmende Technologiesierung und Verwissenschaftlichung sowie das Anwachsen des Dienstleistungssektors gekennzeichnet. In diesem Zusammenhang wird immer wieder beschrieben, dass die Arbeitsbedingungen durch die Intensivierung und Verdichtung der Arbeitsaufgaben, die erhöhte psychosoziale Komplexität durch technologische Erneuerungen, interaktive Anforderungen im Dienstleistungssektor sowie durch die Verwischung von Grenzen zwischen Arbeit und Privatem (Work-

Life-Balance; Kastner, 2004) immer höhere psychosoziale Herausforderungen an die Bewältigungsfähigkeit des einzelnen Individuums stellen.
Durch die Notwendigkeit der Arbeitnehmer, häufig den Arbeitsplatz zu wechseln und die damit erforderte Fähigkeit und Bereitschaft, neue Arbeitsaufgaben zu übernehmen, ist der Einzelne gefordert, zeitlebens inhaltlich und räumlich flexibel zu sein und sich lebenslang fortzubilden. Mit dem Wechsel des Wohnortes ist häufig die Aufgabe von vertrauten und stabilen sozialen Netzen verbunden, die auf Seiten der Individuen ein hohes Ausmaß an selbstregulativen und anpassungsorientierten Funktionen erfordern.
Von besonderem Interesse für die psychosoziale Befindlichkeit von Arbeitnehmern sind die psychischen und sozialen Belastungen in der Arbeitswelt, die zum einen durch die steigenden mentalen und kognitiven Anforderungen über die Art der Aufgabenstellungen und Arbeitsverdichtung in einer technisierten Arbeitswelt gekennzeichnet sind und zum anderen durch die besonderen interaktiven Anforderungen in einer Wissens- und Dienstleistungsgesellschaft.
In der Arbeitspsychologie und -medizin wird traditionell zwischen den arbeitsbezogenen Belastungen und den individuellen (positiven oder negativen) Beanspruchungen (Belastungs-, Beanspruchungskonzept; Rohmert & Rutenfranz, 1999) unterschieden.
Als Belastungen werden die Faktoren verstanden, die von Außen auf das Individuum einwirken. Beanspruchungen sind danach die individuellen, zeitlich unmittelbaren Auswirkungen der psychischen Belastungen auf Seiten des Individuums, in Abhängigkeit von

Tab. 1: Veränderungen in der Arbeitswelt

- Abnahme des klassischen industriellen Arbeitssektors und der damit verbunden Gefahrenpotentiale auf der Ebene von physikalischen oder biochemischen Faktoren.
- Ausweitung des Dienstleistungs- und Wissenschaftssektors; damit verbunden ein höherer Bedarf an qualifizierten Arbeitskräften und ein sinkender Bedarf an niedrig qualifizierter Arbeit.
- Trotz wachsender Produktivität der Unternehmen resultiert eine Reduktion von Arbeitsplätzen mit branchenübergreifender Arbeitslosigkeit und allgemeiner Prekarisierung des Arbeitsmarktes, der mittlerweile auch die traditionelle Mittelschicht ergreift.
- Neue Technologien und Organisationsformen der Arbeit erfordern mehr Flexibilität und Mobilität seitens der Arbeitnehmer (z.B. die Bereitschaft zur lebenslangen Fortbildung, Bereitschaft zum Wechsel von Arbeitstätigkeiten).
- Anwachsen psychosozialer Belastungen sowie höhere Anforderungen an kommunikative und interaktionelle Kompetenzen für die Individuen.
- Wachsende Anforderungen an die Selbstregulation des einzelnen Mitarbeiters durch neue Arbeits- und Lebensformen (z.B. erhöhte Autonomie bzw. Eigenverantwortung).
- Zunehmende Vermischung von Arbeit und Freizeit mit den Problemen für eine ausgewogene Work-Life-Balance (Kastner, 2004).

Tab. 2: Differentielle Merkmale der Arbeitswelt (angelehnt an Leiter und Maslach, 2007)

Anforderungen	Art und Intensität der Aufgaben (z.B. Ausmaß der kognitiven Anforderungen, Arbeitsverdichtung, Arbeitszeiten (Schicht oder Nachtarbeit), äußere Rahmenbedingungen der Arbeit (z.B. lange Fahrzeiten, häufige Reisen, Wochenendpendler)
Kontrolle/Führung	Führungsstil, Ausmaß an Eigenverantwortung im Arbeitsprozess
Gratifikation	Gehalt, Anerkennung, Karriereaussichten, Weiterbildung
Gemeinschaft/Kommunikation	Offene Kommunikation vs. unoffene Kommunikation fehlende Transparenz, Teamarbeit
Fairness/Gerechtigkeit	Gerechte und transparente Entscheidungen (z.B. bei der Karriereentwicklung), Chancengleichheit (Geschlecht, Alter, ethnische Zugehörigkeit etc.)
Werte und Moral	Sozialer Wert des Produktes, Werteorientierung in der Organisation (z.B. Mitarbeiterorientierung)
Verstehbarkeit und Sinnhaltigkeit	Von Entscheidungen, der Arbeitsaufgabe und des Arbeitsprozesses

seinen individuellen psychischen Voraussetzungen. Auch wenn diese Trennung in Außen und Innen gerade bei psychosozialen Faktoren häufig eher künstlich erscheint, da das Außen (die fragliche Belastung oder Anforderung) doch oftmals bereits durch die Wahrnehmung und Verarbeitung des Individuums mit gestaltet wird, sollen im folgenden relevante Variablen der Arbeitsbedingungen und -organisation typisiert werden.
Alle diese Faktoren beeinflussen in relevanter Weise die Motivation, die Zufriedenheit sowie die psychosoziale Befindlichkeit und Gesundheit der Mitarbeiter. Sie stellen damit grundsätzlich gesundheitsbezogene Ressourcen aber auch Risiken der Arbeitsorganisation und -prozesse dar. Dysfunktionale Bedingungen führen tendenziell zu Demotivierung, Unzufriedenheit, erhöhtem arbeitsbezogenem Stress und emotionalen Beanspruchungen bis hin zu psychischen und psychosomatischen Erkrankungen. Mit allen diesen Faktoren sind in der Regel mehr oder weniger ausgeprägte Leistungseinbußen verbunden. Ansätze der Arbeitsorganisation, der Organisationspsychologie und Personalführung sollten entsprechend auf diesen Ebenen ansetzen, um „gesundheits- und leistungsfördernde" Arbeitsbedingungen zu schaffen, wie weiter unten aufgeführt werden wird.
Die Arbeitsprozesse sind oftmals belastet durch einen fehlenden oder mangelnden Sinnzusammenhang, Unter- bzw. Überforderung, Gratifikationskrisen (Siegrist, 2009), Verän-

derungen der Hierarchien (z.B. flache Hierarchie) oder kritischem Führungsverhalten und wachsenden Anforderungen an Kooperation, Kommunikation und Zeitdruck. Siegrist (2009) führt eine Reihe von Studien – auch internationale – an, die empirisch gut bestätigen können, dass Gratifikationskrisen ein erhöhtes Risiko für die Entstehung von depressiven Erkrankungen aufweisen.

Unter „Gratifikationskrisen" werden nach Siegrist Verstöße gegen das Prinzip der Tauschgerechtigkeit von Leistung und Belohnung im Erwerbsleben aufgefasst, die mittel- oder langfristig bei den Betroffenen intensive Stressreaktionen auslösen, die zu stressassoziierten Krankheit führen können. Dabei umfassen Gratifikationen z.B. die Bezahlung, den beruflichen Aufstieg, die Arbeitsplatzsicherheit und nichtmaterielle Aspekte der Anerkennung und Wertschätzung. Als Bedingungen für Gratifikationskrisen nennt der Autor auf der Seite des Arbeitnehmers eine distanzlose und überhöhte Bereitschaft zur Leistungserbringung (Verausgabungsneigung); Verausgabungsleistungen weisen dabei sowohl eine extrinsische (betriebliche Anforderungen) und eine intrinsische (individuelle Verausgabungsneigung) Komponente auf. Weiter stellen fehlende Arbeitsplatzalternativen (z.B. geringe Qualifikation oder Mobilität) sowie ungünstige Arbeitsverträge, die aus strategischen Gründen über eine längere Zeit aufrecht erhalten werden (z.B. aus Karrieregründen), relevante Risiken für die Entstehung von Gratifikationskrisen dar.

Von besonderem Interesse sind die empirischen Befunde, dass psychische Faktoren (die geringe oder fehlende Anerkennung) auf die seelische Befindlichkeit von Individuen stärker wirken als die Faktoren „Arbeitsplatzunsicherheit" oder „geringe Bezahlung". In kleineren psychobiologischen Studien konnten auch Hinweise dafür erhoben werden, dass Gratifikationskrisen zu einem veränderte Muster der Ausscheidung von Stresshormonen wie Cortisol (Steptoe et al., 2008) sowie eine verstärkte Aktivierung von Entzündungsproteinen führen.

Zu dem weiten Feld des Zusammenhangs zwischen psychosozialen Belastungen in der Arbeitswelt und den psychischen Folgen für das Individuum liegen insgesamt nur wenig derart explorierte Untersuchungen vor wie für das Thema der „Gratifikationskrisen".

Wenn wir uns die unterschiedlichen Merkmalsbereiche der Arbeitswelt ansehen, ist leicht nachvollziehbar, dass viele dieser unterschiedlichen Kategorien durchaus als potenzielle direkte oder indirekte Gratifikationsmerkmale (z.B. Werte der Organisation, gutes Organisationsklima) angesehen werden können.

Die Entstehungsbedingungen psychischer und psychosomatischer Erkrankungen

Die traditionellen psychosomatisch-psychotherapeutischen Krankheitskonzepte gehen davon aus, dass frühe „belastende" psychosoziale Erfahrungen die Entwicklung der Persönlichkeit und die psychosoziale Anpassungsfähigkeit eines Individuums nachhaltig beeinflussen. Aus dieser Sicht sind es nicht primär die Belastungen im „Hier und Jetzt" (z.B.

in der Arbeitswelt), die das Risiko für die Entstehung von psychischen oder psychosomatischen Erkrankungen erhöhen.

Im Rahmen unserer Thematik müssen wir fragen, ob dem Faktor Arbeit für die Entstehung von psychischen Erkrankungen und in der Folge der Entstehung von Leistungsbeeinträchtigungen eine „federführende" Funktion zukommt.

Angesichts der wissenschaftlichen Befundlage, wie der hochkomplexen Determiniertheit von psychischen Störungen, ist es wenig wahrscheinlich, dass wir dies eindeutig bejahen können. Wenn jedoch die frühe psychosoziale Entwicklung eines psychisch erkrankten Individuums „unauffällig" sein sollte, es über weite Strecken seines Lebens eine befriedigende psychosoziale Anpassung gezeigt hat, spricht vieles dafür, dass die relevanten psychosozialen Ursachen der Erkrankung im „Hier und Jetzt" (berufliche Erfahrungen, aber auch Faktoren des Privatlebens) liegen können. Vielfach werden jedoch psychosoziale (chronische) Belastungen in der Arbeitswelt, aber auch aus dem Privatbereich eine „Auslöserfunktion" für die Entstehung einer psychischen Erkrankung aufweisen, die letztlich in problematischen frühen psychosozialen Entwicklungslinien oder auch in einer biologischen Vulnerabilität begründet ist.

Von besonderem Interesse sind insbesondere psychische Störungen, die regelhaft in einem engeren Zusammenhang mit beruflichen Belastungen und damit verbundenen psychischen Beanspruchungen diskutiert werden.

Dazu zählen vor allem „Burn-out-Syndrome", „Mobbingprozesse" und in gewissen Branchen die „Posttraumatischen Belastungsstörungen". An diesem Ort soll auf eine dezidierte Beschreibung der Symptomatik und der unterstellten Ursachen verzichtet werden. Wir werden diese insbesondere unter dem Gesichtspunkt ihrer individuellen psychologischen und sozial orientierten Bedeutung diskutieren.

Das Burn-out-Syndrom ist ursprünglich als mögliche Folge einer beruflichen Tätigkeit beschrieben worden, die mit hohen moralischen Zielen und Ethos verbunden war (insbesondere „helfende" Berufe, Freudenberger, 1981) und bei der es zu wiederholten Enttäuschungen/Desillusionierungen und Demotivierung der Akteure kommen würde, die letztlich zu einer Distanzierung von den ursprünglich hohen beruflichen Zielen und einer sarkastischen Haltung gegenüber dem Klientel führen würde. Als Konsequenz würden körperliche Symptome wie Erschöpfung, Schlaflosigkeit, Ängste, Niedergeschlagenheit und Gefühle des „Ausgebranntseins" sowie der soziale Rückzug des Individuums resultieren; als „Endstrecke" des Burn-out-Syndroms wird dann häufig eine Depression angesehen.

Heute wird die Burn-out-Entwicklung als mögliche Folge für nahezu alle beruflichen aber auch privaten sozialen „Überforderungs"-Konstellationen angesehen. Unter einer radikalen Perspektive stellt natürlich auch der gesellschaftliche und soziokulturelle Kontext in seinen Anforderungen an die Arbeit, die sozialen Beziehungen und die eingeschränkte Fähigkeit der Individuen, dieser gesellschaftlichen Komplexität und Vielfalt zu begegnen, die Hintergrundmatrix des „Burn-out-Syndroms" dar. Burn-out wird zu einem Resultat der gesamten Lebens- und Arbeitsbedingungen (Ehrenberg, 2008; Summer, 2008). Die

berufliche Leistungsmotivation und -fähigkeit wird in der Folge dieser Problemstellungen oftmals massiv eingeschränkt oder aufgehoben.
Als Mobbing (z.B. Leymann, 2000; Zapf, 1999) werden systematische Angriffe auf die psychosoziale Integrität von Individuen im Arbeitsprozess beschrieben. So können dem Einzelnen angemessene berufliche Aufgaben oder Entwicklungsschritte vorenthalten werden, er kann im Team isoliert oder von diesem ausgegrenzt werden. Für Mobbingprozesse werden Angriffe auf das soziale Ansehen (Selbstwertgefühl) und die sozialen Beziehungen beschrieben, die letztlich zu nachhaltigen psychischen und sozialen Fehlentwicklungen führen. Als Mobbingmotive werden unterschiedliche gruppendynamische Prozesse in Teams (Sündenbocksuche zur Teamentlastung, Konfliktlösung im Sinne einer Sieger-Verlierer-Dynamik) oder der Organisation beschrieben. Derartige Interaktionen dienen sicherlich häufiger auch dazu, um scheinbar notwendige Veränderungsprozesse in Organisationen auf der personalen Ebene zu lösen; unabhängig davon, ob die Interaktionsmuster immer bewusst sind. Der Mobbingbegriff wird mittlerweile in allen möglichen sozialen Kontexten (z.B. Schule) zur Beschreibung von interaktionellen und zwischenmenschlichen Problemen verwendet.
Das besondere am Burn-out-Konzept wie auch beim Mobbing-Konzept ist die Interpretation oder Attribuierung der psychischen, sozialen und somatischen Probleme als Folge einer „unerträglichen" beruflichen oder sozialen Anforderungssituation. Die Ursachen werden nach „außen" verlagert, so dass nicht das Individuum im Gesamt seiner Entwicklung „schuld" an der Entstehung der Problematik ist, sondern der Kontext der Arbeit und seine Anforderungen. Dieses Interpretationsraster dient insbesondere der psychischen Entlastung des Individuums sowie dessen Entstigmatisierung (für sich selbst wie gegenüber anderen). Von Bedeutung ist hier die Frage, welche Einflüsse die Krankheitsverarbeitung auf die Veränderungsmotivation und die mögliche Therapie hat, wenn nicht das Individuum, sondern die Bedingungen in der Außenwelt das Problem verursachen. Hier ist zu fragen, wie viel Bereitschaft der Betroffene zeigt, eigene psychische Anteile im therapeutischen Prozess aktiv aufzugreifen und zu verändern. Besonders problematisch ist diese Konstellation bei Individuen, die ihre psychosozialen Probleme ausschließlich als Folge von Mobbingprozessen ansehen.
Die Diskussion, ob und welchen Einfluss die Arbeitsbedingungen auf die psychische Gesundheit von Arbeitnehmern haben, wird natürlich nicht nur unter einer wissenschaftlichen Perspektive geführt, sondern an dieser Debatte beteiligen sich auch unterschiedliche Interessensgruppe (Unternehmerverbände, Gewerkschaften) mit ihren jeweils eigenen Zielen. Die Unternehmerverbände (BDA, 2008) verfolgen eine Argumentationslinie, nach der die Rolle der Arbeitsbedingungen bei der Entstehung von psychischen und psychosomatischen Erkrankungen gegenüber anderen Faktoren (z.B. Faktoren des Privatlebens, frühe Entwicklungsfaktoren oder genetische Disposition) relativiert wird; die Gewerkschaften und Betriebsräte, aber auch der Berufsverband der Deutschen Betriebs- und Werksärzte (VdBW, 2008) betonen hingegen die Relevanz der psychosozialen Risiken in der Arbeitswelt. Letztlich ist diese Frage nur eingeschränkt wissenschaftlich zu beantworten. Die Verursachungs- und Chronifizierungsfaktoren von psychischen Erkrankungen

sind multikonditional angelegt und der Anteil der einzelnen Bedingungsfaktoren variiert über die einzelnen Individuen wie über die konkreten Arbeitsbedingungen und ihren gesellschaftlichen Rahmen. Es steht jedoch meines Erachtens außer Zweifel, dass infolge der gewachsenen psychosozialen Anforderungen in der Arbeitswelt und auch der langfristig hohen Arbeitslosigkeit das Risiko von Arbeitnehmern wie auch der Arbeitslosen gestiegen ist, relevante psychische Probleme zu entwickeln.

Psychische und psychosomatische Erkrankungen in ihrem Einfluss auf die berufliche Leistungsfähigkeit

Psychische Befindlichkeitsstörungen und Erkrankungen können die individuellen Leistungen sowohl auf der quantitativen als auch qualitativen Ebene beeinträchtigen. Einschränkungen der Motivation, der Kreativität, der Effektivität oder der kognitiven Leistungen des Mitarbeiters können zu Verlusten der Arbeitsproduktivität, aber auch zu Störungen der Arbeits- und Kommunikationsprozesse führen, aus denen z.B. Probleme in Teams oder auch Mobbingprozesse resultieren können. Eine wichtige Folge psychischer Erkrankungen sind natürlich auch die häufigen Arbeitsunfähigkeitszeiten oder Frühberentungen und die dadurch anfallenden Kosten und „Reibungen" in den Arbeitsprozessen.

Als berufliche Leistungsfähigkeit wird hier das höchstmöglichste Funktionsniveau verstanden, dass eine Person in Bezug auf die beruflichen Arbeitsbedingungen und -anforderungen erbringen kann. Dabei ist die berufliche Leistungsfähigkeit als ein komplexes Konstrukt anzusehen, das sich aus den Arbeitsbedingungen, den Rahmenbedingungen der Arbeit und insbesondere auch persönlichen Faktoren des Individuums zusammensetzt. Zu diesen individuellen Faktoren gehört seine grundsätzlich vorhandene Leistungsfähigkeit auf der körperlichen wie auf der psychischen Ebene (z.B. kognitive und emotionale Ressourcen und Motivation).

Bei der Beurteilung der Leistungsfähigkeit müssen jedoch nicht nur die somatischen oder psychischen Erkrankungen und damit verbundene Funktionsbeeinträchtigungen beurteilt werden, sondern insbesondere auch die Folgen der Erkrankung für die psychosoziale Anpassungsfähigkeit des Individuums beurteilt werden.

Wenn wir den Zusammenhang von Gesundheit bzw. gesundheitlichen Beeinträchtigungen und Leistung diskutieren, ist es hilfreich, sich am Konzept der International Classification of Functioning der Weltgesundheitsorganisation (ICF, VDR, 2002) zu orientieren. Diese erweitert die klassische Diagnostik von Krankheiten oder Schädigungen, wie sie in der ICD-10 vorgenommen wird, um die aus diesen Schädigungen resultierenden Folgen auf den Ebenen der **Aktivitäten**, die dem Individuum noch möglich sind, und um die Lebensbereiche, an denen es noch teil hat, die **Partizipation**.

Die Aktivität wird entscheidend beeinflusst von der Verfügbarkeit oder der Einschränkung von körperlichen und psychischen Funktionen sowie der Fähigkeit des Individu-

Tab. 3: Die Internationale Classification of Functioning (ICF, VDR, 2002)

Beurteilungsebenen der International Classification of Functioning (ICF, WHO, 1998)
Störungsebene und Funktionsbeeinträchtigungen – somatische und psychische Dimensionen unter Berücksichtigung von Schweregrad-, Verlaufskriterien und Komorbidität
die Aktivität – konkrete Beschreibung der Aktivitäten bzw. Störungen der Aktivitäten – Möglichkeiten der Assistenz sollten berücksichtigt werden – Prognose der zukünftigen Aktivitäten sollte vorgenommen werden
die Partizipation – An welchen unterschiedlichen Lebensbereichen kann das Individuum teilhaben? – Beschreibung der Einschränkungen der Partizipation (Art, Dauer und Qualität) – Die Partizipation ist als Resultat der Wechselbeziehung zwischen der Gesundheitsstörung (Beeinträchtigungen der Funktion/Struktur und Aktivität) und den Bedingungen des jeweiligen Lebensbereiches anzusehen; bei der Beurteilung ist Bezug auf Kontextfaktoren (Umwelt und Individuum) zu nehmen

ums, mit etwaigen Einschränkungen der psychischen Funktionen mehr oder weniger adaptiv umzugehen.
In der folgenden Tabelle werden die psychischen Funktionen aufgeführt, die das menschliche Erleben und Verhalten – und damit auch die berufliche Leistungsfähigkeit – determinieren. Die Kategorien orientieren sich an einem Schema, daß eine Arbeitsgruppe zur Erstellung von Leitlinien zur Begutachtung der Leistungsfähigkeit bei psychischen und psychosomatischen Erkrankungen entwickelt hat (Schneider et al., im Druck).

Tab. 4: Psychische Funktionen/Funktionssysteme

– Emotionalität – Antrieb/Psychomotorik – Kognitionen – Verhalten – Interaktion – Motivation

Neben den psychischen und natürlich auch den hier nicht spezifiziert dargestellten körperlichen Funktionsstörungen sind Einschränkungen auf der Ebene der Aktivität zentral für die (berufliche) Leistungsfähigkeit. Die Einschränkungen der Aktivitäten resultieren aus den Einschränkungen der psychischen Funktionen und werden maßgeblich durch Faktoren der Krankheitsverarbeitung (z.B. dem Leidensdruck, der Veränderungsmotivation) beeinflusst.

Eine Aktivität beschreibt allgemein eine Tätigkeit, eine Handlung (z.B. die Durchführung einer Aufgabe) bzw. die Fähigkeit einer Person, auf seine Umwelt einzuwirken und sie zu verändern. Im Rahmen der Beurteilung der beruflichen Leistungsfähigkeit muss geprüft werden, inwieweit der Arbeitnehmer aufgrund seiner ihm möglichen Aktivitäten noch seinen beruflichen Anforderungen entsprechen kann. Dabei werden bei der Beurteilung der Aktivität sowohl Hemmnisse als auch Ressourcen in Bezug auf die oben beschriebenen psychischen, aber auch körperlichen Funktionen berücksichtigt. Die Aktivitäten müssen möglichst konkret beschrieben werden. Bei der Bewertung der Aktivitäten sollte auch berücksichtigt werden, welche Aktivitäten einem Individuum grundsätzlich, aufgrund seiner vorhandenen psychischen Funktionen, möglich sein sollten, auch wenn er diese aktuell (z.B. aufgrund regressiver Tendenzen) nicht umsetzt. Zentral ist die Frage, inwieweit eine Aktivität zukünftig möglich sein wird oder nicht (Prognose).

Beurteilt werden die unterschiedlichen Aktivitäten bzw. Störungen der Aktivitäten des alltäglichen und berufsbezogenen Lebens. Von besonderem Interesse bei der Beurteilung der Aktivität im Rahmen der Beurteilung der beruflichen Leistungsfähigkeit sind natürlich solche Aktivitäten, die eine besondere Nähe zu den beruflichen Arbeitsanforderungen aufweisen.

Tab. 5: Aktivitätsdimensionen (orientiert an Linden & Baron, 2005; Mini-ICF)

1. Körperliche Aktivität
2. Anpassung an Regeln und Routinen
3. Strukturierung von Aufgaben
4. Flexibilität und Umstellungsfähigkeit
5. Anwendung fachlicher Kompetenzen
6. Entscheidungs- und Urteilsfähigkeit
7. Durchhaltefähigkeit
8. Selbstbehauptungs- und Durchsetzungsfähigkeit
9. Interaktions- und Kommunikationsfähigkeit
10. Gruppenfähigkeit
11. Selbstversorgung
12. Mobilität/Wegefähigkeit

Wenn nun die berufliche Leistungsfähigkeit eines Individuums für eine spezifische berufliche Aufgabe in einer speziellen Organisation (z.B. bei der Planung der beruflichen Rehabilitation) bewertet werden soll, ist es notwendig, insbesondere die dem Individuum möglichen Aktivitäten in Beziehung zu den konkreten Arbeitsanforderungen zu setzen. Dabei ist es nicht hinreichend, nur die Arbeitsaufgaben im engeren Sinne (z.B. Art der Aufgabe, kognitive oder emotionale Anforderung, Intensität und Dichte der Aufgaben) zu kategorisieren, sondern es ist notwendig, auch die organisatorischen und atmosphärischen Rahmenbedingungen zu berücksichtigen, da diese in relevanter Weise die Leistungsfähigkeit über intervenierende Variablen wie die emotionale und kognitive Verfassung, aber auch die Motivation des Mitarbeiters, beeinflussen.
Bei der Partizipation sind bei unserer Thematik vor allem die psychosozialen Umgebungsbedingungen des Arbeitsplatzes in ihrer förderlichen oder hinderlichen Bedeutung für den Arbeitnehmer zu beurteilen (siehe Tab. 2).
Der demographische Wandel, in dessen Folge zukünftig verstärkt ältere Arbeitnehmer in die Betriebe und Organisationen integriert werden müssen, wirft natürlich die Frage auf, inwieweit es einen Zusammenhang zwischen dem Lebensalter und der beruflichen Leistungsfähigkeit gibt. Die relevanten Faktoren sind dabei die körperliche und psychosoziale Gesundheit (Verfügbarkeit von psychischen Funktionen) älterer Arbeitnehmer. Studien haben gezeigt, dass dieser Zusammenhang gleich „Null“ (Moser, 2009) ist, soweit die Frage relativ unspezifiziert über Stichprobenzusammensetzungen und den konkreten Arbeitsplatz bzw. Aufgabenanforderungen exploriert wird. Um die Leistungsfähigkeit von älteren Arbeitnehmern zu fördern, sind die speziellen Leistungsvoraussetzungen von älteren Arbeitnehmern in Bezug auf die Intelligenz (kognitive Funktion), die Motivation und psychomotorische Fähigkeiten und Fertigkeiten in besonderer Weise zu berücksichtigen. Dabei ist bei der Intelligenz zu berücksichtigen, dass ein etwaiger Rückgang vielfach (z.B. durch Erfahrungswissen) kompensiert werden kann. Gerade die Berufserfahrung älterer Arbeitnehmer, die durch Routine, implizites Wissen und oftmals durch eine effektive Emotionsregulierung bei problematischen beruflichen Aufgabenstellungen (sie haben bereits ähnliche Herausforderungen bewältigt) gekennzeichnet ist, stellt eine wichtige Leistungsressource dar. Weitere positive Variablen für die Leistungsfähigkeit älterer Arbeitnehmer stellen motivationale Faktoren und die oftmals vorhandene hohe Loyalität und Kooperationsbereitschaft dar, soweit die Betriebe und Organisationen diese z.B. durch die Art der Organisationsprozesse und organisationalen Werte fördern. So ist davon auszugehen, dass die Leistungsfähigkeit älterer Arbeitnehmer durch eine gezielt Förderung durch das Management systematisch unterstützt werden kann.

Maßnahmen zur Förderung der psychischen Gesundheit und der Leistungsfähigkeit von Mitarbeitern

Entsprechende Maßnahmen müssen auf den verschiedenen Ebenen der Arbeitsinhalte, -organisation und der Arbeitsprozesse ansetzen. Darüber hinaus sind wie oben in Tab. 1

gezeigt, das Gratifikationsangebot, der Führungsstil, die Organisationsatmosphäre, die Kommunikations- und Interaktionsprozesse sowie die inner- und außerorganisationalen Wertorientierungen für die psychosoziale Befindlichkeit der Mitarbeiter von Bedeutung. Eine besondere Rolle nehmen bei allen diesen Variablen die Führungskräfte ein, die sowohl die Ziele der von ihnen geleiteten Einheiten oder Teams als auch die Prozesse der Zielumsetzung sowie die Kommunikations- und Interaktionsprozesse entscheidend beeinflussen. Eine mitarbeiterorientierte Führung, die die Kompetenzen, die Motivation und die Ressourcen der Mitarbeiter aufgreift und fördert, in ihren Entscheidungen so transparent und gerecht wie möglich ist und bei der die Führungskraft die gestellten Anforderungen in Bezug auf leistungs-, aber auch gesundheitsorientierten Verhaltensweisen und Werte vorlebt, stellt eine entscheidende Voraussetzung für die Leistungsfähigkeit, die -motivation und die psychosoziale Gesundheit der Mitarbeiter dar. Soweit wie möglich, sollten die Gestaltungs- und Handlungsspielräume im Arbeitsprozess für die Arbeitnehmer geöffnet werden, um die Kreativität und Effektivität der Arbeitnehmer über die Förderung ihrer Arbeitsmotivation und -zufriedenheit günstig zu beeinflussen. Auf die besondere Bedeutung eines angemessenen Verhältnisses von Gratifikation und geforderter/erbrachter Leistung ist bereits oben hingewiesen worden. Dabei umfasst die Gratifikation natürlich mehr als die materiellen Faktoren (Bezahlung, Arbeitsplatzsicherheit), sondern auch insbesondere psychosoziale Aspekte, wie z.B. Anerkennung, berufliche Weiterentwicklung, Fortbildungsmaßnahmen etc.
Führungskräfte müssen für diese Aufgaben systematisch vorbereitet und weitergebildet werden. Dies bedeutet, dass sie für psychosoziale Belastungen im Arbeitsprozess und psychischen Beeinträchtigungen bei Mitarbeitern sensibilisiert werden müssen und ihre Fähigkeit gefördert werden muss, die Arbeitsbedingungen so zu gestalten, dass das Auftreten von psychischen Beeinträchtigungen minimiert wird.
Sie sollten in der Lage sein, psychische und motivationale Probleme auf der Ebene des einzelnen Mitarbeiters zu erkennen, diesen zu beraten und ggf. fachspezifische Unterstützungsmaßnahmen (z.B. Weiterverweisung an den Arbeitsmediziner, an die psychosoziale Beratung) einzuleiten. Die mitarbeiterorientierte Beratung umfasst im Weiteren das Erkennen und die Förderung von Ressourcen und Kompetenzen der einzelnen Mitarbeiter. Um angemessen beraten zu können, ist es notwendig, dass die Führungskräfte neben dem Wissen über Belastungsfaktoren auf der individuellen, gruppenbezogenen und organisationalen Ebenen auch über eine hohe interaktionelle und kommunikative Kompetenz verfügen.
Um die hier skizzierten Führungs- und Organisationsprinzipien umsetzen zu können, ist ein reflektiertes Personalentwicklungskonzept zu implementieren, um auf dem Hintergrund der konkreten Organisationsbedingungen ein leistungs- und gesundheitsförderndes Klima in der Organisation zu schaffen. Dabei sind auch – soweit wie möglich – die individuellen und familiären Lebensbedingungen des einzelnen Mitarbeiters zu berücksichtigen, um die Voraussetzungen für ein ausgewogenes Verhältnis zwischen Privat- und Arbeitsleben zu fördern (z.B. flexiblere Arbeitszeitmodelle, Betriebskindergärten etc.).

Präventive und rehabilitative Ansätze in der Arbeitswelt

Aktuelle Präventionskonzepte (Rosenbrock, 2004) sehen als Aufgabe der primären Prävention die Risikominimierung über die Belastungsreduktion und die Ressourcenstärkung (z.B. die Gesundheitsförderung) an. Dabei können sich präventive Ansätze auf das Individuum, Settings (soziale Gruppen oder Organisationen/Betriebe) und auf die (z.B. gesellschaftlichen) Verhältnisse beziehen. Für die Arbeitswelt stellt das Arbeitssicherheitsgesetz (ASiG, 1973) in Kombination mit dem Arbeitsschutzgesetz (ArbSchG, 1996) den rechtlichen Rahmen für Maßnahmen der primären Prävention von arbeitsbedingten Gesundheitsgefahren einschließlich der menschengerechten Gestaltung der Arbeit dar (Rosenbrock & Lenhardt, 1999).

International wie auch national sind mittlerweile vielfältige Ansätze der betrieblichen Gesundheitsförderung entwickelt worden (Europäisches Netzwerk für betriebliche Gesundheitsförderung, ENBG), die insbesondere auch psychosoziale Belastungen und dysfunktionale Beanspruchungen aufgreifen und minimieren wollen.

Zur Implementierung von effektiven präventiven und rehabilitativen Maßnahmen in einem Betrieb/einer Organisation ist die Einrichtung eines Gesundheitsmanagements anzustreben, dass insbesondere auch auf die Minimierung der hier diskutierten psychosozialen Belastungen und individuellen negativen Beanspruchungen abzielt (siehe auch Schneider & Jurkschat, 2009).

Das Gesundheitsmanagement ist dabei interdisziplinär und fachübergreifend zu konzeptualisieren und umzusetzen. Eine zentrale Rolle kommt dabei den Arbeitsmedizinern, den Arbeits- und Organisationspsychologen sowie den Fachleuten für Arbeitssicherheit zu.

Die Gestaltung der Arbeitswelt muss die Ressourcen und Kompetenzen der Individuen berücksichtigen und gleichzeitig Bezug auf die Bedürfnisse und Notwendigkeiten der Organisation, ihres Handlungsrahmens und ihres Auftrages/Produktes nehmen.

Unter dem Aspekt der **Prävention** fällt den Protagonisten (z.B. Arbeitsmedizinern) die Aufgabe zu, die relevanten **bio-psycho-sozialen Risikobedingungen** der Arbeitswelt zu reflektieren und entsprechende Maßnahmen zur Vorbeugung der Entstehung von Erkrankungen im Betrieb einzuleiten. Diese Maßnahmen können sich sowohl auf die gesamte Organisation (strukturelle Risiken der Organisation und Arbeitsbedingungen) oder auf Teilbereiche der Organisation beziehen als auch einzelne Arbeitnehmer oder Gruppen von Arbeitnehmern (Risikoindividuen) ansprechen.

Die **Prävention** von psychischen oder psychosomatischen Erkrankungen sollte auf der Ebene der Organisation darauf abzielen, Arbeitsbedingungen (siehe Tab. 2) zu schaffen, die geeignet sind, ein möglichst hohes Ausmaß an Zufriedenheit der Arbeitnehmer im Arbeitsprozess zu gewährleisten, ihre arbeitsbezogene psychosoziale Befindlichkeit zu verbessern und damit ihre Motivation zur Arbeit sowie ihre Effektivität und Leistungsfähigkeit zu fördern. Ergänzend sind Maßnahmen zur Förderung von individuellen Ressourcen zur Bewältigung von psychosozialen Anforderungen (z.B. Stressbewältigungstrainings) zu implementieren

Maßnahmen zur **Ressourcenstärkung** in der Arbeitswelt zielen insbesondere auf die Förderung von individuellen und kollektiven Gesundheitsressourcen ab. Diese umfassen auf der individuellen Ebene insbesondere die Vermittlung von spezifischen oder unspezifischen Kompetenzen, die den Einzelnen oder die Gruppe in die Lage versetzen sollen, relevante (Gesundheits-)Belastungen sowohl psychisch als auch psychosozial zu bewältigen. Weiterhin können auf der organisatorischen Ebene die Handlungsspielräume zur Überwindung von Belastungen oder gesundheitsbelastendem Verhalten erhöht werden. Beide Zugangsweisen stellen zentrale Pfeiler von Ansätzen der Gesundheitsförderung dar.
Die Prävention von chronischen Erkrankungen, bei denen psycho-soziale Faktoren (z.B. bei der Krankheitsverarbeitung) eine wichtige Rolle einnehmen, erfordert vom Arbeitsmediziner – der bei dieser Aufgabe in der Regel der Hauptakteur ist – dass er die relevanten psychosozialen Risiken und Ressourcen sowohl auf der Ebene der Arbeitsbedingungen, des Individuums als auch der therapeutischen und rehabilitativen Aktivitäten, die in der Hauptsache außerhalb des Betriebes wirksam werden, angemessen reflektiert und versucht, diesen auf den verschiedenen oben angesprochenen organisations- und individuumsbezogenen Ebenen zu begegnen. Auch wenn der Betriebsarzt in der Akutversorgung nicht therapeutisch tätig sein soll, ist es für eine angemessene rehabilitative Strategie doch notwendig, in vernetzten Gesundheitsversorgungsmodellen zu denken und über die Beratung des Arbeitnehmers und die Kooperation mit anderen Versorgungsinstitutionen frühzeitig geeignete präventive, therapeutische und rehabilitative Maßnahmen zu initiieren oder mitzugestalten. Für die Begleitung und Beratung von einzelnen Individuen ist von den Arbeitsmedizinern oder Vertretern anderer Berufsgruppen, die im Gesundheitsmanagement aktiv sind, ein hohes Ausmaß an Wissen über psychosoziale Problemstellungen und deren Verläufe, subklinischen und klinischen Zeichen von psychischen und psychosomatischen Erkrankungen sowie eine basale Kompetenz zur individuellen Beratung gefordert.
Auf der **Ebene der Rehabilitation** geht es um die angemessene berufliche Wiedereingliederung des Arbeitnehmers, mit dem Ziel, das Eintreten von Chronifizierungsprozessen möglichst zu verhindern oder diese günstig zu beeinflussen. Es geht dabei auch um die Förderung von Leistungsressourcen des Arbeitnehmers, die wiederum in relevanter Weise von psychosozialen Faktoren abhängen. Von Bedeutung sind z.B. die psychische Verfassung (etwaiges Vorliegen von Ängsten oder Depressionen), das Krankheitskonzept sowie die Krankheitsverarbeitung (z.B. allgemeiner sozialer Rückzug und eine Rückzugstendenz aus dem Arbeitsleben) sowie das Konzept des Arbeitnehmers über seine eigene Leistungsfähigkeit bzw. seine Motivation zur beruflichen Reintegration (Schneider, 2007). In einem nächsten Schritt geht es um die Beratung des Arbeitnehmers sowie um die gemeinsame Entwicklung eines individuellen Rehabilitationsplanes. Gruppenbezogene rehabilitative Interventionen (z.B. Schmerzgruppen, Selbsthilfegruppen) können die Effekte von individuumbezogenen Interventionen erhöhen und stellen so inhaltlich und ökonomisch einen interessanten Ansatz dar.
Auf der **Ebene der Organisation** müssen institutionelle Voraussetzungen für Maßnahmen der Prävention sowie der Rehabilitation geschaffen werden. Die rechtlichen Voraussetzun-

gen sind weitestgehend – wie oben skizziert – gegeben. Inhaltlich und betriebswirtschaftlich könnten sich Maßnahmen des betrieblichen Gesundheitsmanagements für die Organisation oder den Betrieb ggf. durch die erhöhte Effektivität, Produktivität und Kreativität rechtfertigen, die motivierte und zufriedene Mitarbeiter im Arbeitsprozess zeigen, sowie durch eine Verminderung von Arbeitsunfähigkeitzeiten. Diese Frage, die insbesondere aus betriebswirtschaftlicher Sicht von Bedeutung ist, lässt sich jedoch in der Realität in der Regel nicht oder nur eingeschränkt beurteilen. Die Frage der Qualität von Arbeit (-sbedingungen) muss jedoch auch unter Aspekten der Werteorientierung reflektiert werden. In diesem Zusammenhang sind betrieblich geförderte Gesundheitsmaßnahmen eben auch als ein Gütesiegel oder Qualitätsmerkmal der entsprechenden Organisation zu verstehen.

Literatur

ArbschG (1996). Gesetz über die Durchführung von Maßnahmen des Arbeitsschutzes zur Verbesserung der Sicherheit und des Gesundheitsschutzes der Beschäftigten bei der Arbeit. BGBL. S. 1246.

ASIG (1973). Gesetz über Betriebsärzte, Sicherheitsingenieure und andere Fachkräfte für Arbeitssicherheit. BGBL-I. S.1885.

Bund Deutscher Arbeitgeber (BDA) (2008). Erfolgsfaktor Psychische Gesundheit. Kompakt 2008.

Freudenberger, H. (mit G. Richelson) (1981). Ausgebrannt. Die Krise der Erfolgreichen. Gefahren erkennen und vermeiden. München: Kindler.

Ehrenberg, A. (2008). Das erschöpfte Selbst. Frankfurt a.M.: Suhrkamp-Taschenbuch Wissenschaft.

ENBG, Europäisches Netzwerk für betriebliche Gesundheitsförderung; www.netzwerk-bgf.de

International Classification of Functioning (ICF) (2002). www.vdr.de.

Jacobi, F., Klose, M. & Wittchen, H.-U. (2004). Psychische Störungen in der deutschen Allgemeinbevölkerung: Inanspruchnahme von Gesundheitsleistungen und Ausfalltage. Bundesgesundheitsbl-Gesundheitsforsch-Gesundheitsschutz, 47, 763-744.

Kastner, M. (Hrsg.) (2004). Work Life Balance als Zukunftsthema. In Kastner, M. (Hrsg.), Die Zukunft der Work Life Balance (S. 1-66). Kemmern: Asanger,

Leymann, H. (2000). Mobbing – Psychoterror am Arbeitsplatz und wie man sich dagegen wehrt (11. Aufl.). Reinbek: Rowohlt Verlag.

Leiter, M.P. & Maslach, C. (2007). Burn-out erfolgreich vermeiden. Berlin, Heidelberg, New York: Springer.

Linden, M. & Baron, S. (2005). Das Mini-ICF-Rating für psychische Störungen (Mini-ICF – P). Ein Kurzinstrument zur Beurteilung von Fähigkeitsstörungen bei psychischen Erkrankungen. Die Rehabilitation, 44, 144-151.

Paul, K. & Moser, K. (2009). Unemployment impairs mental health. Meta-analysis, 74, 264-282.

Rohmert, W. & Rutenfranz, J. (1975). Arbeitswissenschaftliche Beurteilung der Belastung und Beanspruchung an unterschiedlichen industriellen Arbeitsplätzen. Bundesminister für Arbeit und Sozialordnung (Hrsg.).

Rosenbrock, R. & Lenhardt, U. (1999). Die Bedeutung von Betriebsärzten in einer modernen betrieblichen Gesundheitspolitik. Gutachten/Bertelsmann-Stiftung (Hrsg.). Gütersloh: Verlag Bertelsmann-Stiftung.

Rosenbrock, R. (2004). Primäre Prävention. Begriffe und Begrenzungen, Konzepte und Klassifikation. Vortrag: Perspektivenkongress, 17.5.2004.

Schneider, N.F., Rüger, H. & Münster, W. (2009). Berufsbedingte Mobilität in Deutschland. Formen, Verbreitung und Folgen für Gesundheit, Wohlbefinden und Familienleben. Arbeitsmedizin, Sozialmedizin, Umweltmedizin, 7, 400-409.

Schneider, W. (2007). Standards der sozialmedizinischen Leistungsbegutachtung in der psychosomatischen Medizin und Psychotherapie. Psychotherapeut, 52, 447-462.

Schneider, W. & Jurkschat, R. (2009). Psychische und psychosomatische Probleme in der Arbeitswelt. Leitfaden Psychosomatische Medizin und Psychotherapie (2. Aufl., S. 603-612). Köln: Deutscher Ärzte-Verlag.

Siegrist, J. (2009). Gratifikationskrisen als psychosoziale Herausforderungen. Arbeitsmedizin, Sozialmedizin, Umweltmedizin, 11, 673-681.

Steptoe, A. (2008). Psychophysiological Stress Reactivity and Hypertension. Hypertension, 52, 220-221.

Summer, E. (2008). Macht die Gesellschaft depressiv? Bielefeld: transcript verlag.

Verband Deutscher Betriebs- und Werksärzte e.V. (VDBW) (2008). Psychische Gesundheit im Betrieb – ein Leitfaden für Betriebsärzte und Personalverantwortliche.

Wittchen, H.-U. & Jacobi, F. (2005). Size and burden of mental disorders in Europe – a critical review and appraisal of 27 studies. European Neuropsychopharmacology, 15, 357-376.

Zapf, D. (1999). Mobbing in Organisationen – Ein Überblick zum Stand der Forschung. Zschrft für Arbeits- und Organisationspsychologie, 43, 1-2.

Strategieorientiertes Controlling im Betrieblichen Gesundheitsmanagement – Stand der Praxis und Lösungsansatz

Péter Horváth, Johannes Isensee, Nils Gamm

1. Zusammenfassung

Neue, sich ändernde Arbeitsformen und die demographische Entwicklung sind aktuelle Trends, die den Wert- und Innovationstreiber „Mensch" verstärkt in den Mittelpunkt unternehmerischen Denkens und Handelns rücken. Das Betriebliche Gesundheitsmanagement (BGM) als ganzheitliches Konzept zum Erhalt und zur Förderung von Gesundheit und Leistungsfähigkeit von Mitarbeitern wird daher jüngst vermehrt in der Praxis umgesetzt. Das BGM wird dabei aber häufig noch auf die Erfüllung gesetzlicher Anforderungen (bspw. Einhaltung von Arbeitsschutzanforderungen und Betriebliches Eingliederungsmanagement) sowie auf die Reduktion von Fehlzeiten beschränkt. Mögliche Wertgenerierungspotenziale durch Gesunderhaltung im Sinne einer betrieblichen Gesundheitsprävention bleiben oft unberücksichtigt.

Ein „Gesundheitsmanagement, das Gesundheit allein als Freisein von Krankheit begreift, unterscheidet sich konzeptionell und instrumentell stark von jenem, das unter Gesundheit auch Wohlbefinden und Kompetenzentwicklung versteht" (Brandenburg et al., 2000, S. 15). Folgt man letzterem, dem sogenannten salutogenen Verständnis (Antonovsky, 1979) wird ersichtlich, dass eine Fokussierung auf Fehlzeiten und Arbeitsunfälle nicht ausreicht, um aus der Salutogenese abgeleitete Ziele zu verfolgen. Vielmehr bedarf es hierfür Gesundheitsstrategien, um einerseits den möglichen Wertgenerierungspotenzialen (bspw. Motivation, Kreativität) und andererseits den unternehmerischen Risikofaktoren (bspw. demographischer Wandel, innere Kündigung) gerecht zu werden. Ganzheitliche Gesundheitsstrategien im BGM sollten folglich salutogen ausgerichtet sein, am individuellen Verhalten sowie an den betrieblichen Verhältnissen ansetzen und letztlich für die Erhaltung und Förderung der Gesundheit physische, psychische und soziale Aspekte von Gesundheit berücksichtigen.

Für die Umsetzung von Gesundheitsstrategien bedarf es geeigneter, d.h. an den spezifischen Kontext des BGM angepasster Controlling-Instrumente. Hierbei kommt der Messung vom Gesundheitszustand der Mitarbeiter und der Organisation sowie der Messung von Entstehung und Wirkung von Gesundheit eine besondere Bedeutung zu.

Der vorliegende Beitrag verdeutlicht auf Basis einer empirischen Studie den Stand des BGM-Controllings in der Unternehmenspraxis exemplarisch für zwei wesentliche Gestaltungsdimensionen des BGM-Controllings:

- Integrierte Planung des BGM: BGM als „Querschnittsaufgabe" bedarf einer Abstimmung mit allen Beteiligten und eines frühzeitigen Ausgleichs derer Interessen. Eine integrierte BGM-Planung sollte daher die Dimensionen „Ausrichtung an der Unternehmensstrategie", „Abgleich mit den operativen Plänen der Linieneinheiten" und die „Partizipative Ausgestaltung des Planungsprozesses" umfassen.
- Integrative Kennzahlensysteme des BGM: Integrative Kennzahlensysteme zeichnen sich dadurch aus, dass die zu messenden Sachverhalte mehrdimensional betrachtet werden und die zentralen Ursache-Wirkungs-Beziehungen zwischen verschiedenen Erfolgsfaktoren Berücksichtigung finden.

Als Maßstab für die Erfolgswirksamkeit dieser beiden Gestaltungsdimensionen des BGM-Controllings wird der Implementierungserfolg von Gesundheitsstrategien herangezogen (Dimensionen sind u.a. Kooperation der BGM-Akteure, Gesundheitsbewusstsein der Mitarbeiter und Führungskräfte, Unterstützungsfunktion des BGM-Controllings). Die Ergebnisse der Studie deuten darauf hin, dass sich eine integrative Planung und ein Controlling mittels integrativer Kennzahlensysteme positiv auf den Implementierungserfolg von Gesundheitsstrategien auswirken. Da die Ergebnisse jedoch erkennen lassen, dass der Umsetzungsgrad eines strategieorientierten BGM-Controllings derzeit bei Unternehmen noch gering ausprägt ist, wird im Anschluss an die Studienergebnisse ein Vorgehen für die Umsetzung einer „Gesundheits-Balanced-Scorecard (BSC)" beschrieben.

2. Gesundheit und Betriebliches Gesundheitsmanagement

Gesundheit ist mehrdimensional und umfasst über ein Gesundheits-Krankheits-Kontinuum hinaus die Dimensionen körperliches, psychisches und soziales Wohlbefinden. Gesundheit ist weiterhin kein Zustand, sondern hat Ergebnis- und Prozesscharakter und kann als eine Voraussetzung für Handlungsfähigkeit und Rollenerfüllung interpretiert werden (bspw. Badura et al., 1999; Frischenschlager, 1996).

Unter Betrieblichem Gesundheitsmanagement wird in diesem Beitrag in Anlehnung an Badura & Hehlmann (2003, S. 19) „die Entwicklung betrieblicher Rahmenbedingungen, betrieblicher Strukturen und Prozesse, die die gesundheitsförderliche Gestaltung von Arbeit und Organisation und die Befähigung zum gesundheitsfördernden Verhalten der Mitarbeiterinnen und Mitarbeiter zum Ziel haben" verstanden. BGM kann somit nicht nur als das alleinige Angebot von Maßnahmen zur Gesundheitsförderung (bspw. in Form von Betriebssport, Ergonomie-Maßnahmen oder gesunder Ernährung) gesehen werden, sondern muss als komplexe Managementaufgabe aufgefasst werden. Dies verdeutlichen die vier von Meierjürgen & Scherrer (2004, S. 191) aufgezeigten Erfolgsfaktoren für eine effiziente und effektive Implementierung eines BGM im Unternehmen:

1. Verankerung von Gesundheitsthemen im Unternehmensleitbild und der Unternehmenskultur,
2. Etablierung eines gesundheitsorientierten Führungsverhaltens,

3. Schaffung einer Wissensbasis für Gesundheitsthemen und Partizipation der Mitarbeiter sowie
4. Integration des BGM in betriebliche Routinen (Einführung des Steuerungsgremiums).

BGM kann somit im Unternehmen keine isolierte Aufgabe darstellen. Vielmehr muss es als eine Art „Querschnittsaufgabe" gesehen werden, die durch stark verteilte Verantwortlichkeiten und Einflussmöglichkeiten sowie zum Teil stark divergierende Interessen und Ziele der Akteure charakterisiert wird. Abb. 1 zeigt typische Akteure eines ganzheitlichen BGM.

Um das Verhalten aller Akteure an einer Gesundheitsstrategie auszurichten, können Controlling-Instrumente eingesetzt werden. Wesentliche Aufgabe ist es hierbei, sowohl die Entstehung als auch die Wirkung von Gesundheit mess- und argumentierbar zu machen.

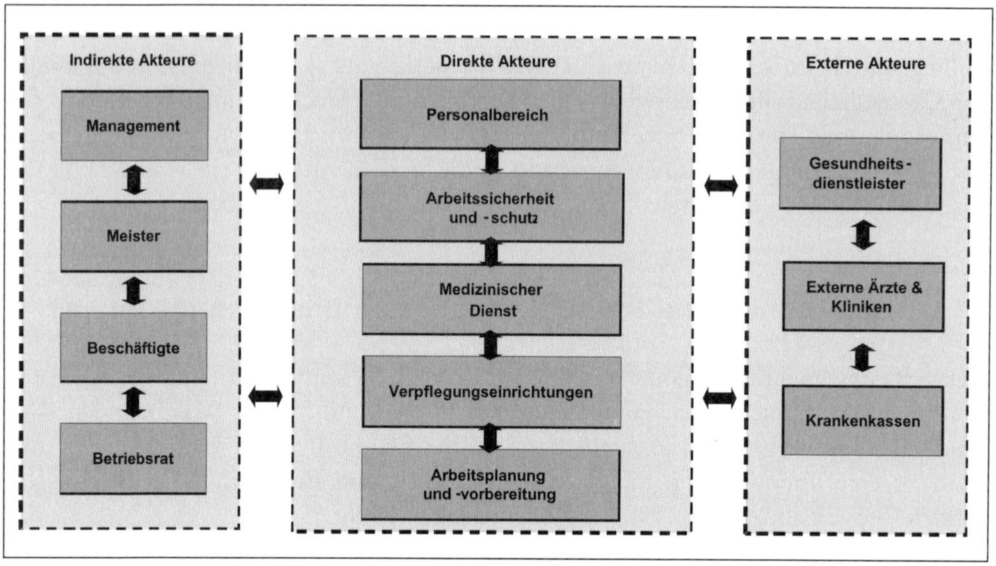

Abb. 1: Beispielhafte Akteure des BGM (in Anlehnung an Ritter, 2003)

3. Stand der Praxis: Nutzung von Planungs- und Steuerungsmechanismen im BGM

Die im Folgenden dargestellten Ergebnisse basieren auf einer empirischen Studie „Effektives und effizientes Betriebliches Gesundheitsmanagement"[1]. Die Datenerhebung erfolg-

[1] Die Studie wurde im Rahmen des vom BMBF und dem Europäischen Sozialfonds geförderten Forschungsprojekts „GemNet" durchgeführt (Betreuung durch den Projektträger DLR, Förderschwerpunkt Präventiver Arbeits- und Gesundheitsschutz).

te mittels eines voll-standardisierten Fragebogens. Der Fragebogen wurde in Gesprächen mit Experten einem Pre-Test unterzogen. Die Stichprobe basiert auf deutschen Unternehmen mit mehr als 250 Mitarbeitern aus dem Produktions- und Dienstleistungssektor. Insgesamt wurden 5.000 Personalleiter angeschrieben, da dem Personalbereich meist die Verantwortlichkeit für das BGM zugeordnet ist. Der Rücklauf der Studie ergab 82 verwertbare Fragebögen (Rücklaufquote 1,6%). Angesicht der bislang angenommenen geringen Verbreitung eines BGM-Controllings sowie der im Befragungszeitraum (April 2009 bis Juni 2009) vorherrschenden gesamtwirtschaftlichen Situation erscheint die Rücklaufquote gering aber akzeptabel.
Der Teilnehmerkreis der Studie setzt sich wie folgt zusammen: 45% Personalleiter, 13% Personalreferenten, 10% Gesundheitsmanager und 32% „sonstige Informanten“ (bspw. Leiter Arbeitsschutz, Leiter Total Quality Management). Mit Blick auf die Branchen sind mit 23% der Maschinenbau, mit 15% die Automobilindustrie, mit 7% die Konsumgüterindustrie und mit 7% die chemische Industrie die größten vertretenen Branchen in der Stichprobe.
Ziel der Studie war es, den Ausbaustand und die Wirksamkeit des BGM-Controllings zu untersuchen und daraus Gestaltungsempfehlungen abzuleiten. Im Folgenden werden die empirischen Ergebnisse hinsichtlich der beiden Gestaltungsdimensionen Planung und Kennzahlen vorgestellt und diskutiert.

3.1 Empirische Ergebnisse zur integrativen Planung des BGM

Wie eingangs erläutert muss die Durchführung des BGM als komplexe Managementaufgabe angesehen werden, die auf verschiedenste interne und externe Akteure verteilt wahrzunehmen ist. Ein wesentliches Ziel der Planung von Gesundheitsthemen muss es daher sein, zwischen den einzelnen Akteuren bestehende Interessens- und Zielkonflikte bereits frühzeitig zu erkennen und durch Planabstimmungen auszugleichen. Nur dann kann eine gemeinsam getragene strategische und operative Planung erreicht werden. Eine integrative Ausgestaltung der Planung des BGM sollte daher möglichst partizipativ verschiedene Akteure in die Planung integrieren, an der Gesamtunternehmensplanung ausgerichtet sein sowie Wechselwirkungen zwischen Gesundheitsplanung und der Planung auf Unternehmens- sowie Funktionsbereichsebene berücksichtigen und versuchen, diese auszugleichen. Abb. 2 zeigt den Entwicklungsstand der untersuchten Unternehmen im Hinblick auf eine integrative Planung für das BGM.
Grundsätzlich lässt sich feststellen, dass die befragten Unternehmen eine mittelmäßig integrierte Planung des BGM betreiben. Dies wird insbesondere aus dem geringen Mittelwert von 2,47 für die konsequente Ausrichtung der BGM-Planung an den Inhalten der Gesamtunternehmensplanung sowie der Langfristplanung deutlich.

Fragen	Min.	Max.	Mittelwert	Standardabweichung
Wie ist die Planung der Gesundheitsförderung in die Unternehmensplanung integriert? (5-Punkte-Likert-Skala: trifft überhaupt nicht zu ... trifft voll und ganz zu)				
Die Planung von Gesundheitsthemen ist integrativer Bestandteil der Personalplanung.	1	5	2,78	1,32
Die Gesundheitsstrategie ist konsequent an den Inhalten der Gesamtunternehmensplanung ausgerichtet.	1	5	2,47	1,23
Im Rahmen der Planung von Gesundheitsthemen versuchen wir, mögliche Zielkonflikte zwischen Gesundheitszielen und der Erreichung der langfristigen Unternehmensziele auszugleichen.	1	5	2,68	1,13
Ziele der Gesundheitsstrategie werden in der langfristigen Unternehmensplanung berücksichtigt.	1	5	2,47	1,23
Die operative Planung von Gesundheitsmaßnahmen berücksichtigt Zielkonflikte zwischen Gesundheits- und den Leistungszielen der Linienbereiche (bspw. im Produktionsbereich).	1	5	2,73	1,21
Ziele der Gesundheitsförderungsmaßnahmen werden in der operativen Unternehmensplanung berücksichtigt.	1	5	2,66	1,22

Abb. 2: Entwicklungsstand einer integrativen BGM-Planung (in Anlehnung an Homburg et al., 2008)

3.2 Empirische Ergebnisse zur Nutzung von Kennzahlen

Für den Aufbau eines integrativen Kennzahlensystems für das BGM müssen a.) der Strategiebezug (Strategieorientierte Ableitung der Kennzahlen und Darstellung der Strategie in mehreren Perspektiven) und b.) ein strukturierter Kennzahlenaufbau, bspw. durch Ursache-Wirkungs-Beziehungen, berücksichtigt werden (vgl. bspw. Gleich, 2001; Chenhall, 2005). Wichtig ist es, dass die Kennzahlen zur Leistungsmessung die Strategie ganzheitlich abbilden (vgl. Neely et al., 1995). Hieraus ergibt sich die Notwendigkeit zur Betrachtung von vor- und nachlaufenden Gesundheitsindikatoren. Dies bedeutet zudem, dass sowohl finanzielle als auch nicht-finanzielle Kennzahlen Anwendung finden müssen. Abb. 3 zeigt den Entwicklungsstand der befragten Unternehmen im Hinblick auf den Einsatz von integrativen Kennzahlensystemen für das BGM.

Fragen	Min.	Max.	Mittelwert	Standard-abweichung
Wie sehr stimmen Sie folgenden Aussagen zur Kennzahlennutzung in der betrieblichen Gesundheitsförderung zu? (5-Punkte-Likert-Skala: trifft überhaupt nicht zu ... trifft voll und ganz zu)				
Die Gesundheitskennzahlen liefern eine konsistente Verbindung zwischen den Maßnahmen und der Zielerreichung der Gesundheitsförderung (Gesundheit und Wohlbefinden der Mitarbeiter).	1	5	2,89	1,20
Die Gesundheitskennzahlen liefern eine konsistente Verbindung zwischen der Gesundheit der Mitarbeiter und dem Unternehmenserfolg (bspw. Produktivität, Qualität, Kosteneinsparungen).	1	5	2,56	1,12
Die Kennzahlen stellen die Leistungen aller Akteure der Betrieblichen Gesundheitsförderung (Personalbereich, Ärzte, Führungskräfte etc.) dar.	1	5	2,37	1,10
Die verwendeten Kennzahlen bauen stark aufeinander auf.	1	5	2,52	1,28
Die Kennzahlen bilden die wesentlichen Erfolgstreiber der Gesundheitsförderung ab.	1	5	2,37	1,12
Die verwendeten Kennzahlen spiegeln die Gesundheitsstrategie wider.	1	5	2,51	1,25
Das Kennzahlensystem beruht auf Ursache-Wirkungs-Ketten, welche die Entstehung und die Folgen von Gesundheit abbilden.	1	5	2,36	1,12

Abb. 3: Entwicklungsstand von integrativen BGM-Kennzahlensystemen (in Anlehnung an Chenhall, 2005)

Fortsetzung nächste Seite

Fragen	Min.	Max.	Mittelwert	Standardabweichung
Unser Kennzahlensystem umfasst ... (5-Punkte-Likert-Skala: trifft überhaupt nicht zu ... trifft voll und ganz zu)				
... finanzielle Kennzahlen (bspw. Krankheitskosten, Budgeteinhaltung, Return on Investment von Gesundheitsförderungsmaßnahmen).	1	5	2,46	1,40
... nichtfinanzielle Kennzahlen (bspw. Mitarbeiterzufriedenheit, Mitarbeiterstrukturkennzahlen, Belastungskennzahlen, Teilnahmequoten).	1	5	2,59	1,42
... Frühwarn- bzw. vorlaufende Indikatoren (bspw. Motivation, Leistungsbereitschaft, Belastungen, Arbeitsschutzmaßnahmen).	1	5	2,14	1,16
... Ergebnis- bzw. nachlaufende Indikatoren (bspw. Fehlzeiten, Krankheitskosten, Arbeitsunfälle).	1	5	3,79	1,30
Die Kennzahlen stammen aus den folgenden Bereichen ... (5-Punkte-Likert-Skala: trifft überhaupt nicht zu ... trifft voll und ganz zu)				
... Erfolgsgrößen der Betrieblichen Gesundheitsförderung (bspw. Kosteneinsparungen).	1	5	2,01	1,11
... Gesundheitszustand bzw. Wohlbefinden der Mitarbeiter (bspw. „Gesundheitsindex", Zufriedenheitsindex, Krankheitsdaten).	1	5	2,82	1,46
... Prozess- und Maßnahmengestaltung der Betrieblichen Gesundheitsförderung (bspw. Teilnahmequoten, Bedarfsgerechtigkeit).	1	5	2,61	1,39
... interne Potenziale der Betrieblichen Gesundheitsförderung (bspw. Befähigung der Verantwortlichen der Gesundheitsförderung, Befähigung der Führungskräfte).	1	5	1,97	1,05
... externe Potenziale der Betrieblichen Gesundheitsförderung (Ressourcen und Vernetzung zu externen Akteuren wie Krankenkassen, Dienstleistern etc.).	1	5	2,61	1,43

Abb. 3 (Fortsetzung)

Auch hier lässt sich feststellen, dass die befragten Unternehmen integrative Kennzahlensysteme weitestgehend noch nicht einsetzen. Besonders auffällig ist die geringe Ausrichtung der Kennzahlen an der Gesundheitsstrategie und der geringe Strukturierungsgrad der Kennzahlen (Mittelwerte < 2,89). In diesem Zusammenhang muss weiterhin festgestellt werden, dass gerade die Nutzung von vorlaufenden Indikatoren wenig verbreitet ist (Mittelwert 2,14), wohingegen nachlaufende Indikatoren den Kennzahleneinsatz dominieren (Mittelwert 3,79). Bzgl. der Kennzahlenbereiche lässt sich insbesondere eine geringe Ausprägung der internen Potenziale und Erfolgsgrößen des BGM feststellen (Mittelwerte < 2,01).

Abb. 4 verdeutlicht mögliche Messbereiche, die zur Messung der „BGM-Leistung" eingesetzt werden können, und die hierzu in der Studie angegebene Verfügbarkeit von Kennzahlen.

Wie auf Basis der in Abb. 3 dargestellten Ergebnisse zu vermuten ist, zeigt sich ein hoher Verbreitungsgrad von Kennzahlen zu Fehlzeiten und Arbeitsschutzmaßnahmen. Da die in der Stichprobe befragten Unternehmen aber überwiegend angaben, salutogen-orientierte Gesundheitsstrategien sowie Ansätze der Verhaltens- und Verhältnisprävention zu verfolgen, deuten die Ergebnisse darauf hin, dass die verwendeten Kennzahlen im BGM in den meisten Fällen nicht die intendierte Strategie widerspiegeln. Zudem wird ersichtlich, dass insbesondere die Treiber von Gesundheit bzw. Belastung (vorlaufende Indikatoren), wie

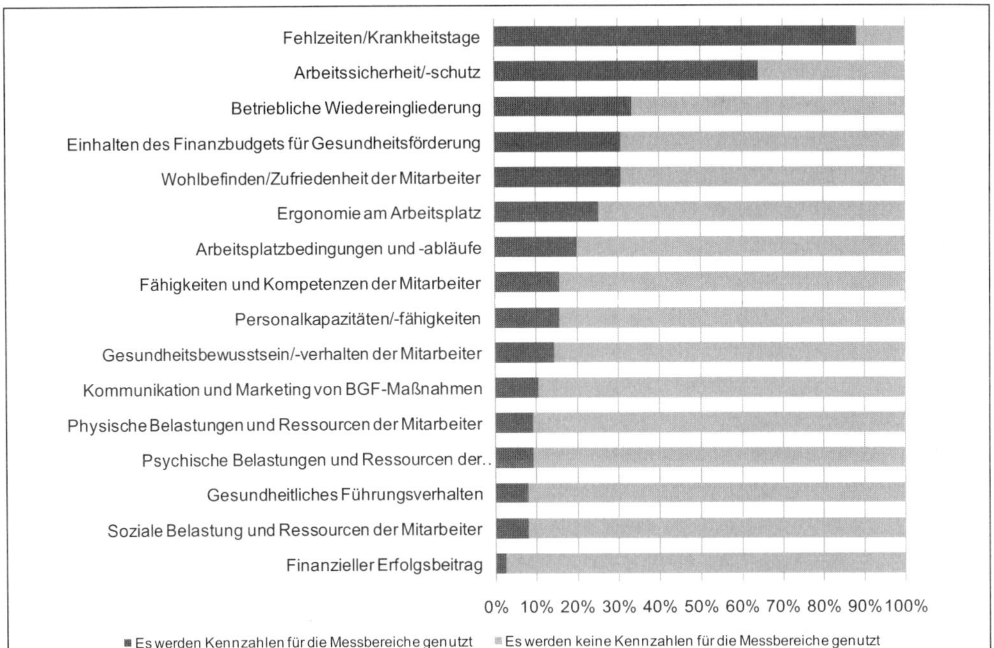

Abb. 4: Kennzahlennutzung in der Praxis

psychische und soziale Belastungen oder Führungsverhalten, nur sehr selten eingesetzt werden.

3.4 Erfolgsauswirkungen der Kennzahlennutzung

Um die Bedeutung der beiden Gestaltungsdimensionen des BGM-Controllings für die Umsetzung von Gesundheitsstrategien aufzuzeigen, wird auf Basis der empirischen Datengrundlage deren Relevanz mittels signifikanter Mittelwertunterschiede untersucht. Als Erfolgsmaßstab für die Umsetzung werden folgende vier Dimensionen betrachtet (die Operationalisierungen der Konstrukte sowie deren Gütekriterien finden sich im Anhang):
- Gesamtumsetzungserfolg der BGM-Strategie (in Anlehnung an Noble & Mokwa, 1999),
- Kooperation zwischen den Akteuren des BGM (in Anlehnung an Kahn & McDonough III, 1997),
- Gesundheitsbewusstsein der Mitarbeiter (selbstentwickelte Skala) und
- Gesundheitsbewusstsein der Führungskräfte (in Anlehnung an Zohar & Luria, 2005).

Die Stichprobe wurde für beide Gestaltungsdimensionen des BGM-Controllings auf Basis eines Mediansplits in je zwei Gruppen (überdurchschnittlicher und unterdurchschnittlicher Entwicklungsstand) differenziert. Anhand der vier Erfolgskriterien des Umsetzungserfolgs von Gesundheitsstrategien wurde anschließend analysiert, welche der beiden Gruppen in Bezug auf die vier Erfolgsdimensionen erfolgreicher ist. Abb. 5 zeigt das Ergebnis der Untersuchung. Die Unterschiede der Mittelwerte in den Gruppen wurden jeweils einem T-Test zur Feststellung signifikanter Unterschiede unterzogen (Signifikanzniveau < 5%).
Die Ergebnisse der Gruppenunterschiede weisen auf die Relevanz von integrativer BGM-Planung und integrativen BGM-Kennzahlensystemen in Hinblick auf alle vier Erfolgsdimensionen hin.

3.5 Zwischenfazit

Die Ergebnisse der empirischen Studie deuten darauf hin, dass die Einrichtung eines BGM-Controllings als ein Erfolgsfaktor für die Umsetzung von Strategien im BGM angesehen werden kann. Es bleibt jedoch auf Basis der empirischen Ergebnisse zu konstatieren, dass sowohl Planung als auch der systematische Einsatz von Kennzahlen für die Steuerung des BGM noch nicht flächendeckend entwickelt sind und im Durchschnitt einen niedrigen Ausbaustand aufweisen.
Die Kennzahlen, welche zur Messung des BGM eingesetzt werden, sind inhaltlich sehr stark auf Fehlzeiten, Arbeitsunfälle und die Arbeitsplatzgestaltung fokussiert. Vorlaufende Kennzahlen werden im Gegensatz zu diesen eher nachlaufenden Indikatoren vergleichs-

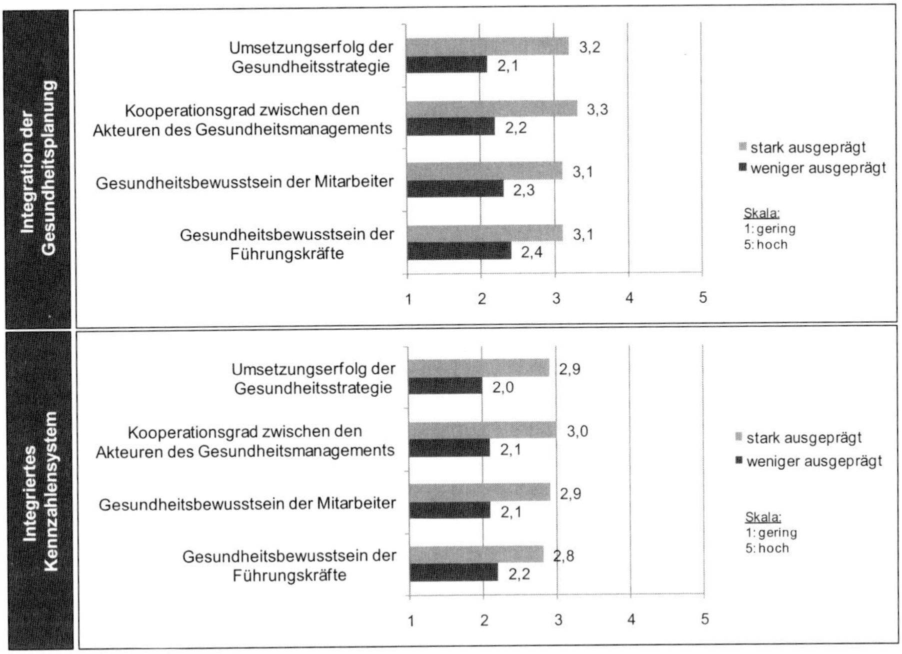

Abb. 5: Gruppenunterschiede hinsichtlich des Umsetzungserfolgs in Abhängigkeit vom Entwicklungsstand der BGM-Planung und von BGM-Kennzahlensystemen

weise selten eingesetzt. Die Struktur der Kennzahlennutzung lässt im Gesamtdurchschnitt eher auf den Einsatz von Einzelkennzahlen als auf den Einsatz von strategisch hergeleiteten und auf Ursache-Wirkungs-Beziehungen basierten Kennzahlensystemen schließen. Der mangelnde Strategiebezug von Kennzahlen kann einerseits auf Probleme bei der Datengenerierung und andererseits auf den noch geringen Ausbaustand einer integrierten Planung selbst zurückgeführt werden.
Die Erhebung des Entwicklungsstands der Nutzung von Kennzahlen für das BGM erfolgte in Anlehnung an das Konzept der BSC, welches sich in der Praxis für die Messung und Kommunikation von Strategien als ein führendes Instrument etabliert hat. Im Folgenden soll daher aufgezeigt werden, wie das Konzept der BSC konkret an den Kontext des BGM angepasst und eingesetzt werden kann.

4. Die Gesundheits-Balanced Scorecard als Instrument zur Strategieumsetzung im Betrieblichen Gesundheitsmanagement

Eine an den Gesundheitskontext angepasste BSC (grundlegend hierzu Horváth et al., 2009a, 2009b) dient dazu, die strategischen Ziele des BGM zu operationalisieren, indem konkrete Maßnahmen für den Querschnittsbereich „Gesundheitsmanagement“ abgeleitet werden und anschließend die Zielerreichung gemessen wird. Voraussetzung ist das Vorhandensein einer klar formulierten und gemeinschaftlich getragenen Gesundheitsstrategie.

Die Systematik der BSC wird dabei übernommen; die Perspektiven werden jedoch den Anforderungen des BGM inhaltlich angepasst. Die Anpassung liegt darin, dass mit der Gesundheits-BSC keine Ziele für externe Kunden am Markt, sondern für interne „Kunden“ (Mitarbeiter und deren Gesundheit) verfolgt werden. Daher werden im Weiteren angepasste Perspektiven vorgeschlagen, mit deren Hilfe eine Gesundheitsstrategie beschrieben werden kann.

Grundsätzlich kann bei der Steuerung des BGM von den folgenden idealtypischen Zusammenhängen und Wirkungen ausgegangen werden (für einen Literaturreview siehe bspw. Horváth et al., 2009b): Potenziale der BGM-Akteure ⇒ effiziente und effektive BGF-Prozesse und -Maßnahmen ⇒ positiver Gesundheitszustand der Mitarbeiter ⇒ Beitrag zum Unternehmenserfolg. Aus diesen Ursache-Wirkungs-Beziehungen lassen sich vier Perspektiven zur Beschreibung einer Gesundheitsstrategie ableiten. Mit Hilfe der im Folgenden formulierten Fragestellungen können strategische Ziele in jeder dieser Perspektiven identifiziert werden:

- Wertbeitrag des BGM (Perspektive 1): Welche Kosten- und Nutzenziele müssen gesetzt werden, um durch das BGM zu den wirtschaftlichen Zielen des Unternehmens beizutragen?
- Gesundheit und Leistung (Perspektive 2): Welche strategischen Ziele sind hinsichtlich des Gesundheitsverhaltens der Beschäftigten (interne Kunden) zu setzen, um positive Auswirkungen bzgl. der Kosten und Nutzenziele zu erreichen?
- Prozesse des BGM (Perspektive 3): Wie müssen die Leistungen und Prozesse gestaltet werden, um eine optimale Gesundheitsförderung gewährleisten zu können?
- Potenziale des BGM (Perspektive 4): Wie müssen die Entwicklungs- und Wandlungsfähigkeit (z.B. Qualifikationen, Aufmerksamkeit für Gesundheitsthemen) der an der Gesundheitsförderung beteiligten Akteure (z.B. Führungskräfte, Gesundheitsexperten) verbessert werden, um die Ziele zu erreichen?

Abbildung 6 zeigt eine beispielhafte Gesundheits-BSC. In der zweiten Spalte enthält diese eine vereinfachte Strategy Map, welche die Gesundheitsstrategie (die strategischen Ziele und deren Zusammenhänge) über die vier Perspektiven darstellt. Für jedes Ziel werden ein bis zwei Kennzahlen einschließlich Zielwerten definiert, um den Umsetzungsgrad der Gesundheitsstrategie bewerten zu können. Um die strategischen Ziele zu erreichen, müssen anschließend gezielte Maßnahmenpakete verabschiedet werden. Hierfür ist ein Budget und ein Verantwortlicher festzulegen.

Das hier vorgestellte Konzept ermöglicht die Steuerung des Gesundheitsbereichs über die traditionelle Sichtweise der betriebsärztlichen Versorgung und des Arbeitsschutzes hinaus. Durch die Entwicklung einer BSC kann die zielgerichtete Steuerung des BGM verbessert werden. Hierbei ist jedoch darauf hinzuweisen, dass nicht zwangsläufig eine eigenständi-

Perspektive	Strategy Map	Kennzahlen	Zielwerte	Maßnahmen	Budget
Wertbeitrag des BGM	Positiven Wertbeitrag durch BGM leisten	▪ Primärkosten des Gesundheitsmanagements pro Mitarbeiter	...	...	...
	Präsentismus und Absentismus verringern	▪ Leistungssteigerung und Kosteneinsparungen in den Fachbereichen durch BGM-Leistungen (Kosten-Nutzen-Index)	...	...	...
	Prozess- und Ergebnisqualität steigern	▪ Präsentismusskala (SPS)	...	...	...
		▪ Anwesenheitsquote im Zeit- und Branchenvergleich	...	...	...
		▪ Ausschussrate	...	...	...
		▪ Produktivitätsindex	...	...	...
Gesundheit und Leistung	Leistungsfähigkeit und -bereitschaft erhöhen	▪ Leistungsmotivationsindex	...	...	...
	Psychomentale Beanspruchung reduzieren	▪ Leistungsfähigkeits- und Wohlbefindensindex	...	...	...
	Gesundheitsbewusstsein der Mitarbeiter erhöhen	▪ Anzahl der arbeitsplatzbezogenen psychischen Erkrankungen	...	...	...
		▪ BGF-Teilnehmer Motivationssteigerung (Langfristige Absicht nach Maßnahmenteilnahme)	...	...	...
		▪ Gesundheitsbewusstseinsindex	...	...	...
Prozesse des BGM	Unternehmensweite Durchdringung und Standardisierung erreichen	▪ Zielerreichung Selbstaudit	...	...	...
	Prävention erhöhen	▪ Abdeckungsquote von Bereichen und Standorten mit einheitlichen Angeboten	...	...	...
	Angebote am Bedarf ausrichten	▪ Präventionsbudget in Risikogruppen pro MA	...	...	...
	Interne Vernetzung optimieren	▪ Ansprachquote bei Risikogruppen	...	...	...
		▪ Prozent der Maßnahmen in Risikogruppen	...	...	...
		▪ Zufriedenheit der MA mit BGM-Angeboten	...	...	...
		▪ Mitarbeiterengagement (Anzahl der Maßnahmen die von Mitarbeitern initiiert und durchgeführt werden)	...	...	...
		▪ Führungskräftecommitment und Bewusstein	...	...	...
		▪ Dezentral eingebrachtes Budget für BGM	...	...	...
Potenziale des BGM	Innovative Ansätze generieren	▪ Anzahl neuer Themen- und Maßnahmenangebote pro Jahr	...	...	...
	Gesundheitswissen ausbauen	▪ Weiterbildungsquote von Steuerkreismitgliedern	...	...	...
	Externes Netzwerk etablieren	▪ Finanzierungshorizont für BGM-Angebote durch externe Partner	...	...	...
		▪ Stabilitätsindex der Vernetzung	...	...	...

Abb. 6: Beispiel einer Gesundheits-BSC

ge BSC entwickelt werden muss. Es besteht bspw. auch die Möglichkeit (auf Ursache-Wirkungs-Beziehungen basierende), Ziele und Kennzahlen in bestehende BSCs oder Kennzahlensysteme zu integrieren.

Adressat und Nutzer einer Gesundheits-BSC ist der Koordinator des Gesundheitsbereichs. Diese Aufgabe kann bspw. von einem Gesundheitsmanager, dem medizinischen Dienst oder dem Personalbereich wahrgenommen werden. Der Koordinator kann das Instrument einerseits zur Steuerung, d.h. der Umsetzung und Messung von Strategien, und andererseits zur Unterstützung der Kommunikation und Argumentation gegenüber den übrigen Akteuren, insbesondere den Führungskräften, einsetzen. Durch die transparente Darstellung der Auswirkungen des BGM bis auf den Wertbeitrag kann die Gesundheits-BSC bspw. zur Lösung von Zielkonflikten eingesetzt werden und Entscheidungen für BGM-Maßnahmen unterstützen. Idealerweise wird die Gesundheits-BSC in einem gemeinsamen Steuerkreis der Akteure (im Querschnittsbereich) verabschiedet, die Zielerreichung wird regelmäßig überprüft und eine gemeinsame Anpassung der Ziele an veränderte Umweltbedingungen regelmäßig durchgeführt.

5. Umsetzung der Gesundheits-BSC

Im vorangegangen Kapitel wurden die Adaption des BSC-Konzepts an den Kontext des BGM erläutert. In diesem Abschnitt wird darauf aufbauend beschrieben, wie bei der unternehmensspezifischen Umsetzung der Gesundheits-BSC vorgegangen werden sollte. Hierfür sind vier Schritte erforderlich, die in Abb. 3 dargestellt sind und im Folgenden erläutert werden (vgl. für ein Umsetzungsbeispiel Gamm et al., 2010) Die Erarbeitung einer Gesundheits-BSC sollte durch den späteren Anwender und Koordinator des Instruments initiiert und geleitet werden.

Abb. 7: Vorgehen zur Umsetzung einer Gesundheits-BSC (siehe Horváth et al., 2009a)

5.1 Schaffung des organisatorischen Rahmens

Erster Schritt für die Entwicklung der Gesundheits-BSC ist die Festlegung der organisatorischen Rahmenbedingungen. Zunächst ist die „Reichweite" des BGM festzulegen: Dies umfasst sowohl die inhaltliche Reichweite (bspw. pathogene vs. salutogene Sichtweise, Verhaltens- vs. Verhältnisprävention) als auch die organisatorische Reichweite innerhalb des Unternehmens (Gesamtorganisation vs. einzelne Teilbereiche). Da das BGM, wie dargelegt, eine Aufgabe verschiedener Akteure ist, müssen Vertreter aller betroffenen Bereiche in das Projekt integriert werden. Durch deren frühzeitige Einbindung wird die Akzeptanz sichergestellt und die Umsetzung auf Basis eines gemeinsamen Verständnisses vereinfacht. Ergebnis dieses ersten Schrittes ist die Projektaufbau- und -ablauforganisation (Aufgaben, Kompetenzen, Verantwortlichkeiten, Meilensteine).

5.2 Klärung der strategischen Grundlagen

Eine klar definierte Strategie ist für die Entwicklung einer BSC essentiell. Dies bedeutet, dass vor der Entwicklung einer Gesundheits-BSC ein gemeinsames Verständnis darüber

bestehen muss, welche Ziele mit dem BGM verfolgt werden sollen und welcher Beitrag für das Unternehmen geleistet werden soll. Wichtig dabei ist es (siehe Kapitel 3.1), dass sich die Gesundheitsstrategie als eine Teilstrategie in das Strategiegefüge des Unternehmens einpasst. In Analogie zur Unternehmensstrategie sind ausgehend von den übergeordneten Strategien die externen und internen Rahmenbedingungen des BGM zu analysieren. Zur Abbildung der Ausgangssituation (Ist-Zustand sowie Prognose für zukünftige Entwicklungen) eignet sich die SWOT-Analyse (Strengths-Weaknesses-Opportunities-Threads), die eine Analyse der internen Stärken und Schwächen sowie der externen Chancen und Risiken darstellt (Welge & Al-Laham, 2008).
Ergebnis des zweiten Schritts ist ein klares Bild über die strategische Zielsetzung des BGM, über zu verfolgende Stoßrichtungen und die Antwort auf die Frage, welche konkrete Rolle das BGM im Unternehmen einnehmen soll.

5.3 Erarbeitung einer Gesundheits-BSC

Die erarbeitete Strategie muss anschließend im Rahmen der Entwicklung der Gesundheits-BSC in konkrete strategische Aktionen überführt werden. Im ersten Teilschritt werden daher mit Hilfe der oben beschriebenen Fragestellungen (siehe Kapitel 4) die relevanten strategischen Ziele für jede Perspektive ermittelt. Zur Ableitung der Ziele kann auf verschiedene Theorien, Ansätze und Modelle der betrieblichen Gesundheitsförderung zurückgegriffen werden, welche die Gesundheitsentstehung erklären können (Zapf & Dormann, 2001; Karasek & Theorell, 1990; Hacker, 1999). Die identifizierten Ziele müssen anschließend entsprechend dem Handlungsbedarf priorisiert werden. Erfahrungen haben gezeigt, dass eine Beschränkung auf ungefähr 20 strategische Ziele (vier bis fünf je Perspektive) eine handhabbare und übersichtliche Menge darstellt. Nach der Festlegung der Ziele werden diese in Form einer Strategy Map strukturiert und über die wesentlichen Ursache-Wirkungs-Beziehungen verknüpft. Zur Kommunikation der Strategie empfiehlt sich eine Ausformulierung des gewonnenen Ursache-Wirkungs-Modells in einer „Story of Strategy“.
Wichtig ist auch die Klärung der Frage, welche Beziehungen zwischen Unternehmenszielen (bspw. im Bereich Qualität oder Produktivität) und der Verfolgung von gesundheitsbezogenen Zielen bestehen. Eine Übersicht über mögliche Zielbeziehungen zeigt Abb. 8.
Im zweiten Teilschritt sind die Ziele durch Kennzahlen zu konkretisieren. Ausgehend von Ist-Werten sind anspruchsvolle, aber dennoch realistische Zielvorgaben für die folgenden Perioden zu bestimmen. Um den Aussagegehalt und die Vergleichbarkeit der zu erhebenden Informationen gewährleisten zu können, sollten hier möglichst objektiv messbare Kennzahlen verwendet werden. Aufgrund der eingeschränkten Datenverfügbarkeit im Gesundheitsbereich (Patienten- und Datenschutz) ist dies jedoch oft nicht durchgehend möglich. So kann es zielführend sein, für schwer messbare Aspekte neue (fragebogenbasierte) Kennzahlen zu definieren und in die BSC zu integrieren.

Zielbeziehung	Beschreibung	Bereinigung
identisch	Die Ziele werden lediglich verschieden bezeichnet oder an unterschiedlichen Größen gemessen.	– Umformulierung – Transformation der Maßeinheit
neutral= indifferent	Die Ziele beeinflussen sich nicht. (Erreichung des Ziels A hat keinen Einfluss auf die Erreichung des Ziels B)	– nicht notwendig
komplementär	Die Ziele fördern sich untereinander. (Erreichung von Ziel A hat keinen Einfluss auf die Erreichung des Ziels B)	– nicht notwendig
konkurrierend = Zielkonflikt	Die Ziele behindern sich gegenseitig. (Erreichung des Ziels A erschwert die Erreichung des Ziels B)	– einseitige Zielreduktion – einseitige Zielaufgabe – beiderseitige Zielreduktion, Kompromiss
ausschließend = Zielanatomie	Die Ziele schließen sich gegenseitig aus. (Durch Erreichung des Ziels A wird die Erreichung des Ziels B unmöglich)	

Abb. 8: Mögliche Zielbeziehungen zwischen Unternehmenszielen (bspw. Bidlingmaier, 1967; Heinen, 1966)

Im dritten Teilschritt ist mit den Beteiligten festzulegen, welche Aktivitäten, Maßnahmen und Veränderungen ergriffen werden müssen, um die Zielwerte zu erreichen. Analog zu den Perspektiven der Gesundheits-BSC sind die primären Handlungsfelder im Bereich der Potenziale (bspw. Personalentwicklung für BGF-Akteure) und der Prozesse (bspw. Optimierung und Standardisierung von Abläufen und Kooperationsprozessen, Ergänzung des Maßnahmen-Portfolios in der Kuration und Prävention) zu sehen, da diese sich jeweils direkt steuern lassen. Aber auch für die Ziele der Perspektive „Gesundheit und Leistung“ können strategische Aktionen festgelegt werden. Diese umfassen u.a. die Fokussierung auf bestimmte Ziele und Zielgruppen, wie die stärkere Qualifizierung und Betreuung von Führungskräften als Gesundheits(mit-)verantwortliche.
Ergebnis dieses dritten Schritts ist die zusammengeführte Gesundheits-BSC, wie sie in Abb. 6 dargestellt ist.

5.4 Sicherstellung des kontinuierlichen Einsatzes

Die Erarbeitung der BSC ist nicht als einmalige Aufgabe aufzufassen – Inhalte und die Zielwerte müssen regelmäßig angepasst werden. Für die Prüfung und Anpassung der BSC sind ein Verantwortlicher und geeignete Zeitabstände zu bestimmen.
Die Gesundheits-BSC stellt zunächst ein gesondertes, individuelles Steuerungsinstrument für den Gesundheitsbereich dar. Die gemeinsam gesetzten Ziele werden unter der Leitung eines „Gesundheitsmanagers" als Koordinator und Verantwortlichem umgesetzt. Es bietet sich z.B. an, einen quartalsmäßig stattfindenden Jour fixe einzurichten, bei dem der Gesundheitsmanager den anderen Beteiligten über den Stand der Umsetzung berichtet und gemeinsam Steuerungsmaßnahmen beschlossen werden.
Von erheblicher Bedeutung ist die Integration der Gesundheits-BSC in bestehende Managementsysteme. Hierzu gilt es u.a. ein empfängerorientiertes Berichtswesen (Horváth et al., 2009c) für die Beteiligten des Querschnittsbereichs aber auch der (Top-)Manager zu installieren. Begründet ist diese Notwendigkeit durch den Einfluss des Berichtswesens auf das Verhalten der Organisationsmitglieder. So bilden die Berichtsinhalte die Basis für die Steuerung der Organisation und deren Teileinheiten. Die Berichte[2] müssen den Empfängern die wesentlichen Informationen in übersichtlicher Form zugänglich machen und sollen Steuerungsimpulse geben. Hierfür müssen die Berichte eine klare und leicht verständliche Struktur aufweisen. Dies ist vor dem Hintergrund relevant, dass die Empfänger nicht notwendigerweise über einen gesundheitsbezogenen Hintergrund verfügen. Neben dem Ausweis von Soll-Ist-Vergleichen und Abweichungsanalysen kommt der Kommentierung und der Angabe des Gewichts bzw. der Erfolgswirksamkeit der Abweichungen eine besondere Bedeutung zu (Horváth, 2009). Daneben ist zu klären, in welcher Form die Kennzahlen dargestellt werden und wie Visualisierungen reine Zahlenangaben ergänzen können.
Zusammenfassend sind neben den wesentlichen Zahlenkategorien (Plan, Ist und Forecast) zur Interpretierbarkeit der Berichte eine Analyse der Abweichungen, eine Kommentierung der Abweichung und eine Empfehlung für Maßnahmen erforderlich. Auf diese Weise können Missverständnisse und Fehlinterpretationen reduziert werden (zu möglichen Fehlinterpretationen im BGM-Kontext siehe Günther et al., 2010). Ein Beispiel für einen Bericht, der die oben beschriebenen Anforderungen erfüllt, ist in Abb. 9 dargestellt.

[2] Im Folgenden wird von Standardberichten ausgegangen. Daneben existieren bspw. Sonderberichte, die nicht zwangsläufig ein einheitliches Design aufweisen.

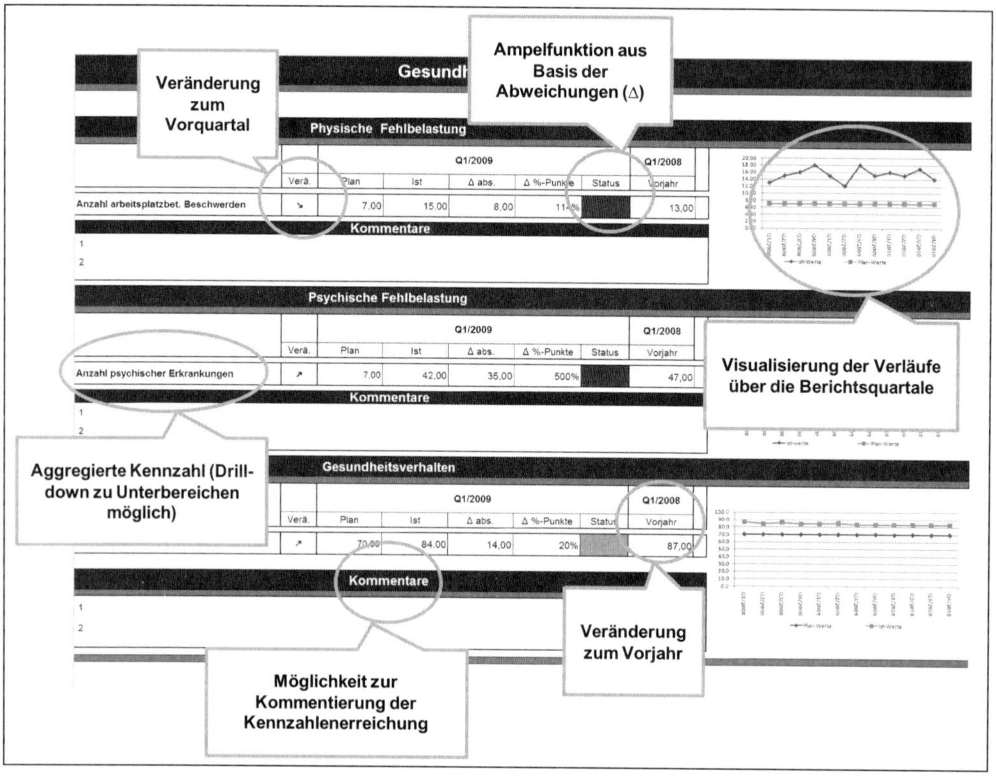

Abb. 9: Beispiel für ein BGM-Reporting

6. Fazit

Die hier vorgestellten empirischen Ergebnisse verdeutlichen zwei Punkte. Erstens ist der Ausbaustand eines strategieorientiertem BGM-Controlling als gering zu betrachten. Zweitens konnte festgestellt werden, das Unternehmen mit höherem Ausbaustand ihre Gesundheitsstrategien besser umsetzen können. Um Unternehmen zu ermöglichen, ihren Ausbaustand zu erhöhen, wurde mit der Gesundheits-BSC ein Instrument vorgestellt, das die Strategieumsetzung unterstüzen kann. Nur wenn die Integration der Gesundheits-BSC in das ganze Unternehmensgeschehen gelingt, können Gesundheitsstrategien nachhaltig umgesetzt und geplante Effekte realisiert werden.

Literatur

Antonovsky, A. (1979). Health, stress, and coping. New perspectives on mental and physical well-being. San Francisco.

Badura, B., Ritter, W. & Scherf, M.(1999). Leitfaden für das betriebliche Gesundheitsmanagement. Berlin: Hans-Böckler-Stiftung.

Badura, B. & Hehlmann, T. (2003). Betriebliche Gesundheitspolitik. Der Weg zur gesunden Organisation. Heidelberg, Berlin, New York: Springer.

Bidlingmaier, J. (1967). Zielkonflikte und Zielkompromisse im unternehmerischen Entscheidungsprozeß. Wiesbaden.

Brandenburg, U., Nieder, P. & Susen, B. (2000). Leistung fordern – Gesundheit fördern. In Brandenburg, U., Nieder, P. & Susen, B. (Hrsg.), Gesundheitsmanagement im Unternehmen: Grundlagen, Konzepte und Evaluation (S. 9-20).

Chenhall, R. (2005). Integrative Strategic Performance Measurement Systems, Strategic Alignment of Manufacturing, Learning and Strategic Outcomes: An Exploratory Study. Accounting, Organizations and Society, 30, 395-422.

Frischenschlager, O. (1996). Vom Krankheits- zum Gesundheitsbegriff. In Hutterer-Kirsch, Pfersmann, V. & Farag, I. S. (Hrsg.), Psychotherapie, Lebensqualität und Prophylaxe. Beiträge zur Gesundheitsvorsorge in Gesellschaftspolitik, Arbeitswelt und beim Individuum (S. 3-16). Wien.

Gamm, N., Geeb, K., Isensee, J. & Seiter, M. (2010). Performance Measurement im betrieblichen Gesundheitsmanagement – Entwicklung und Anwendung einer Gesundheits-BSC bei der MVV Energie AG. Controlling (im Druck).

Gleich, R. (2001). Das System des Performance Measurement. München.

Günther, T., Albers, C. & Hamann, M. (2009). Kennzahlen des Gesundheitscontrolling. Zeitschrift für Controlling und Management, 53, 367-375.

Hacker, W. (1999). Regulation und Struktur von Arbeitstätigkeiten. In Graf Hoyos, C. & Frey, D. (Hrsg.), Arbeits- und Organisationspsychologie. Ein Lehrbuch (S. 385-39). Weinheim.

Heinen, E. (1966). Das Zielsystem der Unternehmung. Grundlagen betriebswirtschaftlicher Entscheidungen. Wiesbaden.

Homburg, Chr., Artz, M., Wieseke, J. & Schenkel, B. (2008). Gestaltung und Erfolgsauswirkungen der Absatzplanung: Eine branchenübergreifende empirische Analyse. Zeitschrift für betriebswirtschaftliche Forschung, 60, 634-670.

Horváth, P. (2009). Controlling, 11. Auflage. München.

Horváth, P., Gamm, N. & Isensee, J. (2009a). Einsatz der Balanced Scorecard bei der Strategieumsetzung im Betrieblichen Gesundheitsmanagement. In Badura, B., Schröder, H. & Vetter, C. (Hrsg.), Fehlzeiten-Report 2009 – Betriebliches Gesundheitsmanagement: Kosten und Nutzen – Zahlen, Daten, Analysen aus allen Branchen der Wirtschaft (S. 127-138). Heidelberg.

Horváth, P., Gamm, N., Möller, K., Kastner, M., Schmidt, B., Iserloh, B., Kliesch, G., Otte, R., Braun, M., Matter, M., Pennig, St., Vogt, J. & Köper, B. (2009b). Betriebliches Gesundheitsmanagement mit Hilfe der Balanced Scorecard. Dortmund.

Horváth, P., Seiter, M. & Isensee, J. (2009c). Empfängerorientiertes Reporting für KMU – Stand, Anforderungen, Gestaltungsempfehlungen. In Mussnig, W. Mödritscher, G. & Heidenbauer, M. (Hrsg.), Erfolgsstrategien mittelständischer Unternehmen (S. 99-130). Festschrift für Dietrich Kropfberger. Wien.

Kahn, K. B. & McDonough III, E. F. (1997). Marketing's Integration with R&D and Manufacturing: A Cross Regional Analysis. Journal of International Marketing, 5, 51-76.

Karasek, R.A. & Theorell, T. (1990). Healthy work. New York.

Meierjürgen, R. & Scherrer, K. (2004). Wettbewerbsfaktor Gesundheit: Die großen Unternehmen. In Kuhn, D. & Sommer, D. (Hrsg.), Betriebliche Gesundheitsförderung: Ausgangspunkte – Widerstände – Wirkungen (S. 181-206). Wiesbaden.

Neely, A.D., Gregory, M.J. & Platts, K.W. (1995). Performance measurement system design: a literature review and research agenda. International Journal of Operations & Production Management, 15 (4), 80-116.

Noble, C.H. & Mokwa, M. P. (1999). Implementing Marketing Strategies: Developing and Testing a Managerial Theory. Journal of Marketing, 63, 57-73.

Ritter, W. (2003). Betriebliches Gesundheitsmanagement „erlernen" durch Leitfäden? Organisationstheoretische und betriebspraktische Anforderungsdimensionen an Verfahrenswege im betrieblichen Gesundheitsmanagement. Schriftenreihe „Gesundheit – Arbeit – Medizin", 30. Jg., Bremerhaven.

Welge M.K. & Al-Laham, A. (2008). Strategisches Management. Grundlagen – Prozess – Implementierung, 5. Aufl. Wiesbaden.

Zapf, D. & Dormann, C. (2001). Gesundheit und Arbeitsschutz. In Schuler, H. (Hrsg.), Lehrbuch der Personalpsychologie (S. 559-587). Göttingen.

Zohar, D. & Luria, G. (2005). A multilevel model of safety climate: Cross-level relationships between organization and group-level climates. Journal of Applied Psychology, 90, 616-628.

Anhang: Messinstrumente

BGM-Gesundheitsplanung: Skala 1-5: trifft überhaupt nicht zu … trifft voll und ganz zu		
Die Planung von Gesundheitsthemen ist integrativer Bestandteil der Personalplanung.	0,586	Cronbach's Alpha: 0,857
Die Gesundheitsstrategie ist konsequent an den Inhalten der Gesamtunternehmensplanung	0,884	
ausgerichtet.	0,819	
Im Rahmen der Planung von Gesundheitsthemen versuchen wir, mögliche Zielkonflikte zwischen	0,867	
Gesundheitszielen und der Erreichung der langfristigen Unternehmensziele auszugleichen.	0,814	
Ziele der Gesundheitsstrategie werden in der langfristigen Unternehmensplanung berücksichtigt.	0,889	

BGM-Kennzahlensysteme Skala 1-5: trifft überhaupt nicht zu … trifft voll und ganz zu		
Die Gesundheitskennzahlen liefern eine konsistente Verbindung zwischen den Maßnahmen und	0,724	Cronbach's Alpha: 0,933
der Zielerreichung der Gesundheitsförderung (Gesundheit und Wohlbefinden der Mitarbeiter).	0,727	
Die Gesundheitskennzahlen liefern eine konsistente Verbindung zwischen der Gesundheit der	0,764	
Mitarbeiter und dem Unternehmenserfolg (bspw. Produktivität, Qualität, Kosteneinsparungen).	0,794	
Die Kennzahlen stellen die Leistungen aller Akteure der Betrieblichen Gesundheitsförderung	0,813	
(Personalbereich, Ärzte, Führungskräfte etc.) dar.	0,804	
Die verwendeten Kennzahlen bauen stark aufeinander auf.	0,799	
Unser Kennzahlensystem umfasst …		
... finanzielle Kennzahlen (bspw. Krankheitskosten, Budgeteinhaltung, Return on Investment von	0,697	
Gesundheitsförderungs-Maßnahmen).	0,760	
... nichtfinanzielle Kennzahlen (bspw. Mitarbeiterzufriedenheit, Mitarbeiterstrukturkennzahlen, Belastungskennzahlen, Teilnahmequoten).	0,719	
Die Kennzahlen stammen aus den folgenden Bereichen ...		
... Erfolgsgrößen der Betrieblichen Gesundheitsförderung (bspw. Kosteneinsparungen).	0,802	
... Gesundheitszustand bzw. Wohlbefinden der Mitarbeiter (bspw. „Gesundheitsindex",	0,640	
Zufriedenheitsindex, Krankheitsdaten).	0,691	
... Prozess- und Maßnahmengestaltung der Betrieblichen Gesundheitsförderung (bspw.	0,709	
Teilnahmequoten, Bedarfsgerechtigkeit)	0,581	

Gesamtumsetzungserfolg Likert-Skala 1-5: stimme überhaupt nicht zu ... stimme voll und ganz zu		
Unser Vorgehen im Gesundheitsmanagement ist ein Beispiel für effektive Strategieumsetzung.	0,874	Cronbach's Alpha: 0,887
Der Aufwand, die Gesundheitsstrategie im Unternehmen umzusetzen, war zu hoch.*		
Die Umsetzung der Strategie wird im Unternehmen generell als ein großer Erfolg wahrgenommen.	0,903	
Die Umsetzung der Gesundheitsstrategie wird in der „Community" als ein Erfolg wahrgenommen.	0,933	
* Item gelöscht		

Kooperationsgrad: Die Verantwortlichen bzw. Beauftragten der Gesundheitsförderung Skala 1-5: trifft überhaupt nicht zu … trifft voll und ganz zu		
… haben ein gutes gegenseitiges Verständnis und versuchen, Ziele gemeinsam zu erreichen.	0,871	Cronbach's Alpha: 0,927
... teilen Ideen, Informationen und Ressourcen.	0,843	
... unterstützen sich gegenseitig bei der Erfüllung ihrer Aufgaben.	0,866	
... stimmen ihre mitarbeiterbezogenen Vorgehensweisen untereinander ab.	0,821	
... diskutieren grundsätzliche Probleme regelmäßig.	0,750	
... zeigen persönlichen Einsatz für den Erfolg des Betrieblichen Gesundheitsmanagements.	0,830	
... übernehmen Verantwortung für den Erfolg des Betrieblichen Gesundheitsmanagements.	0,875	

Gesundheitsbewußtsein der Mitarbeiter Skala 1-5: trifft überhaupt nicht zu … trifft voll und ganz zu		
Unseren Mitarbeitern ist unser Gesundheitsverständnis/-leitbild durchgängig bekannt.	0,804	Cronbach's Alpha: 0,760
Die Mitarbeiter berücksichtigen das Gesundheitsverständnis in ihrem alltäglichen Handeln.	0,807	
Alle Mitarbeiter nehmen an unseren Angeboten der Gesundheitsförderung teil.	0,707	
Die Mitarbeiter nehmen regelmäßig an unseren Angeboten der Gesundheitsförderung teil.	0,739	

Gesundheitsbewußtsein der Führungskräfte: Manager in unserem Unternehmen ... Skala 1-5: trifft überhaupt nicht zu … trifft voll und ganz zu		
... reagieren stets schnell und unkompliziert, wenn Probleme bzgl. Gesundheitsthemen bekannt werden.	0,774	Cronbach's Alpha: 0,880
... versuchen in ihren Abteilungen, die Gesundheit und Arbeitssicherheit kontinuierlich zu verbessern	0,807	
... versuchen in ihren Abteilungen, die Gesundheit und Arbeitssicherheit kontinuierlich zu verbessern	0,673	
... halten unsere Gesundheits- und Sicherheitsrichtlinien auch ein, wenn die Arbeitsbelastung gerade durch Termindruck sehr hoch ist.	0,737	
... setzen Gesundheitsanforderungen der Mitarbeiter sehr schnell um, auch wenn diese kostspielig sind.	0,684	
... halten untergebene Führungskräfte ihrerseits an, Gesundheitsthemen in den Teams und Arbeitsgruppen umzusetzen.	0,803	
... berücksichtigen Gesundheitsaspekte bei der Planung des Arbeitspensums und von Zeitplänen in ausreichendem Maß.	0,636	
... unterstützen die Gesundheitsfachkräfte hinreichend bei der Umsetzung von Gesundheitsmaßnahmen.	0,783	

Erfahrungen in der Praxis mit Gesundheitsmanagement im Hinblick auf Altern „Lebenslang gesund arbeiten“ (LEGESA) als integratives Projekt bei der SICK AG

Heike Bantle, Rudolf Kast

SICK ist einer der weltweit führenden Hersteller von Sensoren und Sensorlösungen für industrielle Anwendungen. Das Unternehmen mit Stammsitz in Waldkirch im Breisgau beschäftigt mehr als 5.000 Mitarbeiter, hat 50 Tochtergesellschaften und Beteiligungen in 30 Ländern sowie viele spezialisierte Fachvertretungen rund um den Globus.
Seit 2003 nimmt das Unternehmen am Wettbewerb „Deutschlands Beste Arbeitgeber“ teil. Nach diversen Auszeichnungen in den Vorjahren gewann SICK Anfang 2009 den Sonderpreis in der Kategorie Gesundheit und wurde zum wiederholten Mal mit dem Sonderpreis „Förderung älterer Mitarbeiter“ ausgezeichnet.
Der globale Wettbewerb und die damit einhergehenden Veränderungen in der Welt der Arbeit erfordern neue Führungs- und Organisationsstrukturen. Gerade die Vergangenheit hat gezeigt, dass die Unternehmen im internationalen Wettbewerb Vorteile besitzen, die auf eine partnerschaftliche Unternehmenskultur setzen. Denn motivierte und zufriedene Mitarbeiter, die sich mit Aufgabe und Unternehmen identifizieren, sind ein wichtiger positiver Erfolgsfaktor.
Für die betriebliche Gesundheitspolitik ändern sich unter diesem Vorzeichen Ausgangsposition und Zielsetzung. Die ersten und wichtigsten Anliegen jeder glaubwürdigen betrieblichen Gesundheitsförderung müssen Wohlbefinden und Gesundheit der Beschäftigten sein. Gesundheit ist Voraussetzung und Ergebnis einer kontinuierlichen Auseinandersetzung. Damit wird auf die Mehrdimensionalität von Gesundheit im Sinne eines nicht nur körperlichen, sondern auch eines psychischen und sozialen Wohlbefindens hingewiesen. Deshalb verbindet die betriebliche Gesundheitspolitik mit Prävention und Gesundheitsförderung große Hoffnungen: eine Verbesserung der persönlichen Gesundheit unserer Mitarbeiter, ihrer individuellen Lebensqualität und damit die Förderung der Beschäftigung und Weiterbeschäftigung gerade auch der älteren Mitarbeiter.
So wird deutlich, dass Betriebliches Gesundheitsmanagement und Demografieorientierung untrennbar miteinander verknüpft sind.

Betriebliches Gesundheitsmanagement (BGM) in der Historie bei der SICK AG

Gesundheitsförderung sowie ein umfassendes Verständnis vom Gesundheitsbegriff haben bei der SICK AG lange Tradition und sind im Leitbild zur Gesundheitsförderung und -vorsorge verankert. Daran anknüpfend wurden mit der Entwicklung eines BGM-Konzeptes die Eckpfeiler geschaffen, um anstelle von Insellösungen unverbundener Einzelaktivitäten Gesundheitsmanagement als Organisationsentwicklungsprozess zu begreifen.
Das aktuelle Programm betrieblicher Gesundheitsförderung der SICK AG setzt sich aus zahlreichen Maßnahmen zur Erschließung von Gesundheitspotenzialen einerseits, wie auch zur Reduzierung bzw. Vermeidung von Risiken andererseits zusammen. Die Teilnahme am Forschungsprojekt „Lebenslang gesund arbeiten" (LEGESA) schließt die Lücke zur demografischen Betrachtungsweise betrieblicher Personalpolitik bei der SICK AG. LEGESA als Demografieprojekt hat den Anspruch, betriebliche Prävention in den unterschiedlichen Bereichen mit deren aktuellen Problemstellungen zu integrieren.

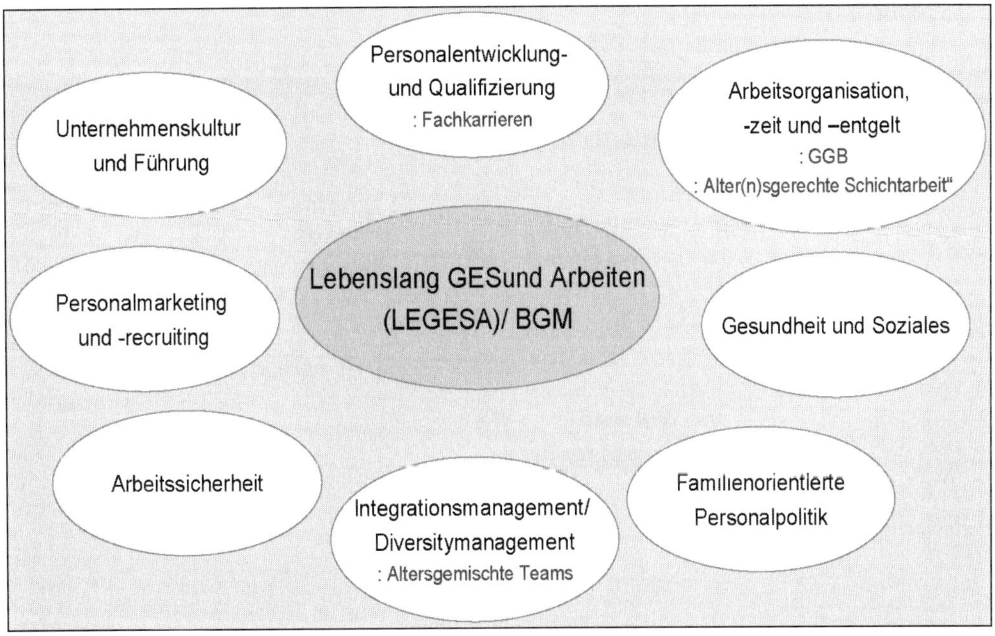

Abb. 1: LEGESA als integratives Projekt bei der SICK AG

Das Forschungsprojekt „Lebenslang gesund arbeiten" (LEGESA)

LEGESA ist Bestandteil eines Forschungsverbundes und Teilprojekt der Fokusgruppe „Gesundheitsförderung im demographischen Wandel" unter dem Metaprojekt „Strategischer Transfer im Arbeits-und Gesundheitsschutz" (StArG). Auftraggeber für das für drei Jahre angelegte Projekt (Projektende 2010) ist das Bundesministerium für Bildung und Forschung (BMBF).
Ziel von LEGESA ist eine demografiesensible Erneuerung der betrieblichen Gesundheitspolitik und die Entwicklung eines betriebsübergreifenden Curriculums zur demografieorientierten Prävention. Dabei geht es vor allem um die Behebung und Milderung psychischer Fehlbelastungen, die eine Herausforderung der modernen Arbeitswelt darstellen. Ein zukünftiger Präventionsgedanke reicht weit über den klassischen Arbeits- und Gesundheitsschutz und übliche Verhaltensprävention hinaus und verlangt, neue Wege zu gehen.
Im Rahmen dieser Zielsetzung werden bei der SICK AG im Forschungsprojekt LEGESA vier Themenfelder bearbeitet. Dabei handelt es sich keineswegs um neu geschaffene Ansatzpunkte, sonder vielmehr um eine Anlehnung an bereits existierende Vorhaben bzw.

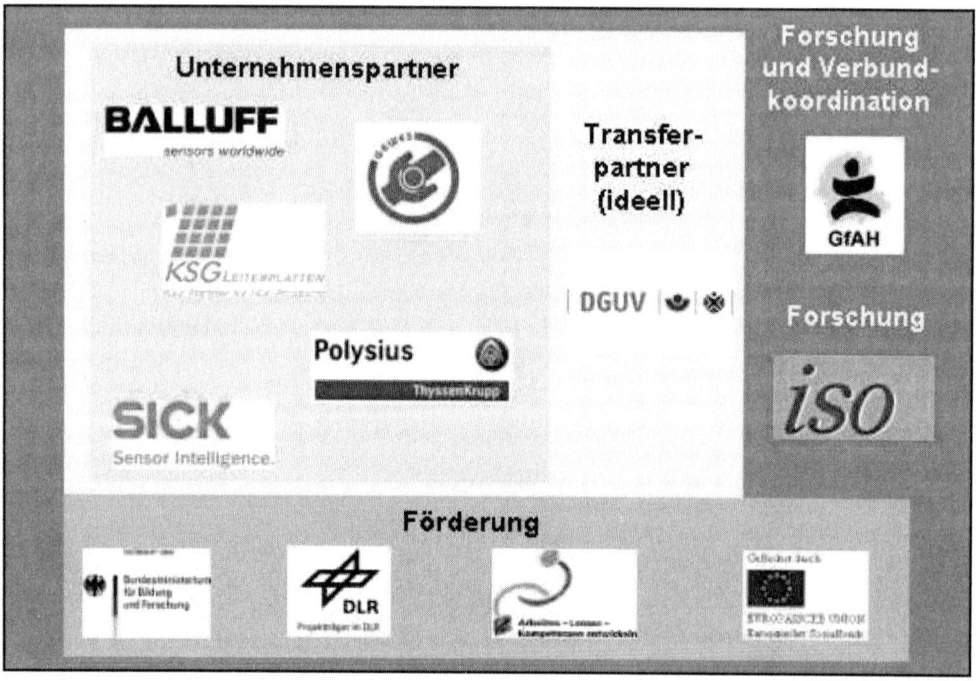

Abb. 2: Forschungsverbund LEGESA (Gesellschaft für Arbeitsschutz-und Humanisierungsforschung mbH [GfAH], 2007)

Projekte, die unter der Projektüberschrift LEGESA in Richtung Demografiefestigkeit weiterentwickelt werden:

1. Ansatzpunkt Fachlaufbahn: Altersgerechte Entwicklungswege,
2. Ansatzpunkt altersgemischte Gruppen: Chancen und Herausforderungen der Altersdiversität,
3. Ansatzpunkt Ganzheitliche Gefährdungsbeurteilung (GGB): Alterssensitive GGB,
4. Ansatzpunkt Arbeitszeitgestaltung: Alter(-n)sgerechte Schichtarbeit.

Das **Themenfeld Altersgerechte Entwicklungswege** zielt auf eine Erweiterung der beruflichen Entwicklungsmöglichkeiten im Sinne eines vertikalen Karrierepfades ab. Entwicklungsingenieure geraten nach einer gewissen Betriebszugehörigkeit an die Peripherie des Innovationsprozesses, weil es an motivierenden Entwicklungswegen fehlt. Mit Ausnahme von wenigen Führungspositionen gibt es jedoch keine Angebote, die eine entsprechende Wertschätzung vermitteln. Bedenkt man, dass der Erfolg eines High-Tech-Unternehmens wie der SICK AG von Innovationsprozessen in allen Ebenen und Bereichen getragen wird, so wird die Brisanz dieses Themenfeldes deutlich. Eine Erweiterung beruflicher Aufstiegsmöglichkeiten in vertikale Bereiche bedeutet gleichzeitig eine Flexibilisierung der Arbeitskarriere und bietet einen wichtigen Beitrag zum gesunden Altern durch abwechslungsreiche Berufsverläufe.
Ausgangspunkt des Themenfeldes Fachlaufbahn bildet ein Altersstrukturvergleich der Gruppe der Entwicklungsingenieure im Vergleich zur SICK AG sowie die Untersuchung typischer Berufswege im Bereich Forschung und Entwicklung durch qualitative Interviews. Daraus lassen sich zum einen die Entwicklungswege aus der Mitarbeiterperspektive rekonstruieren. So zeigt sich beispielsweise, dass die kritische Phase, die sowohl Alt- als

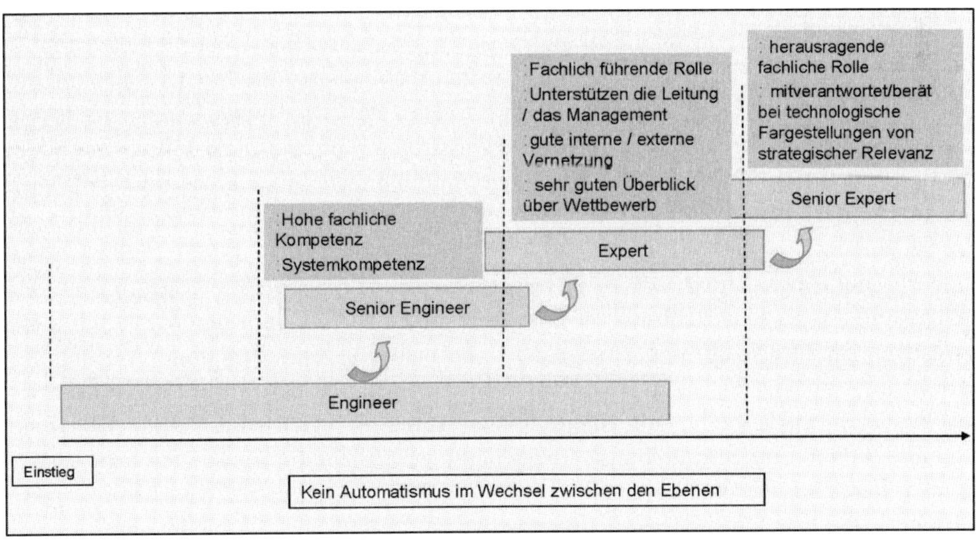

Abb. 3: Entwicklungsperspektive Fachlaufbahn bei der SICK AG

auch Jungingenieure benennen, bei einem Alter von 40 bis 42 Jahren liegt. Darüber hinaus gibt die Interview-Reihe einen Überblick über wichtige Kriterien, die eine Definition der Kompetenzen ermöglicht, welche bei der Konzeption der Fachlaufbahn von Bedeutung sind.

Interviews und Altersstrukturanalyse haben gezeigt, dass der Bedarf an der Fachlaufbahn besteht. Trends haben sich bestätigt bzw. wurden bestärkt: Projektleiter oder Teamleiter sind keine wirkliche Alternative zur Führungskarriere, da der Wunsch dieser Mitarbeiter sehr stark in die Richtung geht, sich langfristig etwas aus der unmittelbaren Projektarbeit zurückzuziehen, jedoch im Rahmen von fachübergreifenden Tätigkeiten und neuen Technologiefeldern ihre fachlichen Erfahrungen ausspielen zu können.

Die Leistung von LEGESA ist es, als Antriebsmotor die Fachlaufbahn durchzusetzen. Das von der Personalentwicklung und potenziellen Fachlaufbahnaspiranten gemeinsam entwickelte Konzept startete mit einem Pilotprojekt im Mai 2009.

Im **Themenfeld Chancen und Herausforderungen** der Altersdiversität stellt sich eine ganz andere Ausgangssituation dar. Altersgemischte Arbeitsgruppen als Form der Kooperation werden durch den demografischen Wandel in Zukunft immer häufiger werden. Wie in vielen Unternehmen, gibt es auch bei der SICK AG bereits eine Vielzahl an altersgemischtern Teams im Unternehmen. Ihre Zusammensetzung entsteht jedoch bisher mehr aus Zufall als Resultat personalpolitischer Intervention (Krüger, 2006). Allgemeine Empfehlungen über Chancen und Risiken altersgemischter Teams lassen sich anhand der aktuellen Forschungslage nicht identifizieren, vielmehr zeigen die Befunde, dass Kontextfaktoren und organisatorische Bedingungen ausschlaggebend für die Produktivität altersgemischter Gruppen sind (Wegge, Roth & Schmidt, 2008). Die Brisanz für ein Demografieprojekt wie LEGESA liegt dabei vor allem bei dem Aspekt des Wissenstransfers und einer möglichen Variation des Belastungsgeschehens unterschiedlicher Altersgruppen.

Ein Ziel dieses Themenfeldes im Rahmen des Forschungsprojektes LEGESA liegt zum einen darin, durch eine Altersstrukturanalyse einen systematischen Überblick über die Alterszusammensetzung auf Kostenstellenebene zu erhalten. Darüber hinaus sollen anhand qualitativer Interviews von Mitgliedern altersdiverser Arbeitsgruppen Chancen und Herausforderungen dieser Kooperationsform rekonstruiert werden. Diese Teilschritte bilden die Basis für die Konzeption von Handlungsempfehlungen zu Chancen und Bedingungen produktiver Altersmischung bestehender und neu geschaffener Arbeitsgruppen bei der SICK AG.

In Bezug auf das kalendarische Alter zeigt sich, dass die SICK AG insgesamt ein vergleichsweise junges Unternehmen ist. Dies ist vor allem auf ein enormes Wachstum in der Vergangenheit zurückzuführen. Die genauere Betrachtung zeigt, dass diese „Verjüngung" jedoch nicht in allen Divisions so verlaufen ist. So existieren neben stark jugendzentrierten Bereichen auch solche mit einem hohen Anteil an Mitarbeitern über 50 Jahren. (Reindl, 2009a). Eine Sekundärauswertung liefert zusätzliche Informationen beispielsweise über Bereiche, die eine ebenfalls extrem hohe Repräsentanz an Mitarbeitern in der Gruppe 51-65 bzw. eine hohe Repräsentanz in der Altersgruppe 20-35 oder aber eine ausgewogene Altersmischung aufweisen. So wird beispielsweise augenfällig, dass Mitarbeiter,

die Produktionsarbeit (Produktion und Logistik) verrichten, insgesamt deutlich älter sind als solche, die „Wissensarbeit" (Forschung, Entwicklung, IT, Verwaltung, Sales und Marketing) leisten (Reindl, 2009). An diese Analyse schließt sich als Ergo die Frage: Wie kann dieser Befund bewertet werden? Ist Altersmischung per se positiv zu bewerten, oder gibt es Einschränkungen und/oder Bedingungen? Aufbauend auf diese deskriptive Analyse geben qualitative Interviews tiefere Einblicke in die Begründungszusammenhänge und die Bedeutung des Faktors „Alter" im Hause SICK AG. Interessanterweise zeigen altersgemischte Arbeitsgruppen aus der Perspektive der Befragten ein salutogenes Potential. Das außergewöhnlich gute Generationenverhältnis im Unternehmen lässt sich sicherlich nicht zuletzt auf eine wertschätzende, altersindifferente Unternehmenskultur zurückführen. Diese zeigt sich beispielsweise durch eine vergleichsweise hohe Weiterbildungsbeteiligung der Mitarbeiter 50+ von 49%. Ergebnis der Interviewreihe ist es ebenfalls, das kalendarische Alter durch den Begriff der Betriebszugehörigkeit zu ersetzen: Nicht das kalendarische Alter ist es, sondern vielmehr die Dauer der Zugehörigkeit zum Unternehmen, die bei der Altersmischung von den Mitarbeitern als relevant erachtet wird. Es sind vor allem Wissens- und Erfahrungsunterschiede in altersgemischten Gruppen, die als bedeutungsvoll wahrgenommen werden. Darüber hinaus haben sich Bedingungsfaktoren herauskristallisiert: Um die Chancen der Altersdiversität zu nutzen, müssen altersgemischte Gruppen von Seiten der Mitarbeiter und der Führungskräfte gepflegt werden (= Kulturaufgabe) und von Unternehmensseite bestimmte Voraussetzungen erfüllt sein (zum Beispiel das Vorhandensein von Zeitressourcen für den Generationenaustausch, etc.) (Anton, 2009).
Das **Themenfeld Alterssensitive Ganzheitliche Gefährdungsbeurteilung (GGB)** setzt an einem Projekt an, welches bereits seit Jahren im Unternehmen (weiter-)entwickelt wird mit dem Ziel, ein für die Bedürfnisse der SICK AG zugeschnittenes Analysetool zur Erfassung der ganzheitlichen Gefährdungsbeurteilung zu entwickeln.
Psychosoziale Belastungen sind seit den 1960er-Jahren auf dem Vormarsch (Greif, 1991) und inzwischen selbstverständlicher Teil der Arbeitsrealität (Bamberg, Mohr & Rummel, 2003). Seit 2005 wird bei der SICK AG die ganzheitliche Gefährdungsbeurteilung in Pilotbereichen durchgeführt, in der neben den klassischen Gefährdungsbereichen auf physischer und ergonomischer Ebene vor allem die psychischen Belastungen moderner Arbeitswelt im Zentrum stehen. Durch einen Methoden-Mix aus Fragebogen, Tätigkeitsanalysen und der Erfassung besonderer Arbeitsereignisse werden physische und psychische Belastungen, Gefährdungen und Ressourcen erhoben und anschließend in Workshops bearbeitet. Langfristiges Ziel ist es, die in der GGB erfassten und in der täglichen Arbeit neu hinzugekommenen Gefährdungen über spezifisch dafür entwickelte Plattformen in den Arbeitsalltag zu integrieren und zu bearbeiten. Der Prozess beinhaltet neben der Dokumentation auch eine Wirksamkeitskontrolle.
Ziel ist es, im Rahmen des Forschungsprojektes LEGESA die GGB mit der demografischen Brille zu betrachten und entsprechend um alterssensitive Elemente zu erweitern. In ergänzender Funktion soll im verwendeten Fragebogen die Alters- und Alternsfrage Aufnahme in die Architektur der Gefährdungsbeurteilung finden. Damit sind die Berücksichtigung der Belastungsbiographie (Fokus Vergangenheit) und die Belastungskarriere

(Fokus Zukunft) fester Bestandteil künftiger Pilotbereiche. So liefert das erweiterte Instrument detaillierter Aussagen zum Umgang mit älteren Mitarbeitern, der Eignung des derzeitigen Arbeitsplatzes für Ältere, den persönlichen Entwicklungschancen sowie der intergenerationellen Zusammenarbeit.

Beim **Themenfeld Alternsgerechte Schichtarbeit** handelt es sich um eine Aktivitätenmatrix, die die Ausgangsfrage stellt: Was müssen wir heute bei der Schichtarbeit beachten, um langfristige Beschäftigungsfähigkeit zu gewährleisten? Dabei stellt der Begriff der Beschäftigungsfähigkeit die Schnittmenge zwischen Gesundheit, Wirtschaftlichkeit und Work-Life-Balance dar. Gesundheit und Beschäftigungsfähigkeit hängen in nicht unerheblichem Maß von Faktoren ab, die sich außerhalb des Firmentores befinden. Zum aktuellen Zeitpunkt gibt es unterschiedliche Modelle von Schichtarbeit in den betroffenen Bereichen. Insgesamt weisen die derzeitigen Schichtarbeitsmodelle eine unzureichende Berücksichtigung der demografischen Entwicklung auf: Schichtarbeit wird mehr und mehr als Belastung erfahren, vor allem von Seiten älterer Mitarbeiter. Aus den Ergebnissen der Ganzheitlichen Gefährdungsbeurteilung von Schichtarbeitsbereichen weiß man, dass gesundheitliche Beeinträchtigungen darüber hinaus im Laufe der Beschäftigungsbiografie zunehmen. Hinzu kommt, dass eine immer stärker auf den Kunden bezogene Produktion eine zunehmende Flexibilisierung von den Bereichen verlangt.

Ziel dieses Themenfeld Alternsgerechte Schichtarbeit ist es, die Möglichkeiten der „Humanisierung" der Schichtarbeit für Ältere herauszuarbeiten und ein gesundheitsgerechtes Schichtarbeitsmodell zu entwickeln, das für alle Altersgruppen gangbar ist. Dabei ist die Ermöglichung des Ausstiegs eine Facette. Im Mittelpunkt jedoch steht die Diskussion der „Lebensphasenorientierung" und nicht die des Ausstiegs. Ein zukünftiges Modell zur Schichtarbeit soll darüber hinaus der Erhaltung der Arbeits- und Beschäftigungsfähigkeit der Mitarbeiter dienen und eine bessere Planbarkeit für die Mitarbeiter zum Beispiel im Fall einer Notwendigkeit der Pflege von Angehörigen (Work-Life-Balance) ermöglichen. Schließlich soll ein neues Modell auch den zunehmenden Erfordernissen der Flexibilisierung und damit dem Erhalt der Wirtschaftlichkeit Rechnung tragen.

Neben einer Bestandsaufnahme existierender Schichtsysteme im Unternehmen wie auch andernorts praktizierter innovativ anmutender Schichtmodelle wird deutlich, dass der Schlüssel bei der Entwicklung eines neuen Schichtmodells in der Lebensphasenorientierung liegt. Als weitere zentrale Schwachstelle vorhandener Schichtmodelle im Unternehmen zeigt sich der Konflikt zwischen Maschinenlaufzeiten und monetären Anreizen der Nachtschicht auf der einen Seite und der Gesundheit der Mitarbeiter auf der anderen Seite. Viele Mitarbeiter berechnen die Nachtschichtzuschläge in ihre Lebensplanung mit ein. Bestandsaufnahme und Gruppeninterviews mit Mitarbeitern aus allen Schichtbereichen haben schließlich zum Modell der „freiwilligen und begrenzten Dauernachtschicht" geführt. Auf den ersten Blick mag es paradox anmuten, dieses Modell an der einen oder anderen Stelle entgegen arbeitwissenschaftlichen Erkenntnissen, wie beispielsweise die von Beermann (2005), als Ergebnis gesundheitsverträglicher Schichtsysteme zu nennen. Dieses Modell ist jedoch in enger Kooperation mit den betroffenen Mitarbeitern entstanden und dementsprechend genau auf deren Bedürfnisse zugeschnitten. Bei näherer Betrach-

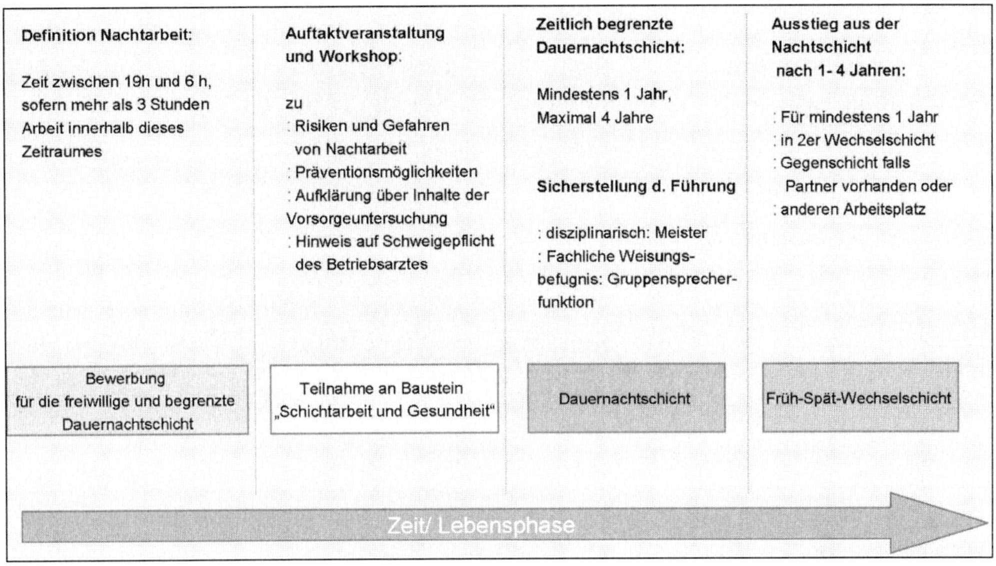

Abb. 4: Modell der freiwilligen und begrenzten Dauernachtschicht bei der SICK AG

tung wird deutlich, dass das Modell große Vorteile mit sich bringt. Müssen sich nach dem „alten" Modell relativ viele Mitarbeiter immer wieder auf eine Phase der Nachtarbeit einstellen und den biologisch, sozial und psychisch komplizierten Wechsel im 3-Schicht-Betrieb bewältigen, so können sich mit dem neuen Modell einzelne Mitarbeiter für einen festgelegten Zeitpunkt zur Nachtschicht melden.
Vor allem für ältere Mitarbeiter, die die Nachtschicht als Belastung empfinden, stellt sich dies als eine Entlastung dar. Das Modell impliziert darüber hinaus, dass Mitarbeiter die Nachtschichtzuschläge nur noch für begrenzte Zeit in ihre Planung integrieren können. Damit bewegt man sich weg vom gefährlichen Grundsatz „Geld gegen Gesundheit". Zudem ist das neue Modell an einen Baustein zur Sensibilisierung der eigenen Gesundheit gekoppelt. Ein interaktiver Baustein zu Risiken und Gefahren der Nachtarbeit und Präventionsmöglichkeiten ergänzt die klassischen Vorsorgeuntersuchungen. Insgesamt erhöht sich durch das neue Modell der freiwilligen und begrenzten Dauernachtschicht die Planbarkeit sowohl für die Mitarbeiter wie auch für das Unternehmen und bietet gleichzeitig die Möglichkeit des Ausstiegs aus der Nachtarbeit.

Die Ergebnisse aus dem Projekt LEGESA – ein (Zwischen-)Fazit

Zurückblickend sind durch das Projekt LEGESA auf die ausgewählten Themen bezogen unterschiedliche Leistungen erbracht worden: Beim Themenfeld Fachkarrieren beispielsweise hat das Projekt maßgeblich dazu beigetragen, das in den Köpfen der Akteure schon lange gehegte Vorhaben zu vervollständigen und in die Tat umzusetzen. Die Ganzheitli-

che Gefährdungsbeurteilung als Werkzeug wird künftig um den demografischen Blickwinkel erweitert durchgeführt werden. Beim Themenfeld alternsgerechte Schichtarbeit wurden völlig neue Wege gegangen, indem ein Konzept entwickelt wurde, welches sich zwar punktuell über wissenschaftliche Erkenntnisse zur Konstruktion von Schichtmodellen bzw. Schichtarbeit hinwegsetzt, dies geschieht jedoch zugunsten einer „maßgeschneiderten“ Lösung, die sich sehr eng an den Bedürfnissen der Mitarbeiter vor Ort orientiert. Die Untersuchungen im Themenfeld Chancen und Risiken der Altersdiversität zeigt, dass die Altersmischung im Unternehmen geschätzt wird und die Chancen durch das Kreieren von günstigen Voraussetzungen noch optimiert werden kann, um damit beispielsweise Synergieeffekte zum Erfahrungs- und Wissensaustausch zwischen den Generationen der Betriebszugehörigkeit zu erzeugen.
Vor allem die Bearbeitung des Themenfeldes zur Altersdiversität aber auch die zur Alternsgerechten Schichtarbeit haben ganz beiläufig noch einen zusätzlichen Effekt erzielt, der nicht unerheblich erscheint: Sich im Rahmen des Forschungsprojektes mit dem Thema Demografie auseinanderzusetzen, hat nicht nur das offenkundige Ziel, in den beschriebenen Themenfeldern konkrete Produkte in Form von Handlungsempfehlungen, Konzepten, Modellen etc. zu entwickeln. Die Beteiligung an diesem Projekt impliziert gleichermaßen eine Kulturaufgabe, die Auseinandersetzung mit den Herausforderungen des demografischen Wandels in das Unternehmen zu tragen und so zur Sensibilisierung beizutragen. Es gab beispielsweise bei Interviewpartnern mehrfach Äußerungen in diese Richtung, sich über das befragte Thema vorher noch gar keine Gedanken gemacht zu haben. Auch dies ist als Anschubleistung eines Bewusstseinsprozesses zu bewerten.
Insgesamt fördert LEGESA das Unterstützen von Umdenkprozessen und schafft Bewusstsein für zukünftige Herausforderungen, wie beispielsweise einer veränderten Rolle des klassischen Arbeits- und Gesundheitsschutzes (Reindl, 2009b). Es geht nicht um Prävention für die Mitarbeiter, sondern vielmehr um Prävention mit den Mitarbeitern. Damit einher geht eine Fokusänderung im Betrieblichen Gesundheitsmanagement: Im Mittelpunkt steht nicht die Risikenvermeidung, sondern die Ressourcenstärkung. Mit diesem salutogenen Ansatz soll einem veränderten Belastungsspektrum moderner Arbeitswelt Rechnung getragen werden. Innovative Präventionsansätze brauchen demzufolge ein erweitertes Akteurs-Setting als Ergänzung für die traditionellen Akteure im Arbeits- und Gesundheitsschutz. Schließlich ist der Titel des Projektes „Lebenslang gesund Arbeiten„ gleichsam als Ziel zu verstehen, welches in Form einer interdisziplinären Aufgabe als Organisationsentwicklungsprozess zu begreifen ist. Um das Ziel von LEGESA nachhaltig zu verfolgen, muss sich Gesundheitspolitik in der täglichen Arbeits- und Personalpolitik wiederfinden.

Literatur

Anton, S. (2009). Altersdiversität als Chance und als Risiko aus kognitions-psychologischer Perspektive. Nicht veröffentlichte Studienabschlussarbeit, Universität Freiburg.

Bamberg, E., Mohr, G. & Rummel, M. (2003). Vorwort der Herausgeberinnen. In M. Resch (Hrsg.), Analyse psychischer Belastungen. Verfahren und ihre Anwendung im Gesundheitsschutz (S. 5-6). Bern: Huber.

Beermann, B. (2005). Leitfaden zur Einführung und Gestaltung von Nacht- und Schichtarbeit (9. Auflage). Bundesanstalt für Arbeitsschutz und Arbeitsmedizin (Hrsg.), Dortmund.

Greif, S. (1991). Stress in der Arbeit – Einführung und Grundbegriffe. In S. Greif, E. Bamberg & N. Semmer (Hrsg.), Psychischer Stress am Arbeitsplatz (S. 1-28). Göttingen: Hogrefe.

Krüger, D. (2006). Veränderungsprozesse in der Arbeits- und Personalpolitik vor dem Hintergrund der demografischen Entwicklung. Handlungsansätze für die betriebliche Praxis. Kassel: Universitätspresse, Dissertation.

Wegge, J., Roth, C. & Schmidt, K.-H. (2008). Eine aktuelle Bilanz der Vor- und Nachteile altersgemischter Teamarbeit. Wirtschaftspsychologie, 3, 30-43.

Reindl, J. (2009a). Ergebnisse der Altersstrukturanalyse. Nicht veröffentlichte Präsentation. Institut für Sozialforschung, Saarbrücken.

Reindl, J. (2009b). Neue Aufgaben für Multiplikatoren. Die Mobilisierung der Laienkompetenz. In L. Henning, A. Richter & F. Hees (Hrsg.), Tagungsband zur Jahrestagung 2008 des BMBF-Förderschwerpunktes (S. 167-173). Aachen: Wissenschaftsverlag Mainz.

Online-Angaben

Gesellschaft für Arbeitsschutz- und Humanisierungsforschung mbH (GfAH) (2007). Lebenslang gesund arbeiten – legesa. Der Forschungsverbund. Verfügbar unter http://www.lebenslang-gesund-arbeiten.de [20.10.09]

Führung und Gesundheit im Kontext eines ganzheitlichen, integrativen, nachhaltigen und systemverträglichen Leistungs- und Gesundheitsmanagements

Michael Kastner

1. Gründe für ein ganzheitliches, integratives, systemverträgliches und nachhaltiges Leistungs- und Gesundheitsmanagement hinsichtlich der Zusammenhänge zwischen Führung und Gesundheit

1.1 Verantwortung für Leistung und Gesundheit

Führungskräfte verhalten sich oft gesundheitsschädigend, sowohl hinsichtlich ihrer eigenen Person als auch ihrer Mitarbeiter, nicht aus Boshaftigkeit oder Dummheit, sondern weil ihnen etliche Zusammenhänge zwischen Führung und Gesundheit nicht klar sind. Sie stimmen durchaus dem Ziel des im Folgenden vorgeschlagenen ganzheitlichen, integrativen, nachhaltigen und systemverträglichen Leistungs- und Gesundheitsmanagements zu und wollen den hoch leistungsfähigen und gesunden Mitarbeiter in der hoch leistungsfähigen und gesunden Organisation, sehen sich aber oft aufgrund von „Unternehmenszwängen" nicht dazu in der Lage. Dabei spielen Führungsprozesse eine entscheidende Rolle, u.a. weil wir nicht davon ausgehen können, dass die Mitarbeiter von selbst in Eigenverantwortung genügend für ein Optimum von Leistungs- und Gesundheitsverhalten sorgen. Damit stellt sich die Frage, wer denn für unsere individuelle und kollektive Gesundheit auf welche Weise verantwortlich ist und wer welche Strategien, Prozesse und Strukturen zur Optimierung unserer Gesundheit und Leistung entwickeln muss.

Die (Selbst-)Verantwortung dafür liegt zunächst beim Mitarbeiter, der eine Bringschuld hinsichtlich Leistungsfähigkeit und -motivation sowie Erhalt seiner Gesundheit hat. Das Unternehmen, v.a. die jeweiligen Führungskräfte müssen im eigenen Interesse alles tun, ihm zu ermöglichen, das erwünschte Verhalten zu begünstigen und zu fördern, wobei „alles" seine Grenzen in ethischen Fragen des Drucks, der Erpressung und Verführung findet. Darf man z.B. die Mitarbeiter zum Rauchen in 20 Grad Kälte schicken, Pommes Frites in der Kantine verbieten oder die Verschiebung des Familienurlaubs verlangen?

Die als selbstverständlich angesehene Eigenverantwortung zum Selbstmanagement hinsichtlich Leistung und Gesundheit wird problematisch angesichts des viel diskutierten Problems „Hat der Mensch einen freien Willen?". Hat der Mitarbeiter, der sich gesundheitsunverträglich verhält, „selber Schuld“ oder kann er nicht anders? Wir scheinen immerhin bestimmte Fenster von Handlungsspielräumen zu haben, die in Grenzen unsere freien Entscheidungen und damit auch persönliche Verantwortung ermöglichen (Kastner, 2006). Bei Sucht sind diese beispielsweise eingeschränkt. Je weniger wir von außen determiniert sind, z.B. durch die Arbeitsumgebung, wie Kälte oder die Macht eines höchst dominanten Chefs, und je weniger wir von innen determiniert sind, z.B. durch Angst vor Arbeitsplatzverlust, umso freier und innovativer sind wir in unseren Entscheidungen und daraus resultierenden Handlungen und umso verantwortlicher sind wir auch für unser Leistungs- und Gesundheitsverhalten. Spätestens hier fängt aber auch die Verantwortung einer Führungskraft an. Andere durch Kommunikation beeinflussen zu deren Nutzen, heißt Erziehung (Personalentwicklung), Andere beeinflussen zu meinem Nutzen, heißt Manipulation. Inwieweit darf eine Führungskraft Druck ausüben, beispielsweise im Hinblick auf Gewicht, „Mit so einem Bauch können Sie in Unternehmen nicht für Gesundheit werben“, oder hinsichtlich des Arbeitseinsatzes, „In dieser Phase können wir uns keine Grippe leisten.“?

Da der Mensch ein soziales Wesen und soziale Unterstützung einer der stärksten Stressreduktionsfaktoren ist, sollten unsere Mitmenschen im täglichen Arbeitsfeld, hier vor allem die Kollegen, Mitarbeiter und Vorgesetzten, auf unsere Gesundheit Rücksicht nehmen und Mitverantwortung tragen. Dabei geht es nicht nur um die Menge und Art der Arbeit, sondern meist machen schlecht laufende mitmenschliche Prozesse wie pathologische Kommunikation, Ärger, Frustration, Konflikte, Mobbing, Neid aufgrund von Ressortegoismen, Ungerechtigkeiten, Systemfehlern etc. wesentlich kränker.

Über die verantwortungsvolle, zielorientierte Führung hinsichtlich Leistung und Gesundheit hinaus ergibt sich die Notwendigkeit des Beteiligens, der Ermutigung, der Berücksichtigung der persönlichen Lebenssituation des Mitarbeiters, auch im Hinblick auf seine Work Life Balance, seine beruflichen und evtl. privaten Pläne. Soll z.B. einem Mitarbeiter ein zusätzliches Projekt aufgebürdet werden, wenn er gerade baut und Nachwuchs erwartet?

Und natürlich sollte sich die Führungskraft für die Optimierung des Arbeitsplatzes des Mitarbeiters und eine gute Organisationskultur einsetzen. Je höher wir in der Hierarchie steigen, umso größer wird die diesbezügliche Verantwortung auch hinsichtlich reibungsloser Arbeitsprozesse in der Weise, dass erwünschtes Verhalten auch positive sowie negatives Verhalten negative Konsequenzen hat (Stichworte: Leistungs- und Verteilungsgerechtigkeit). Arbeitsabläufe müssen unbedingt im Hinblick auf Leistungs-, aber auch Gesundheitsgesichtspunkte optimiert werden. Transparenz, Beteiligung von Betroffenen und adäquate Informationsflüsse schaffen, gehören zu einer guten Führungs- und Kommunikationskultur, die einen wesentlichen Faktor für psychische Belastungen, Beanspruchungen und Beeinträchtigungen im negativen Fall, auch für psychische Stabilität und Resilienz im positiven Fall darstellt (vgl. auch Kastner zum individuellen Leistungs- und Gesundheitsmanagement in diesem Band).

Psychische Beschwerden haben sich zu einer Volkskrankheit entwickelt, die zu einem großen Teil mit beruflichen Anforderungen korreliert. Der regelmäßig erarbeitete Gesundheitsmonitor der Bertelsmann-Stiftung weist aus, dass jeder dritte Erwerbstätige über psychische Belastungen klagt und mehr als 20% der deutschen Bevölkerung innerhalb eines Jahres wegen psychischer Probleme einen Arzt aufsuchen. In Zeiten der wirtschaftlichen Krise klagen 52% der Menschen in befristeten Arbeitsverhältnissen über psychische Belastungen. Psychische Beschwerden gehen mit Zukunftssorgen durch Angst vor Arbeitslosigkeit (46%) bzw. vor dem Überflüssigwerden durch neue Technologien (50%) und die Befürchtung, im Falle der Arbeitslosigkeit keine neue Arbeit zu finden (41%), einher. Auch ohne derartige Sorgen wird das psychische Wohlbefinden negativ beeinflusst bzw. entstehen psychische Erkrankungen bei Personen, die mehr als fünf Tage die Woche arbeiten (42%) oder täglich einen Arbeitsweg von mehr als 30 Minuten bewältigen müssen (38%). Das Betriebsklima kann psychisch krank machen, vor allem wenn Vergünstigungen entzogen werden (47%), Abmahnungen erteilt werden (52%) oder Kündigungen im Falle häufiger und/oder längerer Krankschreibungen zu erwarten sind (Informationsdienst Wissenschaft der Bertelsmann-Stiftung, 2009). Im 33. BKK Gesundheitsreport (2009) wird wiederum von einem leichten, aber kontinuierlichen Anstieg der Krankenstände berichtet, mit den stärksten Steigerungsraten bei den psychischen Erkrankungen. Jeder zehnte Fehltag der BKK-Mitglieder in Arbeit und jeder neunte Krankheitstag aller Personen, auch der Arbeitslosen, ist ursächlich den psychischen und Verhaltensstörungen zuzurechnen, bei Frauen im Übrigen ca. 14% aller Krankheitstage (<http://www.dnbgf.de/index.php?id=359>). Umgekehrt zeigen etliche Befunde, dass Mitarbeiter, die sich am Arbeitsplatz wohl fühlen, seltener erkranken (Präventionsbericht der gesetzlichen Krankenkassen, 2009). Und bei einer Befragung zu Erfahrungen mit dem Betrieblichen Gesundheitsmanagement berichteten 82% der Unternehmer (50 – 500 Beschäftigte) über stabilisierende Wirkungen vor allem in wirtschaftlich schwierigen Zeiten (www.iga-info.de<http:/www.iga-info.de>).

Die Zusammenhänge mit der Führung liegen auf der Hand. Entsprechend wird in der Führungsforschung die Verantwortung der Führungskraft für die Mitarbeitergesundheit generell (Zimber & Gregersen, 2007; Gurt & Elke, 2004) oder spezieller für die Arbeitsgestaltung (Bea et al., 1991), für die Wahrnehmung der Gesundheit des Mitarbeiters (Badura, 2001) oder für die (psychischen) Belastungen (Bamberg & Schulte, 2003) betont. Neben solchen inhaltlichen Aspekten ist die Führung eines Unternehmens auch für die Organisation von Leistung und Gesundheit maßgeblich verantwortlich, also dafür, dass ein ganzheitliches, integratives und systemverträgliches Leistungs- und Gesundheitsmanagement nachhaltig verwirklicht wird. Dies in einer Weise, dass neben der direkten Beeinflussung durch Erziehung und Vorleben der Mitarbeiter, passende Anreize, Handlungsspielräume und Belohnungsmechanismen erhält, die zu einem optimalen Leistungs- und Gesundheitsverhalten motivieren. Führungskräfte, die also durch Organisationsprozesse Wirtschaftlichkeits-, Produktivitäts- und Qualitätsziele erreichen müssen, dies sowohl im Hinblick auf Sachaufgaben als auch auf die Personenaufgabe „Führung von Mitarbeitern", unterliegen also hinsichtlich des Leistungs- und Gesundheitsmanagements zur Nutzung der Ressource Mensch einer besonderen Verantwortung, stehen im Rampen-

licht, sind Multiplikatoren und müssen mit Engelsgeduld permanent das erwünschte Verhalten fordern, fördern und selbst deutlich erkennbar vorleben.
Individuelle Gesundheitskompetenz und -motivation, verbunden mit dem entsprechenden Verhalten und Führung bzw. unternehmerische Gestaltung, müssen so aufeinander bezogen werden, dass Leistungs- und Gesundheitsverhalten in einem permanenten Verbesserungsprozess optimiert werden. Mehr Möhren in der Kantine, ein Fitness-Studio, ein Gesundheitszirkel und ein Gesundheitstag sowie bei psychischen Problemen ein externes EAP-System (Employee Assistance Program), sind noch kein Gesundheitsmanagement. Vielmehr müssen Arbeitsorganisation, -tätigkeiten und Führungsprozesse so gestaltet werden, dass Gesundheitsgefahren vorgebeugt, Belastungen/Anforderungen und Ressourcen adäquat austariert und Mitarbeiter zu deren Bewältigung befähigt (Enabling), motiviert und ermächtigt (Empowerment) werden.
Dies sind keine leichten Aufgaben, vor allem vor dem Hintergrund, dass die Führungskräfte selbst mit den ständig steigenden Anforderungen kämpfen. Sie müssen immer schneller unter immer mehr Unsicherheit entscheiden, mit Widersprüchen, Paradoxien, Dilemmata und Unübersichtlichkeit umgehen und „sich durchwurschteln“ unter permanenten Zielkonflikten. Sie leiden unter einer Intransparenz des eigenen Handelns und unter Rollendiffusionen. Mal sind sie Beobachter, mal Teilnehmer, mal Hierarch, mal Teammitglied, mal in der Rolle des „Managers als Coach“. Es fällt ihnen schon schwer genug, sich um die eigene Gesundheit zu kümmern. Unter diesen Bedingungen sollen sie auch noch für die Gesundheit der Mitarbeiter (mit)verantwortlich sein?
So wie eine Demokratie nur funktionieren kann, wenn ihre Mitglieder sich nach bestem Wissen und Gewissen informieren und entscheiden, so müssen auch Führungskräfte ihr Gewissen (Verantwortung) wirksam werden lassen und Wissen zu den Zusammenhängen zwischen Führung und Gesundheit erwerben. Das hört sich erst einmal vernünftig an, wird aber in der Praxis viel zu wenig umgesetzt. Dafür gibt es viele Gründe wie Zeitmangel, Überlastung, Desinteresse, eigene Wahrheitsansprüche und Einstellungen, wie es z.B. in dem bayerischen Spruch zum Ausdruck kommt: „Ein Guter hält's aus, um einen Schlechten ist's nicht schad“.
Das entscheidende Problem, das auch die Ganzheitlichkeit des Konzeptes begründet, dürfte aber in den verschiedenen Egoismen liegen. Das Konzept des Synegoismus (Kastner, 1999) sieht vor:

- dass Egoismen („Ich tue etwas für mich auf Kosten anderer“) soweit möglich keine Erfolgsaussichten haben dürfen,
- dass mit Altruismen („Ich tue etwas für andere auf meine Kosten“) in der Marktwirtschaft nicht zu rechnen ist,
- dass Solidarität („der Starke tut etwas für den Schwachen“) in der Wirtschaft ebenfalls kaum zu erwarten ist, sondern auf einer ethischen Ebene diskutiert werden muss,
- dass synegoistisches Handeln permanent gefordert, gefördert und organisiert werden muss in dem Sinne, dass das erwünschte Verhalten positive und das unerwünschte negative Konsequenzen hat,

- dass an den jeweiligen Schnittstellen (z.B. Kunden-Lieferanten-Beziehungen) Win-Win-Situationen erzeugt werden,
- dass gesunde Konkurrenz um die beste Lösung und Leistung durchaus erwünscht ist, wenn die Bewertungskriterien als gerecht empfunden werden,
- dass das Untersystem begreift, dass der Erfolg des Obersystems auch sein Erfolg ist und umgekehrt.

Ähnlichkeiten zum reziproken Altruismus in der Biologie, dem Prisoner dilemma game in der Psychologie oder den Opportunismus-Konzepten in den Wirtschaftswissenschaften, liegen auf der Hand. Unterschiede können für den vorliegenden Kontext nutzbar gemacht werden.

Da der janusköpfige Mensch im Prinzip oft egoistisch ist, zugleich aber auch zu Mitleid und Barmherzigkeit fähig ist, wir uns allerdings im kalten Wasser der Marktwirtschaft bewegen, gehen wir davon aus, dass die jeweiligen Akteure im Gesundheitswesen bzw. -management durchaus divergierende Interessen haben. Die wesentlichen Tendenzen ohne Anspruch auf Vollständigkeit und Allgemeingültigkeit dürften folgendermaßen aussehen (vgl. Kastner, 1985):

- Das Individuum will möglichst wenig für seine Gesundheitsversorgung bezahlen und für die Prävention tun, indem es z.B. seine Freizeit „opfert", gleichzeitig aber gesund und leistungsfähig sein. Ein marktwirtschaftlich denkender Mensch, der 600 Euro monatlich für seine Krankenkasse ausgibt, möchte dafür auch einen Gegenwert. Beim Führen mit Zahlen, bei Boni und Akkord, verhält sich der Mitarbeiter vielfach selbstausbeutend bzw. neigt zwecks Zielerreichung (Geld, Ruhm etc.) zur Selbstgefährdung (Kastner, 2003).
- Die Führungskraft ist durchaus an der Selbstausbeutung des Mitarbeiters interessiert, solange er nicht zusammenbricht.
- Niedergelassene Ärzte sind Lieferanten und haben Kunden, die sie nicht verlieren wollen. Sie neigen dazu, Kundenwünsche – etwa in Form von Krankschreibung – zu erfüllen. Im Übrigen ist das Risiko, jemanden „sicherheitshalber" krank zu schreiben, geringer als ihn krank zur Arbeit zu schicken.
- Amtsärzte sind als Beamte nur begrenzt in der Lage zu beurteilen, ob eine Krankschreibung gerechtfertigt ist.
- Betriebsärzte sind meist gut ausgebildet in Arbeitsmedizin (Lärm, Stäube, Gase, Ein- und Ausstellungsuntersuchungen), haben aber im Bereich psychischer Beeinträchtigungen begrenzte Kapazitäten und zudem das Problem, dass gerade in diesem Bereich gefährdete Mitarbeiter sich ihnen kaum öffnen.
- Das Unternehmen ist primär an Leistung interessiert und möchte die Lohnnebenkosten gering halten. Wenn jemand langfristig krank zu werden droht, sollen die Kosten möglichst zügig der Krankenkasse überantwortet werden. Und Prävention soll möglichst wenig kosten und in der Freizeit erfolgen. Transfereffekte, beispielsweise durch gemeinnützige Vereine, in denen Mitarbeiter Sozialkompetenz erwerben, sich geistig und körperlich fit halten, sind durchaus erwünscht.

- Führungskräfte und Personaler halten sich das Problem der zunehmenden psychischen Beeinträchtigungen gerne vom Leib, indem sie ein EAP-System anbieten.
- Die Krankenversicherung möchte eine möglichst schnelle Wiedereingliederung des kranken Mitarbeiters und ist im Falle der Langzeiterkrankung daran interessiert, die Kosten möglichst bald der Rentenversicherung zu überantworten.
- Die Rentenversicherung hat natürlicherweise kein Interesse an Frühverrentungen, sondern daran, dass sie als letzte Instanz in dieser Kette möglichst wenig gebraucht wird.
- Der Staat ist an geringen Lohnnebenkosten und an Krankenkassen und Rentenversicherungen interessiert, die keine Zuschüsse erfordern. Möglichst frühe Gesundheitserziehung darf zugleich im Bildungssystem nichts kosten.
- Im Übrigen ist der Staat wie die Unternehmen auch an gemeinnützigen Vereinen interessiert, die Gesundheit fördern. Diese aber können sich umso schlechter selbst organisieren, je stärker die Unternehmen durch Arbeitszeitflexibilisierung, Jobrotation, globalisierte Präsenz etc. die Koordination der Individuen erschweren. So manche Freiwillige Feuerwehr muss deshalb durch eine kommunale ersetzt werden.
- Die Führungskraft ist am Sport des Mitarbeiters zur Förderung seiner Gesundheit weniger interessiert, wenn z.B. dadurch Verletzungen drohen (beschädigte Knochen durch Fußball am Sonntag). Sie wäre es allenfalls, wenn sichergestellt wäre, dass das Engagement in gemeinnützigen Vereinen Gesundheit, Sozialkompetenz etc. fördert.

In dieser Kette bilden sich durchaus Interessenkartelle zu Lasten der anderen Systeme. Im Falle einer schlechten Auftragslage empfiehlt gerade in kleinen und mittleren Unternehmen schon mal der Chef dem Mitarbeiter, sich krank zu melden.
Die Empfehlung von Beratern, sich um die Förderung der Resilienz der Mitarbeiter zu kümmern, wird schon mal mit dem Kommentar quittiert: „Sie können uns doch die Nicht-Resilienten rausfiltern, die wir dann entlassen. Wir behalten dann nur die Kampfschweine".
In dieser Kette Mitarbeiter – Führungskraft – Niedergelassener Arzt – Betriebsarzt – Amtsarzt – Krankenkasse – Rentenversicherung (vgl. Kastner, 1990) finden sich zahllose Egoismen zum Schaden des Gesamtsystems, in dem dann Henne und Ei kaum zu trennen sind. Die Verschiebung der Kosten von Krankheit lässt die Rentenversicherung zunächst als „letzten, den die Hunde beißen" erscheinen. Aber sie muss vom Staat unterstützt werden, dessen Steuergelder wiederum von den Individuen stammen.
Ein ganzheitliches Leistungs- und Gesundheitsmanagement (LGM) verlangt „eigentlich" eine Betrachtung aller Akteure. Würden sich die Individuen schon präventiv gesund verhalten, die Führungskräfte unter dem Stichwort „Führung und Gesundheit" adäquat führen, ein gutes LGM innerhalb des Unternehmens dafür sorgen, dass z.B. die „weak signs" des Burn-outs rechtzeitig erkannt werden und dadurch lange Fehlzeiten gar nicht erst entstehen, sowie die Mitarbeiter hinsichtlich ihrer Resilienz gefördert werden und ein gutes Betriebliches Eingliederungsmanagement die Schnittstelle zur Krankenkasse optimiert, dann würden die Rentenversicherungen und der Staat entlastet. Dies käme wiederum den Unternehmen in Form niedrigerer Lohnnebenkosten zugute. Dies würde die Konkur-

renzfähigkeit stärken und Arbeitslose minimieren, die im Übrigen im Schnitt deutlich kränker sind als arbeitende Mitmenschen (Kuhnert und Kastner, 2002). Und der dadurch entstehende „Gewinn“ könnte wiederum in die Gesundheitsbildung von Kindesbeinen an investiert werden usw.

Da aber der Mitarbeiter sich für sich selbst verantwortlich sieht, das Unternehmen seine Gewinne maximieren will, die Krankenkassen auch Unternehmen sind etc., sucht jedes System sein Heil in der Selbstoptimierung auf Kosten der anderen Systeme. Der Staat sollte dies nun im Sinne der good governance systemverträglich regeln, hat aber seine Probleme mit diversen Lobbys (siehe Probleme des Gesundheitssystems insgesamt, Kastner, 1985).

Nun wird ein Unternehmen dieses problematische Gesamtsystem nicht revolutionieren können. Aber man kann durch ein gutes LGM, das über die Grenzen der Organisation hinausgeht, viele Synergieeffekte erzielen.

Es gilt also, mit Hilfe eines ganzheitlichen (über die verschiedenen Schnittstellen hinweg), systemverträglichen (nicht durch Egoismen störenden) und nachhaltigen LGM die oben skizzierte Entwertungskette umzudrehen zu einer Wertschöpfungskette kraft synegoistischen Verhaltens der Subsysteme. Ein bewährtes Instrument steht in Form des Prozessoptimierungsmodells (POM, Kastner, 1998) zur Schnittstellen- und Prozessoptimierung zur Verfügung. Das Unternehmen bzw. die jeweiligen Führungskräfte sind dabei ein ganz entscheidender Treiber. Sie können sich selbst, ihre Mitarbeiter, die Betriebsärzte, Personaler und durch Kooperationen die Krankenkassen, Vereine, externe Gesundheitsanbieter (z.B. Fitnessstudios), ja sogar Schulen und Universitäten positiv beeinflussen. Die damit verbundene Verantwortung ist deutlich größer, als man in der „klassischen“ Betrieblichen Gesundheitsförderung denkt. Das entsprechende Wissen muss natürlich erst einmal internalisiert werden.

1.2 Wissen der Führungskräfte um die Zusammenhänge zwischen Leistung und Gesundheit

Führungskräfte müssen begreifen, dass der Mensch keine triviale Maschine mit festen Input-Output-Relationen ist und sie müssen wissen, wovon Gesundheit als Prozess mit Höhen und Tiefen abhängt:

- vom individuellen Wissen über körperliche Prozesse (Bewegung, Ernährung, Entspannung, Regeneration etc.), geistige Prozesse (Wahrnehmung, Denken, Motivation und Volition, Entscheidungen, Attributionen, Einstellungen, Werthaltungen, Zielsetzungen etc.), emotionale Prozesse (Angst, Ärger, Liebe, Freude, Glück, Wohlbefinden etc.) und persönlich-soziale Prozesse (Ausstrahlung, Kommunikation, Kontakte, Sympathien und Antipathien etc.), wobei diese vier Bereiche natürlich eng vernetzt sind und sich nach körperlicher, psychischer, sozialer (Familie, Freunde, Kollegen etc.) und spiritueller (Sinn und Wertesystem) Gesundheit differenzieren lassen,

- von der individuellen Motivation und Disziplin, dieses Wissen auch nachhaltig umzusetzen,
- von dem gemeinsamen Wissen und Handeln der am Arbeitsprozess Beteiligten (Kollegen, Mitarbeiter, Führungskräfte, Teams) im Rahmen einer Vertrauens-Fehlerlern-Innovations-Gesundheitskultur (Kastner, 2007), in der nach dem Motto „Wertschöpfung durch Wertschätzung" Kommunikations- und Kooperationsprozesse optimiert werden,
- von den Belohnungs- und Sanktionsmechanismen im Hinblick auf das erwünschte Leistungs- und Gesundheitsverhalten,
- von dem systematischen, systemischen und systemverträglichen Leistungs- und Gesundheitsmanagement in der Kette Strategie vor Prozess vor Struktur (s.u.),
- und vom Führungsverhalten des Vorgesetzten.

Gemäß einer Studie der Bertelsmann AG (Netta, 2007) wird der Schutz der Gesundheit aus Mitarbeitersicht wesentlich bestimmt durch

a) Klarheit, Transparenz und subjektive Arbeitsplatzsicherheit
b) selbstbestimmtes Handeln und Verantwortung und
c) Zufriedenheit mit der Arbeitszeitregelung, also Faktoren, für die der Vorgesetzte wesentlich verantwortlich ist.

Nicht zu vergessen ist, dass Führungskräfte auch ein gewisses „nachsichtiges" Verständnis dafür entwickeln müssen, dass die meisten Menschen nicht an Veränderungen interessiert sind, solange es ihnen subjektiv gut geht. Die permanenten Aufforderungen im Change Management, „wer sich nicht verändert, wird verändert", erzeugen Reaktanzen, Widerstände und Konflikte. Wer selbst als erfolgreiche Führungskraft von der Veränderungsnotwendigkeit überzeugt ist, selbst von jung-dynamischen Führungskräften umgeben ist, hat oft wenig Verständnis für Menschen, die „ihren Job abreißen", an einer lustvollen Freizeit stärker interessiert sind und u.a. kraft mangelnder Zukunftsperspektiven auch nicht unbedingt die Disziplin zum Jogging und zur asketischen Ernährung aufbringen.
Diese nicht einmal vollständige Aufzählung verdeutlicht, dass z.B. die klassische Arbeitsmedizin mit ihrer Konzentration auf Lärm, Stäube, Gase und Arbeitssicherheit keinesfalls ausreicht, sondern dass verschiedene Disziplinen wie Verhaltens- und Präventivmedizin, Arbeits- und Organisationspsychologie, Neurobiologie, Gesundheitspädagogik, Arbeitssoziologie, Human Ressources Management etc. zusammenarbeiten müssen. Erkenntnisse aus der Stress-, der Life Event-, der Psychotherapie-, der psychosomatischen und der modernen Hirn-Forschung sind aufeinander zu beziehen. Besonders deutlich wird dies angesichts der steigenden psychischen Belastungen und Beeinträchtigungen. Die Weltgesundheitsorganisation erklärt den oft beruflich bedingten Stress zu einer der größten Gefahren des 21. Jahrhunderts und geht davon aus, dass die Depression 2020 weltweit zu den vier häufigsten Erkrankungen zählen wird. Hierzulande gehen wir davon aus, dass die Fehlzeiten aufgrund psychischer Beeinträchtigungen seit 1995 um 80% gestiegen (Wiss. Institut der AOK) und mittlerweile der häufigste Grund für Frühverrentungen sind. Während 1993 16% der Frührentner wegen psychischer Störungen aus dem Arbeitsleben

schieden, sind es heute mehr als das Doppelte. Neben dem menschlichen Problem soll in Deutschland 2007 durch Produktionsausfälle aufgrund psychischer Störungen ein volkswirtschaftlicher Schaden von fast 4,5 Milliarden Euro entstanden sein (Welt online, 15.10. 2009).

Wovon hängt nun die Leistung in unterschiedlichen Lebensaltersphasen ab? Natürlich in erster Linie von der Gesundheit, darüber hinaus aber von etlichen Faktoren, die teilweise wiederum die Gesundheit beeinflussen:

- Leistungsfähigkeit, Fertigkeiten, Wissen, Qualifizierung,
- Leistungsmotivation,
- Volition bzw. nachhaltiger „Biss“,
- physische und psychische Fitness,
- Stimmungen, Befindlichkeiten,
- Biorhythmik, Spannung und Entspannung,
- familiäre Situation und Lebensbalancen,
- Befugnisse,
- Verantwortung,
- soziales Umfeld und soziale Unterstützung,
- institutionelle Ressourcen,
- Arbeitssituation inklusive Technik,
- Organisationskultur,
- Belohnungs- und Sanktionssysteme,
- Führungsverhalten.

Sowohl bei Leistung als auch bei Gesundheit sind die „weichen“ Faktoren oft wesentlicher als die „harten“. Laut Ilmarinen & Tempel (2002) repräsentieren gute Arbeit von Vorgesetzten und deren Führungsverhalten den einzigen hochsignifikanten Faktor, der hinsichtlich einer Verbesserung der Arbeitsfähigkeit zwischen dem 51. und 62. Lebensjahr nachgewiesen werden konnte.

Die Arbeitsfähigkeit verschlechtert sich um das 2,4-fache bei unbefriedigender Wertschätzung und Anerkennung und sie kann umgekehrt um das 3,6-fache erhöht werden.

Damit erweist sich auch für die Leistung der Mitarbeiter, zusätzlich zur Gesundheit, der Faktor Vorgesetzter als entscheidende Größe. Dieser Befund wird bestätigt durch den Engagement-Index (Gallup, 2003), nach dem nur 12% der deutschen Mitarbeiter sich wirklich für ihr Unternehmen engagieren (USA 30%) und 18% bereits innerlich gekündigt haben. Dabei wird davon ausgegangen, dass sie grundsätzlich ein positives Verhältnis zur Arbeit haben. Allerdings verlassen besonders engagierte Mitarbeiter primär meist nicht das Unternehmen, sondern ihren Vorgesetzten. Sowohl niedrig als auch hoch belastete Mitarbeiter, die sich partnerschaftlich geführt fühlen, sehen ihre Gesundheit durch ihr Unternehmen geschützt, im Gegensatz zu solchen, die nicht partnerschaftlich geführt werden. Hohe Werte im Partnerschaftsindex sind gepaart mit hohen Werten im Identifikationsindex. Belastung allein muss also nicht schädlich sein. Entscheidend ist der Stress im Sinne von Fehlbeanspruchung (s.u.), der gemäß einer Studie der British Heart Foundation bei einem Drittel aller Betroffenen als Ursache für den Herzinfarkt gilt. Er ist übrigens überzufällig häufig mit Depression gepaart, ein Beispiel für das Zusammenspiel von psychischen und körperlichen Prozessen.

Diese körperlichen, geistigen, emotionalen, motivationalen und sozialen Prozesse interagieren, so dass sich Kognitionen (auch Intelligenz) in fortlaufenden dynamischen Wechselwirkungen mit Zuständen des Körpers wie Spannung, Ausdruck, Haltung oder Gefühlen verwirklichen. Beispielsweise sollen mehr als 180 Minuten Bewegung pro Woche die Wahrscheinlichkeit von Alternsdemenz um bis zu 60% senken. Unser Informationsverarbeitungssystem ist ohne unseren Körper nicht denkbar, wie eine Software, die nicht ohne Hardware läuft. Vielmehr ergibt sich das, was wir „Geist" nennen, in den Wechselwirkungen aus den oben genannten körperlichen, motivationalen und emotionalen Prozessen in Bezug auf unser Milieu. Somit sind auch Veränderungen ohne diese Verbindungen zwischen unserem Umfeld, unseren Gedanken, Gefühlen und Befindlichkeiten nicht möglich. Angefangen von der Uralt-Frage der James-Lange-Theorie „Weine ich, weil ich traurig bin, oder bin ich traurig, weil ich weine?" über das Problem des freien Willens (s.o.) bis hin zur zentralen Kommunikationsfrage, was wir meinen, wenn wir etwas sagen („Wie kann ich wissen, was ich gemeint habe, ehe ich gehört habe, was ich gesagt habe?"), sollten wir versuchen, entsprechende Erkenntnisse in die Maßnahmen zum Erhalt der körperlichen, psychischen, sozialen und spirituellen Gesundheit einzubeziehen, um intelligentes, problemlösendes Verhalten als „PS auf die Straße zu bringen".

Führen durch Angst gilt als eine der größten Führungssünden. Zum einen führt Angst zu Regressionen auf primitivere Verhaltensmuster und zu einem Tunnelblick („Angst blockiert das Gehirn"). Zum anderen lösen fortlaufende Angst und Fehlbeanspruchungen im Nervensystem effektive, gewohnte Verschaltungen auf und verringern damit Problemlöse- und Lernfähigkeiten. Auf der anderen Seite können durch gute Führung die verhaltenssteuernden neuronalen Netzwerke zur Reorganisation und damit zu Anpassungen angeregt werden. Es gilt also Rahmenbedingungen zu schaffen, die dazu führen, dass Anforderungen als bewältigbar und kontrollierbar erlebt werden, und damit „zu neuen Taten" motivieren. Die Führungskraft sollte Aufgaben, Belastungen und Anforderungen in einer Weise an den Mitarbeiter anpassen, dass dieser sie als kontrollierbar erlebt, sie bewältigt und dadurch lernt, bisherige Verschaltungen festigt und sich höhere Ziele setzt. Zudem sollte natürlich der Mitarbeiter auch so gefördert werden, dass er zunehmende Aufgabenschwierigkeiten meistern kann. Derzeit sind die meisten Führungskräfte eher auf relativ kurzfristige Zahlenziele als auf die langfristige Gesundheit ihrer Mitarbeiter fokussiert. Zudem fehlen ihnen auch oft Wissen und Motivation zur Belastungs- und Beanspruchungsoptimierung. Sie sind aber, wenn es gelingt, sie für entsprechende Seminare zu gewinnen, meist hoch interessiert, bezüglich der inneren Prozesse bei ihnen selbst und denen der Mitarbeiter, mehr zu erfahren.

Empfindet der Mitarbeiter Angst und Ausgeliefertsein, erfolgen Stressreaktionen in einem reduzierten Verhaltensrepertoire bis hin zur Panik, die bei zeitlicher Begrenzung durchaus zur Entwicklung neuer Ressourcen und neuen Verschaltungen führen können („Not macht erfinderisch"), aber langfristig geringere Problemlösefähigkeit, Auflösung früherer

Verschaltungen und Gesundheitsrisiken bewirken. Die Gewichtung der Zusammenhänge zwischen (kognitiver) Leistung und psychischen Prozessen wird verstärkt durch den allgemeinen Trend, dass physikalische und chemische Belastungen, ungünstig gestaltete Arbeitsplätze, die schlechte Körperhaltung provozieren und zu viel Kraft kosten, sowie einseitige und monotone Arbeit eher zurückgehen. Aber im Gegenzug steigen psychische Belastungen und Anforderungen, die aufgrund der folgenden psychischen Beeinträchtigungen ausgesprochen kostenintensiv werden, durch:
- Arbeitsmenge,
- bei gleichzeitiger Personalreduktion (Leistungsverdichtung),
- verbunden mit mehr Verantwortung,
- damit verbunden Zeitdruck (siehe auch „just in time"),
- höhere Ansprüche an Qualität,
- intensivere Leistung,
- bei gleichzeitiger Kostenreduktion,
- permanentes Lernen,
- laufende Organisationsveränderungen,
- komplexere Produkte, Prozesse, Organisationsformen,
- bei gleichzeitiger, immer schnellerer Veränderung in Form zunehmender Dynamik und Komplexität (Dynaxität),
- stärkeres Erfordernis von Selbstvermarktung,
- Verlust sozialer Bindungen,
- Fehlorganisation, z.B. unklare Zuständigkeiten, Befugnisse,
- das soziale Umfeld, z.B. Konflikte mit Kollegen und Vorgesetzten,
- Ansprüche an Flexibilität hinsichtlich Zeit, Ort (Mobilität) und sozialer Systeme (z.B. Tätigkeiten im Ausland, anderen Kulturen),
- geringere Sicherheit (Arbeitsplatz, Rente), Vorhersagbarkeit und Transparenz,
- fehlende Stabilität,
- Entgrenzung von Arbeits- und Privatleben,
- den durch Globalisierung erzeugten höheren Konkurrenzdruck,
- Innovationsdruck,
- Veränderungsdruck,
- und entsprechend schwierigere Führungsprozesse etc.

Die meisten Modelle zu den diesbezüglichen Zusammenhängen zwischen Führung und Gesundheit basieren auf homöostatischen Vorstellungen in Anlehnung an innerorganismische Prozesse, etwa der Hormonregulation.
Gemäß dem Modell der Allostase (Sterling & Eyer, 1988) strebt unser Organismus nach Homöostase durch Veränderung unserer adaptiven Systeme. Die normale Anpassung erfolgt durch Koordination unserer jeweils beteiligten regulatorischen Systeme. Wir versuchen unsere körperlichen, geistigen, emotionalen und sozialen Zustände in Fließgleichgewichten auszutarieren. Wenn nun Reize Beanspruchungsreaktionen erfordern, entsteht Allostase und unsere Gleichgewichtslage verändert sich. Im Falle einer wirksamen Bewäl-

tigung wird sie wiederhergestellt. Im Falle gescheiterter Bewältigungen entsteht eine allostatic load (McEwen, 2000), d.h. wir kommen nicht ins Gleichgewicht zurück, die Dysbalance verstetigt sich. Damit wird die allostatic load zu einem lange nicht sichtbaren Preis für chronische (Fehl-)Belastungen, die immer wieder starke Reaktionen auf die andauernden Herausforderungen provozieren.
Für die Führungskraft bedeutet dies, darauf zu achten, dass für die Mitarbeiter das jeweilige Rückstellen der Gleichgewichtslage möglich wird. Hohe und auch lang andauernde Belastungen sind durchaus möglich, müssen aber vor einer Verfestigung in der allostatic load reduziert werden und es müssen hinreichende Möglichkeiten zum „Aufladen des Akkus“ geboten werden. Regenerationsphasen sind ein entscheidender Faktor für Gesundheit und damit für spätere Leistung. Insofern kann es Führungsaufgabe sein, den Mitarbeiter zu Pausen zu veranlassen, selbst wenn er in seinem „Flow“ weitermachen will.
Ein anderes Gleichgewichtsmodell ist das der Gratifikationskrise von Siegrist (2002). Geben und Nehmen sollen hier ausbalanciert sein. Die Anstrengung durch Aufgaben, Pflichten, Anforderungen und Druck soll ausgewogen werden durch eine Entlohnung, nicht nur in Form von Geld, Position, Prestige, sondern vor allem von Wertschätzung, Würde, Sicherheit, Karriere. Bei beiden sollen Motivation, Sinn, Identifikation und Commitment optimiert sein. Hat der Mitarbeiter nun den Eindruck einer langfristigen Inbalance im Sinne von hoher Verausgabung bei niedriger Belohnung, fragt sich, was diese stabilisiert. Dies gilt vor allem für fehlende Alternativen, mangelndes strategisches Verhalten und übersteigerte Verausgabungsbereitschaft (Over-Commitment) bzw. „nicht Nein sagen können“. Die langfristigen Fehlbeanspruchungen mit der Folge von Krankheit sind vorprogrammiert. Drei Gründe für eine negative Bilanz von Verausgabung und Gratifikation werden dafür verantwortlich gemacht, dass diese überhaupt aufrecht erhalten wird:
- Abhängigkeit wegen fehlender Alternativen von anderen Arbeitsmöglichkeiten,
- strategische Entscheidung, um Karriere zu machen,
- Übermäßige Leistungsmotivation und Verausgabungsneigung als psychische Disposition.

Vor allem das Gefühl von Kontrollierbarkeit/Entscheidungsspielraum (control) auf der einen und Anforderungen (demand) auf der anderen Seite sind für den Grad der Beanspruchung wesentlich (vgl. Karasek & Theorell, 1990). Der Entscheidungsspielraum klärt, inwieweit der Mitarbeiter Entscheidungen selbstständig treffen und Anforderungen selbstverantwortlich meistern kann.
- Der Idealfall der aktiven Arbeit besteht in hohen, aber nicht überfordernden Arbeitsbelastungen bei großem Entscheidungsspielraum mit der Folge von Anreizen, Motivation, Lernen inklusive psychischer Gesundheit.
- Sind beide niedrig ausgeprägt, ergibt sich eine „passive“ Tätigkeit.
- Sind die Anforderungen hoch, der Entscheidungsspielraum aber niedrig, ergeben sich starke Anspannungen und hohe Risiken für die Gesundheit und Leistungsfähigkeit.
- Bei großem Entscheidungsspielraum, aber niedrigen Anforderungen entsteht natürlich eine Unterbeanspruchung.

Derartige Gleichgewichtsmodelle leuchten zunächst unmittelbar ein und bieten zahlreiche Hinweise für gute Führung. Beispielsweise sollte mehr gelobt werden und weniger nach dem Motto verfahren werden, „nichts gesagt ist genug gelobt".
Aber sie klären weniger, wie denn der Gleichgewichtswert zustande kommt bzw. bis zu welchen Grenzen er verändert werden kann. In der inneren Medizin kennen wir den idealen Blutdruckwert oder die ideale Blutzusammensetzung. Aber schon bezüglich der körperlichen Leistungsfähigkeit ergeben sich durch Training oft ungeahnte Sollwertverschiebungen nach oben. Jemand, der sich heute kaum 20 Liegestützen vorstellen kann, erlebt, dass er durch Training ohne Gesundheitsschädigung durchaus auf 100 kommen kann. Wie sieht dies für den intellektuellen Bereich aus. Hier hilft durchaus ein Denken in heterarchischen Modellen, die über die Homöostase hinausgehen. Im salutogenetischen Modell (Antonovsky, 1998, Näheres vgl. Kapitel 2.4) wird das Bild des reißenden Flusses „Leben" gezeichnet, in dem man durch den Gesundheitskompetenzerwerb besser die Strudel bewältigt und dauernd mit Stressoren wie Viren, Schmutz oder auch beruflichen Herausforderungen rechnen sollte, die durch permanente Ressourcenpflege und -verstärkung zu bewältigen sind. Damit wird der Tatsache Rechnung getragen, dass die allostatic load interindividuell und sogar intraindividuell sehr unterschiedlich aussehen kann, je nachdem wie trainiert und gesundheitskompetent jemand ist.
Für den Führungsprozess ergeben sich damit klare Implikationen. Es gilt, dem Mitarbeiter zu helfen, sich in höhere Systemzustände einzuschwingen, Gesundheit als Kompetenz zu erwerben, sich fit zu halten und sich zur Resilienz aufzuschaukeln anstatt zur Depression abzuschaukeln (s. Beitrag von Kastner zur individuellen Ebene in diesem Band). Und es gilt, mit ihm in einer Weise authentisch zu kommunizieren, die Anerkennung und Wertschätzung ausdrückt und eine Balance aus dessen Verausgabung und Gratifikation schafft. In der ethischen Kommunikation (vgl. Kastner, 2004) werden diesbezüglich hinreichend Empfehlungen gegeben.
Wir gehen zusammengefasst von folgenden Zusammenhängen zwischen Leistung und Gesundheit aus:

- Je gesünder wir sind, umso besser werden sich Leistungsfähigkeit und in Grenzen auch Leistungsmotivation entwickeln, das ist trivial,
- allerdings impliziert der Begriff „Leistungsgesundheit", dass man auch trotz schwerwiegender Behinderungen/Krankheiten Außerordentliches leisten kann (z.B. Rollstuhlfahrer, chronisch Kranke).
- Zusammenhänge zwischen Arbeit/Leistung und Krankheit lassen sich „nur" zu maximal 16% erklären. Arbeit/Leistung beinhaltet viele Gesundheitskomponenten wie Sinn, soziale Ansprache und Unterstützung, Zeitregime, Anerkennung.
- Wenn Leistungen unter hohen Belastungen und unausgewogenen Ressourcen erbracht werden (Kastner, 2004), ergibt sich folgende Rangfolge der abnehmenden Belastungsschwere, die Gesundheitsrisiken birgt: hoher Zeitdruck, hohe Verantwortung, zu große Arbeitsmenge, Umstrukturierungsmaßnahmen, Lärm, ungünstige Arbeitszeiten, Angst vor Arbeitsplatzverlust, Vorschriften/Kontrolle etc. (Landesinstitut für Gesundheit und

Arbeit, 2009). Im Umkehrschluss können ohne diese Belastungen Leistung und Gesundheit höher korrelieren.
- Leistung und Gesundheit erreichen ihren höchsten Zusammenhang, wenn gut geführt wird, was sich u.a. in der Vermeidung folgender Phänomene äußert: unklare Führungsleitlinien, wenig Anerkennung/Wertschätzung, falscher Handlungsspielraum (zu eng oder zu weit) und Autonomiemangel, ungerechte Kritik, fehlende und falsche Informationen, Mangel an Sinn und Rückkopplung, kurzfristige Tätigkeitsänderungen, keine Einarbeitung, kein Einhalten von Versprechen, unrealistische Leistungsziele und Führen nur durch Zahlen, keine Berücksichtigung der Mitarbeiterziele und keine Förderung (vgl. auch Taubert, 2009).
- Leistung und Gesundheit im Beruf laufen umso eher synchron, je weniger negative Spillover-Effekte entstehen, d.h. Spannungen werden von einem Handlungsbereich in den anderen übertragen. Positive Spillover-Effekte, wie z.B. gemeinsame Organisationserfahrung von Doppelkarriere und Privatleben, sind förderlich für das Zusammenspiel von Leistung und Gesundheit.
- Der Zusammenhang zwischen Leistung und Gesundheit wird moderiert durch Variablen wie Geschlecht, Alter, Tätigkeit und Branche und natürlich individueller Konstitution.
- Gesundheitsschädliche Auswirkungen der Arbeit und in der Folge Leistungsbeeinträchtigungen sind in der Rangfolge abnehmender Schwere: Rücken- und Gelenkbeschwerden, Erschöpfung, Wut/Verärgerung, Nicht-Abschalten-Können, Lustlosigkeit/Ausgebranntsein, Kopfschmerzen, Schlafstörungen, Niedergeschlagenheit, Konzentrationsprobleme, Konflikt mit anderen, Magen-Darm-Beschwerden, Zweifel an eigenen Fähigkeiten, Sehstörungen, Infektionskrankheiten etc. (vgl. Landesinstitut für Gesundheit und Arbeit NRW, 2009).

Wie muss nun gute Führung aussehen, die diese Zusammenhänge optimiert? Es geht zum einen um strukturelle Führung, wenn Auf- und Ablauforganisation, Entgeltsysteme, Laufbahnordnungen, Regeln und Normen im Hinblick auf Gesundheit optimiert werden. Auch sie können pathogen oder salutogen wirken. Im Wechselspiel von personaler und struktureller Führung (vgl. Wunderer, 2006) ist die Führungskraft allerdings auch für die Gesundheit der Mitarbeiter verantwortlich, wo die „normalen" Managementsysteme nicht mehr greifen, etwa bei der Share-Holder-Value-Fixierung und der auf Zahlenziele. Ein Gesundheitsmanagement, das nur auf Strukturen wie z.B. den technischen Arbeitsschutz und gute Rahmenbedingungen setzt, greift zu kurz (Zimolong, 2001).
Es bedarf zusätzlich, im Sinne der personalen Führung, der guten Interaktion zwischen Führungskraft und Mitarbeiter, die sich aus dem Umkehrschluss der oben genannten Führungsweisen ergeben, wie z.B.: Sinn geben, ohne Angst führen, adäquate Handlungsspielräume bieten, wertschätzen, eine Balance aus Verausgabung und Gratifikation ermöglichen, Gesundheit als Kompetenz fördern etc. Wichtig scheint die Vermeidung eines Täter-Opfer-Schemas. Oft werden durch Mitarbeiterbefragungen Führungskräfte als „Täter" entlarvt, weshalb viele Unternehmen solche Erhebungen scheuen, weil sie Auto-

ritätsverlust befürchten (vgl. Taubert, 2009). Führungskräfte sind of selbst (ihr eigenes) „Opfer", neigen allerdings des Öfteren zu dem Fehlschluss „Ich mute meinen Mitarbeitern nicht mehr zu als mir selbst". Insofern sollte zu dem Thema „Führung und Gesundheit" das Gesamtinteraktionssystem beleuchtet werden, in dem meist Führungskräfte und Mitarbeiter zugleich „Opfer" und „Täter" sind. Es geht schließlich um Leistung und Gesundheit aller Beteiligten. Offensichtlich gibt es also vielfältige Wissensinhalte, die Führungskräften helfen können, Leistung und Gesundheit gleichzeitig zu optimieren. Nun müssen sie noch überzeugt werden, dass dies sich auch ökonomisch lohnt.

1.3 Ökonomischer Nutzen im Kontext neuer Arbeits- und Organisationsformen

Führungskräfte sind meist so sozialisiert, dass Rendite, Effizienz und Funktionalität Priorität haben. Wenn sie dann auch noch Techniker oder Ökonomen sind, wird „Menschelndes" eher als notwendiges Übel gesehen. Beim LGM geht es aber nicht nur um Fragen der Humanität der Arbeitswelt und der Lebensqualität, sondern auch um eine nackte ökonomische Notwendigkeit. Wie viel ein mangelhaftes LGM mit der Konsequenz welcher Phänomene kosten kann, mögen die folgenden Zahlen verdeutlichen.
Laut einer Forsa-Studie fühlen sich mehr als die Hälfte aller Arbeitnehmer in Deutschland aufgrund arbeitsbezogener und privater Probleme oder psychischer sowie gesundheitlicher Belastungen nicht voll leistungsfähig. Die Folgekosten einer solchen verminderten Leistungsfähigkeit werden auf 262 Milliarden Euro bzw. 11,54 % des preisbereinigten Bruttoinlandproduktes von 2008 geschätzt. 63% der Befragten gaben an, ihre Leistungsfähigkeit sei um mindestens ein Viertel reduziert. Daraus ergibt sich, bezogen auf alle Arbeitnehmer, eine Minderung der Produktivität um ca. 15%. Als Hauptgründe dafür wurden von 60% der Befragten arbeitsbezogene Faktoren wie mangelnde Wertschätzung, innerbetriebliche Veränderungen und fehlende Leistungsmöglichkeiten genannt. Als zweitwichtigster Grund für die Produktivitätseinschränkungen wurden psychische Probleme genannt. Unter Stress leidet jeder dritte Arbeitnehmer, jeder Vierte fühlt sich erschöpft. 54% der Befragten gaben an, unter gesundheitlichen Beschwerden wie Rücken- und Gliederschmerzen sowie Kopfschmerzen zu leiden und 41% führten ihre Leistungsminderung auf familiäre Sorgen, wie z.B. die Pflege eines Angehörigen, zurück. Interessanterweise klagten junge Angestellte bis 29 Jahre am meisten, über 60-Jährige aber am wenigsten. Im Branchenvergleich wurde über den Zusammenhang von hoher Belastung und eingeschränkter Leistungsfähigkeit im Handel berichtet (FAZ, 2010).
Laut europäischer Beobachtungsstelle für berufsbedingte Risiken (2008) ist Stress das zweithäufigste arbeitsbedingte Gesundheitsproblem mit steigender Tendenz und wie erwähnt, kommt das Gros der Frühverrentungen durch psychische Beeinträchtigungen zustande. Jeder vierte Beschäftigte in der Europäischen Union leidet unter arbeitsbedingtem Stress und 60% aller Abwesenheitstage sind darauf zurückzuführen. Die Schätzungen zu den Kosten, die 2002 in damals 15 EU-Ländern der Wirtschaft entstanden sind, liegen

bei 20 Milliarden Euro und dürften in sieben Jahre in der deutlichen größeren EU entsprechend höher zu beziffern sein.
Der Unfallverhütungsbericht der Bundesanstalt für Arbeitsschutz und Arbeitsmedizin (2010) weist aus, dass bei einer durchschnittlichen Arbeitsunfähigkeitsdauer von 12,7 Tagen je Arbeitnehmer sich für das Jahr 2008 456,8 Millionen Arbeitsunfähigkeitstage ergeben haben, was Produktionsausfälle von 43 Milliarden Euro bzw. einen Ausfall an Bruttowertschöpfung von 78 Milliarden Euro verursacht hat.

In einer Metaanalyse von Fissler & Knospe (2009, S. 49 ff.) wird gezeigt, dass:
- durch krankheitsbedingten Absentismus und Präsentismus 10 bis 15% der Gesamtproduktivität verloren gehen (35% Absentismus, 65% Präsentismus),
- pro Mitarbeiter so ein Verlust von 27 Tagen/Jahr entsteht und
- die wichtigsten „Produktivitätsräuber“ Stress, Kopfschmerzen, Allergien, Schlafprobleme und Depressionen sind. 25% der Männer und 29% der Frauen sollen Burn-out gefährdet sein, wobei die Altersgruppe zwischen 40 und 49 Jahren am stärksten gefährdet sein soll.

Dies korrespondiert mit der Studie der europäischen Beobachtungsstelle, die als wesentliche Auslöser für den arbeitsbedingten Stress nennt:
- unsicheres Arbeitsverhältnis,
- hoher Termindruck,
- lange Arbeitszeiten, teils zu unflexibel,
- mangelnde Vereinbarkeit von Beruf und Familie,
- Mobbing.

Dabei werden als Gesundheitsrisiken vor allem neue Technologien und Arbeitsprozesse sowie die Informationsflut durch Kommunikationstechnologien verantwortlich gemacht. Welche Statistik zu den Kosten und zu den die Leistung einschränkenden Faktoren auch immer berichtet wird, es wird auf jeden Fall deutlich, dass hier ein riesiges Potenzial liegt, nicht nur inhaltlich bessere Leistung bei mehr Gesundheit zu erzielen, sondern auch betriebs- und volkswirtschaftlich in erheblichem Umfang zu sparen.
Damit ergeben sich zahlreiche Ansatzpunkte, um Leistung und Gesundheit zu steigern und gleichzeitig Kosten zu senken. Führung wird gerade mit Blick auf die psychischen Leistungs- und Gesundheitsfaktoren zum wesentlichen Kostenfaktor.
Die neue Arbeitswelt mit all diesen Belastungen und Anforderungen lässt sich durch die drei Dimensionen Dezentralität, Stabilität, Work Life Balance abbilden.
Wir wandern immer stärker und schneller von der linken, unteren, vorderen Ecke des Würfels mit Zentralität, Stabilität und abgegrenzten Lebensbereichen zu der oberen, hinteren, rechten Ecke mit dezentraler, flexibler Arbeit sowie vermischten beruflichen und privaten Prozessen. Im Falle des Freelancers heißt die Devise „arbeite wo, wann und wie du willst“, im Falle des Technikers, der sogar seinen Werkzeugkasten teilen muss, „arbeite wo, wann und wie du musst“.

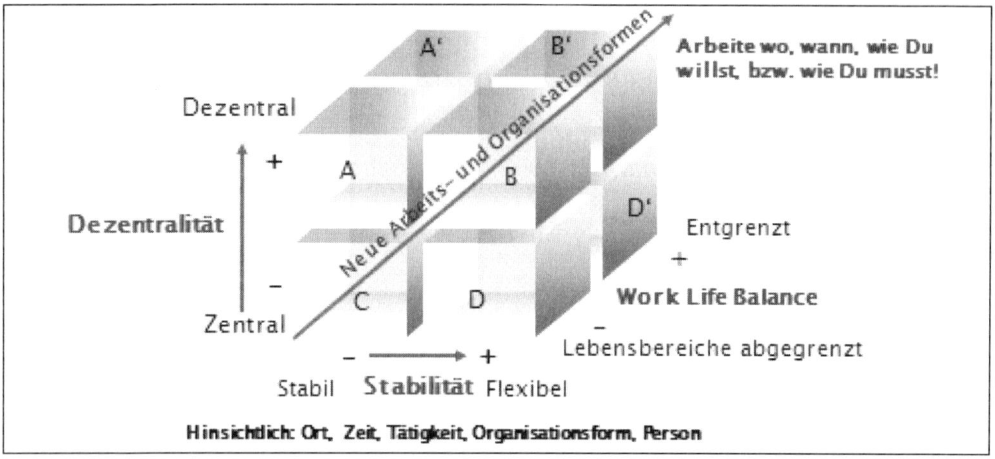

Abb. 1: Neue Arbeits-, Organisations- und Lebensformen

Angesichts dieser oben beschriebenen Phänomene verwundert es nicht, dass innerhalb von 30 Jahren eine Vervierfachung der Krankheitstage durch psychische Erkrankungen zu verzeichnen ist. 1976 waren ihnen 2% der Krankentage zuzuschreiben, 2005 8,5%. Die Krankheitsdauer betrug durchschnittlich pro Erkrankungsfall vor fünf Jahren knapp 12 Tage, bei psychischen Diagnosen aber 30,4 Tage (BKK Bundesverband, 2006; WidO AOK, 2006). Wir gehen davon aus, dass wir hier nur die Spitze des Eisberges sehen. Beispielsweise verstecken sich hinter Rückenschmerzen oft psychische Probleme. Letztere zuzugestehen fällt vielen Menschen schwer. D.h. wir müssen davon ausgehen, dass hinter etlichen somatischen, sozial „akzeptierten" Störungen in Wirklichkeit psychische Prozesse wirken, die meist über die Stressachse laufen. Dabei spielen die emotionalen und kommunikativen Prozesse eine besondere Rolle (das Gefühl von Ungerechtigkeit, pathologische Kommunikation, Neid, Konflikte etc.). Gutes Personal ist effizient und im „War for Talents" versuchen die Unternehmen, ökonomischen Erfolg durch die besten Köpfe zu erzielen. Wir gehen davon aus, dass (vgl. Kastner, 2009):
- die zunehmende Dynaxität Anforderungen und Problemlösefähigkeiten auseinanderdriften lässt und psychische Beeinträchtigungen fördert,
- die demografische Entwicklung weniger Potenzial nachwachsen lässt,
- sich Trends zum Brain Drain und zum Down Shifting verstärken und
- die finanzkräftigen Unternehmen im „War for Talents" die besten Köpfe finden und binden durch massive Maßnahmen zur Gesundheitsförderung und Work Life Balance.

Gerade in einer Wissensgesellschaft mit „intelligenten Produkten" werden die menschlichen Ressourcen, also hochleistungsfähige, -bereite und gesunde Mitarbeiter zu einer Schlüsselgröße. Wer diesbezüglich erfolgreich ist:
- findet und bindet die besten Köpfe langfristig,
- verfügt über mehr Wissen, Erfahrung, Leistungsmotivation,

- verfügt über bessere Produkte bzw. Dienstleistungen und hat mehr wirtschaftlichen Erfolg,
- hat einen Wettbewerbsvorteil,
- senkt Kosten,
- erzeugt in seinem Unternehmen u.a. über eine bessere Kultur mehr Lebensqualität.

Dies sollten eigentlich genug Gründe für ein gutes Leistungs- und Gesundheitsmanagement sein und dessen Nutzen nahelegen.

1.4 Gesundheitsorientiertes Führen und Organisieren

Wer die oben beschriebenen Zusammenhänge zwischen Führen und Gesundheit und deren Nutzen kennt, wird automatisch anders führen als jemand, der sie nicht kennt. Das „gesunde Führen" kann aber noch weiter systematisiert werden.
In dem Modell für gesundheitsförderliches Führen von Spieß & Stadler (2007) werden vier Ebenen mit zunehmender Verallgemeinerung unterschieden:
- Auf der ersten Ebene des ziel- und aufgabenorientierten Führens geht es um die zielbezogene Einflussnahme in Wechselwirkungen mit den Organisationsstrukturen, der Arbeitsplatzsituation und den Persönlichkeitsmerkmalen von Mitarbeiter und Führungskraft. Dazu gehört, sich Zeit zu nehmen, konstruktive Rückmeldungen zu geben, positive Leistungen anzuerkennen etc.
- Auf der zweiten Ebene des mitarbeiterorientierten Führens und Unterstützens werden Entscheidungsspielräume zugestanden, der Mitarbeiter als Betroffener zum Beteiligten gemacht, Partizipationsmöglichkeiten geboten, Anreizsysteme optimiert, Wertschätzung und soziale Unterstützung geboten, der Sinn der Arbeitsaufgaben vermittelt und Anforderungen und Ressourcen des Mitarbeiters aufeinander abgestimmt. Zudem werden Weiterbildungsangebote unter Berücksichtigung der persönlichen Lebenssituation angeboten und eine gute Kommunikationskultur (Konfliktmanagement) gepflegt.
- Die dritte Ebene betrifft die Gestaltung der Arbeits- und Organisationsprozesse, z.B. hinsichtlich der ergonomischen Verhältnisse, der Arbeitszeitgestaltung, der Informationsflusse etc.
- Schließlich wird auf der vierten Ebene eine gesundheitsförderliche Führungs- und Unternehmenskultur geschaffen. Dazu gehören die Verwirklichung von Führungsgrundsätzen, Hilfsangeboten, Fehlertoleranz, die Berücksichtigung der besonderen Bedürfnisse älterer Mitarbeiter, von Frauen mit Kindern, Fehlertoleranzen sowie die Verankerung des Gesundheitsverhaltens in Leitbildern etc.

Diese vier Ebenen gesundheitsförderlichen Führens mögen für den direkten Führungsprozess selbst hilfreich sein. Für ein ganzheitliches, integratives, systemverträgliches und nachhaltiges Leistungs- und Gesundheitsmanagement sollten wir darüber hinaus alle Aktivitäten zur Förderung von Leistung und Gesundheit systematisieren. Dies beginnt schon

bei der Unterscheidung von Betrieblicher Gesundheitsförderung (BGF), Betrieblichem Gesundheitsmanagement (BGM) und Leistungs- und Gesundheitsmanagement (LGM). Was bedeutet zunächst „betrieblich“? Sollen damit Themen der Work Life Balance und der Spill-Over-Effekte, also das Überschwappen von Problemen des Privatbereiches in das Berufliche und umgekehrt ausgeschlossen sein? Macht es in Zeiten der Entgrenzung von Privat- und Berufsleben und der zunehmenden Arbeitsplätze zu Hause noch Sinn, von „betrieblich“ zu reden? Gesundheitsförderung betrifft unter inhaltlichem Aspekt alle Aktivitäten zum Erhalt und zur Förderung der Gesundheit. Gesundheitsmanagement bezieht sich auf einer anderen logischen Ebene auf die Handhabung verschiedenster Aktivitäten unter instrumentellem Aspekt. Gute Nahrungsmittel in der Kantine, Gesundheitscoaching oder Gesundheitschecks sollen die Gesundheit des Mitarbeiters fördern. Wie, in welchen Zeitabständen und mit welchem Kostenaufwand und in welchen Kontexten – z.B. im „Huckepack-Verfahren“ innerhalb der Personalentwicklung – dies geschieht, ist eine Frage des Gesundheitsmanagements. Der umfassendste Begriff wäre schließlich aus den oben genannten Gründen „Leistungs- und Gesundheitsmanagement“.
„Gesundheitsorientiertes Führen und Organisieren“ verlangt in erster Linie eine präventive Denk- und Vorgehensweise dergestalt, dass „das Kind gar nicht erst in den Brunnen fällt“. Der Nutzen von Prävention als humanstes und ökonomischstes Vorgehen ist unumstritten. Prävention wird üblicherweise unterschieden hinsichtlich der Aspekte des Verhaltens und der Verhältnisse. So sollen zur individuellen Ebene des Verhaltens die Stressbewältigung, Gesundheiterhaltung oder die Work Life Balance gehören, zur Ebene der Verhältnisse der Arbeitsplatz, die Rahmenbedingungen, das Führungsverhalten oder gar die betriebliche Gesundheitsförderung selbst (vgl. Kastner, 2006). Die Unterscheidung von Verhaltens- und Verhältnisprävention gilt als allgemeinverbindliche, sinnhafte Tatsache. Aber Vorsicht, Worte sind mächtig und Sprache und Denken mit der Folge konkreten Verhaltens hängen eng zusammen. „Mit Sprache und Begriffen werden soziale „Tat-Sachen“ erst hergestellt, Sprache und Begriffe prägen das Denken, das Fühlen und das Handeln ... aus ökonomischen und politischen Gesetzen werden in der postmodernen Gesellschaft ... unter der Hand Naturgesetze, gegen die man sich nicht wehren, sondern denen man sich nur unterordnen kann ... Metaphern organisieren auch Wirklichkeit, ... prägen Wirklichkeit und schaffen neue Wirklichkeiten ... ohne kritische Diskurse läuft das Individuum Gefahr, sich in den Verblendungszusammenhang der Gesellschaft vollständig zu integrieren und in seinen Theorien ein plattes Abbild davon als Wirklichkeit zu sehen“ (Stiels-Glenn, 2006, S. 94-97). Mit anderen Worten, können wir das Problem der Verhaltens- und Verhältnisprävention auch anders formulieren? Problemlösen bedeutet u.a., ein „Problem sukzessive umzuformulieren bis eine gangbare Lösung entdeckt wird“ (Knobich & Öllinger, 2006, S. 25).
Wir lösen uns also von der Vorstellung, es gebe Verhaltens- und Verhältnisprävention und sehen vielmehr das Leistungs- und Gesundheitsverhalten, das es zu optimieren gilt, als Oberbegriff. Wenn alle Mitarbeiter, Führungskräfte, Lieferanten und Kunden sich optimal verhalten, resultieren erfreuliche Produkte bzw. Dienstleistungen und Return on Investment sowie die Gesundheit im Wesentlichen „von selbst“. Dieses Verhalten wollen

wir, wie es die Psychologie generell tut, beschreiben, erklären, vorhersagen und verändern. Es verwirklicht sich (vgl. Kastner, 1998, 2004) in dynamischen Wechselwirkungen von Person, Situation und Organisation: die Person mit ihren Erbanlagen, ihrer Sozialisation und ihren „getrampelten Hirnpfaden" und relativ stabilen Persönlichkeitsmerkmalen (Zuverlässigkeit, Intro-/Extraversion, Verträglichkeit, Offenheit für Neues, Neurotizismus, Intelligenz, siehe „Big Five", Personfaktor) interagiert mit ihrem Arbeitsplatz (Situationsfaktor) und dessen Eigenheiten wie Temperatur, Lärm, Arbeitsaufgaben, Kollegen in der unmittelbaren Umgebung und dies im Rahmen und in den Prozessen einer Organisation mit deren Kultur, Regeln, Belohnungs- und Sanktionssystemen, Sitten, Normen, Traditionen etc. (Organisationsfaktor). Verhalten setzt sich nun zusammen aus den Faktoren:

- Person (P),
- Situation (S),
- Organisation (O),
- Interaktion P x S, z.B. richtiges Sitzen auf dem richtig konstruierten Bürostuhl in einer Weise, die keine Rückenschmerzen provoziert,
- Interaktion P x O, z.B. Opfer und Täter zugleich im Umgang in einer bestimmten Kultur zu kommunizieren, etwa Duzen/Siezen, Kleiderordnung, Regeln einhalten, Mikropolitik inklusive Tratschen,
- Interaktion O x S, z.B. Großraumbüros mit Kommunikationsecken,
- Tripel-Interaktion O x S x P, z.B. fördert eine Organisation Großraumbüros mit einem dadurch lauten Arbeitsplatz, was bei der Konzentration stört.

Um die Angelegenheit noch „dynaxischer" zu machen, müssen wir feststellen, dass ein additives Modell „Verhalten = P + S + O + (P x S) + (P x O) + (O x S) + (O x S x P)" zu einfach ist und sich teilweise multiplikative, exponentielle etc. Zusammenhänge ergeben können.

Was ist nun Verhaltens- und was Verhältnisprävention? Verhältnisse betreffen „nur" die Situation, aber schon nicht mehr die dynamischen Wechselwirkungen, die die meiste Varianz erklären.

Um nun Leistungs- und Gesundheitsverhalten und -erleben möglichst präventiv zu optimieren, können wir natürlich nicht direkt an den Transaktionen angreifen, sondern müssen an den Stellschrauben P, S und O drehen. Hier setzen auch die Pflichten des Individuums und der Führungskraft an. Ein wesentlicher Vorteil dieser Zerlegung in die verschiedenen Komponenten besteht in einer präziseren Erfassung der Investitionen und damit eine bessere Abschätzung des Nutzens.

Der alte Begriff „Verhältnisprävention" wäre auf die Gestaltung des Arbeitsplatzes (Situation) und der Organisation (Kultur, Regeln, Strukturen etc.), unabhängig von Individuen zu beziehen. Wie sehr eine „logische" Gestaltung ohne Berücksichtigung von beispielsweise Emotionen in die Irre führen kann, lässt sich z.B. in der Lärmforschung anschaulich beobachten. An den lauten Nachtzug um 2.05 Uhr gewöhnt man sich und schläft durch. Wenn er einmal ausfällt, wacht man auf. Wenn fremde Kinder laut sind, können

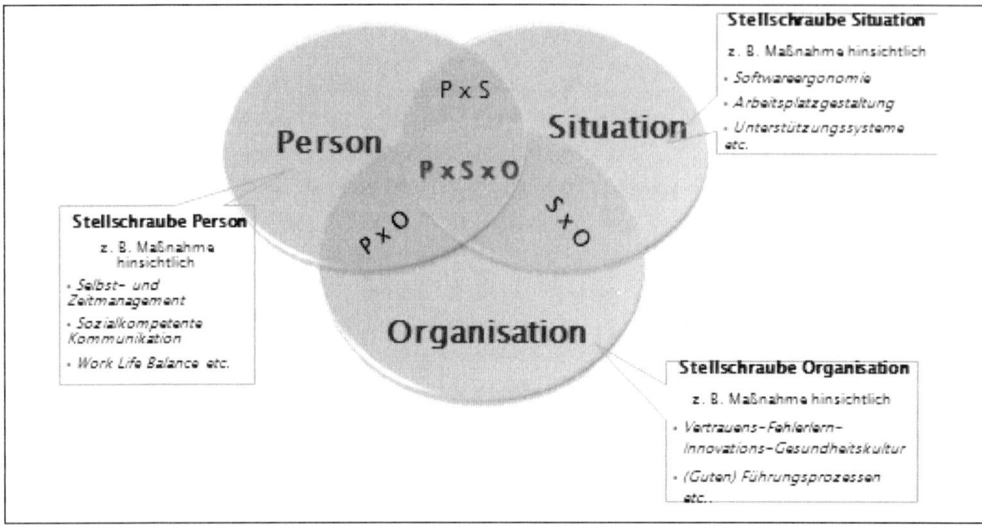

Abb. 2: Transaktionen Person, Situation, Organisation

wir nicht konzentriert arbeiten. Wenn die eigenen Kinder genauso laut sind, sind wir beruhigt, denn wenn wir nichts hören, ist etwas im Busch.
Verhaltensprävention wäre das Zusammenspiel aller drei Faktoren P, S und O, die es präventiv in Richtung Gesundheit zu beeinflussen bzw. zu gestalten gilt.
Wir wissen, dass ein gesundheitsorientiertes Führungsverhalten, gekennzeichnet durch Wertschätzung, Anerkennung, Transparenz, Berechenbarkeit, Empathie, sozialkompetente Kommunikation mit adäquaten Rückkopplungsprozessen, passende Anforderungen, Handlungsspielraum, Sinn etc., Leistungs- und Gesundheitsverhalten des Mitarbeiters fördert. Aber ein Mitarbeiter, der seine Führungskraft nicht leiden kann, wird all diese Merkmale ihrer Führung uminterpretieren und argwöhnen, sie wolle seine Freiheiten des Rauchens, der Currywurst, des genussvollen „Ratschens" nehmen und ihn nur gesund erhalten, um noch mehr Leistung aus ihm herauszuquetschen. Interaktionseffekte sind oft stärker als die Einfacheffekte der Person oder der Situation oder der Organisation.
Gesundheitsorientiertes Führen und Organisieren kann nur in einer Organisationskultur gedeihen, in der das Lernen von Gesundheit zu einer Selbstverständlichkeit geworden ist (vgl. Hinding, Özkan, Krauss-Hoffmann & Kastner, in diesem Band) und in der jeder weiß, was ein hier beschriebenes LGM konkret bedeutet, nämlich v.a. das systemische und systematische, effiziente Handhaben konkreter präventiver und interventiver Aktivitäten, indem wir an den drei „Rädchen" Person, Situation und Organisation so „drehen", dass langfristig Leistungs- und Gesundheitsverhalten optimiert werden. Dies in einer Weise, dass Kosten und Nutzen in einem gesunden Verhältnis stehen. Dazu brauchen wir ein Konzept inklusive eines Führungssubkonzeptes, einen roten Faden, der uns die Orientierung in diesem komplexen Geschehen nicht verlieren lässt und damit sowohl den Menschen als auch der Organisation inhaltlich und ökonomisch nutzt.

2. Ein Konzept zu den Inhalten des ganzheitlichen, integrativen, systemverträglichen Leistungs- und Gesundheitsmanagements

Entscheidungsträger zur Umsetzung eines solchen Konzeptes sind Theorien meist eher abgeneigt. Sie wollen schnelle, preiswerte Lösungen ohne „unnötige" Komplexität. Aber nichts ist letztlich praktischer als eine gute Theorie, weil sich aus ihr für die meisten auch unvorhergesehenen Situationen praktische Empfehlungen ableiten lassen.
Dieses hier vorgestellte Konzept ist zwar komplex, aber es soll ja schließlich den Umgang mit der Komplexität der täglichen Arbeitsprozesse erlauben. Es enthält unter inhaltlichem Aspekt folgende Subkonzepte:

- die Integration von Organisations-, Personalentwicklungs- und Personalpflegemaßnahmen,
- die Fokussierung auf die dynamischen Wechselwirkungen zwischen Person (P, z.B. Pfleger und Stationsleitungen, Ärzte,Verwaltung), Situation (S, z.B. Arbeitsanforderungen, physikalische und soziale Situation auf der Pflegestation) und Organisation (O, z.B. Kultur, Regeln, Belohnungs- und Sanktionssysteme),
- sowie das systematische „Drehen an den Rädchen P, S und O" zur Optimierung der dynamischen Wechselwirkungen,
- ein Subkonzept zur Handlungs- und Gesundheitskompetenz zur Förderung der Employability,
- ein Subkonzept zu Belastung, psychischer Belastung, Beanspruchung und deren Abschaukelungen in Richtung Depression bzw. Aufschaukelungen in Richtung Resilienz,
- ein Subkonzept zur Work Life Balance, in dem die Körper-, Geistes-, Lebens- und die persönlich-soziale Welt der Person in einer „Stationsausbildung" abgearbeitet werden,
- ein Subkonzept zur Führung und Gesundheit,
- ein Subkonzept zur Vertrauens-Fehlerlern-Innovations-Gesundheitskultur (VFLIG-Kultur).

Das ganzheitliche Konzept zum LGM enthält unter instrumentellem Aspekt die in Kap. 3 beschriebenen Subkonzepte:

- die „Architektur" des LGM gemäß der Devise „Strategie vor Prozess vor Struktur",
- ein Subkonzept zur ökonomischen Evaluation von Maßnahmen zur Förderung von Leistung und Gesundheit,
- ein Konzept zur systematischen, systemverträglichen Durchführung der konkreten Maßnahmen entlang eines roten Fadens.

Doch zunächst zu den inhaltlichen Aspekten des LGM-Konzeptes. Da das zentrale Problem darin besteht, das Leistungs- und Gesundheitsverhalten aller Mitarbeiter zu optimieren, fragt sich, wie konkret an den drei Stellschrauben P, S und O gedreht werden kann.

Mit der Person beschäftigt sich vor allem die Personalentwicklung, mit der Organisation die Organisationsentwicklung und mit der Situation die Verantwortlichen für Arbeits(platz)gestaltung und Arbeitssicherheit. Es gibt Betriebsärzte, Drogenbeauftragte, Sicherheitsingenieure und Fachkräfte für Arbeitssicherheit, Personalentwickler, HR-Verantwortliche, Betriebsräte, die sich eher historisch gewachsen natürlich aus ihrer jeweiligen Berufsperspektive heraus mit Fragen der Erwerbsfähigkeit bzw. Leistungsfähigkeit und Gesundheit beschäftigen. Alle merken in der Praxis sehr schnell, dass „eigentlich" Organisations-, Personalentwicklung und Personalpflege (Kastner, 1994) zusammengehören. Meist treffen bei Gesundheitsfragen diese „üblichen Verdächtigen" in Gesundheitszirkeln zusammen, erleben vielfach Ressortrivalitäten (v.a. zwischen Personalentwicklern und Betriebsärzten) und stellen fest, dass ihre Durchsetzungsmacht sehr begrenzt ist. Es macht also keinen Sinn, ein Leistungs- und Gesundheitsmanagement aus einer Perspektive verwirklichen zu wollen, sondern man sollte von vornherein zugleich aus der Warte der Organisationsentwicklung (Strategieentwicklung, Changemanagement, Qualitätsmanagement etc.), aus der Warte der Personalentwicklung (Personalrekrutierung, -auswahl und -förderung, Betriebliches Eingliederungsmanagement etc.) und aus der Warte der Personalpflege (Kastner, 1994: Bewahren der Mitarbeiter, direkte und indirekte Gesundheitsbeeinflussungen etc.) denken und agieren.
Bei der Organisationsentwicklung (OE) in ihren Schnittstellen mit der Personalentwicklung (PE) und der Personalpflege (PP) geht es konkret im Hinblick auf Leistung und Gesundheit um das permanente Bemühen, die Prozesse so zu gestalten, dass möglichst wenig Reibungsverluste, Friktionen, Widerstände und Konflikte (vgl. Systemverträgliche Organisationsentwicklung, SOE, Kastner, 1998) entstehen. Für das Personal gilt das Gleiche (Personalentwicklung). Die Employability der kostbaren Mitarbeiter muss optimiert

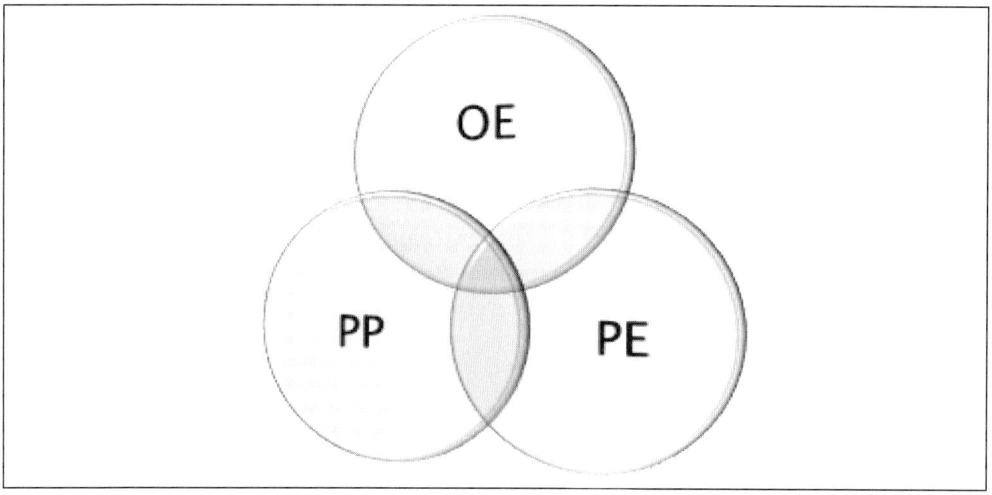

Abb. 3: Organisations-, Personalentwicklung und Personalpflege zur Optimierung von Leistung und Gesundheit

werden. Sie müssen gefunden und so gebunden werden, dass sie nicht zur Konkurrenz gehen, und sie müssen so geführt und behandelt werden, dass sie langfristig gesund bleiben (Personalpflege). De facto wird die Organisationsentwicklung meist im Hinblick auf Effizienzsteigerungen betrieben, indem gleichzeitig Qualität, Innovation und Schnelligkeit hochgetrieben und die Kosten gesenkt werden sollen, um konkurrenzfähig zu sein. Bei den permanenten Veränderungsprozessen werden meist den Mitarbeitern zusätzlich zu ihrer normalen Arbeit weitere Aufgaben auferlegt (z.B. Projektgruppen), die deren Work Life Balance gefährden. Ähnliches gilt für die Personalentwicklung, die auf Fachkompetenzen, Managementkompetenzen und einige Sozialkompetenzen fokussiert, das Thema Gesundheit aber nur am Rande streift.
Wenn nun in dieser integrativen Sicht der parallelen OE, PE und PP menschliches Leistungs- und Gesundheitsverhalten nachhaltig optimiert werden soll, fragt sich, wie konkret an den drei „Rädchen“ Person, Situation und Organisation „gedreht“ werden soll.

2.1 Stellschraube Person

Bei Personen kann natürlich nur geändert werden, was änderbar ist. Nicht-änderbares Verhalten kann über die Personalentwicklung nur mittels Selektion und Platzierung berücksichtigt werden.

Maßnahmen zur Optimierung der „Stellschraube“ Person bestehen in:
- individueller Ressourcenförderung, Qualifizierung und „Abhärtung“ in Richtung Resilienz, also der psychischen Widerstands- und Pufferfähigkeit (s.u.),
- Hilfe zur Work Life Balance (WLB),
- Unterstützung bei Leistungseinschränkungen,
- (Gesundheits-)Coaching zum besseren Selbstmanagement.

Im änderbaren Bereich muss in irgendeiner Form „erzogen“ werden. Dies geschieht, indem gemäß dem Konzept zum „Selbstmanagement zur Work Life Balance“ (Kastner, 2002, 2004) eine „Stationsausbildung“ in den vier Welten der Persönlichkeit, der Körper-, Geistes-, Lebens- und persönlich sozialen Welt vorgenommen wird. Die einzelnen Schritte dieses „Paketes“ innerhalb des ganzheitlichen LGM werden gesondert in dem Beitrag von M. Kastner in diesem Band beschrieben, dessen Inhalte natürlich sowohl für die Führungskraft als Individuum, als auch die Mitarbeiter gelten. Dabei handelt es sich um ein Kapitel für sich, weil die Führungskraft vor allem aus ethischen Gründen nur begrenzt in das Selbstmanagement des Mitarbeiters und damit dessen Persönlichkeit eingreifen kann. Sie kann aber auf jeden Fall dessen Gesundheitsverhalten ermöglichen, fördern und anregen, indem sie zu einer lernförderlichen Kultur hinsichtlich des Gesundheitsverhaltens beiträgt (vgl. Hinding, Ökzan, Kraus-Hoffmann & Kastner in diesem Band). Aber letztlich ist die Erziehung zum Gesundheitsverhalten eine Aufgabe der Eltern während der Kindheit und Jugend und der betreffenden Person selbst.

Ziel aus Sicht des Unternehmens ist der möglichst langfristige Erhalt der Beschäftigungsfähigkeit der Mitarbeiter. Damit gerät ein zentraler Begriff in das Zentrum der Betrachtung der Person: die Handlungskompetenz, die in dem hier beschriebenen LGM um die Gesundheitsfacette erweitert wird (vgl. Kastner in diesem Band zum individuellen LGM). Führungskraft und Unternehmen sind damit aufgefordert, alles zu tun, um Selbst-, Sozial-, Fach- und Methodenkompetenz, sowohl hinsichtlich der beruflichen, als auch der gesundheitlichen Handlungskompetenz zu stärken. Die Gesundheitskompetenz wird in dem Ansatz zum Selbstmanagement zur Work Life Balance (Kastner, 2005) noch einmal auffacettiert hinsichtlich Wissen um die eigene Gesundheit, die der Anderen und die Umsetzungsfähigkeit. Es wäre also für eine Führungskraft wichtig, nicht nur hinsichtlich der eigenen Gesundheit und der der Mitarbeiter Bescheid zu wissen, sondern auch über hinreichende nachhaltige Umsetzungskraft zu verfügen. Konkret bedeutet dies, das entsprechende Verhalten vorzuleben und die Mitarbeiter auch mit viel Geduld in diese Richtung zu motivieren.

2.2 Stellschraube Situation

Dieses „Drehen am Rädchen" Person muss begleitet werden durch die Optimierung der Situation, also des Arbeitsplatzes mit seinen physikalisch/chemischen, technischen und sozialen Komponenten sowie den Arbeitsaufgaben und -prozessen (vgl. Abb. 4).
Die Situation ist gekennzeichnet durch die „klassischen" Fragen der technischen Umgebung bzw. der Ergonomie im Sinne der Interaktion von Technik und „durchschnittlichem" Menschen. Hier geht es um klassische Fragen der Arbeitssicherheit.
Wie sieht die physikalisch/chemische Umgebung aus? Hierhin gehören beispielsweise Fragen des „Sick-building-Syndroms", also inwiefern z.B. Asbest oder schlechtes Klima die Gesundheit beeinträchtigen.

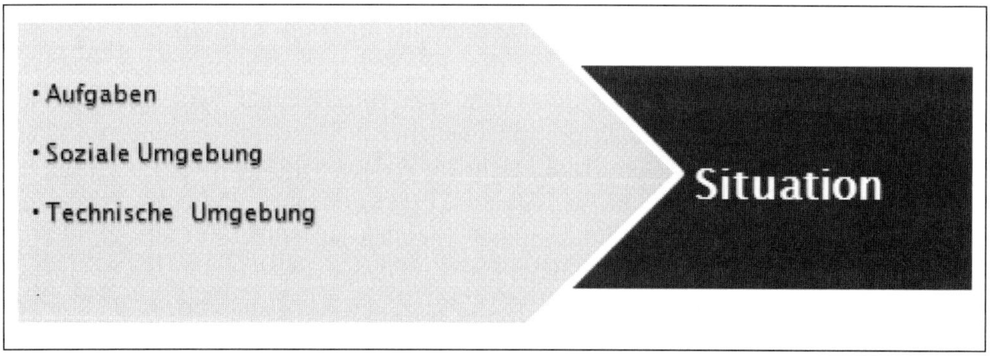

Abb. 4: Trias-Komponenten der Situation

Zur beruflichen Situation gehört aber auch die unmittelbare soziale Umgebung in Form von Kollegen, Mitarbeitern und direktem Vorgesetzten. Sitzt man beispielsweise in einem Einzelbüro oder mit mehreren Kollegen zusammen?
Schließlich sind die Anforderungen in Form von Arbeitsaufgaben und Arbeitsmitteln entscheidend. Arbeitsaufgaben wirken motivierend und gesundheitsförderlich, wenn sie folgende Kriterien erfüllen:
- Aufgabenvielfalt,
- Aufgabenvollständigkeit,
- Sinnhaftigkeit,
- Autonomie und Gestaltungsspielräume,
- Möglichkeiten zur Entwicklung und zum Lernen,
- Möglichkeiten zur sozialen Interaktion.

Inhalte hinsichtlich der Optimierung der Arbeitssituation betreffen:
- Ergonomie, Anpassung der Technik an den Mitarbeiter, Sicherheitsvorrichtungen,
- Arbeitszeit, Ruhepausen, Zeit fürs Privatleben,
- Gute Führung des direkten Vorgesetzten,
- Offene Kommunikationswege,
- Transparente Konfliktlösungen,
- Transparente Anreizsysteme,
- Transparente Arbeitsabläufe,
- Adäquate Handlungsspielräume.

In vielen Unternehmen liegen die Verantwortlichkeiten für Arbeitssicherheit (Sicherheitsingenieure, Fachkräfte für Arbeitssicherheit), Gesundheit (Betriebsärzte) und Personalentwicklung (Personaler) in unterschiedlichen Bereichen, die nicht immer kooperieren. Dies liegt nicht nur an Ressortegoismen, sondern auch an unterschiedlichen Menschenbildern und Verständnissen von Gesundheit bei Ingenieuren, Ökonomen, Ärzten und HR-Verantwortlichen.

2.3 Stellschraube Organisation

Weiter wird an dem „Rädchen Organisation gedreht“ (vgl. Abb. 5).

Inhalte hinsichtlich der Optimierung der Organisation sind:
- Vernetzung von Organisations- und Personalentwicklung und Personalpflege,
- Partizipative Förderung der Human Ressources,
- Philosophie, Werte, Vision,
- Organisations- und Führungskultur gemeinsam erarbeiten,
- Strategie und Ziele hinsichtlich der Balance von Leistung und Gesundheit (Leistungsfähigkeit und -motivation, Zufriedenheit, Fitness etc.),

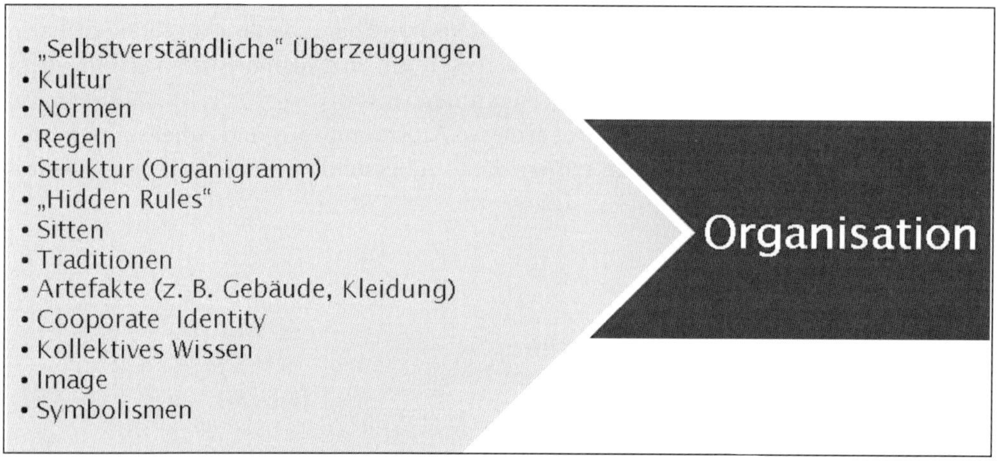

Abb. 5: Komponenten der Organisation

- Regeln optimieren, so dass positives Verhalten positive Folgen hat und negatives negative,
- Institutionen (Betriebsärzte, Sicherheitsbeauftragte, -ingenieure, Suchtbeauftragte, Betriebsräte etc.),
- Instrumente (Gesprächsarten, Zirkelarten, EAP-System, Coachings etc.),
- Gerechte Belohnungs- und Sanktionssysteme, die erwünschtes Verhalten positiv, unerwünschtes negativ verstärken,
- Führungskräftequalitätsmanagement.

Zu diesen Inhalten existieren etliche Subkonzepte.
Vor allem die Organisationskultur bietet ein riesiges Betätigungsfeld. So wird etwa in dem Konzept zur Vertrauens-Fehlerlern-Innovations-Gesundheitskultur auf folgende Ansatzpunkte verwiesen (vgl. Kastner, 2007):

- Eine Vertrauenskultur birgt in erster Linie die Vorteile von Schnelligkeit und psychischer Gesundheit. In einer Misstrauenskultur wird unendlich viel Zeit durch Absicherungsprozeduren verloren. In einer Vertrauenskultur gilt „Wir sagen, was wir tun und tun, was wir sagen". Auf Zuruf werden die erforderlichen Prozesse initiiert und der Zurufende kann sich hundertprozentig auf die Erledigung verlassen. Misstrauenskulturen machen krank, die ihnen innewohnende pathologische Kommunikation kränkt und löst Ärger aus. Vertrauen muss allerdings durch Erfahrung wachsen und kann nicht verordnet werden. Vorsichtige Mitmenschen sind nur zu Vertrauen bereit, wenn sich der andere ihres Vertrauens als würdig erwiesen hat. Wenn dies wechselseitig gilt, entsteht eine Pattsituation. Es muss also Vertrauen vorgeschossen werden. Dies muss im Zweifel eher von den höheren als von den unteren Ebenen gegeben werden.
- In einer Fehlerlern-Kultur muss das Kollektiv aus den Fehlern des Einzelnen lernen. Dieser muss im Falle des Outens seiner Fehler und des Lernens der Anderen daraus be-

handelt werden, als hätte er einen Verbesserungsvorschlag gemacht. Daraus entstehen Prozessinnovationen.
- Beide, Vertrauens- und Fehlerlern-Kultur, schaukeln sich gegenseitig auf. Wer Vertrauen hat, gesteht auch mal Fehler zu. Wer Fehler zugesteht, erweckt bei den anderen Vertrauen. Das Sich-Geborgen-Fühlen in einer solchen Kultur fördert konstruktiv-kritische Kommunikation und Identifikation.

Die Ausprägungen verschiedener Vertrauensfacetten können im Selbstbild und Fremd-Selbstbild erfasst werden.

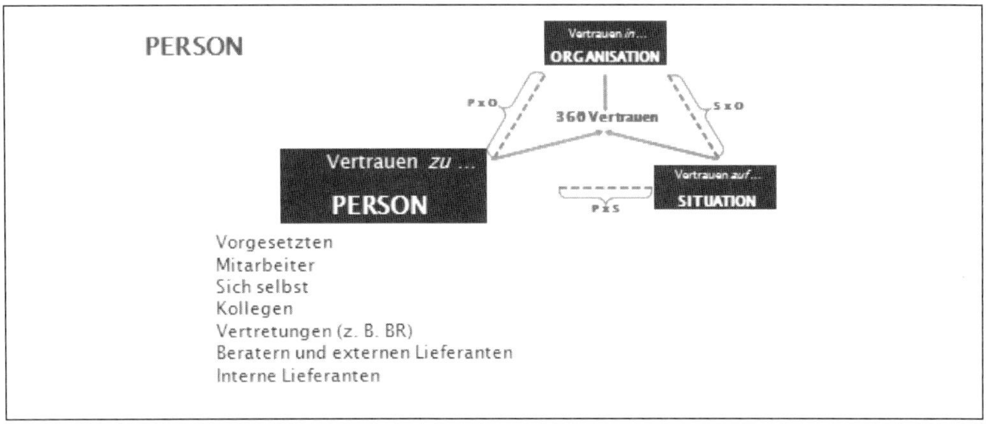

Abb. 6: 360-Grad-Vertrauen Person

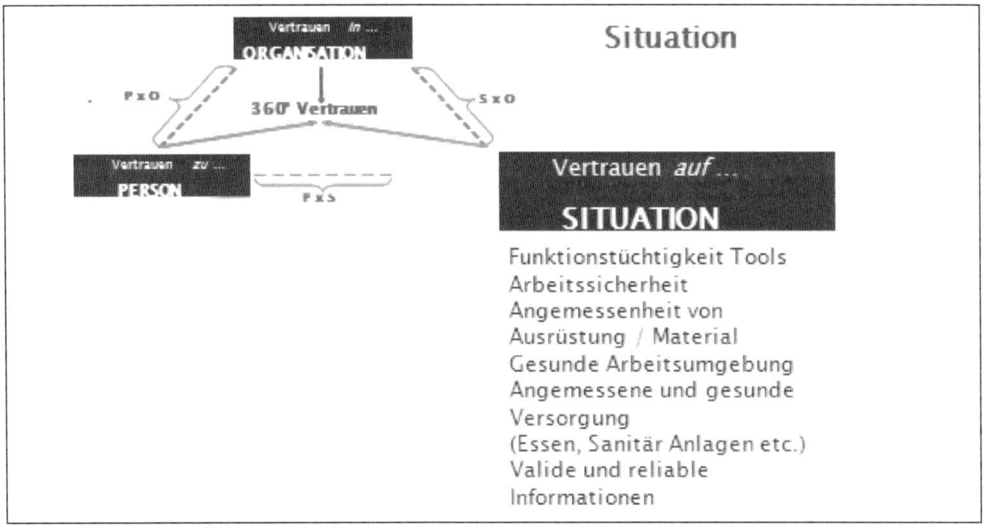

Abb. 7: 360-Grad-Vertrauen Situation

Organisation

Einhaltung von Zusagen
Stabilität von Zuständen
Zukunft, Optimismus
Adäquate Gratifikation
Loyalität
Ethik, Anstand, Menschlichkeit, Akzeptanz, Gerechtigkeit
Vorhersagefähigkeit von kulturellen Vertrauen
Sinnhaftigkeit von Regeln
Fähigkeiten (z. B. von Führung)
Systeme (z. B. BEM)

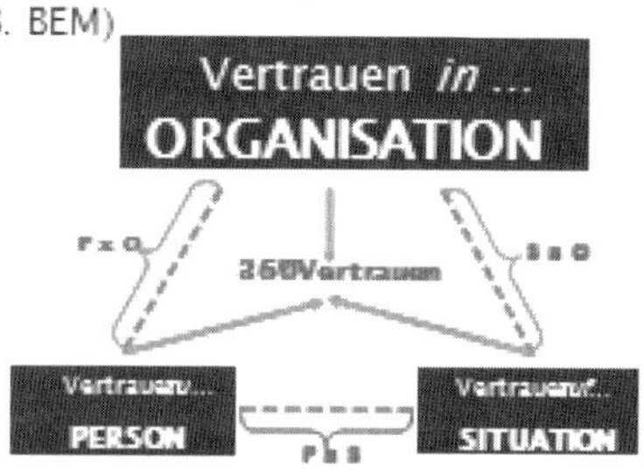

Abb. 8: 360-Grad-Vertrauen Organisation

Es gilt nicht nur, zu den verschiedenen Personen Vertrauen zu haben (vgl. Abb. 6), sondern auch auf die Situation (vgl. Abb. 7), etwa in Form der Funktionstüchtigkeit technischer Hilfsmittel und in die Organisation (vgl. Abb. 8), z.B. hinsichtlich ihrer Kultur, des Umgangs mit Wiedereingliederung oder der Einhaltung von Regeln.
Vertrauen als Gegenteil von Misstrauen und Argwohn spürt man, kann es nicht verordnen, sondern muss es wachsen lassen. In der Führung gilt der Leitsatz „Vertrauen führt", was allerdings nicht „blindes Vertrauen" bedeutet. Jemandem etwas zutrauen, muss nicht nur positiv sein. Letztlich geht es um eine Verhaltensvorhersage, verbunden mit Glaubwürdigkeit, Hoffnung und Zuversicht.
Nicht nur in Krisenzeiten und -ländern sind Vertrauensverluste zu verzeichnen. Nur 34% der US-Amerikaner und 29% der Engländer glauben, dass man Anderen vertrauen kann. Hingegen gilt für 68% der Dänen, Schweden und Norweger das Gegenteil (Covey, 2009). In den USA haben nur 51% der Beschäftigten Vertrauen zum oberen Management (Watson-Wyatt-Survey, 2005) und nur 36% glauben, dass ihre Führungskräfte integer sind (Age Wave and The Concours Group, 2005). Und 76% erlebten innerhalb eines Jahres gesetzwidriges bzw. unethisches Verhalten im Unternehmen (KPMG, 2000). Allerdings differieren die Vertrauenseinschätzungen stark, je nach Beruf. Feuerwehrleute, Piloten, Krankenschwestern, Apotheker genießen in 16 europäischen Ländern das größte Vertrauen, während Politiker, Autoverkäufer, Fußballspieler und Gewerkschaftsführer am schlechtesten abschneiden (zit. in Breukelchen, 2009).
Unter ökonomischen Gesichtspunkten ist die logische Kette „Vertrauen – Schnelligkeit – niedrige Kosten" relevant (vgl. Covey, 2009), da „die Schnellen die Langsamen schlagen". Das „Drehen" an dem „Rädchen" Organisation ist erfahrungsgemäß eine langwierige An-

gelegenheit und maßgeblich durch die Führung geprägt. Aber die positive wie negative Wirkung auf die Gesundheit der Mitarbeiter wird vielfach deutlich unterschätzt. Vor allem die psychische Belastung wird sehr stark durch die o.g. Faktoren beeinflusst. In zahlreichen diesbezüglichen Konzepten wird auf die Bedeutung von Anerkennung und Wertschätzung verwiesen. Der Leitsatz „Wertschöpfung durch Wertschätzung" ist nicht als sozialromantische Schwärmerei einzuordnen, sondern hat durchaus gesundheitsförderliche und langfristig ökonomische Relevanz, auch im Hinblick auf das Finden und Binden der hoch leistungsfähigen und -willigen Mitarbeiter. Allerdings ist der Begriff der Wertschätzung recht facettenreich, wie in dem Beitrag von Kuhnert, Spanowski und Kastner in diesem Band ausgeführt wird.

2.4 Wechselwirkungen Person, Situation, Organisation

Das „Drehen" an den „Rädchen" Person, Situation und Organisation soll erwünschte dynamische Wechselwirkungen erzeugen. Das bis hierhin vorgestellte Konzept zum ganzheitlichen, integrativen Leistungs- und Gesundheitsmanagement beinhaltet Subkonzepte der WLB (Kastner, 2004) und der BHA (Beanspruchungshandlungsanalyse, Kastner, 1999), die berücksichtigen, dass die meisten Gesundheitsprozesse über die Stressachse und in der Zeitachse verlaufen. Auch durch die Betonung der Prävention handelt es sich um ein salutogenetisches Konzept, bei dem es um stetige Investitionen in den Erhalt von Gesundheit geht und weniger im Sinne eines pathogenetischen Konzeptes um die Reparatur von Gesundheitsschäden. Krankheit bzw. Gesundheit werden nicht als Zustände, sondern als Prozesse (der Gesundung bzw. des Weniger-gesund-Werdens) gesehen und es geht primär um die Vorbeugung der Entstehung von Krankheitssymptomen. Stressoren müssen nicht gesundheitsschädlich sein, sondern können zur Stabilisierung beitragen, aktivieren und motivieren. Im Gegenteil, Belastungen müssen aufgesucht werden, um Ressourcen aufzubauen. Sie sind externe oder interne Reize, die eine adaptive Reaktion erfordern. Je nach Ressourcen reagiert jeder anders auf Stressoren, diese können krank machen oder auch durch die erfolgreiche Bewältigung mit der Folge von Freude, Befriedigung etc. stärken.

Eine wesentliche Aufgabe einer Führungskraft besteht darin, beim Mitarbeiter ein Abschaukeln in Richtung Burn-out bzw. Depression zu vermeiden und ein Aufschaukeln in Richtung Resilienz zu fördern. Wenn ein Professor beispielsweise einen unerfahrenen Mitarbeiter zu einem Vortrag vor 1000 Leuten „scheucht", damit eine hohe Belastung bei geringen Ressourcen mit der Folge von Angst (Lampenfieber) provoziert, ist die Wahrscheinlichkeit von Versagen groß. Wenn er nach diesem Misserfolg auf einen weiteren Vortrag „erst recht" drängt, wird mit hoher Wahrscheinlichkeit eine Abwärtsspirale von Druck, Versagensangst, wirklichem Versagen im Sinne einer Sich-selbst-erfüllenden-Prophezeiung, geringem Selbstwertgefühl, Meiden des nächsten Vortrages in Gang gesetzt.

Wenn der Professor aber umgekehrt in einer adäquaten Balance aus Belastung und Ressourcen des Mitarbeiters zum Sprung ins kalte Wasser ermuntert („Du schaffst das schon"), ist die Wahrscheinlichkeit von Erfolg hoch. Die Motivation für den nächsten Vortrag wird steigen. Weiterer Erfolg wird zur Festigung des Selbstwertgefühls, dem Eindruck von Sinn, Selbstwirksamkeit und adäquater Gratifikation führen sowie zur Freude auf den nächsten Vortrag etc. Im Laufe der Zeit wird der Mitarbeiter resilienter, mit der Folge, dass er ohne sich sehr anstrengen zu müssen, jeden Tag einen Vortrag halten könnte, ohne sich zu überfordern.

Dieses Bild mag ein Beitrag sein zu der Kernfrage, was uns trotz starker Belastungen und Anforderungen gesund bleiben oder sogar gesünder werden lässt. Welche Herausforderungen helfen uns, d.h. „Anforderungen, für die es keine unmittelbar verfügbaren oder automatisch adaptiven Reaktionen gibt, die einen Spannungszustand erzeugen" (Antonovsky, 1997, S. 91 f.). Auch Mitarbeiter wollen akzeptiert werden und suchen kreativ nach Selbstverwirklichung und Beweisen ihrer Wertschöpfungskraft. Ihre Bewältigung von Stressoren führt zu Anpassungsmustern und Fähigkeiten, sie erfolgreich zu bewältigen. In der salutogenetischen Sichtweise ist das Leben ein Fluss mit ständiger Gefahr des Ertrinkens. Wir müssen schwimmen lernen. Die pathogenetische Sichtweise sieht das Bemühen, uns vor dem Ertrinken zu retten.

Wesentlich für die psychische und in der Folge auch physische Gesundheit ist der Kohärenzsinn als „globale Orientierung, die das Ausmaß ausdrückt, in dem jemand ein durchdringendes, überdauerndes und dennoch dynamisches Gefühl des Vertrauens hat, dass erstens die Anforderungen aus dem internalen und externalen Milieu im Verlauf des Lebens strukturiert, vorhersagbar und erklärbar sind, und dass zweitens die Ressourcen verfügbar sind, die nötig sind, um den Anforderungen gerecht zu werden. Und drittens, dass die Anforderungen Herausforderungen sind, die Investitionen und Engagement verdienen" (Antonovsky, 1993, S. 12).

- Verstehbarkeit (Comprehensibility) meint kognitive Begreifbarkeit. Informationen stehen in einem Sinnzusammenhang, z.B. Aufgaben, die verständlich, nachvollziehbar, zuordnungsfähig sind. Führungskräfte müssen also dafür sorgen, dass ihre Mitarbeiter sich erklären können, was passiert. Sind die Werte, Ziele, Regeln klar?
- Handhabbarkeit (Manageability) ist die Fähigkeit, bei Belastungen innere und äußere Ressourcen mobilisieren zu können. Diese müssen wahrgenommen werden, unabhängig davon, ob sie unter eigener Kontrolle oder unter der von Personen stehen, denen man vertraut (Partner, Freund, Gott, politische Partei). So ist man nicht Opfer und hilflos ausgeliefert, sondern hat das Gefühl, zu schaffen, was auch immer kommen mag. Es geht um die Fähigkeit, eigene Arbeit zu strukturieren bzw. Kontrolle zu haben, was Andere ausführen. Führungskräfte müssen dafür Sorge tragen, dass ihre Mitarbeiter über hinreichende Ressourcen verfügen, um ihre Anforderungen zu bewältigen.
- Sinnhaftigkeit/Bedeutsamkeit (Meaningfulness) als wichtigste Facette der Kohärenz bedeutet, dass Belastungen/Anforderungen als sinnvoll erfahren werden und eingeschätzt werden kann, ob sich die Konfrontation mit den Anforderungen lohnt. Mithin sind Führungskräfte aufgefordert, den Sinn der Anforderungen zu klären und zu verdeutlichen, dass das Engagement sich auch lohnt (Gratifikation).

Wenn also, bezogen auf die Arbeit und die Organisationskultur, Werte, Normen, Ziele und Aufgaben begreifbar, machbar und sinnvoll erscheinen, ist eine gute psychische Verfassung zu erwarten. Hier sieht man wieder die Bedeutung der Interaktion Person/Organisation.
Um Verstehbarkeit zu erreichen, bedarf es einer gelingenden Wechselwirkung zwischen Organisation in Form von Planung, Kommunikation und Transparenz und Person im Sinne von Selbstsicherheit, Vertrauen und einem klaren Bild von der Welt.
Um Handhabbarkeit zu erreichen, müssen Faktoren der Organisation wie Regeln, Qualifikationsangebote, reibungslose Prozesse, Faktoren der Situation wie Arbeitsmittel und Ordnung sowie Faktoren der Person wie Selbstmanagement, Fach- und Sozialkompetenz zusammenspielen.
Um schließlich Sinnhaftigkeit/Bedeutsamkeit zu erzielen, sollten vor allem unternehmerische Zusammenhänge und Erklärungsmuster (Organisation) mit individueller Sinngebung, Zielorientierung und Partizipation zusammenkommen. Hier spielt wiederum die Führung eine entscheidende Rolle.

2.5 Nachhaltigkeit des Drehens an den Stellschrauben Person/Situation/Organisation

Ein entscheidendes Problem über die Motivation zur Verhaltensänderung in Richtung Leistungs- und Gesundheitsbalance hinaus, sind der „Versandungseffekt" und der „Verschiebungseffekt" (Procrastination). Wir nehmen uns schnell viel vor, aber tun es nicht, zumindest nicht nachhaltig, u.a. weil wir unsere Einstellungen und Gewohnheiten nicht verändern. Und Führungskräfte müssen, ähnlich wie Eltern, immer wieder gegen die Entropie des Versandens kämpfen, indem sie mit der Geduld der tibetanischen Gebetsmühle Energie in das System investieren.
Veränderungen werden auch von Mitarbeitern nur als positiv erlebt, wenn sie bessere Zustände bewirken, sei es materiell oder immateriell, sei es in Form von Erleichterungen, Vereinfachungen, Lust, weniger Leidensdruck etc.
Veränderungen werden erst einmal als negativ erlebt und verschoben, weil wir Routinen und Gewohnheiten verlassen müssen, die praktischerweise die Komplexität reduziert haben. In der Evolution wurde der Mensch primär auf Sicherheit, Erhalt des Status quo programmiert, weil Veränderungen Kopf und Kragen kosten konnten. „Change" hört sich zwar modern an, verlangt aber meist erst einmal Mehrarbeit, Zeit- und Energieaufwand und komplexeres, noch nicht automatisiertes Arbeiten. Erst recht wehren wir uns gegen Veränderungen und leisten Widerstände, wenn gar Verluste von Geld, Status, Arbeitsplatz, Anerkennung etc. drohen. Das schwäbische Bonmot „Frust ist Lustverlust" trifft schon den Punkt bei Leistung und Gesundheit. Wer Bier, Currywurst und Zigarette in fröhlicher Runde gewohnt ist und als Lebensqualität empfindet, ist Aufforderungen zu besserer Ernährung und Verzicht auf Alkohol und Rauchen gegenüber wenig aufgeschlos-

sen. Auch Führungskräfte wollen beliebt sein und scheuen eher Ermahnungen und Kritik.

Die Sozialpsychologie gibt uns etliche Hinweise auf die Gründe für unsere Abneigung gegen Verhaltensveränderungen (vgl. etwa Frey, 2008).

Es macht einen Unterschied, ob wir eine neue Gewohnheit aufbauen oder eine bisherige Gewohnheit abwandeln bzw. gar löschen wollen. Der erste Fall ist der leichteste, wir sind neugierig auf etwas Neues, z.B. Segeln, lernen es, genießen es und machen es zur Gewohnheit. Der zweite Fall ist schon schwieriger, wir essen weniger Fleisch und stattdessen mehr Obst. Der dritte Fall ist der problematischste, wir verzichten auf das Rauchen.

Unser defensives, sicherndes Selbst lässt Einstellungs- und Verhaltensveränderungen zur Ausnahme werden:

- Etliche Entscheidungen würden wir zwar nicht mehr so fällen, wenn wir wieder in der gleichen Situation wären, revidieren sie aber nicht. Z.B. würden wir Person X nicht wieder beschäftigen, trennen uns aber auch nicht von ihr (Endowment-Effekt). Wir neigen zur Beibehaltung des Status quo, weil wir damit Komplexität reduzieren und uns sicherer fühlen.
- Einmal getroffene Entscheidungen werden verstärkt durch unsere weitere Informationsverarbeitung. Wenn uns ein Mitarbeiter als „guter Mann" gilt, werden wir positive Informationen über ihn aufnehmen, negative aber ausfiltern (Dissonanztheorie).
- Generell filtern wir Informationen gemäß unserer Hoffnungen, Interessen, Erwartungen, Gefühle und Stimmungen, nehmen also nie objektiv wahr (Hypothesentheorie der Wahrnehmung). Unsere Hypothesen sind recht widerstandsfähig gegenüber Veränderungen, siehe Vorurteile wie z.B. „ältere Mitarbeiter sind für dieses oder jenes nicht zu gebrauchen". Wenn unsere Hypothesen und Weltbilder konstant bleiben, gilt dies auch für unser Verhalten.
- Wir verteidigen unsere Sicht der Dinge, um uns selbst zu schützen. Wir denken, unsere Weltsicht müsste auch für die Anderen gelten und sehen damit nicht deren Sicht. Dies führt leicht zu dem Eindruck „Ich bin in Ordnung, das Problem sind die anderen". Erfolge werden leicht der eigenen Person zugeschrieben, Misserfolge den Anderen. Insbesondere Führungskräfte neigen dazu. Zudem halten wir uns meist für besser als den Durchschnitt, siehe die 90% der Autofahrer, die glauben, besser zu fahren als die anderen oder die Millionen Fußballtrainer.
- Als Homo Oeconomicus vergleichen wir Kosten/Nutzen von Alternative A mit denen von Alternative B. Verändertes Verhalten soll das Produkt aus Wahrscheinlichkeit der Zielerreichung und Wertigkeit maximieren. Verhalten ändern wir nicht, wenn es nicht zu einer Steigerung dieses Produktes beiträgt (Erwartungs-mal-Wert-Theorie).
- Wir verändern uns nicht, wenn wir „trotzig" sind, weil wir unsere Handlungsspielräume eingeschränkt sehen (Reaktanz), wenn wir keinen Sinn sehen, im alten Verhalten mehr Vorteile sehen und wenn wir keine Vorbilder haben.
- Vor allem verändern wir uns nicht, wenn das alte Verhalten sich kurz- und mittelfristig lohnt und erst langfristig negative Folgen zeitigt. Nikotin schafft eine angenehme Stim-

mung und Geselligkeit, lässt das Gehirn etwas schneller schalten, gehört sowieso zum Kaffee und zum Bier, ist eine relativ billige Droge und der Krebs kommt ja erst später.
- Wir verändern uns praktisch nicht hinsichtlich unserer traits, also stabiler Persönlichkeitseigenschaften wie die „Big Five“ Introversion/Extraversion, Gewissenhaftigkeit, Offenheit für Neues, Verträglichkeit und emotionaler Stabilität. Wer bis 20 Jahre noch keine Depression bekommen hat, wird dies mit hoher Wahrscheinlichkeit auch später nicht erleben.
- Erst wenn unser System irritiert wird, z.B. durch starke negative Lebensereignisse, ist unsere Persönlichkeit eher veränderbar. Leider sind dies oft schwere Krankheiten.
- Meist ist es leichter, die Situation zu ändern als die Person. An dem Motto „Es gibt keine schlechten, sondern nur falsch zugeordnete Mitarbeiter“ ist einiges dran. Deshalb sollen Aufgaben gefunden werden, die zu den Stärken des Mitarbeiters passen und an denen „sein Herzblut hängt“.
- Wir ändern eher unsere Gewohnheiten, wenn wir schwere Konsequenzen sehen, persönlich betroffen sind, glauben, über wirksame Gegenmaßnahmen zu verfügen, der Gewinn durch das neue Verhalten höher erscheint als durch das alte.

Unser offenes Selbst lässt Veränderungen schon eher zu:
- Wer offen und neugierig ist, sucht Verschiedenartigkeit, Buntes, strebt nach neuen Ufern und wird schnell gelangweilt, wenn er immer das Gleiche machen muss (variety seeking). Psychische Sättigung gilt als Fehlbeanspruchungsfacette und schädigt damit letztlich Gesundheit und Leistungsfähigkeit.
- Alle möglichen Lerntheorien verdeutlichen, dass Veränderungen möglich sind. Das Modell-Lernen hebt auf die Vorbildfunktion des Vorgesetzten ab (Meister/Lehrling) und die Erwartungen eines Modells (Führungskraft) hinsichtlich seiner Zielgruppe (Mitarbeiter) bestimmen weitgehend, wie sich beide verhalten (Self Fulfilling Prophecy).
- Unser Verhalten und unsere Veränderungsbereitschaft sind im Wesentlichen durch fünf Basisbedürfnisse zu kennzeichnen: wir wollen kompetent, selbstbestimmt, nicht allein sein, Kontrolle über unsere Umgebung haben und streben nach Sinn.
- Wir alle haben Akzeptanz- und Ablehnungsbereiche. Wenn wir an einer Person bzw. an uns selbst etwas ändern wollen, muss dies in ihren bzw. unseren Akzeptanzbereich fallen.
- Es gibt zahlreiche Modelle zur Umsetzung von Absichten und Vorsätzen in reales und nachhaltiges Handeln bzw. von Einstellungen in Verhalten (Transfersicherung). Beispielsweise werden im Rubikon-Modell von Heckhausen & Gollwitzer (1986) und seinen Nachfolgern (Kuhl, 2001) Facetten benannt, die „den Sprung über den Rubikon zum Tun“ behindern oder befördern. Oder in der Theorie des geplanten und kontrollierten Verhaltens von Fishbein, Ajzen, Ajzen & Madden (1986) werden die Einstellung zum Verhalten (z.B. „muss Spaß machen“), die Eigenmotivation (es muss Vorteile bringen), soziale Normen (es muss von der Umgebung akzeptiert werden) und die Fähigkeit zu dem jeweiligen Verhalten inklusive der wahrgenommenen Verhaltenskontrolle

aufeinander bezogen. Oder in der Zielsetzungstheorie (Locke & Latham, 1990) sollen Ziele eher erreicht werden, wenn sie spezifisch, vereinbar, erreichbar und messbar sind.
- Leider Gottes trifft uns die Prokrastination besonders oft ausgerechnet im Gesundheitsbereich. Wir schieben z.B. den Arztbesuch immer weiter hinaus, u.a. weil wir Angst vor unangenehmen Befunden haben und immer erst noch dies und jenes erledigt werden muss.
- Eine gute Unternehmenskultur und als fair empfundene Führung fördern Eigenverantwortung und Bereitschaft zur Einstellungs- und Verhaltensveränderung.

Diese bei weitem nicht vollständige Liste zu den Schwierigkeiten bei nachhaltigen Einstellungs- und Verhaltensveränderungen verdeutlicht, dass einfache Informationen über die Schädlichkeit von Bewegungsmangel, Fehlernährung oder Rauchen bei Gesundheitstagen wenig ergiebig sind. Es müssen vielmehr gerade durch die Führungskräfte systematische Methoden zur Einstellungs-, Leistungs- und Gesundheitsverhaltensveränderung angewandt werden. Diese reichen von Bonifizierungen über Blended Coaching bis hin zu Patensystemen und verlangen vor allem eines, Führung.

2.6 Ein Führungskonzept zur Förderung des Leistungs- und Gesundheitsverhaltens

Man könnte nun die Vielfalt von Führungskonzepten, die ja primär auf Motivation zur Leistung der Mitarbeiter abzielen, hinsichtlich ihrer Eignung zur Förderung der Gesundheit abklopfen. Um die Komplexität nicht ins Uferlose wachsen zu lassen, sei hier ein Modell präsentiert, das mit zahlreichen moderneren Führungskonzepten kompatibel ist. Es besteht aus folgenden Komponenten:

a) Motivation
Die großen drei Motive (Leistung, Macht/Kontrolle und Anschluss) lassen sich gemäß dem Konzept von Heckhausen (1986), das hier erweitert wird, folgendermaßen optimieren (vgl. Abb. 9).
In Feld A finden wir hinsichtlich des Leistungsmotivs die Hoffnung auf Erfolg und sicherlich auch Gesundheit, aber keine Furcht vor Misserfolg oder Krankheit. Dies führt zu Leichtsinn, „Zockermentalität" und hier wäre die Selbstausbeutung bzw. interessierte Selbstgefährdung anzusiedeln.
In Feld B finden wir das Ideal der Balance aus Hoffnung auf Erfolg und Gesundheit und Furcht vor Misserfolg und Krankheit.
Feld C beinhaltet keine Hoffnung auf Erfolg bzw. Gesundheit und keine Furcht vor Misserfolg bzw. Krankheit. Hier ist natürlich kaum Motivation zum erwünschten Verhalten zu erwarten.

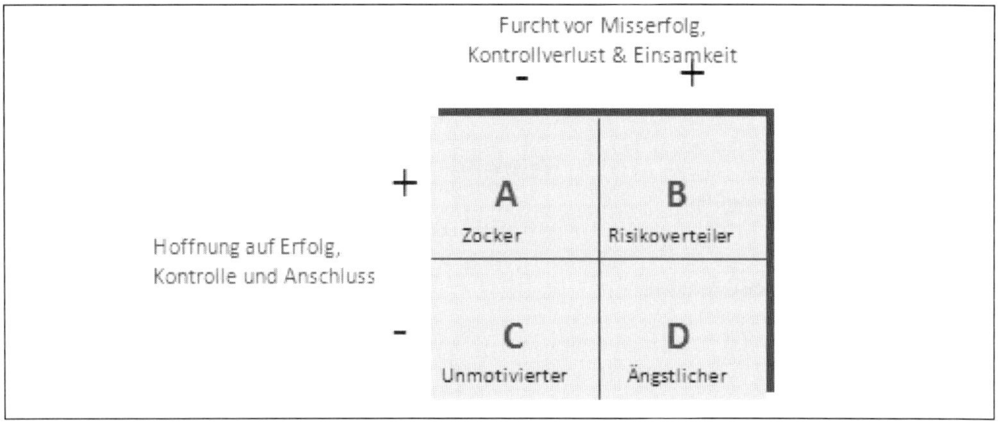

Abb. 9: Motivation als Balance von „Hoffnung auf…“ und „Furcht vor…“

In Feld D schließlich findet sich keine Hoffnung auf Erfolg bzw. Gesundheit, aber Angst vor Misserfolg bzw. Krankheit. Dies führt zu ängstlichem, evtl. hypochondrischem Verhalten, das nicht ein Optimum aus Leistung und Gesundheit erwarten lässt.
In dem recht gut empirisch fundierten Konzept von Hackman & Oldham (1980) spielen der Sinn, der adäquate Handlungsspielraum und die Rückkopplung die entscheidenden Rollen. Der Sinn findet sich auch in salutogenetischen Modellen wieder. Der adäquate Handlungsspielraum spielt in zahlreichen Gesundheitsmodellen eine wesentliche Rolle, vor allem hinsichtlich der psychischen Belastung. Bei einem zu großen Handlungsspielraum fehlt die Orientierung. Bei zu wenig Autonomie übernimmt der Mitarbeiter keine Verantwortung für sein Leistungs- und Gesundheitsverhalten. Und wenn keine Rückkopplungen erfolgen, weiß er nicht, wo er steht und ist wenig motiviert. Insofern sind auch Rückkopplungen über Gewicht, Blutdruck etc. ausgesprochen wichtig. Wer einmal 10 kg zu viel Gewicht hat, mag meist schon nicht mehr auf die Waage gehen. Und die Furcht vor Krankheit hält sich in Grenzen, weil sie allenfalls in ferner Zukunft droht. In dem Motivationskonzept von Kastner (1999) spielen die homöostatisch und iterativ geregelten Motive eine entscheidende Rolle. Erstere, wie z.B. die physiologischen Bedürfnisse, aber auch das Anschlussmotiv, koppeln immer wieder auf Basislinien zurück und erreichen damit den Zustand der Sättigung. Wer zu viel gegessen hat, ist satt (koppelt von oben auf die Basislinie zurück) und isst eine Weile nichts (koppelt von unten auf die Basislinie zurück).

b) Autokratisches versus demokratisches Führen
Motive wie Macht, Geld, Anerkennung und Ehrgeiz schaukeln sich iterativ auf, „man bekommt den Hals nicht voll“, was erfahrungsgemäß – siehe Selbstgefährdung – leicht gesundheitsschädlich werden kann. Wie kann hier die Führungskraft verantwortlich eingreifen? Autokratisches versus demokratisches Führen: Da Führung als Führungsverhalten und nicht „Führungsstil“ ein komplexer Prozess je nach Person, Situation und Orga-

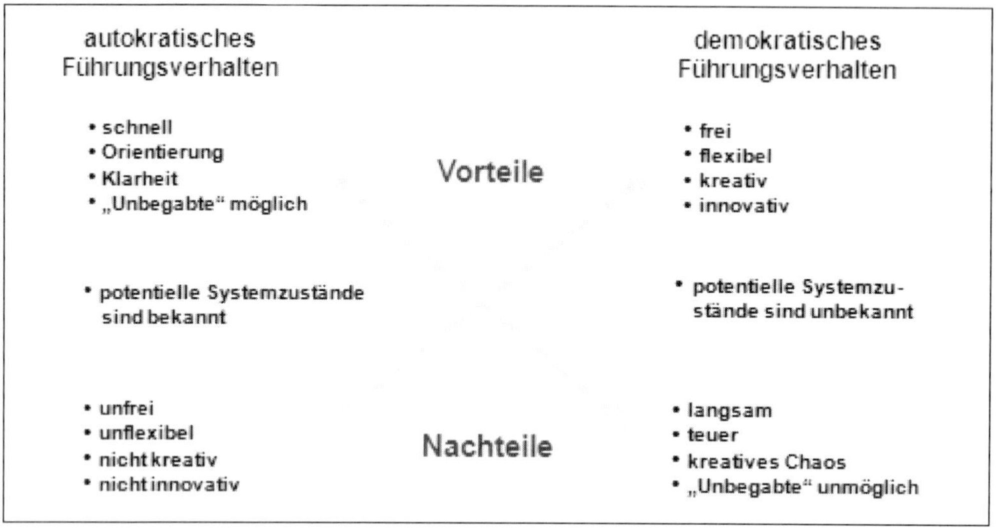

Abb. 10: Autokratische/demokratische Führung

nisation ist, braucht die Führungskraft Anhaltspunkte, wann sie denn wie führen soll. Dazu hilft das Kontinuum von autokratisch bis demokratisch. Je nach Bekanntheitsgrad der Systemzustände muss die Führungskraft ein Chamäleon sein und mal autokratisch, mal demokratisch führen (vgl. Abb. 10).

Über den Bekanntheitsgrad der Systemzustände hinaus sind aber auch der Reifegrad des Mitarbeiters und Handlungs- bzw. Zeitdruck wichtig (vgl. Abb. 11). In die fachliche Reife investieren die meisten Unternehmen durchaus viel, nicht aber in die gesundheitliche. Viele fachlich versierte Mitarbeiter befinden sich hinsichtlich ihrer gesundheitlichen

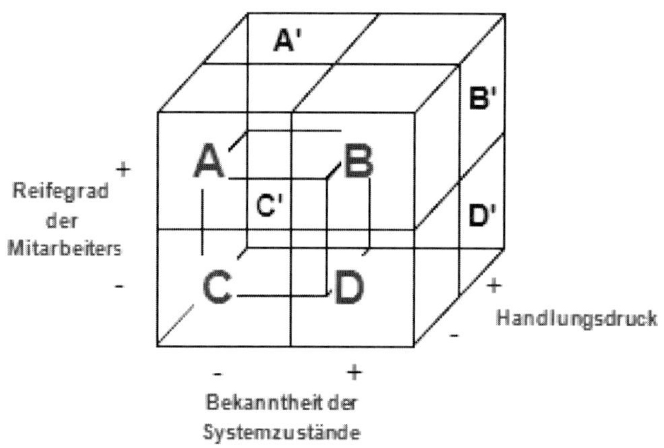

	R	B	H	
A	+	-	-	D D D
A´	+	-	+	D D A
B	+	+	-	D D D
B´	+	+	+	D D A
C	-	-	-	A A D
C´	-	-	+	A A A
D	-	+	-	A A D
D´	-	+	+	A A A

Abb. 11: Facetten unterschiedlich autokratischer bzw. demokratischer Führung

Handlungskompetenz auf einem erstaunlich unreifen Niveau und werden dort von ihren Führungskräften auch belassen, weil es sich um eine „Privatangelegenheit" handelt. Hier könnte so mancher autokratische Hinweis durchaus hilfreich sein.
Je reifer ein Mitarbeiter ist, je unbekannter die Systemzustände und je weniger Handlungsdruck besteht, umso demokratischer kann geführt werden. Je unreifer der Mitarbeiter, je bekannter die Systemzustände und je stärker der Handlungsdruck, umso autokratischer muss geführt werden. Ein unreifer Alkoholiker beispielsweise muss schleunigst in die Entziehung. Hier kann man nicht von Vernunft und adäquater Selbstregulation ausgehen. Unter fachlichem Handlungs- bzw. Zeitdruck werden Gesundheitsaspekte oft zurückgestellt. Man „hält noch durch" bis das Projekt endlich über die Bühne ist. Und so mancher Chef übt (in)direkten Druck aus mit dem Satz: „Werden Sie mir bloß nicht ausgerechnet jetzt krank".
Ein entscheidendes Problem besteht darin, dass so manche Führungskraft ihr autokratisches Verhalten begründet mit Zeitdruck und Unreife der Mitarbeiter und damit querschnittlich gesehen Recht hat. Aber hätte sie (s.o. zur Prävention) rechtzeitig die Reife ihrer Mitarbeiter gefördert und so geführt, dass man gar nicht unter den Zeitdruck geraten wäre, könnte sie heute demokratischer führen. Die Parallele zum präventiven Gesundheitsverhalten liegt auf der Hand.

c) Transaktionales und transformationales Führen
Diese Komponenten eines Führungsmodells hinsichtlich Mitarbeiter-Leistung und -Gesundheit können nun mit dem Meta-Konzept der transaktionalen und transformationalen Führung (Bass & Avolio, 1994) verknüpft werden (vgl. Abb. 12).
Feld A mit hoher transaktionaler, aber niedriger transformationaler Führung kann z.B. im Sport angesagt sein. Die potentiellen Systemzustände sind bekannt. Der Sportler muss

1. Autokratisch / demokratisch
2. Bekanntheit Systemzustände, Reife MA, Handlungsdruck und Aufschlüsselung
3. Transformationale Führung →

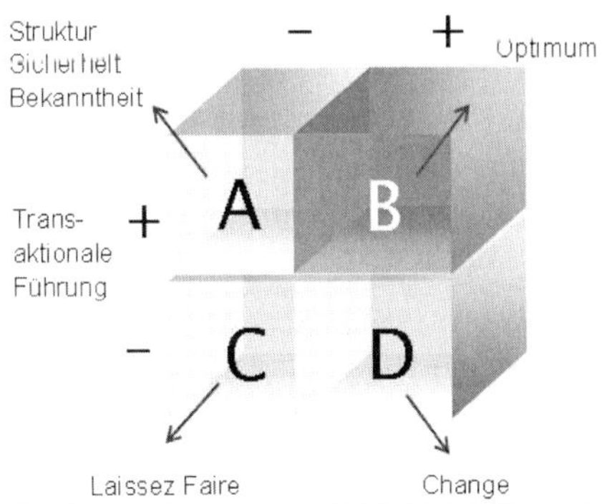

a) Idealized Influence (Vorleben, Vertrauen, MA-Erwartungen ↑, Identifikation)
b) Inspirational Motivation (Vision, Emotion, Vertrauen in MA-Motivatin)
c) Intellectual Stimulation (Perturbation, Fehlertoleranz, Selbstregulation)
d) Individual Consideration (Mentor, Förderung indiv. MA-Persönlichkeit, PE, Feedback)

Abb. 12: Transaktionale/transformationale Führung

nicht zu seiner Sportart oder für die Wettkampfteilnahme inspiriert werden, sondern er muss mit viel Disziplin immer anspruchsvollere Ziele erreichen.
Feld B dürfte, wie auch bei der Motivation (vgl. Abb. 9), in den meisten Fällen das Feld der Wahl sein. Die Führungskraft sollte demnach inspirieren, motivieren, perturbieren, Sinn vermitteln (transformational), aber auch Ziele vereinbaren und deren Erreichen nachhalten und rückkoppeln (transaktional).
Feld C wäre laisser-faire und weder hinsichtlich beruflichem, noch gesundheitlichem Verhalten zu empfehlen.
Feld D mit niedriger transaktionaler, aber starker transformationaler Führung wäre z.B. bei einem Schüler angesagt, der sich mehr bewegen soll, oder bei einem Mitarbeiter, der eher desorientiert vor sich hin werkelt.

d) Führungskultur
Dazu passt das Vier-Felder-Schema nach Frey (2008) (vgl.).
Es geht darum, klar in der Sache und wertschätzend im Hinblick auf die Person zu führen. Nur soft fördert vielleicht den Eindruck von Nettigkeit des Chefs, aber nicht die Sache. Nur tough verletzt zu leicht das Selbstwertgefühl des Mitarbeiters.
Das Ideal in Feld A, in der Sache hart und klar, hinsichtlich der Person wertschätzend, ist hinsichtlich des fachlichen Verhaltens leichter zu verwirklichen als in Bezug auf die Gesundheit. Es ist nicht leicht zu sagen: „Als Person schätze ich Sie sehr, aber Sie müssen abnehmen und aufhören, zu rauchen".
Es dürfte deutlich werden, dass sich aus diesen wenigen Komponenten eines integrativen Führungs- und Motivationskonzeptes praktische Empfehlungen ableiten lassen, die die Leistung und Gesundheit der Geführten aber auch der Führenden fördern. Im Übrigen

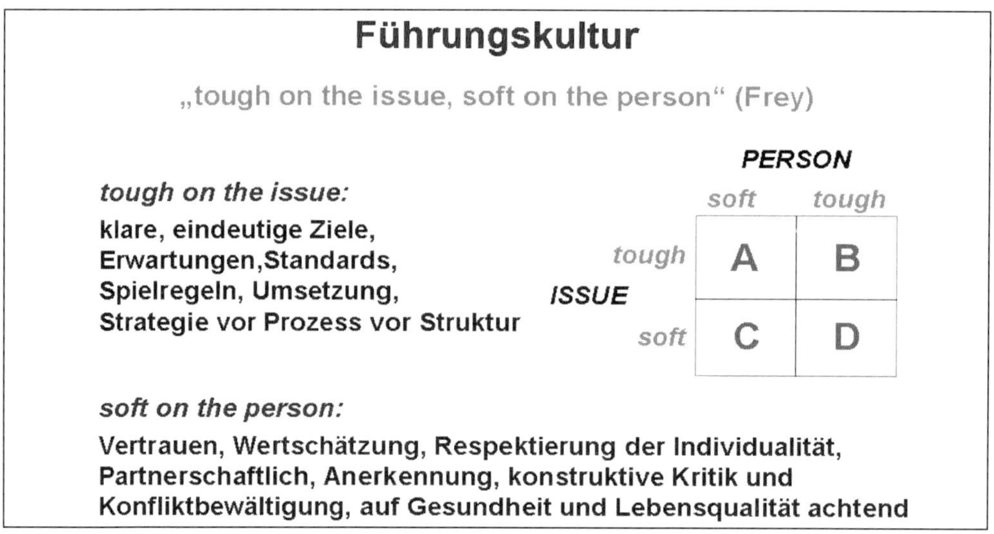

Abb. 13: Tough on the issue, soft on the person

sind damit auch alle systemtheoretischen Überlegungen zur Führung (vgl. Kastner & Widmann, 1992) und auch Konzepte zur Zielsetzung (Locke & Latham, 1991) absolut kompatibel. Beispielsweise gehört es durchaus zu den Aufgaben einer Führungskraft, einen Mitarbeiter zu irritieren, wenn er sich offensichtlich gesundheitlich selbst gefährdend verhält. Zudem können auch gesundheitliche Ziele wie fachliche, auch spezifisch, messbar, erreichbar, realistisch und zeitbezogen formuliert werden. Derartige Inhalte zum Zusammenhang zwischen Führen und Gesundheit müssen nun umgesetzt und organisiert werden.

3. Ein Konzept zur Organisation des Leistungs- und Gesundheitsmanagements

Zu einem ganzheitlichen Konzept gehört nicht nur die Darstellung der wichtigsten Inhalte der Optimierung von Leistung und Gesundheit wie oben beschrieben, sondern auch eine Handlungsanleitung, wie diese nun unter instrumentellem Aspekt organisiert bzw. gemanagt werden können. Wie kann eine diesbezügliche Strategie entwickelt und wie können die entsprechenden Aufgaben definiert werden?

3.1 Die Architektur des Leistungs- und Gesundheitsmanagements

Zunächst gilt das gute alte Motto „Strategie vor Prozess vor Struktur". In einer Unternehmensstrategie werden letztlich Leistungsinhalte bzw. Produkte im Rahmen eines Plans mit Zielen und Teilzielen festgelegt. Zu deren Verwirklichung werden Prozesse mit Teilprozessen heruntergebrochen und bis zu den Aufgaben beschrieben. Bis hierhin geht es um Inhalte. Zur Verwirklichung der Prozesse werden Strukturen benötigt, vor allem eine Infra-, eine Personal-, eine Finanz- und eine Organisationsstruktur (vgl. Abb. 14). Hier geht es um Instrumente. Sowohl Inhalte als auch Prozesse werden gleichzeitig zum Leistungs- und zum Gesundheitsverhalten erarbeitet.
In vielen Organisationen wird im Rahmen des Change Managements das Pferd von hinten aufgezäumt. Man „malt Kästchen im Organigramm anders" und hofft auf Veränderungen. Es erscheint aber wenig zielführend, mit dem Instrument „Struktur" zu beginnen, um die sich anschließend die Prozesse ranken sollen. Und zum Schluss behauptet man, man habe eine Strategie gehabt.
Beim Leistungs- und Gesundheitsmanagement sollten die Leistungs- und Gesundheitsprozesse immer parallel gesehen werden, und zwar im Sinne von Kernprozessen (vgl. Abb. 15). Meist wird in der Realität die Gesundheitsfrage den Support-Prozessen zugewiesen. Beispielsweise gilt in der Autobranche der Toyota-Produktionsprozess als der Benchmarkprozess. Hier ist sehr genau jede Aktivität im Sinne einer Produktionsmaximierung ausgearbeitet. Allerdings werden damit langfristige Gesundheitsgefährdungen billigend in Kauf genommen. Ein Arbeiter, der beispielsweise acht Stunden am Tag immer in eine be-

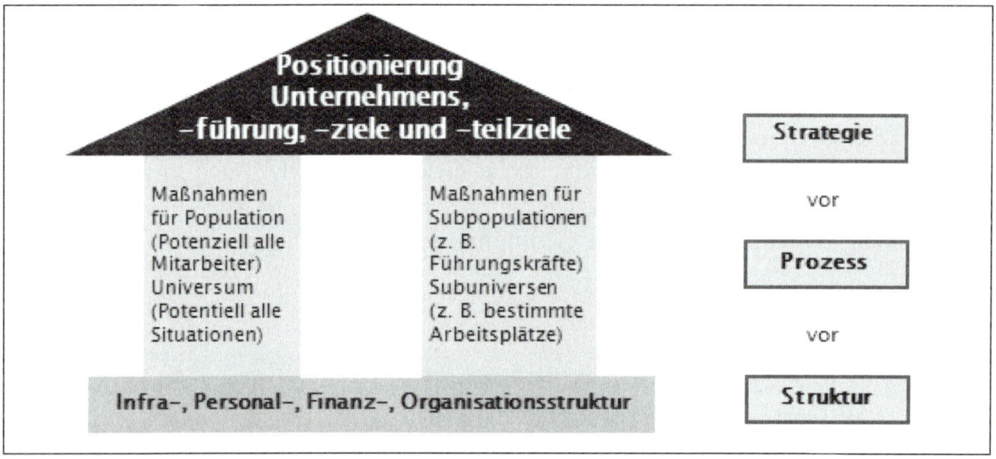

Abb. 14: Haus des Leistungs- und Gesundheitsmanagements

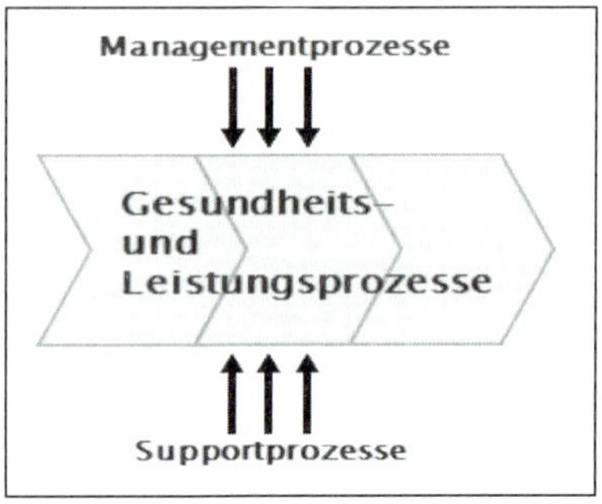

Abb. 15: Einordnung der Gesundheitsprozesse

stimmte Bewegungsabfolge gepresst wird, müsste sich zwischendurch kompensatorisch ganz anders bewegen, z.B. Lockerungs- und Kraftübungen machen, mal eine Treppe steigen etc. Dies kostet aber jedes Mal kurzfristig Produktivität. Die Führung muss in ihrer Strategie zur parallelen Optimierung von Leistungs- und Gesundheitsprozessen dazu aber bereit sein, um langfristig eine „gesunde Produktivität" der schwer zu ersetzenden Mitarbeiter zu sichern.

Für die Prozessbeschreibungen müssen natürlich die Inhalte optimaler Leistungs- und Gesundheitsprozesse bekannt sein. Was fördert beide Verhaltensfacetten (siehe Gesundheitsförderung)? Das folgende Mindmap (Abb. 16) versucht diese, ohne Anspruch auf Vollständigkeit, nach Person, Situation und Organisation bzw. entsprechenden Interaktionen zu strukturieren.

Zur konkreten Umsetzung dieser Inhalte existieren zahllose Instrumente (Handwerkszeug bzw. tools), die wiederum ohne Anspruch auf Vollständigkeit strukturiert sind (vgl. Abb. 17).

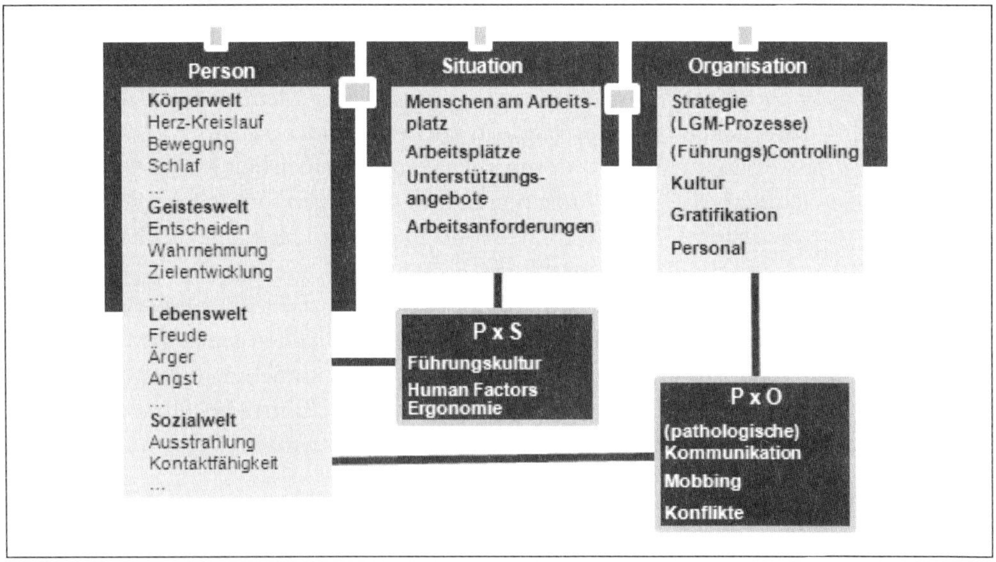

Abb. 16: Mindmap zu den inhaltlichen Maßnahmen des Leistungs- und Gesundheitsmanagements (exemplarisch)

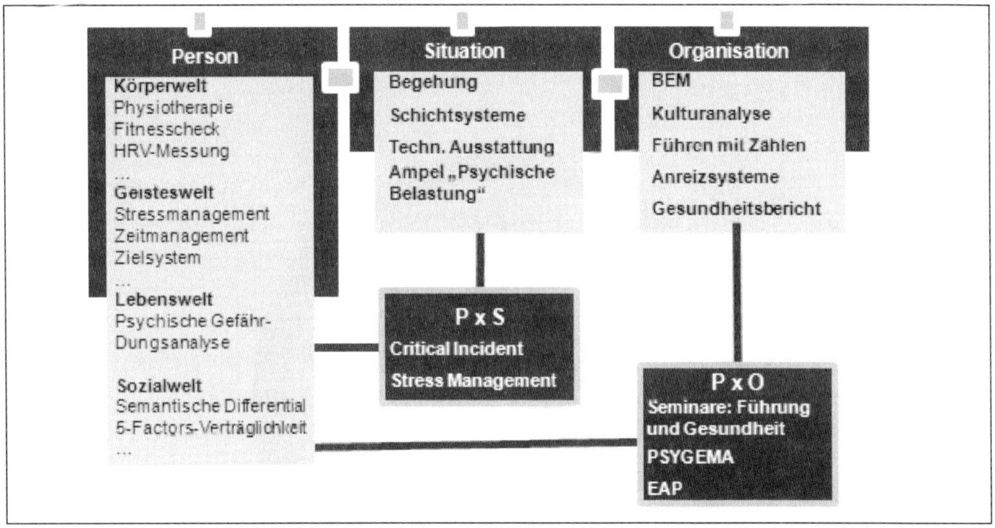

Abb. 17: Mindmap zu den Instrumenten des Leistungs- und Gesundheitsmanagements (exemplarisch)

Wenn nun Strategie und Prozesse, Teilprozesse und Aufgaben beschrieben sind, müssen die entsprechenden Strukturen bereitgestellt werden. Neben Räumen, Geräten, Computern etc. müssen natürlich Personalstrukturen geschaffen werden, wobei Befugnis und Verantwortung, Fähigkeiten und Motivationen der betreffenden Personen zusammenpassen müssen, und es sollten natürlich die entsprechenden finanziellen Mittel bereitgestellt werden. Schließlich muss die ganze Angelegenheit in der Organisationsstruktur „verdrahtet" werden (Organigramm). Die oft in Steuergruppen oder Gesundheitszirkeln versammelten „üblichen Verdächtigen" (Betriebsarzt, Personaler, Betriebsrat, Suchtbeauftragter, Sicherheitsingenieur und Fachkraft für Arbeitssicherheit, Sozialstelle) sind erfahrungsgemäß wenig durchschlagskräftig. Solche Steuerungsgruppen sollten jemandem unterstellt werden, der allein schon aufgrund eines eigenen Etats im Unternehmen über eine hinreichende Wirkungsmacht verfügt. Mittlerweile gibt es Unternehmen, die den Gesundheitsbereich mit einem eigenen Etat gut ausstatten und direkt unter dem Vorstand ansiedeln.

3.2 Der Ablauf des Leistungs- und Gesundheitsmanagements

Nun kann die eigentliche Arbeit beginnen, die einem roten Faden folgen sollte. Dieser bietet sich in Form eines Kreises der Systemverträglichen Organisationsentwicklung (SOE; Kastner, 1998) an (vgl. Abb. 18).

Dieses Konzept ist anderweitig ausführlicher beschrieben (Kastner, 1998, 2009) und wird hier nur kurz skizziert.

Abb. 18: SOE-Kreis

Die Logik dieses roten Fadens besteht in fünf Phasen (äußerer Ring), der Diagnose-, Planungs-, Aktions-, Überprüfungs- und Veränderungsphase, immer im Hinblick auf Person, Situation und Organisation.

a) Die Diagnose besteht aus der Ideal-, der Real- und der Diskrepanzenanalyse. Beispielsweise kennen wir unser Idealgewicht, steigen täglich auf die Waage zur Erfassung der Realität und diagnostizieren eine Soll-Ist-Diskrepanz. Auf diese Weise entsteht ein „Sündenkatalog", der nach bestimmten Kriterien geordnet wird, um eine hinreichende Motivation für die folgenden systematisch aufeinander aufbauenden Interventionen zu gewährleisten.
b) In der anschließenden Planungsphase ist zu klären, welche Aktionen mit welchem Aufwand, in welchen Zeiträumen und bezogen auf welche Personen, Situations- und Organisationsaspekte zu realisieren sind.
c) In der daraus resultierenden Aktionsphase, bestehend aus Intervention, Prävention und Innovation, werden zunächst Maßnahmen zur Verringerung der Diskrepanzen ergriffen, hier im Beispiel Bewegung und Ernährung zur Gewichtsreduktion. Interventionen haben den Nachteil, dass „das Kind schon in den Brunnen gefallen ist" und somit aufwändiges Reparaturverhalten entsteht. Deshalb sollte parallel schon mit Präventionen begonnen werden (Primär-, Sekundär- und Tertiärprävention, vgl. Kastner, 2006). Beispielsweise sollten Bewegungs- und Essgewohnheiten automatisiert werden, etwa jeden Morgen Gymnastik. Präventionen haben immer noch den Nachteil, dass potenzielle Systemzustände bekannt sein müssen. Um impfen zu können, müssen wir das Virus kennen. In unserer sich schneller verändernden Welt müssen zukünftige Systemzustände vorausgedacht werden, um sich Innovatives einfallen zu lassen.
d) Alle Diagnose- und Aktionsschritte sollten inhaltlich bewertet werden, d.h. sind sie gültig, zuverlässig und objektiv? Und sie sollten ökonomisch evaluiert werden, d.h. was kosten sie und was bringen sie? Nur so können die erforderlichen Steuerungsprozesse optimiert werden.
e) Daraus lernt das System und verändert sich, möglicherweise so, dass es in der nächsten Runde die Ideale anders definiert. Dies geschieht häufiger, als wir denken. Beispielsweise ändert sich zum derzeitigen Stand der Forschung die Meinung über das Idealgewicht.

Das Management der Leistungs- und Gesundheitsoptimierung kann so systematisch, Schritt für Schritt für die Person, die Situation und die Organisation „abgearbeitet" werden. In diesen roten Faden werden die Inhalte und Instrumente der beiden Mindmaps (s. Abb. 11 und 12) eingesteuert. D.h. für jeden dieser Schritte stehen Inhalte und Instrumente zur Verfügung. Allein im Bereich der Analyse psychischer Belastungen kann auf unzählige Verfahren zurückgegriffen werden (vgl. auch die Tool-box von INQA).
Wenngleich das Leistungs- und Gesundheitsmanagement, wie die Personalentwicklung, auch eine Führungsaufgabe in der Linie ist, muss dieser Management-Prozess natürlich durch eine entsprechende Gruppe gesteuert und nachgehalten werden. Dazu sind sowohl inhaltliche als auch ökonomische Evaluationen unerlässlich.

3.3 Ökonomische Evaluation des Leistungs- und Gesundheitsmanagements

Wenn wir die Zusammenhänge zwischen Führung und Gesundheit kennen, ihre Wichtigkeit akzeptieren, ein Konzept zu den Inhalten und der Vorgehensweise haben, fragt sich, welcher Einsatz bzw. Aufwand welchen Nutzen bringt (siehe auch die Beiträge von Horváth et al. und Kremeskötter, Schmidt & Kastner in diesem Band). Top-Führungskräfte sind meist primär am Return on Investment interessiert. Sozialromantische Erklärungen zur Gesundheit und Lebensqualität der Mitarbeiter machen wenig Eindruck. Aber Nachweise, dass jeder in das Leistungs- und Gesundheitsmanagement investierte Euro einen erklecklichen Gewinn zeitigt, erhöht die diesbezügliche Motivation beträchtlich. Schließlich soll sich ja (s. Abb. 9) die Führung inhaltlich und ökonomisch überzeugt für dieses Thema „aus dem Fenster lehnen".
Die Grundidee aller Modelle zur ökonomischen Evaluation zeigt folgendes Muster (Abb. 19):

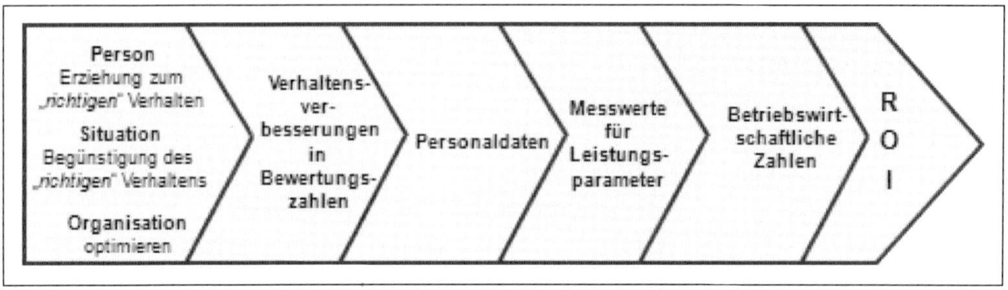

Abb. 19: Return on Investment

Zunächst muss, wie oben beschrieben, an den drei „Rädchen" Person, Situation und Organisation so gedreht werden, dass sich Kompetenzen hinsichtlich der Arbeitstätigkeit und der Gesundheit verbessern, was messbar ist. Damit verändern sich die Personalstrukturdaten. Beispielsweise wird das Problem immer virulenter, wie älter werdende Mitarbeiter mit ihren psychischen Belastungen fertig werden, wie sie leistungsgewandelt werden können oder wie z.B. auch ihre Schichtfähigkeit möglichst lange erhalten bleibt. Die Leistungen und die Gesundheitszustände der Mitarbeiter sind wiederum messbar. Dies gilt vor allem für die Ergebnisse in Form von Anzahl und Qualität der Produkte oder Dienstleistungen, der Ausschussrate etc. Diese drücken sich wiederum in betriebswirtschaftlichen Parametern aus, auf deren Basis Deckungsbeiträge, Gewinnmargen etc. erfasst werden können. Ein Grundgedanke der Führung und des ganzheitlichen Leistungs- und Gesundheitsmanagement ist aber: „Wir erreichen gute Produkte, Dienstleistungen und Gewinne nur durch leistungsfähige, -willige und gesunde Mitarbeiter, deren Leistungs- und Gesundheitsverhalten als dynamische Wechselwirkungen aus Person, Situation und

Organisation daraus resultieren, dass fortlaufend, wie oben beschrieben, an diesen Stellschrauben gedreht wird".

Wie die jeweiligen Kennzahlen erhoben werden, ist eine Frage der jeweiligen theoretischen Konzepte, von denen die Gesundheits-Balanced-Scorecard recht oft angewandt wird (vgl. auch den Beitrag von Horvath in diesem Band). Aber ein entscheidendes Problem besteht in Folgendem: Kennzahlen sind attraktiv, weil sie so konkret, „anfassbar" und vergleichbar erscheinen. Sie reduzieren Komplexität und machen es vordergründig der Führungskraft leichter, die permanent unter hoher Unsicherheit entscheiden muss. Aber sie nutzen natürlich wenig, wenn dahinter steckende Inhalte nicht valide und reliabel erfasst sind. So werden beispielsweise vielfach Gesundheitsmaßnahmen empfohlen, um den Absentismus zu senken. Dieser ist aber in den letzten 14 Jahren ohnehin gesunken, weil die Arbeitnehmer Angst haben, ihren Arbeitsplatz zu verlieren. Stattdessen ist der schwer erfassbare Präsentismus gestiegen. Es ist also durchaus möglich, dass man durch die „falschen" Maßnahmen den Absentismus senkt, aber den Präsentismus steigert. Letzterer äußert sich u.a. darin (vgl. Abb. 20), dass kranke Mitarbeiter sich z.B. mit einer Grippe zur Arbeit schleppen, die Kollegen anstecken, so dass alle anwesend, aber nicht leistungsfähig sind, und sich auf die Dauer mit mehrjähriger Verzögerung Chronifizierungen wie z.B. Asthma entwickeln.

Die Phänomene, die zum Präsentismus führen, sind also vielfältig. Es gilt, sorgfältig zu analysieren, wer aus welchen Gründen an- oder abwesend ist (vgl. Abb. 21).

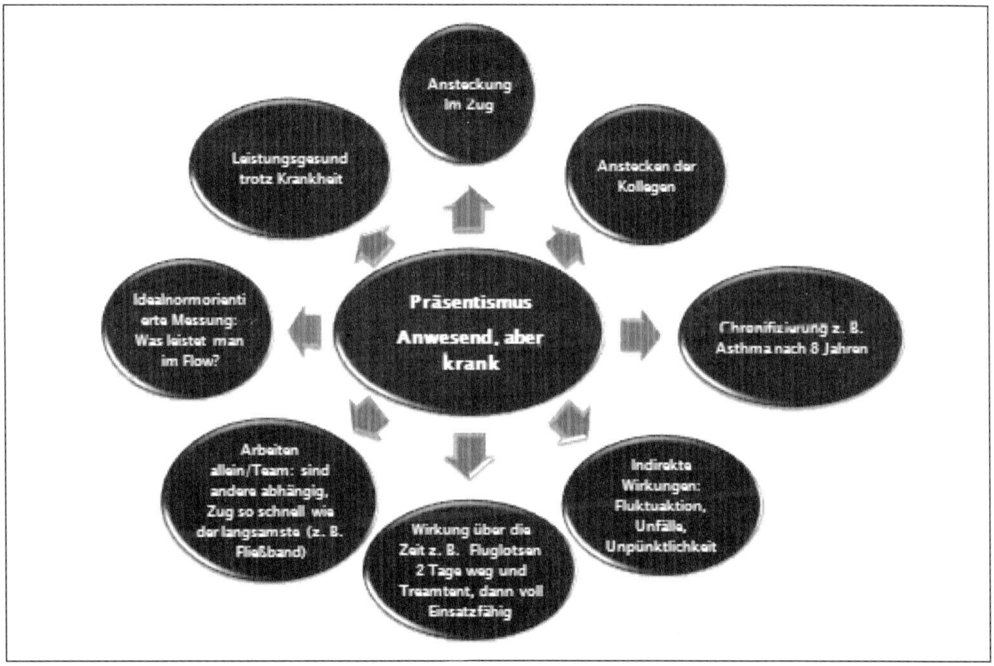

Abb. 20: Facetten des Präsentismus

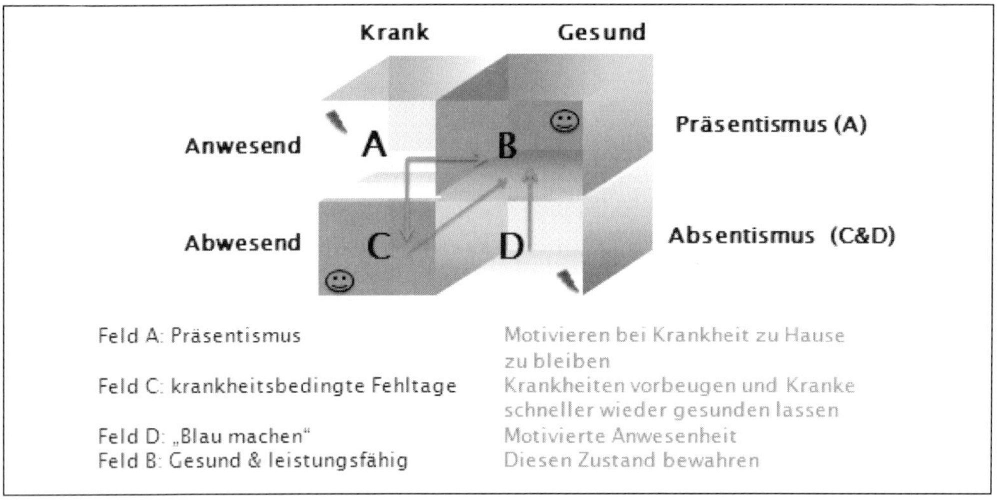

Abb. 21: Absentismus, Präsentismus

Eine wesentliche Führungsaufgabe besteht darin, Mitarbeiter in Feld A zu veranlassen, sich zu Hause zu erholen (Feld C) bzw. direkt alles zu tun, damit sie gesund und leistungsfähig sind (Feld B). Mitarbeiter in Feld C müssen so akzeptiert und schnell, richtig, gesund und gut wieder eingegliedert werden. Mitarbeiter in Feld D müssen negative Konsequenzen verspüren. Aber nur Abwesenheitstage als Maß aller Dinge zu nehmen, führt in die Irre.
Letztlich wird ein ganzheitliches Leistungs- und Gesundheitsmanagement im Unternehmen nur akzeptiert, wenn parallel zu den sinnvollen Inhalten der ökonomische Nutzen nachgewiesen wird.

4. Empfehlungen zur Führung im Kontext eines ganzheitlichen Leistungs- und Gesundheitsmanagements

Aus den oben genannten Zusammenhängen ergibt sich eine Fülle von Empfehlungen, deren Komplexität wieder einmal die praktische Umsetzung erschwert. Hilfreich ist hier das Motto „Die schlimmsten Fehler vermeiden". Zur Vermeidung von Burn-out und Depression sollten folgende „Sünden" unterlassen werden:

- Mitarbeitern, die um 18.00 Uhr nach Hause gehen, nachzurufen: „Haben Sie sich einen halben Tag freigenommen?" oder anlässlich der Verabschiedung zu einem Stressbewältigungsseminar „schönen Urlaub" zu wünschen. „Wertschöpfung durch Wertschätzung", d.h. authentische Anerkennung und Lob von Leistung, Gesundheitserhalt und Zugehörigkeit, Beteiligung und Förderung der Stärken des Mitarbeiters sowie Fairness, Respekt und Gerechtigkeit müssen geboten werden, so dass Vertrauen, Verstehbarkeit und Vorhersagbarkeit entstehen.

- Stress als Orden oder die Ruinierung von Gesundheit als Indiz für Leistungsmotivation sollten desavouiert werden. Die Klarheit von Werten, vor allem auch der Gesundheit, von Normen, Zielen, Aufgaben und Regeln, muss gewährleistet werden, so dass der Mitarbeiter begreift, was passiert.
- Das Belohnen von guter Leistung durch „noch mehr draufpacken" sollte unterlassen werden. Eine entscheidende Führungsaufgabe ist die Sorge für die Passung von Anforderungen, Ressourcen und Puffern, um so für eine adäquate Beanspruchung zu sorgen und so der Eindruck von Machbarkeit entsteht.
- „Sie machen das schon" als Vertrauensbeweis ist meist wenig zielführend. Eine Führungsaufgabe besteht in der fortwährenden Verdeutlichung des Sinns und Wertes der Tätigkeiten des Mitarbeiters und in der Balance von Anstrengung und Gratifikation bzw. Motivation, dass sich das Engagement auch lohnt.
- Das Drohen mit Arbeitsplatzverlust ist gesundheitsschädigend. Soweit möglich, sollte Hilfe bezüglich des Eindrucks von Arbeitsplatzsicherheit geboten werden.
- Die unnötige Einengung des Handlungsspielraums bedeutet vermeidbare psychische Belastung. Vielmehr ist die Gewährung eines adäquaten Handlungsspielraums und von Befugnissen leistungs- und gesundheitsförderlich, d.h. so viel wie möglich, sonst übernimmt der Mitarbeiter keine Verantwortung, aber Grenzen ziehen, sonst verliert er die Orientierung.
- „Hierarchie-Gehabe" stresst die Untergebenen, wie sich nicht nur bei Affen zeigt. Partnerschaftliche Führung bei genügendem Respekt, aber ohne Anbiederung, erlauben auch dem Mitarbeiter die erwünschte Distanz.
- Überforderung ist genauso fehlbeanspruchend wie Unterforderung. Eine gelungene Balance von Forderung und Förderung ist sowohl für die Leistungs-, als auch für die Gesundheitsoptimierung erforderlich (s. Beitrag zum individuellen LGM von Kastner in diesem Band).
- „Wasser predigen und Wein trinken" motiviert die Mitarbeiter nicht. Vorbildhaftes Verhalten fördert das Lernen am Modell ebenso wie klares Artikulieren in der Sache, aber wertschätzend bezüglich der Person.
- Einer der häufigsten Führungsfehler ist das Nicht-Äußern von Erwartungen und eines Tages aber das Ausschütten des „Mülleimers" nicht erfüllter impliziter Erwartungen. Die klare Artikulation der Erwartungen auch hinsichtlich des Gesundheitsverhaltens und eine genügende Rückkopplungen mit konstruktiver Kritik fördern Leistung und Gesundheit.
- Der Mitarbeiter darf mit seinen Sorgen nicht alleine gelassen werden. Soziale Unterstützung ist vielmehr einer der stärksten Stressreduktionsfaktoren und fördert den Gemeinschaftssinn.
- Überlange Arbeitszeiten, ineffiziente Sitzungen oder die Erwartung an den Mitarbeiter von Opfern seiner Gesundheit und Privatinteressen unterminieren die Leistungsmotivation, die Gesundheit und die Bindung an das Unternehmen. Das Umgekehrte gilt für die permanente Förderung und Anregung gesunden Verhaltens.

- Es gibt nichts Ungerechteres als verschiedene Leute gleichartig zu behandeln. Die Berücksichtigung von Diversität, z.B. der besonderen Situation von Frauen mit Kindern, älteren Mitarbeitern, Migranten etc., ist unerlässlich.
- Man kann durchaus durch extrinsische Motivation mit der Zeit die intrinsische provozieren. Manche Unternehmen senken den Fix-Anteil des Gehaltes von Führungskräften und erhöhen zum Ausgleich den flexiblen Anteil. In entsprechenden Zielvereinbarungen ist die Mitarbeiter-Gesundheit fixiert. So mancher „Hardliner", der letztere bislang für Privatsache gehalten hat, erlebt, dass es angenehm ist und Vorteile bringt, sich um die Gesundheit der Mitarbeiter zu kümmern. Die Praxis sorgt für intrinsische Motivation hinsichtlich eines ganzheitlichen LGMs.

Diese Empfehlungen passen zu jenen – hier modifizierten – des Netzwerkes „Enterprise for Health" (2003):

- Aufmerksamkeit hinsichtlich der Intensivierung der Arbeit, mit der Folge von weniger Zeit für lebenslanges Lernen, Weiterentwicklung und für präventives Kümmern um Gesundheit und Lebensbalancen.
- Für wissens- und erfahrungsbasierte Organisationen ist die psychosoziale Gesundheit die Achillesferse, weil die Belastungen eher zunehmen.
- Es bedarf einer werteorientierten Führung mit einem Bekenntnis zur Gesundheitsförderung hinsichtlich gleichzeitiger Wirtschaftlichkeit, Vertrauen und Fairness als Basis für die Gesundheit von Unternehmen und Mitarbeitern.
- Gesundes Unternehmen meint eine Gesundheitsförderung über das individuelle Verhalten hinaus. Mitarbeiter sollen gerade in dynaxischen Zeiten des Wandels sich nicht nur verändern, sondern den Wandel, soweit möglich, selbst mitgestalten. Gute Führung, Arbeitsgestaltung, lebenslanges Lernen, Innovation sowie Leistung und Gesundheit sind untrennbar miteinander verbunden.

Wie können wir nun diese Fülle von Aktivitäten zur Förderung des Leistungs- und Gesundheitsverhaltens in eine sinnvolle Reihenfolge bringen und koordinieren?

1. Schritt: Auf der strategischen Ebene (siehe Dach in Abb. 14) muss sich die Unternehmensleitung darauf festlegen, dass sie das ganzheitliche, integrative Leistungs- und Gesundheitsmanagement will und dies in einer Kommunikationsstrategie nach innen und außen unmissverständlich vermitteln.
2. Schritt: Ein Steuerungskreis für das Treiben der Prozesse (siehe Säulen in Abb. 14) entlang des roten Fadens (in Abb. 18) wird eingerichtet. Ihm sollten neben den dienstlich mit Gesundheit befassten Personen wie Betriebsarzt, Personalentwickler, Sicherheitsingenieur, Suchbeauftragter, Betriebsrat, auch der Personal-Chef und ein Mitglied der Geschäftsführung angehören (letzterer evtl. in Personalunion), auf jeden Fall jemand, der über ein Budget verfügt. Der Steuerungskreis ist verantwortlich für die Vernetzung von OE, PE und PP. So werden Ressourcen mehrfach genutzt. Beispielsweise sollten Workshops zur Festlegung der Unternehmenswerte und Führungsleitlinien auf die Aktivitäten zur Gesundheitsförderung abgestimmt werden.

3. Schritt: Das Leistungs- und Gesundheitsmanagement wird gemäß dem SOE-Kreis (Abb. 18) verwirklicht. Bei der Diagnose des Ideals werden Unternehmensphilosophie, -ethik (mit dem Wert Gesundheit), -vision, -kultur, -zielsystem und -grundsätze immer im Hinblick auf Leistung und Gesundheit in ihrer Parallelität bestimmt. Dazu werden Betroffene zu Beteiligten gemacht, indem in Workshops diese Schritte durchmoderiert und die Ergebnisse aggregiert und kommuniziert werden. Damit ist die Richtung des Change Managements gegeben und es können entsprechende Kern-, Support- und Managementprozesse beschrieben werden. Diese werden immer parallel hinsichtlich Leistung und Gesundheit beleuchtet.
4. Schritt: Die Diagnose des Reals erfolgt ebenfalls partizipativ durch Mitarbeiterfragebögen, Interviews, Begehungen, Workshops, Shadowings, aber auch im normalen täglichen Arbeitsprozess via Gesprächsarten (Mitarbeiter-, Rückkehrgespräch etc.), Begehungen, Gefährdungsanalysen etc. Die Daten werden wiederum aggregiert und, soweit möglich, den Mitarbeitern kommuniziert.
5. Schritt: Die entscheidende Diagnose ist die der Diskrepanzen zwischen Ideal und Real. Sie werden nach Wichtigkeit und Dringlichkeit geordnet und mithilfe eines Papiercomputers (Kastner, 1992) und in einem pfadanalytischen Design zur Erfassung der Kausalzusammenhänge vernetzt. Es ist wichtig, bei den Wurzeln zu beginnen und nicht bei den Symptomen. Das Vorgesetztenverhalten spielt hier meist eine entscheidende Rolle.
6. Schritt: Aus einer fundierten Planungsphase ergibt sich, welche Interventionen an welchen Wurzeln kurz-, mittel- und langfristig angreifen sollen. Es ist zweckmäßig, dazu festzulegen, welche Maßnahmen prinzipiell für die gesamte Mitarbeiterpopulation und das gesamte Universum von Arbeitsplätzen gelten sollen und welche nur für bestimmte Subpopulationen (z.B. Führungskräfte) oder Subuniversen (z.B. bestimmte Standorte, vgl. Abb. 11) geeignet sind. Die entsprechenden Maßnahmen werden nach den Regeln des Projektmanagements durchgeführt. Die (Zwischen-)Ergebnisse sollten wiederum kommuniziert werden, damit die Mitarbeiter nicht den Eindruck von Versanden gewinnen.
7. Schritt: Die Steuerungsgruppe beschließt, welche präventiven Maßnahmen ergriffen werden sollen. Dies beginnt bei der „Erziehung" zur Gesundheit z.B. über Seminare zum „Selbstmanagement zur Work Life Balance" mit anschließendem individuellen (Gesundheits-)Coaching, vorausschauende Sicherheitsmaßnahmen etc. (Primärprävention) und reicht z.B. über Impfungen für die Körperwelt (Sekundärprävention) bis zum Betrieblichen Eingliederungsmanagement (Tertiärprävention) und zu emotional bindenden Maßnahmen, beispielsweise zur Reduktion von Angst vor Arbeitsplatzverlust. Vor allem werden neben Seminaren zu „Führung und Gesundheit" u.a. über ein „Huckepack-Verfahren" im Rahmen der Führungskräfteentwicklung die diesbezüglichen Inhalte (s.o.) vermittelt und ihre Umsetzung über das Führungscontrolling überprüft.
8. Aus den Diagnosen von Ideal und Real ergeben sich erfahrungsgemäß etliche innovative Ideen, die vom Steuerungskreis aufgegriffen werden und evtl. in entsprechenden

Maßnahmen umgesetzt werden können. Dies gilt insbesondere für die Etablierung einer Vertrauens-Fehlerlern-Innovations-Gesundheitskultur (Kastner, 2007).

9. Diese Diagnosen (Ideal, Real, Diskrepanzen) und Aktionen (Interventionen, Präventionen, Innovationen) müssen überwacht und gesteuert werden. Dies geschieht hinsichtlich der Zusammenhänge zwischen Führung und Gesundheit mittels eines Führungscontrollings. Neben der Überwachung von Leistungsergebnissen zwecks ökonomischer Evaluation gilt es beispielweise „burn-out-trächtige“ Verhaltensweisen von Vorgesetzten rechtzeitig zu erkennen.
10. Die Lernprozesse im Unternehmen, etwa die Veränderung zu einer stärker gesundheitsorientierten Kultur, werden registriert und können dazu führen, dass die Ideale beim neuerlichen Durchlaufen des SOE-Kreises verändert werden.
11. All dies sollte im Sinne des Data Survey an die Belegschaft allgemein verständlich rückgekoppelt werden, um, so weit möglich, Betroffene zu Beteiligten zu machen.
12. Es erscheint unerlässlich, „das Feuer permanent am Brennen zu halten“. Einzelne Maßnahmen versanden oft. Die Mitarbeiter sehen keine Zusammenhänge und kontinuierliche Verbesserungen, sondern argwöhnen, dass „mal wieder etwas angestoßen, aber nicht durchgehalten wird“.

Es liegt auf der Hand, dass die Umsetzung dieser Schritte eine Führungsaufgabe par excellence ist, die von oben nach unten vorgelebt werden muss.
In jedem Falle lohnt sich der Einsatz im Rahmen eines solchen ganzheitlichen, integrativen, nachhaltigen, systemverträglichen Gesundheitsmanagements nicht nur unter ökonomischen, sondern auch unter ethischen und lebensqualitativen Gesichtspunkten.

Literatur

Age Wave and The Concours Group (2005). New Employer/Employer Equation Suvervey. New York.

Antonovsky, A. (1993). Gesundheitsforschung versus Krankheitsforschung. In Franke, A. & Broda, M. (Hrsg.), Psychosomatische Gesundheit (S. 3-14). Tübingen: dgvt-Verlag.

Antonovsky, A. (1998). Salutogenese. Zur Entmystifizierung der Gesundheit. Tübingen.

Badura, B. (2001). Betriebliches Gesundheitsmanagement. Was ist das, und wie lässt es sich erfolgreich praktizieren? Berlin, Heidelberg: Springer Verlag.

Bamberg, B. & Schulte, M. (2003). Ansatzpunkte und Nutzen betrieblicher Gesundheitsförderung aus der Sicht der Führungskräfte. Gruppendynamik und Organisationsberatung, 33/4, 369-384.

Bass, B. M. & Avolio, B. (1994). Improving Organizational Effectiveness Through Transformational Leadership. Thousand Oaks.

Bea, F.X., Dichtl, E. & Schweitzer, M. (Hrsg.) (1991). Allgemeine Betriebswirtschaftslehre, Band 2 (Führung) (5. Aufl.). Stuttgart: Klett.

Breukelchen, T. (2009). Euch vertrauen wir. In Change, Magazin der Bertelsmann-Stiftung, Sonderheft: Vertrauen, Nachhaltigkeit, Steuerung (S. 14-21). Gütersloh: Verlag Bertelsmann-Stiftung.

Covey, S.M.R. (2009). Schnelligkeit durch Vertrauen. Offenbach: Gabal.

Figgen & Seiler K. (2009). Indikatoren. In Seiler K. (Hrsg.), Gesundheit und Restrukturierung – Innovative Ansätze und Politikempfehlungen – Chancen und Möglichkeiten aus Sicht eines Landes. 10.09.2009. Landesinstitut für Gesundheit und Arbeit des Landes NRW.

Fissler, E.R. & Knospe, S. (2009). Produktivität erhöhen. Personal, 4, 49 ff.

Frey, D. (2007) Wirtschaftspsychologie. Göttingen: Hogrefe.

Frey, D. (2008). Sozialpsychologie, Vorlesungsskript. München: LMU.

Gallup, (2003). Engagement-Index. www.gallup.de

Gurt, J. & Elke, G. (2004). Interaktive und strukturelle Führung. Bochum: Ruhr-Universität.

Gollwitzer, P.M. (1987). Suchen, Finden und Festigen der eigenen Identität: Unstillbare Zielintentionen. In P.M. Gollwitzer, H. Heckhausen & F. E. Weinert (Hrsg.), Jenseits des Rubikon. Der Wille in den Humanwissenschaften. Heidelberg: Springer-Verlag.

Ilmarinen, J. & Tempel, J. (2002). Arbeitsfähigkeit 2010 – Was können wir tun, damit Sie gesund bleiben? VSA-Verlag.

Kastner, M. (1990). Gesundheitsdynamik in der industriellen Welt. In M. Schütz (Hrsg.), Risiko und Wagnis – Die Herausforderungen der industriellen Welt –, Bd. 1 (S. 137-149). Pfullingen: Verlag Günther Neske.

Kastner, M. (1992). Den Wandel managen. München: Robert-Pfützner-Verlag.

Kastner, M. (1994). Personalpflege: Der gesunde Mitarbeiter in einer gesunden Organisation. Berlin, München: Quintessenz-Verlag.

Kastner, M. (1998). Verhaltensorientierte Prozessoptimierung. Herdecke: MAORI Verlag.

Kastner, M. (2003). Anforderungen autonomer und flexibler Arbeit an Führung und Organisation. In M. Kastner (Hrsg.), Neue Selbstständigkeit in Organisationen (S. 37-49). München und Mering: Rainer Hampp Verlag.

Kastner, M. (2004). Die Zukunft der Work Life Balance: Wie lassen sich Beruf und Familie, Arbeit und Freizeit miteinander vereinbaren? Asanger Verlag.

Kastner, M. (2004). Ethische Kommunikation. In A. E. Auhagen (Hrsg.), Positive Psychologie (S. 103-124).

Kastner, M. (2006). Prävention in der Arbeitswelt. Psychotherapeut, 51, 440-451. Sonderheft September.

Kastner, M., (Hrsg.) (1996). Umgang mit Widerständen. Auf dem Weg zum schlanken Staat. Herdecke: MAORI Verlag.

Kastner, M., Neumann-Held, E., Reick, Ch. (Hrsg.) (2007). Kultursynergien oder Kulturkonflikte? München: Dustri Verlag.

Kastner, M. & Schmidt, B. (2008). Von Trittbrettfahrern und Soldaten: In Hochleistungsteams macht's die Mischung. Wirtschaftspsychologie aktuell, 2, 9-12.

Kastner, M. (2010). Selbstmanagement zur Work Life Balance (in Druck).

Knobich, G. & Öllinger, M. (2006). Einsicht und Umstrukturierung beim Problemlösen. Enzyklopädie der Psychologie, Themenbereich C Theorie und Forschung, Serie II Kognition, Band 8 Denken und Problemlösen (S. 3-79). Göttingen: Hogrefe.

KPMG (2000). "Organizational Integrity Survey".

Kuhl, J. (2001). Motivation und Persönlichkeit: Interaktionen psychischer Systeme. Göttingen: Hogrefe.

Locke, E. A. & Latham, G. P. (1991). Self-Regulation through Goal Setting. Organisational Behavior and Human Decision Processes, 50, 212-247.

McEwen, B. S. (2000). Allostasis and allostatic load: Implications for ... Annals of the New York Academy of Sciences, 896, 30-47.

Netta, F. (2007). Gesunde Mitarbeiter – gesunde Bilanz. Symposion Publishing GmbH Düsseldorf.

Siegrist J. (2002). Effort-Reward Imbalance at Work and Health. In P. Perrewe & D. Ganster (Eds.), Research in Occupational Stress and Well Being, Vol. 2: Historical and Current Perspectives on Stress and Health (pp. 261-291). New York: JAI Elsevier.

Spieß, E. & Stadler, P. (2007). Gesundheitsförderliches Führen – Defizite erkennen und Fehlbelastungen der Mitarbeiter reduzieren. In A. Weber & G. Hörmann (Hrsg.), Psychosoziale Gesundheit im Beruf. (S. 255-274). Stuttgart: Genter-Verlag.

Sterling, P. & Eyer J. (1988). Allostasis: a new paradigm to explain arousal pathology. In Fisher, S. & Reason, J. (Eds.), Handbook of Life Stress, Cogintion and Health (pp. 629-649). New York, NY: J. Wiley & Sons.

Stiels-Glenn, M. (2006). Fünf Anmerkungen zu „entgrenzten Arbeitswelten" und Sprache in der Supervision – (K)eine Replik auf den Beitrag von Heidi Möller; Forum Supervision, 27, 94-102.

Karasek, R. & Theorell, T. (1990). Healthy Work. Stress, Productivity and the Reconstruction of the Working life. New York: Basic Books.

Taubert, R. (2009). Gesundheit im Führungsverhältnis. Essen: Verlag CW Haarfeld.

Watson-Wyatt-Survey (2005). „Work USA 2004/2005".

Wunderer, R. (2006). Führung und Zusammenarbeit – eine unternehmerische Führungslehre. 6. Aufl. München.

Zimber, A. & Gregersen, S. (2007). „Gesundheitsfördernd führen", eine Pilotstudie in ausgewählten BGW-Mitgliedsbetrieben. Berufsgenossenschaft für Gesundheitsdienst und Wohlfahrtspflege – BGW.

Zustands- und Zusammenhangskennzahlen für ein schlankes betriebliches Gesundheitsmanagement

Holger Pfaff, Julia Jung, Christoph Kowalski, Anika Nitzsche

Ausgangspunkt des Artikels ist die These, dass das betriebliche Gesundheitsmanagement in der Fläche nur Erfolg hat, wenn es einfach und strategisch ausgerichtet ist. Ein schlankes Gesundheitsmanagement kommt ohne einfache Indikatoren zur Messung des Erfolgs nicht aus. Es wird im Folgenden zunächst dargestellt, was schlankes Gesundheitsmanagement ist und wie das Kennzahlensystem strategisch ausgerichtet werden kann. Es wird eine wichtige Unterscheidung zwischen Zustandskennzahlen und Zusammenhangskennzahlen getroffen. Als Beispiel für Zustandskennzahlen wird das Basis-Kennzahlen-Set des Netzwerks „Unternehmen für Gesundheit“ vorgestellt und als Beispiel für Zusammenhangskennzahlen der Korrelationskoeffizient und das Bestimmtheitsmaß.

1. Betriebliches Gesundheitsmanagement als Ressource

Betriebe sind der ökonomischen Krise nicht hilflos ausgeliefert. Sie können entsprechende Gegenmaßnahmen einleiten und mit der Situation mehr oder weniger gut fertig werden. Diese Grundannahme ist zentraler Bestandteil des Modells der organisationalen Bewältigung (siehe Abb. 1). Das Modell besteht aus drei Bestandteilen: Organisationale Stressoren, organisationales Coping und organisationale Stressreaktionen.
Die These ist, dass mit dem Ausmaß der Stressoren, die auf das Unternehmen einwirken (z.B. Wettbewerbsdruck, Zeitdruck, Innovationsdruck), die organisationalen Stressreaktionen wie geringes Commitment, Krankheitsquote der Mitarbeiter und geringer Profit zunehmen. Diese Beziehung kann durch eine gute Bewältigung der Anforderungen abgeschwächt werden. Es ist hauptsächlich Aufgabe der Führungskräfte, die richtigen Bewältigungsstrategien für die gegebene Situation zu finden. Dabei kommt es auch darauf an, eine Bewältigungsstrategie zu wählen, die auf lange Sicht geringe individuelle, kollektive und organisatorische Kosten verursacht. Die organisatorische Bewältigung der Anforderungen wird umso besser gelingen, je mehr Ressourcen in Form von ökonomischen, humanen und sozialen Ressourcen zur Verfügung stehen. Gerade in Krisenzeiten ist es daher notwendig, die Ressourcen einer Organisation zu stärken, um die organisatorische Bewältigung entsprechend effizient voranzutreiben. In diesem Rahmen spielen die humanen Ressourcen eine besondere Rolle. Wesentliche Bestandteile dieser sind Bildung und Ge-

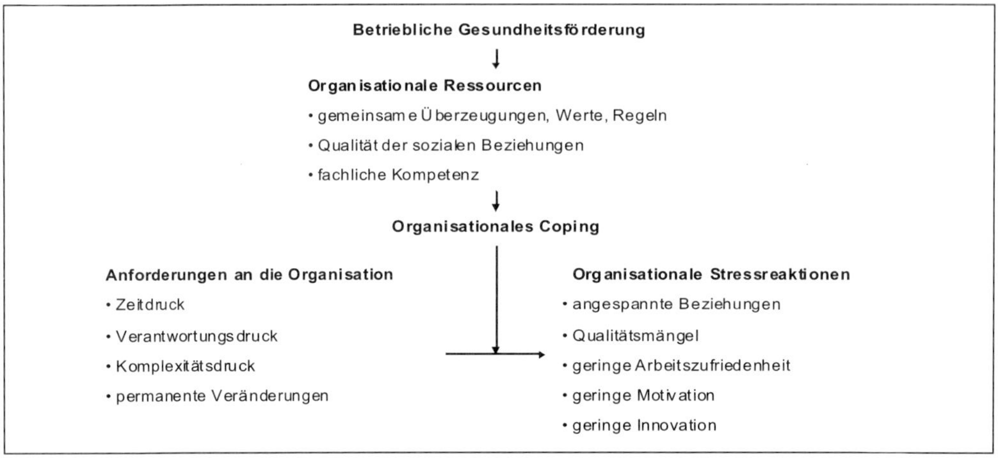

Abb. 1: Das Modell der organisationalen Bewältigung (Pfaff, 2004)

sundheit der Mitarbeiter. Das betriebliche Gesundheitsmanagement (corporate health management) dient vor allem dem Ausbau dieser humanen Ressourcen, indem die Gesundheit gestärkt und gefördert wird. Damit spielt das Gesundheitsmanagement eine zentrale Rolle als „unterstützender Hintergrund" bei der Bewältigung von ökonomischen Krisen und anderen Anforderungen an das Unternehmen.

2. Schlankes betriebliches Gesundheitsmanagement

Die folgenden fünf Merkmale kennzeichnen das schlanke betriebliche Gesundheitsmanagement: Strategieorientierung, Selektivität, Präventionsorientierung, Evidenzbasierung und Lernorientierung.

a) Strategieorientierung

Ein notwendiger Bestandteil eines schlanken betrieblichen Gesundheitsmanagements ist die konsequente Ausrichtung des Gesundheitsmanagements auf die Unternehmensziele. Das Gesundheitsmanagement sollte zur Erfüllung eines Unternehmenszwecks beitragen. Dazu ist es notwendig, dass es in die Unternehmensstrategie eingebaut wird. Dies kann z.B. über die Methode der Balanced Scorecard geschehen (Kaplan & Norton, 1997). Dabei haben wir es mit einer Dreischritt-Strategie zu tun. Aus der Unternehmensstrategie werden die Unternehmensziele abgeleitet (Schritt 1), aus den Unternehmenszielen werden die Unternehmensgesundheitsziele abgeleitet (Schritt 2) und diese wiederum bilden die Basis für die Kennzahlen (Schritt 3).

b) Selektivität

Selektives Gesundheitsmanagement bedeutet, dass sich das Gesundheitsmanagement nicht notwendiger Weise auf den gesamten Betrieb erstreckt, sondern auf bestimmte Subsysteme (z.B. Abteilungen, Center) oder auf bestimmte Typen von Individuen (z.B. Mitarbeiter mit hohen Gesundheitsrisiken). Die Selektivität erhöht die Effizienz der Maßnahmen.

Wir betrachten zunächst die Selektion von Organisationseinheiten (Einzelunternehmen oder Untereinheiten eines Unternehmens). Das Konzept der Präventionsreife kann bei der Auswahl der Organisationseinheiten, in denen betriebliche Gesundheitsförderung praktiziert werden soll, helfen (Jung et al., 2009; Pfaff & Kuch, 2005). Nach dem Konzept der Präventionsreife unterscheiden wir zwischen Präventionswillen und Präventionsinfrastruktur (Jung et al., 2009; Pfaff & Kuch, 2005). Teilt man jede Dimension in zwei Zustände (Präventionswille vorhanden oder nicht vorhanden; Präventionsinfrastruktur vorhanden, nicht vorhanden), dann ergeben sich vier Typen von Zuständen in Organisationen. Es gibt Organisationen, die weder einen Präventionswillen noch eine Präventionsinfrastruktur besitzen. Dies ist der schlechteste Fall. Wir bezeichnen solche Unternehmen als D-Unternehmen.

Des Weiteren gibt es Unternehmen, die einen Präventionswillen haben, aber noch keine Infrastruktur besitzen. Diese Unternehmen besitzen Potenzial und werden als B-Unternehmen bezeichnet. Davon zu unterscheiden sind die Unternehmen, die sowohl einen Präventionswillen als auch die notwendige Präventionsinfrastruktur haben. Organisationen, die diesen Idealzustand aufweisen, sind A-Unternehmen. Schließlich kann man Unternehmen identifizieren, die bereits eine Präventionsinfrastruktur haben, bei denen aber

		Präventionsinfrastruktur	
		Vorhanden	*Nicht vorhanden*
Präventionswille	*Vorhanden*	Präventionsstufe (hoch) **A**	Präventionsstufe (mittel) **B**
	Nicht vorhanden	Präventionsstufe (mittel) **C**	Präventionsstufe (gering) **D**

Abb. 2: Kategorisierung der Präventionsreife

der Präventionswille nicht mehr vorhanden ist. Diese Unternehmen bezeichnen wir als C-Unternehmen. Die Präventionsreife-Matrix kann nicht nur auf Unternehmen insgesamt angewandt werden, sondern auch auf Subeinheiten von Großkonzernen. Solche Subeinheiten sind Werke eines Großkonzerns oder Filialen einer Bank oder eines Discounters. Gelegentlich berichten Vertreter von Konzernen, die Gesundheitsförderung sehr intensiv betreiben, dass sie gar nicht dem Level A angehören. Dies begründen sie damit, dass es genügend Subeinheiten im Konzern (z.B. einzelne Produktionsstandorte) gibt, die weder einen Präventionswillen besitzen noch eine Präventionsinfrastruktur. Die Präventionsreife-Matrix kann für die Auswahl der betrieblichen Gesundheitsförderung wie folgt genutzt werden (siehe Abb. 2). In Typ-A-Unternehmen kann es nützlich sein, sich auf jene Subeinheiten zu konzentrieren, die sich auf dem B- oder C-Niveau befinden. Ziel eines schlanken Gesundheitsförderungsmanagements kann es sein, dass Typ-D-Unternehmen zunächst einmal nicht mit Gesundheitsförderung bedacht werden. Bevor man sich den D-Unternehmen widmet, sollten die Anstrengungen darauf gerichtet werden, Organisationen bzw. Organisationseinheiten mit Präventionsreife-Potenzial anzuheben. Es handelt sich hierbei um C- und B-Unternehmen. Diese haben entweder den Willen (B-Unternehmen) oder die Infrastruktur (C-Unternehmen). Das Ziel muss es sein, aus diesen Unternehmen (wieder) A-Unternehmen zu machen. Auf diese Weise kann die Präventionsreife-Matrix zur Spezifizierung und Fokussierung der Gesundheitsförderungsstrategie beitragen (Jung et al., 2009).

Wie kann auf der Individualebene eine selektive Gesundheitsförderung betrieben werden? Viele Individuen befinden sich – wie wir es plastisch nennen wollen – im „Haus des ungesunden Verhaltens". Manche Menschen möchten diesem Haus entfliehen und in die Welt des gesunden Verhaltens hinaustreten. Andere Menschen wiederum fühlen sich in diesem Haus sehr wohl und möchten das ungesunde Verhalten (z.B. Rauchen) nicht aufgeben. Prochaska & DiClemente (1992) haben dieses Phänomen eingehender untersucht und ein Modell der Abkehr vom problematischen Verhalten entwickelt. In diesem Modell unterscheiden sie mehrere Phasen, die ein Mensch durchlaufen muss, damit er von einer problematischen Verhaltensweise zu einer unproblematischen gelangt. Diese Phasen sind die „precontemplation"-, „contemplation"-, „preparation"-, „action"- und „maintenance"-Phase. Für die Durchführung einer selektiven Gesundheitsförderung ist wichtig zu wissen, dass bei Personen, die sich in der Vorbewusstseinsphase („precontemplation"-Phase) befinden, eine Änderung der Verhaltensweise nur schwer zu erzeugen ist. Sie fühlen sich in ihrem Verhalten wohl und sehen keinen Grund, dieses Verhalten zu ändern. Im Rahmen eines effizienzorientierten und damit schlanken Gesundheitsmanagements lohnt sich die Gesundheitsförderung für diese Personengruppe zunächst nicht. Es muss zuviel Energie aufgewendet werden und zu viel Zeit investiert werden, um diese Personengruppe von ihrem problematischen Verhalten wegzuführen. Erfolgversprechender sind Aktivitäten und Gesundheitsförderungsmaßnahmen bei Personen, die sich in der „contemplation"-Phase befinden. Diese sind sich ihres problematischen Verhaltens bewusst und denken durchaus daran, dieses Verhalten ändern zu wollen. An dieser Gruppe sollte Gesundheitsförderung primär ansetzen. Dies gilt besonders für Personen, die sich in der „preparation"-Phase und der „action"-Phase sowie der „maintenance"-Phase befinden. Bei all diesen Personen ist das Bewusstsein, dass sie ein problematisches Verhalten an den Tag legen, gegeben. Bei diesen Personen, die ein Problembewusstsein haben, lohnt sich die Investition in die Verhaltensänderung und damit Gesundheitsförderung am ehesten.

c) Präventionsorientierung

Gesundheitsförderung ist ressourcenorientiert und verbessert allgemein die Abwehrlage einer Person gegenüber Krankheiten. Oft wird Gesundheitsförderung von Prävention unterschieden. Unter Prävention wird die Verhütung einer konkreten Krankheit durch Verminderung der krankheitsspezifischen Risikofaktoren verstanden. Das beste Beispiel hierfür ist der Herzinfarkt, bei dem durch Verminderung der Risikofaktoren Bluthochdruck, Cholesterinspiegel und Rauchen eine Verminderung des Herzinfarktrisikos angestrebt wird. Ein umfassendes Gesundheitsmanagement im Betrieb darf nicht nur Gesundheitsförderung beinhalten, sondern muss auch krankheitsspezifische Prävention mit einschließen. Modernes betriebliches Gesundheitsmanagement ist Gesundheitsförderung plus Krankheitsprävention plus Management. Wie kann Krankheitsprävention in Unternehmen betrieben werden? Im Rahmen eines Projektes der Bertelsmann-Stiftung haben wir an der Universität Köln einen sektorenübergreifenden Präventionspfad für die koronaren Herzkrankheiten entwickelt, der Betriebsärzte und Hausärzte im Bemühen um die Senkung des Koronarrisikos eines Mitarbeiters verbindet. Ein Präventionspfad setzt die Etablierung einer funktionierenden betrieblichen Gesundheitsförderung voraus. Zusätzlich zu dieser betrieblichen Gesundheitsförderung kommt bei den Präventionspfaden ein krankheitsspezifisches Präventionsmodul hinzu. Dieses Modul sieht vor, dass der Betriebsarzt Check-ups in Bezug auf das Koronarrisiko bei den Beschäftigten routinemäßig durchführt (z.B. mit dem „arriba"-Check). Als Ergebnis dieses Check-ups gibt es drei Kategorien: „no risk", „medium risk" und „high risk". Im Falle des „no risk" wird der Betriebsarzt nichts unternehmen. Bei „no risk"-Personen reicht die allgemeine Gesundheitsförderung im Betrieb, um das Erkrankungsrisiko gering zu halten. Bei Personen, die ein mittleres Risiko aufweisen, wird der Betriebsarzt – falls der Patient einwilligt – auch den Allgemeinarzt konsultieren. Beide Ärzte werden sich im Idealfall darauf einigen, dass der Betroffene spezifische präventive Maßnahmen, die im Betrieb oder bei den Krankenkassen angeboten werden, nutzen sollte. Handelt es sich hingegen um einen Hochrisikopatienten, wird die Beratung mit dem Hausarzt – im Rahmen des Präventionspfades – zu einer Notwendigkeit. Dies wird jedoch nur dann angestrebt werden können, wenn der Patient dazu die Einwilligung gibt. Danach erfolgt eine Behandlung nach den aktuellen Leitlinien durch den Haus- oder Facharzt. Diese spezifischen Maßnahmen werden flankiert durch krankheitsbezogene Präventionsmaßnahmen des Betriebes. Dies sind in der Regel auch jene Maßnahmen, die den Personen mit mittlerem Koronarrisiko zur Verfügung stehen.

d) Evidenzbasierung

In der Medizin hat das Prinzip der Evidenzbasierung längst seinen Siegeszug angetreten. Die Grundidee der evidenzbasierten Medizin ist, dass nur solche medizinischen Maßnahmen (therapeutische und diagnostische) ergriffen werden sollten, die sich in empirischen Studien als überlegen herausgestellt haben. Dieser Nachweis der Überlegenheit wird in der Regel über randomisierte, kontrollierte Studien (randomized controlled trials; RCTs) erbracht. In diesen Studien werden die Untersuchungseinheiten (z.B. Patienten) einer Experimentalgruppe (Verumgruppe) und einer Kontrollgruppe zugewiesen, und zwar nach dem Zufallsprinzip. Dann erfolgt eine Erhebung der Variablen, die man durch die Intervention verändern will (z.B. Höhe des systolischen Blutdrucks), in der Experimental- und in der Kontrollgruppe, und zwar vor und nach der Intervention. Durch die Zufallszuordnung (Randomisierung) der untersuchten Einheiten (Menschen oder Organisationen) werden sämtliche Störfaktoren, die das Ergebnis verfälschen können, zwischen der Experimental- und der Kontrollgruppe gleich verteilt, so dass sie nicht mehr als erklärende Faktoren in Frage kommen. Wir benötigen im Rahmen einer effizienteren Gesundheitsförderung in den Betrieben mehr als bisher evidenzbasierte Gesundheitsförderung. Dies bedeutet wiederum, dass mehr Gesundheitsförderungsmaßnahmen mittels RCTs getestet werden sollten. Sind genügend Belege für eine bestimmte Gesundheitsförderungsmaßnahme vorhanden, kann sie mit aller gebotenen Vorsicht auf andere Betriebe übertragen werden. Bei der Übertragung auf andere Unternehmen müssen zwei Faktoren beachtet werden, die den Prozess erschweren: 1. kulturelle Unterschiede und 2. betriebliche Unterschiede. Es kann sein, dass eine Gesundheitsförderungsmaßnahme, die in den USA wirksam ist, aus kulturellen Gründen nicht in Deutschland wirkt. Neben diesem kulturellen Unterschied gibt es auch betriebsspezifische Unterschiede. Es kann der Fall sein, dass eine Gesundheitsförderungsmaßnahme in einem Betrieb wirksam ist, aber in einem anderen nicht. In diesem Fall muss die evidenzbasierte Gesundheitsförderungsmaßnahme an die betrieblichen Verhältnisse angepasst werden. Dabei sollte natürlich der Kern der Maßnahme möglichst nicht angetastet werden.

e) Lernorientierung

Effizientes und schlankes Gesundheitsmanagement ist ohne die Etablierung von Rückmeldungsschleifen im Sinne eines lernenden Systems nicht denkbar. Daher muss das betriebliche Gesundheitsmanagement als lernendes System konzipiert werden. Nach dem Input-Output-Modell des Versorgungssystems muss zum Output des Systems noch das Outcome hinzugefügt werden. Mit Hilfe der Outcome-Indikatoren wird die Sinnfrage gestellt. Die Output-Frage klärt die Frage, ob das Gesundheitsmanagement-System leistungsfähig ist und imstande ist, konkrete Dienstleistungen in einer guten Qualität und zu angemessenen Kosten zu erbringen. Mit der Outcome-Frage hingegen wird die Frage gestellt, ob dieser Output Sinn macht und die gewünschten Effekte (z.B. bessere Gesundheit, höhere Lebensqualität) erzielt werden. Sowohl die Output-Indikatoren als auch die Outcome-Indikatoren müssen Bestandteil eines Gesundheitsmanagement-Systems sein.

3. Wie gewinne ich Kennzahlen?

Um Indikatoren für ein schlankes Gesundheitsmanagement gewinnen zu können, sind zwei Schritte notwendig: 1. Schritt: Festlegung der Ziele; 2. Schritt: Suche nach Kennzahlen zur Messung der Zielerreichung.

1. Schritt: Festlegung der Ziele
Schlankes Gesundheitsmanagement im Betrieb ist strategie- und zielorientiert. Gesundheitsförderungsaktivitäten, die nicht zur Erreichung von Zielen dienen, werden vermieden. Auf diese Weise wird das Gesundheitsmanagement auf das Notwendige reduziert und verschlankt.
Zunächst sind die Ziele des Gesundheitsmanagements aus der Unternehmensstrategie abzuleiten. Es sind zwei Möglichkeiten gegeben: Entweder die Gesundheitsziele werden Bestandteil des Unternehmensziels und damit ein Wert an sich, oder man sieht die Erreichung der Gesundheitsziele als Mittel zur Erreichung des Unternehmensziels an. Im ersten Fall ist der Gesundheitsmanager bei der Festlegung der Unternehmensstrategie und der Unternehmenszielsetzung mit beteiligt. Im zweiten Fall versucht er durch Techniken wie die Balanced Scorecard oder durch die Ishikawa-Technik der Geschäftsführung darzulegen, wie wichtig es für den Unternehmenserfolg ist, gesunde Mitarbeiter zu haben (Kaplan & Norton, 1997). Werden die Unternehmensziele entsprechend heruntergebrochen, so gelangt man zu operationalisierbaren Zielen.

2. Schritt: Kennzahlen festlegen
Bei der Messung der Zielerreichung ist zu berücksichtigen, dass wir es in der Regel mit Ziel-Mittel-Hierarchien zu tun haben. Dies bedeutet, dass das Oberziel (z.B. Gesundheit) durch ein Mittel (z.B. unterstützender Führungsstil) erreicht werden kann. Dass dieses Mittel vorhanden sein soll, stellt dann wiederum ein Ziel dar, in diesem Fall ein Unterziel (Ziel 2. Ordnung). Diese Unterziele können wiederum über bestimmte andere Mittel (Mittel 2. Ordnung) erreicht werden. Dies ist z.B. der Fall, wenn über Führungskräfteseminare (Mittel 2. Ordnung) das Ziel 2. Ordnung, der unterstützende Führungsstil, verbessert werden soll. Dieser wiederum soll zu einer besseren Gesundheit führen.
Beispielsweise kann es ein Oberziel sein, Gewinn zu erzielen. Dafür werden gesunde Mitarbeiter benötigt. Die Gesundheit der Mitarbeiter – wie z.B. geringes Herzinfarkt-Risiko – ist in diesem Fall Mittel zum Zweck. Sie wird dadurch ein Ziel 2. Ordnung, welches wiederum durch bestimmte Mittel erreicht werden kann. Diese Mittel sind nach dem derzeitigen Stand der Forschung z.B. Verhältnisprävention (z.B. Reduktion der Gratifikationskrise) und Verhaltensprävention (z.B. Raucherentwöhnungsprogramm). Ihre Durchführung wäre ein Ziel 3. Ordnung. Bei der Suche nach Indikatoren für diese Ziele kommt es darauf an, für jedes Ziel, gleich welcher Ordnung, einen Indikator zu finden, der anzeigt, inwieweit dieses Ziel erreicht wurde.
Da es viele potentielle Kennzahlen im betrieblichen Gesundheitsmanagement gibt, ist es nötig, diese systematisch zu ordnen. Ein erstes wichtiges Ordnungsprinzip ist die Unter-

scheidung zwischen Zielgrößen und Stellgrößen. Zielgrößen sind meist Zustände, die man nicht direkt erzwingen kann, wie z.B. Gesundheit oder Motivation. Man kann lediglich die Wahrscheinlichkeit erhöhen, dass sie erreicht werden. Stellgrößen sind dagegen Zustände, die direkt verändert werden können und die tatsächlich oder vermeintlich Auswirkungen auf die ausgewählten Zielgrößen haben. Man kann zweitens befragungsbasierte von sekundärdatenbasierten Kennzahlen unterscheiden. Grundlage der befragungsbasierten Kennzahlen sind Fragebogen oder Interviews. Sekundärdatenbasierte Kennzahlen werden hingegen mit primär anderer Zielsetzung erhoben, z.B. Kennzahlen zur Messung der betriebswirtschaftlichen Performance. Drittens kann man objektive von subjektiven Indikatoren unterscheiden. Objektive Indikatoren sind z.B. biomedizinische Indikatoren (z.B. Blutdruck). Subjektive Indikatoren sind z.B. Angaben in Fragebögen zum persönlichen Gesundheitszustand. Eine weitere wichtige Unterscheidung ist die zwischen Zustandskennzahlen und Zusammenhangskennzahlen. Die erste Gruppe von Kennzahlen beschreibt Zustände (z.B. depressiver Zustand) und ihr jeweils gegebenes Ausmaß. Die zweite Gruppe von Kennzahlen beschreibt Zusammenhänge zwischen zwei oder mehr Zuständen (z.B. Zusammenhang zwischen Arbeitsbelastung und Depression).
Es steht eine Reihe von Kennzahlen-Werkzeugkästen zur Verfügung. Diese erlauben es, pro Variable des Zielmittelhierarchiebaums einen Indikator auszuwählen, wie z.B. SALSA (Rimann & Udris, 1997) und MIKE (Pfaff et al., 2004). Bei guten Kennzahlensystemen ist gewährleistet, dass die ausgewählte Kennzahl eine hohe Reliabilität und Validität besitzt.

4. Zustandskennzahlen: Das Kennzahlen-Basis-Set des Netzwerks „Unternehmen für Gesundheit" als Beispiel

Das Netzwerk „Unternehmen für Gesundheit", das vom BKK Bundesverband koordiniert wird, hat sich im Jahr 2007 zusammengefunden, um sich auf ein Basis-Set an befragungsbezogenen Kennzahlen zu einigen. Dieses Basis-Set soll – so das Ziel – auf lange Sicht in den Mitarbeiterbefragungen der eigenen Unternehmen und auch anderer Unternehmen routinemäßig eingesetzt werden. Hauptzweck des Basis-Sets ist es, Vergleiche und Standortbestimmungen zwischen den Unternehmen des Netzwerks selbst und zwischen diesen und anderen Unternehmen zu ermöglichen. Die gemeinsamen Kennzahlen sollten zudem Grundlage für einen gemeinsamen Lernprozess bilden und ein lernorientiertes Benchmarking möglich machen.

Das angestrebte Kennzahlen-Basis-Set musste zwei Anforderungen erfüllen:
1) Erfassen zentraler Dimensionen des betrieblichen Gesundheitsmanagements und 2) minimaler Umfang hinsichtlich der Anzahl der Items (Grenze: 15 Items).
Im ersten Schritt ging es darum, im Rahmen eines strukturierten Prozesses (Delphi-Prozess) die Dimensionen festzulegen, die es mit dem Basis-Set zu erfassen gilt. Zunächst einigte man sich aufgrund des Kriteriums der Obergrenze des Umfangs darauf, keine Stell-

größen zu erfassen, sondern sich auf die Zielgrößen des betrieblichen Gesundheitsmanagements zu konzentrieren. Man einigte sich dann weiter darauf, fünf Dimensionen von Zielgrößen in den Blick zu nehmen: Leistungsfähigkeit, Leistungsbereitschaft, allgemeiner Gesundheitszustand, körperliche Beschwerden und Arbeitsbefinden.
Zu jeder dieser drei Zieldimensionen wurden aus der Literatur und aus den Mitarbeiterbefragungen der Mitglieder des Netzwerks Kennzahlen gesammelt und hinsichtlich ihrer Vor- und Nachteile gegenübergestellt. Auf der Grundlage einer Synopse der vorhandenen Kennzahlen wurden im Rahmen eines systematischen Gruppenprozesses konkrete Kennzahlen ausgewählt.
Man entschied sich dafür, die Leistungsfähigkeit mit einzelnen Fragen der Kurzform des Work-Ability-Index zu erfassen (Hasselhorn & Freude, 2007; Ilmarinen, 1999). Wichtig war den Unternehmen, mit dieser Kennzahl auch den Zukunftsaspekt der Arbeitsfähigkeit zu erfassen (Item 2 in Tab. 1). Zudem sollte der Aspekt des Präsentismus mit erfasst werden.
Da es zur Erfassung der Leistungsbereitschaft kein geeignetes Kurzinstrument gibt, wurde im Rahmen des Arbeitskreises ein neues Item entwickelt. Dabei lehnte man sich an das Frageformat der Gesundheitszustandsfrage des COPSOQ-Fragebogens an (vgl. Tab. 1: Item 3).
Der allgemeine Gesundheitszustand kann aus Sicht des Netzwerks idealerweise mit demjenigen COPSOQ-Item erfasst werden, das direkt nach dem aktuellen Gesundheitszustand fragt (Nübling et al., 2005). Bei dieser Frage wird der momentane Gesundheitszustand auf einer Skala von 0-10 von dem Mitarbeiter selbst eingeschätzt (vgl. Item 4 in Tab. 1).
Man einigte sich zudem darauf, die körperlichen Beschwerden mit dem MIKE-Beschwerden-Index (Kurzform) zu erfassen (Pfaff et al., 2004). Dieser enthält die fünf Fragen, die im Mike-Beschwerden-Fragebogen (Pfaff et al., 2004) die höchsten Faktorladungen aufwiesen (vgl. Tab. 1: Items 5-9).
Bei dem Basis-Set sollte auch die positive Dimension der Gesundheit, das Wohlbefinden, erfasst werden. Auf Wunsch der Netzwerkmitglieder sollte nicht das Wohlbefinden allgemein, sondern das Wohlbefinden bei der Arbeit im Zentrum stehen. Zur Umsetzung dieser Idee wurde die Bradburn-Skala zur Erfassung des positiven Affekts (4 Items) als Grundlage genommen (Pfaff et al., 2004). Jedes Item in dieser Skala wurde so umformuliert, dass sich das Befinden immer spezifisch auf die Arbeit und die Arbeitswelt bezog und nicht das Familienleben mit einschloss. Die neue Skala wurde aufgrund dieser Schwerpunktsetzung nicht Wohlbefinden, sondern „Arbeitsbefinden" genannt (vgl. Tab. 1: Items 10-13). Insgesamt umfasst das Basis-Set der befragungsbasierten Kennzahlen des Netzwerks „Unternehmen für Gesundheit" damit 13 Items (vgl. Tab. 1)

Tab. 1: Das Basis-Kennzahlen-Set des Netzwerks „Unternehmen für Gesundheit"

Item 1	**Geschätzte Beeinträchtigung der Arbeitsleistung durch Krankheiten: Behindert Sie derzeit eine Erkrankung oder Verletzung bei der Arbeit? Falls nötig, kreuzen Sie bitte mehr als eine Antwortmöglichkeit an.**	
	Keine Beeinträchtigung/ich habe keine Erkrankung.	☐
	Ich kann meine Arbeit ausführen, habe aber Beschwerden.	☐
	Ich bin manchmal gezwungen, langsamer zu arbeiten oder meine Arbeitsmethoden zu ändern.	☐
	Ich bin oft gezwungen, langsamer zu arbeiten oder meine Arbeitsmethoden zu ändern.	☐
	Wegen meiner Krankheit bin ich nur in der Lage, Teilzeitarbeit zu verrichten.	☐
	Meiner Meinung nach bin ich völlig arbeitsunfähig.	☐
Item 2	**Einschätzung der eigenen Arbeitsfähigkeit in zwei Jahren: Glauben Sie, dass Sie, ausgehend von Ihrem jetzigen Gesundheitszustand, Ihre derzeitige Arbeit auch in den nächsten zwei Jahren ausüben können?**	
	Unwahrscheinlich	☐
	nicht sicher	☐
	ziemlich sicher	☐

Item 3	**Wenn Sie den besten denkbaren Motivationszustand bezüglich der Arbeit mit 10 Punkten bewerten und den schlechtesten denkbaren mit 0 Punkten: Wie viele Punkte vergeben Sie dann für Ihren derzeitigen Motivationszustand? Bitte kreuzen Sie die entsprechende Zahl an.**									
0	1	2	3	4	5	6	7	8	9	10
☐	☐	☐	☐	☐	☐	☐	☐	☐	☐	☐

Item 4	**Wenn Sie den besten denkbaren Gesundheitszustand mit 10 Punkten bewerten und den schlechtesten denkbaren mit 0 Punkten: Wie viele Punkte vergeben Sie dann für Ihren derzeitigen Gesundheitszustand? Bitte kreuzen Sie die entsprechende Zahl an.**									
0	1	2	3	4	5	6	7	8	9	10
☐	☐	☐	☐	☐	☐	☐	☐	☐	☐	☐

Items 5-9	**Körperliche Beschwerden** *Beziehen Sie Ihre Angaben auf die letzten 12 Monate!*	fast täglich	etwa 3x die Woche	etwa 2x im Monat	etwa 2x im Jahr	praktisch nie
	Wie oft reagiert Ihr Magen empfindlich (Durchfall, Verdauungsbeschwerden,...)?	☐	☐	☐	☐	☐
	Wie oft haben Sie Rückenschmerzen?	☐	☐	☐	☐	☐
	Wie oft haben Sie Konzentrationsstörungen?	☐	☐	☐	☐	☐
	Wie oft haben Sie Schlafstörungen (beim Ein- oder Durchschlafen)?	☐	☐	☐	☐	☐
	Wie oft fühlen Sie sich den ganzen Tag müde und zerschlagen?	☐	☐	☐	☐	☐

Items 10-13	**Wie war Ihre Stimmung in den letzten Wochen, wie häufig traf folgendes auf Sie zu?**	Sehr häufig	Häufig	Weniger häufig	So gut wie nie
	Habe mich gefreut, weil mir bei der Arbeit etwas ganz besonders gut gelungen ist.	☐	☐	☐	☐
	Hatte das Gefühl, dass mir bei der Arbeit alles gelingt.	☐	☐	☐	☐
	Habe mich gefreut, weil meine Arbeitsleistung anerkannt wurde.	☐	☐	☐	☐
	Fühlte mich bei der Arbeit richtig wohl und voller Lebensfreude.	☐	☐	☐	☐

Quellen der Items: Item 1-2 (Hasselhorn & Freude, 2007; Ilmarinen, 1999); Item 3 (Eigenentwicklung); Item 4 (Nübling et al., 2005); Items 5-13 (Pfaff et al., 2004); Items 10-13: Eigenentwicklung auf der Basis von Bradburn

5. Zusammenhangskennzahlen

Eine zentrale Unterscheidung bei Kennzahlen ist die zwischen Zustandskennzahlen und Zusammenhangskennzahlen. Die bisher beschriebenen Kennzahlen sind Indikatoren für wichtige Zustände wie z.B. Gesundheitszustand, Belastungszustand und Ressourcenzustand. Zustandskennzahlen sind Kennzahlen, die Informationen über das Ausmaß bestimmter Zustände geben. Da es viele Zustände gibt, gibt es auch viele potenzielle Zustandskennzahlen.
Zusammenhangskennzahlen sind dagegen Kennzahlen, die eine Information darüber geben, wie stark der statistische Zusammenhang zwischen zwei Zuständen ist. Interessiert uns zum Beispiel der Zusammenhang zwischen Arbeitsbelastung (Zustand A) und Gesundheitszustand (Zustand B), dann wollen wir wissen, ob dieser Zusammenhang überhaupt gegeben ist und, wenn ja, ob er stark oder schwach ist. Diese Informationen liefern Zusammenhangskennzahlen. Bei den Zusammenhangskennzahlen gibt es für Zustandskennzahlen, die kontinuierlich sind und bei denen die Abstände zwischen den Ausprägungen (z.B. Wert 2 und Wert 3) immer gleich sind, zwei zentrale Kennzahlen: der Korrelationskoeffizient (Pearson-Produktmoment-Korrelationskoeffizient) und das Bestimmtheitsmaß (R-Quadrat).

a) Korrelationskoeffizient und Bestimmtheitsmaß

Der Korrelationskoeffizient ist eine Kennzahl zur Erfassung des statistischen Zusammenhangs von zwei kontinuierlichen Variablen. Der Pearson-Korrelationskoeffizient ist ein Maß für den Grad des linearen Zusammenhangs zwischen zwei Größen, die mindestens intervallskaliert sind. Der Pearson-Korrelationskoeffizient kann Werte zwischen –1 und +1 annehmen. Ist ein linearer Zusammenhang zwischen den betrachteten Merkmalen gegeben, weist der Koeffizient entweder den Wert „+ 1“ (nicht inverser Zusammenhang) oder den Wert „– 1“ (inverser Zusammenhang) auf. Beide Merkmale hängen nicht linear voneinander ab, wenn der Korrelationskoeffizient den Wert 0 annimmt (Benninghaus, 2007). Dies bedeutet jedoch nicht unbedingt, dass kein Zusammenhang gegeben ist. Es könnte auch ein nicht-linearer Zusammenhang gegeben sein. Ein solcher wird von dem Korrelationskoeffizient nicht erfasst. Hat man ordinal skalierte Variablen als Grundlage für die Zusammenhangsanalyse kann z.B. der Spearman-Korrelationskoeffizient verwendet werden (Benninghaus, 2007).
Das Bestimmtheitsmaß (R-Quadrat) ist ein statistisches Maß für den erklärten Anteil der Variabilität einer abhängigen Variablen Y durch ein statistisches Modell, das eine oder mehrere unabhängige Variablen enthalten kann. Das Bestimmtheitsmaß R-Quadrat drückt den Prozentanteil der Variation der abhängigen Variable aus, der durch die untersuchten unabhängigen Variablen erklärt wird. Das Bestimmtheitsmaß kann zwischen 0 und 1 liegen. Ein Varianzanteil von 0 bedeutet, dass 0% der beobachtbaren Unterschiede durch die unabhängigen Variablen erklärt wird. In diesem Fall ist kein linearer Zusam-

menhang gegeben. Ein Bestimmtheitsmaß von 1 bedeutet hingegen, dass 100% der Variabilität der abhängigen Variable durch die untersuchten unabhängigen Variablen erklärt wird. In diesem Fall ist ein perfekter linearer Zusammenhang gegeben und damit vollständige Determination (Benninghaus, 2007).

b) Beispiel:

Eine Grundhypothese des betrieblichen Gesundheitsmanagements ist, dass sich betriebliches Gesundheitsmanagement nicht nur positiv auf die Gesundheit der Mitarbeiter auswirkt, sondern auch positiv auf die Performance des Unternehmens. Insbesondere das Konzept der Balanced Scorecard geht von kausalen Zusammenhängen zwischen der Investition in Mitarbeiter und organisationaler Performance aus. Es muss das Ziel einer evidenzbasierten Gesundheitsförderung sein, solche Hypothesen über mögliche kausale Zusammenhänge einem empirischen Test zu unterziehen. Einen ersten Schritt in diese Richtung haben wir in der Kölner Versicherungs- und Bankenstudie (Pfaff et al., 2008; Köhler et al., 2009) gemacht.
In dieser Studie wurde der Frage nachgegangen, ob es einen Zusammenhang zwischen der systematischen Etablierung eines betrieblichen Gesundheitsmanagements (gemessen mittels BGM-Index) und der Krankensstandsentwicklung gibt. Der BGM-Index bezieht sich auf das Management der Gesundheitsförderung und ist ein Summenscore aus den Antworten zu über 20 Fragen, die sich darauf beziehen, ob die betriebliche Gesundheitsförderung in die Unternehmenspolitik integriert ist, ob sie planvoll und zielgerichtet durchgeführt wird, inwieweit sie von einem Arbeitskreis unterstützt wird und ob die Gesundheitsförderungsmaßnahmen evaluiert werden. Die Krankenstandsentwicklung wurde ebenso wie die Fluktuationsentwicklung mittels einer Trendfrage erfasst. Sie lautete: Wie hat sich der Krankenstand in Ihrem Unternehmen in den letzten drei Jahren entwickelt? Die Antwortkategorien waren: (a) zugenommen, (b) weder zugenommen noch abgenommen, (c) abgenommen. Bei der Fluktuationsentwicklung lautete die Frage: Wie hat sich die Fluktuation in Ihrem Unternehmen in den letzten drei Jahren entwickelt?
Eine zweite Untersuchungsfrage war, ob Ausmaß, Dauer und Umsetzungsbreite der Gesundheitsförderung (gemessen mittels des BGF-Nachhaltigkeits-Index) eine besondere Wirkung auf Fehlzeitenentwicklung und Fluktuation haben. Im BGF-Nachhaltigkeits-Index (BGFN-Index) wurden der Grad der Flächendeckung und die relative Anzahl der Jahre der Durchführung einer Maßnahme multiplikativ miteinander verknüpft. Anschließend wurde über die multiplikativen Verknüpfungen ein Summenscore gebildet.
In Tab. 2 sind die Ergebnisse der Zusammenhangsanalyse abgebildet. Sie zeigt, dass die Variable BGM-Index bei Banken signifikant mit der Krankenstandsentwicklung korreliert, aber nicht mit der Fluktuationsentwicklung. Die Nachhaltigkeit der betrieblichen Gesundheitsförderung (BGFN) hängt mit der Krankenstandsentwicklung und der Fluktuationsentwicklung schwach, aber signifikant zusammen.

Tab. 2: Rangkorrelation nach Spearman zwischen BGFN-Index, BGM-Index und der Krankenstands- bzw. Fluktuationsentwicklung in den letzten drei Jahren (N=198, 2006) (Pfaff et al., 2008)*

	Einzelitem			
	Krankenstandsentwicklung		Fluktuationsentwicklung	
	r	p	R	p
BGFN-Index	–,15	(p<0,05)	–,17	(p<0,05)
BGM-Index	–,17	(p<0,05)	–,05	,48

*Die Berechnungen beziehen sich auf den Anteil der Banken, welche in die Befragung einbezogen wurde. Dieser liegt, bezogen auf die Nettostichprobe, bei 30,6%.

In einem weiteren Schritt wollten wir wissen, ob die Innovationskraft der Banken durch betriebliche Gesundheitsförderung gesteigert werden kann. Wir erhoben die Innovationskraft einer Bank mittels des Innovationsindex. Der Innovationsindex beinhaltet die Einschätzung der Unternehmensvertreter, in welchem Ausmaß ihr Unternehmen neue Produkte und Dienstleistungen auf dem Markt anbietet. Als unabhängige Variable nutzten wir den BGFN-Index und den BGM-Index. Weitere mögliche Einflussgrößen wie die Betriebsgröße der Bank (Mitarbeiteranzahl) und die Anzahl der Standorte wurden in die Regressionsgleichung aufgenommen. Man sieht in Tabelle 3, dass beide BGFN-Indikatoren signifikant mit der Innovationskraft zusammenhängen: je nachhaltiger die betriebliche Gesundheitsförderung praktiziert wird und je umfassender das Gesundheitsmanagement ausgestaltet war, desto mehr Innovationskraft gaben die befragten Unternehmensvertreter an. Das Bestimmtheitsmaß zeigt an, dass man mit den beiden Gesundheitsförderungsvariablen und den beiden Betriebsgrößenvariablen zusammen 18% der Varianz der Innovationskraft der Banken erklären kann.

Da diese Studie eine Querschnittstudie darstellt, kann mit ihr nicht das „Henne-Ei-Problem" geklärt werden: Führt Gesundheitsförderung zu mehr Innovation oder ist es umgekehrt: führt Innovation zu mehr Gesundheitsförderung bzw. machen innovative Betriebe auch eher Gesundheitsförderung. Diese Frage kann die Kennzahl „Korrelationskoeffizient" ebenso wenig klären helfen wie die Kennzahl „Bestimmtheitsmaß".

Tab. 3: Der Zusammenhang zwischen BGFN-Index und BGM-Index einerseits und Innovationskraft andererseits (listenweiser Fallausschluss) (N=198) (Pfaff et al. 2008)*

	Abhängige Variable	
	Innovationsindex	
Unabhängige Variablen	**Beta**	**P**
Anzahl der Standorte	,15	($p<0,05$)
Mitarbeiteranzahl	–,07	,36
BGFN-Index	,26	($p<0,01$)
BGM-Index	,18	($p<0,05$)
R	,43	
R^2 (p)	,18 ($p<0,01$)	

*Die Berechnungen beziehen sich auf den Anteil der Banken, welche in die Befragung einbezogen wurde. Dieser liegt, bezogen auf die Nettostichprobe, bei 30,6%.

6. Zusammenfassung

Das betriebliche Gesundheitsmanagement muss sich als Teil der Unternehmensstrategie begreifen und sich strategisch an den Unternehmenszielen ausrichten. Ergebnis einer solchen Ausrichtung ist die Etablierung eines schlanken betrieblichen Gesundheitsmanagements, das eine Verschwendung an Energie in Bezug auf Indikatorenmessung zu vermeiden sucht. Die Verschlankung der Messung wird dadurch erreicht, dass das Kennzahlensystem zielorientiert ausgerichtet wird. Die Unternehmensziele bilden die oberste Ebene der Zielhierarchie. Es ist Aufgabe des Gesundheitsmanagers zusammen mit den Linien-Managern, eine Ziel-Mittel-Hierarchie in Bezug auf die Erreichung dieser Oberziele zu entwickeln. Gelingt es, das Indikatorensystem zielbezogen aufzubauen, müssen die Indikatoren das Maß der Zielerreichung auf jeder Ebene der Ziel-Mittel-Hierarchie erfassen. Ist dies der Fall, dann können die einzelnen Ziel-Mittel-Hypothesen getestet werden.
Der Test von Ziel-Mittel-Hypothesen (z.B. Ziel: Innovation; Mittel: Gesundheitsförderung) sollte auf jeden Fall Bestandteil eines jeden schlanken betrieblichen Gesundheitsmanagements sein. Diese Tests sind notwendig, um herauszufinden, ob man bezüglich seiner Kausalhypothesen im Rahmen des betrieblichen Gesundheitsmanagements auf dem richtigen Weg ist. Werden Zusammenhangsanalysen durchgeführt, so stehen im Falle kontinuierlicher Variablen zwei Kennzahlen im Zentrum: der Korrelationskoeffizient und das Bestimmtheitsmaß. Die Anwendung dieser Zusammenhangskennzahlen stellt einen Beitrag zur evidenzbasierten betrieblichen Gesundheitsförderung dar. Sie kann helfen, betriebliches Gesundheitsmanagement zu verschlanken und effektiv aufzubauen.

Literatur

Benninghaus, H. (2007). Deskriptive Statistik. Eine Einführung für Sozialwissenschaftler. Wiesbaden: VS Verlag für Sozialwissenschaften.

Hasselhorn, H.-M. & Freude, G. (2007). Der Work Ability Index. Dortmund, Berlin, Dresden: Wirtschaftsverlag NW.

Ilmarinen, J. (1999). Ageing workers in the European Union – Status and promotion of work ability, employability and employment. Helsinki: Finnish Institute of Occupational Health, Ministry of Social Affairs and Health, Ministry of Labour.

Jung, J., Nitzsche, A. & Pfaff, H. (2009). Präventionsreife in der deutschen ITK-Branche. In K. Henning, I. Leisten & F. Hees (Hrsg.), Innovationsfähigkeit stärken – Wettbewerbsfähigkeit erhalten. Präventiver Arbeits- und Gesundheitsschutz als Treiber (S. 312-325). Tagungsband zur 2. Jahrestagung des BMBF-Förderschwerpunkts. Aachen: Wissenschaftsverlag Mainz.

Kaplan, R. S. & Norton, D. P. (1997). Balanced Scorecard. Strategien erfolgreich umsetzen. Stuttgart: Schäffer-Poeschel-Verlag.

Köhler, T., Janßen, C., Plath, C.-S., Steinhausen, S., Krause, H. & Pfaff, H. (2009). Determinanten der betrieblichen Gesundheitsförderung in der Versicherungsbranche. Ergebnisse einer Vollerhebung bei deutschen Versicherungen im Jahr 2006. Das Gesundheitswesen, 71, 722-731.

Nübling, M., Stößel, U., Hasselhorn, H.-M., Michaelis, M. & Hofmann, F. (2005). Methoden zur Erfassung psychischer Belastungen. Erprobung eines Messinstrumentes (COPSOQ). Dortmund, Berlin, Dresden: Wirtschaftsverlag NW.

Pfaff, H. (2004). Strategische Krankenhausführung mit Kennzahlen über Kunden und Mitarbeiter. Rahmenkonzepte, Instrumente und Verfahren. In H. Pfaff, J. Lütticke, B. Badura, C. Piekarski & P. Richter (Hrsg.), „Weiche" Kennzahlen für das strategische Krankenhausmanagement. Stakeholderinteressen zielgerichtet erkennen und beziehen (S. 11-27). Bern, Göttingen, Toronto, Seattle: Hans Huber.

Pfaff, H., Plath, C.-S., Köhler, T. & Krause, H. (2008). Gesundheitsförderung im Finanzdienstleistungssektor. Prävention und Gesundheitsmanagement bei Banken und Versicherungen. Berlin: edition sigma.

Pfaff, H. & Kuch, C. (2005). Präventionsreife, differentielle Prävention und externe Beratung. Kooperationsmodelle für Krankenhäuser. In Bundesanstalt für Arbeitsschutz und Arbeitsmedizin (BAuA) (Hrsg.), Qualität der Arbeit im Gesundheitssektor. Frühjahrstagung der Bundesanstalt für Arbeitsschutz und Arbeitsmedizin. 7. und 8. Juni 2004 (S. 119-127). Dortmund, Berlin, Dresden: Wirtschaftsverlag NW.

Pfaff, H., Pühlhofer, F., Brinkmann, A., Lütticke, J., Nitzsche, A., Steffen, P., Stoll, A. & Richter, P. (2004). Der Mitarbeiterkennzahlenbogen (MIKE). Kompendium valider Kennzahlen. Kennzahlenhandbuch. Köln: Veröffentlichungsreihe der Abteilung Medizinische Soziologie des Instituts für Arbeits- und Sozialmedizin der Universität zu Köln.

Prochaska, J. O. & DiClemente, C. C. (1992). Stages of Change in the Modification of Problem Behaviors; Progress in behavior modification, 28, 183-213.

Rimann, M. & Udris, I. (1997). Subjektive Arbeitsanalyse. Der Fragebogen SALSA. In O. Strohm & E. Ulrich (Hrsg.). Unternehmen arbeitspsychologisch bewerten. Ein Mehr-Ebenen-Ansatz unter besonderer Berücksichtigung von Mensch, Technik und Organisation (S. 281-298). Zürich: vdf, Hochschulverlag an der ETH.

Gesund pflegen unter Zeitnot und fehlender Anerkennung? Wertschätzungsaspekte des Gesundheitsmanagements in der Krankenpflege

Peter Kuhnert, Selda Akca, Michael Kastner

1. Ausgangslage – Hohe Arbeitsverdichtung und gesundheitliche Risiken in der Pflege

Die große gesellschaftliche und wirtschaftliche Bedeutsamkeit der Krankenpflege ist eine Herausforderung für das Gesundheitsmanagement (GM). Das Gesundheitswesen ist mit 4,4 Mio. = 11% aller Erwerbstätigen in mehr als 800 Gesundheitsberufen bereits heute der „Arbeitgeber Nr. 1" (Statistisches Bundesamt, 2009). Dennoch wurden im Zeitraum von 1991 bis 2007 43.000 Vollzeitstellen (13%) allein im stationären Pflegebereich gestrichen (ebd.) und auch die Anzahl der Krankenpflegerhelferinnen* reduzierte sich von 32.000 auf 18.000 (Isfort & Weidner, 2007, S. 12).
Obgleich noch umfassende Belege für einen Personalmangel auf nationaler Ebene fehlen, besteht dieser bereits in regionalen Kontexten (Simon, 2008, S. 10).
Diese Entwicklungen führen – auch aufgrund des demografischen Wandels – zu einer erheblichen Arbeitsverdichtung für die eingesetzten Pflegekräfte (Marrs, 2007; Isfort, 2007) sowie Beschäftigten in Krankenhäusern insgesamt (Müller, 2009). Die kritischen Arbeitsbedingungen im Krankenhaus beeinflussen nicht nur das Image des Berufes (Engelbrecht et al., i. d. B.), sondern gefährden auch die Versorgung der Patienten in den Krankenhäusern und Pflegeeinrichtungen (DBfK, 2008; Siegrist et al., 2009). Entsprechend wollen nur wenige Schüler einen Pflegeberuf ergreifen. (Mossig, 2010).
Die Personalsituation in vielen Einrichtungen wird schon seit einigen Jahren als „Druckkessel" (Isfort et al., 2004) beschrieben, u.a. auch, weil die Pflegebedürftigkeit zugenommen hat (Isfort & Weidner, 2007). Unter ökonomischem Druck haben sich in Krankenhäusern traditionelle Wertorientierungen, Entlohnung und arbeitsrechtlicher Status verschlechtert (Buch & Ruf, 2009; Iseringhausen, 2010).
Obwohl mit dem revidierten Krankenpflegegesetz gesundheitsorientierte Ziele der Patientenversorgung und der Gesundheitsarbeit selbst sichtbarer (auch im neuen Namen

* Da der Anteil von Frauen im Pflege- und Servicebereich von Krankenhäusern im Durchschnitt bei 75% und z.T. noch darüber liegt, wurde für diese Berufe die weibliche Sprachform gewählt

Gesundheitspflege) wurden, scheint die eigene Gesundheit der Pflegekräfte noch nicht den nötigen gesundheitsförderlichen Rahmen in den Pflegeeinrichtungen und Krankenhäusern einzunehmen. Angesichts des noch folgend spezifizierten aktuellen Belastungsprofils in der Pflege scheint sich eher die Paradoxie des von Adorno formulierten Satzes „Es gibt kein richtiges Leben im Falschen" pointiert „in einer kranken Umgebung gibt es keine Gesundheit" auszudrücken (Isfort, 2008b). Obgleich im Teilindex von *Gute Arbeit* des DGB neben „Informationsklarheit" und Weiterbildung auch die Wertschätzung höchste Priorität einnimmt (Fuchs, 2010), wirkt sich dies bisher kaum auf den Arbeits- und Gesundheitsschutz der Pflegekräfte aus. Im Gegenteil, das „System Krankenhaus krankt" und ist für seine Beschäftigten kein „Hort der Gesundheit" (Müller, 2009, S. 93f.). Eine aktuelle Untersuchung hebt zudem das Fehlen von Rückhalt und Wertschätzung im Umgang mit Pflegekräften hervor (von Buch & Ruf, 2009, S. 18).

Im Fehlzeitenreport (Badura et al., 2009, 2010) nehmen Gesundheitsberufe in den Krankheitslisten einen Spitzenplatz ein. Im DAK-Gesundheitsreport (2007) wird für Pflegeberufe nicht nur ein kaum zu verantwortendes Ausmaß von Muskel-Skelett-Erkrankungen, sondern auch von psychischen Störungen deutlich. So weisen z.B. weibliche Pflegekräfte im Krankenhausbereich höhere krankheitsbedingte Ausfallzeiten auf als Arbeitende in der Industrie (Stab & Hacker, 2007, S. 163). Helferinnen in der Krankenpflege hatten unter den Berufen des Gesundheits- und Sozialwesens hinter den Reinigungskräften und Hauswirtschaftsbetreuerinnen die meisten Krankheitstage (BKK Gesundheitsreport 2009, S. 80) und 47% hatten besonders kritische Arbeitsbedingungen (Fischer, 2006). Sie erhielten auch überdurchschnittlich hohe Psychopharmaka-Verordnungen und litten häufig unter psychischen Erkrankungen (BKK Gesundheitsreport, 2008, 2009), sowie Atemwegserkrankungen und bestimmten Infektionskrankheiten (Siegrist & Rödel, 2005). Manifeste Erkrankungen des Bewegungs- und Stützapparats durch Heben und Tragen in ergonomisch ungünstigen Positionen, ein hohes Risiko für Herz-Kreislauf-Erkrankungen bei langjähriger Schichtarbeit (Boggild & Jeppesen, 2001) sowie psychosoziale Belastungen treffen Pflegende überproportional (Schirmer, 2002). Dies zeigt sich auch in den von der TU Dortmund im Projekt ProWert[1] durchgeführten problemorientierten Interviews[2] (N = 52) mit Mitarbeitern und Führungskräften aus dem Pflegebereich.

Bedenklich ist, dass sich der auch im Pflegebereich ausbreitende Präsentismus (berufliche Tätigkeit trotz einer psychischen oder physischen Erkrankung), der in engem Zusammenhang mit Burn-out und emotionaler Erschöpfung steht, nur bei knapp 16% der befrag-

[1] Im Verbundprojekt ProWert werden sowohl Krankenhäuser (einschließlich psychiatrischer Kliniken) als auch Einrichtungen der ambulanten und stationären Altenhilfe untersucht (siehe auch Engelbrecht et al. i. d. B.). Eine Übersicht zum Forschungsdesign des Verbundes stellen Hinding & Spanowski vor (siehe i. d. B.). Im Fokus des Teilprojektes der TU Dortmund und dieses Aufsatzes liegt primär die Krankenpflege.

[2] Aufgrund des potentiellen Risikos der Reanonymisierung wurde folgend auf die Benennung von Orten, Kliniken und Stationen verzichtet.

ten Pflegekräfte in den vergangenen 12 Monaten nicht zeigte (Kesting, 2009). Je größer die Präsentismusneigung einer Person, desto größer deren physische und psychische Beschwerden und desto geringer die Positiv-Indikatoren der Gesundheit sowie die Produktivität (Emmermacher, 2009, S. 166). Für die Personalplanung von Klinikleitungen ist bedeutsam, dass Pflegekräfte mit hohen Burn-out-Werten ein 2,5-fach und solche mit hohen emotionalen Anforderungen ein 1,7-fach erhöhtes Risiko haben, zur Gruppe potenzieller Berufsaussteiger zu gehören (Simon, 2008, S. 52-58).
Als Ausgangsbasis für die Entwicklung des Gesundheitsmanagements in Krankenhäusern zeigt sich ein komplexes Belastungsprofil für Pflegekräfte, das arbeits- wie gesundheitsbezogene Verhaltens-, Beanspruchungs- und Risikomuster enthält. Entsprechend unterstreichen Einzelergebnisse aus Studien den hohen Anteil der von gesundheitlichen Einschränkungen und/oder beruflichen Krisen Betroffenen in der Kranken- und Gesundheitspflege u.a. durch:

- deutliche Burn-out-Symptome in Krankenhäusern bei einem Viertel der Pflegekräfte (Westermann-Binnewies, 2004),
- Reaktionen von Frustration und Aggression auf Pflegebedürftige bei 40% der ambulanten Pflegekräfte (Evers et al., 2002),
- Überlegungen zum Berufswechsel bei fast der Hälfte der befragten Pflegekräfte (Hasselhorn et al., 2005a),
- ein relativ gesundheitsschädliches persönliches Bewältigungsverhalten von 59% der Pflegekräfte im Krankenhaus (Metz, Neuhaus & Kunze, 2006),
- das Empfinden von geringer oder gar nicht vorhandener Mitsprache bei der Arbeitsgestaltung bei 67% der Pflegekräfte (Hasselhorn et al., 2005b),
- den fehlenden Glauben an Problemlösungen durch Verhältnisprävention bei knapp 60% der Pflegekräfte (von dem Knesebeck et al., 2009, S. 120),
- fortbestehende erhebliche Beschwerden in der Schichtarbeit, z.B. Schlafstörungen bei 35 bis 55% der Beschäftigten im Schichtdienst (Wilhelm, 2008; Beermann, 2010).

Besonders innerhalb der stationären Pflege werden eine zunehmende Intensität und steigende Anteile administrativer und anderer patientenferner Aufgaben festgestellt. Diese sind von geringen Entscheidungsmöglichkeiten, großer Komplexität und Vielfalt (v.a. in Verbindung mit Zeitdruck und hoher Verantwortung) sowie erhöhten Anforderungen an die Handlungszuverlässigkeit geprägt (ebd. S. 97). Eine Studie belegt zudem, dass durch eine geringe Entscheidungsfreiheit der Kortisol-Spiegel (Stresshormon) steigt und damit eine schlechtere Erholung an arbeitsfreien Tagen verbunden ist (Berset et al., 2009). Mehr als ein Viertel der Pflegekräfte räumen häufige oder regelmäßige Medikationsfehler ein, mehr als ein Drittel sagen, dass Patienten/innen allein oder unbemerkt versterben und letztlich 80% beklagen, nicht genügend Zeit für Gespräche mit Patienten/innen und ihren Angehörigen zu haben (Teusch & Schmitz, 2009). Immer mehr Patienten müssen mit weniger Personal versorgt werden, Zeitpuffer schwinden, die Beschleunigung von Arbeitsabläufen steigt.

Nach einer aktuellen Studie sind Krankenhausärzte gleichfalls extrem beansprucht mit einer durchschnittlichen wöchentlichen Arbeitzeit von 56,7 Stunden (Psychiater 49,1 und Chirurgen 61,6 Std.), einer Schlafdauer im Bereitschaftsdienst von im Mittel 3,6 Std., im Rufdienst 5,0 Std. und erhöhte Burn-out-Gefährdung bei 31,4% (Oberärzte 35,0%) (Wegner et al., 2009). Die meisten Ärzte scheinen dabei „kein Entkommen" aus den entgrenzten Arbeitszeiten zu sehen (Wagner-Fallasch, 2009). Nach einer Studie in 489 Krankenhäusern sind besonders chirurgisch tätige Krankenhausärzte von psychosozialen Belastungen stark betroffen, wobei Assistenzärzte gegenüber Chef- und Oberärzten ein höheres Risiko tragen (Siegrist et al., 2009). Eine internationale Forschungsübersicht sieht Ärzte generell als eine gesundheitlich hoch belastete Berufsgruppe (Knesebeck von dem et al., 2009, S. 24). Bereits 25,1% der Ärzte befinden sich in einer beruflichen Gratifikationskrise mit hohem Risiko für eine Herz-Kreislauf-Erkrankung (Knesebeck von dem et al., 2009, S. 47).
Viele Pflegekräfte und Ärzte reagieren auf den dauerhaften Zeitdruck mit zwei Handlungsmustern:

1. Abarbeiten von Tätigkeiten, Patienten werden „durchgeschleust" und das Kerngeschäft, die Zuwendung zum Patienten sowie seine Information, werden zum „zeitstehlenden Hindernis" (auch weil diese Aufgaben nicht refinanziert werden).
2. Beim Multitasking wechseln die Beschäftigten permanent zwischen verschiedenen Arbeitsschritten und Orten (Zwack & Schweitzer, 2009). Nach einer ethnografischen Studie haben viele Pflegekräfte in Krankenhäusern inzwischen Angst ihre „Arbeit nicht zu schaffen" und das Gehetztsein zeigt sich bis in die Körperhaltungen (Arnold, 2009, S. 28).

Hoffnung macht, dass einzelne Pflegekräfte sich dem Zeitdruck wie der historisch entstandenen Abwertung von Zuwendung gegenüber dem Patienten widersetzen und sich Zeitfenster und kleine Freiräume erkämpfen.

2. Gesundheitsförderliche Stationsorganisation im Gesundheitsmanagement

Eine gesundheitsförderliche Stationsorganisation besitzt nicht nur innerhalb der Organisationsstruktur eines Krankenhauses eine Schlüsselfunktion, sondern auch im Arbeitsschutz mit dem Ziel des Erhaltes von Gesundheit und Beschäftigungsfähigkeit des Stationspersonals. Ein aktueller Forschungsfokus der Bundesanstalt für Arbeitsschutz und Arbeitsmedizin (BAuA, 2009) richtet sich entsprechend auf die Entwicklung von Bewertungs- und Gestaltungsverfahren für die gesundheitsförderliche Stationsorganisation, die auch im Gesundheitsmanagement eine zentrale Schnittstellenfunktion besitzt.
Für eine gesundheitsförderliche Stationsorganisation ist es wichtig, dass berufliche Verausgabung und ein belastendes Sozialklima bei Pflegekräften hoch miteinander korrelieren (Wolf & Nebel, 2007, S. 157). Bedenklich ist dabei die im europäischen Vergleich bei

Pflegekräften festgestellte hohe übersteigerte Verausgabungsneigung (Knesebeck von dem et al., 2009, S. 21). Deutlich wird dies u.a. im hohen Krankenstand (s.o.), in chronischen Erschöpfungszuständen sowie vorzeitigem Aussteigen aus dem Krankenpflegeberuf (Klauber et al., 2005).
Oftmals mehr belastend als unterstützend werden vom Stationspersonal die vielfachen Umstrukturierungen auf der Klinik- wie Stationsebene empfunden. Viele Führungskräfte in Krankenhäusern stellen dabei oftmals betriebswirtschaftliche Stabilisierungsinteressen vor eine (wertschätzende) Mitarbeiterorientierung und gesundheitsförderliche Stationsorganisation (Schlechtriemen-Koß, 2009, und Kap. 4). Die mitarbeiterorientierte Stationsorganisation wird erst nach wirtschaftlicher Stabilisierung der Häuser als praktikabel angesehen (ebd.). Der Anteil von Stationsmitarbeitern mit kritischer Ausprägung im Bereich emotionaler Erschöpfung ist bei ungünstigen Arbeitsbedingungen (Tummers, Landeweerd & van Merode, 2002; Fischbeck & Laubach, 2005) und besonders im Bereich der Stationsorganisation deutlich höher (Stab & Hacker, 2007; Hacker, 2009, S. 242). Entsprechend ist der Krankenstand in Stationen mit hohem Belastungsprofil überdurchschnittlich hoch (BKK, 2008).
Obwohl die Arbeitsschutzregelungen in Deutschland sehr umfangreich und ausdifferenziert sind, scheinen sich die in Kap. 1 aufgezeigten hohen Belastungen „ungebremst" auf den Stationen entfalten zu können, was durch die permanente Konfrontation mit extremen Schicksalen und Situationen von Patienten im Stationsalltag noch verschärft wird. Besonders der durch Mittelkürzungen bedingte Personalabbau verstärkt insgesamt die Problematik auf den Stationen (Wolf, 2008). Bedeutsam ist auch, dass die im Arbeitsschutzgesetz geforderte Gefährdungsbeurteilung – sofern sie durchgeführt wird – bisher psychische Belastungen und Beanspruchungen nicht ausdrücklich einschließt (Hacker, 2009, S. 261). Gleichwohl ist bei einem Beschäftigten auf einer weniger gut gestalteten Station die kritische Ausprägung emotionaler Erschöpfung mehr als 3,6 mal höher als in einem gut gestalteten Pflegebereich (Stab, 2008, S. 106).
Bezogen auf die Integration der Stationen in das klinikinterne Gesundheitsmanagement muss das folgende Anforderungsprofil für Stationen beachtet werden (siehe Abb. 1).
Erschwerend für die Entwicklung gesundheitsförderlicher Stationen ist die in vielen Krankenhäusern deutlich spürbare Kostenintensivierung (Wenderlein, 2003) u.a. durch medizinisch-technische Entwicklungen (Statistisches Bundesamt, 2009). Patienten vergleichen zunehmend Krankenhäuser in ihren Leistungen und steigern ihre Behandlungsansprüche (Kirchner, 2002), was sich bis auf die Stationsebene auswirkt und von vielen Pflegekräften im Projekt ProWert hervorgehoben wird:

(...) die halt sagen, „ich bin privat, ich bezahl mehr und dafür will ich dann auch quasi bedient werden. Also das, was ich will, das will ich jetzt sofort, und nicht erst in 10 Minuten".

Eine Hürde für ein wertschätzendes Gesundheitsmanagement sind auch informelle Strukturen der Geheimniskrämerei und des Misstrauens (Lebrenz, 2007), die sich oftmals in nicht thematisierten erheblichen Kooperationsproblemen und Konflikten zwischen Ärz-

Situation auf Stationen im Krankenhaus
- Steigende Qualitätsanforderungen der Patienten
- Steigendes Patientenaufkommen
- Zunehmende Multimorbidität
- Hohe Personalkosten und begrenzte Budgets
- EuGH-Urteil bzgl. des Bereitschaftsdienstes

Situation des ärztlichen Personals und der Pflegekräfte"
- Lange Tages- und Wochenarbeitszeiten mit kurzen Ruhezeiten
- Hohe Arbeitsintensität der Bereitschaftsdienste
- Unzureichende Koordination zwischen ärztlichem und pflegerischem Personal

Vereinbarkeit von Familien- und Berufsleben und Erhalt von Sicherheit durch gute Stationsorganisation
- Beitrag zur Ablösung bzw. Umstellung des Bereitschaftsdienstes
- Beitrag zur verbesserten Anpassung des Personalbestandes an den Personalbedarf

Erhöhung der Behandlungs- und Betreuungsqualität durch gute Stationsorganisation
- Beitrag zur Verbesserung durch motivierte Mitarbeiter und effizienteren Personaleinsatz
- Beitrag zum Abbau von Leerzeiten und Redundanzen in Arbeitsabläufen

Erhöhung der Mitarbeitermotivation durch gute Stationsorganisation
- Beitrag zur Reduzierung von Belastungen
- Beitrag zur Entwicklung und Umsetzung neuer Arbeitszeitmodelle

Abb. 1: Ausgangssituation und Anforderungsprofil für gesundheitsförderliche Stationsorganisation (modifiziert nach Gamber & Börkircher, 2008, S. 232)

ten und Pflegepersonal äußern (Rausch, 2007). Kritisch zu betrachten ist auch die in deutschen Krankenhäusern bisher seltene Beteiligung von Mitarbeitervertretungen an Maßnahmen der betrieblichen Gesundheitsförderung (Siegrist et al., 2009).

Die Güte bzw. Qualität pflegerischer Leistungen wird zudem stark von der Interaktionsgüte der Beziehung zwischen Pflegekraft und dem Patienten bestimmt. Die Arbeit mit dem Patienten in Form einer Beziehungsgestaltung im Sinne von „partnership" oder „client-nurse-relationship" stellt somit weiterhin den Kern pflegerischer Arbeit dar (Bauer, 2004; Swanson, 1999; Watson, 2003; Stab, 2008, S. 9). Güntert (1997) hat den Zusammenhang zwischen verschiedenen Variablen hinsichtlich der Pflege in seinem Modell des Grundkreislaufes der Pflege dargestellt (vgl. Abb. 2, modifiziert nach Güntert, 1997, S. 39, in Stab, 2008, S. 10), das ergänzenswert erscheint.

Der Prozess der Gestaltung und Veränderung innerhalb des Gesundheitsmanagements muss auf zwei Ebenen erfolgen:

1. von oben (top down) i. S. der Zuweisung von Verantwortlichkeiten und entsprechenden Entscheidungs- und Handlungsbefugnissen als Basis des Veränderungsprozesses und
2. von unten (bottom up) i. S. der Verantwortungsübernahme und Veränderungsbereitschaft.

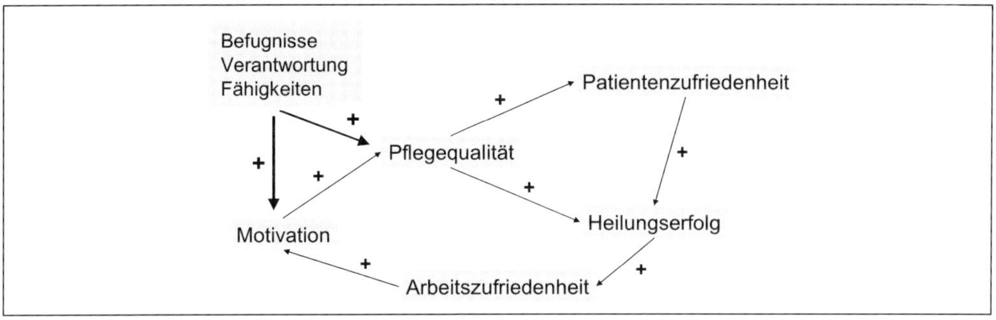

Abb. 2: (Grund-)Kreislauf Pflege, in Anlehnung an Güntert (1997)

Unabdingbar für jeden Prozess der Organisationsentwicklung in Richtung einer gesundheitsförderlichen Station ist es, alle Betroffenen mit ihren unterschiedlichen Professionen zu beteiligen, um Veränderungswiderständen gegen Neuorganisation von bzw. Defizitminimierung in Stationsprozessen vorzubeugen (siehe Kapitel 6).
Eine Informationskultur, die wichtige Entscheidungen (mit Konsequenzen für die Mitarbeiter) im Rahmen einer wertschätzenden Informationspolitik offen und rechtzeitig kommuniziert, kann hier gegensteuern (Projektgruppe PflegeWert, 2009). Hoffnung macht auch, dass in einer Interventionsstudie mit Ärzten durch beteiligungsorientierte Arbeitsgestaltung sich nicht nur die Arbeitssituation verbesserte, sondern auch psychische Belastungen reduziert wurden (Weigl et al., 2009). Ein partizipativer Ansatz innerhalb betrieblicher Gesundheitszirkel mit Altenpflegerinnen in Dänemark trug gleichfalls zur Lösung von Problemen (überwiegend psychosozialer Art) am Arbeitsplatz bei (Aust et al., 2009).
Eine Studie der BAuA von Blass (2008) in Pflegestationen macht deutlich, dass Ent- und Belastung der Mitarbeiter/innen durch zusätzliches Servicepersonal stark von individuellen fachlichen, sozialen und emotionalen Kompetenzen des Stationspersonals abhängig sind, die in Kapitel 7 thematisiert werden.
Damit gesundheitsförderliche Stationsorganisationsstrukturen auch klinikübergreifende Bedeutung haben, sollten auch Pflegeschülern/innen einbezogen werden. Dies könnte auch ein Anreiz für qualifizierte Bewerbungen in pflegerischen Berufen sein, die bereits seit einigen Jahren rückläufig sind (Lütteke, 2003; Isfort & Weidner, 2007). Unterstützt würden damit zudem Best-Practice-Modelle der Pflegeausbildung, die Durchlässigkeit in andere (Berufs-)Bildungsgänge des Gesundheitswesens wie z.B. die Gesundheitsberatung oder das Pflege-, Qualitäts- und Schnittstellenmanagement gewährleisten (Stöver et al., 2010, S. 45-47). Prävention und Gesundheitsförderung sind dabei nicht nur als Ausbildungsinhalt festzuschreiben, sondern müssen konsequent Schwerpunkte der Pflegeausbildung sein (ebd.).
Die Schnittstelle Stationsleitung/Pflegeschülerinnen ist eine von vielen Schnittstellen, die innerhalb des stationsbezogenen Gesundheitsmanagements optimiert werden können (siehe Abb. 3).

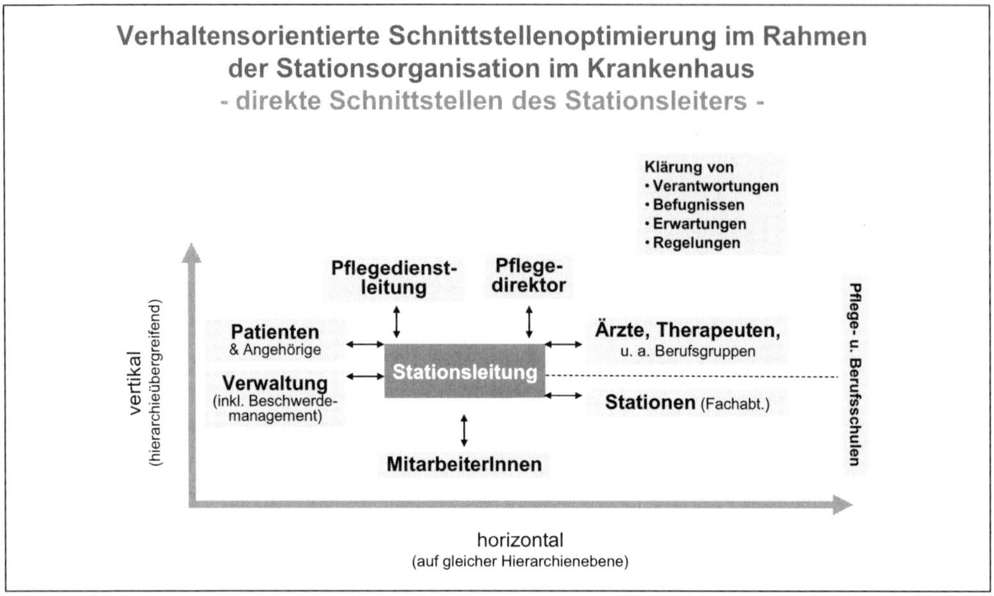

Abb. 3: Schnittstellen im Rahmen der gesundheitsförderlichen Stationsorganisation im Krankenhaus

In konkreten Interaktionen der Stationsarbeit und Stationsorganisation zeigen sich aktuell noch zahlreiche Defizite einer „wertschätzenden Arbeits- und Gesundheitskultur“ auf dem Weg zu einem auch für die Beschäftigten gesundheitsförderlichen Krankenhaus (siehe Hinding, Spanowski & Kastner u. Engelbrecht et al. i. d. B.). Da aber selbst innerhalb der Organisationsforschung der Einbezug der Berufsgruppe der Pflegenden nach wie vor erst am Anfang steht (Wilkesmann, 2009), sollten rasche Veränderungserwartungen eher vorsichtig formuliert werden. Hilfreich für eine gesundheitsförderliche Stationsorganisation sind auch die von der Projektgruppe PflegeWert (2009, S. 25) aufgelisteten Beispiele für Handlungsmöglichkeiten der Organisation (hier in der Altenpflege), die sie auf unterschiedlichen Wertschätzungsebenen – wie „Selbstbewertung“, „Rückmeldungen durch Team und Vorgesetzte“ und „Anerkennung und Wertschätzung durch die Organisation“ – konkretisieren.
Ein positiver Ansatzpunkt ist auch der in vielen Interviews von ProWert erkennbare starke Teamzusammenhalt (auch zwischen Ärzten und Pflegern), der auf die in psychiatrischen Stationen im Vergleich zu allgemeinen Krankenhäusern stärker ausgeprägte Teamorientierung zurückzuführen ist (Wilkesmann, 2009, S. 281).
Leistungsenergie und Wohlbefinden bleiben auch bei hohen Arbeitsanforderungen im Stationsalltag erhalten (Isfort, 2009), wenn entsprechend dem Salutogeneseprinzip folgender arbeitsplatzbezogener „Dreiklang“ beachtet wird und in die Organisationsstruktur und Inhalte des Gesundheitsmanagements implementiert wird:

1. durchschaubare stationäre Tätigkeit, möglichst ganzheitliche Arbeitssaufgaben,
2. eigene Entscheidungsspielräume (auch zeitlich), Feedback, soziale Unterstützung,
3. sinngebende Entwicklungsperspektiven, Lernmöglichkeiten, verschiedenartige Anforderungen.

3. „Erschöpft und burn-out-gefährdet" – Gesundheitsmanagement mit Risikogruppen

Ein wertschätzendes Gesundheitsmanagement muss innerhalb der vielfachen Umstrukturierungen der Klinik- wie Stationsebene (siehe Kapitel 2) besonders auf Risikogruppen achten und eine kontrastierende und korrigierende Position gegenüber organisationsbedingten wie individuellen Stressoren des Pflegepersonals einnehmen. Denn gerade die sehr engagierten Pflegekräfte, denen seitens des Führungspersonals oftmals eine Vorbildfunktion für Innovationsprozesse innerhalb der Krankenhausorganisation zugesprochen wird, haben ein erhöhtes Risiko für Fehlbeanspruchungen.
Entsprechend unterstreichen Studien, dass emotionale Erschöpfung insbesondere mit einer höheren Verausgabungsbereitschaft und Erholungsunfähigkeit in Verbindung steht (Siegrist, 1996) und insgesamt die angegebenen arbeitsbedingten Faktoren mehr Varianz aufweisen als personenbezogene (Scheuch & Seibt, 2007, S. 49 f.). In einer Untersuchung mit 204 Krankenschwestern wurde ein signifikanter Zusammenhang zwischen beruflichen Gratifikationskrisen sowie übersteigerter beruflicher Verausgabungsneigung und Burn-out festgestellt (Bakker, Killmer, Siegrist & Schaufeli, 2000).
In einer weiteren Studie mit Krankenpflegekräften fand sich nur bei 17% ein gesundheitsförderliches und ressourcengerechtes Arbeitsverhalten, 24% nahmen eine „leistungsgeminderte Schonhaltung" ein und mehr als die Hälfte zeigte deutliche Risikomuster. Knapp 33% davon zeigten bei bereits geschwächter Widerstandskraft eine überhöhte Verausgabung und Anstrengung ohne entsprechende Anerkennung und 26% befanden sich bereits in einem fortgeschrittenen Stadium eines Burn-out-Syndroms mit einem Bündel emotionaler Beeinträchtigungen wie Hoffnungslosigkeit, Niedergeschlagenheit und hoher Erschöpfung (Metz, Neuhaus & Kunze, 2006, S. 32). Eine Studie der TU Dresden, die mit 34 Stationen in fünf Krankenhäusern durchgeführt wurde, weist nach, dass eine ungünstig gestaltete Arbeitsorganisation das Burn-out-Risiko der Mitarbeiter erhöht (Stab, 2008). Die Dimension emotionaler Erschöpfung könnte zudem noch untererfasst sein, da sich hauptsächlich Pflegende aus weniger gut gestalteten Organisationen nicht an der Untersuchung beteiligten (ebd. S. 117). Durch die Berücksichtigung unterschiedlicher Beanspruchungsmuster bzw. Risikoprofile innerhalb eines wertschätzenden Gesundheitsmanagements kann u. E. auf der Mitarbeiterebene Über- wie Unterforderungssituationen gleichermaßen entgegengewirkt werden.
Da bisher effektive Maßnahmen der Prävention von Burn-out und Verlust von Leitungsfähigkeit sowohl allgemein als auch im pflegenden Dienstleistungsbereich als zentrales Element des Gesundheitsmanagements weitgehend fehlen (Scheuch & Seibt, 2007, S.

51), soll u.a. im BMBF-Projekt ProWert („Produzentenstolz durch Wertschätzung“) überprüft werden, inwieweit die Anerkennungs- und Wertschätzungsfaktoren hier wirksam werden können[3].

Die Bedeutung eines Wertschätzung und Produzentenstolz einschließenden Gesundheitsmanagements wird durch zahlreiche Studien gestützt, die zum einen die hohe Bedeutung von Wertschätzung und Anerkennung (u.a. durch lernhaltige Arbeitsaufgaben mit Tätigkeitsspielräumen) für die Personalentwicklung und Gesundheitsprävention hervorheben (Aries & Zuppiger Ritter, 1999), und zum anderen auf den damit einhergehenden Erhalt und die Entwicklung der Beschäftigungsfähigkeit verweisen (Bergmann, Pietrzyk & Richter, 2007, 207 f.). Die Wertschätzung durch Vorgesetzte und die Unternehmensleitung ist dabei offensichtlich europaweit der stärkste Motivationsmotor der Beschäftigten für ein leistungs- wie gesundheitsbezogenes Engagement (Sebald & Enking, 2006, S. 40 f.). So kann Produzentenstolz höhere leistungsbezogene Motivation, mehr Hilfsbereitschaft, Höflichkeit, Verbesserungs- und Ideenpotenzial sowie guten Service bewirken (Gouthier, 2006, S. 105 f.). Weiter ergeben sich positive Effekte auf Persönlichkeitsmerkmale wie Selbstachtung, Selbstbewusstsein und Selbstwirksamkeit (sicherer, kreativer, flexibler, stressresistenter) auf ein hohes *Commitment* und stärkeres Engagement sowie höhere Patientenzufriedenheitswerte (Robitaille & Whechel, 2005).

Die stärkere Implementierung von Wertschätzungsaspekten in das Gesundheitsmanagement und die betriebliche Gesundheitsförderung von Krankenhäusern im Projekt ProWert will dazu beitragen, dass sich:

- Pflegende stärker mit dem eigenen beruflichen Handeln unter Einschluss des eigenen Gesundheitsverhaltens identifizieren, dies möglichst schon zu Beginn der beruflichen Sozialisation (und vor dem Auftreten chronischer Erkrankungen),
- Pflegende des trotz besseren Wissens gelebten, stressbedingten, kritischen Gesundheitsverhaltens „selbstkritischer nähern“ (von Kardoff, 2008, S. 228),
- die Risiken für Burn-out und Gratifikationskrisen soweit verringern, dass positive Zielsetzungen wie Verbleibswunsch im Beruf, Identifikation mit dem Beruf, Fortbildungsbereitschaft etc. erleichtert werden,
- die Leitungskräfte stärker einen wertschätzenden Führungsstil pflegen und auf eine Kultur der gegenseitigen Wertschätzung im Team hinwirken,
- die einzelnen Mitarbeiter/innen eine hohe soziale, emotionale und kommunikative Kompetenz gewinnen, die Ressourcen schont, erhält und fördert sowie Risikomuster der Beanspruchung und Verausgabung reduziert,
- die bisher geringe Beteiligung von Pflegekräften an Angeboten der Gesundheitsförderung erhöht.

[3] Die Aktualität dieses Anliegens zeigt z.B. Kollik (2008), die für Burn-out und Stress „anerkannte Verfahren zur Selbstpflege in Gesundheitsfachberufen“ vorstellt.

Die Implementierung personeller wie organisatorischer Wertschätzungselemente in das Gesundheitsmanagement von Krankenhäusern sollte vorrangig in konkreten Arbeitsabläufen und aktuellen Problemlagen der Pflege erfolgen. Empirisch belegte „Andockpunkte“ sind dabei u.a. die zahlreichen Konfliktebenen wie mangelndes Zeitmanagement der Ärzte, stationsferne Ausbildungsorientierung, fehlende Einarbeitung in Leitungsfunktionen auf Seiten der Ärzte und deutliche Abgrenzungsstrategien (delegierte ärztliche Aufgaben) auf Seiten der Pflege.
Innerhalb des klinikinternen Gesundheitsmanagements soll ein kooperativer Arbeitsprozess weg von der Herkunft der Leistungsanteile hin zum Ziel der Gesamtleistung angestoßen bzw. unterstützt werden. Weiterhin wichtig ist es, negative Folgen von Modernisierungsprozessen (z.B. Einführung von Qualitätsmanagement, zunehmende Technisierung der Arbeitsfelder) im Personalbereich „abzufedern“. Eine günstige Ausgangslage dafür bieten die in einer Krankenhausstudie von 86% als gut bzw. sehr gut bewerteten Kooperationsbeziehungen zwischen Medizinern und Pflegekräften. Schwierig dürfte sich hingegen die Unterstützung von Seiten der Verwaltung gestalten, da die bestehende Kooperation hier von 72,8% als schlecht bzw. sehr schlecht eingestuft wurde (Iseringhausen, 2010).

4. Fehlende Wertschätzung für alterns- und familiengerechte Arbeitsplätze in der Pflege

Die gesundheitliche Situation älterer Pflegekräfte wird als „prekär bis katastrophal“ beschrieben“, u.a. auch, weil die Frühberentungsquote (aus gesundheitlichen Gründen) bei Krankenschwestern mittlerweile die 40%-Marke erreicht (bei Altenpflegekräften knapp unter 35%) und damit in der Spitzengruppe der Frühberentungen liegt (Hien, 2009). Neben Geschlecht, Wohnort in Ost- oder Westdeutschland und dem Bildungsniveau moderieren besonders die Arbeitszufriedenheit und der Gesundheitszustand den Erwerbsaustritt. Die Analyse der SOEP-Daten von 1992 bis 2004 zeigt, dass Zufriedenheit mit der Arbeit, eine bis ins hohe Alter ausführbare Arbeit und ein guter Gesundheitszustand das Risiko für einen vorzeitigen Erwerbsaustritt deutlich senken (Knuth, 2008, S. 43-47). Bemerkenswert ist, dass in einer aktuellen Studie von Mitarbeitern mit als ressourcenarm und belastend erlebten Arbeitsbedingungen nur 3% ohne gesundheitliche Beschwerden sind und nur 25% glauben, noch bis zum Rentenbeginn arbeiten zu können (Fuchs, 2010).
Obgleich die Anzahl der über 50-jährigen sozialversicherungspflichtig Beschäftigten in den letzten Jahren ansteigt – allein von 12,2% im Jahr 1999 auf 17,2% im Jahr 2005 – sind in deutschen Krankenhäusern im Unterschied zu Ländern wie Finnland (mit einem Drittel der Pflegekräfte über 50 Jahren) kaum altersgemäße Arbeitsfelder entwickelt (Isfort & Weidner, 2007, S. 23). Führungskräfte im Pflegebereich halten den Beruf gegenwärtig insgesamt wenig geeignet für ältere Mitarbeiter, nur 15% halten die psychischen und 4,2% die physischen Belastungen bis zum Rentenalter für tragbar (ebd.).

„Ein ganz großes Problem ist, dass ältere Schwestern, Pfleger in Würde aus dem Beruf rauskommen, ... aber Rente mit 67, Auslaufen des Altersteilzeitgesetzes, eine Katastrophe. Viele ältere Schwestern auf meiner Station, die kann man kaum von Patienten unterscheiden." (Ältere Pflegekraft in ProWert).

Besondere Beachtung innerhalb des Gesundheitsmanagements sollte die Altersgruppe ab dem 51. Lebensjahr erfahren, die in der Pflege deutlich häufiger von Burn-out bedroht ist (Fischer, 2006, S. 98). Besonders ältere Beschäftigte leiden unter einem „Institutionalismus", wo das Individuum immer das arme und geschundene Objekt ist, Resilienz abgebaut und Vulnerabilität vergrößert wird (Pramann, 2008, S. 216 f.). Die Leidensfähigkeit sollte von Klinikleitungen, angesichts des aufgezeigten hohen Frühberentungsrisikos und im Vergleich zu Jüngeren geringeren Ausstiegsabsichten der älteren Pflegekräfte, nicht überstrapaziert werden (Simon, 2008, S. 97). Vielfach sind es organisationale Faktoren der Arbeit, die entscheidend zu Berufsunzufriedenheit und Berufsausstieg führen (Nolting, 2006).

Das allgemein hohe Erwerbsaustrittsalter in anderen Ländern (z.B. Dänemark, Schweden) geht auch mit höherer gesellschaftlicher Wertschätzung von Älteren bei der Arbeit einher (Siegrist, Dragano & Wahrendorf, 2010). Fast 50% der älteren Dänen bezeichnen ihren Gesundheitszustand als „ausgezeichnet" oder „sehr gut", während dies in Deutschland, Frankreich, Spanien und Italien nur um die 20% sind (Knuth, 2008, S. 53). Besonders Frauen mit einer mittleren oder niedrigen Qualifikation (häufig in der Pflege) gelingt in Deutschland im Gegensatz z.B. zu Schweden keine kontinuierliche Erwerbstätigkeit bis zum regulären Rentenalter (Theobald & Preuß, 2009).

In Deutschland ist das herkömmliche Spektrum des Arbeits- und Gesundheitsschutzes für Ältere generell unzureichend und es fehlt ein innerbetrieblicher „Achtungsmarkt" (Badura et al., 2010). Dies zeigt sich u.a. darin, dass für älteres Krankenpflegepersonal nur 3,1% der befragten Kliniken Alternativen zu den hoch belastenden bettenführenden Bereichen eingerichtet haben (Isfort & Weidner, 2007, S. 24). Begrenzte Spielräume hat dabei das leitende Pflegepersonal, denn in einer Studie verfügten nur die Hälfte über ein eigenes Budget, und Entscheidungen über das Personalbudget und die Personalbemessung wurden an anderer Stelle getroffen (Isfort & Weidner, 2007, S. 47)

Orientierung für ein wertschätzendes Gesundheitsmanagement auch für ältere Pflegekräfte in deutschen Krankenhäusern bietet die NEXT-Studie, die deutlich geringere Anteile „unzufriedener, ausgebrannter und kranker Pflegender" in anderen europäischen Ländern wie z.B. den Niederlanden und Norwegen nachwies (Tackenberg & Müller, 2005a, S. 131).

Allein die Entbindung älterer Krankenpflegender von einzelnen, körperlich stark belastenden Arbeiten, wird nach Expertenmeinungen in der Praxis auf erhebliche Schwierigkeiten stoßen (Isfort & Weidner, 2007, S. 48).

Erfahrene ältere Pflegekräfte können als „Key-Persons" Ausgangspunkt einer Wissenstransferkette innerhalb eines gesundheitsförderlichen Krankenhauses sein (Dworschak, Buck & Schletz, 2006), da sie in der Regel bereits über eigene Erfahrungen im Umgang mit Erkrankungen sowie ihrer Bewältigung verfügen. Die verantwortlichen Akteure für das Gesundheitsmanagement können dabei auf Erfahrungen des Thematischen Initiativkreises „30-40-50 plus – Älter werden in Beschäftigung“ sowie Erfahrungen aus dem EU-Projekt „Smart Region“ und den darin entwickelten Beratungstools zum Gesundheitsmanagement, Age Management, Arbeitsbewältigungsindex und Arbeitsbewältigungscoaching zurückgreifen (Stecker, 2008, S. 174 f.). Zusätzliche Informationen und Methodenkenntnisse für ein alternsgerechtes Gesundheitsmanagement reichen aber nicht aus, denn Fachärzte für Psychiatrie werden häufig damit konfrontiert, dass Umstrukturierungen, Sachzwänge und das raue Klima dazu führen, dass älteren Beschäftigten ihre Geschichte genommen wird, die sie dann wieder in ihrer Krankheit finden (Pramann, 2008, S. 205).

Mit dem am WAI (Work ability index) orientierten Age Management, das Elemente wie Prävention von Alterdiskriminierung, Entwicklung physischer, mentaler und sozialer Ressourcen, Partizipation etc. enthält (Ilmarinen, 1999, 2007), können u. E. besonders ältere Pflegekräfte und Servicekräfte in Krankenhäusern in ein wertschätzendes Gesundheitsmanagement integriert werden. Die Notwendigkeit und Bedeutsamkeit der aufgezeigten Anstrengungen über den Rahmen von Krankenhäusern und Einrichtungen der Pflege hinaus, zeigt eine Untersuchung der Universität Köln, nach der alterskritische Arbeitsplätze mit hoher Belastung nur von 10 Prozent der Betriebe thematisiert werden (Niehaus et al., 2009). Hilfreich sind Workshopkonzepte zum Abbau von Altersstereotypen, die bei vielen Führungskräften verbreitete Vorurteile gegenüber älteren Mitarbeitern reduzieren können (Roßbach, Hausmann & Deller, 2009).

In Skandinavien ist die Personalentwicklung unter dem Aspekt der Wertschätzung nicht nur bezogen auf ältere Beschäftigte fortgeschrittener als in Deutschland, sondern auch die fachliche Anleitung und Supervision von Hilfskräften in der Pflegearbeit ist etablierter und ausgereifter.

In der NEXT-Studie ist z.B. in den Niederlanden beim Pflegepersonal der Arbeit/Familien-Konflikt am geringsten ausgeprägt (Simon, Hasselhorn & Kümmerling, 2004, S. 7), während in Deutschland hier von sehr hohen Belastungen ausgegangen wird. Diese Konflikte sind auch bedeutsam für den Berufsausstieg (Simon, Hasselhorn & Kümmerling, 2004, S. 17).

Wichtig im GM in Krankenhäusern ist der Genderaspekt, denn Frauen empfinden mehr Stress, weil sie Berufs- und Familienpflichten nicht gleichermaßen erfüllen können oder schlechtere Regenerationsmöglichkeiten nach der Arbeit haben (Büntgen, 2009).

In der aktuellen Diskussion der Modell-Erweiterung zur Entstehung chronischer und zur Frühberentung führender Erkrankungen kann sich auch das wertschätzende Gesundheitsmanagement positionieren. Der Modellentwurf von Hien (2008), in dem der Mensch sich im biographischen Verlauf unter Berücksichtigung der Arbeitsbelastungen, persönlicher Dispositionen und seiner Anpassungs- und Kontrollversuche Richtung Krankheit wie Gesundheit entwickelt (siehe auch Modell der Salutogenese), kann u. E. durch den Einbezug von Entwertungs- wie Wertschätzungsprozessen ergänzt werden. Wertschätzung als Faktor zur Erhaltung und Förderung von Gesundheit des älteren Pflegepersonals wie familienfreundlicher Arbeitsstrukturen muss entsprechend zentraler Bestandteil eines ganzheitlichen Gesundheitsmanagements in Krankenhäusern werden. Eine als befriedigend erlebte Wertschätzung der am Arbeitsplatz erbrachten Leistungen kann sich als „Schutzmechanismus“ gegen Erkrankungsrisiken erweisen und Arbeitszufriedenheit sowie die berufliche Identifikation fördern. Damit wird die wichtige Funktion des Wertschätzungskonstrukts im Arbeits- und Gesundheitsschutz des Dienstleistungssektors unterstrichen.

Die erfolgreiche betriebliche Gestaltung des demografischen Wandels kann letztlich nur durch Verantwortungsübernahme von Schlüsselakteuren gelingen (Ruf, 2009). Nach einer Studie bestehen Grenzen guter Gestaltung jedoch in Arbeitsbereichen mit geringer Entlohnung, prekärer Beschäftigung und fortgesetzten Verschleißstrategien (ebd.), wie sie in vielen Bereichen der Krankenhausarbeit bestehen.

5. Gesundheitsförderliche und wertschätzende Führungskultur – Säulen des Gesundheitsmanagements

Die Überwindung der bereits aufgezeigten Hindernisse wie auch die Nutzung von Chancen für die Implementierung eines wertschätzenden Gesundheitsmanagements in Krankenhäusern ist ohne den Einbezug der Führungsebene undenkbar. Ein betriebliches Gesundheitsmanagement, das ausschließlich auf ein gesundheitsförderliches Verhalten der Mitarbeiter abzielt, ist nicht nachhaltig und ökonomisch. Die zusätzlich zwingend notwendige Verhältnisprävention (Rosenbrock, 2006) liegt kaum in den Händen der betroffenen Mitarbeiter und wird eher von Arbeitspensum, Zeitdruck, Budgetbegrenzungen und Verantwortungsdiffusion vieler Führungskräfte hinsichtlich ihrer gesundheitsförderlichen Aktivitäten und Verhaltensweisen bestimmt (Emmermacher, 2009, S. 173). Gleichwohl hat im Teilindex Ressourcen von *Gute Arbeit* des DGB neben Kollegialität, Sinngehalt und Arbeitszeit auch der Führungsstil hohe Bedeutung (Fuchs, 2010).

Eine wichtige Orientierung für Führungskräfte mit Interesse an einer gesunden Pflege bieten neun Handlungsfelder (INQA, 2007, S. 21-29): 1. Selbstverständnis der Pflege, 2. Sichere und gesunde Umgebung, 3. Bewegung, 4. Pausen und Erholung, 5. Existenzielle Fragen des Pflegens, 6. Kommunikation, 7. Qualifizierung, 8. Work Life Balance, 9. Selbstmanagement.

Die Verbesserung der Führungsqualität von Vorgesetzten, die auch positiv mit der Arbeitszufriedenheit der Beschäftigten in der Pflege ($r = 0{,}38$) sowie ihrer affektiven Bindung an die Einrichtung ($r = 0{,}33$) und negativ mit Berufsausstiegswunsch ($r = -0{,}25$) korreliert (Stordeur et al., 2005), ist eine zentrale Säule des Gesundheitsmanagements. In einer Studie weisen Pflegende mit einer hoch eingeschätzten Führungsqualität eine um 28% niedrigere Wahrscheinlichkeit auf, zur Gruppe potentieller Einrichtungswechsler zu gehören (Simon, 2008, S. 56). Eine hohe sozial-integrative Führungskompetenz findet sich dabei eher bei den Stationsleitungen (meist Frauen) und ist bei Vorgesetzten in den Funktionsdiensten, der Versorgung und bei den Ärzten deutlich geringer (Brücker, 2008).

Krankenhausärzte zeichnen sich zwar durch ein hohes Maß an Fleiß und Leistungsbereitschaft aus, sind aber die stärkste Gruppe der „empfindlich-gehemmten Persönlichkeiten", erhalten aber bei konfliktorientiertem Durchsetzen dennoch gute Bewertungen durch Mitarbeiter/innen (ebd.).
In vielen Betrieben, wie auch Krankenhäusern, verhindert die Führungskultur die Wahrnehmung und Lösung von Konflikten und es fehlt eine „Konfliktkultur" (Gunkel & Szpilok, 2010, und siehe Kapitel 3). Eine gelebte Führungskultur für gesundheitsgerechte Mitarbeiterführung steckt in vielen Betrieben wie Krankenhäusern noch in Kinderschuhen, aber erste Workshopkonzepte zur Verbesserung der Situation scheinen schon entwickelt und umgesetzt (Orthmann et al., 2010). Diese sollten weiter vorangetrieben werden, denn eine positive Sozialstruktur (gutes Betriebsklima, gute soziale Beziehungen und Unterstützung, mitarbeiterorientierte Führung, organisatorische Gerechtigkeit) fördert zufriedene, leistungsfähige Mitarbeiter und reduziert das Mobbingrisiko (Gunkel & Szpilok, 2010). Letzteres ist bei Pflegekräften deutlich erhöht (Meschkutat, Stackelbeck & Langenhoff, 2002).
Die geringen Werte für Führungsqualität im Krankenhaus (ebd.) zeigen, dass der weitere Handlungsbedarf der Personalentwicklung hoch ist. Die Einrichtung von Stabsstellen für Gesundheitsmanagement, betriebsärztliche Dienste, Corporate Social Responsibility (CSR), Arbeitsschutz etc. sollte nicht dazu führen, dass sich Führungskräfte bewusst oder unbewusst aus der Verantwortung für die Gesundheit ihrer Mitarbeiter zurückziehen (Emmermacher, 2009). Deshalb gehört das Thema Gesundheitsmanagement als regulärer und wiederkehrender Inhalt von Führungskräfteschulungen in alle Hierarchieebenen. Zu verzichten ist dabei gegenüber Führungskräften auf missionarischen Eifer, zu diskutieren sind vielmehr allzu mechanistische Menschenbilder (ebd. S. 174).
Die geringe Anerkennung und Aufmerksamkeit von Stationsleitungen, Ärzten und Geschäftsführung für eine stationsinterne wie klinikweite Wertschätzungskultur zieht sich durch viele der in ProWert durchgeführten Interviews:

„ ... ich spüre es, ganz haargenau, mangelnde Wertschätzung ... wenn ein Assistenzart vor mir steht ... „Ich wurde angepiept ... Wo ist die Akte?" ... mich erst gar nicht einmal begrüßt, einfach an mir vorbei geht".

Den Wunsch nach mehr Anerkennung durch Ärzte im Krankenhaus bestätigen auch andere aktuelle Studien in Krankenhäusern, wobei nicht nur der Pflegedienst, sondern auch therapeutische Berufsgruppen betroffen sind (Iseringhausen, 2010).
Bedeutsam für die Anerkennung ist auch die Berücksichtigung des Aspekts prozeduraler Gerechtigkeit („Voice") (Klendauer et al., 2006). Zur Erfassung prozeduraler und weiterer Gerechtigkeitsaspekte in Dienstleistungen sind drei Aspekte getrennt zu betrachten (Lebrenz, 2007, S. 54 f.):
a) institutionalisierte Formen der Zusammenarbeit zwischen Klinikleitung und Mitarbeitern (besonders Betriebsräte),

b) Spielregeln oder ethische Vorgaben des Umgangs von einzelnen Vorgesetzten mit Mitarbeitern,
c) Führungsstil einzelner Vorgesetzter.

Insgesamt dominieren bei Beschäftigten in Deutschland sehr kritische Bewertungen für Aspekte der Gerechtigkeit, z.B. für Verteilung von Positionen, Anerkennung für gute Leistung, Gesundheitsförderung und Einbeziehung in Entscheidungen (Hauser, 2008).
Ein gelebter wertschätzender Führungsstil, der „mehr als große Worte" impliziert, scheint in vielen Stationen noch eher Seltenheit zu besitzen. Das vielfach beschriebene „Konkretisierungsdefizit" von Wertschätzungs- und Anerkennungselementen im Führungsalltag (Lebrenz, 2007) führt dazu, dass diese plakativ bleiben und nicht umgesetzt werden. Entsprechend muss dass stationsbezogene Gesundheitsmanagement Konkretisierungen ermöglichen, erleichtern und langfristig in Dienstleistungsabläufen verankern (gelebter, partizipativer Führungsstil). Es gilt, Führungskräften bewusst zu machen, dass eingesparte Zeit für fehlende Anerkennung und Partizipation durch demotivierte Mitarbeiter oder Reaktanz übertroffen wird.
Hohe Motivationsanforderungen an Führungskräfte stellt die berufliche Integration als Bestandteil des Gesundheitsmanagements. Eine Studie der BAuA von Blass (2008) über „Einsatz von Langzeitarbeitslosen in stationären Einrichtungen der Altenpflege" zeigt, dass sowohl auf der Seite der ARGEn wie auch Altenpflegeeinrichtungen („helfende Hände sind stets willkommen") großes Interesse daran besteht, Langzeitarbeitslose über AGH zu beschäftigen. Die durch Ein-Euro-Kräfte verursachte Ent- und Belastung der Mitarbeiter/innen ist stark von individuellen fachlichen und sozialen Kompetenzen abhängig. Studien der TU Dortmund (Kuhnert & Kastner, 2006; Spahlinger & Kuhnert, 2008) weisen darauf hin, dass Ein-Euro-Kräfte in AGH (nach SGB II) hauptsächlich über die fehlende Anerkennung, Wertschätzung (kaum Produzentenstolz) und fehlende Perspektive weiterer Beschäftigung klagen. Ein-Euro-Kräfte und Servicepersonal in unsicherer Beschäftigung (befristete Verträge, Leiharbeit) müssen stärker in das GM einbezogen werden (Hilbert, 2009), denn diese leiden häufiger unter psychosomatischen Erkrankungen, ungeklärten körperlichen Beschwerden, depressiven Verstimmungen, höherem BMI und mehr Einsamkeit (Haupt, 2010).
Mehr Aufmerksamkeit erhalten sollte auch die sehr geringe Wiedereinstiegsquote von ehemaligen Pflegekräften, von denen in der Studie von Blum (2004) 48,8% ein hohes Interesse hatten, wieder in der Pflege zu arbeiten.
Wichtig für die Umsetzung von arbeitsmarktintegrativer Gesundheitsförderung (Kuhnert & Kastner, 2009) innerhalb des Gesundheitsmanagements ist, dass Stress- und Ressourcenmanagement besonders dann erfolgreich für Geringqualifizierte (Erkrankungsrisiko deutlich erhöht) ist, wenn Führungskräfte selbst einbezogen sind (Busch, Lück & Ducki, 2010). Wichtig ist dabei, dass männliche Beschäftigte besonders bei zu hoher Verantwortung und fehlender Anerkennung durch Vorgesetzte von Stress belastet sind (Büntgen, 2009, S. 84).

Führungskräfte in Krankenhäusern sollten sich grundsätzlich stärker mit der hohen Wirkung von Emotionen am Arbeitsplatz beschäftigen, denn eine Studie zeigt, dass die eigenen, durch die Kollegen und Vorgesetzten gezeigten Emotionen in mittlerer bis starker Höhe miteinander korrelieren und signifikante Effekte auf arbeitsrelevante Einstellungen (Arbeitsengagement, Arbeitszufriedenheit, Dienstleistungsklima) und Verhaltensweisen (Dienstleistungsqualität) haben (Boltz & Fischbach, 2009).
Die körperliche und geistige Gesundheit der Mitarbeiter stärkt die Leistungsfähigkeit und Leistungsmotivation und ist ebenfalls eine Voraussetzung für Verbesserungsvorschläge und damit Innovationen (Emmermacher, 2009, S. 174).
Die aktuell diskutierte Kultur des „gesundheitlichen Führens“ ist am deutlichsten abhängig von der persönlichen Einstellung der Führungskraft (Wilde et al., 2009, 2010). Stark karriereorientierte Führungskräfte haben jedoch nur ein begrenztes Interesse am längerfristigen Erhalt von Gesundheit und Arbeitskraft der Beschäftigten (ebd.). Gemäß Wilde et al. (2010) gelingt nur wenigen Führungskräften, eine gesundheitsförderliche Arbeitsgestaltung. Nicht stressende Aufgaben zu planen geben 29% vor, Zeitpuffer einzurichten 24% und Gesundheitsgefährdungen zu erfragen 18%. Jedoch ist nur 14% der Führungskräfte der langfristige Gesundheitserhalt ihrer Mitarbeiter wichtiger als der kurzfristige Unternehmenserfolg und nur 10% implizieren das Gesundheitsthema in das Mitarbeitergespräch. Befinden sich Führungskräfte selbst in einer optimierten Belastungs-Beanspruchungssituation, sind sie eher fähig, gesundheitsförderlich zu führen. Dies dürfte aber vielen selbst stark gestressten Führungskräften schwer fallen, denn 40% fehlen Ressourcen, zwei Drittel erschwert permanent nicht Eingeplantes ihre Zielerreichung und sie fühlen sich signifikant erschöpfter als andere Beschäftigte (ebd.). Die geringe eigene Flexibilität, viele Präsentismustage und die Weitergabe eigener Überforderung erschweren gesundheitliches Führen (Wilde et al., 2010). Der erhebliche Ertragsdruck und die beschleunigte betriebliche Reorganisation gefährdet besonders Gesundheit der unteren und mittleren Führungsebenen (ebd.), was sich im Projekt ProWert besonders auf der Ebene der Stationsleitungen und ihrer Vertretungen zeigte.
Von Führungskräften im Pflegebereich werden zum einen sehr hohe soziale und fachliche Kompetenzen sowie die Reduktion psychischer Stressoren erwartet, zum anderen fehlen ihnen oftmals transferierbare und robuste Strategien zur betrieblichen Prävention und Begrenzung von psychischen Belastungen (von Buch & Ruf, 2009, S. 18-19). Den hohen Erwartungen an die Person stehen oftmals gravierende strukturelle Mängel in der Personalenwicklung gegenüber, denn in einer Studie mit 489 Krankenhäusern kamen nur selten spezifische Instrumente zum Führungsverhalten zum Einsatz und schriftliche Grundsätze zur Mitarbeiterführung hatten nur 60% der Krankenhäuser (Knesebeck von dem et al., 2009, S. 127).
Durch transformationale Führung, die auch wertschätzende Aspekte berücksichtigt und u.a. zu höherer Arbeitszufriedenheit und seelischer Gesundheit beiträgt (Richter, 2009), kann nach einer Metaanalyse auch generell Stress am Arbeitsplatz reduziert werden (Walter et al., 2009).

Mitarbeiter sind nicht bloße „Output-Instrumente", sie brauchen auch Freiräume zur Regenerierung. Orientierung bietet hier auch Leadership Excellence, die Leistungsanforderungen immer mit Menschenwürde, Achtung und Respekt („Wertschöpfung durch Wertschätzung"), Transparenz und Partizipation verbindet (Streicher & Frey, 2010). Führung soll letztlich nicht polarisierend sein, sondern integrierend zu einer neuen Kultur der mentalen Positivfokussierung als kontinuierlichen Prozess der Personalentwicklung innerhalb des Gesundheitsmanagements beitragen.

6. Emotionsmanagement für ein nachhaltiges Gesundheitsmanagement in Kliniken

Obgleich zahlreiche Befunde sowohl der Arbeits- als auch der Pflegewissenschaft arbeitsorganisatorische (siehe im Überblick bei Stab, 2008, S. 118 ff.) und interaktive (Böhle & Glaser, 2006) sowie auf die Personalstärke bezogene Faktoren (Isfort, 2008a-e) als die gewichtigsten Auslöser für Fehlbelastungen und Erschöpfungszustände beschreiben, konnten bisher trotz dieses Wissens die Bedingungen in der Pflege nicht verbessert werden. Daher empfiehlt es sich jenseits weiterer Wissenserkenntnisse, auch über Emotionen Veränderungsprozesse innerhalb der Klinikorganisation einzuleiten. Nach Metaanalysen trägt zudem emotionale Stabilität zu höherem beruflichen Erfolg bei (Barrick, Mount & Judge, 2001).

Entsprechend ist das Emotionsmanagement als Teil eines nachhaltigen Gesundheitsmanagements von Personalentwicklungsprozessen in Dienstleistungsberufen bei der Generierung und Implementierung von Wertschätzung von hoher Bedeutung (Kastner, 2007) und zentraler Bestandteil der Vorhabensstrategie im BMBF-Projekt ProWert. Ein Ansatzpunkt ist hier z.B. das von der TU Dortmund konzipierte Training für hoch belastete Gruppen in schwierigen Lebenslagen (Kuhnert et al., 2008) wie auch das TEK (Training emotionaler Kompetenzen) von Berking (2008), das Teilnehmenden eine bessere Emotionsregulation ermöglicht. Mit dem Führungskonzept des „Leader-Member-Exchange" kann die Beziehung zwischen Führungskraft[4] und Mitarbeiter anhand der Dimensionen Zuneigung, Loyalität, Engagement und fachlicher Respekt beschrieben werden. Damit ist Vertrauensaufbau[5] für die Motivation des/der Mitarbeiters/in auch unter dem Aspekt der Gerechtigkeit möglich. Führen ist in Pro-Wert als emotionale Arbeit konzipiert. Mit *Surface Acting* (Handeln an der Oberfläche) und *Deep Acting* (nachhaltige Än-

[4] Weitere Hinweise zu einem wertschätzenden Umgang von Führungskräften im Dienstleistungsbereich finden sich z.B. bei Frey (2007) der Empfehlungen gibt, die „different tough on the issue" und „soft on the person" auch Tabus implizieren wie „Klein machen, Anschreien, vor anderen fertig machen etc.".

[5] Vertrauen wiederum verbessert die Kommunikation zu Vorgesetzten, erhöht die Arbeitszufriedenheit, -motivation und -leistung, die Kooperationsbereitschaft und das freiwillige Arbeitsengagement (Bierhoff & Herner, 2007, S. 303).

derung innerer Gefühle) können zwei grundsätzliche Möglichkeiten des Emotionsmanagements für Führungskräfte genutzt werden (Paul & Otto, 2006). Mit *Deep Acting* sind nach einer Metaanalyse auch positive Wirkungen auf das Wohlbefinden der Mitarbeiter zu erwarten (Schewe & Hülsheger, 2009). Das Vorspielen positiver Gefühle (innerhalb des Surface Acting) hingegen korreliert eng mit Burn-out (Herms & Glaser, 2009). Beispielsituationen und Rollenspiele (z.B. Vermittlung von Wertschätzung und konstruktiver Kritik trotz eigenen Ärgers) sollen es ermöglichen, den „Reaktionsspielraum" bei unvermeidbaren emotionalen Anforderungen zu erweitern und auch in solchen Situationen wertschätzend und zugleich authentisch zu reagieren und zu handeln. Trotz ihrer hohen Arbeitsanforderungen gelingt einer ganzen Reihe von Stationsleitern und Stationsleiterinnen der dazu notwendige Spagat.
Ein wertschätzendes Gesundheitsmanagement, das der Emotionsarbeit große Bedeutung beimisst, muss beachten, dass ein hoher Selbstwert mit positivem Befinden und Zufriedenheit einhergeht und Menschen bemüht sind, ihren Selbstwert aufrecht zu erhalten, zu schützen oder zu verbessern (Semmer, Jaocobshagen & Meier, 2006, S. 87 f.). Selbstwertbedrohung ist ein häufiges Kernelement des Stresserlebens. Folgende aus dem „Stress as Offence to Self"-Konzept abgeleiteten Stressoren bedrohen den Selbstwert durch fehlende Wertschätzung:

- respektloses Verhalten von Vorgesetzten und Mitarbeitenden,
- als illegitim wahrgenommene Stressfaktoren,
- als illegitim empfundene Arbeitsaufgaben.

Diese Stressoren und fehlende Wertschätzung können beispielsweise mit Ressentiments gegenüber der Organisation, Irritation, Burn-out und geringerer Arbeitszufriedenheit einhergehen. Im Gegensatz zeigt sich aber, dass erlebte Wertschätzung am Arbeitsplatz über mehrere Jahre mit erhöhter Arbeitszufriedenheit, Dienstleistungsqualität und Gesundheit von Arbeitnehmern zusammenhängt (Streicher & Frey, 2010). Ein Forschungsbefund aus dem Dienstleistungsbereich (N = 4593) zeigt, dass Unternehmenserfolg (Kundenzufriedenheit, Bereitschaft der Mitarbeiter zu besonderen Serviceleistungen) signifikant durch die von Mitarbeitern wahrgenommene prozedurale Fairness vorhergesagt werden konnte. Dazu gehört die Gerechtigkeit in den Abläufen, Möglichkeiten, die eigene Meinung zu äußern und interpersonale Fairness in Form wertschätzender und ehrlicher Kommunikation von Entscheidungen und Darlegung der Gründe für die jeweilige Entscheidung (Simons & Roberson, 2003). Die interaktionale Fairness, die Wertschätzung und Respekt auf gleicher Augenhöhe zwischen Führungskraft und Mitarbeiter ausdrückt, ist ein zentraler Faktor des Fairnesskonstrukts (Frey, 2007). Pfadanalysen einer Studie mit 721 ambulanten Pflegekräften zeigten, dass insbesondere die erlebte Fairness im Pflegedienst einen bedeutsamen Effekt auf den Kohärenzsinn der Pflegekräfte und deren psychophysische Gesundheit hatte (Höge, 2005). Eine Forschungsübersicht von Kiehling & Schwald (2007) macht deutlich, dass Trainings zur organisationalen Gerechtigkeit beträchtliche innerbetriebliche positive Auswirkungen haben, die aber durch besonders große Machtdistanz (d.h. ungleiche Machtverteilung) in der Organisation reduziert wird.

Entsprechend dieser Befundlage sollte das Konstrukt der „Fairness“ in Konzepten des Gesundheitsmanagements in Krankenhäusern hohe Priorität und Beachtung finden. Eine Ignoranz gegenüber dieser Thematik ist nicht folgenlos, denn Unfairness führt vermehrt zu innerer Kündigung, Stress, psychosomatische Beschwerden, Diebstahl und Fehlzeiten (Streicher & Frey, 2010).

Innerhalb des Emotionsmanagements ist auch die soziale Wertschätzung für Pflegekräfte relevant, die Honneth (2003, S. 209) als „gefühlsmäßiges Vertrauen“ bezeichnet und Beschäftigte stärker als Sozialwesen sieht (Veith & Schweitzer, 2009, und Hinding, Spanowski & Kastner i. d. B.).

Die Wichtigkeit der „Würdigung“[6] scheint in modernen Organisationsformen abzunehmen, während die Bedeutung der „Bewunderung“ immer weiter zunimmt. Es zählt in vielen Bereichen des Arbeitslebens eher der Erfolg. Das Bemühen an sich sowie die Anzahl der Handlungsweisen, die als anerkennungswert gelten, nehmen hingegen eher ab. Insgesamt – so scheint es – werden immer mehr Formen der Erwerbstätigkeit aus Anerkennungsverhältnissen ausgeschlossen (Kaletta, 2008, S. 29), was sich natürlich auch auf die beschäftigten Menschen auswirkt (Sennet, 2006).

Wertschätzungsprozesse im Gesundheitsmanagement beinhalten viele positive Aspekte – dennoch sollen an dieser Stelle auch die „Schattenseiten der Anerkennung“ beachtet werden (Kaletta, 2008, S. 34-36). Dazu gehört die Gefahr, dass besonders Personen mit Machtpotenzial Anerkennung als Machtmittel einsetzen können, indem Gewähren oder Verwehren von Anerkennung von dem gewünschten Verhalten (Verhaltenskontrolle) abhängig gemacht wird. Eine starke Orientierung an der Anerkennung anderer birgt die Gefahr der Selbstentfremdung, Fügsamkeit und des Machtverlustes (Kaletta, 2008, S. 90).

Wertschätzung von tatsächlichen Fähigkeiten und Leistungen bezieht sich sowohl auf verbale als auch auf nonverbale Verhaltensweisen. Die Breite des Spektrums von emotionaler bzw. personaler Wertschätzung geht von einer regelmäßigen Kontaktaufnahme (Kategorie 1), über Hilfe in Notsituationen (Zuspruch, Geld, Trost, Ermutigung, Ratschläge; Kategorie 2), Aufmerksamkeiten wie Blumen (Kategorie 3), „Vertrauenswürdigkeit“ bzw. „Akzeptanz von Unterschiedlichkeit“ (Toleranz anderen Lebensstils, Gefühlleben, Mitfreude etc.; Kategorie 4) bis hin zu nonverbalem Verhalten in Form von einfacher Anwesenheit, gemeinsamem Lachen und einem blinden Verständnis (Kategorie 5) (Kaletta, 2008, S. 131-132). Da neben Sinnerleben auch Optimismus und Humor zu den nachgewiesenen protektiven Faktoren gegen psychische Erkrankungen gehören (Southwick et al., 2006), sollten diese innerhalb des Emotionsmanagements auch entsprechenden Raum erhalten.

Als Schlüsselbegriff für den wertschätzenden Prozess sehen Anderson et al. (2004, S. 28-31) die *„Gesprächspartnerschaften“*, in denen versucht wird, in den Worten und Taten des

[6] Würdigung äußert sich in Rücksichtsnahme und Respekt, findet im sozialen Austausch statt und bezieht sich auf Einsatz, Beiträge, Engagement und erbrachte Opfer für oftmals „harte, schmutzige Arbeit“, die niemand gerne erledigt.

anderen Wertvolles zu finden. Dazu gehört *„positives Zuhören“* (aufmerksam und respektvoll sein), intensive Neugier zeigen („Haltung des Nicht-Wissens“), dem anderen Raum und Zeit geben, sich auszudrücken, „Wir-Erzählungen“ fördern und Beschuldigungspraktiken überwinden.
Die höchste Relevanz der Interaktionsarbeit und Emotionsarbeit bei persönlich-interaktiven Dienstleistungen wie der Pflege, betonen auch Gouthier (2006, S.100) und Holz (2005, S. 96 f.) sowie empirische Studien für die stationäre Pflege (Büssing & Glaser, 2003) und die ambulante Pflege (Büssing et al., 2000). Bezüglich der praktischen Umsetzung von Emotionsarbeit in der Pflege, z.B. innerhalb von Trainingsprogrammen, liegen aber erst wenige evaluierte Erkenntnisse vor (Herms & Glaser, 2009). Aus der Debatte um Wertschöpfung und Wertschätzung und aus verschiedenen Projekten zur Vertrauenskultur ist bekannt, dass ein instrumenteller Umgang mit Emotionen der Beschäftigten zwar kurzfristig Wertschöpfung und Produktivität erhöhen kann, mittel- und langfristig aber wenig erfolgreich ist (Reick, Weiser & Kastner, 2007; Frevel, 2009). Erfolgsversprechender ist, wie „Deutschlands beste Arbeitgeber“ ein wertschätzendes Umfeld zu schaffen, das für 77% der Beschäftigten das psychische und emotionale Wohlbefinden fördert (nur 40% bei „normalen“ Arbeitgebern) (Hauser & Pleuger, 2010).

7. Gesundheitsmanagement „in die Praxis bringen“ und ökonomische Faktoren für seine Umsetzung in Krankenhäusern

Für den ökonomischen Nutzen eines wertschätzenden GM in Kliniken sprechen auch die hohen Korrelationen zwischen der Wertschätzung und der personalen wie organisationalen Innovationskraft (besonders in den Bereichen Lernen und Kommunikation) in den von INEUVO (2008, S. 11-13) untersuchten Unternehmen. Ökonomische Argumente stoßen natürlich an die Grenze, da im Vergleich zu einem produzierenden Unternehmen der „Return of Investment“ in einem Krankenhaus nur schwer zu belegen ist (Müller, 2009).
Bisher kaum entwickelt sind gemeinsame berufsfeldübergreifende Strategien des Gesundheitsmanagements für Ärzte und Pflegekräfte. Obgleich der Forschungsstand hier noch unvollständig ist, hat für beide Berufsgruppen und über Krankenhaustypen hinweg der karitative Aspekt (anderen Menschen zu helfen) einen positiven Einfluss auf die Auftretenswahrscheinlichkeit von intrinsischer Motivation (Wilkesmann, 2009, S. 282-283), die wiederum wichtige Voraussetzung für eine aktive Rollenübernahme innerhalb des klinikinternen Gesundheitsmanagements ist. Den hohen Handlungsbedarf unterstreicht eine Befragung von Mitarbeitervertretungen (N = 291) in Krankenhäusern, nach der verhaltenspräventive Maßnahmen der betrieblichen Gesundheitsförderung bislang eher sporadisch oder selektiv durchgeführt werden, verhältnispräventive Maßnahmen häufiger und der Arbeitsschutz sowie das Qualitätsmanagement weitgehend umgesetzt

sind (Siegrist et al., 2009). Messbare Ziele der Gesundheitsförderung waren nur in knapp 20% der Krankenhäuser formuliert (Knesebeck von dem et al., 2009, S. 107).
Ein wertschätzendes Gesundheitsmanagement unter Einschluss von gerechter Be-/Entlohnung und Anerkennung, Arbeitsplatzsicherheit, Freiheit für eigene Ideen sowie eine faire und verlässliche Arbeitszeitgestaltung führt eher zu sehr motivierten Arbeitnehmern. In ökonomischer Hinsicht ist wichtig, dass in Deutschland nur 13% und in den USA 29% zu dieser Gruppe zählen, bereits 20% innerlich gekündigt haben und 67% Dienst nach Vorschrift leisten (Metzger, 2009).
Weitere Faktoren, die eine Umsetzung eines wertschätzenden Gesundheitsmanagements in Krankenhäusern erleichtern, sind:
- höheres Sozialkapital, das wiederum gesellschaftliches Engagement fördert (Fuchs, 2008) und maßgeblicher Garant für gesundheitliches Wohlbefinden der Beschäftigten ist (Badura et al., 2008; Rixgens, 2010),
- eine partnerschaftliche Unternehmenskultur, die zu höherem wirtschaftlichen Erfolg führt und positiv auf die Vermeidung bzw. Verringerung psychischer Fehlbeanspruchungen wirkt (Oppolzer, 2010).

Die Umsetzung des betrieblichen Gesundheitsmanagements (BGM) ist in einem Krankenhaus als hochkomplexes System häufig nur mit hohem Aufwand zu realisieren und in anderen Branchen wird zudem mehr Veränderungsbereitschaft wahrgenommen (Müller, 2009, S. 94). Langwierige Entscheidungsprozesse binden viel Zeit, hierarchische Strukturen, eine Fülle von Schnittstellen und vielfältige Interessenkonflikte (siehe Engelbrecht et al. i. d. B.) machen Prozesse schwerfälliger und verhindern zum Teil die Umsetzung beschlossener Maßnahmen. Das Deutsche Netz gesundheitsfördernder Krankenhäuser (DNGfK) hat sich schon vor einigen Jahren der Aufgabe der Implementierung von Gesundheitsförderung in Krankenhäusern angenommen und fördert *„nicht nur eine qualitativ hochwertige umfassende medizinische und pflegerische Versorgung, sondern schafft auch eine die Ziele der Gesundheitsförderung verinnerlichende organisatorische Identität“* (Health Promotion Glossary, Genf, WHO, 1998). Die hier organisierten bzw. beteiligten Krankenhäuser und Rehakliniken sind zu Vorreitern moderner Krankenhausentwicklung mittels Organisationsentwicklung unter Beteiligung von Ärzten, Pflegenden, Patienten und Bevölkerung in der Region geworden. Für die Implementierung der Gesundheitsförderung hat das DNGfK inhaltliche Grundprinzipen sowie entsprechende Strategien der Umsetzung sowie Methoden und Instrumente erarbeitet (DNGfK, 1997). Kliniken, die im Deutschen Netz Gesundheitsfördernder Krankenhäuser (DNGfK) organisiert sind, weisen gegenüber anderen Krankenhäusern eine bessere Gesundheitsförderungsstrategie, Verhaltensprävention (auch im Pflegedienst) und in der Personalentwicklung des Ärztlichen Dienstes auf (Knesebeck von dem et al., 2009, S. 146).
Wenn auch inzwischen 71 Krankenhäuser und Rehabilitationseinrichtungen im DNGfK vernetzt sind, so ist das Engagement für Gesundheitsförderung im Gesundheitssektor insgesamt noch sehr niedrig. Hierzu müssten verstärkt auf organisationaler Ebene des Gesundheitsmanagements neue Wege und Ressourcen erschlossen werden. So könnten

Potenziale des Pflegestellen-Förderprogramms mit zusätzlichen 17.000 Pflegepersonalstellen, wie sie auf dem Pflegegipfel vorgeschlagen wurden, einbezogen werden (Bundesministerium für Gesundheit, 2009). Da die aktuelle Personalsituation in vielen Kliniken kaum Spielräume für den aktiven Einbezug von Pflegekräften in das Gesundheitsmanagement lässt (Isfort, 2008c, e), müssen unbedingt Personalkapazitäten bei der zukünftigen Personalplanung (besonders aus dem Pflegestellen-Förderprogramm) dafür eingerechnet werden. Zu den auf dem Pflegegipfel im Herbst 2008 geforderten neuen Konzepten, mit deren Hilfe die Attraktivität des Pflegeberufs und die Berufszufriedenheit erhöht werden soll, gehört u. E. besonders ein Gesundheitsmanagement, dass dem Pflegepersonal in Krankenhäusern eine Schlüsselrolle beimisst.
Ein wertschätzendes Gesundheitsmanagement deckt sich mit vielen Hauptzielen von Teamentwicklungsmaßnahmen wie Verbesserung von Verständnis für die Rollen anderer, verbesserte Kommunikation, gegenseitige Unterstützung, Konflikte positiv zu nutzen etc. (Nerdinger, Blickle & Schaper, 2008, S. 115). Gleichzeitig sind positive Effekte in den zentralen innerbetrieblichen Konfliktgegenständen von Arbeitsgruppen und Teams (Beziehungskonflikte, Aufgabenkonflikte, prozessorientierte Konflikte und inhaltsbezogene Konflikte) zu erwarten (Solga, 2008, S. 123-125 u. siehe Kapitel 2, 3 und 4). Dies trägt auch zur Verbesserung der Qualität der Dienstleistung Pflege bei (Sing & Landauer, 2006, S. 107 ff.). Im Projekt INEUVO (2008) der TU Dortmund räumten Mitarbeiter in Unternehmen den Werten „Vertrauen, Gesundheit und Lernen aus Fehlern“ die höchste Priorität ein (Reick, Weiser & Kastner, 2007, S. 73 f.). Gleichwohl betont eine Bestandsaufnahme zum Betrieblichen Gesundheitsmanagement im System Krankenhaus, dass die vorherrschende Kultur und die Gratifikationsmechanismen die Thematisierung der Mitarbeitergesundheit schnell ad absurdum führen (Müller, 2009, S. 94).
Bei der Auswahl und Spezifizierung von Interventionsinhalten, die für ein wertschätzendes Gesundheitsmanagement in Krankenhäusern förderlich sind, sollte aus ökonomischer Sicht besonders auf empirisch gesicherte Wirksamkeitsnachweise geachtet werden. Hohen Stellenwert hat z.B. das Konzept der Verhaltensmodellierung, das die Aufmerksamkeit auf Zielverhaltensweisen (wertschätzendes Verhalten) deutlich erhöht (Taylor, Russ-Eft & Chan, 2005). Zahlreiche Wirksamkeitsnachweise finden sich auch für Selbstmanagementorientierte Maßnahmen (Nerdinger, Blickle & Schaper, 2008, S. 312-314), mit denen der Lehrstuhl für Organisationspsychologie der TU Dortmund mehrere Projekte durchgeführt hat (Kuhnert & Kastner, 2006, 2009). Ein auf Wertschätzungsprozesse fokussierendes Gruppentrainingsprogramm kann besonders auf Stationen mit hohem Belastungsprofil zur Verbesserung der Stressresistenz der Pflegekräfte beitragen und wichtige betriebliche Kostenfaktoren wie Arbeitsbelastung, Überforderung und Unzufriedenheit reduzieren.
Ein wertschätzendes Gesundheitsmanagement ist letztlich nur realisierbar, wenn unter den Akteuren im medizinischen und pflegerischen Dienstleistungsbereich eine *Grundhaltung von Wertschätzung und Akzeptanz* herrscht, die es ermöglicht, gemeinsam Fehler im Gesundheitswesen zu vermeiden und aufzuspüren (Dörring, Hirksekorn & Timmer, 2007, S. 515; Kastner, 2007, S. 182 ff.). Ermutigend für die Implementierung eines wert-

schätzenden Gesundheitsmanagements in Krankenhäusern ist die aktuell in vielen kleinen und mittleren Unternehmen vollzogene Leitbildentwicklung, die der „Wertschätzung der Mitarbeiter/innen und ihrer Leistungen" hohe Bedeutung beimisst.

8. Blick in die Zukunft gesundheitsfördernder Krankenhäuser – kann Wertschätzung helfen?

Ein zukünftiges Wertschätzung implizierendes Gesundheitsmanagement muss sowohl die aktuellen Arbeitsanforderungen als auch berufliche Entwicklungsperspektiven von Pflegekräften einschließen. Im internationalen Vergleich sehen aber besonders deutsche Pflegende auch für die Zukunft eher schwarz (vgl. Hasselhorn et al., 2005a). Die Gründe für diese pessimistische Sicht liegen u.a. in den kaum vorhandenen Aufstiegschancen und der nur geringen Bezahlung (Teigeler, 2007). Ein wertschätzendes Gesundheitsmanagement muss auch die psychischen Erkrankungen in der neuen Arbeitswelt, die immer stärker Gesundheitsberufe tangieren, einbeziehen. Dazu gehört es, die von politischer Rhetorik begleitete Umstellung lebensweltlicher Mentalitäten zum „unternehmerischen Selbst" (Bröckling, 2007) kritisch zu hinterfragen. Besonders dann, wenn die einzelnen Pflegekräfte und Gesundheitsdienstleister mit Aufgaben einer intensiven Gefühlsarbeit der Selbstinstrumentalisierung und psychischer Integrationsleistungen konfrontiert werden, die mit hohen Risiken zur Entwicklung psychischer Störungen verbunden sind, und die Rhetorik des „unternehmerischen Selbst" in der konkreten beruflichen und privaten Erfahrungswelt auf keine realen Kontrollmöglichkeiten trifft (von Kardoff, 2008, S. 247). Weniger abstrakt ausgedrückt, muss ein wertschätzendes Gesundheitsmanagement in Krankenhäusern auch eher „verborgene Belastungsindikatoren" (oft mit Scham oder Stolz besetzt) aufgreifen, bevor sie zu Risikofaktoren für chronische (besonders psychische) Erkrankungen werden. Dies betrifft das Anspruchsniveau an die eigene Arbeit, Erholungsunfähigkeit, Ressourcenmangel, Distanzmangel, subjektiv empfundenen Druck, Versagensangst, Ohnmachtsgefühle, Zerrissenheit zwischen den eigenen Ansprüchen und Realität sowie eigenen Zielen und denen der Organisation, Empfindungen von Niederlagen, Schuldgefühle etc. (Hien, 2008, S. 268 f.).

Beachtet werden sollte, dass in der Pflegearbeit nicht nur Ursachen von Stress und Krankheit liegen, sondern unter bestimmten Bedingungen – zu denen ein wertschätzendes Gesundheitsmanagement wesentlich beitragen kann – auch Quellen von Gesundheitsförderung und Persönlichkeitsentwicklung entspringen (Glaser & Höge, 2005). Die Optimierung der Arbeits- und Gesundheitssituation von Pflegekräften lässt zudem auch positive wirtschaftliche Effekte für das Krankenhaus, wie Reduktion der Fehlzeiten und Verbesserung der Pflegequalität erwarten (Stab, 2008, S. 120).

Am Ende unserer Betrachtung von Aspekten eines wertschätzenden Gesundheitsmanagements stellt sich die Frage, welche ersten Schritte zu gehen sind, wo Risiken bestehen und welche Visionen hilfreich sein können. Das Ideal in der systemverträglichen Organisationsentwicklung von Kastner (siehe i. d. B.) versucht, wie die amerikanischen „Wertschätzungstheoretiker“ für „Entdeckungen zu ermutigen“, „Visionen zu erzeugen“ und „Zukünfte zu entwerfen“ und darüber hinaus noch in wertschätzenden Gruppen vielfältige Standpunkte zu erhalten, ohne über den „Recht-Haben-Status“ zu autoritär zu werden (Anderson et al., 2004, S. 42-44). Während *Bewertung* immer einen Mangel an Perfektion bedeutet, impliziert *Wertschätzung* durch andere, offen und begeistert kommunizieren zu können, verschiedenartige Ideen zu integrieren, dazu zu motivieren, mehr als das Nötigste zu tun, anderen zu trauen und sie zu schätzen sowie zu Risiken eher bereit zu sein (Anderson et al., 2004, S. 48).

Ein zukunftsfähiges Gesundheitsmanagement in Krankenhäusern kann entsprechend der theoretischen Position von Anderson et al. (2004, S. 46-51) einen Transfer von einer „Kultur der Bewertung“ zu einer „Kultur der Wertschätzung“ einleiten. Für die Umsetzung im Klinikalltag müssen auch mögliche Fallstricke in den gängigen kulturellen und sozialen Bewertungsmustern registriert und konstruktiv aufgegriffen werden (Anderson et al., 2004, S. 47)[7]. Die von Anderson et al. (2004, S. 48-50) genannten Schritte und Beispiele für eine Wertschätzung von Personen, die hier nur stichwortartig aufgegriffen werden, können mitarbeiterorientierte Konzepte des Gesundheitsmanagements in Krankenhäusern inhaltlich bereichern[8]. Wichtig erscheint dabei, dass die vorgeschlagenen Maßnahmen auf die Pflegetätigkeit bezogen und spezifiziert werden.

Der Erfolg eines wertschätzenden und nachhaltigen Gesundheitsmanagements in Krankenhäusern steht im engen Zusammenhang mit folgenden Fragestellungen:

- Kann ein stationsbezogener wie -übergreifender Wertschätzungsprozess die Prävention von beruflichen Gratifikationskrisen (Siegrist, 2002), Burn-out, innere Kündigung etc. bei Pflegekräften reduzieren?
- Können durch Wertschätzung von Gesundheit und Leistung der Mitarbeiter Fehlbeanspruchungen vermieden und nachhaltige Beschäftigungsfähigkeit z.B. messbar über den SelbstCheck Beschäftigungsfähigkeit 2.0 (von Buch & Ruf, 2009, S. 44) gestärkt werden?
- Wird durch Wertschätzungsprozesse die Aufmerksamkeit von Führungskräften für arbeitsbezogene Fähigkeiten und gesundheitsbezogene Bedürfnisse und Wünsche der einzelnen Pflegekräfte (Stordeur et al., 2005, S. 45) erhöht?
- Kann der „Arbeitsfähigkeitsindex“ (gemessen mit WAI), der mit zunehmendem Alter bei Pflegenden abnimmt und in Deutschland sehr gering ist (Camerino et al., 2005) durch Wertschätzungsprozesse bei Pflegenden (besonders Älteren) verbessert werden?
- Kann durch wertschätzende Mitarbeiterführung die „Attraktivität“ (Kennzahl für längere Berufs- und Organisationsbindung, Kostensenkung, qualifizierte Bewerber) einer Pflegeeinrichtung erhöht werden?

[7] Dazu zählen nach Anderson et al. (2004. S. 47) z.B. die Angst vor Bewertung, die Priorität des eigenen Wohlergehens, die Sichtweise, andere als Bedrohung wahrzunehmen.

[8] Aufgegriffen werden soll auch die „Praxis des wertschätzenden Erkundens“, die u.a. das „Prinzip des Positiven“ in den Vordergrund stellt (Freitag, 2004, S. 90).

Ein erfolgreiches wertschätzendes Gesundheitsmanagement wird sich daran messen lassen, ob es dazu beitragen kann, die Stationsorganisation als „zentrale Funktionsstelle eines Krankenhauses“ so zu gestalten, dass gute Arbeitsbedingungen mit rascher und vollständiger Gesundung der Patienten einhergehen. Empirisch gut belegt ist hier, dass auf belastungsgünstig und patientenfreundlich organisierten Stationen u.a. die Vollständigkeit der an einem Patienten ausgeführten Tätigkeiten signifikant positiver erlebt wird und mehr Zuwendungsmöglichkeiten wiederum mit geringer erlebter Belastung in Zusammenhang stehen (Hacker, 2009, S. 283-284).
Da das bisherige betriebliche Gesundheitsmanagement in Krankenhäusern kaum Auswirkungen auf die Reduzierung psychosozialer Belastungen einzelner Berufsgruppen wie z.B. chirurgisch tätige Krankenhausärzte hat (Siegrist et al., 2009), besitzen konzeptionelle Erweiterungen und Innovationen hohe Priorität.
Nur durch Beteiligung aller Betroffenen, Mitarbeiter und Führungskräfte, können die Akteure des Gesundheitsmanagements in Krankenhäusern gute Arbeitsbedingungen schaffen, Misstrauen fördernde Controlling-Bürokratie verhindern, disziplinierende Führungsstile ersetzen und eine wertschätzende Sensibilität für die Befindlichkeit von Beschäftigten entwickeln (Wilde et al., 2010). Sicherlich noch visionär wäre ein produktiver Beitrag eines wertschätzenden Gesundheitsmanagements zur Entbürokratisierung. Notwendig ist dieser allemal, wenn Pflegekräfte von 50% Zeitaufwand für Verwaltungsabläufe berichten (INQA, 2007). Das in einer Studie mit 489 Krankenhäusern nachgewiesene deutliche Verbreitungs- und Umsetzungsdefizit für verhaltens- und verhältnispräventive Maßnahmen der betrieblichen Gesundheitsförderung im Krankenhaus (Knesebeck von dem et al., 2009, S. 194) lässt viel Raum für Innovationen und Weiterentwicklung, zu denen u. E. ein „wertschätzendes Gesundheitsmanagement“ einen nicht unerheblichen Beitrag leisten kann.

Literatur

Anderson, H., Cooperrider, D., Gergen, K.J., Gergen, M.M., McNamee & Whitney, D. (2004). Die Wertschätzende Organisation. In K.G. Deissler & K.J. Gergen (Hrsg.), Die Wertschätzende Organisation (S. 19-58). Bielefeld: Trancript-Verlag.

Arbeitsemotion. In M. Ringlstetter, G. Mueller-Seitz, S. Kaiser (Hrsg.), Positives Management. Zentrale Konzepte und Ideen des Positive Organizational Scholarship (S. 91-113). Wiesbaden: Deutscher Universitäts-Verlag.

Aries, M., & Zuppiger Ritter, I. (1999). Pflegende mit und ohne Burnout: Ein Vergleich. Pflege, 12, 83-88.

Arnold, D. (2009). „Da kann ich nicht ruhig neben einem Patienten stehen“. Zeitdruck im Frauenberuf Pflege. Dr. med. Mabuse Nr. 182. November/Dezember 2009. S. 25-28.

Aust, B., Winding, K., Finken, A. & Simonsen, J. (2009). Betriebliche Gesundheitszirkel in Dänemark – Eine randomisierte, kontrollierte Studie (Abstract). 6. Tagung der Fachgruppe Arbeits- und Organisationspsychologie der Deutschen Gesellschaft für Psychologie in Wien.

Badura, B. (2010). Wege aus der Krise. In B. Badura, H. Schröder & C. Vetter (Hrsg.), Fehlzeiten-Report 2009 (S. 3-11). Heidelberg: Springer-Verlag.

Badura, B., Schröder, H., Klose, J. & Macco, K. (Hrsg.) (2009). Fehlzeiten-Report 2009. Arbeit und Psyche: Belastungen reduzieren – Wohlbefinden fördern. Berlin u.a.: Springer-Verlag.

Bakker, A. B., Killmer, C. H., Siegrist, J. & Schaufeli, W. (2000). Effort-reward imbalance and burnout among nurses. Journal of Advanced Nursing, 3, 884-891.

Barrick, M. R., Mount, M. K. & Judge, T.A. (2001). Personality and job performance at the beginning of the new millennium: What do we know and where do we got next? International Journal of Selection and Assessment, 9, 9-30.

Bauer, R. (2004). Beziehungspflege: Professionelle Beziehungsarbeit für Gesundheitsberufe. Unterostendorf: Ibicura.

Beermann, B. (2010). Nacht- und Schichtarbeit. In B. Badura, H. Schröder, J. Klose & K. Macco (Hrsg.), Fehlzeiten-Report 2009. Heidelberg: Springer-Verlag.

Bergmann, B., Pietrzyk, U. & Richter, F. (2007). Gesundheitsförderung und Lernförderung im Arbeitsprozess – zwei Seiten derselben Medaille. In P. G. Richter, R. Rau & S. Mühlpfordt (Hrsg.), Arbeit und Gesundheit. Zum aktuellen Stand in einem Forschungs- und Praxisfeld (S. 197-209). Lengerich: Pabst Science Publishers.

Berking, M. (2008). Training emotionaler Kompetenzen. TEK – Schritt für Schritt. Heidelberg: Springer-Verlag.

Berset, M., Semmer, N. & Elfering, A. (2009). Work characteristics as predictors of physiological recovery on weekends. Scandinavian journal of work, environment & health, 35 (3), 188-192.

BKK Gesundheitsreport (2009). Gesundheit in Zeiten der Krise. BKK Bundesverband. Berlin.

BKK Bundesverband (Hrsg.) (2008). BKK Gesundheitsreport 2008. Essen.

Blass, K. (2008). Einsatz von Langzeitarbeitslosen in der stationären Altenpflege. Forschungsprojekt F 2182. Bundesanstalt für Arbeitsschutz und Arbeitsmedizin. Dortmund/Berlin/Dresden.

Blum, K. (2004). Wiedereinstieg ehemals berufstätiger Pflegekräfte in den Pflegeberuf. Abschlussbericht. Forschungsprojekt des Deutschen Krankenhausinstituts im Auftrag der Katholischen Fachhochschule Freiburg mit Unterstützung der Krankenhausgesellschaft Baden-Württemberg. Düsseldorf: Deutsches Krankenhausinstitut e.V.

Boggild, H. & Jeppesen, H.J. (2001). Intervention in shift scheduling and changes in biomarkers of heart disease in hospital wards. Scandinavian Journal of Work, Environment & Health, 27, 87-96.

Boltz, J. & Fischbach, A. (2009). Effekte geteilter Emotionen am Arbeitsplatz (Abstract). 6. Tagung der Fachgruppe Arbeits- und Organisationspsychologie der Deutschen Gesellschaft für Psychologie in Wien.

Bröckling, U. (2007). Das unternehmerische Selbst. Soziologie einer Subjektform. Frankfurt a.M.: Suhrkamp-Verlag.

Buch von, E. & Ruf, U.P. (2009). Beschäftigungsfähigkeit für den demografischen Wandel. Bielefeld: Hans-Böckler-Stiftung.

Bundesanstalt für Arbeitsschutz und Arbeitsmedizin (2009). Ausschreibung für Forschungsprojekt „Entwicklung und Erprobung eines kriteriengeleiteten Bewertungs- und Gestaltungsverfahrens für die Stationsorganisation im Krankenhaus“. Berlin.

Bundesministerium für Gesundheit (2009). Zweiter Pflegegipfel – Maßnahmen für bessere Pflege im Krankenhaus. 2. April 2009. Pressemitteilung.

Büntgen, M. (2009). Betriebliche Gesundheitsförderung für Männer und Frauen am Beispiel „Stress“. Forschungsinformationsdienst 3/2009 der Hans-Böckler-Stiftung, Düsseldorf.

Busch, C., Lück, P. & Ducki, A. (2010). ReSuM: Stress- und Ressourcenmanagement für Geringqualifizierte. In B. Badura, H. Schröder, C. & Vetter (Hrsg.), Fehlzeiten-Report 2009. Zahlen, Daten, Analysen aus allen Branchen der Wirtschaft (S. 205-213). Berlin: Springer.

Büssing, A. & Glaser, J. (2003). Interaktionsarbeit in der personenbezogenen Dienstleistung In A. Büssing & J. Glaser (Hrsg.), Dienstleistungsqualität und Qualität des Arbeitslebens im Krankenhaus (Reihe: Organisation und Medizin) (S. 131-148). Göttingen: Hogrefe.

Büssing, A., Giesenbauer, B., Glaser, J. & Höge, T. (2000). Ambulante Pflege: Arbeitsorganisation, Anforderungen und Belastungen. (Eine Pilotstudie mit Erfahrungsberichten). Schriftenreihe der Bundesanstalt für Arbeitsschutz und Arbeitsmedizin. Fb 902. Dortmund/Berlin.

Centre for health Service Management (2007). Gluing it together: Nurses, Their Work Environment and Patient Safety. University of Technology Sydney.

Deutscher Berufsverband für Pflegeberufe (DBfK) (2008). DBFK Presseinformation zum Start der Kampagne „Uns reicht's!" am 22. November 2007. http://www.dbfk.de/index.php?subaction=showfull&id=1195724130&archive=&start_from=&ucat=10&, Download vom 20.08.2008.

DNGfK. (1997). Wiener Empfehlungen zu Gesundheitsfördernden Krankenhäusern. Wien. http://www.dngfk.de/downloads/

Dörring, A., Hirksekorn, B. & Timmer, A. (2007). Entwicklung des Qualitätsmanagements in der psychiatrischen Behandlung. In C. Scheepers, U. Steding-Albrecht & P. Jehn (Hrsg.), Ergotherapie: Vom Behandeln zum Handeln. 3. Aufl. Stuttgart: Thieme-Verlag.

Dworschak, B., Buck, H. & Schletz, A. (2006). Building workplaces in line with the ageing process. In T. Tikkanen (Hrsg.), Promoting lifelong learning for older workers: An international overview (S. 208-223). Luxembourg: Office for Official Publications of the European Communities.

Emmermacher, A. (2009). Gesundheitsmanagement und Weiterbildung. Eine praxisorientierte Methodik zur Steuerung, Qualitätssicherung und Nutzenbestimmung. Wiesbaden: Gabler-Verlag.

Evers, W., Tomic, W. & Brouwers, A. (2002). Aggressive behaviour and burnout among staff of homes for the elderly. International Journal of Mental Health Nursing, 11, 2-9.

Fischbeck, S. & Lauterbach, W. (2005). Arbeitssituation und Mitarbeiterzufriedenheit in einem Universitätsklinikum: Entwicklung von Messinstrumenten für ärztliches und pflegerisches Personal. Zeitschrift für Psychotherapie, Psychosomatik und Medizinische Psychologie, 55, 305-314.

Fischer, A.W. (2006). Beanspruchungsmuster im Pflegeberuf. Eine Studie an österreichischem Pflegepersonal im Schnittpunkt von persönlichkeits-, gesundheits- und arbeitspsychologischen Herangehen. Dissertation. Universität Potsdam, Institut für Psychologie.

Frevel, A. (2009). Wie sehen Erfolgsbeispiele im Präventiven Arbeits- und Gesundheitsschutz aus? In K. Henning, I. Leisten & F. Hees (Hrsg.), Innovationsfähigkeit stärken – Wettbewerbsfähigkeit erhalten. Präventiver Arbeits- und Gesundheitsschutz als Treiber (S. 65-69). Aachen: Mainz-Verlag.

Frey, D. (2007). Wirtschaftspsychologie. Göttingen: Hogrefe.

Fuchs, T. (2010). Der DGB-Index Gute Arbeit. In B. Badura, H. Schröder, J. Klose & K. Macco (Hrsg.), Fehlzeiten-Report 2009. Zahlen, Daten, Analysen aus allen Branchen der Wirtschaft (S. 175-196). Berlin: Springer.

Gamber, T. & Börkircher, M. (2008). Vereinbarkeit von Familien- und Berufsleben bei der Gestaltung flexibler Arbeitszeiten. In Mittelpunkt Mensch (Hrsg.), Deutscher Studienpreis (S. 227-247). Wiesbaden: VS Verlag für Sozialwissenschaften.

Glaser, J. & Höge, T. (2005). Spezifische Anforderungen und Belastungen personenbezogener Krankenhausarbeit. In B. Badura, H. Schellschmidt & C. Vetter (Hrsg.), Fehlzeiten-Report 2004. Zahlen, Daten, Analysen aus allen Branchen der Wirtschaft (S. 51-64). Berlin: Springer.

Gouthier, M. H. J. (2006). Produzentenstolz von Dienstleistern als positive Arbeitsemotion. In Ringlstetter, M. Kaiser, S. & Müller-Seitz, G. (Hrsg.), Positives Management. Zentrale Konzepte und Ideen des Positive Organizational Scholarship (S. 91-113). Wiesbaden: Gabler.

Gunkel, L. & Szpilok, M. (2010). Betriebliche Intervention und Prävention bei Konflikten und Mobbing. In B. Badura, H. Schröder, J. Klose & K. Macco (Hrsg.), Fehlzeiten-Report 2009. Zahlen, Daten, Analysen aus allen Branchen der Wirtschaft (S. 215-226). Berlin: Springer.

Günter, B. (1997). Zwischen Klinikleitbild und Pflegeleitbild – systemisches Denken als Hilfe zur Leitbildentwicklung. In R. Klein & G. M. Borsi (Hrsg.), Pflegemanagement als Gestaltungsauftrag (S. 29-48). Frankfurt am Main: Lang, zitiert nach: Stab, N. (2008). Form und Wirkung der Arbeitsorganisation in der stationären Krankenpflege. Dissertationsschrift. Technische Universität Dresden.

Hacker, W. (2009). Arbeitsgegenstand Mensch: Psychologie dialogisch-interaktiver Erwerbsarbeit. Ein Lehrbuch. Lengerich: Pabst Science Publishers.

Hasselhorn, H.-M., Tackenberg, P. & Müller, B.H. (2005b). Warum will Pflegepersonal in Europa die Pflege verlassen. In H.-M. Hasselhorn, B.H. Müller, P. Tackenberg, A. Kümmerling & M. Simon (Hrsg.), Berufsausstieg bei Pflegepersonal (S. 124-134). Schriftenreihe der Bundesanstalt für Arbeitsschutz und Arbeitsmedizin. Dortmund/Berlin/Dresden.

Hasselhorn. H.-M., Tackenberg, P. Büscher, A. Stelzig, S., Kümmerling, A. & Müller, B.H. (2005a). Wunsch nach Berufsaustieg bei Pflegepersonal in Deutschland. In H.-M. Hasselhorn, B.H. Müller, P. Tackenberg, A. Kümmerling & M. Simon (Hrsg.), Berufsausstieg bei Pflegepersonal (S. 135-146). Schriftenreihe der Bundesanstalt für Arbeitsschutz und Arbeitsmedizin. Dortmund/Berlin/Dresden.

Haupt, C. M. (2010). Der Zusammenhang von Arbeitsplatzunsicherheit und Gesundheitsverhalten in einer bevölkerungsrepräsentativen epidemiologischen Studie. In B. Badura, H. Schröder, J. Klose & K. Macco (Hrsg.),. Fehlzeiten-Report 2009. Zahlen, Daten, Analysen aus allen Branchen der Wirtschaft (S. 101-106). Berlin: Springer.

Hauser, F. & Pleugner, F. (2010). Great Place to Work: Ein Arbeitsplatz, an dem man sich wohl fühlt. In B. Badura, H. Schröder, J. Klose & K. Macco (Hrsg.), Fehlzeiten-Report 2009. Zahlen, Daten, Analysen aus allen Branchen der Wirtschaft (S. 197-204). Berlin: Springer.

Hauser, F. (2008). Unternehmenskultur, Gesundheit und wirtschaftlicher Erfolg in den Unternehmen in Deutschland – Ergebnisse eines Forschungsprojekts des Bundesinnenministeriums für Arbeit und Soziales. In B. Badura, H. Schröder & C. Vetter (Hrsg.), Fehlzeiten-Report 2008. Zahlen, Daten, Analysen aus allen Branchen der Wirtschaft (S. 187-194). Berlin: Springer.

Herms, I. & Glaser, J. (2009). „Man muss immer freundlich bleiben" – Analyse und Verbesserung von Emotionsarbeit in der Altenpflege. (Abstract). 6. Tagung der Fachgruppe Arbeits- und Organisationspsychologie der Deutschen Gesellschaft für Psychologie in Wien.

Hien, W. (2008). Arbeit und psychische Erkrankungen: Vorschläge für eine vertiefende und selbstreflexive wissenschaftliche Diskussion. In W. Hien & W. Bödecker (Hrsg.), Frühberentung als Folge gesundheitsgefährdender Arbeitsbedingungen? (S. 255-274). Betriebliches Gesundheitsmanagement und Prävention arbeitsbedingter Gesundheitsgefährdungen. Band 35. Bremerhaven: Wirtschaftsverlag NW.

Hien, W. (2009). Pflegen bis 67: Älter werden und Gesundheit im Pflegeberuf. Gute Arbeit, Zeitschrift für Gesundheitsschutz und Arbeitsgestaltung, S. 36-39.

Hilbert, J. (2009). Flexibilisierung und Leiharbeit in der Pflege. Forschungsinformationsdienst 3/2009 der Hans-Böckler-Stiftung, Düsseldorf.

Höge, T (2005). Salutogenese in der ambulanten Pflege – Zum Zusammenhang zwischen organisationalen Ressourcen, erlebter Fairness, Kohärenzsinn und der psychophysischen Gesundheit von ambulanten Pflegekräften. Zeitschrift für Gesundheitspsychologie, 13 (1), 3-11.

Holz, M. (2005). Soziale Belastungen und soziale Ressourcen in Beziehungen mit Vorgesetzten, Kollegen und Kunden. Praxis Klinische Verhaltensmedizin und Rehabilitation, 18, 94-100.

Honneth, A. (2003). Kampf um Anerkennung. Zur moralischen Grammatik sozialer Konflikte. Frankfurt a. M.: Suhrkamp-Verlag.

Ilmarinen, J. (1999). Ageing Workers in the European Union – Status and Promotion of work ability, employability and employment. Finnish Institute of Occupational Health, Ministry of Social Affairs and Health, Ministry of Labour, Helsinki, Finland.

Ilmarinen, J. (2007). The Work Ability Index (WAI). Occupational Medicine, 57, 160.

INEUVO (2008). „Innovationsförderung durch die Entwicklung von Facetten der Unternehmenskultur in vernetzten Organisationen. Abschlussbericht im Rahmen des BMBF-Programms: Entwicklungsfaktoren für den Auf- und Ausbau innovationsförderlicher Unternehmen u. Milieus". TU Dortmund.

Initiative Neue Qualität der Arbeit (INQA) (2007). Für eine neue Qualität der Arbeit in der Pflege – Leitgedanken einer Gesunden Pflege – Memorandum. Dortmund/Dresden.

Institut für Demoskopie Allensbach (2005). Ärzte vom Allensbacher Berufsprestige – Skala. In Allensbacher Berichte, Nr. 12.

Iseringhausen, O. (2010). Psychische Belastungen und gesundheitliches Wohlbefinden von Beschäftigten im Krankenhaus. In B. Badura, H. Schröder, J. Klose & K. Macco (Hrsg.), Fehlzeiten-Report 2009. Zahlen, Daten, Analysen aus allen Branchen der Wirtschaft (S. 117-128). Berlin: Springer.

Isfort, M. (2007). Bezugspflege im Krankenhaus – oder wie gut funktioniert eine Illusion? Pflege Bulletin, 8 (1), 1-6.

Isfort, M. (2007). Pflege-Thermometer 2007. Gesundheitsgefährdung durch Personalabbau im Krankenhaus. CNE, 2 (4), 15.

Isfort, M. (2008a). Patientenklassifikation und Personalbemessung auf Intensivstationen (Teil 1). Intensiv, 16 (5), 269-273.

Isfort, M. (2008b). Wenn die Arbeit zur Last wird. Die Schwester/Der Pfleger, 47 (6), 498-500.

Isfort, M. (2008c). Akademisch oder nicht? – Welches Pflegepersonal brauchen wir? Statements. Die Schwester/Der Pfleger, 47 (2), 114.

Isfort, M. (2008d). Patientenklassifikation & Personalbemessung in der Pflege. Grundlagen und Studienergebnisse. Monsenstein und Vannerdat.

Isfort, M. (2008e). Pflegeleistungsspektrum in der Diskussion. Krankendienst, 5, 129-137.

Isfort, M. (2009). Personalbemessung auf Intensivstationen. Der lange Weg zur Transparenz. PflegenIntensiv, 3 (2), 36-40.

Isfort, M. & Weidner, F. (2007). Pflege-Thermometer 2007. Eine bundesweite repräsentative Befragung zur Situation und zum Leistungsspektrum des Pflegepersonals sowie zur Patientensicherheit im Krankenhaus. Herausgegeben von: Deutsches Institut für angewandte Pflegeforschung e.V. (dip), Köln. http://www.dip.de/fileadmin/data/pdf/material/Pflege-Thermometer2007.pdf, Download vom 16.02.2010.

Isfort, M., Weidner, F., Messner, T. & Zinn, W. (2004). Pflege-Thermometer 2004. Frühjahrsbefragung zur Personalsituation, zu Rahmenbedingungen und zum Leistungsspektrum der ambulanten Pflegedienste in Deutschland. Herausgegeben von Deutsches Institut für angewandte Pflegeforschung e.V. (dip), Köln. http://www.dip.de/fileadmin/data/pdf/material/Pflege-Thermometer2004.pdf, Download vom 19.05.2010.

Kaletta, B. (2008). Anerkennung oder Abwertung. (Über die Verarbeitung sozialer Desintegration). Wiesbaden: VS Verlag für Sozialwissenschaften.

Karasek, R. A. & Theorell, T. (1990). Healthy Work. Stress, Productivity, and the Reconstruction of Working Life. New York: Basic Books.

Kastner, M. (2007). Vertrauensfehlerlerninnovationsgesundheitskultur zur Förderung von Kultursynergien und Meidung von Kulturkonflikten. In M. Kastner, E. Neumann-Held & C. Reick (Hrsg.), Kultursynergien oder Kulturkonflikte (S. 182-210). Lengerich: Pabst Science Publishers.

Kesting, M. (2009). Präsentismus, Stress und Burnout im Pflegeberuf. (Abstract). 6. Tagung der Fachgruppe Arbeits- und Organisationspsychologie der Deutschen Gesellschaft für Psychologie in Wien.

Kiehling, S. & Schwald, B. (2007). FAIR FÜHREN – Theoretische Grundüberlegungen und Hintergrundinformationen zur Konzeption des Führungstrainings. LMU München. http://www.fuehren-durchfairness.de/download/fair_fuehren_SKiehling_BSchwald.pdf, Download vom 19.05.2010.

Klauber, J., Robra, B.-P. & Schellschmidt, H. (2005). Krankenhausreport 2005. Schwerpunkt: Wege zur Integration. Stuttgart: Schattauer.

Klendauer, R., Streicher, B., Jonas, E. & Frey, D. (2006). Fairness und Gerechtigkeit. In H.-W. Bierhoff & D. Frey (Hrsg.), Handbuch der Sozialpsychologie und Kommunikationspsychologie (S. 187-195). Göttingen: Hogrefe.

Knesebeck von dem, O., Grosse Frie, K, Blum, K. & Siegrist, J. (2009). Psychosoziale Arbeitsbelastungen, Patientenversorgung und betriebliche Gesundheitsförderung im Krankenhaus – Eine Befragung von Ärzten und Krankenhäusern – Projekt der Hans-Böckler-Stiftung.

Knuth, M. (2008). Zu jung und gesund für die Rente, zu alt und krank für den Arbeitsmarkt? Datenpuzzle und Denkanstoß. In W. Hien & W. Bödecker (Hrsg.), Frühberentung als Folge gesundheitsgefährdender Arbeitsbedingungen? (S. 43-60). Betriebliches Gesundheitsmanagement und Prävention arbeitsbedingter Gesundheitsgefährdungen. Band 35. Bremerhaven: Wirtschaftsverlag NW.

Kuhnert, P. & Kastner, M. (2006). Chancen und Grenzen arbeitsmarktintegrativer Gesundheitsförderung am Beispiel der Job-Fit-Evaluationsstudie. In A. Hollederer & H. Brand (Hrsg.), Arbeitslosigkeit, Gesundheit und Krankheit (S. 123-135). Bern: Huber.

Kuhnert, P. & Kastner, M. (2009). Gesundheits- und beschäftigungsorientierte Beratung bei Arbeitslosigkeit – Das Konzept der Stabilisierenden Gruppen. In A. Hollederer (Hrsg.), Gesundheit von Arbeitslosen fördern. Ein Handbuch für Wissenschaft und Praxis (S. 203-229). Frankfurt a. M.: Fachhochschulverlag.

Kuhnert, P., Bernds, E., Spahlinger, P. Kaczerowski, M., Höcke, A. & Kastner, M. (2008). Handbuch Stabilisierende Gruppen. Ein Praxisratgeber für die Einzel- und Gruppenberatung mit ALG-II-Empfängern. Bundesministerium für Arbeit und Soziales. Bonn: Druck Mannheim.

Kuhnert, P., Hinding, B., Fesenfeld, A. & Kastner, M. (2010). Dienstleistungsqualität durch professionelle Arbeit – Produzentenstolz durch Wertschätzung (ProWert). Band des DLR für Dienstleistungstagung des BMBF am 22. u. 23. April 2010 in Berlin.

Lebrenz, C. (2007). Chancen für mehr Transparenz und Partizipation. (Führung nach dem Prinzip der prozeduralen Gerechtigkeit). Personalführung 4.

Lüttecke, H. (2003). Pflege und Öffentlichkeit – Pflegerische Leistungen sind kaum bekannt. Die Schwester/Der Pfleger, 47 (7), 538-541.

Marrs, K. (2007). Ökonomisierung gelungen, Pflegekräfte wohlauf? WSI Mitteilungen, 9, 502-507.

Meschkutat, B., Stackelbeck, M. & Langenhoff, G. (2002). Der Mobbing-Report – Eine Repräsentativstudie für die Bundesrepublik Deutschland. Dortmund/Berlin.

Metz, A-M., Neuhaus, K. & Kunze, D. (2006). Gesund pflegen im Krankenhaus. (Nachhaltige Reduzierung psychischer Fehlbelastung von Krankenpflegekräften durch Gesundheitsförderung). INQA-Bericht 12. Dortmund.

Metzger, J. (2009). Kann man sich in seinen Job verlieben? Psychologie heute, 7, 72-77.

Mossig, M. (2010). Pflegeberufe sind besser als ihr Ruf. Pressemitteilung der Universität Bremen v. 27.01.2010.

Müller, B. (2009). Betriebliches Gesundheitsmanagement im System Krankenhaus – Bestandsaufnahme und Ausblick. Forschungsinformationsdienst 3/2009 der Hans-Böckler-Stiftung, Düsseldorf.

Nerdinger, F. W., Blickle, G. & Schaper, N. (2008). Arbeits- und Organisationspsychologie. Heidelberg: Springer-Verlag.

Niehaus, M., Marfels, B. & Jakobs, A. (2009). Arbeitslosigkeit verhindern durch Betriebliches Eingliederungsmanagement: Individuelle, betriebliche und ökonomische Nutzenaspekte. In A. Hollederer (Hrsg.), Gesundheit von Arbeitslosen fördern. Ein Handbuch für Wissenschaft und Praxis. (S. 371-390). Frankfurt a. M.: Fachhochschulverlag.

Nolting, H.-D., Grabbe, Y., Genz, H. & Kordt, M. (2006). Beschäftigungsfluktuationen bei Pflegenden. Ein Vergleich der Bedeutung von arbeitsbedingtem Stress, organisationalen und individuellen Faktoren für die Absicht zum Berufswechsel und zum innerberuflichen Arbeitsplatzwechsel. Pflege, 19, 108-115.

Oppolzer, A. (2010). Gesundheitsmanagement im Betrieb. Integration und Koordination menschengerechter Gestaltung der Arbeit. Hamburg: VSA-Verlag.

Orthmann, A., Gunkel, L., Schwab, K. & Grobmeyer, E. (2010). Betriebliche Intervention und Prävention bei Konflikten und Mobbing. In B. Badura, H. Schröder, J. Klose & K. Macco (Hrsg.), Fehlzeiten-Report 2009. Zahlen, Daten, Analysen aus allen Branchen der Wirtschaft (S. 227-239). Berlin: Springer.

Paul, T. & Otto, K. (2006). Mit emotionaler Kompetenz führen und Vertrauen aufbauen. Wirtschaftspsychologie aktuell, 13, 37-40.

Pramann, K. (2008). Nicht nur die Person verändern, sondern auch die Institutionen, die sie umgeben. In W. Hien & W. Bödecker (Hrsg.), Frühberentung als Folge gesundheitsgefährdender Arbeitsbedingungen? (S. 203-220). Betriebliches Gesundheitsmanagement und Prävention arbeitsbedingter Gesundheitsgefährdungen. Band 35. Bremerhaven: Wirtschaftsverlag NW.

Projektgruppe PflegeWert (2009). Zum Zusammenhang von Wertschätzung, Produzenten- und Arbeitsstolz im Rahmen des Projektes „PflegeWert“ (Diskussionspapier Nr. 1). Würselen, Köln, Gmünd im Dezember 2009.

Rausch, K. (2007) Strukturbrüche in der Arbeitsorganisation von Krankenhäusern, daraus resultierende Konflikte und ihre kulturelle Überformung. In K. Rausch, A. Näpel & R. Kröger (Hrsg.), Organisation gestalten. Struktur mit Kultur versöhnen (S. 328-373). Band zur 13. Tagung der Gesellschaft für angewandte Wirtschaftspsychologie e.V. am 2. und 3. Februar 2007 in der FH Osnabrück. Lengerich: Pabst Science Publishers.

Richter, F. (2009). Transformationale Führung und der Erhalt von Leistungsfähigkeit und Leistungsbereitschaft über die Spanne des Erwerbslebens. (Abstract). 6. Tagung der Fachgruppe Arbeits- und Organisationspsychologie der Deutschen Gesellschaft für Psychologie in Wien.

Rixgens, P. (2010). Messung von Sozialkapital im Betrieb durch den Bielefelder Sozialkapital-Index (BISI). In B. Badura, H. Schröder, J. Klose & K. Macco (Hrsg.), Fehlzeiten-Report 2009. Zahlen, Daten, Analysen aus allen Branchen der Wirtschaft (S. 263-270). Berlin: Springer.

Robitaille, D. & Whelchel, C. (2005). Take PRIDE in Your Clinical Ladder. Nursing Management, 36 (1), 16.

Rosenbrock, R. (2006). Das Gesetz zur Stärkung der gesundheitlichen Prävention. Ein Regelungsversuch. Prävention und Gesundheitsförderung, 1 (1), 6-11.

Roßbach, M., Hausmann, E. & Deller, J. (2009). Personalführung im demografischen Wandel – ein Workshopkonzept zum Abbau von Altersstereotypen bei Führungskräften. (Abstract). 6. Tagung der Fachgruppe Arbeits- und Organisationspsychologie der Deutschen Gesellschaft für Psychologie in Wien.

Ruf, U. P. (2009). Betriebliche Beschäftigungsfähigkeit im demografischen Wandel. Forschungsinformationsdienst 2/2009 der Hans-Böckler-Stiftung, Düsseldorf.

Scheuch, K. & Seibt, R. (2007). Arbeits- und persönlichkeitsbedingte Beziehungen zu Burnout – eine kritische Betrachtung. In P. G. Richter, R. Rau &. S. Mühlpfordt (Hrsg.), Arbeit und Gesundheit. Zum aktuellen Stand in einem Forschungs- und Praxisfeld (S. 42-54). Lengerich: Pabst Science Publishers.

Schirmer, M. (2002). Undank ist der Welten Lohn? Zu den Risikofaktoren für eine koronare Herzkrankheit: Arbeitsbelastung und Typ-A-Verhalten. Dissertation. Universität Zürich, Philosophische Fakultät.

Schlechtriemen-Koß, A. (2009). Jetzt wird wieder in die Hände gespuckt... Reorganisation einer Station. Dr. med. Mabuse Nr. 182, November/Dezember 2009, S. 35-38.

Schwewe, A. & Hülsheger, U. R. (2009). Auswirkungen von Emotionen am Arbeitsplatz. (Abstract). 6. Tagung der Fachgruppe Arbeits- und Organisationspsychologie der Deutschen Gesellschaft für Psychologie in Wien.

Sebald, H. & Enneking, A. (2006). Was Mitarbeiter bewegt. Personal, 58 (5), 40-42.

Semmer, N. K. & Jacobshagen, N. (2003). Selbstwert und Wertschätzung als Themen der arbeitspsychologischen Stressforschung. In K. C. Hamborg & H. Holling (Hrsg.), Innovative Personal- und Organisationsentwicklung (S. 131-155). Göttingen: Hogrefe.

Siegrist, J. & Rödel (2005). Arbeitsbelastungen im Altenpflegeberuf unter besonderer Berücksichtigung der Wiedereinstiegsproblematik. Zusammenfassung der Ergebnisse einer Literaturrecherche und bibliographische Hinweise. Köln: Institut für Betriebliche Gesundheitsförderung BGF.

Siegrist, J. (1996). Soziale Krisen und Gesundheit. Göttingen: Hogrefe.

Siegrist, J. (2002). Reducing social inequalities in health: Work-related strategies. Scandinavian Journal of Public Health, 30, 49-53.

Siegrist, J., Blum, K., Knesebeck von dem, O. & Grosse Frie, K. (2009). Psychosoziale Arbeitsbelastungen und Patientenversorgung – Eine Befragung von ÄrztInnen und Mitarbeitervertretungen in Krankenhäusern. Forschungsinformationsdienst 2/2009 der Hans-Böckler-Stiftung, Düsseldorf.

Siegrist, J., Dragano, N. & Wahrendorf, M. (2010). Arbeitsbelastungen und psychische Gesundheit bei älteren Erwerbstätigen: Die Bedeutung struktureller Intervention. In B. Badura, H. Schröder, J. Klose & K. Macco (Hrsg.), Fehlzeiten-Report 2009. Zahlen, Daten, Analysen aus allen Branchen der Wirtschaft (S. 167-174). Berlin: Springer.

Simon, M. (2008). Pflegepersonalmangel im Krankenhaus. Eine Multilevelanalyse von Berufsausstiegs- und Einrichtungswechselabsicht. Dissertation. Bergische Universität Wuppertal.

Simon, M., Hasselhorn, H-M. & Kümmerling, A. (2004). Arbeit- und Familienkonflikt bei europäischem Pflegepersonal. (Eine Analyse der Daten der europäischen NEXT-Studie). Universität Wuppertal.

Simons, T. & Roberson, Q. (2003). Why managers should care about fairness: The effects of aggregate justice perceptions on organizational outcomes. Journal of Applied Psychology, 88 (3), 432-443.

Sing, D. & Landauer, G. (2006). Förderung von Interaktionsarbeit in der Praxis – Erfahrungen der betrieblichen Erprobung im Altenpflegeheim. In F. Böhle & J. Glaser (Hrsg), Arbeit in der Interaktion – Interaktion als Arbeit. Arbeitsorganisation und Interaktionsarbeit in der Dienstleistung (S. 107-129). Wiesbaden: VS Verlag für Sozialwissenschaften.

Solga, M. (2008). Konflikte in Organisationen. In F.W. Nerdinger, G. Blickle & N. Schaper (Hrsg.), Arbeits- und Organisationspsychologie (S. 121-134). Heidelberg: Springer-Verlag.

Southwick, S., Vythilingam, M. & Charney, D. (2006). The psychobiology of depression and resilience to stress: implications for prevention and treatment. Annual Review of Clinical Psychology, 2, 255-291.

Spahlinger, P. & Kuhnert, P. (2008). „In der Bahn bleiben" – Ein Praxisratgeber für langzeitarbeitslose Frauen und Männer (Bericht der Technischen Universität Dortmund für das BMAS).

Stab, N. & Hacker, W. (2007). Gibt es unterschiedlich effiziente Organisationsformen in der stationären Krankenpflege? In P. G. Richter, R. Rau & S. Mühlpfordt (Hrsg.), Arbeit und Gesundheit. Zum aktuellen Stand in einem Forschungs- und Praxisfeld (S. 163-177). Lengerich: Pabst Science Publishers.

Stab, N. (2008). Form und Wirkung der Arbeitsorganisation in der stationären Pflege. Dissertationsschrift. Dresden.

Statistisches Bundesamt (2009). Homepage: http://www.destatis.de/jetspeed/portal/cms/Sites/destatis-/Internet/DE/Presse/pm/2009/09/PD09__323__231,templateId=renderPrint.psml Pressemitteilung Nr. 323 vom 02.09.2009.

Stecker, C. (2008). Erhalt der Arbeitsfähigkeit: Praktische Erfahrungen zum alters- und alternsgerechten Arbeiten. In W. Hien & W. Bödecker (Hrsg.), Frühberentung als Folge gesundheitsgefährdender Arbeitsbedingungen? (S. 163-181). Betriebliches Gesundheitsmanagement und Prävention arbeitsbedingter Gesundheitsgefährdungen. Band 35. Bremerhaven: Wirtschaftsverlag NW.

Stordeur, S. et al. (2005). Führungsqualität, Arbeitszufriedenheit und berufliche Bindung von Pflegekräften. In H.-M. Hasselhorn, B. H. Müller, P. Tackenberg, A. Kümmerling & M. Simon (Hrsg.), Berufsausstieg bei Pflegepersonal (S. 30-48). Schriftenreihe der Bundesanstalt für Arbeitsschutz und Arbeitsmedizin. Dortmund/Berlin/Dresden.

Stöver, M., Schmitt, S., Bombali, J., Schwanke, A. & Görres, S. (2010). Qualitätskriterien für Best Practice in der Pflegeausbildung – Synopse evaluierter Modellprojekte. Abschließender Projektbericht. Universität Bremen.

Streicher, B. & Frey, D. (2010). Betriebliche Intervention und Prävention bei Konflikten und Mobbing. In B. Badura, H. Schröder, J. Klose & K. Macco (Hrsg.), Fehlzeiten-Report 2009. Zahlen, Daten, Analysen aus allen Branchen der Wirtschaft (S. 129-135). Berlin: Springer.

Swanson, K. (1999). What is known about Caring in nursing research: A literary metaanalysis. In A. S. Hinshaw, S. Feetham & J. Shaver (Eds.), Handbook of clinical nursing research (pp. 31-60). Thousand Oaks: Sage, zitiert nach: Stab, N. (2008). Form und Wirkung der Arbeitsorganisation in der stationären Krankenpflege. Dissertationsschrift. Technische Universität Dresden.

Taylor, P.J., Russ-Eft, D.F. & Chan, D.W.L. (2005). A meta-analytic review of behaviour modelling training. Journal of Applied Psychology, 90, 692-709.

Teigeler, B. (2007). Wie zufrieden sind Sie mit Ihrem Beruf? Die Schwester/Der Pfleger, 46 (5), 329-393.

Teusch & Schmitz (2009). Gefährliche Pflege in unserer Region. http://www.menschenwuerdige-pflege.de/Umfrage-Ergebniss-gefaehrliche-pflege.pdf (Download vom 08.12.2009).

Theobald, H. & Preuß, M. (2009). Kontinuierliche Erwerbstätigkeit in der Pflege. Ein deutsch-schwedischer Vergleich. Forschungsinformationsdienst 3/2009 der Hans-Böckler-Stiftung, Düsseldorf.

Tummers, G.E.R., Landeweerd, J. A. & van Merode, G.G. (2002). Organization, work and work reactions: A study of the relationship between organizational aspects of nursing and nurses work characteristics and work reactions. Scandinavian Journal of Caring Sciences, 16, 52-58

Veith, T. & Schweizer, J. (2009). Das große Ganze – Betriebliches Gesundheitsmanagement. Personalwirtschaft, 36 (8), 30-32.

von Kardoff, E. (2008). Psychische Erkrankungen in der neuen Arbeitswelt – soziologische Anmerkungen zu einer säkulären Entwicklung. In W. Hien & W. Bödecker (Hrsg.), Frühberentung als Folge gesundheitsgefährdender Arbeitsbedingungen? (S. 221-253). Betriebliches Gesundheitsmanagement und Prävention arbeitsbedingter Gesundheitsgefährdungen. Band 35. Bremerhaven: Wirtschaftsverlag NW.

Wagner-Fallasch, E. (2009). Arbeitszeiten ohne Ende – Arbeitszeiten bei KlinikärztInnen. Dr. med. Mabuse, 182, November/Dezember 2009.

Walter, S., Michaelis, B., Sonntag, K. & Stegmaier, R. (2009). Die Auswirkungen transformationaler Führung auf Stress, Burnout und das Wohlbefinden von Mitarbeitern – Eine Metaanalyse. (Abstract). 6. Tagung der Fachgruppe Arbeits- und Organisationspsychologie der Deutschen Gesellschaft für Psychologie in Wien.

Wegner, R., Kostova, P. & Poschadel, B. (2009). Belastung und Beanspruchung von Krankenhausärzten/-innen. Ergebnisse einer aktuellen Erhebung. Arbeitsmedizin, Sozialmedizin, Umweltmedizin, 44 (7), 389-398.

Weigl, M. & Glaser, J., Hornung, S. & Angerer, P. (2009). Beteiligungsorientierte Arbeit im Krankenhaus: Intervention und Evaluation eines Interventions-Kontrollgruppen-Designs (Abstract). 6. Tagung der Fachgruppe Arbeits- und Organisationspsychologie der Deutschen Gesellschaft für Psychologie in Wien.

Wenderlein, F. U. (2003). Arbeitszufriedenheit und Fehlzeiten in der Krankenpflege. Untersuchung an 1021 Examinierten und Schülern. Das Gesundheitswesen, 65 (11), 620-628.

Westermann-Binnewies, A. (2004). Zeit und Macht im Krankenhaus. Eine organisationspsychologische Studie in Krankenhäusern der Basis- und Regelversorgung. Berlin: uni-edition.

Wilde, B., Dunkel, W., Hinrichs S. & Menz, W. (2010). Gesundheit als Führungsaufgabe in ergebnisorientiert gesteuerten Arbeitssystemen. In B. Badura, H. Schröder, J. Klose & K. Macco (Hrsg.), Fehlzeiten-Report 2009. Zahlen, Daten, Analysen aus allen Branchen der Wirtschaft (S. 147-153). Berlin: Springer.

Wilhelm, M. (2008). Arbeiten, wenn andere schlafen – schlafen, wenn andere arbeiten. Wie sich Schichtarbeit auf die Gesundheit auswirkt – und was man tun kann, um die Risiken zu begrenzen. BGW-Mitteilungen, 1, 6-9.

Wilkesmann, M. (2009). Wissenstransfer im Krankenhaus. Institutionelle und strukturelle Voraussetzungen. Wiesbaden: VS Verlag für Sozialwissenschaften.

Wolf, S. & Nebel, C. (2007). PREVA-Analyse psychosozialer Ressourcen und Risiken in der Arbeit – ein Analysebeispiel an Gymnasiallehrern. In P. G. Richter, R. Rau & S. Mühlpfordt (Hrsg.), Arbeit und Gesundheit. Zum aktuellen Stand in einem Forschungs- und Praxisfeld (S. 145-162). Lengerich: Pabst Science Publishers.

Wolf, A. (2008). Belastungen in Gesundheitsberufen – Ein Überblick. Dr. med. Mabuse, 174, 26-28.

Zwack, J. & Schweitzer, J. (2009). Allein durch Raum und Zeit. Im Gesundheitswesen geht's nur mit Abstimmung. Dr. med. Mabuse, 182, 22-24.

Wertschätzung und Stolz in Dienstleistungsberufen

Barbara Hinding, Marion Andrea Spanowski, Michael Kastner

1. Einleitung

Gesundheit und Leistungsfähigkeit gewinnen im betrieblichen Kontext seit geraumer Zeit an Bedeutung. Neben der klassischen Produktions- und Industriebranche hat auch die Dienstleistungsbranche erkannt, dass die Gesundheit ihrer Mitarbeiter im Hinblick auf die Leistungsfähigkeit wichtiger wird. Wie unsere gesamte Gesellschaft steht in Folge der demografischen, technologischen und sozialen Entwicklung auch der Dienstleistungssektor unter starkem Veränderungsdruck. Dieser birgt für die Beschäftigten neue Anforderungen und Belastungen mit Folgen für die Gesundheit. Dies zeigt sich unter anderem darin, dass besonders im Dienstleistungssektor psychische Belastungen seit Jahren im Steigen begriffen sind. Konsequenzen sind Stress, Ermüdung, Ärger, Frustration und Unzufriedenheit bis hin zu Depressionen und Burn-out mit Folgen für die Leistungsfähigkeit. Im Rahmen des vom BMBF geförderten Projektes „Produzentenstolz durch Wertschätzung" (ProWert) wird diese Thematik am Beispiel von Pflegekräften in Krankenhäusern und Einrichtungen der Altenpflege aufgegriffen. Untersucht wird, ob und wie Wertschätzung und Stolz auf personaler und auf organisationsbezogener Ebene zu mehr Gesundheit beitragen können. Diese Fragestellung verbindet Überlegungen zum „Produzentenstolz" bei Dienstleistern (vgl. z.B. Gouthier, 2007, 2008) mit einem ganzheitlichen Ansatz zum systemverträglichen Leistungs- und Gesundheitsmanagement (Kastner, in diesem Band). Dabei gilt es, einer ganzheitlichen und nachhaltigen Gesundheitsförderung mittels Implementierung von Wertschätzung und Stolz in die Unternehmenskultur gerecht zu werden. Der vorliegende Artikel erläutert die Bedeutung von „Stolz" und „Wertschätzung" als Facetten der Gesundheitsförderung im Unternehmen. Im ersten Teil wird ein Überblick des aktuellen Forschungsstandes hinsichtlich beider Konstrukte gegeben. Im Fokus des zweiten Teils stehen theoretische Überlegungen zur Entwicklung eines Konzepts als Grundlage einer empirischen Analyse von Wertschätzung und Stolz in Dienstleistungsberufen, speziell im Bereich der Pflege.

2. Stolz und Wertschätzung

Stolz und Wertschätzung sind im alltäglichen Leben wie auch im betrieblichen Kontext vielen Menschen bekannt. Im Allgemeinen sind ihnen die Auswirkungen ausgeprägten

Stolzes oder hoher bzw. geringer Wertschätzung nicht unbedingt bewusst. In jüngster Zeit ist die empirische Analyse dieser Konstrukte, insbesondere im betrieblichen Kontext, Teil wissenschaftlicher und praxisrelevanter Forschung geworden. Deshalb steht die Auseinandersetzung mit dem Konstrukt „Stolz" als emotionale Reaktion im folgenden Abschnitt im Fokus. Anschließend erfolgt eine theoriengeleitete Annäherung und Klärung des Begriffs der „Wertschätzung".

2.1 Stolz, Produzentenstolz und Stolz auf Dienstleistungen

Bis heute liegt keine einheitliche Definition des Konstruktes „Stolz" vor. Gouthier (2006) verweist auf vielfältige und differente Definitionen verschiedener Fachdisziplinen wie beispielsweise der Sozial- oder Entwicklungspsychologie, den Wirtschaftswissenschaften oder der Soziologie. Jüngere Forschungsarbeiten beschäftigen sich mit Stolz im Zuge der Dienstleistungsforschung beispielsweise im Kontext der Kunden – Mitarbeiter – Interaktion (servprof, 2010). Im angloamerikanischen Raum finden sich weitere Forschungsarbeiten verschiedener Autoren mit dem Fokus auf „pride". Die Ausführungen von Tracy & Robins (2007a) sind im Kontext unserer Auffassung von Stolz bedeutsam. Sie bilden eine Basis für eigene Überlegungen zu einem theoretischen Konzept.

Stolz gilt neben Basisemotionen wie Ärger, Ekel, Freude, Furcht, Traurigkeit oder Überraschung als ein komplexes emotionales Phänomen. Stolz erfordert ein Bewusstsein vom eigenen Selbst und entsteht aus einer Selbstbewertung im Vergleich zu anderen oder zu früheren Situationen. Er ist eine Reaktion auf Leistung und Erfolg, als deren Ursache man eigene Kompetenzen oder Anstrengungen sieht. Wie Tracy & Robins (2004, 2007a) betonen, wird Stolz oft spontan ausgedrückt und interkulturell erkannt. Tracy & Robins (2007b) unterscheiden zwischen „Hybris" als einem negativ bewerteten Stolzempfinden und „authentischem" Stolz als einem in westlichen Gesellschaften sozial akzeptierten Stolz. Authentischer Stolz („das habe ich gut gemacht") ist leistungsbezogen, motivierend und prosozial, während Hybris als Stolz auf die eigene Person („ich bin toll") mit Narzissmus, Arroganz, Feindseligkeit und Konflikten assoziiert wird. Diese beiden Facetten des Stolzes unterscheiden sich in den Ursachen, denen ein Erfolg zugeschrieben wird (Tracy & Robins, 2007b). Entscheidend ist die Attribution, nicht die Art des Ereignisses.

Stolz ist ein Augenblickereignis mit Folgen für das Selbstkonzept, da er positive Gedanken und Gefühle über sich selbst fördert und so Selbstwert stärkend wirken kann. Im Alltagsverständnis ist Stolz nicht nur eine momentan sich zeigende Emotion, sondern auch eine zeitlich überdauernde Einstellung zu sich selbst, die sich auf herausragende eigene Leistungen in der Vergangenheit oder auf stabile Merkmale beziehen kann. Wir können stolz sein auf unsere Examensnote oder eine Auszeichnung für eine besondere Leistung, auf unseren Beruf oder darauf, einer bestimmten, hoch bewerteten Organisation anzugehören und vieles mehr.

Im Arbeitskontext kann sich Stolz auf der Basis eigener Werte und Ziele ausbilden, wenn sie in der Arbeitstätigkeit realisiert und umgesetzt werden können und damit die Überzeugung verbunden ist, etwas Besonderes zu leisten. Soziale Anerkennung kann das Entstehen von Stolz fördern. Die Wertschätzung geleisteter Arbeit in der Organisation ist dabei genauso eine Quelle des Stolzes wie das gesellschaftliche Ansehen des Berufs. Es ist eine offene Frage, ob und wie Wertschätzungsprozesse in Organisationen Stolz und Selbstwert von Mitarbeitenden beeinflussen. Kann das soziale und kommunikative Verhalten im Arbeitszusammenhang Stolz auslösen und fördern? Welche Rolle spielen gegenläufige Tendenzen wie Geringschätzung und Abwertung von Berufsgruppen, einzelnen Arbeitstätigkeiten oder Leistungen? Kann Wertschätzung die Auswirkungen von psychischen Belastungen abpuffern und gewissermaßen als Burn-out-Prävention zum Einsatz kommen? Wie könnte eine gute und belastbare Wertschätzungskultur aussehen und gestaltet werden?

Gouthier (2006) betrachtet Stolz vor allem als Treiber von Arbeitsmotivation und Leistung. Stolz im Sinne einer überdauernden emotionalen Haltung zur eigenen Tätigkeit steigert Leistungsbereitschaft und Produktivität und verringert die Fehlzeiten. Dabei ist von langfristigen Wirkungen auszugehen. Betroffen ist nicht nur die Arbeitsleistung im engeren Sinn, sondern auch proaktives Verhalten wie das Einbringen von Verbesserungsvorschlägen, Hilfsbereitschaft und das Streben nach besonders gutem Service. Stolz fördert Identifikation und Commitment. In der Folge kommt es zu einer Steigerung der Kundenorientierung und -zufriedenheit sowie einem erhöhten Engagement für die Organisation (organisational citizenship behavior). In einer Studie von Verbeke, Belschak & Bagozzi (2004) ergab sich ein positiver Zusammenhang zwischen Stolz und der Bereitschaft, Verbesserungsvorschläge zu machen. Aus psychologischer Sicht sind positive Zusammenhänge zur Persönlichkeitsentwicklung zu erwarten. Stolz fördert Selbstachtung, Selbstwert und Selbstwirksamkeit, wirkt als Puffer oder Ressource bei Stress und unterstützt so die Stressbewältigungskompetenz. Insgesamt wird von mehr Wohlbefinden und Gesundheit und weniger Burn-out berichtet (Gouthier, 2006). Allerdings kann auch vermutet werden, dass die Verausgabungsbereitschaft und damit das Burn-out-Risiko zunehmen. Andere Risiken von Stolz betreffen das soziale Miteinander. Stolz ist ein konkurrenzorientiertes Gefühl. Bei überzogenem Stolz kann es zu Neid und Konflikten zwischen Kollegen oder Abteilungen mit der Gefahr des Leistungsabfalls gesamter Gruppen oder der Isolierung betroffener Personen kommen.

2.2 Wertschätzung

Wertschätzung – auch hinter diesem Begriff können sich unterschiedliche Definitionen verbergen. Beleuchtet man diesen Begriff auf rein sprachlichwissenschaftlicher Ebene, so setzt „Wertschätzung“ sich aus dem Substantiv *„Wert“* und dem Verb *„schätzen“* zusammen. Insbesondere für „Wert bzw. Werte“ findet sich in der Literatur eine Vielzahl unterschiedlicher Definitionen. Diesbezüglich differieren die Auffassungen und Bedeutungen unter Berücksichtigung der jeweiligen wissenschaftlichen Disziplin. Nach Hofstede (2006) werden *Werte* als Orientierungslinien für das Handeln verstanden. Auf gesellschaftlicher Ebene geben Werte und Wertvorstellungen vor, was wünschenswert ist. Dabei gibt es kulturelle und subkulturelle Unterschiede. Wertvorstellungen finden sich ebenso auf der Organisationsebene: Als Facetten einer Organisations- oder auch Unternehmenskultur, die das Erleben und Verhalten der Mitarbeitenden prägen, spiegeln sie sich in einer Organisation wider (vgl. Schein, 2003; Sackmann, 1991).

Das Verb *„schätzen“* weist unterschiedliche Bedeutungen auf: Es finden sich Definitionen im Sinne einer Bewertung von Dingen oder Tätigkeiten ebenso wie im Sinne des Abschätzens von Werten auf finanzielle Art und Weise. Ebenso kann „jemand oder etwas geschätzt werden“ indem man eine Person oder eine Tätigkeit mag (TheFreeDictionary.com, 2009). Diese erste Annäherung an einen Begriff, der für die heutige Arbeitswelt (Globalisierung, Wirtschaftskrise etc.) immer bedeutsamer wird, macht deutlich, warum die Entwicklung eines theoretischen Konzepts für die Psychologie sinnvoll erscheint. Seit geraumer Zeit existieren in den wissenschaftlichen Disziplinen Bestrebungen, „Wertschätzung“ als einen wichtigen Aspekt im Arbeitskontext zu erfassen und hinsichtlich verschiedener Facetten zu untersuchen. Diese werden im folgenden Abschnitt umrissen.

Sichtet man die Literatur im Hinblick auf Theorien, Modelle oder Studien zu „Wertschätzung“ differieren, wie bereits einführend erwähnt, die Erklärungen und Annahmen je nach Fachdisziplin. In den Wirtschaftswissenschaften wird Wertschätzung im Kontext der Führungsforschung häufig im Zusammenhang mit dem Führungsstil aufgegriffen, wobei der Fokus hierbei in der praktischen Anwendung in Form gelebter und erlebter Wertschätzung (Bartscher, 2005) von Mitarbeitern liegt. Er verdeutlicht, inwiefern Wertschätzung einen wichtigen Beitrag für die Entfaltung der Leistungspotenziale der Mitarbeiter liefert, um ihr hieraus resultierendes Engagement in den Leistungserstellungsprozess einzubringen. Ebenso betont er die Bedeutsamkeit der Managementkultur und des Führungsverhaltens einzelner Führungskräfte im Kontext dieser Prozesse (Bartscher, 2005). Schlussfolgernd lässt sich hieraus ableiten, dass Wertschätzung sowohl für den Mitarbeiter als Individuum als auch für die Unternehmens- bzw. Organisationskultur zunehmend an Bedeutung gewinnt.

Auch in der psychologischen Forschung mangelt es u. E. bislang an einer einheitlichen Definition von „Wertschätzung“. Die Auseinandersetzung mit diesem Konstrukt findet in verschiedenen Bereichen der Psychologie statt. In Rogers Theorie der therapeutischen Beziehung (1979, 1982) ist es die Erfahrung von Wertschätzung, die das Gewahrwerden des Selbst ermöglicht und die Selbstakzeptanz fördert. Diese ideale Beziehung ist gekennzeichnet durch Akzeptanz, Wärme, Echtheit und Empathie. Auch außerhalb der Psychotherapie sieht Rogers wertschätzende Beziehungen als förderlich für Selbstentfaltung, persönliches Wachstum und psychische Gesundheit. In einer Welt mit hoher Ungewissheit sind wertschätzende Beziehungen und Interaktionen „feste Punkte“, die Sicherheit geben. Umgekehrt stellen Missachtung, Entwertung sowie Abwertung der eigenen Leistung Belastungen dar, die das Wohlbefinden und die Gesundheit beeinträchtigen können. Weiterhin ist Wertschätzung in der Bedürfnispyramide von Maslow (1968) eines der höheren Bedürfnisse, mit den Teilaspekten Anerkennung, Status, Respekt, Erfolg und Einfluss.

Ebenso geben traditionelle als auch aktuelle Studien der Attributionsforschung im Hinblick auf „selbstwertdienlicher Attributionen“ (Miller & Ross, 1975; Weiner, 1994) wichtige Impulse für die Entwicklung eines theoretischen Konzepts zur „Wertschätzung“. Jacobshagen & Semmer (2009) führen einige Ansätze auf: Deci & Ryan (2000) werden im Zusammenhang mit sozialen Bindungsbedürfnissen genannt; nach Leary (2007) ist „das Streben nach einem hohen Selbstwert das Streben nach sozialer Anerkennung“ (Jacobshagen & Semmer, 2009). Diesbezüglich kann der Selbstwert sich auf zwei Aspekte beziehen: internal über die eigene Selbstachtung und external über die Achtung und den Respekt durch andere Personen (vgl. Semmer et. al., 2006; Leary & Baumeister, 2000). Semmer & Jacobshagen entwickelten ein Modell zur Selbstwertbedrohung und Stress am Arbeitsplatz. Im Zuge dessen konzentrierten sie sich in ihren ersten Untersuchungen auf Zusammenhänge mangelnder Wertschätzung in Form von „Missachtung und Herabwürdigung durch andere“ und der Art und Weise, diese zum Ausdruck zu bringen. (Semmer & Jacobshagen, 2006, S. 89). Basierend auf Ergebnissen der Forschung zur sozialen Unterstützung im betrieblichen Kontext (Viswesvaran, Sanchez & Fisher, 1999), zur Führungsforschung (vgl. Hug, 2003; Rosenstiel, 1995; Yukl, 2002), zur Arbeitsleistung (Hackett & DeGroote, 2002) sowie zum Berufserfolg (Kirchmeyer, 1998) fokussieren sie im Rahmen ihrer aktuellen Untersuchungen auf „Wertschätzung“ im positiven Sinne und analysieren ihre Quellen, Formen und Ursachen.

3. Der Zusammenhang von Stolz und Wertschätzung

Der bisherige Forschungsstand gibt u. E. kaum Auskunft über mögliche Zusammenhänge von Stolz und Wertschätzung. Stolz wird im Folgenden als eine situationsbezogene Emotion und als eine daraus abgeleitete überdauernde emotionale Haltung ähnlich einer Einstellung betrachtet. Wertschätzung ist Merkmal einer Beziehung, die von den Personen hergestellt, wahrgenommen und interpretiert wird. Wertschätzung wirkt sich positiv auf den Selbstwert und die psychische Gesundheit aus und kann Stolz auslösen oder verstärken. In den folgenden Abschnitten erfolgt die systematische Differenzierung beider Konstrukte bezüglich unterschiedlicher Ebenen des Anwendungskontexts.

3.1 Ein Mehr-Ebenen-Modell von Stolz und Wertschätzung

Folgt man dem von Kastner (in diesem Band) vorgeschlagenen Konzept der organisationalen Stellschrauben Person – Situation – Organisation (PSO) sind auch Stolz und Wertschätzung auf diesen Ebenen präsent und durch Organisations- und Personalentwicklung beeinflussbar. Deshalb werden verschiedene Ebenen des Erlebens von Wertschätzung und Stolz berücksichtigt, wobei sich mit jeder Ebene spezifische Fragen und Problemstellungen verbinden. Wie in Abb. 1 dargestellt, kann ausgehend von der gesellschaftlichen Ebene auf die Organisationsebene, von dort auf die Abteilungsebene sowie auf die Teamebe-

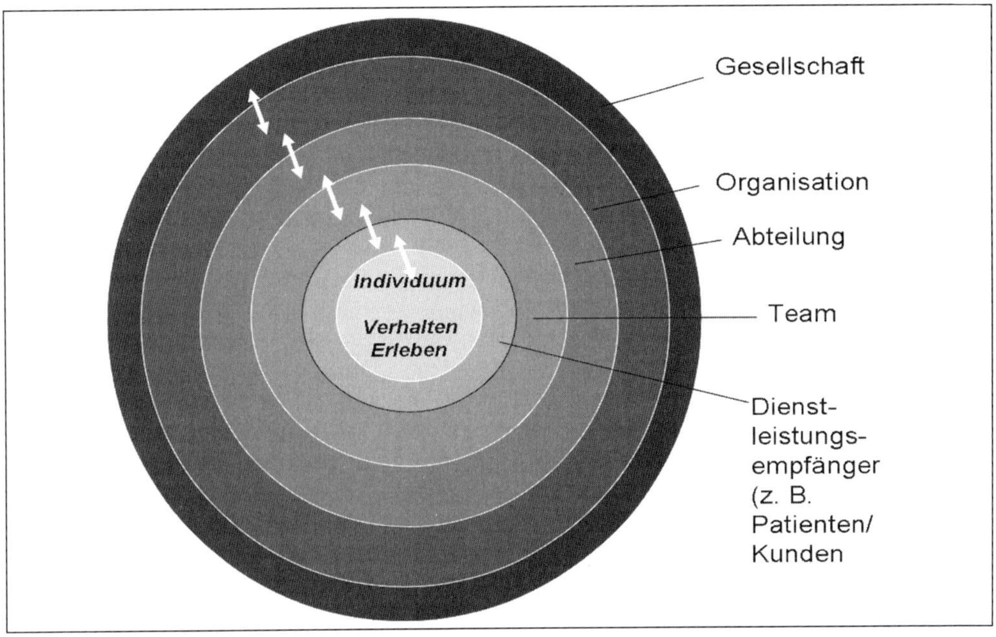

Abb. 1: Ebenen von Stolz und Wertschätzung

ne und auf die Ebene des Dienstleistungsempfängers heruntergebrochen werden. Im Mittelpunkt jeder Interaktion steht das Individuum mit seinem Erleben und Verhalten.
Diese Unterteilung in mehrere, gewissermaßen in einander verschachtelte Einheiten erlaubt die Differenzierung von Wertschätzungs- und Stolzereignissen nach ihrem Quellkontext. Stolz auf der Ebene der Gesellschaft kann vor allem mit dem Ansehen des Berufs zusammenhängen oder mit dem einer ganzen Branche. Es gibt „Berufe im Schatten", die in der Gesellschaft nur wenig Wertschätzung erfahren (z.B. Altenpflege, Einzelhandel, Gebäudereinigung, vgl. www.berufe-im-schatten.de). Der Analyse zugänglich ist dieses Bild des Berufs in der Öffentlichkeit durch die Medien und in den Meinungen von Familienangehörigen, Freunden und Bekannten. Die Frage, die sich in diesem Zusammenhang aufdrängt, ist, wie Menschen in diesen Berufen mit dieser Geringschätzung „umgehen" bzw. wie hier dennoch ein berufliches Selbstbewusstsein möglich ist.
Auf der Ebene der Organisation drückt sich Wertschätzung sowohl in den Strukturen (Organigramm, Verteilung von Mitteln, Befugnisse) als auch in der Kultur aus. Wie ist etwa Pflege neben Ärzten und anderen Berufsgruppen organisatorisch eingebunden, verfügt sie über eigene Mittel und welche Befugnisse hat die Pflegeleitung? Welche Position und welcher Status werden der Berufsgruppe damit schon zugewiesen? Bezüglich der Kultur spielt die Wertschätzung des Berufs innerhalb der Organisation eine entscheidende Rolle. Wie wird der Beitrag der Berufsgruppe zur Wertschöpfung dargestellt, wie werden die Beziehungen zu anderen Berufsgruppen gestaltet, welche Normen und Regeln spielen hier eine Rolle? Werden die Mitarbeitenden in Entscheidungen, die sie betreffen, einbezogen?

Welche Rolle spielen Weiterbildung und persönliche Entwicklung, Gesundheitsförderung und Work-Life-Balance? Hier geht es auch um die Werte, die innerhalb der Organisation propagiert und gelebt werden und somit auch um Führung. Werden die Mitarbeitenden geschätzt oder eher mit Gleichgültigkeit bedacht, wie sie sich z.B. in fehlender Leistungsrückmeldung, Intransparenz von Entscheidungen oder Rücksichtslosigkeit bezüglich individueller Qualifikationen und Kompetenzen ausdrückt? Die Unternehmenskultur hat einen entscheidenden Einfluss auf das Wohlbefinden, die Gesundheit und die Leistung (vgl. etwa Sackmann, 1991; Badura & Hehlmann, 2003; Kastner, 2007; Hinding, Özkan, Krauss-Hoffmann & Kastner, 2010). Ein anderer Punkt auf Organisationsebene ist das Image oder der Ruf einer Einrichtung. Wer nur ungern sagt, wo er arbeitet, empfindet die Einrichtung oder das Unternehmen kaum als eine Quelle von Stolz.
Abteilungen und Teams sowie die Beziehungen zu Kunden bzw. Patienten und ihren Angehörigen sind Aspekte der Situation und Untereinheiten der organisationalen Ebene. Hier geht es um die täglich erfahrene Arbeitsumgebung und in vielen Dienstleistungsberufen besonders um die sozialen Beziehungen zwischen den Akteuren. Der tägliche Umgang kann gekennzeichnet sein durch Akzeptanz, Respekt, Freundlichkeit oder Abwertung, Mobbing usw. Weiterhin bedeutsam ist die direkte Führung. Diese kann in den Extremen besonders Kennzahlen orientiert erfolgen (wie viele Patienten in welcher Zeit gewaschen?) oder transformational, mitarbeiterorientiert und in die Zukunft gerichtet. Wertschätzung umfasst hier neben der Wertschätzung der Person vor allem die Anerkennung von Leistung. Dabei stellt sich die Frage, anhand welcher Kriterien diese beurteilt wird. Diese sind oft nur teilweise transparent, unklar oder sogar widersprüchlich.
Schließlich dürfen auch die Arbeitsgestaltung und die materielle Ausstattung nicht vergessen werden, z.B. ob die Arbeitsaufgaben der Qualifikation entsprechen und die technischen Hilfsmittel funktionsfähig und auf dem neuesten Stand sind. Illegitime Arbeitsaufträge, zu geringe Handlungs- und Gestaltungsspielräume, ständige Unterbrechungen oder immer wieder ausfallende Geräte verursachen unnötigen Stress und werden oft als Zeichen von Geringschätzung wahrgenommen. Eine wesentliche Quelle von Wertschätzungsereignissen sind die Empfänger einer Dienstleistung, die Kunden, Schüler oder Patienten und ihre Angehörigen. Hier besteht die größte Kontaktdichte mit unmittelbaren Rückkopplungen. In der Interaktion mit den Kunden oder Patienten wird die eigentliche Arbeitsleistung erbracht. Wertschätzung ergibt sich hier vorrangig aus einer guten Kommunikation. Lob und Anerkennung für gute fachliche Arbeit ist dabei aufgrund der Rollen und oft fehlenden Wissens kaum zu erwarten.
Alle Ebenen wirken auf das Individuum und sein Erleben und Verhalten ein. Das gilt auch für mögliche Wechselwirkungen zwischen den Ebenen (angedeutet durch die weißen Doppelpfeile, Abb. 1). Ein geringes Ansehen des Berufs in der Gesellschaft kann individuell möglicherweise kompensiert werden durch Wertschätzung, die innerhalb der Organisation oder im Team erfahren wird. Fehlende Wertschätzung auf mehreren Ebenen könnte kumulativ zu Unzufriedenheit, reduziertem Selbstwert, Konflikten und Leistungsabfall führen.

Das Stolzempfinden bezieht sich auf die gleichen Ebenen. Wir können Stolz sein auf das Ansehen, das unser Beruf in der Gesellschaft genießt. Wir können stolz darauf sein, in einer bestimmten Organisation zu arbeiten. Wir können stolz sein auf die Leistungen unserer Abteilung oder unseres Teams oder auf die Position oder Rolle, die wir dort einnehmen. Und schließlich können wir stolz sein auf unsere eigene Leistung, die wir in Interaktion mit Patienten und deren Angehörigen, mit Kunden und anderen Dienstleistungsempfängern erbringen. Dieser Leistungsstolz ist abhängig von der Wertschätzung, die dieser Leistung auf den verschiedenen Ebenen entgegengebracht wird.
Da die für die verschiedenen Ebenen genannten Bewertungsprozesse Einfluss auf die Wahrnehmung von Wertschätzung und die Bewertung der eigenen Leistung eines Individuums haben, ist anzunehmen, dass diese auch die Entwicklung von Berufs- und Leistungsstolz und das berufliche Selbstkonzept von Individuen beeinflussen.
Die folgende Abb. 2 fasst die postulierten Einflussfaktoren der wahrgenommenen Wertschätzung noch einmal zusammen.

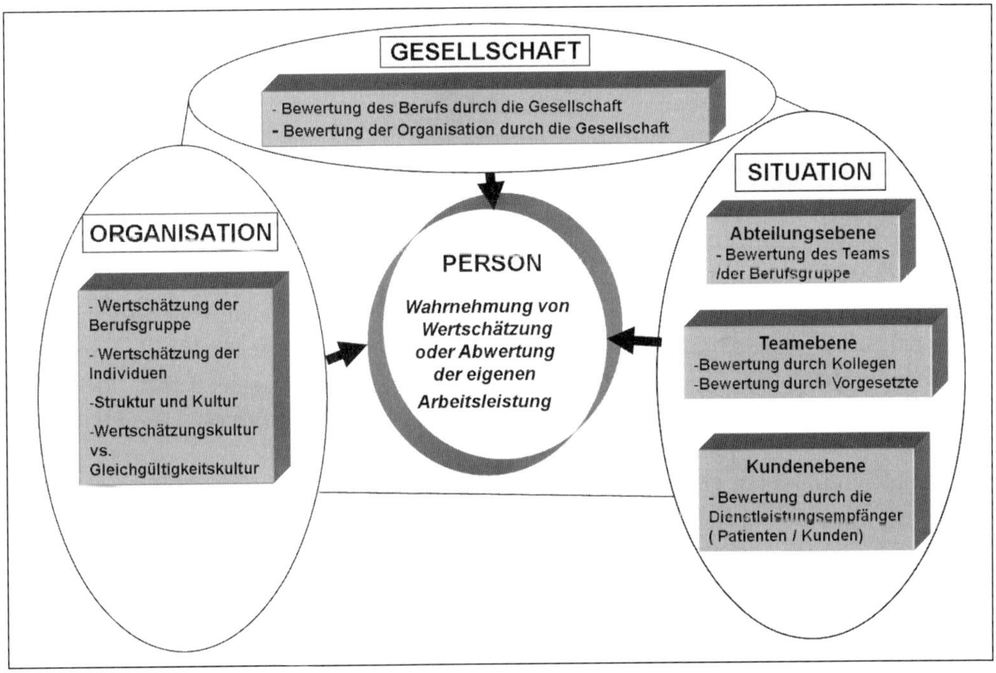

Abb. 2: Mehr-Ebenen-Modell der Wertschätzungsquellen

3.2 Einflussfaktoren auf das Stolzempfinden

Ausgangsbasis zum Verständnis der Entstehung von Stolz ist die Emotionstheorie von Lazarus (1991, 1999). Lazarus entwickelte seine Emotionstheorie auf der Grundlage seiner Arbeiten zum Stress. Sie stellt eine Verallgemeinerung des transaktionalen Stressmodells (Lazarus & Folkman, 1984) dar, so dass Anschlussfähigkeit für stress- und gesundheitsbezogene Aspekte und Fragestellungen besteht.
Emotionen beruhen nach diesem Ansatz auf der Wahrnehmung und Bewertung der Person-Umwelt-Beziehung. In den Konstruktionsprozess der Wahrnehmung fließen sowohl die objektiven Umweltbedingungen als auch Merkmale der Person ein, besonders ihr Wissen, ihre Ziele und ihre Werte. Die Bewertung der Person-Umwelt-Beziehung erfolgt nach sechs Gesichtspunkten, die zwei Bewertungsprozessen zugeordnet sind. Die einzelne Emotion ergibt sich aus dem spezifischen Muster der sechs Bewertungsaspekte.
Im primären Bewertungsprozess wird beurteilt, ob und in welcher Weise die wahrgenommene Person-Umwelt-Beziehung für das eigene Wohlbefinden von Bedeutung ist. Lazarus (1991) unterscheidet dabei die folgenden sechs Aspekte des „ego-involvement“:

- Selbst- und soziale Achtung,
- moralische Werte,
- Ich-Ideale,
- grundlegende Werte und Ansichten,
- nahe stehende Personen und ihr Wohlergehen,
- Lebensziele.

Für das Entstehen von Stolz ist es demnach erforderlich, eine Person-Umwelt-Beziehung wahrzunehmen, die wichtig für eigene Ziele ist, mit diesen übereinstimmt und als Erhöhung der Selbst- oder sozialen Achtung eingeschätzt wird. Ärger beispielsweise würde dagegen die Einschätzung von Zielinkongruenz und einer Bedrohung der Selbst- oder sozialen Achtung voraussetzen. Mangelnde Wertschätzung oder Abwertung lösen vor allem Ärger aus.
Die drei Komponenten des sekundären Bewertungsprozesses betreffen die Frage nach der Verursachung, nach Verschulden oder Verdienst aufgrund kausaler Überzeugungen oder Attributionen sowie die Bewertung des Bewältigungspotentials und die Einschätzung zukünftiger Folgen. Das Entstehen von Stolz hängt deshalb davon ab, ob ein „Verdienst“ wahrgenommen wird, also das eingeschätzte Ereignis eigener Leistung, Anstrengung oder Fähigkeit zugeschrieben wird. Die Einschätzung des Bewältigungspotentials bezieht sich auf die Frage, ob die Anforderungen der Situation handhabbar sind oder nicht. Gibt es Möglichkeiten, die Person-Umwelt-Beziehung in erwünschter Weise zu verändern oder zu stabilisieren? Das Ergebnis dieser Bewertungskomponente dürfte vor allem bei negativen Emotionen eine Rolle spielen. Unter anderem hängt davon ihre Intensität ab. Der Ärger wird beispielsweise umso größer sein, je schwieriger die auslösende Situation zu bewältigen ist. Übersteigen die Anforderungen die Möglichkeiten der Bewältigung oder sind diese erschöpft, entsteht Stress.

Lazarus betont, dass diese Bewertungsprozesse nicht in einer zeitlichen Reihenfolge durchlaufen werden. Entscheidend seien die Bewertungsmuster, welche eine Emotion kennzeichnen. Auch sei es nicht so, dass der gesamte Bewertungsprozess in jeder Situation in Gänze durchlaufen werden müsse. Menschen lernen die Kontingenzen zwischen bestimmten Bedingungen und ihren Konsequenzen für das Wohlbefinden, so dass Bewertungen auch wissensbasiert aufgrund kleinster Hinweise erfolgen können. Zudem schaffen Zielhierarchien und Überzeugungsmuster Haltungen, die für manche Umstände mehr oder weniger sensibilisieren. Dieser vorgelagerte Prozess beschleunigt die Bewertung und macht sie selektiv.

Die Annahme erlernter Kontingenzen kann auch erklären, warum manche Objekte in zeitlich überdauernder Weise mit bestimmten Emotionen verknüpft werden. Wiederholte Stolzerlebnisse im Arbeitsleben können dazu führen, dass die Arbeitstätigkeit selbst mit Stolz verbunden wird. Es entsteht eine positive Einstellung zur eigenen Arbeit, die in ihrer emotionalen Komponente auf Stolz basiert, in der kognitiven auf dem Nutzen für die Selbstachtung und dem Bewusstsein von Kontrolle.

Doch welcher Art sind nun die Ereignisse, die als zielrelevant und -kongruent, der Selbstachtung dienlich und selbst verursacht bewertet werden? Kastner (2010, in diesem Band) geht in seinem Konzept zu einem ganzheitlichen, integrativen, nachhaltigen und systemverträglichen Leistungs- und Gesundheitsmanagement von drei Motiven aus, die im Arbeitsleben relevant sind: Das Leistungsmotiv, das Streben nach Macht und Kontrolle und das Bedürfnis nach Anschluss. Anschluss suchen bedeutet Freundschaften schließen, mit anderen kooperieren, Wissen und Erfahrungen teilen usw. Menschen streben auch bei der Arbeit nach guten sozialen Beziehungen, die gekennzeichnet sind durch Wertschätzung, Vertrauen und Anerkennung. Alle drei Motive bieten eine Grundlage für Stolz. Wir sind

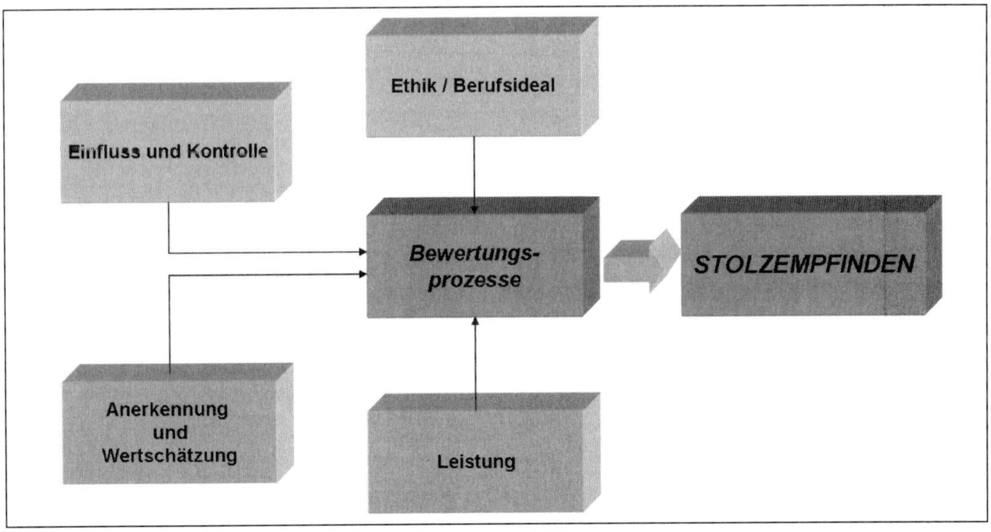

Abb. 3: Einflussfaktoren auf das Stolzempfinden

stolz auf herausragende Leistungen, wir sind stolz, wenn wir Kontrolle über eine schwierige Situation oder mehr Einfluss und Gestaltungsspielraum bekommen, und wir sind stolz, wenn wir besondere Wertschätzung durch andere erfahren. Wertschätzung im Sinne von Anerkennung zeigt, dass die eigene Leistung den Erwartungen relevanter Anderer entsprochen hat. Das wird dann besonders wichtig, wenn Qualitätsmaßstäbe und Erwartungen nicht klar definiert sind, wie es im Bereich der Dienstleistungen und in der Pflege häufig der Fall ist.

Ein weiteres Motiv, das sich in unseren Arbeiten im Bereich der Pflege als besonders bedeutsam erwies, ist die Realisierung von Werthaltungen, das Handeln in Übereinstimmung mit ethischen Werten, die für die Person von zentraler Bedeutung sind. Pflege ist ein interaktives Geschehen, das die Zuwendung zu Patienten erfordert. Arbeitsverdichtung und zunehmende Dokumentationspflichten haben die Pflegetätigkeit in einer Weise verändert, in der immer weniger Zeit für die Patienten bleibt. Für viele Pflegekräfte ist jedoch gerade die Zuwendung zum Patienten wichtig. Dahinter stehen Wertorientierungen, welche das Wohl der kranken und hilfsbedürftigen Menschen in den Mittelpunkt stellen. Kann diesen nicht entsprochen werden, stellt sich die Frage, ab wann man sich zu sehr „verbiegt" und die Freude an der Arbeit schwindet. Diese Art von „Frust" wirkt sich auf den Bewertungsprozess stolzrelevanter Ereignisse aus. Lob und Anerkennung für etwas, das wir selbst nicht schätzen, wird nicht zu Stolz führen. Umgekehrt kann die oben geschilderte Sachlage zu einer Quelle von Stolz werden, wenn es gelingt, dem System ein Schnippchen zu schlagen und so ein Stück Kontrolle (zurück) zu gewinnen.

Motive und Ziele bilden die inhaltlichen Dimensionen des Bewertungsprozesses. Die mengen- bzw. leistungsbezogenen Kriterien kommen einerseits aus dem sozialen Vergleich – wie schätzen wir unsere Leistung im Vergleich zu der anderer ein – und andererseits aus dem Vergleich mit der Vergangenheit – sind wir im Vergleich zu einer früheren Situation besser geworden? Das gilt besonders für das Leistungsmotiv und für das Streben nach Macht und Einfluss, jedoch auch für die Wertschätzung durch andere und für die Passung mit den bestehenden Werthaltungen. Stolz entsteht, wenn zumindest eines dieser Kriterien erfüllt wird (bessere Leistung, mehr Einfluss, mehr Wertschätzung), wobei die anderen Komponenten ebenfalls in den Bewertungsprozess einfließen.

4. Auswirkungen von Stolz und Wertschätzung auf Gesundheit und Leistungsfähigkeit

Aus den bisherigen Ausführungen resultieren u. E. Zusammenhänge zwischen dem Stolzempfinden, dem Erleben von Wertschätzung aufgrund unterschiedlicher Quellen und der Gesundheit und Leistungsfähigkeit von Dienstleistungsmitarbeitern.

Innerhalb von Organisationen existieren eine Vielzahl an Bewertungsprozessen: Systeme der Leistungsbewertung wie beispielsweise das Qualitätsmanagement oder auch interne Leistungserfassungssysteme, aber auch unterschiedliche Vorgehensweisen im Umgang mit derartigen Bewertungen. Diese üben einerseits Einfluss auf die Unternehmenskultur aus, andererseits sind sie zum Teil auch deren Ergebnis. Derartige Einflüsse können sich als Anerkennung für gute Leistung positiv im Sinne von erlebter Wertschätzung und negativ in Form erfahrener Entwertung auf die Mitarbeiter auswirken. Eine Wertschätzungskultur kann sich anhand von konstruktiven Leistungsrückmeldungen, Unterstützung durch Führungskräfte, Möglichkeiten zu Weiterbildung und Qualifizierung, Rücksicht auf Gesundheit, Work-Life-Balance und individuelle Bedürfnisse zeigen. Gleichgültigkeit, Geringschätzung und Entwertung äußern sich beispielsweise durch schlechte Arbeitsbedingungen, Intransparenz von Entscheidungen, fehlende Mitbestimmung, keine Rücksicht auf individuelle Kompetenzen und Qualifikationen etc. Einen aktuellen Überblick über die Arbeitsbedingungen in der Pflege und in anderen Berufen des Gesundheitswesens findet sich bei Kuhnert & Akca (2010, in diesem Band) sowie Engelbrecht et al. (2010, in diesem Band).

In Wertschätzungskulturen sind positive emotionale Reaktionen und Haltungen wie Stolz wahrscheinlicher. Im anderen Fall kommt es eher zu Frustration, Ärger und negativer Aktivierung, die auf Dauer Stresssymptome mit sich bringen können. Die Einflüsse von Stolz und Wertschätzung auf die Gesundheit der Mitarbeiter stand bislang nicht im Fokus der Untersuchungen. Ausgehend von bisherigen Ergebnissen über Zusammenhänge von Stolz und Leistungsfähigkeit (vgl. Gouthier, 2006) sowie Zusammenhänge von Gesundheit und Leistungsfähigkeit (vgl. Kastner, 2010) gehen wir von Zusammenhängen zwischen der emotionalen Reaktion und Gesundheit aus. Diese Zusammenhänge sind in Abb. 4 veranschaulicht. Indirekte Zusammenhänge und entsprechende Rückkopplungsschleifen sind durch gestrichelte Verbindungen gekennzeichnet.

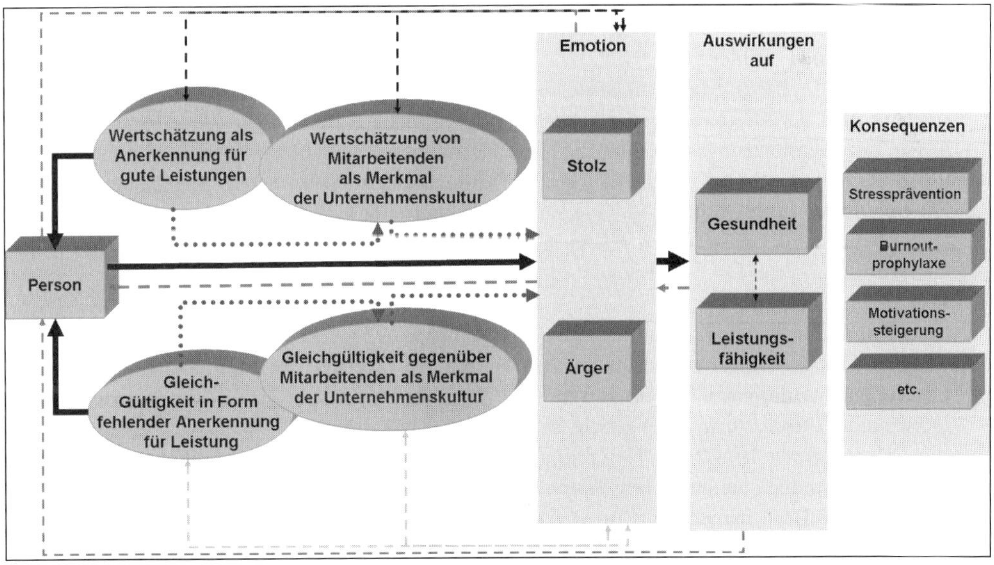

Abb. 4: Auswirkungen von Stolz und Wertschätzung auf Gesundheit und Leistungsfähigkeit

Davon ausgehend ergibt sich eine ganze Reihe an Forschungsfragen, denen im Projekt „ProWert" mittels qualitativer und quantitativer Methoden nachgegangen wird. Es wird zunächst darum gehen, worauf sich der Stolz von Pflegekräften bezieht und wie er sich auf ihre berufliche Selbstbewertung auswirkt. Dabei ist auch von Interesse, welche Quellen von Stolz und Wertschätzung von den Einrichtungen nicht genutzt oder von den Beschäftigten nicht wahrgenommen werden. Weitergehende Fragen betreffen die Schutzfunktion von empfundenem Stolz im Hinblick auf Stress und Burn-out, auch in Abhängigkeit von Merkmalen der Person und der Ungleichgewichte von Verausgabung und Belohnung sowie das Entstehen von Stolz als einer überdauernden emotionalen Haltung.

Literatur

Badura, B. & Hehlmann, T. (Hrsg.) (2003). Betriebliche Gesundheitspolitik. Der Weg zur gesunden Organisation. Berlin: Springer.

Bartscher, T. (2005). Gelebte und erlebte Wertschätzung. Personal, 05, 40-42.

Deci, E. L. & Ryan, R. M. (2000). The „what" and „why" of goal pursuits: Human needs and the self-determination of behavior. Psychological Inquiry, 11, 227-268.

Engelbrecht, St., Fesenfeld, A., Hellweg, S. & Schneider, H. (2010). Wertschätzung in Zeiten zunehmender Ökonomisierung der Pflegeberufe. In M. Kastner (Hrsg.), Tagungsband zum 8. Dortmunder Personalforum. Lengerich: Pabst Science Publishers.

Gouthier, M. H. J. (2006). Produzentenstolz von Dienstleistern als positive Arbeitsemotion, In M. Ringlstetter, S. Kaiser & G. Müller-Seitz (Hrsg.), Positives Management. Zentrale Konzepte und Ideen des Positive Organizational Scholarship (S. 91-113). Wiesbaden: Gabler.

Gouthier, M. H. J. (2007b). Mitarbeiterstolz und Service Excellence. In M. H. J. Gouthier, C. Coenen, H. S. Schulze & C. Wegmann (Hrsg.), Service Excellence als Impulsgeber. Strategien – Management – Innovationen – Branche. Festschrift zum 60. Geburtstag von Prof. Dr. Bernd Stauss (S. 383-397). Wiesbaden: Gabler.

Gouthier, M. H. J. (2008): Mitarbeiterstolz im Call Center – Eine theoretisch-konzeptionelle Betrachtung auf Basis der Affective Events Theory AET. In M. Benkenstein (Hrsg.) Neue Herausforderungen an das Dienstleistungsmarketing (S. 145-159). Wiesbaden: Gabler.

Gouthier, M. H. J., Coenen, C., Schulze, H. S. & Wegmann, C. (2007a). Service Excellence. Eine Einführung. In M. H. J. Gouthier, C. Coenen, H. S. Schulze, & C. Wegmann (Hrsg.), Service Excellence als Impulsgeber. Strategien – Management – Innovationen – Branchen, Festschrift zum 60. Geburtstag von Prof. Dr. Bernd Stauss, (S. 3-15).Wiesbaden: Gabler.

Hackett, R. D. & De Groote, M. G. (2002). Understanding and predicting work performance in the Canadian military. Canadian Journal of Behavioral Science, 34, 131-140.

Hinding, B., Özkan, O., Krauss-Hoffmann, P. & Kastner, M. (2010). Gestaltung von lernförderlichen Unternehmenskulturen zu Sicherheit und Gesundheit: In M. Kastner (Hrsg.), Tagungsband zum 8. Dortmunder Personalforum. Lengerich: Pabst Science Publishers.

Hinding, B. & Kastner, M. (2010). Gestaltung von lernförderlichen Unternehmenskulturen zu Sicherheit und Gesundheit bei der Arbeit. Abschlussbericht des Projekts F2188 der Bundesanstalt für Arbeitsschutz und Arbeitsmedizin (BAuA). Dortmund: BAuA.

Hofstede, G. H. & Hofstede, G. J. (2006). Lokales Denken, globales Handeln. Interkulturelle Zusammenarbeit und globales Management. 3. Auflage. München: DTV-Beck.

Hug, B. (2003). Feedback, Kritik und Anerkennung. In T. Steiger & E. Lippmann (Hrsg.), Handbuch Angewandte Psychologie für Führungskräfte (S. 303-314). Berlin: Springer.
Jacobshagen, N. & Semmer, N. K. (2009). Wer schätzt eigentlich wen? Kunden als Quelle der Wertschätzung am Arbeitsplatz. Wirtschaftspsychologie, 11, 11-19.
Kastner, M. (2007). Vertrauensfehlerlerninnovationsgesundheitskultur zur Förderung von Kultursynergien und Meidung von Kulturkonflikten. In M. Kastner, E. M. Neumann-Held & C. Reick (Hrsg.), Kultursynergien oder Kulturkonflikte. (S. 182-210). Lengerich: Pabst Science Publishers.
Kastner, M. (Hrsg.) (2010). Tagungsband zum 8. Dortmunder Personalforum. Lengerich: Pabst Science Publishers.
Kirchmeyer, C. (1998). Determinants of managerial career success: Evidence and explanation of male/female differences. Journal of Management, 24, 673-692.
Kuhnert, P., Akca, S. & Kastner, M. (2010). „Gesund pflegen unter Zeitnot und fehlender Anerkennung?" – Wertschätzungsaspekte des Gesundheitsmanagements in der Krankenpflege. In M. Kastner (Hrsg.), Tagungsband zum 8. Dortmunder Personalforum. Lengerich: Pabst Science Publishers.
Lazarus, R. S. (1999). Stress and Emotion. A New Synthesis. New York: Springer.
Lazarus, R. S. (1991). Emotion and Adaptation. Oxfort: Oxfort University Press
Lazarus, R. S. & Folkman, S. (1984). Stress, appraisal and coping. Berlin, Heidelberg, New York: Springer.
Leary, M. R. (2007). Motivational and emotional aspects of the self. Annual Review of Psychology, 58, 317-344.
Leary, M. R. & Baumeister, R. F. (2000). The nature and function of self-esteem: Sociometer theory. Advances in Experimental Social Psychology, 32, 1-62.
Maslow, A. (1968). Toward a psychology of being. New York: Van Nostrand Reinhold Co.
Miller, D. T. & Ross, M. (1975). Self-Serving Biases in the Attribution of Causality: Fact or Fiction? Psychological Bulltein, 82, 213-225.
Rogers, C. (1979). Entwicklung der Persönlichkeit. Stuttgart: Klett-Cotta.
Rogers, C. R. (1982). Die Kraft des Guten. Appell zur Selbstverwirklichung. München: Kindler.
Rosenstiel, L. (1995). Anerkennung und Kritik als Führungsmittel. In L. Rosenstiel, E. Regnet & M. Dosch (Hrsg.), Führung von Mitarbeitern. Handbuch für erfolgreiches Personalmanagement (S. 269-280). Stuttgart: Schäffer Poeschel.
Sackmann, S. A. (1991). Cultural Knowledge in Organizations: Exploring the Collective Mind. Newbury Park, CA: Sage.
Schein, E. (2003). Unternehmenskultur. Köln: EHP-Verlag.
Semmer, N. K., Jacobshagen, N. & Meier, L. L. (2006). Arbeit und (mangelnde) Wertschätzung. Wirtschaftspsychologie, 2/3, 87-95.
http://www.thefreedictionary.com. Großwörterbuch Deutsch als Fremdsprache. Farlex, Inc. and partners. Zugriff am 16.3.2010.
Tracy, J. L. & Robins, R. W. (2004). Emerging Insights Into the Nature and Function of Pride. Current Directions in Psychological Science, 16 (3), 147-150.
Tracy, J. L. & Robins, R. W. (2007a). The psychological structure of pride: A tale of two facets. Journal of Personality and Social Psychology, 92, 506-525.
Tracy, J. L. & Robins, R. W. (2007b). The prototypical pride expression: Development of a nonverbal behavioral coding system. Emotion, 7, 789-801.
Verbeke, W., Belschak, F. & Bagozzi, R. P. (2004). The Adaptive Consequencies of Pride in Personal Selling. Journal of the Academy of Marketing Sience, 32 (4), 386-402.
Viswesvaran, C., Sanchez, J. I. & Fisher, J. (1999). The role of social support in the process of work stress: A meta-analysis. Journal of Vocational Behavior, 54, 314-334.

Yukl, G. (2002). Leadership in organizations (5th ed.). Upper Saddle River, NJ: Prentice Hall.
Weiner, Bernard (1994). Motivationspsychologie. Weinheim: Beltz.

Wertschätzung in Zeiten zunehmender Ökonomisierung der Pflegeberufe

Stefan Engelbrecht, Anke Fesenfeld, Susanne Hellweg, Heike Schneider

1. Einleitung

In den westlichen Industrienationen hat sich in den vergangenen Jahrzehnten das Krankheitsspektrum der Bevölkerung erheblich verändert. Dank der medizinischen Fortschritte sinken die Mortalitätsraten, Infektionskrankheiten scheinen beherrschbar, Frühgeborene haben selbst mit geringstem Gewicht reelle Chancen u.v.a.m. Diese Erfolge sind nicht alle ethisch unumstritten – dennoch prägen sie eine Entwicklung, die die gesundheitliche Versorgungslandschaft der Bevölkerung in diesen Ländern nachhaltig verändert hat. Dazu gehört nicht nur der viel diskutierte demografische Wandel, dazu gehört auch eine immense Zunahme an chronisch-degenerativen Erkrankungen.

Unser hiesiges Gesundheitssystem, das in seinen Grundzügen derzeit noch immer stark auf eine akutmedizinische Versorgung ausgerichtet ist, steht somit vor erheblichen Herausforderungen – zumal, wenn es der politisch verfolgten Prämisse gerecht werden will, den unterstützungsbedürftigen Menschen eine gute Lebensqualität und vor allem auch ein hohes Maß an Selbstbestimmung und Selbständigkeit zu ermöglichen (Bundesministerium für Familie, Senioren, Frauen und Jugend/Bundesministerium für Gesundheit, 2009).

Folgt man den in der „Charta der Rechte des hilfe- und pflegebedürftigen Menschen" (Bundesministerium für Familie, Senioren, Frauen und Jugend/Bundesministerium für Gesundheit, 2009) genannten Zielen, so bedeutet dies die Gewährleistung einer jeweils individuell variierenden Unterstützung der betroffenen Menschen und ihrer jeweiligen sozialen Systeme. Um hier eine möglichst optimale Versorgungsqualität und -kontinuität sicherstellen zu können, müssen dringend sektorenübergreifende Strukturen geschaffen und gesundheitspolitische Regelungen getroffen werden. Für die Gesundheitsprofessionellen bedeutet dies, schnellstmöglich mono- und multidisziplinäre Konzepte zu erarbeiten und in ihrer alltagspragmatischen Umsetzbarkeit zu prüfen.

Schon allein diese ersten groben Überlegungen machen deutlich, wie wichtig es ist, angesichts der aktuellen Herausforderungen die unterschiedlichen Akteursebenen intensiv zu analysieren und innovative Lösungen für die dort anstehenden Problemstellungen zu finden. Auf der Makroebene bedarf es gesundheitspolitischer und sozialgesetzgeberischer Lösungsansätze. Auf der Mesoebene müssen sich Institutionen und Trägergesellschaften konstruktiv den Veränderungen stellen und auf der Mikroebene sind die Kompetenzprofile

nicht nur ein individuell-subjektiv interessanter Aspekt der Arbeitswelt, sondern gewinnt zunehmend auch unter betriebs- und volkswirtschaftlichen Aspekten an Bedeutung.
Ausgehend von der Hypothese, dass Stolz wiederum in einem engen Zusammenhang steht mit Fragen von Wertschätzung und Stolz auf das eigene berufliche Tun, hat im Herbst 2008 das Bundesministerium für Bildung und Forschung im Förderprogramm „Innovationen mit Dienstleistungen" eine Projektlinie zum Thema „Dienstleistungsqualität durch professionelle Arbeit" ausgeschrieben In dieser Projektlinie untersucht die Fachhochschule der Diakonie (FHdD; Lehrstuhl für Pflegewissenschaft) in Zusammenarbeit mit der Technischen Universität Dortmund (TU Dortmund; Lehrstuhl für Organisationspsychologie) im Verbundprojekt „Produzentenstolz durch Wertschätzung – ProWert" Wertschöpfungsprozesse und Wertschätzungskultur im Rahmen der Pflege. Um sowohl auf der personalen als auch auf der organisationsbezogenen Ebene Wertschöpfungssteigerungen in pflegerischen Dienstleistungen durch die Initiierung von Wertschätzungsprozessen zu erreichen, soll die Identifikation mit dem eigenen Tun bei Mitarbeitenden im Pflegesektor gestärkt werden. Des Weiteren sind ein förderliches Qualitätsprofil in Bezug auf ihre Tätigkeits- und Aufgabenspektren zu entwickeln und gesundheitsförderliche Bewältigungsmuster zu etablieren. Auf der strukturellen Ebene soll die Entwicklung einer Kultur der Transparenz, Partizipation und Kooperation durch gegenseitige Wertschätzung gefördert sowie im gesamtgesellschaftlichen Rahmen das Image pflegerischer Arbeit positiv beeinflusst werden.
Um einen Überblick über die spezifisch pflegerischen Zusammenhänge in diesem Projekt zu geben, werden in dem vorliegenden Artikel nach einer Klärung der Begrifflichkeiten die geschichtlich gewachsenen Strukturen und die aktuellen Rahmenbedingungen des Berufs dargelegt. Im Anschluss werden die schon jetzt bekannten konkreten Belastungsfaktoren für Mitarbeitende in diesem Bereich benannt. Ausgehend von diesen Ist-Analysedaten sollen die Forschungsfragen und das vorliegende Design skizziert und erste gewonnene Ergebnisse andiskutiert werden. Das Projekt befindet sich derzeit am Ende des ersten Drittels der Laufzeit, daher soll abschließend ein Blick in die weiteren Schritte erfolgen.

2. „Wertschätzung" und „Wertschöpfung"

2.1 Wertschätzung

Im gesamtgesellschaftlichen Diskurs wird Wertschätzung zumeist assoziiert mit Respekt, Achtung, Wohlwollen und Anerkennung und findet seinen sichtbaren Ausdruck u.a. in Zugewandtheit, Interesse, Aufmerksamkeit und Freundlichkeit. Wertschätzung gründet auf eine innere, allgemeine Haltung anderen Menschen gegenüber und erscheint zunächst einmal unabhängig von Taten oder Leistungen. Diese können aber die subjektive Einschätzung über eine Person ebenso beeinflussen wie Besitz oder Lebenshaltungen (Mettler-v. Meibom, 2007). Wertschätzung scheint demnach eine Person als Ganzes betreffen

zu können – bzw. auf einzelne Bereiche einer Person (wie z.B. berufliche Kompetenzen) fokussiert zu sein.
Betrachtet man die interaktiven Ebenen, so ist der jeweils subjektiv-individuelle Selbstwert untrennbar verwoben mit empfangener und gegebener Wertschätzung (vgl. Semmer & Jacobshagen, 2003), wodurch Wertschätzung letztlich immer sowohl ein Selbstanspruch als auch eine verhaltensgenerierende Haltung darstellen kann, die eng mit dem Menschenbild der interagierenden Personen verbunden zu sein scheint.
Im pflegerischen Kontext gibt es eine historisch gewachsene starke Orientierung am humanistisch-christlichen Menschenbild (vgl. Kapitel 2.1.1). Dabei beziehen sich ethische Ansprüche wie Nächstenliebe oder Respekt auf die Haltung gegenüber einer anvertrauten, zu pflegenden Person. Das pflegebedürftige Individuum und sein Wohlbefinden sollen im Mittelpunkt der Bemühungen stehen – zu diesem Ergebnis kommen nicht nur pflegetheoretische Überlegungen, sondern dies wird (nach wie vor) auch im Rahmen beruflicher Sozialisationsprozesse[6] vermittelt.
Wenn man nun der Hypothese folgt, dass Wertschätzungsverhalten und Wertschätzungserleben sowohl im interpersonellen Kontext als auch in Organisationsstrukturen nach Gesetzmäßigkeiten der Reziprozität zu funktionieren scheint, können Mitarbeitende auf Dauer nur dann wertschätzend agieren, wenn sie in einem für sie individuellen Maß auch selbst Wertschätzung erfahren. Das bedeutet für den hier zu besprechenden Kontext: Wenn Wertschätzung ein vermitteltes Ethos und Bestandteil einer „Moral" in der Krankenpflege ist (DBfK, o. J.) stellt sich an dieser Stelle nicht nur die Frage, wie diese Werte im zunehmend ökonomisierten Gesundheitswesen zufriedenstellend gelebt und erfahren werden können, sondern auch, welche Wertschätzung die handelnden Personen selbst erfahren.
Schon länger weisen Untersuchungen dabei sehr klar nach, dass Wertschätzungsprozesse im beruflichen Handeln unterschiedliche Facetten aufweisen (vgl. Siegrist, 1996). Zum einen gibt es sicherlich materielle Aspekte im Sinne einer als angemessen empfundenen, monetären Entlohnung für den Aufwand der Arbeitstätigkeit. Zum anderen spielen aber auch immaterielle bzw. ideelle Wertschätzungsdimensionen eine erhebliche Rolle und sind in der Logik der subjektiv empfundenen Wertschätzung der materiell-monetären mindestens gleichwertig (vgl. Kaßmann, 2009).
In einem sozialen Arbeitsfeld wie der Pflege kann Wertschätzung potenziell aus unterschiedlichen „Quellen" erfahren (gespeist) werden: So ist das berufliche Selbstverständnis, der im Rahmen von Ausbildung und Berufstätigkeit geprägte „Berufsethos" ein durchaus wichtiger Maßstab für die eigene Arbeitsqualität und damit die Selbst-Wertschätzung.

[6] Exemplarische Dokumentenanalysen von bestehenden Aus-, Fort- und Weiterbildungscurricula und Lehrbüchern in diesen Bereichen, die im Rahmen dieses Projektes durchgeführt wurden, unterstützen die Hypothese, dass in der beruflichen Sozialisation der Aspekt des Wertschätzung-Vermittelns gegenüber den Betreuten eine weitaus gewichtigere Beachtung erfährt als Fragen der Selbst- und Fremdwertschätzung der eigenen Person.

Daneben steht die Interaktion mit den Betreuten und ihren Angehörigen, die gerade für Auszubildende und Berufsanfänger einen hohen Stellenwert hat. Die Qualität der Kommunikation und Kooperation mit Kollegen, insbesondere aus der eigenen Berufsgruppe, beeinflussen maßgeblich das Gefühl ein wichtiges, d.h. (fachlich und persönlich) geschätztes Teammitglied zu sein. Selbstverständlich kommt gerade Vorgesetzten und Führungskräften eine zentrale Rolle bezüglich des Wertschätzungserlebens der Mitarbeiter zu – sind sie doch diejenigen, welche einerseits die Tätigkeiten ihrer Untergebenen bewerten und andererseits durch ihr eigenes Verhalten Maßstäbe setzen und als Vorbild dienen. Nicht zuletzt gibt es auch noch die gesellschaftliche Ebene der Wertschätzung, die – neben der Vergütung – auch im Berufsimage oder durch Darstellung in den Medien zum Ausdruck kommt.

Gerade im Hinblick auf die gesamtgesellschaftliche Wertschätzung ist der Pflegeberuf nun aber in einer problematischen Situation. Er berührt mehr als andere Gesundheitsberufe massive gesellschaftliche Tabuthemen. Schon immer hat Pflege sich auch über die Begleitung des Leidens und Sterbens definiert (ICN, 2009) und sich damit sehr klar dem Tabuthema „Tod“ gestellt[7]. Durch diesen engen Bezug zur Endlichkeit und aufgrund der starken spirituellen Verwurzelung der Pflege lässt sich daher hypothetisieren, dass auch die transzendentale Dimension von Wertschätzung in der Pflege eine besondere Tradition und Bedeutung hat. Es ist durchaus denkbar, dass hierin eine starke interpersonale Ressource in der Bewältigung kritischer Lebens- und Arbeitssituationen gefunden werden kann.

Zusammengefasst erscheint Wertschätzung als ein hochkomplexer und im Rahmen der Pflege in einer sehr diffusen und schwer greifbaren Vernetzung stattfindender Interaktionsprozess, der auch stark durch Selbstwertkomponenten beeinflusst wird, die durch ethische Grundhaltungen und Ansprüche in der beruflichen Sozialisation geprägt sind.

2.2 Wertschöpfung

Wertschöpfung ist ein grundlegendes Paradigma der Betriebswirtschaftlehre und wird in der ökonomischen Rationalität über das Verhältnis von Input zu Output (Schaper, 2001) – also über das Ausmaß an produktiver Tätigkeit – definiert.

Im thematischen Bezugsrahmen dieses Forschungsprojektes ist der Aspekt, dass insbesondere im Gesundheitswesen für materielle Wertschöpfung immaterielle Wertschöpfung unerlässlich erscheint, ausgesprochen relevant. Immaterielle Wertschöpfung wird aus betriebswirtschaftlicher Sicht vor allem durch „human resources“ oder „soft skills“ gewonnen. Diese (Rest-)Größe wird insbesondere dann beziffert, wenn sich das Humankapital als entscheidende Grenze für die Optimierung von Wertschöpfungsprozessen erweist

[7] Hier unterscheidet sich die Pflege sehr klar von der Medizin, die sich erst 1998 erstmals in Bezug auf die Sterbebegleitung (Bundesärztekammer, 1998) positioniert.

(Mettler-v. Meiborn, 2006) – was unstrittig für den Bereich sozialer Dienstleistungen gilt. Nun erscheint es nicht leicht, Indikatoren für eine erfolgreiche immaterielle Wertschöpfung zu finden. Einzelne Indikatoren sind sicherlich feststellbar und sogar relativ leicht zu quantifizieren – etwa Indikatoren wie Krankenstände und MitarbeiterInnenfluktuationen. Andere entziehen sich eher einer objektiv quantitativen Messbarkeit – was sie aber deswegen nicht weniger bedeutsam macht: MitarbeiterInnenzufriedenheit, Teamgeist, Innovationsfähigkeit, Leistungsfreude und Leistungsbereitschaft, Betriebsklima oder das Image der Organisation nach innen und nach außen.

Will man nun in einem Unternehmen, einer Organisation oder einer Institution eine erfolgreiche immaterielle Wertschöpfung etablieren, so bedarf es einer Reihe von Voraussetzungen. Gemeinsame Visionen und Teamgeist als eher übergreifende und leitungsabhängige Faktoren spielen dabei dann eine ebenso bedeutsame Rolle wie eher individuell zuzuordnende Faktoren wie Selbstmanagement oder die Fähigkeit zu systemischem Denken (vgl. Mettler-v. Meiborn, 2006). An dieser Stelle wird klar, wie zentral einerseits Führungsverhalten und Management einer Institution für die Wertschöpfung sind – andererseits aber eben auch die Individualitäten der jeweiligen MitarbeiterInnen.

Bezogen auf den Gesundheitssektor kann man bezüglich dieser Überlegungen einige Möglichkeiten – aber auch klare Grenzen der Übertragbarkeit erkennen. Denn Gesundheitsinstitutionen erfüllen einen gesellschaftlichen „Doppelzweck“: Einerseits dienen sie der uneigennützigen Versorgung und Begleitung hilfe- und pflegebedürftiger Menschen, andererseits sind sie nach den vergangenen gesundheitspolitischen Richtungsvorgaben mehr und mehr auch Wirtschaftsbetriebe und unterliegen so allen Anforderungen an Effektivität und Rationalität eines jeden Wirtschaftsbetriebes (vgl. Kersting, 2002).

Betrachtet man den messbaren volkswirtschaftlich erbrachten „Wertschöpfungsbeitrag“ der Pflege, so ist bereits heute das, was die rund 810.000 Beschäftigten leisten, mit einem Umfang von gut 25 Millionen Euro (Enste, 2009) alles andere als gering. Die Ermittlung des tatsächlichen Wertschöpfungsbeitrags stößt allerdings auch an Grenzen, weil das tatsächliche Outcome pflegerischer Handlungen teilweise nur sehr schwer transparent darzustellen ist. So ist etwa die anspruchsvolle und mitunter auch sehr zeitaufwändige Pflege eines Menschen in der letzten Lebensphase kaum in betriebswirtschaftlichen Begrifflichkeiten von „Wertschöpfung“ darzustellen. Man kann an diesem Beispiel erahnen, wie komplex es ist, humane und ökonomische Interessen innerhalb der Gesundheitsversorgung miteinander zu vereinbaren. Das durch die konkurrierenden Werte entstehende Spannungsfeld ist nun der Rahmen, in dem auch die Mitarbeitenden in der Pflege ihre alltägliche Arbeit leisten und Wert „schöpfen“.

Die zunehmenden Ökonomisierungsprozesse im Gesundheitssystem verstärken die bereits bestehende Diskrepanz zwischen den wissenschaftlich-ethischen Ansprüchen einer guten Pflege und den tatsächlichen, ökonomisierten Arbeitsbedingungen. Für die einzelnen betroffenen MitarbeiterInnen entstehen dadurch nicht selten moralische Konfliktsituationen bis hin zu Wertschätzungsdilemmata (vgl. Kersting, 2002). Der Frage, warum es so schwer scheint, aus diesen Dilemmata einen gangbaren Ausweg zu finden, soll nun zunächst mit einem kleinen historischen Rückblick auf die Wurzeln der Pflege verdeutlicht und im Anschluss mit einer Skizzierung der derzeitigen Situation nachgegangen werden.

3. Die Situation der Pflege im Gesundheitswesen

3.1 Berufsbild im Wandel

3.1.1 Historische Entwicklung und Ausbildungsstrukturen des Berufstandes

Um die Entwicklung des Berufsbildes und den gesellschaftlichen Stand der Pflege in der Komplexität zu verstehen, erscheint es unabdingbar, einmal die historisch-gesellschaftliche Entwicklung dieses Berufs näher zu betrachten. Dabei scheint Pflege in seiner historischen Verwobenheit ganz erheblich vor allem von zwei Einflüssen geprägt: zum einen von der engen Anbindung an das weibliche Geschlecht und damit an das jeweils herrschende Frauenbild. Zum anderen von der gewachsenen Verzahnung mit den christlich-klösterlichen Wurzeln und damit mit Wertsetzungen von Gehorsam und Demut und hohen moralisch-ethischen Ansprüchen.
Schaut man in die ersten Bestrebungen der Entwicklung systematischer Pflege und Medizin im Mittelalter, so waren diese beiden Aspekte nicht getrennt und wurden als ein Ganzes entweder im häuslichen Bereich oder im Rahmen klösterlicher Versorgungsstrukturen etabliert. Die Sorge um kranke Menschen orientierte sich dabei in erster Linie am Gleichnis vom barmherzigen Samariter. So wurde das „Berufsbild" derjenigen, die sich um kranke und siechende Menschen kümmerten, vor allem vom Einfluss des klösterlichen Lebens dominiert. Demut, Gehorsam, der unbedingte Glaube an göttliche Fügung und Lenkung, Bescheidenheit waren die bestimmenden Werte.
Nach der Säkularisierung veränderte sich das Bild. Einhergehend mit der Abnahme der klösterlichen Versorgung verschlechterte sich die Gesundheitsversorgung der Bevölkerung in drastischem Maße. Zugleich wurde durch die Zunahme an naturwissenschaftlichen Erkenntnissen eine tiefer gehende Systematik in der Ausbildung immer notwendiger. Die Naturwissenschaft oblag den damaligen Gesellschaftsstrukturen folgend vorwiegend den Männern – und so wurde die Erwartungshaltung aus der gesellschaftlichen Rollenzuweisung an die Frau nun auch auf die berufliche Zusammenarbeit zwischen Medizin und Pflege im Sinne der „weiblichen Zuarbeit" übertragen (Steppe, 1994). In der damaligen Logik erschien es klar, dass dementsprechend auch die Ärzte definierten, welche Art von „Zuarbeit" sie benötigten. Mit Theodor Fliedner und seiner Frau Friederike wurde Pflege zu einem erlernbaren und auch angesehenen Beruf. Gefestigt wurde mit dieser Entwicklung aber die Verknüpfung von Pflege sowohl mit vermeintlich dem weiblichen Geschlecht obliegenden Kompetenzen als auch mit christlichen Werten.
Die folgenden gesellschaftspolitischen Entwicklungen verstärkten vor allem die Tendenz, den Frauen allgemein zugeschriebenen Eigenschaften mehr und mehr auch als Grundqualifikationen für den Beruf Pflege zu betrachten. Gekoppelt daran war auch die Meinung,

Pflege benötige – wenn überhaupt – nur eine geringfügige Qualifikation. Für einen Wandel dieses Bildes steht zu Beginn des zwanzigsten Jahrhunderts der Name Agnes Karll. Mit ihr begann Pflege sich vom maßgeblichen Bild des Dienens zu lösen und ein eigenständiges Profil zu entwickeln. Schon 1903 gründete sie die erste Berufsorganisation und forderte eine qualifizierte dreijährige Ausbildung. Schon damals pflegte sie darüber hinaus intensive internationale Kontakte. Die von Agnes Karll geforderte reichseinheitliche Regelung der Ausbildung wurde jedoch erst im Jahre 1938 erstmals für die Krankenpflege geregelt – ein Jahr später für die sogenannte Säuglings- und Kinderpflege. Mit diesen Regelungen sollte erstmals auch die Ausübung der Kranken- und Kinderkrankenpflege erlaubnispflichtig werden. Aufgrund des herrschenden Mangels an Pflegekräften wurde diese Erlaubnispflicht jedoch außer Kraft gesetzt und selbst 1968 wurde noch im Bundestag über den Schutz der Berufsausübung heftig diskutiert. Entgegen den Forderungen Karlls betrug die Ausbildungsdauer nach der 1938-er-Regelung auch nicht drei, sondern lediglich anderthalb Jahre. 1942 wurde sie auf zwei Jahre aufgestockt. Das bundeseinheitliche Krankenpflegegesetz von 1957 wurde 1965, 1968 und 1972 novelliert. Besonders in der Änderung 1972 wurde maßgeblich auch auf die Notwendigkeit verwiesen, sich den internationalen Veränderungen anzupassen. Die nunmehr dreijährige Ausbildung wurde mit dem Krankenpflegegesetz 1985 dann den im Europäischen Übereinkommen geforderten 4.600 Stunden, von denen mindestens ein Drittel theoretischer Unterricht sein musste, angepasst.

Seit dem 1. Januar 2004 ist nun ein neues Krankenpflegegesetz in Kraft (Krankenpflegegesetz, 2004). In diesem aktuellen Gesetz werden erstmals präventive, rehabilitative, gesundheitsfördernde und auch palliative Maßnahmen klar als Zielsetzungen pflegerischer Maßnahmen genannt. Neu ist auch die Festschreibung eigenverantwortlich durchzuführender Aufgaben. Auch wenn diese immer noch nicht als Vorbehaltsaufgaben gelten, so ist dies doch eine wesentliche Neuerung, die einen klaren Einfluss auf das tägliche Handeln im Berufsfeld hat. Erstmals kann – und das ist im Sinne der Professionalisierung ein sehr entscheidender Schritt – das Examen völlig autonom innerhalb der Berufsgruppe abgenommen werden. Sicherlich fehlt noch die letzte Konsequenz einer Berufskammer, die auch im Sinne der Ausbildung autonom, staatsunabhängiger und flexibler auf Wandlungen reagieren kann. Aber schon jetzt sind mit dem Gesetz Schritte in eine Richtung getan, die den veränderten Anforderungen an eine Gesundheitsversorgung hierzulande besser gerecht zu werden scheinen.

Die Professionalisierungsbestrebungen der Pflege und die damit einhergehende Akademisierung haben das Machtverhältnis zwischen den Professionen im Gesundheitssystem insgesamt etwas relativiert. Durch die ökonomischen Zwänge und die gesundheitspolitische Weichenstellung besteht aber aktuell die Gefahr, dass die althergebrachten hierarchischen und relativ starren Strukturen der Institutionen (insbesondere im stationären Krankenpflegebereich) nicht weiter aufgebrochen werden, sondern sich hier eher eine rückläufige Tendenz abzeichnet. Weitergehende Forschungsergebnisse zu der Frage, inwieweit diesbezüglich auch die Genderproblematik eine Rolle spielt, wären hier von höchstem Interesse – denn der hohe Anteil von 72,3% an weiblichen Mitarbeitenden im Gesundheitswesen

(Robert-Koch-Institut, 2009) legt die Vermutung nahe, dass auch diese Aspekte in einer Diskussion, die sich mit Wertschätzung beschäftigt, eine wesentliche Rolle spielen. Welche Herausforderungen ergeben sich nun aus dieser geschichtlich so gewachsenen Situation?

3.1.2 Aktuelle Herausforderungen

In den letzten Jahren hat sich eine Vielzahl an Herausforderungen an den Pflegeberuf ergeben, die ineinander verzahnt sind und deren gegenseitige Beeinflussung in der Realität nicht voneinander zu trennen ist. Dennoch sollen nachfolgend einzelne Aspekte genauer betrachtet werden, um ein klareres Bild von den Einzelfaktoren bekommen zu können.

Zielsetzungen des Gesundheitswesens
Angesichts der demografischen Entwicklung und der zunehmenden Zwänge durch die Ökonomisierung des Gesundheitssystems gibt es drei wesentliche gesellschaftspolitische Zielrichtungen in der Betreuung und Begleitung hilfebedürftiger Menschen: zum einen die Forderung „ambulant vor stationär“, zum Zweiten der Trend „Rehabilitation vor Pflege“ und zum Dritten die Zielsetzung „Prävention vor Kuration“. All diese Maßnahmen bedingen einen erheblichen Zuwachs an Autonomie für die Hilfesuchenden im System. Für die Begleitenden bedeuten sie eine Abkehr vom „cure“ und eine Hinwendung zum „care“ (Schaeffer, 1999). Damit einher gehen erhebliche Rollenveränderungen für die Berufsgruppe der Pflegenden, die auch die althergebrachte Werteorientierung verändern. Es geht weg vom paternalistischen Prinzip der Fürsorge hin zu einer ressourcenorientierten Begleitung selbstbestimmter Prozesse[8]. Und es geht weg vom pathogenetischen hin zum salutogenetischen Ansatz – um nur zwei erhebliche Veränderungslinien zu benennen.
Der gesundheitspolitischen Prämisse „ambulant vor stationär“ folgend hat es im stationären Sektor erhebliche Einsparungen gegeben (vgl. Kapitel 1), deren Grenze sicherlich noch nicht erreicht ist. Vor allem der Stellenabbau im stationären Pflegebereich mit der Parallelentwicklung der Reduktion der Behandlungstage durch die in 2004 eingeführten Fallpauschalen (Diagnosis Related Groups = DRGs) und die damit einhergehende Fallzahlerhöhung haben zu einer enormen Verdichtung und Komprimierung der Arbeitsabläufe im stationären Bereich beigetragen[9].
Die Einführung der DRGs im (akut)stationären Krankenhausbereich hat aber nicht nur Auswirklungen auf die krankenhausinterne Versorgung, sondern ebenso auf den nachsta-

[8] Eine in diesem Zusammenhang sehr eindrückliche Veränderung ist die Orientierung tatsächlich am Willen und nicht ausschließlich am Wohl der Hilfesuchenden.

[9] Simon (2009) kritisiert diesbezüglich, das DRG-System setze systemimmanent Anreize zum Personalabbau und benennt den „Kellertreppeneffekt“ im Fallpauschalsystem als einen Hinweis darauf, dass die Situation sich langfristig eher verschärfe als entspanne.

tionären Sektor. Viele MitarbeiterInnen sehen sich im ambulanten Bereich zunehmend mehr mit Aufgaben konfrontiert, die eigentlich eher dem stationären Bereich zuzurechnen sind: postoperative Versorgungen nach ambulanten Eingriffen, Verbandwechsel bei akuten Wunden, Infusionen und Injektionen, intratracheale Absaugung, Beatmungen, Monitoring u.v.a.m. Ähnlichen Herausforderungen steht auch die stationäre Altenpflege gegenüber. Diese Veränderungen haben nicht nur zu einer Arbeits- und Aufgaben*verdichtung* geführt, sie stellen auch ein völlig verändertes Aufgaben*spektrum* dar[10]. Die personelle Ausstattung hat sich diesen veränderten Aufgaben weder in der Quantität noch in der Qualität angepasst.
Während im stationären Krankenpflegesektor der Trend „ambulant vor stationär" sichtbar ist, konnte er im Bereich der Altenhilfe nicht umgesetzt werden. Zwar wünschen sich die meisten Menschen für ihr Alter eine Versorgung im häuslichen Bereich (vgl. Robert-Koch-Institut, 2004), aber die familial-nachbarschaftliche Pflegeversorgung wird angesichts der demografischen und soziostrukturellen Entwicklungen eher ab- als zunehmen[11]. Damit einhergehend wird auch der Bedarf an teilstationären und vollstationären Wohnformen steigen – wenngleich deren traditionelle Strukturen sicherlich aufbrechen werden. Eklatant verändert hat sich vor allem auch das Belegungsprofil in der stationären Altenhilfe. Die Menschen kommen immer später – und damit auch pflegebedürftiger – in die Einrichtungen[12]. Das Durchschnittsalter der BewohnerInnen in der stationären Altenpflege lag schon 2006 bei 81,8 Jahren (BMFSFJ, 2006: 11). Insgesamt verändert sich zunehmend auch die Verweildauer im Heimbereich. 22% der BewohnerInnen leben nicht länger als sechs und weitere 7% unter zwölf Monaten in den Einrichtungen (BMFSFJ, 2006: 17). Stationäre Altenhilfeeinrichtungen verlieren damit den für eine Langzeitver-

[10] Während – wie hier grob angedeutet – der konkrete Arbeitsalltag ein immer anspruchsvolleres Profil von Pflegenden erforderlich macht, sind seitens des Gesetzgebers jedoch die Weichen entsprechend so gestellt worden, dass dem erforderlichen Qualifikationsprofil kaum Rechnung getragen werden kann: so genannte „Ein-Euro-Kräfte" sollen den stationären Altenhilfebereich entlasten, „Langzeitarbeitslose" und ungelernte Präsenzkräfte im Demenzbereich helfen und im ambulanten Sektor wird die Legalisierung osteuropäischer Hilfskräfte diskutiert. Als neueste Entwicklung, die im Fachdiskurs – aber auch gesamtgesellschaftlich – durchaus als eine Entwertung des Pflegeberufs aufgefasst wurde, ist die Herabsenkung der Zulassung zur Ausbildung in der Gesundheits- und Krankenpflege auf Hauptschulniveau.

[11] Wurden 1996 noch 77% der Pflegebedürftigen zu Hause versorgt, ließ sich hier 2004 ein Rückgang um 9% auf 68% verzeichnen. Das mag u.a. auch daran liegen, dass mit der Zunahme der Hochaltrigkeit auch die pflegenden Angehörigen älter werden. Die pflegende Tochter eines 95-jährigen pflegebedürftigen Menschen etwa ist selbst an die 70 Jahre alt und damit mitunter unterstützungsbedürftig. Dennoch werden noch immer mehr als zwei Drittel aller Pflegebedürftigen im heimischen Kontext versorgt (Robert-Koch-Institut, 2004: 15).

[12] Galten vor Einführung der Pflegeversicherung noch 63% der Bewohner/innen als pflegebedürftig, so sind es 2006 bereits 85%. Von diesen sind 45% in der Pflegestufe II und 21% in der Pflegestufe III (BMFSFJ, 2006: 11). Ohne Pflegestufe leben nach Angaben des Bundesministeriums (BMFSFJ, 2006: 11) keine Bewohner/innen mehr in den stationären Pflegeeinrichtungen.

sorgung typischen Wohncharakter und entwickeln sich mehr und mehr zu intensivpflegerischen und hospizähnlichen Einrichtungen.
Nicht zuletzt aufgrund dieser Entwicklung – so kann man mutmaßen – wachsen die Bedenken der Bevölkerung vor einer potenziellen eigenen Versorgung im Heim. Einer aktuellen Umfrage des Allensbach-Instituts zufolge haben große Teile der Bevölkerung Angst vor einem späteren Leben in stationären Pflegeeinrichtungen (Institut für Demoskopie Allensbach, 2009). Dabei achten sie die dort erbrachte Leistung der Pflegenden sehr wohl – kritisieren aber die quantitative und qualitative personelle Ausstattung ebenso wie das aus ihrer Sicht mangelhafte politische Interesse an tragbaren Lösungen (Institut für Demoskopie Allensbach, 2009: 36). Ein großer Teil der Befragten (63%) wären bereit, mehr Geld für eine adäquatere Versorgung zu investieren (Institut für Demoskopie Allensbach, 2009: 28). Neben der Fachexpertise ist in der Bevölkerung vor allem die persönliche Interaktion und diese wieder verbunden mit ausreichenden Zeitfenstern ausgesprochen bedeutsam (Institut für Demoskopie Allensbach, 2009: 15). Während also – wie man aus den dargestellten Fakten erkennen kann – die Zielsetzungen der Gesundheitspolitik offenbar eine gute Übereinstimmung mit denen der Bevölkerung aufweisen, scheinen sich bei den NutzerInnen des Systems bzgl. der Umsetzung erhebliche Zweifel aufzutun.

Reformen im Gesundheitswesen
Waren im geschichtlichen Werdegang vor allem naturwissenschaftliche Erkenntnisse auf der einen und ethisch-moralische Werte auf der anderen Seite Leitlinien der Berufsentwicklung, so bestimmen seit den 1970er-Jahren vor allem Aspekte der Finanzierbarkeit des Gesundheitswesens anstehende Reformen. Schaut man auf die letzten 15 Jahre, so haben Entwicklungen wie etwa die Einführung der Pflegeversicherung 1995, die Gesundheitsreformgesetze in den Jahren 2000, 2004 und 2007 sowie der neue Abrechnungsmodus durch die Einführung der Fallpauschalen im Jahr 2003 massive Veränderungen nach sich gezogen, die über den monetären Aspekt weit hinausreichen.
Im Hinblick auf Aufgaben- und Rollenverteilung im Gesundheitssystem hatten insbesondere die Ziele und Umsetzungsvorschläge des Sachverständigengutachtens 2007 (Sachverständigenrat, 2007) eine herausragende Bedeutung. Dabei zielen die Forderungen des Gutachtens sehr klar vor allem auf eins: auf eine Abkehr von der traditionell arztzentrierten Versorgung hin zu einer gleichberechtigten Kooperation aller Gesundheitsberufe (Sachverständigenrat, 2007, 2009). Das bedeutet in der konkreten Umsetzung eine völlig neue Rollenfindung für die jeweiligen Berufsangehörigen – das erfordert aber darüber hinaus auch eine Neustrukturierung der Schnittstellen und eine Konzeptentwicklung für die multidisziplinäre Zusammenarbeit. Sogenannte Poolkompetenzen gewinnen an Gewicht. Jede einzelne Berufsgruppe ist dabei gefordert, die eigenen Kompetenzen darzulegen und zu erweitern. Die Rolle der Pflegenden im multidisziplinären Team wird durch diese Forderungen deutlich gestärkt. In der weiteren Entwicklung können damit neue Aufgabenfelder eigenverantwortlich übernommen und beratende Tätigkeiten erheblich

ausgebaut werden (etwa im Bereich von Prävention oder Case-Management) (vgl. Sachverständigenrat, 2007, 2009)[13].

3.2 Mitarbeitende im Wandel

Aus den dargestellten Entwicklungen ergeben sich erheblich veränderte Ansprüche an das Personal in den unterschiedlichen Feldern der Pflege. Auch hier sollen die eng miteinander verzahnten Faktoren aus Gründen der Übersichtlichkeit zunächst getrennt dargestellt werden, wenngleich sie sich in der Realität untrennbar gegenseitig bedingen. Der Fokus der Darstellung soll dabei auf den sich aus den einzelnen Faktoren ergebenden Belastungsmomenten gelegt werden.

Alter und Gesundheit
Der demografische Wandel macht vor den Türen des Arbeitsmarktes nicht Halt – und so ist es für alle ArbeitgeberInnen eine große Herausforderung, die Arbeitsplatzgestaltung entsprechend anzupassen. Während aber in der gesamtgesellschaftlichen Entwicklung auf dem Arbeitsmarkt die „50-plus-Generation" zahlenmäßig immer mehr wächst, verzeichnet der Pflegebereich mit einem Durchschnittsalter von unter 40 Jahren bei 50% von Mitarbeitenden (noch) eine andere Tendenz (Hasselhorn, Müller, Tackenberg, Kümmerling & Simon, 2005)[14]. Will man langfristig ältere ArbeitnehmerInnen im Pflegealltag halten, müssen die Arbeitstrukturen und Inhalte sowohl was die physische als auch die psychische Belastung betrifft, auf deren Bedürfnisse abgestimmt sein.
Schaut man in diesem Zusammenhang einmal in die Statistiken, so gelten Pflegekräfte allgemein als eine gesundheitlich stark beanspruchte Berufsgruppe (Robert-Koch-Institut, 2004; Statistisches Bundesamt, 2009). Die Ursachen hierfür sind vielfältig. So gibt es die Meinung, das hochgehaltene Bild „aufopfernd zu helfen" schaffe – gepaart mit strengen Hierarchien – ein Milieu, in dem Fehlbeanspruchungen von MitarbeiterInnen wahrscheinlicher werden (Konrad, 2003).
Ein weiterer Faktor, der die gesundheitliche Situation nachhaltig beeinflusst, ist die Arbeitszeitregelung in den pflegerischen Berufen. Obwohl die Arbeitszeitregelung per Arbeitzeitgesetz (ArbZG, 2009) in Deutschland sehr umfangreich und ausdifferenziert ist,

[13] Dass die Gutachten des Sachverständigenrats im gesundheitspolitischen System ein großes Gewicht haben, kann man daran erkennen, dass im Pflegeweiterentwicklungsgesetz vom vergangenen Jahr (Gesetz zur strukurellen Weiterentwicklung der Pflegeversicherung, 2008) viele der vom Sachverständigenrat empfohlenen Maßnahmen einen gesetzlichen Niederschlag gefunden haben.

[14] Die Frage, warum die Zahlen im Pflegebereich so anders aussehen, lässt sich durch einen europäischen Vergleich der Arbeitsbedingungen beantworten. Die Next-Studie (Hasselhorn et al., 2005) stellt einen korrelativen Zusammenhang zwischen der Arbeitszufriedenheit und dem Alter im Pflegeberuf her. In Finnland, wo die Zufriedenheit mit den Arbeitsbedingungen überdurchschnittlich hoch ist, ist ein Drittel aller Pflegenden älter als 50 Jahre. In Deutschland sind es lediglich 12%.

gelten für pflegerische Tätigkeiten an manchen Stellen erhebliche Ausnahmen. Die Arbeitszeiten in den unterschiedlichen Einsatzfeldern zeichnen sich durch ein hohes Maß an Flexibilitätsanforderungen bei nur geringer Autonomie zur eigenständigen Gestaltung aus. Daneben kennzeichnet sich pflegerische Arbeit durch einen hohen Anteil sogenannter Nicht-Standardarbeitszeiten wie Wechselschicht mit Nachtarbeit, Überstunden, Wochenend- und Feiertagsarbeit, die in der Regel wenig sozial verträglich sind und oft den Wünschen der Pflegekräfte widersprechen (Büssing & Glaser, 2003). Ein ganz besonderes Problem stellt die Nicht-Planbarkeit der Freizeit durch Überstunden und Ersatzleistung bei Krankheitsausfall dar (vgl. Statistisches Bundesamt, 2009).
Pflegerische Berufe gelten auch bezüglich der psychischen Belastung als gesundheitlich hoch gefährdet (Braun & Müller, 2005). Nicht nur die Konfrontation mit ernsthaften und schwerwiegenden Themen dürfte dabei eine Rolle spielen. Man kann darüber hinaus vermuten, dass die im Arbeitsalltag sich ergebenden ethischen Dilemmata den eigenen Selbstwert reduzieren können – was als extrem stressinduzierend angesehen wird (vgl. Semmer et al., 2003). Die Kombination aus physischen, organisationalen sowie psychosozialen und psychomentalen Faktoren scheint dazu zu führen, dass die Arbeitsbedingungen insgesamt von den Mitarbeitenden als stärker belastend wahrgenommen werden, als dies in anderen weiblich dominierten Dienstleistungsberufen der Fall ist. Obwohl es innerhalb des Arbeitsfeldes durchaus auch gesund erhaltende Ressourcen zu geben scheint, sind die Untersuchungsergebnisse bezüglich der Krankheitsausfälle alarmierend. So weist etwa das „Pflege-Thermometer 2007“ (Deutsches Institut für angewandte Pflegeforschung, 2007) durch eine bundesweite Befragung bei Pflegedirektionen von Krankenhäusern sehr klar eine Zunahme von krankheitsbedingten Arbeitsausfällen Pflegender nach. Der gleichzeitige deutliche Zuwachs an Mehrarbeitsstunden schränkt die dringend notwendigen Erholungszeiten zusätzlich ein, wodurch die Arbeitsbelastung weiter potenziert wird (Isford, 2008). Die Arbeitsunfähigkeit aufgrund psychischer Erkrankung liegt bei 62% und damit über dem Durchschnitt (Wolf, 2008). Im DAK-Bericht 2007 sind die Gesundheitsberufe erstmalig Tabellenführer (zit. n. Isford, 2008). Eine differenzierte Betrachtung kennzeichnet insbesondere den Personenkreis der Pflege*helferinnen* als besonders vulnerabel (Braun et al., 2005).
Auch wenn Prävention und Gesundheitsförderung im Gesundheitswesen „hoch im Kurs“ stehen, verschärfen Ökonomisierung, Zeitdruck und Überforderung, Mittelkürzungen und Personalabbau die Problematik (Wolf, 2008). Die Delegation zusätzlicher Aufgaben aus anderen Berufsgruppen führt nicht nur zu einer weiteren Arbeitsverdichtung, sondern birgt auch die Gefahr potenzieller Gratifikationskrisen (Siegrist, 1996) – dann nämlich, wenn in der Argumentation die Delegation an eine Entwertung der vermeintlich „billigeren“ Arbeitskräfte und nicht an deren Kompetenz gebunden wird. Der Verteilungskampf um Kompetenzen und Zuständigkeiten im Hinblick auf den Erhalt von Arbeitsplätzen und Aufstiegschancen, Kostenmanagement und Personalabbau führt gerade auch in der Pflege oftmals zu belastenden Erfahrungen (Robert-Bosch-Stiftung, 2000). In der Folge kann also befürchtet werden, dass die noch verhältnismäßig geringe Quote der an der sogenannten „Burn-out-Symptomatik“ Erkrankten (vgl. Isford, 2008) unter den Pflegekräf-

ten weiter zunimmt, wenn nicht zeitnah umfassende organisationelle und arbeitsstrukturelle Umwälzungen implementiert werden.

Ausbildung und Qualifikation

Die Ausbildung in den Pflegeberufen muss in einem Labyrinth aus unterschiedlichen Ansprüchen gestaltet werden. Es gilt sowohl den Anforderungen seitens der internationalen Bezüge gerecht zu werden, als auch denen der Träger, der Länder und des Bundes. Betrachtet man etwa die vergangenen zwei Jahrzehnte, so lässt sich eine zunehmende Bedeutung der Globalisierung auf die Gestaltung der Pflegeausbildung verzeichnen. So beeinflussen Vereinbarungen wie die Ottawa-Charta Mitte der 1980er-Jahre, das WHO-Programm „Gesundheit für alle" und/oder das neu aufgelegte WHO-Programm „Gesundheit 21" die hiesigen gesundheitspolitischen und damit auch pflegerischen Zielsetzungen sehr deutlich (WHO, 1998). Pflegebildung ist eingebunden in Strukturen wie den Europäischen Qualifikationsrahmen und den Bologna-Prozess und kann sich deren Einflüssen auch nicht entziehen. Das hat nicht nur auf die grundständige Berufsausbildung, sondern auch auf die Fort- und Weiterbildung in den Pflegeberufen erhebliche Auswirkungen. So gehört etwa die grundständige Akademisierung der Gesundheitsberufe zu den Richtlinien für den Beitritt in die Europäische Gemeinschaft. Deutschland ist einer der wenigen Staaten, die die diesbezügliche Forderung nicht erfüllen. Pflegekräfte, die hierzulande ausgebildet wurden, haben damit trotz einer hohen fachlichen Qualifikation momentan Schwierigkeiten, international anerkannt zu werden und adäquate Arbeitsplätze zu finden. Mitglieder der Berufsgruppe sind nun bemüht, diesem Mangel Abhilfe zu schaffen. So hat der Deutsche Bildungsrat für Pflegeberufe sich mit einem im letzten Jahr erschienenen Bildungskonzept auch am Europäischen Qualifikationsrahmen orientiert (Deutscher Bildungsrat für Pflegeberufe, 2007). Die gestartete Bildungsoffensive ist dabei nicht nur unter den Gesichtspunkten der funktionalen „Verwertbarkeit" der Mitarbeitenden zu betrachten, sondern muss unter motivationalen Aspekten der Arbeitszufriedenheit ebenso betrachtet werden wie vor dem Hintergrund der gesellschaftlichen Imageverbesserung. Dies ist insbesondere deshalb bedeutsam, weil dem wachsenden Pflegebedarf aktuell die so genannten „geburtenschwachen Jahrgänge" und damit ein deutlicher Rückgang an potenziellen BewerberInnen gegenüber stehen. Der Pflegeberuf muss sich für die Nachwuchskräfte attraktiv und konkurrenzfähig aufstellen – und das auch vor dem Hintergrund zunehmender internationaler Einflüsse.

Hinsichtlich der – ebenfalls im internationalen Rahmen herausgegebenen Prämisse – des „Lebenslangen Lernens" müssen sich die Verantwortlichen fragen, welche Fort- und Weiterbildungsangebote ältere ArbeitnehmerInnen in der Pflege dazu befähigen können, den ständig steigenden Anforderungen u.a. in Bereichen wie Pflegewissenschaft, Technik oder Dokumentation Stand zu halten und neuen Herausforderungen kreativ-mitgestaltend zu begegnen. Interessant im Zusammenhang mit dem Thema „Wertschätzung" ist, dass gerade auch die Förderung der beruflichen Karriereplanung durch Fort- und Weiterbildungen für die Berufszufriedenheit in den Pflegeberufen erhebliche Relevanz zu besitzen scheint (vgl. Hasselhorn et al., 2005).

Verändertes eigenes Rollenverständnis

Die oben skizzierten Veränderungen im Gesundheitswesen – einhergehend mit einer starken und weiter fortschreitenden Ökonomisierung des Gesundheitssektors – stellen Prozesse dar, die die Wahrnehmungen und Orientierungen, die Handlungsperspektiven und das berufliche Selbstverständnis von Pflegekräften nicht unberührt lassen (Marrs, 2007). Neben den bereits angesprochenen Veränderungen, die sich aus den zunehmenden Autonomieansprüchen der Hilfesuchenden ergeben, prägen noch weitere Einflussfaktoren das berufliche Selbstverständnis. So gelten heute die christlich gewachsenen Sinngebungen nur noch teilweise. An ihre Stelle treten pflegewissenschaftliche und professionstheoretische Forderungen, die in ihrer Transparenz jedoch nicht durchgängig sind und – wie Axmacher (1991) es treffend ausdrückte – die Pflegenden zumindest teilweise „heimatlos" machen. Pflege ist zwar dem Duktus des „Heilhilfsberufs" entkommen, es fehlen derzeit aber noch belastbare neue Orientierungslinien.

Pflegerische Tätigkeit ist heutzutage weit weniger „Handwerk" im wörtlichen Sinne, sondern verlangt ausgesprochen vielfältige Kompetenzen in unterschiedlichsten Bereichen (vgl. Büssing et al., 2003). Mehr und mehr gewinnen kommunikativ-dialogische Aspekte an Gewicht. Bei pflegerischer Arbeit sind wegen des ständigen Kontakts zu hilfs- und pflegebedürftigen Patienten selbst einfache Handlungen immer auch in komplexe Zusammenhänge der Kommunikation und Kooperation eingebettet. Die Kommunikation verläuft dabei nicht nur auf der Inhalts-, sondern ganz intensiv auch auf der Beziehungsebene. Pflege ist demnach nicht durch eine Aneinanderreihung relativ einfacher Tätigkeiten zu betrachten, sondern stellt eine Interaktionsarbeit dar, die einen eigenständigen, therapeutischen Beitrag zur Heilung oder Linderung liefert (Büssing et al., 2003: 124; Moers, 1994).

Image

Den Ergebnissen der vielbeachteten NEXT-Studie (vgl. Hasselhorn et al., 2005) folgend, spielt fast die Hälfte der Pflegekräfte mit dem Gedanken, den Beruf zu wechseln. Die Arbeitsbedingungen im deutschen Pflegesektor weisen im Vergleich mit acht westeuropäischen Ländern negativere Werte bzgl. beruflicher Belastungs- und Beanspruchungsindikatoren auf. Diese beziehen sich auf quantitative und emotionale Arbeitsanforderungen in der Pflegetätigkeit, auf (Un-)Zufriedenheit hinsichtlich der Arbeitszeiten, auf eine negative Work-Life-Balance sowie auf ein als ungünstig erlebtes Verhältnis von erbrachter Leistung und Entlohnung (Hasselhorn et al., 2008). Als einer der Hauptgründe für die vergleichsweise niedrige Bindung an den Beruf und den Wunsch, aus diesem Beruf auszusteigen, gilt das als subjektiv empfundene, schlechte Image der Pflege in der öffentlichen Wahrnehmung (Hasselhorn et al., 2008). In einer groß angelegten Befragung war jeder zweite der in Deutschland befragten Pflegenden der Meinung, dass das Image der Pflegeberufe „schlecht" oder „sehr schlecht" sei (Hasselhorn et al., 2008)[15].

[15] Mit längerer Berufstätigkeit nahm auch der Anteil derer zu, die das Image besonders schlecht einschätzten. Dabei hatten Alter und Art der Einrichtung keinen signifikanten Einfluss auf die Einschät-

Im internationalen Vergleich fällt auf, dass ganz besonders deutsche Pflegende die Zukunft pessimistischer einschätzen, als dies die Kolleginnen und Kollegen der anderen beteiligten Länder tun (vgl. Hasselhorn et al., 2005). Als Gründe für diese pessimistische Sicht werden zum einen die kaum vorhandenen Aufstiegschancen und die nur geringe Anerkennung von spezifischem Erfahrungswissen, eine deutliche Verschärfung der Rahmenbedingungen, hohe quantitative Arbeitsanforderungen und die mangelnde gesellschaftliche Bereitschaft, der Pflege mehr Ressourcen zur Verfügung zu stellen, genannt (Hasselhorn et al., 2005). Dazu kommt, dass die Sinnhaftigkeit des eigenen beruflichen Handelns angesichts zunehmender ökonomischer Zwänge in Frage gestellt wird (vgl. Ehrhardt, 2008) und Familienplanung sowie soziales Leben unter Schichtzeiten und Wochenendarbeit leiden (vgl. Abt-Zegelin, 2005). Problematisch ist auch, dass in der gesundheitspolitischen und in der Mediendarstellung der Eindruck erweckt wird, die Tätigkeit der Pflege setze – neben der Bereitschaft zur Aufopferung – keine besonderen Qualifikationen voraus.

Während pflegerisch Tätige den Eindruck haben, ihr eigenes Image werde seitens der Gesellschaft negativ beurteilt, ergab eine Umfrage des Institues für Demoskopie Allensbach (2005), dass die Pflege zu den am meisten geschätzten Berufen zählt[16]. Ähnliche Ergebnisse gibt es auch auf europäischer Ebene. Dort rangiert der Beruf der Krankenschwester auf Platz drei nach Piloten und Feuerwehrleuten (Reader's Digest, 2007; vgl. Hasselhorn et al., 2008)[17]. Eine differenzierte Betrachtung der Befragungen lässt allerdings Fragen offen. So bleibt z.B. zu vermuten, dass vor allem das aufrichtige und ethische Verhalten der Pflegeberufe im öffentlichen Ansehen weit oben rangiert. Unklar ist hingegen, inwieweit Kompetenz, Einfluss oder gutes Einkommen mit Pflegeberufen in Zusammenhang gebracht wird. Der Respekt, der den Menschen für ihre Arbeit in der Pflege gezollt wird, geht nicht zwingend einher mit einer hohen Attraktivität der Tätigkeit selbst. Im Gegenteil: Pflege wird oftmals mit Leid und Abhängigkeit verbunden, gilt als mühsam, aufopferungsvoll und irgendwie auch etwas ekelig (vgl. Hasselhorn et al., 2008). Der hohe Rang, der den Pflegenden in den Befragungen zugewiesen wurde, könnte demnach also auch etwas mit einer Art „Erleichterung" zu tun haben, dass sich eine Berufsgruppe der doch eher unliebsamen Aufgaben annimmt.

Für Deutschland wird befürchtet, dass der Pflegeberuf lediglich als eine „Durchgangsstation" bzw. „Notnagel" – und nicht als ein Beruf mit Lebensperspektive – gesehen wird

zung des Images. Interessant ist, dass die Dauer der Berufszugehörigkeit und die Zugehörigkeit zum männlichen Geschlecht sich offensichtlich negativ auf die Wahrnehmung des eigenen Images auswirkten (Hasselhorn et al., 2005).

[16] Insgesamt wurden in dieser Studie 2.108 Menschen befragt. Der Beruf der Krankenschwestern folgt mit 56% gleich dem der ÄrztInnen mit 71% (Allensbach Institut, 2005). Die zitierte Befragung hat allerdings nicht dezidiert nach „Krankenschwestern", „Altenpflege" oder „Kinderkrankenpflege" gefragt und auch Genderaspekte nicht berücksichtigt.

[17] Bezüglich dieser Studienergebnisse gilt zu berücksichtigen, dass die Befragung im *europäischen* Raum stattfand und hier die Pflege sehr unterschiedlich ausgebildet und im Gesundheitssystem etabliert ist.

(vgl. Maßmann, 2004). Diese Entwicklungstendenzen stehen dem aus demografischer Sicht geforderten Bedarf an qualifizierten Pflegekräften diametral entgegen.

3.3 Ressourcen im Wandlungsprozess

Sowohl auf der personellen als auch auf der institutionell/organisatorischen Ebene sind einige Ansatzpunkte zur Steigerung der Arbeitszufriedenheit von Pflegeprofessionellen bekannt. Nur durch die Berücksichtigung und Stärkung gesundheitsförderlicher Ressourcen kann auch in Zukunft eine qualitativ hochwertige PatientInnenversorgung gesichert und nur mit einem Fokus auf die Stabilisierung dieser Faktoren können die bereits existierenden „worst-case"-Szenarien zukünftiger pflegerischer Versorgung abgewendet werden.
Obwohl sich – wie bereits beschrieben – die Pflegeprofession als ein Beruf mit besonderen psycho-sozialen Belastungspotentialen darstellt, konnten Braun et al. (2005) in ihrer Studie feststellen, dass Krankenschwestern und -pfleger den zumeist negativ erlebten Arbeitsbedingungen bestimmte Ressourcen entgegensetzen können. Zwei Drittel der befragten Pflegekräfte beschrieben die berufliche Vielfalt, Autonomie und intersubjektive Bestätigung in der individuellen Pflegetätigkeit, die Weiterbildungsmöglichkeiten sowie die soziale Unterstützung im Pflegeteam als positive, entlastende und letztlich gesundheitserhaltende oder -fördernde Aspekte (Braun et al., 2005). Insbesondere die Stimmung im Team sowie der Kontakt zu und die Unterstützung von Vorgesetzten scheinen ein entscheidender Faktor für die eigene Berufszufriedenheit zu sein. Als weitere gesundheitsförderliche Ressourcen werden die berufliche Orientierung, das Ausmaß der Kooperationsbeziehungen und der Grad des Handlungsspielraums beschrieben (Braun et al., 2005). Auch Isford (2008) betont die gesundheitsförderliche Wirkung von übertragender Verantwortung und den Zusammenhang zur erlebten Zufriedenheit im Beruf.
Studienergebnissen zufolge hängen Be- und Entlastungsmomente auch von der Art der Pflegeorganisation ab. So sinkt die psychische Beanspruchung im Pflegeberuf offenbar mit zunehmender Ganzheitlichkeit der Pflegeorganisation (Pracht & Bauer, 2009). Als entscheidend für eine Abnahme der emotionalen Erschöpfung in der Berufstätigkeit werden die Vollständigkeit der Tätigkeiten, Anforderungsvielfalt, Lern- und Entwicklungsmöglichkeiten sowie der Anteil an sozialer Interaktion mit dem anvertrauten Klientel genannt (Pracht et al., 2009: 76). Diese Ergebnisse gehen schlüssig mit den Ergebnissen von Gauthier (2006) zusammen, nach denen es zwischen einem engen Kundenkontakt und der eigenen Berufszufriedenheit enge Zusammenhänge gibt.
Die Ressourcenpotenziale müssten nun explizit daraufhin untersucht werden, inwieweit sie sich auf die qualifiziert ausgebildeten Pflegekräfte ausrichten. Es besteht durchaus Anlass für die Hypothese, dass bei den ungelernt Beschäftigten nicht nur die gesundheitlichen Gefahren höher sind (vgl. S. 17), sondern ihnen auch weniger Ressourcen zur Verfügung stehen, um diesen Gefahren begegnen zu können. Diese MitarbeiterInnengruppe gilt als besonders vulnerabel und bedarf daher einer gezielten Förderung.

Insgesamt sollte das Wissen um bestehende Ressourcen weiter ausgebaut werden, denn gerade hier bieten sich gute Ansatzpunkte für Gestaltungsmaßnahmen gesundheitsförderlicher Pflegetätigkeit.

3.4 Zusammenfassung und Forschungsfragen

Die existierenden Forschungsergebnisse geben bereits einen guten Einblick in potenzielle Be- und Entlastungsmöglichkeiten pflegerischer Mitarbeitender. Was sie allerdings nur randständig thematisieren, ist die tatsächliche Betroffenenperspektive. Auf der Grundlage der pflegewissenschaftlichen Expertise der FHdD wird im Rahmen des qualitativen Forschungsansatzes das Phänomen „Wertschätzung" aus der Sicht der Pflegenden *selbst* in den Mittelpunkt der Untersuchung gestellt.
Folgende Forschungsfragen sollen dabei explizit aus Sicht der Mitarbeitenden tiefgehend beleuchtet werden:

- Was sind aus Sicht der Mitarbeitenden selbst wertschätzende Prozesse in ihrem Arbeitsalltag und wie wichtig sind diese für ihre Berufszufriedenheit?
- Welche Personenkreise sind in diese Wertschätzungsprozesse involviert und welcher dieser Personenkreise hat welche Bedeutung im Gesamtzusammenhang?
- An welchen Stellen bleiben Wertschätzungsaspekte aus der individuellen Wahrnehmung heraus eventuell unsichtbar oder unausgesprochen?
- Wie können Pflegende in ihrem beruflichen Selbstverständnis (Selbstbewusstsein) gestärkt werden?
- Welche Faktoren tragen aus Sicht der Pflegenden selbst zu einer guten und belastbaren Wertschätzungskultur in ihrem Arbeitsfeld bei?
- An welchen Stellen sind Pflegende in der Lage, sich selbst aktiv Wertschätzung zu holen – und wie findet das statt?
- Welche Selbstwirksamkeitsprüfungen spielen in Bezug auf das eigene Selbstwerterleben in der Pflege eine Rolle?

Die erhobenen Daten sollen individuell-persönliche Abbildungen erlebter Wertschätzungsfacetten verdeutlichen, welche nach umfassender Datenauswertung eine differenzierte Kategorisierung und Dimensionalisierung von Anerkennungs- und Wertschätzungsparametern bzgl. individueller, patientenbezogener, kollegialer, organisatorischer und gesellschaftlicher Ebenen ermöglichen.

4. Methodisches Vorgehen

4.1 Forschungsdesign

Um die dargestellten Forschungsfragen adäquat beantworten zu können, werden im Projekt ProWert verschiedene quantitative und qualitative Erhebungs- und Analyseverfahren trianguliert.
Die Zielsetzung des Teilprojektes Pflege der FHdD ist es, sich konkret der Betroffenenperspektive zu nähern. Diese Perspektive umfasst nicht nur den sehr komplexen Kontext und die Prozesshaftigkeit des Forschungsfeldes im Hinblick auf Aspekte der Wertschätzungskultur, sondern beinhaltet auch die individuelle Ausgestaltung von Wertschätzungserlebnissen in der jeweiligen (Berufs-)Biographie. Aus diesem Grund stehen qualitative Erhebungen – und insbesondere das narrative Interview mit Mitarbeitenden aus der Pflege – am Anfang des Forschungsdesigns.

4.2 Datenerhebungsmethoden

A: Das narrative Interview
Das narrative Interview gibt viel Raum für die frei gestaltete Selbstpräsentation, was den Grad der Authentizität im Interview erhöht und den Störfaktor der sozialen Erwünschtheit im Vergleich zu anderen Interviewformen reduziert (vgl. Schütze, 1980). So ermöglicht es diese Interviewform, wesentliche Erkenntnisse über die Handlungsorientierungen der Befragten gewinnen zu können (Schütze, 1980: 11 f.). Im vorliegenden Forschungsprojekt wurden die InterviewpartnerInnen in Anlehnung an das von Glaser & Strauss (1967; in Strauss, 1998: 70) entwickelte so genannte „theoretical sampling“ durchgeführt. Dabei entscheiden sich die Forschenden auf einer analytischen Basis, welche Daten als nächstes zu erheben sind und wo sie diese finden können (Glaser & Strauss, 1967 in Strauss, 1998, 70). So soll der Prozess der Datenerhebung durch die sich entwickelnde Theorie kontrolliert werden (vgl. Strauss, 1998: 70; vgl. auch Strauss & Corbin, 1990: 176 ff.).

B: Experteninterviews
Über die genannten Erhebungsverfahren hinaus sind ExpertInneninterviews mit namhaften Personen aus den bereichen Pflegewissenschaft und -forschung, Public Health, Gesundheitspolitik und Berufspolitik geplant und wurden bereits teilweise durchgeführt.

Weitere Datenquellen
Ausgehend von der Überlegung, dass Ansprüche und gedankliche Auseinandersetzungen mit Aspekten von Wertschätzungskultur in der jeweiligen Berufssozialisation erlernt und/oder geprägt werden, ergänzen Dokumentenanalysen zur Aus-, Fort- und Weiterbildung in der Pflege die Datenlage. Außerdem sollen in Bezug auf das aktuelle Berufsfeld

die Rahmenbedingungen in den einzelnen Einrichtungen über Dokumentenanalysen erhoben werden. Diese Triangulation dient einer weiteren Vertiefung und Validierung der gewonnen Ergebnisse.

4.3 Feldzugang und Sample

Der Feldzugang

Das Feld der Pflege ist äußerst heterogen. Ausgehend von der Hypothese, dass die unterschiedlichen Arbeitsfelder jeweils sehr differente Anforderungen an die Beschäftigten haben, und um potenzielle Einflussfaktoren bezüglich einer Wertschätzungskultur möglichst umfassend erfassen zu können, wurde versucht, wo eben möglich, sowohl im Hinblick auf die verschiedenen Versorgungssektoren (ambulant; stationär) als auch im Hinblick auf die unterschiedlichen Schwerpunkt pflegerischen Handelns (psychiatrisch; somatisch; geriatrisch) und die verschiedenen denkbaren Trägerschaften (kommunal; konfessionell; privat) zu kontrastieren. Mit allen Einrichtungen fanden Vorgespräche statt, die neben organisatorischen Aspekten (Darstellung des Vorgehens im Zeitablauf; Einholen des Einverständnisses der MitarbeiterInnenvertretungen) auch die Freiwilligkeit der Teilnahme an dem Forschungsvorhaben seitens der MitarbeiterInnen und eine prozesshafte Einbindung der beteiligten Institutionen über den gesamten Zeitraum des Projektes sicherstellen sollte.

Samplestruktur

Im Zeitraum von März bis November 2009 wurden 29 narrative Interviews mit Mitarbeitenden (n = 29), darunter 21 Frauen und 8 Männer, aus den unterschiedlichen Versorgungssektoren im Gesundheitswesen geführt. Dabei finden sich in der Untersuchungsgruppe examinierte Gesundheits- und KrankenpflegerInnen, Altenpflege- und AltenpflegehelferInnen, HeilerziehungspflegerInnen sowie SchülerInnen und Mitarbeitende ohne Ausbildung im pflegerischen Bereich. Das Lebensalter der TeilnehmerInnen liegt zwischen 24 und 59 Jahren ($\bar{x}$ = 43,86 Jahre, s = 9,91 Jahre). In Bezug auf die Berufserfahrung im pflegerischen Bereich wird ein Spektrum zwischen 0,5 und 39 Jahren ($\bar{x}$ = 18,52 Jahre, s = 11,68 Jahre) abgebildet.

4.4 Datenauswertung

A: Auswertung der narrativen Interviews

Die narrativen Interviews wurden transkribiert und in multidisziplinären Forschungswerkstätten in Anlehnung an die Grounded Theory (Strauss, 1998; Strauss et al., 1990) ausgewertet. Diese Methode eignet sich besonders, um handlungsleitende Motivationen aufdecken und reflektieren zu können (vgl. Corbin & Strauss, 1998) und bietet sich da-

her als Methode zur Erforschung sehr individueller und persönlicher Empfindungen im Zusammenhang mit dem Thema „Wertschätzung" an.
Die Erkenntnisse dieser qualitativen Erhebung wurden zu Hypothesen gebündelt und werden nun im quantitativen Erhebungsteil geprüft.

B: Auswertung der Experteninterviews
Diese Interviews werden in Anlehnung an die Qualitative Inhaltsanalyse nach Mayring (2007) bearbeitet. Die gewonnenen Erkenntnisse sollen vor allem in der Erstellung des Soll-Konzepts und der Interventionen Berücksichtigung finden.

5. Zwischenergebnisse

Trotz der Grenzen der Untersuchung, die sich aus dem qualitativen Forschungsdesign und den damit einhergehenden Einschränkungen bzgl. der Generalisierung der Ergebnisse ergeben, gibt die Datenanalyse schon jetzt sehr interessante Hinweise auf subjektiv erlebte Parameter von Wertschätzungselementen in der Pflege.
Im Alltags(er-)leben der Mitarbeitenden spielen Wertschätzungsprozesse sowohl auf der personellen als auch auf der organisationellen Ebene eine erhebliche Rolle. Dabei setzt sich Art und Ausmaß der Wertschätzung aus unterschiedlichen Komponenten zusammen: aus dem erlebten Selbstwert und der Sinnhaftigkeit der Arbeit, den Anerkennungen seitens der Betroffenen und deren Angehörigen, dem Zuspruch von Kollegen/innen und Vorgesetzten und dem Image des Berufes in der Gesellschaft. Nicht selten gibt es zwischen diesen Interaktionspartnern konkurrierende Werte. So kann das, was eine Pflegekraft tut, sehr wohl seitens der Patient/innen viel Anerkennung erfahren – aber mit den Zielsetzungen der Vorgesetzten im Widerspruch stehen. Gerade im Hinblick auf den eigenen Wertekonsens ergeben sich dann nicht selten „Wertschätzungsdilemmata".
Ein ganz entscheidender Faktor bei den bislang ausgewerteten Daten ist auch das Erleben von inhaltlicher, personaler und zeitlicher Fragmentiertheit der Arbeit. Das Gewähren eines möglichst geschlossenen Arbeitsablaufs und einer hohen personalen Kontinuität sowohl im Team als auch im Hinblick auf die Betreuungsgruppe wird als wertschätzend erlebt. Im Hinblick auf das Führungsverhalten zeigt das in die einzelne handelnde Person investierte Vertrauen eine hohe Relevanz in Bezug auf das individuelle Wertschätzungserleben der hierarchisch Untergeordneten. Dieses wird seitens der Befragten besonders an der Gewährung von Handlungs- und Gestaltungsspielräume sowie autonomen Entscheidungsmöglichkeiten festgemacht.
In Bezug auf das Wertschätzungserleben der befragten Mitarbeitenden geht es außerdem nicht allein um die Frage, wieviel gelobt und wertgeschätzt wird. Ganz entscheidend wird auch erlebt, ob die erhaltene Wertschätzung auch mit den eigenen Handlungsmotivationen übereinstimmt. Hat das *„Wofür"* der Wertschätzung eine gute Passung zum selbst gesetzten Wertesystem, so wird dies als sehr positiv wahrgenommen.

In der Alltagsrealität aber scheinen „harte Faktoren" in der Wertschätzung mehr Gewicht zu erfahren. Die damit gekennzeichneten Leistungen werden refinanziert, sind objektiv messbar und weisen eher fragmentierte Arbeitsansätze auf. Letztere sind besonders im Hinblick auf den Aspekt der Patientenferne relevant. Die genannten Aspekte haben eine hohe wirtschaftliche Bedeutung, sind external stark kontrolliert und reglementiert und werden als der eigenen Handlungsmotivation ferner erlebt. Dem gegenüber stehen die „weichen Faktoren", die sich in erster Linie durch Interaktionsprozesse mit den Betreuten und deren Angehörigen kennzeichnen. Diese Leistungen werden eher nicht refinanziert und sind erheblich schwerer objektivierbar. Gerade die Nicht-Refinanzierung dieser Tätigkeiten führt zu einer engen Konkurrenz zu den abrechenbaren Tätigkeiten. In der subjektiv erlebten Selbstwahrnehmung sind diese Werte aber stark positiv belegt und werden als unverzichtbar für die eigene Berufszufriedenheit erlebt. Sie finden ihren Ausdruck beispielsweise in Konzepten von „aktivierender" oder „personenzentrierter" Pflege, haben einen hohen Stellenwert in der Ausbildung und sind für Pflegende häufig ein wichtiger Indikator für die Qualität ihrer Arbeit. Eine Reduktion ihrer anspruchsvollen Arbeit auf bestimmte Einzeltätigkeiten wird von Pflegenden häufig als Kränkung erlebt: *„Es wird von uns so viel Kompetenz verlangt. Und dann aber auch so viel einfach verallgemeinert. Also wir sind die ‚Waschfrauen', die nur waschen. Also ich finde das nicht gerechtfertigt."* (IP 14, 22: 17-18)

Gerade Auszubildende oder Berufsanfänger betonen, wie diskrepant der Berufsalltag in den Einrichtungen oft erlebt wird: *„Ich habe manchmal noch so das Problem, dass ich noch vieles auch mit der Schule vergleiche, weil ich bin noch nicht so lange fertig. Aber das habe ich mir manchmal schon, ja, teilweise abgeschminkt."* (IP 16; 4:25-5:1)

In der externen Wahrnehmung sind das Image und die Außenwirkung der pflegerischen Arbeit und somit auch der Institution weitaus eher von diesen „weichen" Faktoren abhängig. Langfristig sehen die Mitarbeitenden in einer Berücksichtigung dieser Faktoren und der damit einhergehenden guten Außenwirkung auch einen ganz wesentlich Beitrag dazu, Alleinstellungsmerkmale der Institution zu begründen. *„Ich repräsentiere das Haus: Kann ich Ihnen helfen, ja warten Sie, ich begleite Sie … Man fühlt sich dann doch gleich ganz anders, so aufgenommen und behandelt und so. Und das find ich, das ist heutzutage- wir haben ja Konkurrenz ohne Ende. Man muss ja echt Werbung machen."* (IP 12, 30:22-31:7)

Nach der bislang erfolgten Datenanalyse gibt es außerdem sehr große Unterschiede hinsichtlich der jeweiligen interindividuellen Bedürfnissen der einzelnen Mitarbeiter/innen nach Anerkennung für die „harten" bzw. „weichen" Tätigkeiten. Je nach der „Passung" zwischen den eigenen Bedürfnissen, der individuellen Toleranz der Nicht-Passung und dem Faktor, dass diese auch seitens der Institution registriert wird, ist das Erleben von Zufriedenheit, Identifikation und Sinnhaftigkeit des Einzelnen geprägt: *„Ich glaube, dass jeder Mensch, der so eine Arbeit macht, ja nicht nur professionell unterwegs ist, sondern auch persönlich … Das ist für mich eben auch ne hohe Qualität, einerseits meine Arbeit gut machen zu können und andererseits eben auch die Möglichkeit zu haben, diese persönlichen Belastungen auch aufzufangen und da ein bisschen Ruhe reinzubringen."* (IP 13, 46:11-47:2)

Die von uns befragten Mitarbeitenden geben dabei selbstreflexiv eine enge Korrelation zwischen dem Grad der eigenen Gesundheit und der geschilderten institutionell vermittelten und selbst erlebten Wertschätzung an: *„Die eigene Erkrankung – das deckt sich auch so'n bisschen (mit dem), was ich im Krankenhaus immer so sehe – hat auch ne psychische Komponente und ich führ das auch einfach zurück auf die Arbeitsbelastung, die auch sehr hoch war und ist, dass man letzten Endes auch gar nicht so sehr abschalten kann.“* IP9, 7:3-7)
Ein weiterer, in den Interviews häufig thematisierter Aspekt ist der sogenannte „Mix der Qualifikationen“. Der Begriff „Qualifikation“ darf hier keinesfalls auf den Berufsabschluss oder die Teilnahme an Weiterbildungen reduziert werden, sondern umfasst neben den fachlichen Kompetenzen auch die persönlichen, sozialen und kommunikativen Fähigkeiten von Mitarbeiter/innen. Diese befähigen sie, die als „ureigenste Aufgaben“ der Pflege erlebte Interaktion mit Klienten und Angehörigen in einen individuellen Beziehungskontext zu stellen. *„Das fand ich eigentlich so toll, auch durch die Vielfältigkeit von dem Team, zum Beispiel, dass jeder Mitarbeiter in Menschen was ganz anderes hervorruft.“* (IP13, 42:19-20)
Darüber hinaus wird ein heterogenes Team nicht nur als Ressource für die Arbeit am Patienten, sondern auch als Bereicherung für die team-interne Kooperation erlebt: *„Jeder Kollege mit seiner ganz eigenen Art ist eben im Team wichtig, weil je bunter, desto lebendiger.“* (IP 13, 44:9)
Deutlich wird an diesen Äußerungen, dass es eine hohe Akzeptanz bezüglich der individuellen Sinngebung der einzelnen Mitarbeitenden untereinander gibt. Es ist nicht nur tolerabel – es wird sogar als Gewinn bewertet, wenn einzelne Mitarbeitende eher eine Affinität gegenüber den „harten Faktoren“ und andere eher gegenüber den „weichen“ zeichnen. Aus Sicht der Mitarbeitenden ist es gerade eines der Hauptprobleme, wenn die unterschiedlichen Kompetenzen, Interessen und Sinngebungen der pflegenden Mitarbeiter durch strukturelle Rahmenbedingungen und/oder Managementinteressen nicht in die Gestaltung der Beziehung zu Klienten eingebracht werden können. Die von uns befragten Pflegenden betrachten ihre Arbeit in erster Linie als Interaktionsarbeit. Damit hängt für sie ein hoher Anspruch an den Respekt unterschiedlichster Lebensformen und Individualitäten zusammen. Das bezieht sich auf das zu begleitende Klientel ebenso wie auf deren Angehörige und die Mitarbeitenden im Team. Tendenzen zur Vereinheitlichung und Uniformität erleben die Befragten gegenüber den Patient/innen als respektlos und gegenüber sich selbst und dem Team als entwertend.

6. Weiteres Vorgehen

Entwicklung eines Soll-Konzepts
Die breite Datenbasis in der Ist-Analyse dient dazu, zunächst allgemein übergreifende Soll-Vorstellungen zu entwickeln. Diese Vorstellungen werden dann gemeinsam mit den Mitarbeitenden in einrichtungsspezifischen Zielsetzungen konkretisiert und die zur Umsetzung notwendigen Interventionen geplant und durchgeführt[18].

Evaluation
Im Anschluss an die Interventionsphase bilden die Evaluation der durchgeführten Maßnahmen sowie die Rückmeldung der gewonnenen Daten an die beteiligten Einrichtungen und die Diskussion im wissenschaftlichen Diskurs den Abschluss des Projektes.

Übertragung
Ziel ist es, anhand der insgesamt gewonnenen Ergebnisse grundlegende Elemente für eine gelungene Wertschätzungskultur im Dienstleistungsbereich „Pflege“ zu identifizieren, die dann auch auf andere Einrichtungen übertragen werden können. Es wird angestrebt, dass zumindest Teile der gewonnenen Erkenntnisse auf andere verwandte Arbeitsbereiche (Jugendhilfe; Heilpädagogik) übertragen werden können.

Literatur

Abt-Zegelin, A. (2005). Der Pflege eine Stimme geben – Pflege muss sich in Öffentlichkeit und Medien positiv darstellen. Die Schwester/Der Pfleger, 44 (2), 136-137.

Axmacher, D. (1991). Pflegewissenschaft: Heimatverlust der Krankenpflege? In U. Rabe-Kleberg, H. Krüger, M. E. Karsten & T. Bals (Hrsg.), Dienstleistungsberufe in de Krankenpflege, Altenpflege und Kindererziehung: Pro Person, o.S. Bielefeld: Karin-Böllert-Verlag.

Beske Institut für Gesundheits-System-Forschung Kiel (2009): Das Gesundheitswesen auf eine älter werdende Bevölkerung einstellen. – Neue Daten zeigen dringenden Handlungsbedarf auf. Pressemitteilung zur Pressekonferenz des IGSF am 25. August 2009 in Berlin. Verfügbar unter http://www.igsf.de/114_PM_lang.pdf [04.11.2009].

Berufsgenossenschaft für Gesundheitsdienst und Wohlfahrtspflege (2007). BGW-Pflegereport 2007. Sieht die Pflege bald alt aus? Baden-Baden: Koeblin-Fortuna-Druck.

Braun, B. & Müller R. (2005). Arbeitsbelastung und Berufsausstieg bei Krankenschwestern. Pflege und Gesellschaft, 10 (3), 131-141.

Bundesärztekammer (1998). Grundsätze zur ärztlichen Sterbebegleitung. Verfügbar unter http://www.dgpalliativmedizin.de/pdf/b%E4k.pdf [19.11.2009]

Bundesministerium für Familie, Senioren, Frauen und Jugend (2006). Hilfe- und Pflegebedürftige in Alteneinrichtungen 2005, Schnellbericht zur Repräsentativerhebung im Forschungsprojekt „Mög-

[18] Diese Detailmaßnahme kann angesichts der zahlreichen beteiligten Institutionen nur exemplarisch erfolgen. In der Auswahl der zu beteiligenden Einrichtungen wird die bereits im Feldzugang verfolgte Logik der Kontrastierung beibehalten.

lichkeiten und Grenzen selbstständiger Lebensführung in Einrichtungen" (MuG IV). Verfügbar unter http://www.bmfsfj.de/RedaktionBMFSFJ/Abteilung3/Pdf-Anlagen/hilfe-und-pflegebeduerftige-in-alteneinrichtungen,property=pdf,bereich=,rwb=true.pdf [05.11.2009].

Bundesministerium für Familie, Senioren, Frauen und Jugend/Bundesministerium für Gesundheit (2009). Charta der Rechte hilfe- und pflegebedürftiger Menschen, 7. Auflage, Publikationsversand der Bundesregierung, Berlin. Verfügbar unter http://www.bmfsfj.de/bmfsfj/generator/RedaktionBMFSFJ/Broschuerenstelle/Pdf-Anlagen/Charta-der-Rechte-hilfe-und-pflegebed_C3_BCrftiger-Menschen,property=pdf,bereich=bmfsfj,sprache=de,rwb=true.pdf [05.11.2009].

Büssing, A. & Glaser, J. (2003). Analyse, Bewertung und Gestaltung von Arbeit in der Pflege. In E. Ulich (Hrsg.), Arbeitspsychologie in Krankenhaus und Arztpraxis: Arbeitsbedingungen, Belastungen, Ressourcen (S. 111-150). Göttingen: Huber.

Corbin, J. M. & Strauss, A. L. (1993). Weiterleben lernen – chronisch Kranke in der Familie; Erstauflage (1988) unter dem Titel „Unending work and care". München, Zürich: Piper.

Deutscher Berufsverband für Pflegeberufe (DBfK) (o. J.). ICN-Ethikkodex für Pflegende: Fassung 2000. Verfügbar unter http://www.dbfk.de/download/ICN-Ethikkodex-DBfk.pdf [12.11.2009].

Deutscher Berufsverband für Pflegeberufe (DBfK) (2006). Brennpunkt Pflege: Altere Arbeitnehmer (-innen) in der Pflege. Verfügbar unter http://www.dbfk.de/download/download/Brennpunkt-Pflege-aeltereArbeitsnehmer-2006.pdf [10.10.2009].

Deutscher Berufsverband für Pflegeberufe (DBfK) (2009). Wie sieht es im Pflegealltag wirklich aus? – Fakten zum Pflegekollaps. Ausgewählte Ergebnisse der DBfK-Meinungsumfrage 2008/2009. Verfügbar unter http://www.dbfk.de/download/download/Abschlussbericht-Wie-sieht-es-im-Pflegealltag-wirklich-aus___.pdf [10.10.2009].

Deutscher Berufsverband für Pflegeberufe (DBfK) und die Arbeitsgemeinschaft Deutscher Schwesternverbände und Pflegeorganisationen e.V. (ADS) (2009). Brennpunkt Pflege: Schöner Beruf, harter Beruf? Pressinformation. Verfügbar unter http://www.dbfk.de/presse/DBfK_Brennpunkt-Pflege_Schoener-Beruf_Harter-Beruf.pdf [5.11.2009].

Deutscher Bildungsrat für Pflegeberufe (Hrsg.) (2007). Pflegebildung offensiv. München: Urban & Fischer.

Deutsches Institut für angewandte Pflegeforschung (dip) e.V. (2007). Pflege-Thermometer 2007; Eine bundesweite repräsentative Befragung zur Situation und zum Leistungsspektrum des Personals sowie zur Patientensicherheit im Krankenhaus. Köln. Als Manuskript gedruckt.

Ehrhardt, J. (2008). Die beste Arznei: Anerkennung. kma, 1, 60-61.

Enste, D. H. (2009). Pflegedienstleistungen – Vom Kostenfaktor zum Jobmotor, Kurzfassung, Institut der deutschen Wirtschaft Köln und Universität zu Köln. Verfügbar unter http://www.bpa.de/upload/public/doc/00007373.pdf [05.11.2009].

Gewiese, T., Leber, U. & Schwengler, B. (2003). Personalbedarf und Qualifizierung im Gesundheitswesen – Ergebnisse des IAB-Betriegspanels und der IAB-Gesundheitswesenstudie. Verfügbar unter http://doku.iab.de/mittab/2003/2003_2_MittAB_Gewiese.pdf [21.10.2009].

Gouthier, M. (2006). Effekte des Stolzes von Mitarbeitern im Kundenkontakt. In M. Kleinaltenkamp (Hrsg.), Innovatives Dienstleistungsmarketing in Theorie und Praxis (S. 58-73). Wiesbaden: Deutscher Universitäts-Verlag/GWV Fachverlage GmbH.

Hasselhorn, H.-M., Müller, B. H., Tackenberg, P., Kümmerling, A. & Simon, M. (2005). Berufsausstieg bei Pflegepersonal (Arbeitsbedingungen und beabsichtigter Berufsausstieg bei Pflegepersonal in Deutschland und Europa). Schriftenreihe der Bundesanstalt für Arbeitsschutz und Arbeitsmedizin. Dortmund/Berlin/Dresden.

Hasselhorn, H.-M., Abt-Zegelin, A., Wittich, A. & Tackenberg, P. (2008). Next Studie: Image der Pflege in Deutschland. Die Schwester/Der Pfleger, 47, 458-461.

Hundenborn, G. (2009). Junge Pflegekräfte gesucht – aber wie? Ursachen und Konsequenzen des Nachwuchsmangels in der Pflege. Vortag von 04.11.2009, Pflegekräfte – Fit und motiviert bis zur Rente, Personalstrategien und demographischer Wandel in Köln.

Institut für Demoskopie Allensbach (2005). Ärzte vorn: Allensbacher Berufsprestige-Skala 2005. Allensbacher Berichte Nr. 12/2005. Verfügbar unter http://www.ifd-allensbach.de/news/prd_0512.html [21.10.2009].

Institut für Demoskopie Allensbach (2009). Pflege in Deutschland – Ansichten der Bevölkerung über Pflegequalität und Pflegesituation, Studie im Auftrag der Marseille Kliniken AG, Juli 2009, vorgestellt am 15.10.2009, Pressekonferenz Berlin. Verfügbar unter http://www.adhocpr.de/fileadmin/user_upload/downloads/2008/AllesAndere/Allensbach-Studie_Pflege_in_Deutschland.pdf [04.11.2009].

International Council of Nurses (2009). The ICN Definition of Nursing. Verfügbar unter http://www.icn.ch/definition.htm [12.11.2009].

Isfort, M. (2008). Wenn die Arbeit zur Last wird. Die Schwester/Der Pfleger, 47, 498-500.

Käßmann, M. (2009). Zukunft: Wertschöpfung durch Wertschätzung. In J. König, C. Oerthel & H. Puch (Hrsg.), Zukunft: Wertschöpfung durch Wertschätzung. ConSozial 2008 (S. 25-36). München: Allitera-Verlag.

Kersting, K. (2002). Berufsbildung zwischen Anspruch und Wirklichkeit: Eine Studie zur moralischen Desensibilisierung. Göttingen: Huber.

Konrad, S. (2003). Das Bild der Pflege in der Öffentlichkeit ist falsch. Die Schwester/Der Pfleger, 42 (8), 630-631.

Marrs, K. (2007). Ökonomisierung gelungen, Pflegekräfte wohlauf? WSI Mitteilungen, 9, 502-507.

Maßmann, L. (2004). Marketing für die Pflege – Lösungsinstrument oder kommerzieller Verrat am Berufsethos? Die Schwester/Der Pfleger, 43 (11), 858-862.

Mayring, P. (2007). Qualitative Inhaltsanalyse: Grundlagen und Techniken. Basel: Beltz-Verlag.

Mettler-v. Meibom, B. (2006). Wertschätzung. Wege zum Frieden mit der inneren und äußeren Natur. München: Kösel.

Mettler-v. Meibom, B. (2007). Gelebte Wertschätzung. Eine Haltung wird lebendig. München: Kösel.

Moers, M. (1994). Anforderungs- und Berufsprofil der Pflege im Wandel. In D. Schaeffer, M.Moers & R. Rosenbrock (Hrsg.), Publik Health und Pflege – Zwei neue gesundheitswissenschaftliche Disziplinen (S.159-174). Berlin: Ed. Sigma.

Pracht, G. & Bauer, U. (2009). Burn-out im Klinikalltag. Empirische Erkenntnisse zur Emotionsarbeit, Stressbelastung und Klientenaversion in der pflegerischen und ärztlichen Tätigkeit.

Reader's Digest (2007). Feuerwehrleute und Piloten an der Spitze der Vertrauensskala in Deutschland. Verfügbar unter http://www.readers-digest.de/service fuer_journalisten/fileadmin/documents/trustedbrands/2009_Feuerwehr_D_PM.rtf [12.10.2009].

Robert-Bosch-Stiftung (2000). (Hrsg.), Pflege neu denken. Stuttgart: Schattauer Verlag.

Robert-Koch-Institut in Zusammenarbeit mit dem Statistisches Bundesamt (2004). Schwerpunktbericht der Gesundheitsberichtserstattung des Bundes – Pflege. Berlin: Druckpunkt.

Robert-Koch-Institut in Zusammenarbeit mit dem Statistischen Bundesamt (2009). Beschäftigte im Gesundheitswesen – Gesundheitsberichterstattung Themenhefte, Heft 64, Robert-Koch-Institut Gesundheitsberichterstattung. Berlin und Bonn.

Sachverständigenrat zur Begutachtung der Entwicklung im Gesundheitswesen (2007). Kooperation und Verantwortung. Voraussetzungen einer zielorientierten Gesundheitsversorgung. Gutachten 2007, Kurzfassung.

Sachverständigenrat zur Begutachtung der Entwicklung im Gesundheitswesen (2009). Koordination und Integration – Gesundheitsversorgung in einer Gesellschaft des längeren Lebens. Sondergutachten 2009, Kurzfassung.

Schaeffer, D. (1999). Entwicklungsstand und -herausforderungen der bundesdeutschen Pflegewissenschaft. Pflege, 12, 141-152.

Schaeffer, D. (2009). Anforderungen an die Ambulantisierung der Pflege, Vortrag vom 24.09.2009, 7. Internationale Konferenz Pflege und Pflegewissenschaft „Pflege – wozu und wohin?" Ulm. Verfügbar unter http://www.dbfk.de/VeranstaltungenBV/Praesentationen-Ulm-2009/14.15_Schaeffer_24.09.09.pdf [04.11.2009].

Schaper, K. (2001). Makroökonomie – Ein Lehrbuch für Sozialwissenschaftler. Frankfurt: Campus-Verlag.

Schütze, F. (1980). Narrative Repräsentation kollektiver Selbstbetroffenheit: BPG-Colloquim zur Erzählforschung, 16.-19.09.1980, o.O.

Semmer, N. & Jacobshagen, N. (2003). Selbstwert und Wertschätzung als Themen der arbeitspsychologischen Stressforschung. In K. Holling & H. Heinze (Hrsg.), Innovative Personal- und Organisationsentwicklung (S. 132-155). Göttingen: Hogrefe.

Siegrist, J. (1996). Soziale Krisen und Gesundheit. Göttingen: Hogrefe.

Simon, M. (2009). Personalabbau und Personalbedarfsermittlung – Bisherige Entwicklungen, aktuelle Trends und zukünftige Anforderungen, Vortrag vom 24.09.2009, 7. Internationale Konferenz Pflege und Pflegewissenschaft „Pflege – wozu und wohin?" Ulm. Verfügbar unter http://www.dbfk.de/VeranstaltungenBV/Praesentationen-Ulm-2009/13.30_Simon_25.09.pdf [04.11.2009].

Strauss, A. (1998). Grundlagen qualitativer Sozialforschung (2. Aufl.). Deutsche Erstauflage 1994. München: UTB Verlag.

Strauss, A. & Corbin, J. (1990). Basics of qualitative Research Grounded Theory Procedures and Techniques. Californien: Sage Publications.

Statistisches Bundesamt (2007). 72% der Beschäftigten im Gesundheitswesen sind Frauen. Pressemitteilung Nr. 142 vom 03.04.2007, Pressestelle, Wiesbaden.

Statistisches Bundesamt (2009). Gesundheitsrisiko Arbeitsplatz. Pressemitteilung Nr. 322 vom 01.09.2009, Pressestelle, Wiesbaden.

Steppe, H. (1994). Caritas oder öffentliche Ordnung? Zur historischen Entwicklung der Pflege. In D. Schaeffer, M. Moers & R. Rosenbrock (Hrsg.), Public Health und Pflege – zwei neue gesundheitswissenschaftliche Disziplinen (S.43-51). Berlin: Rainer-Bohn-Verlag.

Strauss, A. L. & Corbin, J. (1990). Basics of qualitative Research Grounded Theory Producedures and Techniques. Newbury Park, Californian: Sage Publications.

Strauss, A. L. (1998). Grundlagen qualitativer Sozialforschung 2. Auflage (Originaltitel: Qualitative Analysis for Social Scientists) Deutsche Erstauflage 1994. München: UTB/Wilhelm-Fink-Verlag.

WHO (1998). Gesundheit 21 – Gesundheit für alle im 21. Jahrhundert. Europäische Schriftenreihe „Gesundheit für alle", Nr. 5, Kopenhagen. Verfügbar unter http://www.euro.who.int/document/ehfa5-g.pdf [16.10.2009].

Wolf, A. (2008). Belastungen in Gesundheitsberufen – Ein Überblick. Dr. med. Mabuse, 174, 26-28.

Gesetze

Alle in diesem Artikel zitierten Gesetzestexte sind aus jeder der benannten Gesetze entnehmbar. Hier wurden sie entnommen aus:

Arbeitszeitgesetzt (ArbZG) (2009). Arbeitszeitgesetz vom 6. Juni 1994 (BGBl. I S. 1170, 1171), zuletzt durch Artikel 7 des Gesetzes vom 15. Juli 2009 geändert. Verfügbar unter http://www.gesetze-im-internet.de/arbzg/BJNR117100994.html#BJNR117100994BJNG000100307 [16.10.2009].

Gesetz über die Berufe in der Krankenpflege (Krankenpflegegesetz – KrPFlG) (2004). Krankenpflegegesetz vom 16.07.2003. Verfügbar unter http://www.gesetze-im-internet.de/bundesrecht/krpflg_2004/gesamt.pdf [18.10.2009].

Gesetz zur strukturellen Weiterentwicklung der Pflegeversicherung (Pflege-Weiterentwicklungsgesetz) (2008). Bundesgesetzblatt Jahrgang 2008, Teil 1, Nr. 20. Bonn. Verfügbar unter http://www.bgblportal.de/BGBL/bgbl1f/bgbl108s0874.pdf [22.10.2009].

Ökonomische Evaluation – ein Datenmodell zur Erfassung der Effekte und Wirkpfade von Personalauswahl, -entwicklung und betrieblicher Gesundheitsförderung

Nils Kremeskötter, Burkhard Schmidt, Michael Kastner

„Like it or not, the language of business is dollars, not correlation coefficients"
(Cascio, 1991)

1. Abstract

Die Autoren beschreiben ein neuartiges und ergänzendes Modell für die Datenerhebung auf verschiedenen Ebenen, um die Ergebnisse ökonomischer Evaluation valider, reliabler und gleichzeitig besser nachvollziehbar für Entscheider zu machen. Im Zuge dessen erlauben die gewonnenen Erkenntnisse auch detaillierte Einblicke in die Wirkungsketten von Training, Selektion oder Prävention und machen gleichzeitig eine dezidierte Ursachenforschung bei Effekten, die hinter den ursprünglichen Erwartungen zurück bleiben, möglich.

Der Artikel umreißt dazu zunächst die Anwendungsfelder, in denen die ökonomische Evaluation, also das Bemühen, die Auswirkungen von Training, Selektion oder Prävention in monetären Größen zu erfassen, auf besondere Herausforderungen stößt. Im Anschluss daran wird ein kurzer Überblick über bestehende Modelle und deren Vor- und Nachteile sowie Mängel gegeben.

Im Hauptteil wird ein gestuftes Modell zur Datenerhebung vorgestellt. Aufbauend auf den Wirkpfaden der zu evaluierenden Maßnahme, der Wirkverzögerung und der Wirkdauer lassen sich die für die Evaluation notwendigen Daten bestimmen und in einen gerichteten Zusammenhang bringen. Damit erlauben die Ergebnisse eine Verbindung von Daten der verschiedenen Ebenen, im Optimum bis zur direkten Verbindung mit tatsächlichen Auswirkungen auf der Kosten- oder Ergebnisseite der Organisation. Damit ist es möglich, die ökonomischen Auswirkungen nicht nur zu schätzen, sondern zu erfassen, wenn auch eine systematische Unterschätzung weiter zu bemängeln bleibt.

2. Einleitung

Die Bedeutung des Personals für die Organisation wird auch in der derzeitigen Krise noch immer sehr unterschiedlich gesehen, zumindest wenn man die Vorgehensweisen der Unternehmen von einem unabhängigen Standpunkt betrachtet. Einerseits werden Mitarbeiter entlassen, deren Bedeutung für den Unternehmenserfolg als gering angesehen wird, und die Aktienkurse steigen bei der Ankündigung von Personalfreisetzungen. Andererseits wird weiterhin vom Personal als wichtigstem Treiber der Unternehmensentwicklung, dem Fachkräftemangel und der Wissensökonomie gesprochen. Zudem wird im Zuge des „war for talents" und des demografischen Wandels die Personalpflege zunehmend ein Erfolgsfaktor (Kastner, 1994), deren Umsetzung ist jedoch mit Investitionen in das Humankapital verbunden und oft ist der direkte monetäre Nutzen nicht ersichtlich. Faktisch ist also der Wertbeitrag des Personals im Unternehmen immer noch nicht ausreichend geklärt (Cascio & Boudreau, 2008).
Ganz besonders gilt dies für den resultierenden Nutzen von Investitionen in die Gesundheit und die Kompetenzen der Mitarbeiter (Kastner, 1994).
Training, Selektion oder Gesundheitsmanagement als Aufgaben der Personalabteilung sind nicht Teil der direkten Wertschöpfungskette in Organisationen, sondern vielmehr Teil der Supportprozesse im Wertschöpfungsmodell von Porter (2008). Aufgrund dieser Tatsache ist ein direkter Wertbeitrag nicht oder nur schwer erfassbar. Faktisch ist jedoch ohne das Personal auch keine Wertschöpfung denkbar.
Hierbei gilt es nun, zwei Ebenen zu unterscheiden. Einerseits stellt sich die Frage nach dem Wertbeitrag, den das Personal an der gesamten Wertschöpfung der Organisation erbringt, und welchen „Wert" das Personal damit für das Unternehmen hat. Mit dieser Frage beschäftigt sich im Besonderen das Human Capital Management (Scholz, Stein, & Bechtel, 2006; Baron & Armstrong, 2007; Dürndorfer, Nink & Wood, 2005; Grill, 2008; Schmidt, 2006; Friederichs, 2004) und damit auch die Bilanzierung und Bilanzierbarkeit von Humanressourcen.
Der hier vorliegende Artikel fokussiert die zweite Ebene, auf der es in einem kleineren Maßstab um die Erfassung der Effekte einzelner Maßnahmen der Personalauswahl, -entwicklung und der Personalpflege geht. Hierbei wird eine Einschränkung auf die Veränderung des Beitrags zur Wertschöpfung gemacht und somit die Möglichkeit gegeben, einzelne Maßnahmen hinsichtlich ihrer Wirkung zu vergleichen, den Nutzen der einzelnen Maßnahme den Kosten gegenüber zu stellen und somit den Wertbeitrag der Supportfunktion Personal zum Unternehmenserfolg zu konkretisieren. Eine solche Evaluation kann dabei unterschiedliche Funktionen oder Ziele haben (Regnet, 2008).

3. Begrifflichkeiten und bestehende Modelle

Im Folgenden wird ein kurzer Überblick über die Anforderungen, die aus Sicht der Wissenschaft an Evaluationen zu stellen sind, gegeben. Daran schließt sich eine Darstellung bereits vorhandener Modelle an.
Im Allgemeinen versteht man unter Evaluation eine Bewertung, die sich auf den Prozess und das Ergebnis der Beurteilung eines Wertes, eines Produktes, eines Prozesses oder eines Programms bezieht (Suchmann, 1967). Die Evaluationsforschung unterscheidet den Bewertungsprozess je nach Zielsetzung in drei Subkategorien (Gollwitzer & Jäger, 2007):
- die praxisorientierte Evaluation,
- die entwicklungsorientierte Evaluation und
- die theoriebasierte Evaluation.

Erstere soll die Frage beantworten, ob Projekte, Maßnahmen oder Trainings sich bewährt haben und welche Effekte erzielt wurden. Bei der Entwicklungsorientierung steht der Lerneffekt (z.B. Verbesserung der Maßnahme) im Vordergrund. Die letzte Form, die theoriebasierte, entspricht dem wissenschaftlichem Duktus, eine aufgestellte Theorie in der Praxis zu testen bzw. zu optimieren (Wottawa & Thierau, 2003). Auch wenn das Evaluationsmodell grundsätzlich durch die Zielsetzung bestimmt wird, finden sich jedoch oft Überschneidungen bzw. mehrere Modelle in der Anwendung.
Ergänzend sollen bei der Evaluation verschiedene Gütekriterien eingehalten werden. Jäger (1997) benennt als zentrale Faktoren:
1. Die Komplexität des Evaluationsgegenstands,
2. den Gültigkeitsbereich einer Fragestellung bzw. Aussage,
3. die Objektivierbarkeit mit den Kriterien Erkennbarkeit, Bestimmbarkeit und Dokumentierbarkeit sowie
4. Transparenz.

Diese Betrachtung resultiert aus psychometrischen Gütekriterien, die für die verwendeten Instrumente der Evaluation gelten müssen. Die Instrumente müssen objektiv, reliabel, valide, richtig skaliert und normiert sein (Kubinger, 2004). Die Objektivität beschreibt die Unabhängigkeit von Randbedingungen, also z.B. der durchführende Person oder der Auswertungsmethode. Des Weiteren muss der Messfehler so gering wie möglich sein (Reliabilität). Ob tatsächlich das gemessen wird, was gemessen werden soll, wird durch die Validität beschrieben. Die richtige Skalierung stellt sicher, dass die gemachten Beobachtungen nicht verzerrt wiedergegeben werden. Letztlich müssen die Ergebnisse in einen globalen Kontext einzuordnen sein, damit die Werte besser vergleichbar und einschätzbarer sind (Normierung).
Im Anwendungskontext muss neben der Betrachtung dieser Gütekriterien zusätzlich die Ökonomie des eingesetzten Instruments beachtet werden. Der Aufwand (Zeit, Ressourcen, Finanzen) der Evaluation sollte natürlich immer im adäquaten Bezug zum erwarteten Nutzen der Maßnahme Evaluation liegen (Deutsche Gesellschaft für Evaluation,

2002). Daneben lassen sich noch weitere Anforderungen formulieren (Deutsche Gesellschaft für Evaluation, 2002), auf die hier jedoch nicht genauer eingegangen werden soll. Bei ökonomischer Evaluation geht es aus Sicht der Autoren um die Frage der Bemessung des Nutzens. Dafür gibt es eine Vielzahl von Ansätzen. Gute Übersichten finden sich bei Süßmair & Rowold (2007), Kremeskötter (2005), Pennig et al. (2006) und Fritz (2004). Im Folgenden wird kurz das Modell von Kirkpatrick & Kirkpatrick (2006) und die darauf aufbauenden Ansätze dargestellt. Das Datenmodell der Autoren verzichtet zwar auf die gleiche Einteilung, verknüpft jedoch die im Folgenden dargestellte Modelle, was das spätere Verständnis erleichtern soll. Grundlage des Modells der Evaluation von Trainingsmaßnahmen von Kirkpatrick & Kirkpatrick (2006) sind vier Ebenen, auf denen die Effekte evaluiert werden sollen:

1. Reaktionsebene („Reaction")
   Wie reagieren die Personen auf die Maßnahme?
2. Ebene des Lernerfolgs („Learning")
   Findet eine Verbesserung der Kenntnisse und Fähigkeiten statt?
3. Verhaltensebene („Behavior")
   Inwieweit ändert sich das Verhalten der Personen und wird das Gelernte angewandt?
4. Ebene der resultierenden Effekte („Results")
   Welche Effekte finden sich auf der Ebene der Arbeitsergebnisse?

Dieses Modell wurde in der Folge von Phillips & Schirmer (2008) um eine fünfte Ebene, den resultieren Return on Investment, erweitert. Daneben finden sich Handlungshilfen für die Isolation der Effekte und ein Vorgehensmodell der Evaluation. Phillips & Schirmer (2008) betonen daneben die Notwendigkeit der Konzentration auf einzelne Maßnahmen bei der Evaluation. Eine weitere Ergänzung wurde durch Schenkel (2000) mit einer sechsten, vorangestellten Ebene erarbeitet. Diese Ebene soll insbesondere für den Bereich des E-Learning, die vorherige Bewertung durch Experten vorsehen. Letztere Ergänzung scheint aus Sicht der Autoren für den Prozess und das Ziel der ökonomischen Evaluation nicht erforderlich, jedoch stellt sie eine bessere Alternative für die Erfolgskontrolle dar, als die Beschränkung auf die heutzutage in fast allen Seminarveranstaltungen anzutreffenden „Happyness Sheets".

Langfristiges Ziel muss jedoch die Evaluation der Wirkung einer Intervention sowie die empirische Absicherung der Effekte sein. Die Untersuchung solcher Ursache-Wirkungs-Ketten wird durch ein Wirkzusammenhangsmodell beschrieben. Solche Modelle sind entweder bereits aus Theorie und Praxis bekannt und abgesichert oder müssen hypothesengeleitet und konfirmatorisch validiert werden. Das bedeutet, die Wirksamkeitsannahmen müssen getestet werden. Negative Ergebnisse solcher Wirksamkeitsüberprüfungen können dabei wiederum auf verschiedenen Ebenen zu finden sein (Brandtstädter, 1990):

1. Die theoretischen Annahmen sind in der Praxis nicht von Bedeutung und die damit verbundenen Hypothesen zeigen keinen Effekt.

2. Wenn die Grundannahmen stimmen, könnte jedoch die Interventionshypothese falsch sein, also ob sich die gewünschte Veränderung überhaupt durch die geplante Maßnahme erzielen lässt.
3. Wenn die beiden obigen Punkte gegeben sind, kann auch die Implementation der Intervention, sprich die Art, wie vorgegangen wurde, nicht die optimalen Ergebnisse erbringen, so dass hier die Maßnahme überprüft werden muss.
4. Letztlich sind auch methodische Fehler bei der Durchführung der Wirksamkeitsstudien denkbar.

Ursache-Wirkungs-Ketten sollen Kausalitäten beschreiben. Sie überblicken aber nur einen sehr eingeschränkten Horizont, nämlich den ihrer zuvor getroffenen Annahmen. Externe Einflüsse werden somit zu einem „Fehler" im Modell, der nicht bekannt ist. Oft ist es in der Praxis jedoch so, dass gerade die externen Einflüsse einen viel stärkeren Effekt haben als das postulierte Wirkmodell oder Augmentationseffekte vorliegen. Es können auch nicht intendierte Neben- und Folgewirkungen der Intervention einen Einfluss haben bzw. maßnahmenunspezifische Effekte (z.B. Hawthorne-Effekt) auftreten. Letztlich zeigt jede Intervention einen Placebo-Effekt, unabhängig von ihrer eigentlichen Wirkung. Ausgedehnte Evaluation könnte diesen Effekt sogar noch verstärken.
Hager & Hasselhorn (2000) differenzieren diesbezüglich die Brutto- und die Nettowirkung einer Intervention. Die Nettowirkung beschreibt sowohl die intendierte, als auch die unintendierte, direkte Wirkung einer Intervention. Die gesamte Wirkung unter Berücksichtigung von maßnahmenunspezifischen Effekten sowie externen Einflüssen ist die Bruttowirkung. Evaluationsmaßnahmen, die diese Wirkungen nicht unterscheiden, erfassen lediglich die Bruttowirkung der Intervention und machen somit eine kausale Attribution der Wirkung der Maßnahme unmöglich (Gollwitzer & Jäger, 2007).
Nach der Klärung der Frage nach der Effektivität einer Maßnahme muss deren Effizienz überprüft werden. Hier steht, wie auch schon im ROI-Modell (Phillips & Schirmer, 2008), die Frage von Kosten und Nutzen im Vordergrund. Dies kann a priori geschehen, z.B. um eine Auswahl aus möglichen Alternativen zu treffen. Die derzeit noch häufigste Form einer ROI-Betrachtung ist a posteriori mit dem Ziel zu erfassen, was die Intervention tatsächlich gebracht hat, basierend auf der Formel Nutzen = Wirkung x (Geld-)Wert. Aber gerade diese Quantifizierung von intangiblen Werten findet derzeit aus Sicht der Autoren in zu groben Maßstab und ohne die ausreichende Untersuchung und empirische Begründung der kausalen Zusammenhänge statt. Von einer validen Schätzung oder auch Bewertung sind wir daher noch einen Schritt entfernt. Auch die Humankapitalforschung der letzten 20 Jahre hat bisher keine zufriedenstellende Antwort auf die Bewertung dieser zentralen ökonomischen Größe, nämlich des Wertbeitrags des Personals zum Unternehmenserfolg, gefunden (Schütte, 2005; Schmidt, 2006). Die ökonomische Evaluation im hier beschriebenen Sinne bezieht sich primär auf Verhaltensänderungen oder persönliche Eigenschaften, daher wird die Quantifizierung zunehmend schwieriger, wenn man von unzulässigen Vereinfachungen Abstand nimmt. Hinzu kommt die oben bereits angesprochene Problematik der Brutto- bzw. Nettowirkung einer Intervention. Die Unschärfe

nimmt weiter zu, wenn nicht mit einem Kontrollgruppendesign evaluiert wird, sondern nur Prä-post-Vergleiche angestellt werden. Im organisationalen Kontext ist es zudem häufig schwierig, die Veränderungen alleine einer einzelnen Maßnahme zuzuschreiben.
Die derzeitigen Ergebnisse zur ökonomischen Evaluation von Personalauswahl, und -entwicklung, sowie betrieblichem Gesundheitsmanagement sind also auch nach derzeitigem Stand noch immer lückenhaft (Cascio & Boudreau, 2008). Zwar gibt es neuere Ansätze, jedoch ist es aus Sicht der Autoren nicht sinnvoll,

- die monetären Effekte durch globale Schätzungen von Experten bei der Prävention und im Arbeitsschutz anzuwenden (Bräunig & Mehnert, 2008);
- pauschale Annahmen über die Standardabweichung der Leistung der Mitarbeiter zu machen (Fritz, 2004), auch, da die inhaltliche Gleichheit der Arbeit der unterschiedlichen Mitarbeiter immer weiter abnimmt;
- zu versuchen, die Effekte durch den hypothetischen Wegfall von Maßnahmen oder Dienstleistungen zu schätzen (Kunert & Markusch, 2009).

Alternativ schlagen die Autoren das im Folgenden skizzierte Datenmodell zur Stütze der Evaluation vor und hoffen, damit eine Weiterentwicklung insbesondere für die Untersuchung kausaler Zusammenhänge[1], dem Zusammenspiel der Effekte von Training, Selektion und Prävention auf die verschiedenen Bereiche des Unternehmens und der glaubhaften Darstellung des Monetären zu leisten. In Ausblick auf weitere Betrachtungen der Thematik durch die Autoren sei hier betont, dass Interventionen immer in ein strategisches Konzept eingebunden sein sollen. D.h. zuerst müssen Inhalte, Constraints (Einschränkungen) und die Lösungsprozesse klar in einem übergeordneten Rahmenmodell festliegen, bevor eine Intervention durchgefuhrt wird, da sonst das Instrument faktisch die Strategie bestimmt.

4. Das Datenmodell zur Erfassung der Effekte und Wirkpfade

Das in Abb. 2 gezeigte Datenmodell der Autoren baut auf drei Säulen auf, zur Darstellung wurde ein über die Zeit laufendes Flowchart-Modell gewählt. Dem Modell liegt das Konzept von Person (P), Situation (S) und Organisation (O) von Kastner (1994) zugrunde, welches das Verhalten und Erleben von Menschen in Organisationen über diese Faktoren und besonders über deren Interaktionen (PxO, PxS und PxSxO) beschreibt. Inhaltliches Ziel einer Maßnahme ist es somit, an den Stellschrauben P, S und O zu drehen und über deren verzweigten Multiplikatoreffekten Nutzen und damit letztlich Monetarisierung zu erlangen.

[1] Die direkte Überprüfung der Kausalität ist durch die Anwendung wissenschaftlicher Verfahren, die auf Querschnittsdaten basieren, im Kontext der ökonomischen Evaluation nicht möglich.

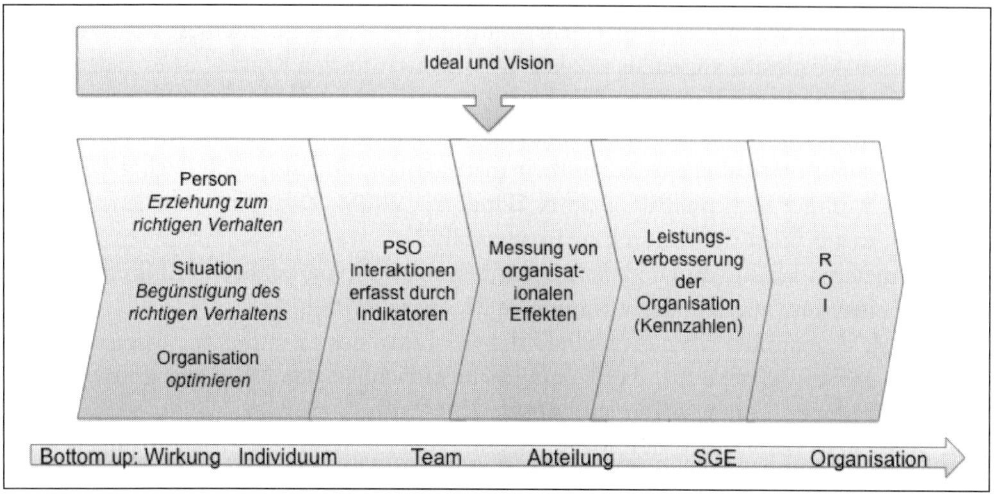

Abb. 1: Das Behaviour Evaluation Model

Dieser Prozess wurde von Kastner im Behaviour Evaluation Model konkretisiert (siehe Abb. 1).

Darauf aufbauend beschreiben die Autoren in Abb. 2 das Datenmodell der Evaluation.

Die erste Säule beschreibt die intendierte Bruttowirkung einer Maßnahme über die Zeit und über die verschiedenen Ebenen einer Organisation. Nach der systemverträglichen Organisationsentwicklung von Kastner (1992) müssen die Veränderungen zunächst die verschiedenen Subsysteme (Person, Teams, Abteilung, etc.) „durchlaufen", um letztlich im Obersystem (gesamte Organisation) Effekte zu zeigen.

In jedem dieser Subsysteme kann es zu blockierenden oder nicht intendierten Beschränkungen kommen (Säule 2). Dabei wird die Nettowirkung betrachtet. Hier kann der Leser die möglichen Fehlerquellen identifizieren.

Säule 3 macht Vorschläge, wie der Durchlauf der Prozesse aus Controlling-Sicht über mögliche Kennzahlen beobachtet werden könnte. Die Autoren können hier nur Vorschläge unterbreiten, da die Erfahrung zeigt, dass jedes Unternehmen sehr spezifisch im Bereich seiner Kennzahlen aufgestellt ist und gerade im Bereich des Personals (eine Ausnahme bilden die Personalstammdaten) unterschiedliche Güte von Kennzahlen vorliegt. Das Gleiche gilt für nicht globale und wenig trennscharfe Performance-Kennzahlen.

Im Gesamtbild der Evaluation ist zusätzlich die Wahl des Designs von großer Bedeutung. Wenig Sinn machen aus wissenschaftlicher Sicht Untersuchungen ohne Kontrollgruppe oder Voruntersuchung. Wünschenswert ist die Kombination von Voruntersuchung und Kontrollgruppe ohne oder mit alternativer Intervention. Faktisch ist in der Praxis ein solches Vorgehen häufig nicht umsetzbar, da Kontrollgruppen nicht vergleichbar oder inhaltlich nicht wünschenswert sind, sowie selten zwei alternative Maßnahmen durchgeführt werden. Insbesondere die Erfassung langfristiger Effekte ist daher mit besonderen Schwierigkeiten behaftet.

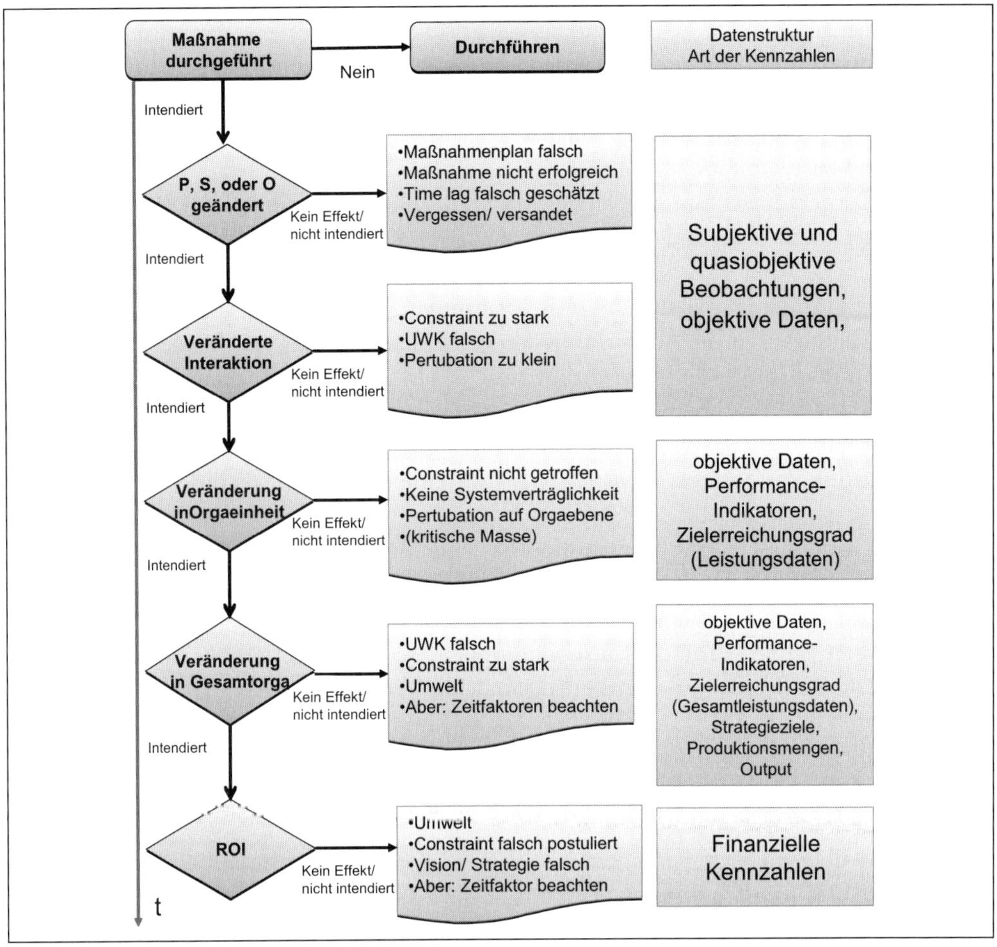

Abb. 2: Das Datenmodell zur ökonomischen Evaluation

Im Folgenden führen die Autoren beispielhaft durch das Datenmodell.
Startpunkt ist die Durchführung einer Intervention in Form eines Trainings, einer Gesundheitsmaßnahme etc. Damit beginnt auch die Zeitachse für die Evaluation. Ziel der Intervention wie oben beschrieben ist es, zunächst eine Änderung von P, S und O auf der kleinsten Ebene (Individuum oder Team) zu erreichen. Die erste Zielprüfung stellt fest, ob der intendierte Effekt eingetreten ist (Säule 1). Ist dies nicht der Fall, so sind vier Hauptfehlerquellen möglich (Säule 2). Zunächst kann die falsche Maßnahme gewählt worden sein (Maßnahmenplan), um dem gegebenen Problem zu begegnen, oder die Maßnahme ist nicht erfolgreich durchgeführt worden (Methodik). Da viele Interventionen, insbesondere wenn sie auf Verhaltensänderung abzielen, aber erst langfristig Effekte zeigen, ist das „time lag", die Verzögerungszeit zwischen Durchführung und Ergebnis, eine kritische Größe in der Evaluation. Dieses Problem verschärft sich bei Interventionen,

die auf Nachhaltigkeit (Sustainability) ausgelegt sind, da hier Effekte, wenn sie überhaupt noch der Intervention zugeordnet werden können, ggf. erst nach Monaten auftreten. Des Weiteren kann es gerade bei Maßnahmen zur Verhaltensänderung immer wieder zu „Sylvestereffekten", einer kurzzeitigen Veränderungsphase, bei der sich jedoch letztlich der alte Status quo zurückbildet, kommen.
Ist keiner der gerade genannten Fälle eingetreten, sollten sich gemäß der PSO-Logik die Interaktionen verändern und damit die intendierte Veränderung anfangen, Wirkung zu zeigen.
Ein weiterer Störfaktor tritt auf, wenn die ursprünglich getroffenen Annahmen (Ursache-Wirkungs-Ketten) über die Auswirkung der Verhaltensänderung falsch oder nicht ausreichend waren und somit die Intervention zwar etwas, aber nicht das angestrebte bewirkt. Weiterhin kann die Einschränkung, die behoben werden soll, auch so stark sein, dass trotz erfolgreicher Intervention der Effekt nicht ausreicht, um etwas langfristig zu ändern, also die Perturbation des Systems nicht ausreicht für eine dauerhafte Veränderung, die messbar wäre.
Wiederum vorausgesetzt, die Intervention hat eine Verhaltensänderung bewirkt und diese hat auch erfolgreich das Subsystem (z.B. ein kleines Team) verändert, wird sich der Veränderungsprozess in das nächst höhere System übertragen.
Aber auch hier gelten vorherige Einschränkungen. Selbst wenn sich das Subsystem positiv verändert, existieren inhibierende Faktoren, die verhindern, dass sich das nächst größere System (z.B. die Abteilung oder der Bereich) im gewünschten Maße verändert. Hier spielt vor allem die Systemverträglichkeit (Kastner, 1992) eine zunehmend große Rolle. Die Frage bleibt, ob der angestoßene Effekt stark genug ist, um eine Perturbation auf der höheren Ebene zu erreichen.
Gelingt dies über die Zeit, verändert sich auch die Gesamtorganisation in die gewünschte Richtung und letztlich wird auch so ein Return on Investment (ROI) in der Gesamtorganisation messbar. Hier zeigt sich zum Schluss, ob die gewählte Strategie und die mit ihr verbundenen Prozesse und Strukturen richtig sind, und ob der Constraint korrekt eingeschätzt wurde.
Auf der ROI-Ebene besteht weiterhin das bisher nicht von Wissenschaft und Praxis gelöste Problem, dass externe Einflüsse (Umwelt, Märkte) sowie interne Einflüsse auf den ROI undifferenziert verschmelzen. Globale Kennzahlen wie der ROI besitzen nicht die notwendige Trennschärfe, um diese Faktoren differenziert zu trennen. Treiber für den ROI sind die leicht ablesbaren Investitionskosten, aber genaue Erfolgsrenditen in Bezug auf das Humankapital fehlen. Hinzu kommt der Zeitfaktor, der eine akkurate Zuordnung auf die einzelnen Stufen der Evaluation erschwert.
Ein möglicher Ausweg ist die systematische Erfassung von qualitativen und (soweit sinnvoll) quantitativen Daten auf den verschiedenen Stufen des intendierten Prozesses (Säule 3). So kann anhand der Fehlermatrix (Säule 2) überprüft werden, warum sich die Daten nicht in dem prognostizierten Maße ändern. Des Weiteren muss der Informationsgehalt der Daten abgesichert sein. Ein häufiger Fehler ist beispielsweise die Betrachtung der Kennzahl „Arbeitsunfähigkeitstage" in Unternehmen. Sie repräsentiert Kosten für das

Unternehmen. Über mögliche Ursachen besitzt das Datum jedoch keinen detaillierten Informationswert, ergo ist die Zahl allein stehend auf dem ROI-Level ohne vorgeschaltete erklärende Messgrößen (z.B. psychische Belastung und Beanspruchung) nicht kausal zu interpretieren. Solche globalen Kennzahlen müssen durch ein effizientes System *erklärender* Indikatoren untermauert werden, da sonst keine Attribution möglich ist.

5. Diskussion

Auf den ersten Blick stellt das Datenmodell eine recht umfangreiche Evaluationsroutine dar. Dies steht mit Sicherheit im Konflikt zu einer berechtigterweise geforderten ökonomischen Effizienz der Evaluation, also einer Verhältnismäßigkeit zwischen dem Aufwand und dem Erkenntnisgewinn der Durchführung. Das hier skizzierte Modell soll jedoch nicht als stets durchzuführender Standard verstanden werden. Vielmehr stellt es den zur Überprüfung von Hypothesen notwendigen Detailierungsgrad in seiner Gesamtheit dar. Für die Zukunft ist zu hoffen, dass die Durchführung umfangreicher Studien eine Reduktion der benötigten erhobenen Daten auf der Basis von gesicherten kausalen Zusammenhängen ermöglicht. Daneben ist auch abhängig vom Untersuchungsgegenstand eine Reduktion im Einzelfall möglich und sinnvoll.
Globale Kennzahlen, die in der gängigen betriebswirtschaftlichen Praxis eingesetzt werden, dienen eher dem Finanzreporting als einer strategisch orientierten Steuerung (Schmidt, 2006). Demnach sind Controllinginstrumente und -Strukturen in Zukunft stärker gefordert, kausale Zuordnungen anhand verbesserter Information zuzulassen. Auch hier gilt die Anforderung der Effizienz hinsichtlich der Menge (max. 5-10 beschreibende Indikatoren) sowie des Erhebungsaufwandes. In der Anwendung bleibt das Erfordernis, die relevanten Daten für eine untersuchende Maßnahme stets neu zu definieren, um eine gesunde Balance zwischen vollständiger Erfassung von nachweisbaren Effekten und einem möglichst geringen Aufwand der Evaluation zu erzielen. Um Effekte auf höheren Ebenen zu erzielen, ist insbesondere die Orientierung an derzeitigen oder zukünftigen Engpässen bei der Spezifizierung von Maßnahmen zu beachten, denn nur, wenn solche beseitigt oder vermieden werden, lassen sich Ergebnisse jenseits kalkulatorischer Erfolge feststellen. Hierzu wird in Anknüpfung an das oben vorgestellte Rahmen-/Wirkmodell derzeit weiter geforscht.
Eine zusätzliche Hürde in der betrieblichen Praxis stellen auch die im Rahmen des Modells noch nicht detailliert betrachteten Wechselwirkungen von gleichzeitig oder sukzessiv eingeführten Maßnahmen dar. Hier ist mittelfristig auch eine Untersuchung der auftretenden Effekte von Verstärkung oder Verminderung notwendig, um der betrieblichen Realität besser gerecht zu werden. Langfristig wäre dann auch die Möglichkeit von Schätzungen in Bezug auf geplante Maßnahmen wünschenswert, dies ist jedoch mit zusätzlicher Unsicherheit, besonders im Kontext der Umfeldvariablen und der mangelnden Vergleichbarkeit vieler Anwendungsfälle, behaftet.

Auch und gerade im Bereich der Prävention stellt sich die besondere Problematik von Schätzungen. Da Prävention ja per Definition der Vermeidung eines ungewollten Zustandes dient, tritt dieser in den meisten Fällen nicht ein. Zwar lassen sich die Kosten bei Eintritt noch relativ genau beziffern, die Anzahl der vermiedenen Fälle jedoch gerade nicht. Da im betrieblichen Umfeld meist keine geeigneten Kontrollgruppen beim für die Prävention relevanten, langen Zeitraum vorhanden sind, kann nur aus den Erfahrungen der Vergangenheit oder aus ganz anderen Kontexten die erwartete Fallhäufigkeit und damit die Vermeidungs- oder Verminderungsrate geschlossen werden.
Das hier vorgestellte Datenmodell muss im Rahmen der Interventionsplanung in einem größeren Rahmen gesetzt werden, um bereits in der Planung die Fokussierung auf derzeitige und zukünftige Constraints sicher zu stellen. Eine Veröffentlichung des diesbezüglichen Rahmenmodells der Autoren ist in Planung.

6. Ausblick

Im Rahmen einer Bewertung im engeren Sinne sind auch die Herausforderungen eines immer präsenter werdenden Darwiportunismus (Scholz & Stein, 2002) und die Problematik der Zuordnung von Wertbeiträgen auf Kostenbasis zu nennen. Hier gilt es, sowohl Fragen der Zurechnung als auch der Dimensionierung zu erörtern, die jedoch mittelfristig nur in Form von Schätzungen der Beteiligten sowie Prozessverantwortlichen valide möglich sein werden.
Der Darwiportunismus stellt insofern ein Problem dar, weil gerade Personalentwicklung und Personalpflege auch eine Risikokalkulation darstellen. Für eine Organisation lohnt sich die Investition nur, wenn sie auch von der zukünftigen erhöhten Leistungsfähigkeit profitiert. Wenn aber die Bindung zwischen Unternehmen und Mitarbeiter zukünftig immer geringer wird, dann ergibt sich ein neues Dilemma mit negativen Folgen für beide Akteure.
Analog zur Problematik bei der Berechnung der positiven Effekte von Prävention stellt sich bei genauerer Betrachtung auch die Frage, wie Maßnahmen oder auch Bündel von Maßnahmen zu bewerten sind, wenn diese, analog zu Versicherungen oder der örtlichen Feuerwehr, nur bei Eintritt bestimmter Szenarien einen positiven Effekt erzielen. In diesem Sinne sind Maßnahmen wie Job Enrichment, Job Rotation und flexibilitätsfördernde Weiterbildung ethisch und menschlich in jedem Fall sinnvolle Maßnahmen, im betriebswirtschaftlichen Sinne aber nur dann messbar, wenn diese Potenziale für die Wertschöpfung des Unternehmens eingesetzt werden. In diesem Sinne muss es Ziel von Praktikern und Forschern sein, einen immer größeren Anteil der Effekte auch in Wertbeiträgen darstellen zu können. Gleichzeitig wird es jedoch auch immer Teil strategischer und ideologischer Kalküle von Organisationen seien müssen, in ihre Mitarbeiter zu investieren.

Literatur

Baron, A. & Armstrong, M. (2007). Human capital management: Achieving added value through people. London: Kogan Page.

Brandtstädter, J. (1990). Evaluationsforschung: Probleme der wissenschaftlichen Bewertung von Interventions- und Reformprojekten. Zeitschrift für Pädagogische Psychologie, 4, 215-227.

Bräunig, D. & Mehnert, K. (2008). Präventionsbilanz aus theoretischer und empirischer Sicht: Abschlussbericht des Teilprojekts 5 des Projekts „Qualität in der Prävention". Dresden.

Cascio, W. F. & Boudreau, J. W. (2008). Investing in people: Financial impact of human resource initiatives (1. print.). Upper Saddle River, NJ: FT Press.

Cascio, W. F. (1991). Costing human resources: The financial impact of behavior in organizations (3. ed.). Kent series in human resource management. Boston: PWS-Kent Publ.

Deutsche Gesellschaft für Evaluation (2002). Standards für Evaluation (2. durchges. Aufl.). Köln: Deutsche Gesellschaft für Evaluation.

Dürndorfer, M., Nink, M. & Wood, G. (2005). Human-Capital-Management in deutschen Unternehmen: Eine Studie von Gallup und The Value Group (1. Aufl.). Hamburg: Murmann.

Friederichs, P. (2004). Messung des Human-Capital-Value (HCV). In M. Dürndorfer & P. Friederichs (Eds.), Murmann Business & Management. Human Capital Leadership. Strategien und Instrumente zur Wertsteigerung der wichtigsten Ressource von Unternehmen [Wettbewerbsvorteile für den Erfolg von morgen] (1st ed., pp. 391-412). Hamburg: Murmann.

Fritz, S. (2004). Mehrebenen-Evaluation von Maßnahmen der betrieblichen Gesundheitsförderung. Dissertation, TU Dresden, Dresden.

Gollwitzer, M. & Jäger, R. S. (2007). Evaluation: Workbook (1. Aufl.). Weinheim: Beltz PVU.

Grill, J. (2008). Die strategische Bedeutung des Human Capital und seine Bewertung: Ein Bezugsrahmen zur Evaluation ambitionierter mittlerer Unternehmen. Bildung und Organisation: Vol. 17. Frankfurt am Main: Lang.

Hager, W. & Hasselhorn, M. (2000). Psychologische Interventionsmaßnahmen: Was sollen sie bewirken können? In W. Hager, J.-L. Patry & H. Brezing (Hrsg.), Evaluation psychologischer Interventionsmaßnahmen: Standards und Kriterien: ein Handbuch (1. Auflage, S. 41-85). Bern: Huber.

Jäger, R. S. (1997). Gütekriterien in der Pädagogischen Diagnostik: Ein Plädoyer für deren Weiterentwicklung und Vorschläge für deren Ausgestaltung. In R. S. Jäger (Hrsg.), Tests und Trends, 11. Jahrbuch der Pädagogischen Diagnostik (S. 146-165). Weinheim u.a.: Beltz.

Kastner, M. (1992). Den Wandel managen: Umgang mit komplexen Systemen - Vernetztes Denken und Handeln: Institut Mensch und Arbeit.

Kastner, M. (1994). Streßbewältigung: Leistung und Beanspruchung optimieren (1. Aufl.). Wiesbaden: Gabler.

Kastner, M. (Hrsg.) (1994). Personalpflege: Der gesunde Mitarbeiter in einer gesunden Organisation. München: Quintessenz.

Kirkpatrick, D. L. & Kirkpatrick, J. D. (2006). Evaluating training programs: The four levels (3. ed.). San Francisco: Berrett-Koehler.

Kremeskötter, N. (2005). A classification of approaches for the evaluation, measurement and mapping of human resources and training interventions: An overview and selected case studies. Diplomarbeit. Dortmund.

Kubinger, K. D. (2004). Gütekriterien. In K. D. Kubinger & R. S. Jäger (Hrsg.), Schlüsselbegriffe der psychologischen Diagnostik. [Handbuch] (1. Auflage). Weinheim: Beltz PVU.

Kunert, S. & Markusch, D. (2009). The added Value of Human Resource Mangement: A new approach by assessing hide-out effects. Unveröffentlichtes Manuskript.

Pennig, S., Kremeskötter, N., Nolle, T., Koch, A., Maziul, M. & Vogt, J. (2006). Ökonomische Evaluation von Personalressourcen und Personalarbeit. Schriftenreihe der Bundesanstalt für Arbeitsschutz und Arbeitsmedizin, Forschung: Vol. 1070. Bremerhaven: Wirtschaftsverl. NW Verl. für Neue Wiss.

Phillips, J. J. & Schirmer, F. C. (2008). Return on Investment in der Personalentwicklung: Der 5-Stufen-Evaluationsprozess (2., aktualis. u. erw. Aufl.). Springer-11775/Dig. Serial]. Berlin, Heidelberg: Springer-Verlag.

Porter, M. E. (2008). Wettbewerbsstrategie: Methoden zur Analyse von Branchen und Konkurrenten = (Competitive strategy) (11., durchges. Aufl.). Frankfurt a.M.: Campus-Verlag.

Regnet, E. (2008). Evaluation der Personalentwicklung. In R. Bröckermann & M. Müller-Vorbrüggen (Hrsg.), Handbuch Personalentwicklung. Die Praxis der Personalbildung, Personalförderung und Arbeitsstrukturierung (2. Auflage., S. 675-691). Stuttgart: Schäffer-Poeschel.

Schenkel, P. (2000). Ebenen und Prozesse der Evaluation. In P. Schenkel, S.-O. Tergan, & A. Lottmann (Hrsg.), Multimediales Lernen in der Berufsbildung. Qualitätsbeurteilung multimedialer Lern- und Informationssysteme. Evaluationsmethoden auf dem Prüfstand (S. 52-74). Nürnberg: BW Bildung und Wiss. Verl. und Software.

Schmidt, B. (2006). Strategic Human Capital Management: A Critical Classification of State-of-the-Art Human Capital Measurement Approaches. Diplomarbeit. Dortmund.

Scholz, C. & Stein, V. (2002). Darwiportunismus und Wissensgesellschaft: eine fatale Kombination. In K. Bleicher & J. Berthel (Hrsg.), Auf dem Weg in die Wissensgesellschaft. Veränderte Strukturen, Kulturen und Strategien (1. Auflage, S. 298-307). Frankfurt am Main: Frankfurter Allgemeine Buch.

Scholz, C., Stein, V. & Bechtel, R. (2006). Human Capital Management: Wege aus der Unverbindlichkeit (2., unveränd. Aufl.). Neuwied: Luchterhand in Wolters Kluwer Deutschland.

Schütte, M. (2005). Humankapital messen und bewerten: Sisyphusarbeit oder Gebot der Stunde? Personalführung, 4, 18-28.

Suchmann, E. A. (1967). Evaluative Research: Principles and Practice in Public Service and Social Action Programs. New York: Russell Sage Foundation Publications.

Süßmair, A. & Rowold, J. (Hrsg.) (2007). Studientexte. Kosten-Nutzen-Analyse und Human Resources (HR) (1. Aufl.). Weinheim: Beltz.

Wottawa, H. & Thierau, H. (2003). Lehrbuch Evaluation (3., korrigierte Aufl.). Psychologie Lehrbuch. Bern: Huber.

Strategisches Netzwerkmanagement als Zukunftsaufgabe im betrieblichen Gesundheitsmanagement

Anja Höcke, Burkhard Schmidt, Michael Kastner,
Anja Borowczak, Jens Bucksch, Nils Gamm, Johannes Isensee,
Julia Thurn, Marcus Zinsmeister

1. Erfordernis eines strategischen Netzwerkes im betrieblichen Gesundheitsmanagement

Wir erleben gegenwärtig Veränderungen der sozioökonomischen Bedingungen und durchlaufen tiefgreifende Umgestaltungsprozesse in den Wirtschafts- und Sozialstrukturen, die unmittelbare Konsequenzen für das betriebliche Gesundheitsmanagement (BGM) haben. Im deutschen Sozialstaat wirken im komplexen Geflecht des Gesundheitswesens viele Akteure (Unternehmen, Krankenversicherungen, Deutsche Rentenversicherung, Ärzte, Physiotherapeuten, gemeinnützige Vereine, etc.) mit unterschiedlichen Zielen. Der Staat trägt die zentrale Aufgabe für das gesundheitliche Wohlergehen von Gesellschaft und Wirtschaft. Dem Solidar- und damit einem Fürsorgeprinzip folgend wurden Akteure wie die Sozialversicherungsträger gesetzlich beauftragt, dieser Aufgabe nachzukommen. Die Sozialsysteme leiden derzeit unter großen Veränderungen der Arbeitswelt, die zukünftiges „Funktionieren" in Frage stellen. Diese Änderungen, ausgelöst u.a. durch demografischen Wandel und Globalisierung, führen zu einer Fundamentalkrise des deutschen Sozialstaates (Breyer & Bruchholz, 2009) und wirken sich zwangsläufig auf die Gesundheitsförderung bei der Arbeit und im Privatleben aus.
Konsequenterweise hat die Bedeutung des Arbeitsplatzes als gesundheitsbezogenes Handlungsfeld in Deutschland in den letzten Jahren stetig zugenommen. Ausgehend vom traditionellen Arbeits- und Gesundheitsschutz mit seiner Ausrichtung auf Defizite und Pathogenese ergänzt mittlerweile betriebliche Gesundheitsförderung (BGF) mit umfassenden verhaltens- und verhältnisbezogenen und salutogenen Ansätzen bis hin zum komplexen Leistungs- und Gesundheitsmanagement (LGM – siehe auch Beitrag von Kastner i. d. B.) das Arbeitsportfolio in vielen Unternehmen. Um die Gesundheit von Individuen und Gruppen am Arbeitsplatz erfolgreich fördern zu können, müssen Akteure professionell ausgebildet sein (Grossman & Scala, 2001) und es müssen strukturelle Voraussetzungen vorhanden sein, die deren Zusammenarbeit ermöglichen. Um als Unternehmen den komplexen Anforderungen des BGM gerecht zu werden, wird ein mehrperspektivisches, vernetztes Vorgehen empfohlen (Luxemburger Deklaration, 1997) und in speziellen Fällen gesetzlich vorgeschrieben (§ 21 ArbSchG, § 14 SGB VII, § 20 SGB V). Eine Struk-

tur, die eine Zusammenarbeit verschiedener Akteure ermöglicht, wird dabei oftmals als Netzwerk bezeichnet. Bisher bestehen jedoch keine klaren Gestaltungsempfehlungen, wie ein solches Netzwerk aufgebaut sein muss, um diverse Akteure wie Krankenkassen, Rentenversicherung, Vereine, Fitnesscenter, Betriebsärzte, niedergelassenen Ärzte etc. sinnvoll und effizient in ein ganzheitliches BGM eines Unternehmens einzubinden. Der vorliegende Artikel analysiert daher die Möglichkeiten, die geforderte Vernetzung verschiedener Akteure im BGM in die Tat umzusetzen, zur Förderung von Gesundheit und Leistung der Mitarbeiter und damit zur Ermöglichung eines dauerhaften Unternehmenserfolges.
Ein entscheidendes Problem besteht darin, dass diese Akteure mit ihren unterschiedlichen Systemsichten und Interessen, Interaktionen zwischen BGM und den oben genannten Akteuren erzeugen, die nicht immer funktional sind und die nicht dem Wandel von einem rein kurativen Ansatz des Gesundheitswesens hin zu einem präventiv salutogen orientierten Ansatz entsprechen. Vor allem im Bereich der Primärprävention besteht großer Handlungsbedarf. Obwohl sowohl Unternehmen, Krankenkassen und Rentenversicherer als auch die Mitarbeiter das Ziel haben, Gesundheit und folglich Leistungsfähigkeit zu erhalten und zu fördern, sind kooperative Aktivitäten bislang nicht zielgerichtet aufeinander abgestimmt, obgleich alle dasselbe übergeordnete Ziel im Fokus haben sollten: Mitarbeiter, deren Gesundheit, Leistungsmotivation und -fähigkeit ökonomische Vorteile für das Unternehmen bringt, die Ausgaben der Sozialversicherer senkt und somit die Volkswirtschaft entlastet. Wesentliche Gründe liegen zum einen in der bislang nicht ausreichenden Vernetzung der Akteure untereinander. Zum Zweiten wird zu wenig kooperiert, weil sich Egoismen der einzelnen Akteure kurz bis mittelfristig „lohnen“.
Es lassen sich einige Themenschwerpunkte wie demografischer Wandel, Gender, Bildungs- und Wissensmanagement und salutogene Ansätze identifizieren, die vielfältige Synergien für ein präventives und nachhaltiges Gesundheitsmanagement bieten. Beispielsweise sind Einflüsse von Kompetenzsteigerungen und Ressourcenaufbau im privaten Bereich (Ehrenamt etc.) nicht oder nur unzureichend in ihrer Bedeutung für den beruflichen Bereich erkannt. Letztlich ist entscheidend, inwieweit das Individuum seine Chancen nutzt, Verantwortung für die eigene Gesundheit übernimmt und den persönlichen Wert gesundheitsbewussten Verhaltens erkennt. Diesbezüglich haben die genannten Akteure im Setting des BGM große Einflussmöglichkeiten. Dabei müssen folgende Wechselwirkungen zwischen den Akteuren berücksichtigt werden:

- Der Staat kann durch strukturelle und normative Vorgaben (Krankenversicherung, Gesetzgebung) kollektives und individuelles Verhalten beeinflussen.
- Krankenversicherungen können – legitimiert durch die Sozialgesetzgebung – durch Anreizsysteme Betriebe zu präventiver Gesundheitsförderung motivieren.
- Betriebe können durch BGM das Verhalten ihrer Mitarbeiter beeinflussen, um langfristig deren Gesundheit und Leistungsfähigkeit zu steigern.
- Gesunde Mitarbeiter sind eher motivierte und zufriedene Mitarbeiter, die sich gegenseitig anregen und im Kollektiv die Leistungsfähigkeit des Betriebes stärken und Innovationen erarbeiten können.

- Der Betrieb erzielt ökonomischere (Lohnnebenkosten-)Strukturen. Die gesünderen Mitarbeiter und Betriebe verbessern durch eine Risikoverringerung auch die Situation der Versicherungen und entlasten letztlich den Steuerzahler (Gesundheitsfond).

Um eine präventive Gesundheitsförderung nachhaltig auf die Agenda aller Beteiligten zu setzen und erfolgreich zu gestalten, muss der Einsatzes moderner Steuerungskonzepte überprüft werden, die die spezifische Perspektive und den Nutzen des jeweiligen Akteurs (Unternehmen, Krankenversicherung, Rentenversicherung, Ärzte, Schulen, Weiterbildungseinrichtungen etc.) aufgreifen und mit den individuellen Nutzenfunktionen verbinden.

2. Stand der Forschung

Badura et al. (2001) definieren BGM als die Entwicklung integrierter betrieblicher Strukturen und Prozesse, die die gesundheitsförderliche Gestaltung von Arbeit, Organisation und Verhalten am Arbeitsplatz zum Ziel haben und den Beschäftigten wie dem Unternehmen gleichermaßen zugutekommen. Dieser Artikel will über die innerbetrieblichen Strukturen hinaus auch überorganisationale Zusammenhänge beleuchten und integrieren. Dafür wird zunächst die allgemeine (Weiter-)Entwicklung des BGM mit Hilfe des Konzeptes der Systemverträglichen Organisationsentwicklung (Kastner 1998, 2010) dargestellt, des Weiteren auf die Definition und Notwendigkeit von Netzwerken eingegangen, um dann anhand des Konzeptes Synegoismus (Kastner, 1999) zu erläutern, wie eine sinnvolle Netzwerkgestaltung im Rahmen eines BGM unter Betonung von Leistungsaspekten realisiert werden kann.

2.1 Systemverträgliche Organisationsentwicklung (SOE)

Leistungs- und Gesundheitsmanagement (LGM) sei verstanden als ganzheitliches, interaktives, systemisches, systematisches und effizientes Handhaben konkreter präventiver und interventiver Aktivitäten hinsichtlich der Faktoren Person, Situation und Organisation (vgl. Kastner, i. d. B.), so dass langfristig Leistungs- und Gesundheitsverhalten optimiert werden und dabei Kosten und Nutzen in einem gesunden Verhältnis stehen. Dies lässt sich mit Hilfe der systemverträglichen Organisationsentwicklung nach Kastner (1998) umsetzen (siehe Abb. 1).
Hierbei werden zunächst in der Diagnosephase Ideal- und Realzustand des BGM im Unternehmen (hier bezüglich der Interaktionen zwischen den Akteuren) erhoben. Eine anschließende Diskrepanzenanalyse zeigt Stärken und Schwächen sowie den Handlungsbedarf auf, so dass in der darauffolgenden Planungsphase Interventionen abgeleitet werden können. In der anschließenden Aktionsphase wird zwar durch diese Interventionen das diagnostizierte Fehlverhalten korrigiert, aber es ist noch nicht verhindert, dass sich Fehler

Abb. 1: SOE-Kreis nach Kastner

wiederholen. Prävention soll dies sicherstellen, verlangt allerdings Kenntnisse potenzieller Systemzustände. Wenn diese unbekannt sind, muss es zur Entwicklung von Innovationen kommen. In der anschließenden Bewertungsphase muss sowohl die inhaltliche als auch die ökonomische Dimension des Prozesses beurteilt werden, was letztlich in einem Entwicklungs- oder Lernprozess schließt, der wiederum das System verändert und eventuell zu „neuen" Idealanforderungen führen kann.
Die genannten Schritte der SOE dienen u.a. unter Bezug auf die Wechselwirkungen von Person, Situation und Organisation der Analyse von Ursache-Wirkungs-Beziehungen, die z.B. in eine Gesundheits-Balanced-Scorecard Eingang finden können.
Dieses Konzept mit seinen diversen Subkonzepten und Instrumenten (vor allem Synegoismus, vgl. Kastner 2010 i. d. B.) kann nicht nur im Kreis der unternehmensinternen Akteure, sondern auch zur Optimierung des Netzwerkes aller Akteure im Gesundheitswesen herangezogen werden.

2.2 Netzwerke

Ein Netz kann über einzelne Knoten und deren Verbindungen beschrieben werden. Im Falle unseres Netzwerkes zum BGM entsprechen die Knoten einzelnen Akteuren (Personen oder Organisationseinheiten inner- und außerhalb des Unternehmens, wie z.B. Beauftragte für BGM im Unternehmen, Krankenkassen, Rentenversicherung oder Sportverein), die Verbindungen dazwischen entstehen durch Kontakt und Austausch zwischen

diesen Akteuren, beispielsweise durch Arbeitskreise, gemeinsame Aktionen, aber auch rechtliche Anweisungen oder materielle Unterstützung (Klusmann, 1989).
Ein Netzwerk zur Gesundheitsförderung kann als ein System von sozialen Beziehungen beschrieben werden, in das einzelne Akteure strukturell und inhaltlich eingebunden sind. Dabei kann Zusammenarbeit auf formeller oder informeller Ebene erfolgen. Netzwerke können über unterschiedliche Strukturmerkmale, wie z.B. Kontakthäufigkeit, Zahl der Akteure, Homogenität oder Distanz charakterisiert werden (Berkmann & Glass, 2000).

2.3 Synegoistische Netzwerke aus Sicht der Wissenschaft

Zur Entwicklung eines komplexen, überorganisationalen Netzwerkes wurde das Konzept des Synegoismus von Kastner (1999) zu Grunde gelegt. Er definiert Synegoismus als ein sozialintelligentes Verhaltensprinzip. Dieses geht davon aus:

- dass ein System (z.B. ein Akteur) dem anderen hilft, in der vernünftigen Erwartung, dass dieses ihm (später) auch hilft und für beide durch Synergien Erfolge resultieren,
- dass Egoismen (Ich tue etwas für mich auf Kosten anderer) soweit möglich keine Erfolgsaussichten haben dürfen,
- dass Altruismen (Ich tue etwas für andere auf meine Kosten) in der Marktwirtschaft nicht zu erwarten sind,
- dass Solidarität (Der Starke tut etwas für den Schwachen) in der Wirtschaft ebenfalls kaum zu erwarten ist, sondern auf einer ethischen Ebene diskutiert werden muss,
- dass synegoistisches Handeln permanent gefordert, gefördert und organisiert werden muss in dem Sinne, dass das erwünschte Verhalten positive und das unerwünschte Verhalten negative Konsequenzen hat,
- dass an den jeweiligen Schnittstellen (z.B. Kunden-Lieferanten-Beziehungen) Win-Win-Situationen erzeugt werden,
- dass gesunde Konkurrenz um die beste Lösung und Leistung durchaus erwünscht ist, wenn die Bewertungskriterien als gerecht empfunden werden,
- dass das Untersystem begreift, dass der Erfolg des Obersystems auch sein Erfolg ist und umgekehrt (z.B. der Erfolg des Mitarbeiters zeigt sich im Erfolg des Unternehmens und umgekehrt).

Ähnlichkeiten zum reziproken Altruismus in der Biologie, zum Gefangenendilemma in der Psychologie oder zu den Opportunismus-Konzepten in den Wirtschaftswissenschaften liegen auf der Hand, Synegoismus bedeutet nicht Kooperation um jeden Preis. Zu viel Vertrauen oder gar entstandene Abhängigkeiten können ausgenutzt werden. Zusätzlich besteht die Gefahr von „Group thinking". Zu enge Kooperationen können auch zu einer Blindheit gegenüber Neuerungen oder besseren Lösungen führen (Portes & Sensenbrenner, 1993) und der lokale Synegoismus, z.B. zweier Subsysteme (beispielsweise Betrieb und Krankenkasse), kann gegenüber Umfeldsystemen (Rentenversicherung und Staat) egoistisch wirken (vgl. Beitrag zur individuellen und organisationalen Resilienz, Kastner in diesem Band). Grundsätzlich muss jedem Subsystem (z.B. Akteur im BGM-Netzwerk) klar sein, dass sein Erfolg vom Erfolg des Gesamtsystems (z.B. BGM-Netz) abhängt und umgekehrt.

2.4 (Syn-)egoistische Netzwerke in der Praxis

Wenn wir in marktwirtschaftlichen Bezügen denken, gehen wir davon aus, dass die jeweiligen Akteure im Gesundheitswesen bzw. -management durchaus divergierende Interessen haben. Die wesentlichen Tendenzen ohne Anspruch auf Vollständigkeit und Allgemeingültigkeit dürften folgendermaßen aussehen (vgl. Kastner, 1990):

- Das Individuum will möglichst wenig für seine Gesundheitsversorgung bezahlen und für die Prävention leisten, indem es z.B. seine Freizeit „opfert". Gleichzeitig möchte es aber gesund und leistungsfähig sein. Ein marktwirtschaftlich denkender Mensch, der 600 Euro monatlich für seine Krankenkasse ausgibt, verlangt dafür auch einen Gegenwert. Beim Führen mit Zahlen, bei Boni und Akkord verhält sich der Mitarbeiter vielfach selbstausbeutend bzw. neigt zwecks Zielerreichung (Geld, Ruhm etc.) zur Selbstgefährdung (Kastner, 2003).
- Das Management ist durchaus an der Selbstausbeutung des Mitarbeiters interessiert, solange er nicht zusammenbricht.
- Niedergelassene Ärzte sind Lieferanten und haben Kunden, die sie nicht verlieren wollen. Das legt die Neigung nahe, Kundenwünsche – etwa in Form von Krankschreibung – zu erfüllen. Im Übrigen ist das Risiko, jemanden „sicherheitshalber" krank zu schreiben geringer als ihn krank zur Arbeit zu schicken. Hinzu kommt, dass bestimmte Krankheitsbilder leicht simuliert werden können und medizinisch und psychologisch nicht sauber diagnostizierbar sind (z.B. Burn-out).
- Amtsärzte sind als Beamte begrenzt in der Lage zu beurteilen, ob eine Krankschreibung gerechtfertigt ist.
- Betriebsärzte sind meist gut ausgebildet in Arbeitsmedizin (Lärm, Stäube, Gase, Ein- und Ausstellungsuntersuchungen), haben aber im Bereich psychischer Beeinträchtigungen begrenzte Kapazitäten und zudem das Problem, dass gerade in diesem Bereich gefährdete Mitarbeiter sich ihnen kaum öffnen.
- Das Unternehmen ist primär an Leistung interessiert und möchte die Lohnnebenkosten gering halten. Wenn jemand langfristig krank zu werden droht, sollen die Kosten möglichst zügig von der Krankenkasse übernommen werden und Prävention soll möglichst wenig kosten und in der Freizeit erfolgen.
- Führungskräfte und Mitarbeiter mit Personalverantwortung „outsourcen" das Problem der zunehmenden psychischen Beeinträchtigungen gerne, indem sie ein EAP-System (Employee Assistance Program – ein Programm zur externen, qualifizierten Mitarbeiterberatung bei privaten und beruflichen Problemen) anbieten.

- Die Krankenversicherung möchte eine möglichst schnelle Wieder-Eingliederung des kranken Mitarbeiters und ist im Falle der Langzeiterkrankung daran interessiert, die Kosten möglichst schnell der Rentenversicherung zu übertragen.
- Der Staat ist an geringen Lohnnebenkosten und an Krankenkassen und Rentenversicherungen interessiert, die keine Zuschüsse erfordern. Eine frühe Gesundheitserziehung soll zugleich im Bildungssystem nichts kosten.
- Im Übrigen ist der Staat an gemeinnützigen Vereinen interessiert, die die Gesundheit fördern. Diese aber können sich umso schlechter selbst organisieren, je stärker die Unternehmen durch Arbeitszeitflexibilisierung, Jobrotation, globalisierte Präsenz etc. die Koordination der Individuen erschweren.
- Die Führungskraft ist am Sport des Mitarbeiters zur Förderung seiner Gesundheit weniger interessiert, wenn z.B. dadurch Verletzungen drohen. Sie wäre es allenfalls, wenn sichergestellt wäre, dass das Engagement in gemeinnützigen Vereinen Gesundheit, Sozialkompetenz etc. fördert.

In dieser Kette bilden sich durchaus Interessen-Kartelle zu Lasten der anderen Systeme. Im Falle einer schlechten Auftragslage empfiehlt es sich gerade in KMU schon mal, dass der Chef den Mitarbeiter bittet, sich krank zu melden, um die eigenen finanziellen Lasten des Betriebes auf Kosten der Krankenkassen zu minimieren.
Die Empfehlung von Beratern, sich um die Förderung der Resilienz der Mitarbeiter zu kümmern, wird schon mal mit dem Kommentar quittiert: „Sie können uns doch die ‚Nicht-Resilienten' rausfiltern, die wir dann entlassen".
In der Kette Mitarbeiter – Führungskraft – Niedergelassener Arzt – Betriebsarzt – Amtsarzt – Krankenkasse – Rentenversicherung finden sich zahllose Egoismen zum Schaden des Gesamtsystems (BGM-Netzwerk), in dem die Ursache-Wirkungs-Zusammenhänge kaum zu trennen sind. Die Verschiebung der Krankheitskosten lässt die Rentenversicherung zunächst als letzte Instanz erscheinen. Aber da die Rentenversicherung nach dem Solidarprinzip funktioniert, muss sie vom Staat unterstützt werden, dessen Steuergelder wiederum von den Individuen stammen – somit muss am Ende doch der Einzelne zahlen.
Ein ganzheitliches BGM verlangt „eigentlich" eine Betrachtung aller Akteure. Würden sich die Individuen schon präventiv gesund verhalten, die Führungskräfte unter dem Stichwort „Führung und Gesundheit" adäquat führen, ein gutes BGM innerhalb des Unternehmens dafür sorgen, dass z.B. die ersten Anzeichen des Burn-outs rechtzeitig erkannt werden und dadurch lange Fehlzeiten gar nicht erst entstehen sowie die Mitarbeiter hinsichtlich ihrer Resilienz gefördert werden. Durch ein gutes betriebliches Eingliederungsmanagement ließe sich so die Schnittstelle zur Krankenkasse optimieren und gleichzeitig würden die Rentenversicherungen und der Staat entlastet. Das käme wiederum den Unternehmen in Form niedrigerer Lohnnebenkosten zugute. Dies würde die Konkurrenzfähigkeit stärken und Arbeitslose minimieren, die im Übrigen im Schnitt deutlich kränker sind als arbeitende Mitmenschen (Kuhnert & Kastner, 2002). Der dadurch entstehende „Gewinn" könnte wiederum in die Gesundheitsbildung von Kindern und Jugendlichen investiert werden usw.

Da aber der Mitarbeiter sich für sich selbst verantwortlich sieht, das Unternehmen seine Gewinne maximieren will, die Krankenkassen auch Unternehmen sind etc., sucht jedes System (hier jeder Akteur) sein Heil in der Selbstoptimierung auf Kosten der anderen. Der Staat sollte dies systemverträglich regeln, hat aber seine Probleme mit diversen Lobbys (siehe Probleme des Gesundheitssystems insgesamt).
Nun wird ein Unternehmen dieses gesellschaftliche Problem nicht revolutionieren können. Aber man kann durch ein gutes BGM, das über die Grenzen der Organisation hinausgeht, viele Synergieeffekte erzielen, die wiederum dem Gesamtsystem (BGM-Netzwerk) und den jeweiligen Subsystemen (Akteure im Netzwerk) zugutekommen (siehe Abb. 2).
Ein Beispiel für Abb. 2 wäre ein Mitarbeiter, der sich zum Zeitpunkt t1 egoistisch verhält, was sich für ihn kurz- bis mittelfristig lohnt, aber dem Gesamtsystem (BGM-Netzwerk) schadet (andere müssen für ihn mitarbeiten, seine Krankenkasse wird belastet, Beiträge steigen etc.). Zum Zeitpunkt t2 lernt der Mitarbeiter sich synegoistisch zu verhalten, was ihm langfristig nutzt und dem Gesamtsystem ebenfalls. Wenn sich alle am Gesamtsystem BGM-Netzwerk beteiligten Akteure synegoistisch verhalten, entsteht ein optimaler Systemnutzen insgesamt und für jeden einzelnen Akteur.

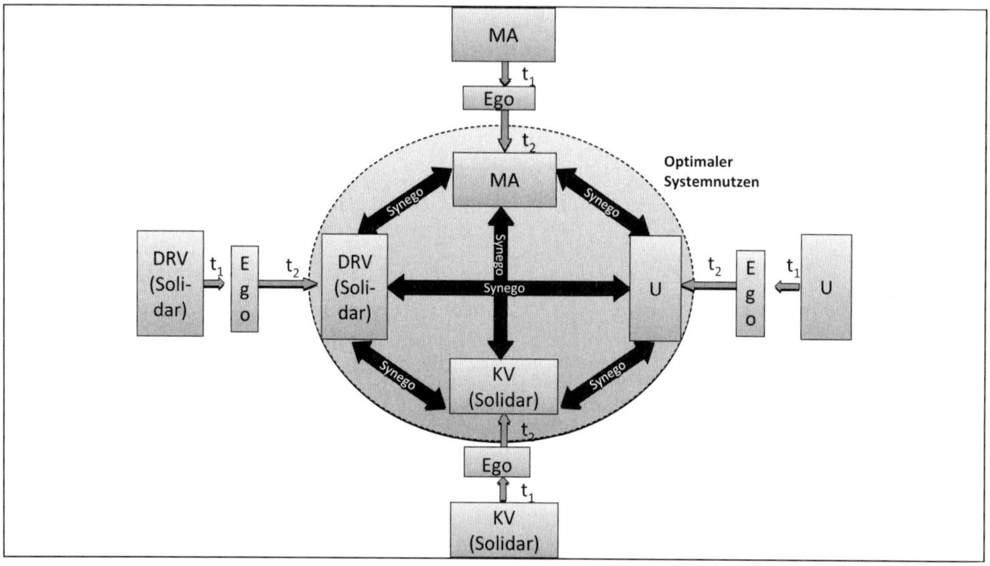

Abb. 2: Beispiel einer synegoistischen Netzwerkentwicklung im BGM
Legende: MA = Mitarbeiter, U = Unternehmen, KV = Krankenversicherung, DRV = Deutsche Rentenversicherung, t1 = Zeitpunkt 1, t2 = Zeitpunkt 2, Ego = egoistisches Verhalten der einzelnen Akteure, Synego = synegoistisches Verhalten aller Akteure zum Eigennutzen und zum Nutzen des Gesamtsystems (= Netzwerk)

A) Egoistische Entwertungskette: Ein egoistischer Mitarbeiter „macht“ beispielsweise „blau“ bzw. der Betrieb empfiehlt bei wenig Arbeit „melde Dich trotz Gesundheit krank“ → niedergelassener Arzt schreibt den Mitarbeiter krank (denn dieser ist ja Kunde) → kurz vor Ablauf der 6-Wochen-Frist schreibt er ihn wieder gesund, um ihn dann wieder krank zu schreiben → der Betrieb will Kosten für einen kranken Mitarbeiter durch die Überschreitung der 6-Wochen-Frist an die Krankenkasse abwälzen → die Krankenkasse will kranke Mitarbeiter über Frühverrentung an die Rentenversicherung abwälzen → letztendlich erhöhen sich die Kosten des Staates.

B) Synegoistische Wertschöpfungskette: Alle Akteure des BGM-Netzwerkes fördern präventives Verhalten des Mitarbeiters, der sich auch nicht selbst ausbeutet → der Betrieb unterstützt z.B. durch Führung und Gesundheit, durch den Werksarzt, durch Frühwarnsysteme → dadurch werden Probleme frühzeitig erkannt, Fehlzeiten verringert → der Mitarbeiter ist schneller wieder fit → Kosten werden gesenkt → keine Frühverrentung → weniger Kosten für den Staat und damit für jeden Einzelnen.

2.5 Normstrategien für den Vernetzungserfolg

Die in der obigen Kette dargestellte Logik muss nun auf die diversen Akteure heruntergebrochen und entsprechende Strategien erarbeitet werden, anhand derer die Vernetzungen optimiert werden können. Dafür müssen in einem ersten Schritt die Zielsysteme der Akteure analysiert werden, um in einem zweiten Schritt das Gesamtsystem (BGM-Netzwerk) hinsichtlich möglicher Synergien zu überprüfen. Normstrategien lassen sich auf Basis einer Analyse von Hindernissen und Treibern einer erfolgreichen Vernetzung postulieren.

Abb. 3 beschreibt wesentliche Treiber bzw. Hindernisse einer koopetitiven Struktur (Coopetition beschreibt ein aus cooperation (Kooperation) und competition (Wettbewerb) bestehendes Verhalten). Die erste Dimension „Vernetzungswissen und Erfahrung“ („Können“) beschreibt, inwieweit ein Akteur in der Lage ist, sich in einem Netzwerk zu engagieren. Positive Ausprägungen sind z.B. vollständige Informationen über Angebot und Nachfrage der anderen Akteure oder bereits positive Netzwerkerfahrungen. Negative Faktoren sind demnach Informationsasymmetrien oder schlechte Erfahrungen in bisherigen Kooperationen.

Die zweite Dimension, der „Vernetzungs- oder Kooperationswille“ („Wollen“) lässt sich mit dem Vertrauens- und Reziprozitätsproblem beschreiben. Wenn hohe Rivalität herrscht, werden Vorteile der Kooperation nicht gesehen. Zusätzlich stehen dem Vertrauen das Macht- und Einflussmotiv sowie mögliche Bereichsegoismen diametral gegenüber. Der Vernetzungswille hängt natürlich auch stark vom erwarteten Nutzen ab. In dieser Dimension des Würfels ist das synegoistische Verhaltensprinzip am stärksten gefragt, da hier das größte Spannungsfeld zwischen den Akteuren vorherrscht. Schließlich glaubt jeder Akteur Vorteile zu haben, wenn er Kosten auf andere Akteure abwälzen kann.

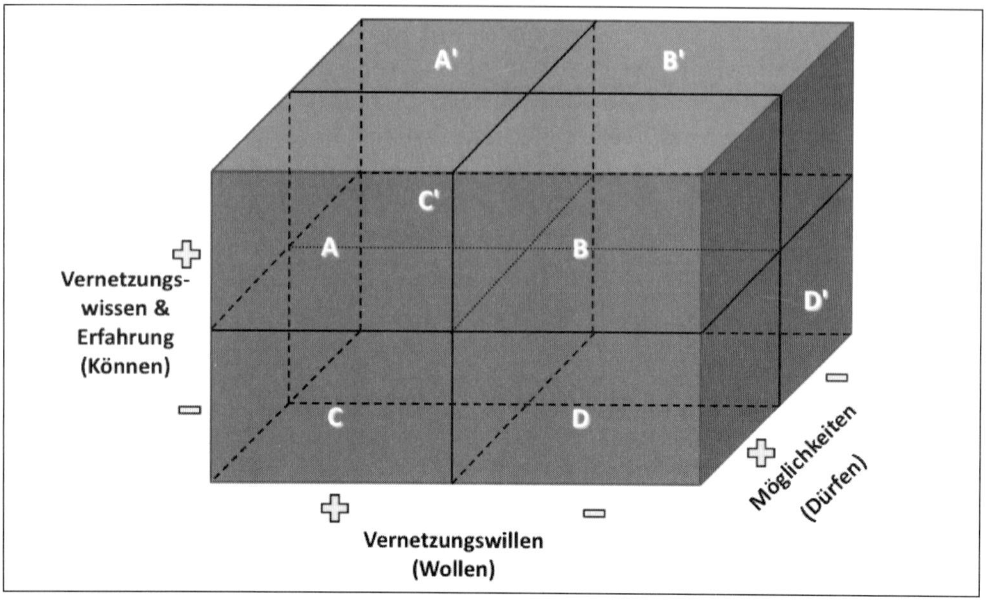

Abb. 3: Dimensionen für Vernetzungserfolg

Letztlich müssen drittens die „Möglichkeiten der Akteure" („Dürfen") geprüft werden. Solche Möglichkeiten können durch externe Rahmenbedingungen begrenzt werden (z.B. besitzt die Rentenversicherung keinen gesetzlichen Auftrag zur Prävention) oder die jeweilige Organisation ist ggf. nicht in der Lage, den aufwändigen Prozess zu leisten, da interne Strukturen fehlen oder keine Kapazitäten oder Budgets vorhanden sind.
Der Idealzustand für Vernetzungserfolg wird im Feld A des Würfels beschrieben. Feld B wäre beispielsweise ein Fall, in dem das Aufzeigen von Vorteilen einer Zusammenarbeit unter Minimierung von Konkurrenzüberlegungen zu einer Verbesserung führen könnte. Eine Sonderstellung nehmen in diesem System die Krankenversicherungen ein. Aufgrund gesetzlicher Vorgaben durch das Solidarprinzip sind sie verpflichtet, sich aktiv im BGM zu vernetzen (§ 20 SGB V).
Brandenburg & Nalebuff (1996) beschreiben im „Value-Net of Coopetition" die bedeutende Rolle von Komplementatoren. Dies sind Akteure, deren Produkt das des Kunden in dessen Augen verbessert und somit Win-Win-Situationen erzeugt. In einem idealtypischen BGM-Netzwerk, in dem die Mitarbeiter des Unternehmens die Kunden sind, ist demnach eine Kooperation zwischen Unternehmen, Rentenversicherung und Krankenversicherung genau dann sinnvoll, wenn die Angebote der anderen Akteure das jeweils eigene verbessern. Die drei Facetten des Vernetzungserfolges „Können", „Wollen", „Dürfen" sind mit einer vierten unabdingbaren Facette „Verantwortung" („Müssen") abzugleichen, wie dies auch im Prozess-Optimierungs-Modell (POM) (Kastner, 1998) geschieht. Demnach können Interventionen nur greifen, wenn zuvor „Können", „Wollen", „Dürfen" und „Müssen" zur Deckung gebracht sind. Wie sind nun solche theoretischen Erwä-

gungen in die Praxis zu überführen? Ergebnisse aus aktuellen empirischen Ergebnissen werden im folgenden Kapitel dargestellt.

3. BGM-Netzwerke in der Praxis: Empirische Ergebnisse zu Kooperationen im betrieblichen Gesundheitsmanagement

3.1 Experteninterviews

Abb. 4 zeigt ein BGM-Netzwerk der Unternehmenspraxis, das aus einem Experten-Interview extrahiert wurde. Ziel der Interviews war es, konkrete Netzwerkstrukturen aufzunehmen und abzubilden.
Das dargestellte Unternehmen beschäftigt rund 1.500 Mitarbeiter. Die Arbeitssicherheit ist aufgrund der Arbeitstätigkeiten im chemischen Bereich sehr wichtig. Die Belastung durch Hitze, Staub und Schichtarbeit in den Werken ist als sehr hoch einzuschätzen. Das BGM ist im Bereich Personalentwicklung angesiedelt. Folgende Beziehungen der internen und externen Akteure kennzeichnen die Kooperation:

1) Die Knappschaft bietet Gesundheitsberichte an (nach Krankheitsarten differenziert). Aufgrund der exklusiven und langen Zusammenarbeit ist sie bei der Finanzierung von

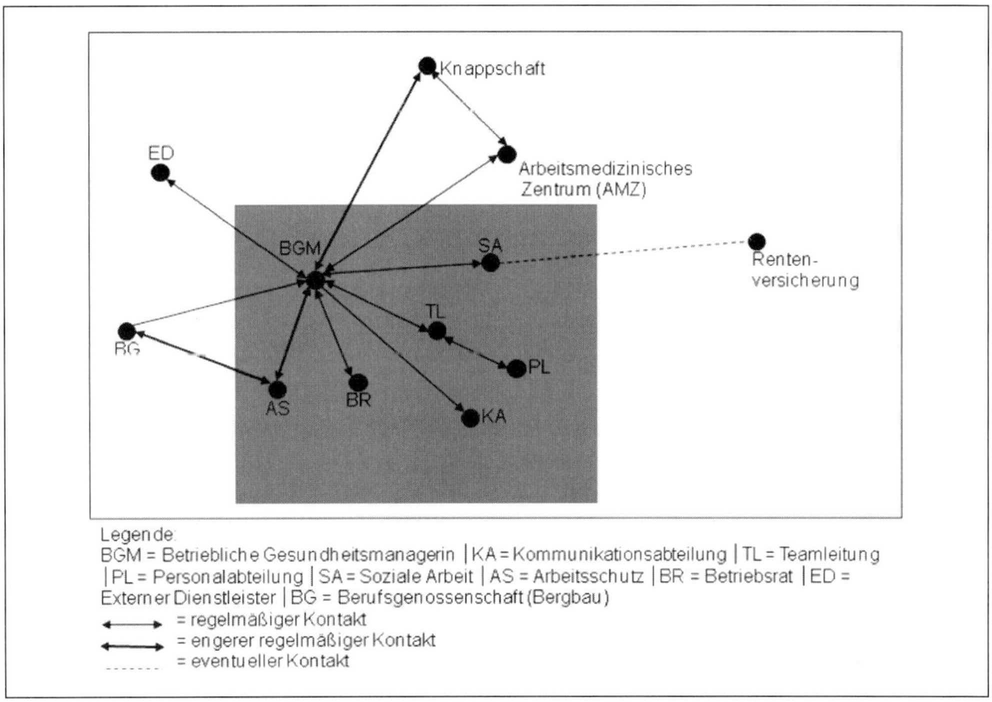

Abb. 4: Netzwerkbeispiel im Rahmen des BGM

Maßnahmen relativ kulant. Die Knappschaft bietet ein eigenes Kursprogramm an, beteiligt sich an der Gestaltung von Gesundheitstagen und organisiert qualifizierte Trainer.

2) Information über BGM werden in Zusammenarbeit mit der Kommunikationsabteilung (KA) durchgeführt.
3) Es gibt einen regelmäßigen Kontakt zwischen BGM und dem Arbeitsschutz (AS). Sicherheitsbegehungen werden teilweise gemeinsam mit dem AS durchgeführt, wobei sich die Perspektiven sehr gut ergänzen. Aus BGM-Sicht wird eher die Frage nach dem Wohlbefinden und der Ergonomie gestellt, während diese Themen beim AS nicht so sehr im Vordergrund stehen. Der AS kennt und achtet mehr auf akute Gefahren (bspw. wird das Tragen der Schutzbrille überprüft). Auch themenspezifische Kampagnen (z.B. „Stolpern, Rutschen, Stürzen") werden gemeinsam bei Sitzungen und Betriebsbegehungen durchgeführt.
4) Mit externen Dienstleistern erfolgt die Zusammenarbeit im Rahmen des BGM in Form von anlassbezogenen Projektaustauschbeziehungen. Inhaltlich handelt es sich hierbei hauptsächlich um konzeptionelle Unterstützung oder die Durchführung von Maßnahmen (Moderation, Vorträge etc.).
5) Es gibt unregelmäßige Beziehungen zur Berufsgenossenschaft (BG) für das BGM.
6) Abstimmungsgespräche zwischen BGM, Arbeitsmedizinischem Zentrum (AMZ) und Knappschaft bei der Planung von BGM-Aktivitäten und finanzielle Unterstützung bei BGM-Projekten, welche das AMZ durchführt (z.B.: Grippeschutzimpfung, Innenaugendruckmessung). Ein Austausch darüber hinaus ist dem BGM-Experten bei Interviewdurchführung nicht bekannt.
7) Der Betriebsrat (BR) einzelner Werke ist in das BGM eingebunden.
8) Das Unternehmen beschäftigt eine Sozialarbeiterin (SA), welche auch für das betriebliche Wiedereingliederungsmanagement zuständig ist und mittlerweile zur Disability-Managerin ausgebildet ist. Das Team Soziale Arbeit (SA) hat gelegentlichen Kontakt zur Rentenversicherung. Im Rahmen des BGM besteht kein Kontakt.

Anhand dieses Beispiels wird deutlich, dass die Kooperation durch mehrere bilaterale Verbindungen zwischen einem Unternehmen und mehreren externen Partnern gekennzeichnet ist. Da aber die einzelnen externen Partner nur wenig untereinander kooperieren, kann nicht von einem vernetzten BGM gesprochen werden.

Insgesamt wurden 12 Experteninterviews mit Vertretern von Unternehmen, Krankenkassen und der Rentenversicherung durchgeführt. Alle Interviews zeigten ähnlich fokale Netzwerkstrukturen auf.

Zur weiteren Klärung der Netzwerkstrukturen und der Interaktion zwischen den beteiligten Akteuren werden im Folgenden die Ergebnisse einer großangelegten Studie sowie zweier Workshops mit Vertretern von Unternehmen, Krankenkassen und der Rentenversicherung dargestellt.

3.2 Studie zum Entwicklungsstand von BGM-Netzwerken

Die im Folgenden beschriebenen empirischen Ergebnisse zum Entwicklungsstand der Vernetzung im BGM in der Praxis basieren auf Daten, die im Rahmen einer Studie „Effektives und effizientes Betriebliches Gesundheitsmanagement" erhoben wurden.
Die Datenerhebung erfolgte mittels eines vollstandardisierten Fragebogens. Dieser wurde in Gesprächen mit Experten auf die inhaltliche Tragfähigkeit überprüft. Die Stichprobe basierte auf deutschen Unternehmen aus dem Produktions- und Dienstleistungssektor, die nicht zur Gruppe der KMU (EU-Definition) zählen. Es wurden 5.000 Adressen eines kommerziellen Anbieters erworben. Aufgrund ihrer Verantwortung für das Thema Gesundheit in Unternehmen wurden Personalleiter als Schlüsselinformanten ausgewählt.
Insgesamt wurden 82 verwertbare Fragebögen zurückgesandt (Rücklaufquote 1,6%). Da das Thema der Vernetzung im BGM einen hohen Innovationsgrad aufweist und somit weniger präsent ist, erscheint die Rücklaufquote als akzeptabel. Zudem ist aufgrund der schlechten wirtschaftlichen Lage im Befragungszeitraum davon auszugehen, dass Personalleiter dem Thema Gesundheit weniger Priorität eingeräumt haben. Zur weiteren Beschreibung der Datengrundlage siehe Abb. 5.
Die in Kapitel 3.1 beschriebene vorrangig bilaterale Netzwerkstruktur bestätigte sich auch im Rahmen der durchgeführten Befragung. Abb. 6 verdeutlicht, dass Unternehmen mit mehreren externen Akteuren kooperieren. Es zeigt sich jedoch auch, dass diese Kooperation durch mehrere bilaterale Verbindungen zwischen einem Unternehmen und mehreren externen Partnern geprägt ist.
Desweiteren zeigt Abb. 6, dass derzeit relativ stark ausgeprägte Kooperationen mit externen Betriebsärzten und Krankenkassen existieren. Während die erstgenannte Kooperation auf die weite Verbreitung von externen Betriebsärzten zurückzuführen ist, erscheint die

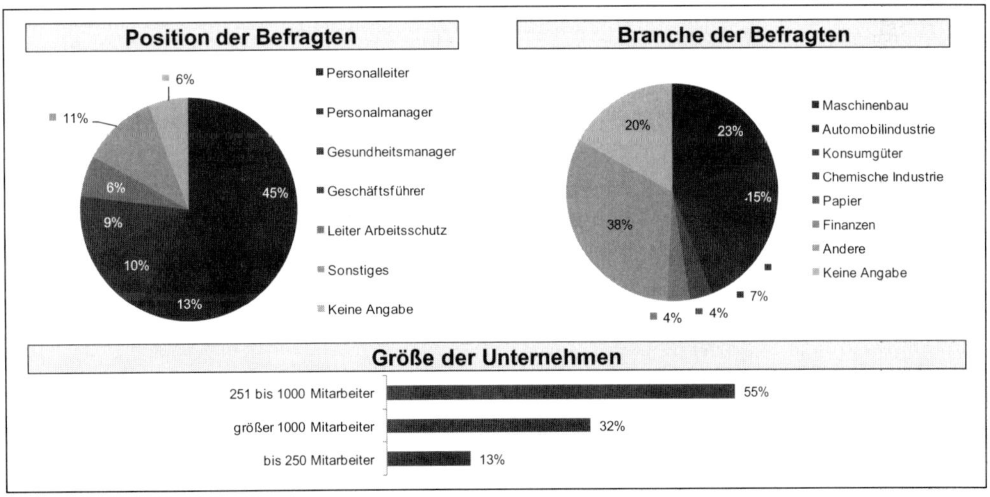

Abb. 5: Beschreibung der Datengrundlage

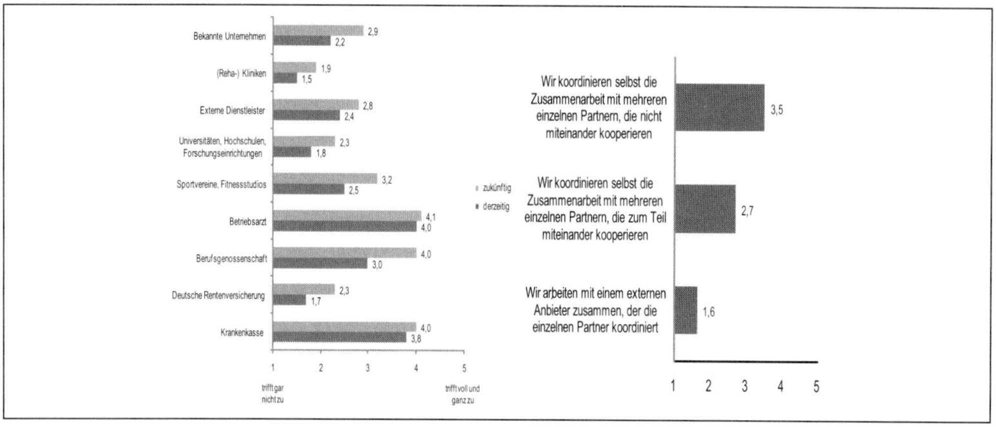

Abb. 6: Teilnehmer und Koordinationsmechanismen in BGF-Kooperationen

Kooperation mit Krankenkassen zwar aufgrund des großen Angebots an Leistungen und finanzieller Beteiligung wenig überraschend, die geführten Interviews (Kapitel 3.1) und Workshops mit Unternehmensvertretern (Kapitel 3.3) haben dennoch gezeigt, dass Unternehmen einer Kooperation mit Krankenkassen durchaus skeptisch gegenüberstehen. Eine Zusammenarbeit mit der Deutschen Rentenversicherung und Reha-Kliniken findet derzeit nur in Ausnahmefällen statt, obgleich dies in Zukunft bei vielen Unternehmen intensiviert werden soll. Dies kann darauf zurückzuführen sein, dass insbesondere die Deutsche Rentenversicherung nach der vorherrschenden Interpretation des gesetzlichen Auftrags weniger einem präventiven Selbstverständnis folgt. Dennoch muss an dieser Stelle darauf hingewiesen werden, dass erste Modellversuche existieren, welche die Rentenversicherung in die präventive betriebliche Gesundheitsförderung integrieren (bspw. das Präventionsmodell „Betsi – Beschäftigungsfähigkeit teilhabeorientiert sichern").
Auffallend ist, dass die befragten Unternehmen in Zukunft verstärkt Kooperationen mit ihnen bereits bekannten Unternehmen, Sportvereinen, Fitness-Studios und der Berufsgenossenschaft eingehen wollen. Dies kann darin begründet liegen, dass sich zunehmend eine „Community" für das BGM entwickelt, die insbesondere durch regionale Veranstaltungen und Netzwerke gefördert wird. Die Unternehmen versuchen gegenseitig voneinander zu lernen und „Best Practice"-Modelle auszutauschen. Weiterhin versuchen insbesondere mittelständische Unternehmen gemeinsam Maßnahmen durchzuführen und Ressourcen für BGM (z.B. Betriebssport) aufzubauen. Hierbei greifen die Unternehmen auch auf regionale Sportvereine und Fitness-Studios zu.
Eine detaillierte Analyse des Kooperationsverhaltens von Unternehmen mit Krankenkassen (vgl. Abb. 7) zeigt, dass die Unternehmen sich in Zukunft vermehrt eine stärkere finanzielle Beteiligung, ein langfristigeres Engagement bei Planung und Strategiefindung sowie eine bessere Informationsversorgung zu Maßnahmenbedarf und -wirksamkeit wünschen. Derzeit findet die Zusammenarbeit tendenziell eher kurzfristig angelegt statt und liefert den Unternehmen so nur einen geringen Mehrwert.

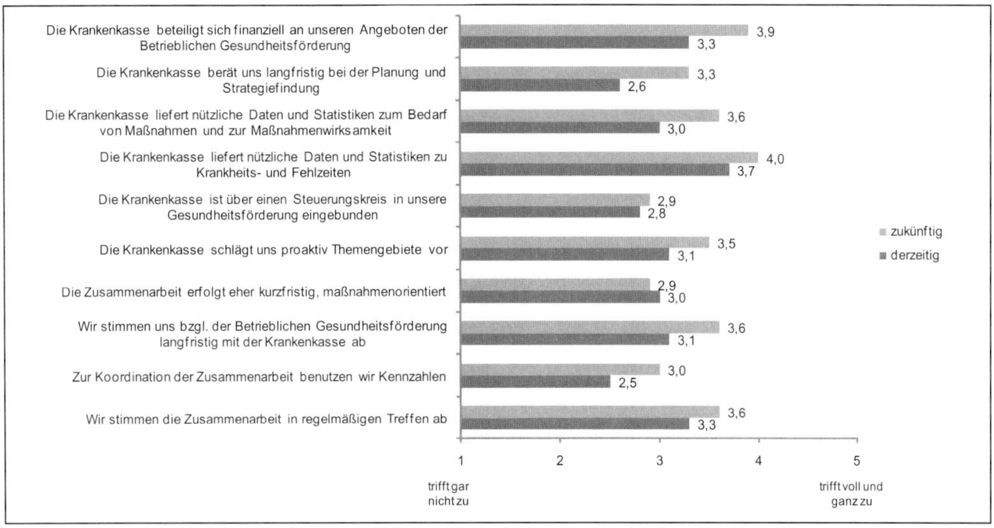

Abb. 7: Analyse der derzeitigen und angestrebten Kooperation mit Krankenkassen

Die Kooperation mit der Rentenversicherung findet insgesamt auf einem sehr geringen Niveau statt. Eine hierzu durchgeführte Detailanalyse (vgl. Abb. 8) zeigt, dass die Unternehmen in Zukunft eine Zunahme dieser Zusammenarbeit anstreben, insbesondere im Sinne einer finanziellen Beteiligung und eines Informationsaustausches bzgl. Reha-Maßnahmen. Auch stellt der weiter oben bereits erwähnte erste Modellversuch ein erfolgreiches Beispiel für die aktive Integration der Rentenversicherung in das BGM dar, wobei dies bislang nur auf Maßnahmenebene stattfindet.
Wie bereits in den Interviews angedeutet, scheint sich das Bild zu verdichten, dass es sich bei den vorhandenen „Netzwerken" eher um kurzfristige, bilaterale Beziehungen handelt (Projektnetzwerke), die eine langfristige, strategische Ausrichtung und damit Formalisierung erschweren.
Die Steuerung der externen Zusammenarbeit mit den Partnern (siehe Beispiele Krankenversicherungen, Abb. 7, und Deutsche Rentenversicherung, Abb. 8) erfolgt derzeit insgesamt durch mehr oder weniger regelmäßige Abstimmungstreffen. Geeignete Kennzahlen zur Formalisierung der Zusammenarbeit kommen bislang kaum zum Einsatz, was auf die angesprochene Kurzfristigkeit der Zusammenarbeit zurückgeführt werden kann. Datenschutzrechtliche Restriktionen sind jedoch auch immer zu berücksichtigen.

3.3 Workshop „Vernetzung interner und externer Akteure des BGM"

Zur weiteren Spezifizierung der Ergebnisse wurde ein Workshop zum Thema „Vernetzung interner und externer Akteure des BGM" durchgeführt. Teilnehmer waren: 12 Vertreter von Partnerunternehmen sowie drei Vertreter von Krankenkassen und der Deutschen

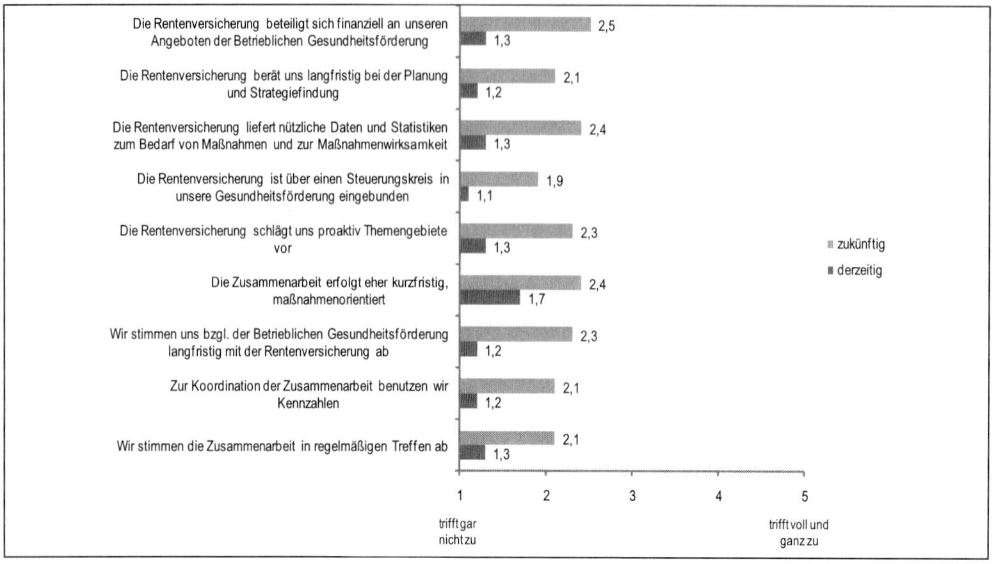

Abb. 8: Analyse der derzeitigen und angestrebten Kooperation mit der Deutschen Rentenversicherung

Rentenversicherung. Ziel des Workshops war es, mögliche Vernetzungen innerhalb des BGM zu diskutieren, Synergien offenzulegen und Optimierungsmöglichkeiten für die Zusammenarbeit aufzuzeigen. Zentrale Fragen hierbei waren:

1. Was sind die individuellen Ziele der einzelnen Akteure?
2. In welchen Beziehungen (konvergierend oder divergierend) stehen diese Ziele zueinander?
3. Welche Synergien bzw. Hindernisse entstehen daraus?
4. Welchen Nutzen haben die jeweiligen Partner durch die Vernetzung?
5. Welcher Input kann von wem geleistet werden?
6. Wer organisiert/koordiniert die Zusammenarbeit?

Vorträge führten in die Thematik ein. Sie beleuchteten aus den Perspektiven der Wissenschaft, der Krankenversicherung und der Deutschen Rentenversicherung die Vernetzung im BGM in Theorie und Praxis. In drei Kleingruppen wurden anschließend die zentralen Fragen anhand möglicher Szenarien der Prävention zu verschiedenen Zeitpunkten (Primär-, Sekundär- und Tertiärprävention) mit ihren möglichen Vorzügen und Hindernissen erörtert und die Ergebnisse in einem Forum allen Teilnehmern vorgestellt.
In den Ergebnissen der Kleingruppe 1 mit dem Thema Primärprävention kristallisierten sich als Akteure v.a. die Mitarbeiter (MA), die Führungskräfte (FK) und der Arbeitsmedizinische Dienst (AMD) heraus. Die individuellen Ziele der Mitarbeiter zeigten sich in einem hohen Anspruch an die eigene Gesundheit für den privaten und beruflichen Bereich, während ein gesunder und leistungsbereiter Mitarbeiter mit langfristiger gesund-

heitlicher Perspektive als das klare Ziel der Führungskräfte beschrieben wurde. Für den AMD als Akteur wurden mehrere Ziele benannt, wie z.B. den Arbeitsschutz als klassisches Thema nachhaltig zu verbessern, aber auch den Präventionsgedanken näher an die Mitarbeiter zu bringen und die Integration des BGM-Ansatzes innerhalb der Unternehmensstruktur und -kultur voranzubringen. Als Hindernis, das von Seiten der Mitarbeiter die Netzwerkarbeit hemmen könnte und es in der Praxis auch durchaus tut, zeigte sich einerseits die Vorstellung des „gläsernen Mitarbeiters", der im Rahmen des BGM mehr von sich preisgeben muss, als er möchte. Andererseits wurde auch die Glaubwürdigkeit des ehrlichen Interesses an der Gesundheit des einzelnen Mitarbeiters in Frage gestellt. Auf Seiten der Führungskräfte wurden als hinderliche Faktoren Überforderung und Unwissenheit angeführt, während für den AMD ein zu geringes Budget sowie Kommunikationsprobleme ausschlaggebend waren. Als mögliche Lösungsstrategien für die aufgeführten Hindernisse wurde v.a. ein Top-Down-Ansatz im BGM als wichtig erachtet sowie ein transparentes Vorgehen und offene Kommunikation. Außerdem sollte Marketing für das BGM-Netzwerk auch oder gerade über interne Medien erfolgen.
In der zweiten Kleingruppe, die im Kontext der Sekundärprävention arbeitete, wurden die wichtigsten Akteure eines BGM-Netzwerkes sowie deren Ziele mit ihren Hebeln zur Zielerreichung diskutiert. Die entsprechenden Ergebnisse sind in Tab. 1 dargestellt.

Tab. 1: Wichtige Akteure, deren Ziele und Hebel im BGM-Netzwerk im Zusammenhang mit Sekundärprävention

Akteure	Ziele	Hebel
Mitarbeiter	– Geringer Aufwand – Verhältnis Kosten/Aufwand – Günstige Leistungen	– Motivation – Wissen und Können – Anreize (Geld) – Vertrauen in Anonymität – Sozialer Druck
Unternehmen	– Profit und Leistung – Wenig Aufwand für Gesundheit – Image/war for talents – Demografie bewältigen	– Transparenz – Return on Investment – Anschubprogramme
Arbeitsmediziner	– Existenzberechtigung im Markt nachweisen – Erhöhung der Untersuchungsanzahl – Kompetenzen erweitern – Abgrenzung zu anderen Akteure	– Wechselseitige Offenheit – Motivation/Einbindung – Anreize (Geld) – Rollenklarheit – Image erhöhen
Krankenkasse	– Marktanteile erhöhen – Mitgliederzahlen erhöhen – Alleinstellungsmerkmale – „lohnende, steuerbare Krankheiten" – Politischer Einfluss	– Vereinbarungen – Kooperation mit Unternehmen – Zugang zum Unternehmen

Die Kleingruppe 3 beschäftigte sich vor dem Hintergrund der Tertiärprävention mit den Interessen und Hindernissen einzelner Akteure. Hier zeigte sich, dass gerade nach Krankheiten, wenn es um Rehabilitationsmaßnahmen oder auch um die betriebliche Wiedereingliederung geht, viele Mitarbeiter nicht genau wissen, an wen sie sich wenden sollen. An dieser Stelle sollte im Netzwerk des BGM die Rolle des Betriebsarztes gestärkt werden. Dieser ist auf Arbeitgeberseite oft mit einem schlechten Image behaftet, weil er der Arbeitnehmerseite zugeordnet wird. Unternehmen und auch Krankenversicherungen versuchen in Fällen längerer und anhaltender Krankheiten oft, die entstehenden oder drohenden Kosten abzuwenden bzw. weiterzugeben. Diese Vorgehensweise entspricht eher systemegoistischen Motiven und die Entwicklung von synegoistischen BGM-Netzwerken sollte diesen Denk- und Handlungsweisen langfristig Alternativen entgegensetzen können.
Die Ergebnisse des Workshops machten deutlich, dass viele wichtige und interessante Aspekte von Vernetzungsarbeit erörtert wurden, zur hinreichenden Beantwortung der zentralen Fragen (siehe oben) bedarf es aber weiteren Austausches zwischen Experten aus Wissenschaft und Praxis.

3.4 Workshop „Netzwerke im BGM aus Unternehmenssicht"

In einem weiteren Workshop wurde die Netzwerkarbeit speziell aus dem Blickwinkel der Unternehmen betrachtet. Der Fokus dieses Workshops lag darauf, die Erfahrungen von Unternehmen zusammenzutragen und Erfolgsfaktoren sowie den Umgang mit hemmenden Faktoren bei der Implementierung und Aufrechterhaltung von Netzwerken zu identifizieren. Teilnehmer waren Vertreter aus verschiedenen Unternehmen. In den Tab. 2 und 3 sind die entsprechenden fördernden und hemmenden Merkmale in einer Übersicht dargestellt.
In einer moderierten Diskussion wurde eine Vielzahl von hemmenden und fördernden Faktoren zusammengetragen. Für die fördernden Merkmale konnten aus den genannten Faktoren vier Cluster extrahiert werden.

1) „BGM als Unternehmensziel" wird als eine wesentliche Voraussetzung für erfolgreiche Netzwerkarbeit angesehen. Darin spiegelt sich die Forderung wider, BGM in allen unternehmenspolitischen Entscheidungen mit zu verankern und die Wahrnehmung von Führungskräften für gesundheitliche Belange von Mitarbeitern zu schärfen.
2) „Kommunikation" wurde als ein sehr relevanter Faktor für die Netzwerkarbeit eingeschätzt. Als entscheidend wurden hier hauptsächlich Verbindlichkeit und Termintreue genannt. Eine transparente Darlegung der Einzelinteressen aller Beteiligten wurde weiterhin als sehr wichtig empfunden. So kann z.B. in einer offenen Diskussion das Interesse einer Krankenkasse, Mitglieder zu gewinnen, in Absprache mit der Unternehmensführung durchaus zu einer Win-Win-Situation führen, wenn von Seiten der Krankenkasse entsprechende Gegenleistungen eingebracht werden.

Tab. 2: Fördernde Merkmale von Netzwerken im BGM

Fördernde Merkmale von Netzwerken	
Cluster	**Merkmale**
BGM als Unternehmensziel	Klarer Auftrag
	Leitung muss dahinter stehen
	Berücksichtigung der Unternehmenspolitik
Kommunikation (Synegoismen)	Frühzeitiges Einbinden des Netzwerkpartners
	Offener Austausch/Dialog
	Regelmäßige Kommunikation intern/extern
	Treffen im kleinen Kreis
	Persönliche Kontaktpflege
Institutionalisierung	Feste Ansprechpartner
	Begleitung des Prozesses durch Promotor
	Finanzielle Mittel
Qualität der Angebote	Gute inhaltliche Qualität der Angebote
	Keine „one size fits all"-Angebote (tailored interventions)

Tab. 3: Hemmende Merkmale von Netzwerken im BGM

Hemmende Merkmale von Netzwerken	
Zielkonflikte (Egoismen)	Starke, konträre Eigeninteressen von Netzwerkpartnern
	Mangelnder Austausch
	Ausschließliches Bereichsdenken; Vorgehen der Kassen (Vertriebsdenken); Auftreten der Dienstleister
	Unterschiedliche Ansichten zwischen Anbietern der Aktionen und Mitarbeitern
	Konflikt zwischen Angebot und Nachfrage
Ressourcen und Qualifikation	Mangelnde Motivation bei Schlüsselstellen
	Zu geringe Ressourcen
	Fehlende Qualifikation für die Aufgabe
	Zuständige Personen haben vielfältige Funktionen nebenher
	Zeitproblem (insbesondere für KMUs stellt sich die Frage des steten Engagements zur Aufrechterhaltung)
Regionale Gegebenheiten	Regionale Strukturen

3) „Institutionalisierung“ wurde ebenfalls als sehr relevant eingeschätzt. Dabei finden sich in diesem Cluster Punkte wie feste Ansprechpartner und feste Budgets wieder, die ihrerseits auf die Relevanz einer grundlegenden Verankerung des BGM im Unternehmensziel hinweisen.
4) Die „Qualität der Angebote“ bezieht sich vor allem auf eine nachhaltige Akzeptanz bei Mitarbeitern sowie auf eine überdauernde Zusammenarbeit mit Dienstleistern.

Auf der Seite der hemmenden Faktoren ergaben sich drei übergeordnete Kategorien.
1) „Zielkonflikte“ sind bedeutsame hemmende Faktoren. Als eine der größten Herausforderungen bei der Netzwerkarbeit im BGM zeigte sich das Erreichen konkordanter Ziele auf verschiedenen Ebenen. So berücksichtigen z.B. Angebote zur Gesundheitsförderung nicht die Bedürfnisse relevanter Zielgruppen. Kassen sind ausschließlich an der Werbung neuer Versicherter interessiert und nutzen BGF als Marketinginstrument. Führungskräfte bringen keine Kapazitäten ein, da ihre Leistung nicht an gesundheitsbezogenen Parametern bewertet wird. Agonistische und bereichsbezogene Verhaltensweisen wurden als größtes Hindernis bei der Netzwerkarbeit wahrgenommen.
2) „Ressourcen und Qualifikationen“ wurden als ähnlich bedeutsam eingeordnet. Als Folge von bereichsbezogenem Denken wurden auch Defizite im Bereich dieses Faktors ausgemacht. Ein Großteil der innerbetrieblichen Akteure ist nicht ausreichend für BGM qualifiziert und bearbeitet das Thema zusätzlich zu den bisherigen Aufgaben.
3) „Regionale Gegebenheiten“ können ebenfalls hemmend wirken.

In späteren geplanten Workshops wird die Netzwerkarbeit im BGM aus der Perspektive weiterer Akteure (Krankenkasse, Dienstleister, Verbände, Vereine) zu beleuchten sein, um die Handlungsempfehlungen zur Gestaltung erfolgreicher Netzwerkarbeit im BGM noch genauer beschreiben und differenzieren zu können.

4. Fazit

Die Ergebnisse der Workshops, Experteninterviews und der Fragebogen-Studie zeigen, dass die Netzwerkarbeit im Rahmen des BGM innerhalb Deutschlands noch wenig ausgereift ist. Wenn überhaupt netzwerkartige Strukturen vorhanden sind, dann handelt es sich dabei fast ausschließlich um fokale Netzwerke, d.h. vom Unternehmen ausgehende bilaterale Verbindungen zu anderen internen und externen Gesundheitsakteuren, jedoch ohne Verknüpfung der einzelnen Akteure untereinander. Für eine Steuerung der Zusammenarbeit im BGM-Kontext bedeutet dies, dass ausschließlich eine zentrale Steuerung aus Unternehmenssicht sinnvoll ist. Hierzu kann auf den Management-Rahmen von Sydow/Windeler (vgl. Abb. 9) zurückgegriffen werden.
Eine organisationseinheitenübergreifende, vernetzte Steuerung mit einer engen multilateralen Vernetzung der Akteure innerhalb des BGM erscheint aufgrund derzeitiger Restriktionen wie z.B.:

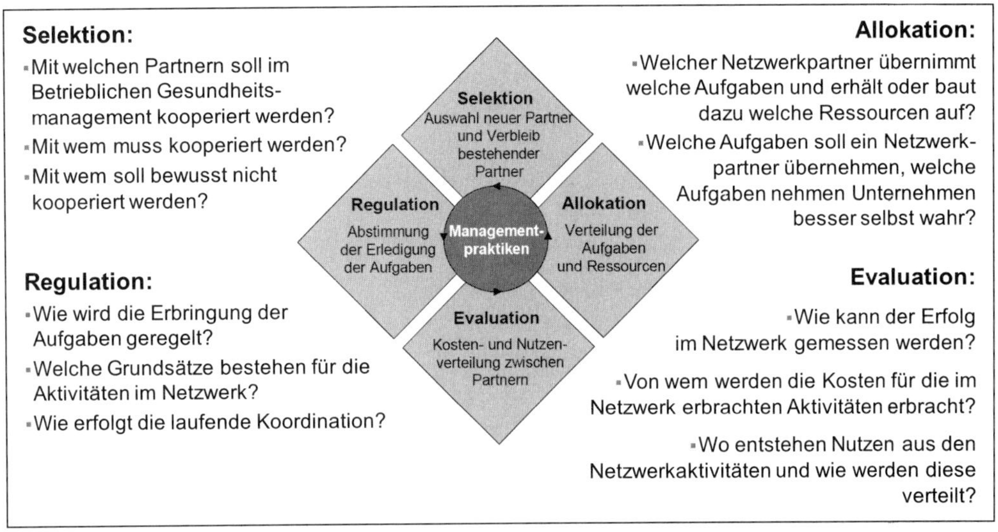

Abb. 9: Mechanismen zur Netzwerksteuerung (in Anlehnung an Sydow/Windeler [1997], Komplexität und Reflexivität in Unternehmensnetzwerken, S. 151)

– Datenschutz bei der Herausgabe von gesundheitsbezogenen Daten der Krankenkassen, und der Deutschen Rentenversicherung,
– Unklarheit der Strategie der Rentenversicherung hinsichtlich präventiver betrieblicher Gesundheitsförderung
– sowie eher kurzfristiger Orientierung der Krankenkassen innerhalb der BGM-Teilnahme

in absehbarer Zeit noch nicht in dieser Form umsetzbar. Dennoch zeigen die in diesem Beitrag dargestellten Ergebnisse, dass der Vernetzungswille zwischen den Akteuren ansteigt und auch die eingangs beschriebene Relevanz gesehen wird. Eine organisationseinheitenübergreifende, vernetzte Steuerung würde die Synergie-Potenziale der Vernetzung „anheben" können. Hierzu bedarf es jedoch einerseits eines langfristigen und klaren Engagements der Akteure und andererseits der Möglichkeiten zum Datenaustausch zwischen den Akteuren, ohne dabei Datenschutzrechte zu verletzen.

5. Ausblick

Im Hinblick auf die eingangs erwähnten gegenwärtigen Veränderungen der sozioökonomischen Bedingungen und den damit verbundenen tiefgreifenden Umgestaltungsprozessen in den Wirtschafts- und Sozialstrukturen unserer Gesellschaft scheint es für Unternehmen, die sich dauerhaft erfolgreich am Markt behaupten wollen, unabdingbar, mit Hilfe eines ganzheitlichen (über die verschiedenen Schnittstellen hinweg), systemverträglichen (nicht durch Egoismen gestörten) und nachhaltigen BGM die oben (vgl. Kapitel 2.4) skizzierte Entwertungskette umzudrehen zu einer Wertschöpfungskette kraft synegoistischen Verhaltens der Subsysteme. Ein bewährtes Instrument steht in Form des Prozess-Optimierungs-Modells (POM) (Kastner, 1998) zur Schnittstellen- und Prozessoptimierung zur Verfügung. Hier werden Erwartungen im Ideal und Lieferungen im Real wechselseitig geäußert. Man einigt sich auf ein gemeinsames synegoistisches, kompromisshaftes Ideal und versucht das Real zwecks Validierung zu operationalisieren, da erfahrungsgemäß die Sichten der Realität stark divergieren können. Befugnisse, Verantwortungen, Fähigkeiten und Motivationen werden geklärt und abgeglichen, um anschließend konkrete Interventionen, Präventionen und Innovationen (vgl. Abb.1) vornehmen zu können. Das Unternehmen bzw. die jeweiligen Führungskräfte sind dabei ganz entscheidende Treiber. Sie können sich selbst, ihre Mitarbeiter, die Betriebsärzte, Personaler und durch Kooperationen die Krankenkassen, die Deutsche Rentenversicherung, Vereine, externe Gesundheitsanbieter (z.B. Fitness-Studios), ja sogar Schulen und Universitäten positiv beeinflussen. Die damit verbundene Verantwortung ist deutlich größer als man in der „klassischen" betrieblichen Gesundheitsförderung denkt. Das entsprechende Wissen muss dafür natürlich internalisiert werden.

Literatur

Ahlemeyer, H. W. & Königswieser, R. (1997). Komplexität managen. Wiesbaden: Gabler Verlag.

Badura, B., Litsch, M. & Vetter, C. (Hrsg.) (2001). Fehlzeiten-Report 2000. Zukünftige Arbeitswelten: Gesundheitsschutz und Gesundheitsmanagement. Berlin: Springer.

Berkman, L. & Glass, T. (2000). Social Integration, Social Networks, Social Support, and Health. In I. Kawachi (Ed.), Social Epidemiology (pp. 137-173). Oxford: University Press.

Brandenburger, A. M., Nalebuff, B. J., Brandenburger, A. M. & Nalebuff, B. J. (1998). Co-opetition: 1. A revolutionary mindset that combines competition and co-operation; 2. The game theory strategy that's changing the game of business (1. currency paperback ed.). New York, NY: Doubleday.

Breyer, F. & Buchholz, W. (2009). Ökonomie des Sozialstaats (2., überarb. Aufl.). Springer-Lehrbuch. Berlin: Springer.

Großmann, R. & Scala, K. (2001). Gesundheit durch Projekte fördern (S. 41-49). Weinheim und München: Juventa-Verlag.

Kastner, M. (1990). Gesundheitsdynamik in der industriellen Welt. In M. Schütz (Hrsg.), Risiko und Wagnis – die Herausforderung der industriellen Welt, Bd. 1 (S. 137-149). Pfullingen: Verlag Günther Neske.

Kastner, M. (1991). Systemverträgliche Organisationsentwicklung. Blutauffrischung für die Organisation. Gablers Magazin, 10, 51-56.

Kastner, M. (1998). Der Prozess der Prozessoptimierung. In M. Kastner (Hrsg.), Verhaltensorientierte Prozessoptimierung (S. 173-194). Herdecke: Maori.

Kastner, M. (1999). Chancen und Risiken zukünftiger Arbeits- und Organisationsformen im Hinblick auf Gesundheit und Sicherheit. In M. Kastner (Hrsg.), Gesundheit und Sicherheit in neuen Arbeits- und Organisationsformen (S. 111-120). Herdecke: Maori.

Klusmann, D. (1989). Methoden zur Untersuchung sozialer Unterstützung und persönlicher Netzwerke. In Angermeyer, M. C. (Hrsg.), Soziales Netzwerk. Ein neues Konzept für die Psychiatrie (S. 17-63). Berlin: Springer-Verlag.

Kuhnert, P. & Kastner, M. (2002). Neue Wege in Beschäftigung – Gesundheitsförderung bei Arbeitslosigkeit. In Röhrle (Hrsg.), Prävention und Gesundheitsforderung, Bd. 2 (S. 373-406). Tübingen: dgvt Verlag.

Luxemburger Deklaration zur betrieblichen Gesundheitsförderung in der Europäischen Union, 1997. Verfügbar unter: http://www.netzwerk-unternehmen-fuer-gesundheit.de/fileadmin/rs-dokumente/dateien/Luxemburger_Deklaration_10_09.pdf [25.3.2010].

Portes, A. & Sensenbrenner, J. (1993). Embeddedness and immigration: notes on the social determinants of economic action. The American Journal of Sociology, 98, 1320-1350.

Sydow, J. & Windeler, A. (1997). Komplexität und Reflexivität in Unternehmensnetzwerken. In H. W. Ahlemeyer & R. Königswieser (Hrsg.), Komplexität managen (S. 147-162). Wiesbaden: Gabler-Verlag.

WHO World Health Organisation (1986). Ottawa-Charta zur Gesundheitsförderung. In: Bundesvereinigung für Gesundheitserziehung (Hrsg.), 40 Jahre Gesundheitserziehung in der Bundesrepublik Deutschland, Rückblick – Ausblick – Perspektiven. Bonn.

Gestaltung von lernförderlichen Unternehmenskulturen hinsichtlich Sicherheit und Gesundheit

Barbara Hinding, Orhan Özkan, Peter Krauss-Hoffmann, Michael Kastner

Globalisierung, zunehmende Technisierung und Automatisierung haben starken Einfluss auf den Arbeitsalltag der Menschen genommen. Der Wandel der Arbeitsverhältnisse und -formen hat dazu geführt, dass permanente Organisationsveränderungen, hoher Kosten-, Konkurrenz- und Zeitdruck und große Unsicherheit heute für viele Arbeitnehmer Arbeitsalltag sind. Die Veränderungen bringen für Unternehmen und Beschäftigte neue Anforderungen und Belastungen mit enormen Konsequenzen für Gesundheit und Sicherheit im Arbeitsleben. Vor dem Hintergrund des demografischen Wandels wird der Erhalt der Beschäftigungsfähigkeit zu einer zunehmend wichtigen Aufgabe für die Gesellschaft, die arbeitenden Menschen und für die Unternehmen. In diesem Zusammenhang stellen sich neue Fragen zum Schutz und zur Förderung der Gesundheit. Wie können Beschäftigte bis zum Rentenalter (67) gesund, lern- und leistungsfähig bleiben? Wie können psychische Erkrankungen, Befindensstörungen und Stress-Symptome vermieden werden? Was kennzeichnet eine „gesunde Arbeit“, die nicht nur nicht krank macht, sondern den Beschäftigten den Aufbau von Gesundheitsressourcen ermöglicht?

Begreift man Gesundheit nicht einfach als Zustand, sondern als Ergebnis einer Reihe von Kompetenzen, besteht eine Säule zum Erhalt der Beschäftigungsfähigkeit im Lernen hinsichtlich Sicherheit und Gesundheit. Diese Auffassung knüpft an Überlegungen zur „health literacy“ an (WHO, 1998). Demnach sollen Menschen in die Lage versetzt werden, gesundheitsrelevante Informationen zu erreichen, zu verstehen, ihr Gesundheitswissen in sozialen Interaktionen, z.B. im Gespräch mit dem Arzt, umzusetzen und Gesundheitsinformationen einordnen und kritisch bewerten zu können (Nutbeam, 2000). Diese Sicht kann durch den Aspekt der Beeinflussung der Umwelt in der Art, dass gesundheitsbewusstes Handeln möglich ist, erweitert werden (Kickbusch, Maag & Saan, 2005). Im Arbeitskontext findet sich diese Perspektive in beteiligungsorientierten Ansätzen betrieblicher Gesundheitsförderung wieder. Beschäftigte sollen Probleme ihrer Arbeitsumwelt aufzeigen und gemeinsam Lösungsansätze erarbeiten, so dass gesünderes Arbeiten möglich wird.

Allerdings wurde der Zusammenhang zwischen Kompetenzerwerb und betrieblicher Gesundheitsförderung bis jetzt wenig beachtet. Angesichts der neuen Herausforderungen durch veränderte Arbeitsverhältnisse, der Zunahme psychischer Belastungen und Erkrankungen bekommt der Aufbau von Kompetenzen jedoch Bedeutung, stellt sich doch die Frage, ob das vorhandene „Bewältigungsrepertoire" ausreicht, um die Beschäftigungsfähigkeit zu erhalten bzw. wie welche Selbststeuerungskompetenzen hier zu vermitteln sind. Kriegesmann & Kley (2003) sprechen von „eigenkompetentem Verhalten" als der Fähigkeit, sich bezüglich der Möglichkeiten einer sicherheits- und gesundheitsorientierten Lebensweise zu informieren und einen eigenen Standpunkt zu erarbeiten, Instrumente und Wege zur Modifikation des eigenen Lebensstils zu beurteilen und eigenverantwortlich mit der Lebensführung und den Arbeitsbedingungen abzustimmen.

Kriegesmann et al. (2005) sehen die Entwicklung eigenkompetenten Verhaltens als einen komplexen Prozess, der nicht „über Curricularentwicklung und anschließende Wissensvermittlung in künstlich geschaffenen Lehrarrangements gelöst werden kann" (S. 20). Sie geben zu bedenken, dass bereits in frühen Lebensphasen Verhaltensmuster geprägt werden, die später oft nur schwer zu beeinflussen sind, und dass wichtige Lerneffekte aus informellem Lernen resultieren, das in allen Lebenswelten – Wohnen, Freizeit usw. –, aber auch in der Arbeit stattfinden kann. Die genauen Zusammenhänge sehen sie jedoch als weitgehend ungeklärt. In ihrer Arbeit fokussieren sie deshalb auf die Frage, wie sich die Kompetenz zur sicherheits- und gesundheitsorientierten Lebensführung strukturieren und inhaltlich beschreiben lässt, mit dem Ziel, methodische Ansatzpunkte zur Entwicklung dieser Kompetenzen zu erhalten.

1. Kompetenzen zu Sicherheit und Gesundheit im Arbeitskontext

Ausgehend von Überlegungen zur Beschäftigungs- und beruflichen Handlungsfähigkeit beschreiben Kriegesmann et al. (2005) und in ähnlicher Weise Hamacher & Wittmann (2005) ein Strukturmodell der Kompetenz zur Gesundheit im Kontext der Arbeit. Individuelle Gesundheitskompetenz besteht dabei zunächst aus zwei Teilkomponenten, der Handlungsfähigkeit und der Handlungsbereitschaft. Handlungsfähigkeit resultiert aus explizitem und implizitem Wissen sowie den erforderlichen Fertigkeiten. Welche Inhalte dabei jeweils relevant sind, kann nur berufs- bzw. arbeitsplatzspezifisch ermittelt werden. Am Beispiel des Konditors wird hier z.B. auf das explizite Wissen über die Folgen von unregelmäßigem Schlaf und unzureichender Bewegung, die Routinisierung der richtigen Hebetechnik sowie der Vermeidung fetter Nahrungsmittel verwiesen. Handlungsbereitschaft ist notwendig, da Änderungen von Lebensstilen, Gewohnheiten und Handlungsroutinen gewollt sein müssen. Diese Motivation hängt zum einen von Faktoren innerhalb der Person, zum anderen von Faktoren der Situation und ihrer Wahrnehmung durch die Person ab. Dazu gehören die erwartete Eintrittswahrscheinlichkeit von Handlungsergebnissen (für wie wahrscheinlich halte ich es, dass ich durch mehr Bewegung eine Herz-Kreislauf-Erkrankung vermeiden kann?), die Wichtigkeit dieses Handlungsergebnisses, welche Anstrengung dafür aufgebracht werden muss und wie groß die Zufriedenheit mit früheren Handlungsergebnissen war.

Hamacher & Wittmann (2005) differenzieren die Wissens- und Fertigkeitskomponenten weiter nach Fachkompetenz, Methodenkompetenz und Sozialkompetenz. Unter Fachkompetenz wird sowohl das gesundheitsbezogene Grundlagenwissen mit seinen Denkmodellen und Leitbildern als auch Spezialwissen zu Sicherheit und Gesundheit verstanden. Ebenfalls einbezogen wird das Gestaltungswissen zum Schutz und zur Förderung der Gesundheit. Unter Methodenkompetenz subsumieren sie das Wissen und die Fertigkeiten zur Informationsgewinnung, zur Problembearbeitung, analytische Fähigkeiten, Messmethoden, Planungs- und Organisationsmethoden u.a. Sozialkompetenz umfasst „Kooperationskompetenz, Konfliktlösungskompetenz, Kommunikationskompetenz, Rollenkompetenz und Kulturkompetenz im Sinne von Kompetenz im Umgang mit Regeln und Kultur einer Gemeinschaft" (S. 59). Daraus leiten sie eine Kompetenzmatrix ab, mittels derer z.B. vorhandene Maßnahmen und Produkte verortet oder Anforderungen an Kompetenzen beschrieben werden können. Die Handlungsbereitschaft lässt sich nicht analog konzipieren. Sie wird weiter zergliedert in die Kategorien Werte, normative Einstellung, Verantwortungsübernahme, Kontrollüberzeugung, Emotionen und soziales Umfeld, die in verschiedenen gesundheitspsychologischen Modellen zur Erklärung gesundheitsbewussten Verhaltens eine zentrale Rolle spielen.
Handlungsfähigkeit und -bereitschaft allein können das Handeln noch nicht vorhersagen. Auch externe Umstände können das Auftreten einer Handlung fördern oder hemmen. Kriegesmann et al. sprechen hier von „organisatorischen, technologischen und sozialen Kopplungen". Sie berücksichtigen die Einbindung des Einzelnen mit seinen Kompetenzen in das technologisch-organisatorische System der Arbeit sowie in die sozialen Systeme aus Kollegen, Familie, Freundeskreis etc. Innerhalb eines jeden Systems können eigene Regeln, Normen und Werte zu Sicherheit und Gesundheit gelten, die einen mehr oder minder starken Einfluss auf das Handeln des Einzelnen haben können.
Kastner (2010) konzipiert die Kompetenz zur Leistung und zur Gesundheit in analoger Weise als berufliche Handlungskompetenz (vgl. Abb. 1). Beide Aspekte werden differenziert hinsichtlich Selbst- oder Persönlichkeitskompetenz im Sinne von Werten, Einstellungen, Motiven etc., Sozialkompetenz, hier allgemeiner verstanden als soziale Intelligenz, Kommunikationsfähigkeit und adäquates Verhalten in sozialen Systemen, Fachkompetenz als berufs- und gesundheitsspezifische Kenntnisse und Fertigkeiten sowie Methodenkompetenz. Wichtig dabei ist, dass eine hohe Kompetenz im Bereich Leistung nicht gleichbedeutend ist mit einer hohen Gesundheitskompetenz. Feld A im Bereich „Berufliche Leistung" betrifft z.B. die Arbeitsdisziplin. Eine hohe Ausprägung hier bedeutet noch lange nicht, dass der Mitarbeiter dieselbe Disziplin auch hinsichtlich Feld A` seiner Gesundheit aufbringt. Es ist oft zu beobachten, dass Termin- und Leistungsdruck oder Flow bei der Arbeit nicht nur Raum und Zeit vergessen lassen, sondern auch die erforderlichen Gesundheitsaktivitäten. Die Neigung zur Selbstausbeutung nimmt in vielen Berufen zu. Derartige Beispiele lassen sich auch für die übrigen Felder B, C und D anführen.
In dieser Konzeption von gesundheitsbezogener Handlungskompetenz ist die Handlungsbereitschaft Teil der Selbstkompetenz, die hier – wie auch die anderen Konstrukte – wesentlich breiter verstanden wird.

Leistungs-/gesundheitsbezogene Handlungskompetenz

Berufliche Leistung		Gesundheit	
A Selbst-kompetenz	B Sozial-kompetenz	A` Selbst-kompetenz	B´ Sozial-kompetenz
C Fach-kompetenz	D Methoden-kompetenz	C` Fach-kompetenz	D` Methoden-kompetenz

Abb. 1: Leistungs- und gesundheitsbezogene Handlungskompetenz

Geht man davon aus, dass Menschen nicht nur passiv auf Umwelteinflüsse reagieren, sondern als Subjekte ihrer Biographie zu betrachten sind, wird deutlich, dass es bei der Förderung gesundheitsbezogener Handlungsbereitschaft, besonders aber der umfassenderen Selbstkompetenz darum gehen muss, die Menschen zu überzeugen. Im Zentrum steht die Entwicklung der Persönlichkeit. Gesundheit als Wert soll innerhalb der individuellen Wertehierarchie einen hohen Stellenwert bekommen, und der Einzelne muss dazu befähigt werden, die Verantwortung für seine Gesundheit und je nach sozialer Rolle auch die anderer zu übernehmen. Gefördert werden müssen deshalb nicht nur spezifische, auf Gesundheit und Sicherheit bezogene Kompetenzen, sondern auch übergreifende Handlungskompetenzen, vor allem Sozialkompetenz und Personal- bzw. Selbstkompetenz, welche ein zielgerichtetes, reflektiertes und verantwortungsvolles Handeln ermöglichen.
Lebenslanges Lernen hinsichtlich Sicherheit und Gesundheit soll die gesamte Lebensführung (Ernährung, Suchtmittel, Life-Balance etc.) in den Blick nehmen. Lernen müssen jedoch nicht nur die Individuen, sondern auch die Organisationen, die ihre Mitarbeiter/innen bei dieser Entwicklung fördern und unterstützen müssen, dem individuellen Lernen Raum und Wachstumsmöglichkeiten geben und sich dabei selbst in einer Weise verändern müssen, die Sicherheit und Gesundheit über die gesetzlichen Bestimmungen hinaus als einen hohen Wert im Unternehmen anerkennt und entsprechende Strukturen und Förderinstrumente schafft.

Prinzipien überdacht und gegebenenfalls verändert. Folgt man konstruktivistischen Lerntheorien, wird vor allem diese zweite Vorgehensweise zu einer nachhaltigen Lösung führen. Dies wird allerdings vorwiegend in Organisationen auftreten, die dem Lernen große Bedeutung zumessen, wie beispielsweise mit der Lernkultur von Sonntag (1996) beschrieben. Damit verbunden müssen im Unternehmen grundlegende Werte und Überzeugungen vorliegen, die Lernen zu einem Bestandteil der Organisationskultur machen. Rosenstiel & Wastian (2001) konkretisieren dies anhand des in der Organisation vorherrschenden Menschenbilds: In einer Lernkultur wird der Mensch als selbstorganisiert und an der Entwicklung persönlicher Kompetenzen interessiert betrachtet. Er erlebt seine Umwelt als gestaltbar und wünscht sich offene, vertrauensvolle zwischenmenschliche Beziehungen. Werte wie Selbstentfaltung, Kreativität und Partizipation werden höher geschätzt als etwa Gehorsam und Pflichtbewusstsein.

Das bedeutet, dass Arbeitsaufgaben den nötigen Handlungsspielraum bieten müssen, um Entwicklungspotential, Möglichkeiten zum Erproben neuer Ideen, Zeit für Fehler und Erfahrungsaustausch zu enthalten. Soll auch die Organisation lernen, muss auch die Weitergabe derartiger Erfahrungen sichergestellt werden. Nur wenn Fehler auch anderen, auch in höheren Hierarchieebenen bekannt werden, können sie dazu führen, dass bestehende Wissenssysteme überprüft und das Handlungsrepertoire möglicherweise dauerhaft verändert werden kann. Ein solcher Prozess erfordert Vertrauen und Offenheit. Ohne Vertrauen wird versucht, Fehler zu verbergen, anderen das Gleiche unterstellt und ein Klima des Misstrauens fortgeschrieben.

Diese Zusammenhänge wurden in einem mehrstufigen Untersuchungsprozess näher beleuchtet. Zunächst wurden Beispiele guter Praxis in der betrieblichen Gesundheitsförderung recherchiert und beispielsweise über Webseiten öffentlich zugängliche Beschreibungen analysiert. Darauf aufbauend wurden Interviews und Workshops in ausgewählten Unternehmen durchgeführt, um detailliertere Einblicke in die Zusammenhänge von Unternehmenskultur und Lernen zu Sicherheit und Gesundheit zu erhalten. Um das Thema lern- und gesundheitsförderliche Kulturen noch auf breiterer Basis zu vertiefen, wurden Interviews mit Experten für Sicherheit und Gesundheit geführt. Im Folgenden werden einige Ergebnisse hierzu vorgestellt.

3. Erste Befunde zum Zusammenhang von Unternehmenskultur und Gesundheitskompetenzen

3.1 Drei Typen der Gesundheitskultur

Ein Element für die Vorbereitung der empirischen Arbeit war die inhaltliche Analyse von Texten über Beispiele guter Praxis im Bereich Sicherheit und Gesundheit. Beispiele für Gesundheitsförderung in Unternehmen aus der Literatur wurden recherchiert und in einer ersten Sammlung angelegt. Hauptanlaufstelle waren die Internetseiten folgender Organisationen bzw. Institutionen:

– die Initiative Neue Qualität der Arbeit (INQA),
– das Europäische Netzwerk für Gesundheitsförderung (ENWHP),
– EuPD Research.

Zusätzliche Beachtung fanden alle Arbeitgeber, die die Luxemburger Deklarationen unterschrieben haben. Netzwerke wie „enterprise-for-health“, aber auch Kampagnen wie „move europe“ gaben weitere Einblicke, wie Gesundheitsförderung im Betrieb heute aussehen kann. Zusätzlich fand eine Recherche in verschiedenen Literatur-Datenbanken statt. Schließlich hatten wir eine Liste mit 50 Unternehmen, von denen eine einigermaßen verwertbare Beschreibung ihrer Aktivitäten im Gesundheitsbereich vorlag. Ausgehend davon wurden die ersten Unternehmen hinsichtlich ihres Gesundheitsmanagements näher betrachtet.
Nach einer Kategorisierung wurden die 50 Unternehmen nach Ähnlichkeit klassifiziert. Dafür wurden nach einem bei Jaeggi, Faas & Mruck (1998) beschriebenen Verfahren aus dem Material zunächst „zentrale Kategorien“ extrahiert. Diese Oberbegriffe für die wichtigen Inhalte der analysierten Texte sollen einen systematischen Vergleich ermöglichen. Sie werden im fortschreitenden Arbeitsprozess weiter verdichtet, so dass als ein erstes Ergebnis neue Konstrukte entstehen. Dazu gehörten die Zielsetzung der Gesundheitsaktivitäten, die konkreten Leistungen, ihre Adressaten, die Sicht des Unternehmens auf die Verantwortlichkeit, die Möglichkeit der Mitarbeit zur Partizipation in Gesundheitsfragen und die Werteorientierung im Unternehmen (besonders Wertschätzung).
Der erste Typus ist dadurch gekennzeichnet, dass vorwiegend die körperliche Gesunderhaltung, begründet mit dem Erhalt der Arbeitsfähigkeit der Mitarbeiter, gewünscht ist. Der zweite Typus sieht Gesundheit und Arbeit ganzheitlicher. Die Mitarbeiter sollen nicht nur gesund sein, sondern sich auch wohl fühlen. Das Zusammenspiel körperlicher und psychischer Faktoren wird hier stärker betont. Der dritte Typus verfügt über eine sehr werte- und mitarbeiterorientierte Unternehmenskultur mit einem entsprechenden Gesundheitsmanagement. Die Beschäftigten sollen nicht nur gesund sein und sich wohlfühlen, sie sollen auch direkte Fürsorge durch den Arbeitgeber erfahren. In dieser ersten Typisierungen konnten drei Formen des Umgangs mit Sicherheit und Gesundheit unterschieden werden. Im Folgenden werden sie als Typ „Gesunderhaltung“, Typ „Wohlfühlen“ und Typ „Werteorientiert“ bezeichnet.
Der erste Typus „Gesunderhaltung“ mit seiner deutlichen Fokussierung auf die Prävention zum Erhalt der Beschäftigungsfähigkeit zielt mit seinem Gesundheitsmanagement auf die besonderen Risiken und Problemfelder für die Gesundheit der Mitarbeiter und versucht, präventiv einzugreifen. In der Regel sind es Präventionsmaßnahmen für Erkrankungen, die einen erheblichen Arbeitsausfall nach sich ziehen, mit einem Schwerpunkt in den Bereichen Krebsvorsorge, Herz-Kreislauf-Vorsorge und Prävention von Muskel-Skelett-Erkrankungen (bes. Rückenprobleme) oder Augenkontrolle für Bildschirmarbeiter. Im Normalfall sind die Mitarbeiter dieses Typus in der betriebseigenen BKK oder einer anderen großen Krankenkasse versichert. Die Leistungen, die das Gesundheitsmanagement anbietet, sind oft nicht deutlich von den Kassenleistungen entfernt. Es werden Ge-

sundheitsmaßnahmen wie Sport oder Ernährungsseminare angeboten, in der Regel aber nicht während der Arbeitszeit und nicht kostenneutral. So werden zwar Sportangebote vermittelt, die aber dennoch vom Arbeitnehmer bezahlt werden müssen. Die Angebote sind nicht weit gefächert und nur an den jeweiligen arbeitsbedingt erhöhten Gesundheitsrisiken orientiert. Eine Beteiligung der Mitarbeiter/innen an der Planung oder Entwicklung von Maßnahmen gibt es nicht. Auch scheint es manchmal so, als sei das Angebot für die Führungskräfte besser als für die einfachen Arbeiter. Eigenverantwortung wird hoch bewertet. Anreize oder Motivierungsmaßnahmen zur Teilnahme gibt es nicht. Der Typus „Gesunderhaltung“ findet sich vorwiegend in Betrieben mit vielen Arbeitern, einer eher kleinen Führungsschicht und wenig Akademikern.

Der Typus „Wohlfühlen“ betrachtet Gesundheit als ganzheitliches Phänomen. Es geht nicht nur um die reine körperliche Gesunderhaltung der Arbeitnehmer, sondern auch darum, dass diese sich „wohlfühlen“, also auch um psychische Aspekte von Gesundheit. In der Umsetzung werden reine Kassenleistungen oft durch aufwendigere Zusatzmaßnahmen gestützt. Die Krankenkasse ist eingebunden in das betriebliche Gesundheitsmanagement und macht Angebote. Zusätzlich haben die Mitarbeiter die Möglichkeit, eigene Ideen mitzuteilen, z.B. im Gesundheitszirkel oder bei Mitarbeiterbefragungen und Arbeitsplatzbegehungen. Eigenverantwortung ist gewünscht, gleichzeitig ist sich der Betrieb seiner Verantwortung aber bewusst. Die Angebote finden auch während der Arbeitszeit statt und sind für die Beschäftigten oft kostenneutral. Die Zielgruppen für Maßnahmen kommen dabei aus allen Hierarchieebenen. In den Betrieben gibt es oft viele Abteilungen und viel Führungspersonal, aber auch viele Arbeiter.

Der Typus „Werteorientiert“ zeichnet sich durch eine werte- und mitarbeiterorientierte Unternehmensführung aus. Wertschätzung und Achtsamkeit den Mitarbeitenden gegenüber sind wichtige Merkmale der Unternehmenskultur. Ein Schwerpunkt der Gesundheitsförderung liegt auf der psychischen Gesundheit, auf dem Wohlfühlen und der Abwesenheit von als negativ erlebtem Stress. Das Angebot geht deutlich über Maßnahmen für den Erhalt der körperlichen Gesundheit hinaus. Hier ist nicht die Krankenkasse die Hauptverantwortliche für Gesundheitsfragen, sondern der Betrieb selbst. Angebote, die über die Norm gehen (Kassenleistung) und Gesundheit wie Wohlbefinden steigern – z.B. die Beschäftigung von „Care-Managern“, Massageangebote, aber auch mehr Fortbildungen und Qualifizierungsprogramme – steigern die Gesundheit und das Wohlbefinden der Mitarbeiter. Mitarbeiter sind aktiv an der Gestaltung von Gesundheit und Wohlbefinden beteiligt, konkrete Wünsche werden umgesetzt. Das wird durch regelmäßige Arbeitskreise und Gesundheitszirkel o.ä. garantiert. An den Arbeitskreisen und Gesundheitszirkeln nehmen Mitarbeiter aktiv teil und haben ein ebenso großes Mitspracherecht wie die Personalleitung oder die Betriebsärzte. Alle Mitarbeiter, unabhängig von ihrer jeweiligen Position, haben Zugriff auf denselben Leistungskatalog, wobei die Maßnahmen für die Mitarbeiterinnen und Mitarbeiter oft kosten- und zeitneutral zugleich sind. Generell sind gute Kooperation, Teamgeist und Lernen wichtige Werte. Oft haben die Betriebe einen sehr hohen Akademikeranteil und Mitarbeiter, die schwer zu ersetzen sind.

Es fällt auf, dass Lernen zu Sicherheit und Gesundheit bei der Arbeit als Thema in den hier analysierten Texten nicht angesprochen wurde. Dass die Beschäftigten hier Kompetenzen erwerben müssen, wird in dieser Form nur selten reflektiert. Hinweise liefern die beschriebenen Aktivitäten im Rahmen des Gesundheitsmanagements. So werden fast überall verschiedene Informationsmaterialien zu Gesundheitsthemen zur Verfügung gestellt (Flyer, Intranet etc.). In manchen Unternehmen gibt es Gesundheitstage oder ähnliche Informationsveranstaltungen, manchmal auch Seminare und weitere Bildungsveranstaltungen. Fragen des informellen Lernens werden nicht angesprochen.
Lediglich im dritten Typus wird Lernen thematisiert. Diese Unternehmen heben die Bedeutung interner und externer Weiterbildung hervor. Es gibt Entwicklungsprogramme für Mitarbeiter und Führungskräfte und überdurchschnittlich viele Fortbildungstage. Personalentwicklung und Bildung werden hier als ein Weg der Entfaltung der Mitarbeitenden betrachtet. Persönliches Wachstum gilt als wesentliches Element „gesunder Arbeit", also einer Arbeit, die nicht nur nicht krank macht, sondern Gesundheit als Prozess unterstützt. Dabei wird durchaus auch erwartet, dass sich individuelle Entwicklung positiv auf das Unternehmen auswirkt. Zufriedenheit und Identifikation der Mitarbeitenden mit dem Unternehmen sind höher, sie sind leistungsfähiger, kreativer und innovativer, so dass auch insgesamt positive Auswirkungen auf die Weiterentwicklung der gesamten Organisation erwartet werden.
Typisierungen dieser Art sind Abstraktionen und Idealisierungen. Nicht jedes Unternehmen, nicht jeder Fall lässt sich exakt und zweifelsfrei einem Typus zuordnen. Dennoch geben sie eine Orientierung über relevante Merkmale und Rahmenbedingungen. Jeder Typus postuliert eine je spezifische Gesundheitskultur mit spezifischen Lernkontexten, die vermittelt, welches Wissen wichtig ist und welche Fertigkeiten, welche Einstellungen und Haltungen erwünscht sind und welches Verhalten angemessen.

3.2 Lokale Theorien zum Zusammenhang von Unternehmenskultur und Gesundheitskompetenzen

In der zweiten empirischen Phase wurde eine Reihe von Workshops in Organisationen mit vorbildlichen Unternehmenskulturen im Hinblick auf Sicherheit und Gesundheit durchgeführt. Ziel war die Beschreibung und Identifizierung diesbezüglich erfolgreicher Merkmale der Unternehmenskultur sowie von Strategien zum Aufbau und Erhalt solcher lernförderlichen Unternehmenskulturen. Es sollten Erfolgsszenarien nachgezeichnet und die jeweils als erfolgreich erachteten Strategien und Maßnahmen festgestellt werden. Da sowohl aus systemtheoretischer Sicht als auch aus Sicht der Kulturtheorien jede Organisation ihre Individualität, ihre Einzigartigkeit, ihre eigene Praxis und ihre „lokale Theorie" besitzt, wurde ein Vorgehen gewählt, das offen für die Sichtweisen und Vorstellungen der Verantwortlichen für Sicherheit und Gesundheit im Unternehmen ist. Ziel war es, etwas über die lokale Theorie zu erfahren, nach der im Unternehmen gehandelt wird. Welche Voraussetzungen werden dort als relevant erachtet? Welche Zusammenhänge zwi-

schen Kultur und Lernen über Gesundheit werden herausgestellt? Welche Argumentationsmuster lassen sich unterscheiden? Welche Kriterien leiten das Handeln? Welche Gemeinsamkeiten gibt es in den Sichtweisen verschiedener Unternehmen und welche Unterschiede? Gewissermaßen geht es um die kollektive „subjektive Theorie" (Groeben & Scheele, 1984; Scheele, 1992). „Subjektive Theorien" sind relativ zeitstabile mentale Strukturen, die sich aus Einzelkognitionen zusammensetzen. Es hat sich gezeigt, dass die jeweils einzelnen Kognitionen argumentativ vernetzt sind, d.h. es gibt logische Verknüpfungen wie z.B. „wenn – dann", „führt zu" oder „ist abhängig" von. Diese Argumentationsstruktur kann systematisch „rekonstruiert" werden, um Wirkbeziehungen zu erkennen und sichtbar zu machen.
Wie ist es nun aber möglich, diese kollektiv konstruierten Sichtweisen zu rekonstruieren? Die von Groeben und Scheele entwickelte „Heidelberger-Struktur-Lege-Technik" (SLT) wurde zur Rekonstruktion „Subjektiver Theorien" entwickelt und dient der inhaltlichen und strukturellen Entwirrung und Deutung vorhandener Erkenntnisse bzw. Reflexionen. Die Technik liefert gleichzeitig auch grundlegende Erkenntnisse in strategischer Hinsicht. Die Methode zielt darauf ab, dass sich eine Person oder eine Gruppe über seine oder ihre verwendeten Begriffe, Wertsetzungen, Relationen u.a. klar wird, indem diese verbal sowie optisch abgebildet werden.
Für die Anwendung in Unternehmen wurde die Methode von Groeben & Scheele modifiziert und an die „Workshop-Situation" angepasst. Zunächst wurde ein Interview durchgeführt, in dessen Verlauf Fragen zur Unternehmenskultur, zum Gesundheits- und Sicherheitsmanagement, zum Stellenwert des Lernens im Unternehmen und zum Lernen zu Sicherheit und Gesundheit gestellt wurden. Dabei ging es nicht so sehr darum zu erfahren, was die Teilnehmer an real-existentem Wissen haben, sondern wie sie persönlich die Themen aus dem Interview einschätzen. Sie sollten ihre Perspektiven auf das Themenfeld und ihre „lokale Theorie" zum Thema darstellen. Dabei war wichtig, dass die Aussagen und Deutungen der Teilnehmer nicht einem standardisierten Antwortrepertoire entstammen (oder nicht ausschließlich), sondern dass es sich wirklich um spontane Äußerungen und „echte" Aussagen ihrer eigenen Wahrnehmung handelt. Deshalb wurden Anonymität und Vertraulichkeit der Antworten zugesichert.
Im Anschluss an das Interview hatten die Workshop-Teilnehmer die Aufgabe, ihre lokale Theorie zum Zusammenhang von Unternehmenskultur und Lernen zu Sicherheit und Gesundheit auch visuell darzustellen. Dabei kam es vor allem darauf an, die Beziehungen zwischen der im Interview beschriebenen Kultur und den Gesundheitskompetenzen noch einmal zu verdeutlichen und zu verdichten. Durch diese Reduktion wird der zuvor oft hohe Grad an Komplexität visuell anschaulich und handhabbar gestaltet, so dass die Kernannahmen deutlicher hervortreten.
Im Folgenden wird ein Fallbeispiel skizziert, das, stellvertretend auch für andere, einige wichtige Argumentationsstränge erkennen lässt.

Fallbeispiel Unternehmen A: Verlässlichkeit und Berechenbarkeit schaffen Vertrauen
Unternehmen A ist ein mittelständisches Unternehmen mit ca. 4.500 Beschäftigten. Im Workshop anwesend waren: Personalleiter, Leiter Personalentwicklung, im Gesundheitsmanagement tätige Psychologin, Betriebsratmitglied und der Sicherheitsbeauftragte.
In Bezug auf die Unternehmenskultur wird in diesem Unternehmen Wert auf Tradition und Langfristdenken gelegt. Tradition wird hier verstanden als Kontinuität in der Kultur. Betont wird, dass „der Laden ... verlässlich für die Mitarbeiter [ist]. Er stellt sie nicht vor Überraschungen oder vor Ängste". Zusammen mit strategischem Langfristdenken werden die Prozesse für die Beschäftigten damit berechenbar und durchschaubar. Hinzu kommt das Bemühen, alle Entscheidungen und Vorgänge im Unternehmen für die Beschäftigten transparent zu machen. Die Mitarbeiter sollen einen klaren Planungshorizont vor sich haben. Dies schafft Vertrauen und Zufriedenheit und führt dazu, dass die Beschäftigten sich mit dem Unternehmen identifizieren können. Hinzu kommt ein hoher Anspruch an die Qualität der geleisteten Arbeit, der schon immer für das Unternehmen kennzeichnend gewesen sei und gemeinsam mit der Berechenbarkeit einen positiven Einfluss auf Zufriedenheit und Identifikation ausübe.

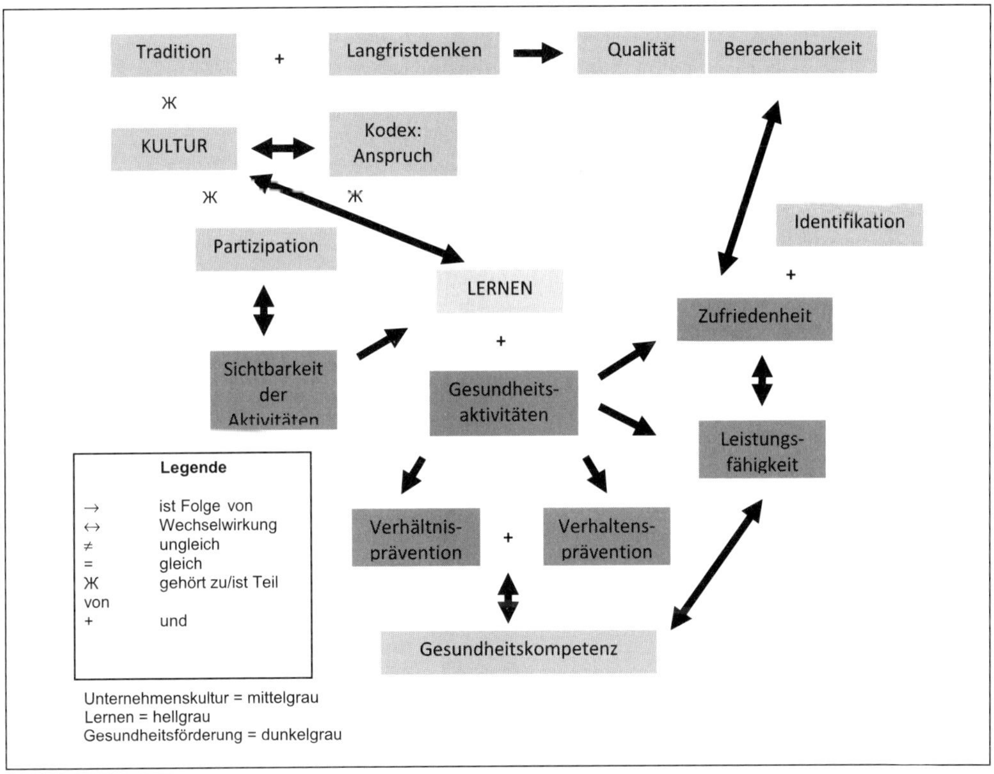

Abb. 3: Darstellung der lokalen Theorie in Unternehmen A

Ein weiteres Merkmal der Kultur in Unternehmen A ist die Partizipation, auch im Bereich Sicherheit und Gesundheit. Der Anspruch an die Unternehmenskultur ist in einem Kodex festgehalten. Dieser steht in Wechselwirkung mit der bestehenden, gelebten Kultur. Einerseits konnte er nur aus der aktuellen Kultur heraus entstehen und spiegelt sie deshalb auch wider, andererseits gibt er ein Ideal vor, dem man sich mehr und mehr annähern möchte. Sowohl dieses Leitbild als auch die Maßnahmen zu dessen Realisierung wurden mit der Belegschaft abgestimmt.

Diese Kultur steht in Wechselwirkung mit dem Lernen. Lebenslanges Lernen ist Bestandteil des Leitbildes, weil es im Hinblick auf den demografischen Wandel als wichtige Maßnahme der Vorbereitung betrachtet wird. Zudem wird Wert auf einen hohen Qualifikationsstand im Unternehmen gelegt, was bedeute, dass fast alle „das Lernen schon mal gelernt“ haben. Es wird viel in Weiterbildung investiert und es wird versucht, Mitarbeiter, die ihre Tätigkeit nicht ein Leben lang ausüben können, auf einen Wechsel zu einer neuen Tätigkeit im Unternehmen vorzubereiten. Umgekehrt prägen lernende Mitarbeiter die Kultur.

Die hohe Bedeutung des Lernens im Unternehmen erleichtert auch den Erwerb von Kompetenzen zu Sicherheit und Gesundheit. Allerdings genüge formelles Lernen allein nicht. Hinzukommen müssen Gesundheitsaktivitäten, d.h. Maßnahmen der Verhältnis- und der Verhaltensprävention. Die Beziehung dieser Maßnahmen zur Gesundheitskompetenz verläuft in beiden Richtungen. Wachsende Gesundheitskompetenzen führen z.B. durch erhöhte Aufmerksamkeit, die Partizipation in Gesundheitszirkeln oder das Vorschlagswesen zu verbesserten und wirksameren Maßnahmen.

Partizipation in Form von Gesundheitszirkeln und Befragungen hat in dieser lokalen Theorie eine wichtige Funktion. Sie macht Aktivitäten nicht nur sichtbar und transparent, sondern sie fördert das Lernen. Entsprechend dem Kompetenzmodell zum Einfluss der Unternehmenskultur auf die Handlungskompetenz können hier unterschiedliche Wirkungen angenommen werden. Zunächst gibt es durch die inhaltliche Auseinandersetzung mit einem Thema einen Zuwachs an Wissen und möglicherweise an Einsicht (Einstellungsänderung) durch informelles Lernen, außerdem, und das gilt besonders für die Mitarbeit in Gremien wie Gesundheitszirkeln, zu einer Übernahme von mehr Verantwortung für die eigene Sicherheit und Gesundheit, aber auch für die anderer. Dass Gesundheit zum Gesprächsthema wird, kann sich auf die Entwicklung gemeinsamer Werte und Normen auswirken, Kontroll- und Sanktionsmechanismen können sich herausbilden etc. Die Sichtbarkeit der Gesundheitsaktivitäten – gemeint ist, dass diese sowohl gut kommuniziert als auch in Form wahrnehmbarer Handlungen auffallen (z.B. Maßnahmen der Verhältnisprävention) – motiviert wiederum zur Partizipation und bewirkt ihrerseits Lernprozesse.

Der Erwerb von Gesundheitskompetenzen steigert die Leistungsfähigkeit und mehr Leistungsfähigkeit erhöht wiederum die Bereitschaft und die Fähigkeit zum aktiven Erwerb weiterer Gesundheitskompetenzen. Hier wird ein Aufschaukelungsprozess angedeutet, der von anderer Qualität ist als die direkten Auswirkungen von Maßnahmen zur Gesundheitsförderung (z.B. Sport) auf Leistungsfähigkeit und Zufriedenheit. Zufriedenheit und

Identifikation schließlich wirken sich positiv auf die Leistungsfähigkeit aus (und umgekehrt), so dass auf diesem Weg ein indirekter Einfluss auf die Gesundheitskompetenz vermutet wird.
Die zentralen „Stellschrauben" zur Förderung von Gesundheitskompetenz sind hier die vielfältigen verhältnis- und verhaltenspräventiven Maßnahmen in Verbindung mit einer Unternehmenskultur, in der Lernen generell einen hohen Stellenwert hat. Hinzu kommt das Vertrauen zwischen Mitarbeitern und Unternehmensleitung, das durch Berechenbarkeit und Planbarkeit und durch Transparenz aufrechterhalten wird. Wird hier Gesundheitsförderung propagiert und umgesetzt, können die Mitarbeiter davon ausgehen, dass sie dauerhaft angelegt und ernst gemeint ist. Unterstützt wird dies durch unterschiedliche Formen der Partizipation, die ebenfalls fester Bestandteil der Kultur sind.

Facetten der Unternehmenskultur im Expertenurteil
Um an weiterführende Ergebnisse zu kommen, wurden Interviews mit Experten zum Thema Sicherheit und Gesundheit bei der Arbeit durchgeführt. Die Workshops geben einen Einblick in die Zusammenhänge, wie sie in einzelnen Unternehmen gesehen werden. Da sie jedoch einen großen Aufwand für die Unternehmen bedeuten und nur wenige dazu bereit waren, wurden ergänzende Daten gebraucht, die ein breiteres Meinungsspektrum wiedergeben.
Es wurde ein teilstrukturierter Fragebogen entwickelt, der sowohl qualitative als auch quantitative Informationen lieferte. Die befragten Experten sollten in Anlehnung an eine Methode von Kelley (1986) eine Reihe vorgegebener Kulturfacetten (Konstrukte) vergleichen, ihr Verständnis davon schildern und auf einer Rating-Skala angeben, für wie wichtig sie deren Einfluss auf den Erwerb von Gesundheitskompetenzen halten. In diesem Sinne wurden auch hier subjektive Verständnisse der Experten mit berücksichtigt und konnten in die Auswertung einfließen.
Als den grundlegenden Wert bezeichnen die meisten unserer Interviewpartner das Konzept „Vertrauen". Vertrauen wird oft als Grundlage und Grundvoraussetzung des Lernens bezeichnet und hat für viele Experten eine zentrale Stellung beim Kompetenzerwerb zum Thema Sicherheit und Gesundheit. Vertrauen ist die Basis, auf der alles Weitere aufbaut. Vertrauen ist allerdings nicht die einzige Grundlage für den Kompetenzerwerb. Den Kulturfacetten Weiterentwicklung, Kontinuität, Offenheit und Kreativität wird ebenfalls die Funktion der Grundvoraussetzung zugeschrieben. Häufig genannt wurde auch die Veränderungsbereitschaft als Basisvoraussetzung. Veränderungsbereitschaft schließt alle Bereiche der Organisation mit ein. So müssen sich Mitarbeiter ebenso wie die Führung bewusst sein, dass Veränderungen in verschiedenen Bereichen nötig sind, um gesund und sicher zu leben. Das schließt eigenes Verhalten ebenso ein wie die umgebenden Umstände. Wertschätzung, gepaart mit dem Streben nach Sicherheit der Arbeitsplätze als wichtigem Ausdruck davon, wurde ebenfalls von unseren Interviewpartnern als Grundvoraussetzung für den Kompetenzerwerb genannt.
Eine sehr hohe Ambivalenz konnten wir bezüglich der Frage nach der Bedeutung der Entlohnung feststellen. Hier deckte das Ranking von „gar nicht wichtig" bis „sehr wichtig"

alles ab. Für viele unserer Experten war die Entlohnung überhaupt nicht von Bedeutung, für andere wiederum von großer Wichtigkeit. Interessant ist hierbei offenbar die Art des Unternehmens. Experten, die bei Unternehmen tätig sind, die sehr stark vom Markt abhängen, sehen keine Bedeutung für den Kompetenzerwerb und zu dem oft generell keine motivierende Kraft in der Entlohnung. Unternehmen, die gar nicht oder wenig abhängig vom Markt sind, sehen Entlohnung als sehr wichtig an. Begründet wird es hier damit, dass eine angemessene Entlohnung Sicherheit schafft und diese Sicherheit Lernen erst ermöglicht.

Für viele unsere Experten kann ein Wert aber nicht isoliert betrachtet werden, sondern steht in direktem Zusammenhang mit anderen Werten. So sehen einige unsere Experten Zusammenhänge zwischen

- Offenheit, Vertrauen und guter Kommunikation; Vertrauen steht auch in Zusammenhang mit Loyalität.
- Lernbereitschaft und Veränderungsbereitschaft führen zu Weiterentwicklung. Lernbereitschaft ist aber auch abhängig von Innovationen im Unternehmen, da neue Errungenschaften oft an einen Lernprozess gekoppelt werden müssen.
- Deutliche Zusammenhänge sehen die Experten auch zwischen Kommunikation und Partizipation. So kann Partizipation ohne gute Kommunikation nicht funktionieren.
- Selbstbestimmtheit bedeutet auch immer Verantwortung. So müssen Mitarbeitende, die selbstbestimmt eigene Wege gehen, für diese auch die Verantwortung übernehmen. Im Zusammenhang mit Sicherheit und Gesundheit bedeutet das, dass Mitarbeitende auch eigenverantwortlich für ihre Gesundheit und ihre Sicherheit sorgen sollen. Deswegen sollte der Wert Gesundheit hochpräsent sein, seine Abhängigkeiten sollten aber berücksichtigt werden. Allerdings muss ebenfalls gesehen werden, dass zuviel Verantwortung wiederum krank machen kann. Es muss eine Balance zwischen Eigenverantwortlichkeit und Fürsorge geben.
- Alle befragten Experten waren der Meinung, dass Weiterentwicklung im Bereich Sicherheit und Gesundheit mit ernst gemeinter Beteiligung immer besser funktioniert, als wenn Entscheidungen ohne die Beschäftigten gefällt werden.
- Die Sicherheit der Mitarbeiter hat einen hohen Stellenwert im Werteranking, wobei gerade hier die Wichtigkeit von Zuverlässigkeit und Nachhaltigkeit hervorgehoben wird. Maßnahmen, die speziell die Sicherheit betreffen, müssen zuverlässig und nachhaltig angeboten werden.

Besonders interessant ist die zentrale Bedeutung des Vertrauens.

Vertrauen wurde oft nicht nur als grundlegend für den Kompetenzerwerb genannt, sondern sogar als Motor der Unternehmenskultur bezeichnet. Generell fördert Vertrauen den Dialog und einige Experten sehen Vertrauen als gleichwertig mit Offenheit an. Vertrauen führt dazu, dass Menschen sich öffnen für den Kompetenzerwerb und dadurch auch bereit sind, eigene Fehler einzugestehen. Ohne Vertrauen besteht laut Meinung unsere Experten keine Möglichkeit, Einstellungen zu verändern. Durch Vertrauen wird ein guter

Zugang zu den Mitarbeitern ermöglicht. Letztlich können Themen wie Sicherheit und Gesundheit nur auf einer Vertrauensbasis funktionieren.
So sehr Vertrauen positiv beurteilt wird, so negativ wird die Tradition beurteilt. So sehen einige unserer Experten Tradition als unwichtigen Wert an. Traditionen behindern den Erwerb von Kompetenzen, da sie für festgefahrene Strukturen stehen. Diese aufzubrechen sei sehr schwer. Zudem seien Traditionen mit Beharrung gleichzusetzen, was kontraproduktiv auf Veränderungsprozesse wirke. Tradition als kultureller Wert wurde überwiegend als hinderlich bei der Implementierung von Sicherheit und Gesundheit bewertet.
Ein weiteres Merkmal, dem viel Beachtung geschenkt wurde, war die Veränderungsbereitschaft. Wenn Mitarbeiter sich gegen Veränderungen sperren, werden sie auf Dauer davon krank. Deshalb ist Veränderungsbereitschaft sehr bedeutsam für den Kompetenzerwerb. Veränderungsbereitschaft steht für unsere Experten in Zusammenhang mit Weiterentwicklung. Der Wille zur Entwicklung schafft erst Veränderungsbereitschaft.
Der Kompetenzerwerb im Bereich Sicherheit und Gesundheit ist abhängig von guter Kommunikation. Kommunikation steuert, ob und wie Werte wie Vertrauen oder Wertschätzung gelebt werden. Für einige der befragten Experten hat Kommunikation eine besonders starke Wechselwirkung mit anderen Kulturfacetten, besonders Partizipation und Offenheit. Partizipation in einem Unternehmen wird letztlich durch Kommunikation erst möglich. Mangelt es an Partizipation, ist das demotivierend für den Kompetenzerwerb. Deswegen sei Mitbestimmung hier von großer Bedeutung. Je mehr die Mitarbeiter in den Prozess des Kompetenzerwerbes miteinbezogen werden, umso höher ist der Erfolg der Maßnahme. Oder anders: Ohne Partizipation kein Erfolg!
Alle Prozesse im Bereich Sicherheit und Gesundheit sollten nachhaltig angelegt sein, um langfristige Umsetzung zu garantieren. Nachhaltigkeit bedeutet die Verankerung in den Strukturen der Unternehmenskultur, damit Gesundheit in Management- und Führungsprozesse integriert werden kann.
Der Wert Gesundheit muss in einem Unternehmen gelebt werden. Und er muss auch einen Vorbildcharakter haben. Deswegen ist die Führung hier besonders angesprochen.
Wichtig waren für die befragten Experten noch die Berechenbarkeit, Motivation und die Kreativität. Berechenbarkeit lässt ein Gefühl der Kontrolle entstehen – das erhält gesund. Bei der Motivation sehen unsere Experten eher die intrinsische Motivation für den Kompetenzerwerb als bedeutsam an. Motivation steht wieder in engem Kontakt mit der Kommunikation. Wer gut kommuniziert, der schafft auch Motivation. Kreativität ist der Motor für Erneuerungen und sollte in der Unternehmenskultur stets präsent sein.

4. Zusammenfassung der wichtigsten Ergebnisse

Die Ergebnisse der Experteninterviews haben die Ergebnisse der Workshops größtenteils bestätigt. Der Wert Vertrauen wurde sowohl in den Workshops als auch während der Experteninterviews mehrfach als bedeutsam für den Erwerb von Gesundheitskompetenzen hervorgehoben. Auch der Wert der guten Kommunikation wird sowohl von den Unter-

Scheele, B. (Hrsg.) (1992). Struktur-Lege-Verfahren als Dialog-Konsens-Methodik. Ein Zwischenfazit zur Forschungsentwicklung bei der rekonstruktiven Erhebung Subjektiver Theorien. Münster: Aschendorff.

Schein, E. (2003). Unternehmenskultur. Köln: EHP-Verlag.

Sonntag, K. (1996). Lernen im Unternehmen. München: Beck.

Ulich, E. & Wülser, M. (2009). Gesundheitsmanagement in Unternehmen. Arbeitspsychologische Perspektiven. 3. Auflage. Wiesbaden: Gabler.

WHO World Health Organization (1998). Health Promotion Glossary. Verfügbar unter: http://whqlibdoc.who.int/hq/1998/WHO_HPR_HEP_98.1.pdf [01.03.2010].

Leistungs- und Gesundheitsmanagement – die individuelle Ebene

Michael Kastner

1. Zur Notwendigkeit des individuellen Leistungs- und Gesundheitsmanagements

Der Wunsch nach einer hoch leistungsfähigen und gesunden Organisation kann natürlich nur in Erfüllung gehen, wenn deren kleinste Elemente, die Mitarbeiter, sich selbst managen können, dafür Verantwortung übernehmen und ebenfalls hoch leistungsfähig, -motiviert und gesund bleiben bzw. werden. Kollektives und individuelles Leistungs- und Gesundheitsmanagement (LGM) müssen Hand in Hand laufen. Da sich Berufs- und Privatleben immer stärker entgrenzen, erscheint es kaum möglich, eine Seite isoliert zu betrachten und sich darauf zu verlassen, dass der Mitarbeiter nach Dienst in alleiniger Verantwortung seinen Akku auflädt. Durch die zunehmende Patchwork-Arbeit ist vielmehr davon auszugehen, dass er noch andere Jobs wahrnimmt. Vor allem durch die ebenfalls zunehmenden Scheidungen, Singles und Patchwork-Familien ist damit zu rechnen, dass jenseits des „offiziellen Jobs" noch zahlreiche andere Stressoren lauern. Es wird immer schwerer, die Balance zwischen Laptop – als Sinnbild für Orientierung nach vorne, mit der Technik gehend, Herausforderungen annehmend – und Lederhose – als Metapher für Sozialität bzw. Familie und „Akku aufladen" – zu verwirklichen.

Wie kann nun ein Unternehmen im Rahmen seines ganzheitlichen, integrativen, systemverträglichen LGM (vgl. Kastner in diesem Band) bei dieser Balance des Mitarbeiters zwischen Laptop und Lederhose behilflich sein? Wo kann es fördern, wo muss es fordern und was kann der Mitarbeiter vom Unternehmen verlangen? Wie kann dieses, im eigenen Interesse des Findens und Bindens der Besten, zur Vereinbarkeit von Beruf und Privatleben beitragen? In dem Work-Life-Balance-Konzept (WLB) von Kastner (2004) geht es primär um das Finden und Erhalten einer langfristigen „gesunden" Balance aus Investition auf der einen Seite, in Form von Zeit, Engagement, Leistung, Disziplin, Anspannung – meist verbunden mit dem Begriff Arbeit – und Konsum in Form von Gratifikation, Genuss, Entspannung, „Akku aufladen" – meist verbunden mit dem Begriff Privatleben – auf der anderen Seite.

Aber natürlich investieren wir auch viel im Privatleben, beispielsweise in unsere Kinder, und wir konsumieren bzw. genießen auch im Arbeitsleben, etwa Anerkennung und soziale Kontakte.

Insofern trifft die Bezeichnung „Vereinbarkeit von Beruf und Privatleben" des Europäischen Netzwerkes Enterprise For Health (2002) recht gut das Thema WLB, wobei über die berühmte Vereinbarkeit von Beruf und Familie hinaus alle Aktivitäten der Privatsphäre wie Sport, Freundschaft, Hobby einbezogen werden, die zum Vor-, aber auch zum Nachteil, sowohl der Familie, als auch des Unternehmens gereichen können.

1.1 Vereinbarkeit von Beruf und Privatleben auf verschiedenen Ebenen

Die Unterscheidung solcher Handlungsbereiche fiel uns früher leichter, als noch das Motto galt „Dienst ist Dienst ...". Die heutige WLB-Problematik besteht gerade in der Entgrenzung von Arbeits- und Privatleben. Mittlerweile reicht das Berufliche ins Private, etwa wenn Höchstleister und Workaholics (Kastner, 2010) auch im Urlaub das Smartphone nicht aus der Hand legen, immer erreichbar sein wollen und fortlaufen „multitasken". Aber es reicht auch das Private ins Berufliche, wenn etwa die Ehefrau des Handwerkers am Wochenende die Buchführung übernimmt. Damit wird es immer schwerer, zwischen Investition im beruflichen und Konsumtion im Privaten zu unterscheiden, dennoch sind diese Balancen und deren Verläufe bzw. Rhythmen über die Zeit zentral.
Wer was in welcher Ausprägung investiert und konsumiert, hängt natürlich von zahllosen Persönlichkeits- und Kulturmerkmalen, Chancen und Rahmenbedingungen, von Werten, Ansprüchen, Zielen, Verpflichtungen, Einstellungen und Sozialisationen ab.
Der hier vorgestellte Mosaikstein des ganzheitlichen LGM, „Selbstmanagement zur Work Life Balance", ist im Kontext unserer Industrie- und Dienstleistungsgesellschaft zu sehen, in der Arbeit, Leistung und der Erhalt bzw. die Steigerung des Bruttosozialproduktes als wünschenswert angesehen werden. Weiter soll in unserer Wertegemeinschaft eine möglichst hohe Lebensqualität in Form von Gesundheit, sozioökonomischem Status, Kultur, Natur, Bildung, finanzieller und Arbeitsplatzsicherheit etc. gewährleistet werden.
Die Balance von „Laptop und Lederhose" muss auf allen Ebenen – des Individuums, der Gruppe bzw. Familie, des Unternehmens und der Gesellschaft – verwirklicht werden. Wer in den Sachzwängen des in Konkurs gehenden Unternehmens gefangen ist und Hartz IV fürchtet, hat mehr Probleme mit dieser Balance, als der Beamte auf Lebenszeit. Schneewind (2009, S. 81 f.) differenziert entsprechend vier Akteurs-Ebenen hinsichtlich der Vereinbarkeit von Beruf und Privatleben:

a) die staatliche Ebene im Hinblick auf gesetzgeberische Maßnahmen, Infrastruktur, Betreuungssysteme, Bereitstellung finanzieller Mittel etc. Welche männliche Führungskraft nimmt beispielsweise Erziehungsjahre in Anspruch?
b) Die Unternehmensebene, d.h. Gewährung von Fehlzeiten (Elternzeit), Betreuungseinrichtungen (z.B. Kindergarten), Wiedereingliederung, Flexibilität, zeitlich und örtlich, am Arbeitsplatz.
c) Die Paar- und Familienebene, z.B. die Aufteilung häuslicher Pflichten. Wer übernimmt welche Aufgaben zu Hause und wie sehen erfolgreiche und -lose Lebensgemeinschaften aus?
d) Die Personebene, also Fragen der Selbstbestimmung und Willensfreiheit, des persönlichen Lebenssinns, des Selbstwertes, der Leistungs- und Machtmotivation etc. Wieweit

geht die Selbsterkenntnis eines gestressten Mitarbeiters als „Hamster im Laufrad“? Inwieweit erkennt er seine Neigung zur Selbstausbeutung bzw. interessierten Selbstgefährdung (Kastner, 2003) und wie gut gelingt es ihm, daraus Konsequenzen zu ziehen?

Es gilt mittlerweile als Binsenweisheit, dass alle genannten Aspekte der Vereinbarkeit von Beruf und Privatleben eher schwieriger werden, weil berufliche und private Anforderungen steigen. Allerdings sollte man die Vergleichsebenen und -zeiträume hinterfragen. Im Mittelalter wurden die Kleinkinder in einem Sack an einem Haken aufgehängt und zur Zeit von Marx und Engels war die Kinderarbeit alles andere als ein Beispiel für die Vereinbarkeit von Familie und Beruf.

1.2 Der Spill-Over-Effekt

Gemäß des Modells des ganzheitlichen LGM liegt der entscheidende Grund für die Zunahme der Anforderungen sowohl in der Arbeits- als auch in der Privatwelt, in der permanent wachsenden Dynaxität, also der Mischung aus steigender Dynamik und gleichzeitig zunehmender Komplexität (Kastner, 1999, 2004a), die in dem Beitrag zu Führung und Gesundheit in diesem Band näher beschrieben ist. Diese verursacht in erheblichem Maße den negativen Spill-Over-Effekt, d.h. die Übertragung beruflicher Probleme in das Privatleben und umgekehrt.

Die Vereinbarkeit von Beruf und Familie kann unter drei Prämissen gesehen werden. Gemäß der Segmentierungshypothese (Westman, 2002) handelt es sich um zwei getrennte Bereiche, die sich gegenseitig nicht beeinflussen. Im Sinne der Kompensationshypothese kann Unzufriedenheit in einem durch den anderen Handlungsbereich ausgeglichen werden. Wenn man davon ausgeht, dass eine Reihe von Verhaltensweisen, Fähigkeiten, Emotionen, Einstellungen aus einem Bereich in den anderen übertragen werden können (Spill-Over), dann können negative bzw. leistungsmindernde und krankheitsförderliche und positive bzw. leistungs- und gesundheitsförderliche Effekte unterschieden werden.

Im ersten Fall entwickeln sich Schädigungsprozesse schleichend, oft in Auf-und-Ab-Phasen. Ein gutes Selbstmanagement kann hier viele Risikofaktoren abpuffern. Insbesondere psychische Erkrankungen entwickeln sich in den „Daily Hazzles“, den täglichen kleinen Sünden wider der Natur. Irgendwann läuft das Fass über. Schwache Zeichen werden oft zwar wahrgenommen, aber verdrängt, weil vor der nötigen Erholung unbedingt noch dies oder jenes erledigt werden muss. Meist wird noch in gesunden Zeiten der Eindruck „Ich steuere mein Leben nicht mehr selbst“ artikuliert. Im diesem negativen Fall des Spill-Over-Effektes, d.h. des Überschwappens der beruflichen Probleme auf die Privatsphäre, entsteht leicht eine Spiralisierung. Die durch die Arbeitsüberlast zu Hause gesetzten Frustrationen führen zu Vorwürfen, Aggressionen, Beziehungskrisen, die den Rückzug in die Arbeit noch verstärken können. Externale Attributionen („wegen meiner unfähigen Mitarbeiter muss ich alles selber machen“) sorgen für eine „Verbiesterung“, die noch mehr sozial isoliert.

Im Falle des positiven Spill-Over-Effektes können durchaus Anpassungsstrategien der Lebenspartner, etwa in der Planung, Organisation und Koordination von Kinderbetreuung, Urlauben und Haushalt, kompetenzfördernd wirken. Wer die Vereinbarkeit von Beruf und Privatleben positiv erfährt und schätzt, kann durchaus auch seine Arbeitszufriedenheit stärken, so dass die viele Arbeit gar nicht als große Belastung empfunden wird (vgl. auch Schneewind & Kupsch, 2006).
Ein gutes Selbstmanagement beginnt mit einem klar strukturierten Tag, der als wichtige Ressource für eine gelingende Vereinbarkeit gilt, die negative Spill-Over-Effekte vermeidet und positive fördert. In einer entsprechenden Studie (Schneewind, 2006b) ergaben sich für den deutschsprachigen Raum für Männer im Durchschnitt 48 und für Frauen 29 Stunden berufliche Arbeitszeit pro Woche. Bei den haushaltsbezogenen Arbeitszeiten stellte sich das Verhältnis umgekehrt dar (Männer neun und Frauen 19,5 Stunden). Bezüglich der Kinder wenden die Männer 17, die Frauen 34 Stunden pro Woche auf, so dass in der Summe der berufs-, haushalts- und kinderbezogenen „Arbeitszeiten" die Frauen mit 82,5 Stunden pro Woche vor den Männern mit 74 Stunden pro Woche liegen (Kupsch, 2006). Hier zeigt sich ein Hebel für die Beschäftigung hoch qualifizierter Frauen. Einige Unternehmen gehen dazu über, diese bei ihren oft Dreifachbelastungen (neben dem Beruf Kinder, Eltern und Großeltern versorgen) zu unterstützen. Im Übrigen ergeben sich aus Fehlbeanspruchungen vielfach Konflikte in den Eltern-Kind-Beziehungen (Heider, 2007). Fehlbeanspruchungen im Sinne von Überforderung resultieren nicht zwangsläufig aus einer unsensiblen Umgebung, z.B. durch den Vorgesetzten, sondern sind oft selbstinduziert, weil der Person die Fähigkeit zur Selbstbegrenzung fehlt. Dies beginnt schon im an sich positiven Fall des Flows, wobei man Raum, Zeit, Ernährung, möglicherweise sogar Körperpflege vergisst. Es geht weiter bis zur selbstinteressierten Gefährdung. Derartige Phänomene kennen wir aus dem Sport in Form des Dopings oder auch bei Mitarbeitern, die, um den wachsenden Anforderungen gerecht zu werden, zu aufputschenden, die Konzentration fördernden oder auch beruhigenden Medikamenten, z.B. Ritalin, greifen. Im Übrigen besteht ja auch die erste Stufe des Burn-outs im Überengagement.
Auf verschiedene Modelle zur Wirkung psychischer Belastung wird in dem Beitrag von Kastner (in diesem Band) verwiesen. Als „Klassiker" gilt das Anforderungs-Kontroll-Modell von Karasek & Theorell (1990), in dem als krankheitserzeugende Faktoren hohe Arbeitsanforderungen, geringe Kontrollierbarkeit bzw. Handlungs- und Entscheidungsspielräume sowie geringer sozialer Rückhalt identifiziert werden. Dies kann durchaus auch für den privaten Bereich gelten. Wer hohe Anforderungen, wie z.B. die Pflege von Eltern, hat, und dabei wenig Handlungsspielraum und keine soziale Unterstützung, evtl. dazu noch wenig Anerkennung erfährt (siehe Gratifikationskrise, Siegrist, 2002), dies möglicherweise in ähnlicher Weise auch noch bei der Arbeit, läuft ein hohes Risiko, krank zu werden (gesichert für Herz-Kreislauf-Erkrankungen, Depression, vgl. Knesebeck et al., 2004, kontrovers diskutiert Krebs).

1.3 Wandel der Arbeitsprozesse im Hinblick auf die Vereinbarkeit von Berufs- und Privatleben

Die neuen Arbeits- und Organisationsformen äußern sich in lose gekoppelten, modularen und marktnahen Strukturen, in denen die „heilige Ordnung" (Hierarchie) durch Selbststeuerungen der Mitarbeiter ersetzt werden sollen. Die alte Arbeitsteilung weicht vor allem in wissensintensiven Branchen der Dezentralisierung, semi-selbstständigen Subunternehmen, Teams bis hin zu virtuellen Teams und Projektgruppen. Statt stabiler Jobs mit Festanstellungen, ergeben sich zunehmend temporäre Formen der Kooperation, die oft von konkurrierenden Elementen durchsetzt sind (Coopetition aus Cooperation und Competition), was Voß & Pongratz (1998) zu dem Begriff des Arbeitskraftunternehmers inspirierte. Dessen Arbeit ist folgendermaßen zu kennzeichnen (vgl. auch Gerlmaier, 2004):

- Der technologische Wandel und die sich ständig verändernden Arbeitsprozesse verlangen „nebenher" ständige Weiterqualifizierung zu Lasten der Privatsphäre.
- Die fluideren Arbeitsprozesse verlangen Flexibilität hinsichtlich Arbeitszeit, -ort, -tätigkeit, Ent- und Einbindung, die oft sehr direkt in das Privatleben eingreifen.
- Die Arbeit muss in Eigenverantwortung zeitlich und örtlich strukturiert werden (s. Vertrauensarbeitszeit, Tele-, Mobilarbeit), d.h. die (subjektive) Stabilität durch die große Organisation geht verloren.
- Indirekte Steuerung in Form von Zahlenzielen, Gruppendruck, Management durch die Kunden etc. verringert den Eindruck von Selbststeuerung und Selbstwirksamkeit.
- Zusätzlich zur „normalen" Arbeit wird die Teilnahme an Projektgruppen gefordert, in denen neuartige, komplizierte Aufgaben bewältigt werden müssen durch Experten unterschiedlicher Professionen und
- dies meist unter Zeitdruck.
- Gerade bei sehr Qualifizierten mit hohen Autonomiegraden sind mehr Arbeitsverdichtung und Überstunden zu Lasten des Privatlebens zu verzeichnen (graue Mehrarbeit ohne Zeit- und/oder Geldausgleich, vgl. Glißmann, 2001).
- Dies verbunden mit höheren Flexibilitäts- und Mobilitätsanforderungen und
- in der Folge Versagensängsten, Selbstausbeutungstendenzen, Stress, Burn out etc.
- Durch die „fremdorganisierte Selbstorganisation" (Pongratz & Voß, 1997) wird die Verantwortung auf die operative Ebene verlagert, auf der der Mitarbeiter sich selbst für Fehler in den Prozessen verantwortlich macht und versucht, diese auf eigene Kosten hinsichtlich seiner Privatzeit zu beheben (Kötter, 2002).
- Die Loyalität gegenüber dem Unternehmen wird durch die Kundennähe erschwert, so dass widersprüchliche Rollenanforderungen entstehen.
- Durch den Globalisierungsdruck müssen die Prozesse immer schneller laufen, obwohl gleichzeitig die Leistungserwartungen steigen und die personellen und finanziellen Ressourcen knapper werden. Damit bleibt immer weniger Zeit und auch Kraft für das Privatleben.

1.4 Überengagement, Selbstausbeutung und selbstinteressierte Gefährdung

Überforderungen entstehen nicht nur durch eine rücksichtslose Umgebung und Repression, sondern oft durch die Betroffenen selbst. Die „Sucht" nach Ehre, Geld, Macht, Selbstbestätigung, Ruhm lässt keine Orientierung an Balancen und moderaten Anforderungen zu. Der Betreffende wird nie satt.
Eine Reihe von Motiven wird durch Basislinien, auf die immer wieder rückgekoppelt wird, reguliert (vgl. Abb. 1).

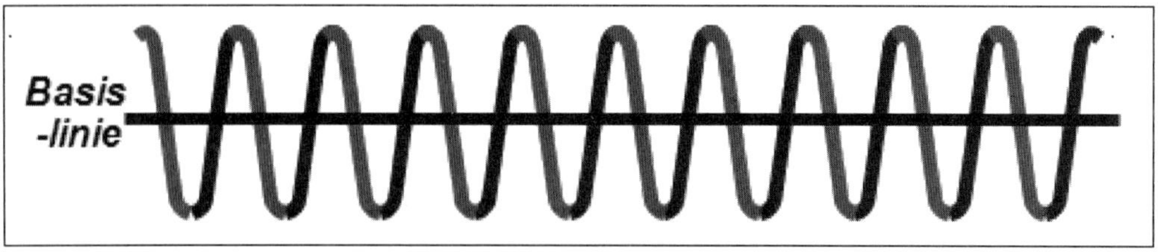

Abb. 1: Homöostatische Motive

Physiologische Bedürfnisse, aber auch das Geselligkeitsmotiv oder der Wunsch nach Raum, werden in homöostatischen Fließgleichgewichten austariert, indem sowohl von unterhalb der Basislinie (z.B. Hunger), als auch von oberhalb (z.B. Sättigung) auf diese rückgekoppelt wird. Exzesse werden so vermieden.
Dies ist bei iterativen Motiven nicht der Fall (vgl. Abb. 2).

Abb. 2: Iterative Motive

In iterativen Prozessen wird immer auf das Vergangene rückgekoppelt, nach dem Muster „Je mehr er hat je mehr er will, niemals steht der Ehrgeiz still". Es erfolgt keine Sättigung, sondern der Betreffende „kriegt den Hals nicht voll". Diese Gier kommt meist irgendwann an ihre natürlichen Grenzen, etwa der des Herzinfarktes, des psychischen Zusammenbruchs oder einfach des Schwächer-Werdens. Ein Aussteigen aus diesem Teufelskreis fällt schwer. Selbstbescheidung ist hilfreich, verlangt aber viel kritische Selbstreflexion und auch ein akzeptierendes soziales Umfeld. Oft hilft ein kleiner Selbstbetrug: „Ich wollte nie Vorstand werden, immer diese Zeitverträge ...".

Derartige Motivationsprozesse erklären u.a. Befunde zum Intrapreneurship (Gerlmaier & Kastner, 2003a und b). Sich selbst ausbeutende Personen neigen u.a. zu Präsentismus, schleppen sich krank zur Arbeit und veranlassen u.U. ihre Mitmenschen unbewusst dazu, Ähnliches zu tun. Somit leisten sie selbst wenig, stecken die Kollegen vielleicht sogar an und verführen diese auch zur Selbstausbeutung, so dass eine entsprechende Kultur zur Norm wird. Insbesondere in Hochleistungsteams zeigen deren Mitglieder starke Selbststeuerung und hohes Commitment und versuchen auf Biegen und Brechen ihre Ziele zu erreichen (vgl. Kastner & Schmidt, 2008). Sie bilden oft eigene teaminterne Normen, deren gemäß man die Teamkollegen „nicht im Stich lässt".

Die systematische Kombination der Variablen Anwesenheit, Motivation und Gesundheit (vgl. Abb. 3) erlauben eine genauere Betrachtung des Selbstausbeutungsproblems (vgl. Kastner, 2009).

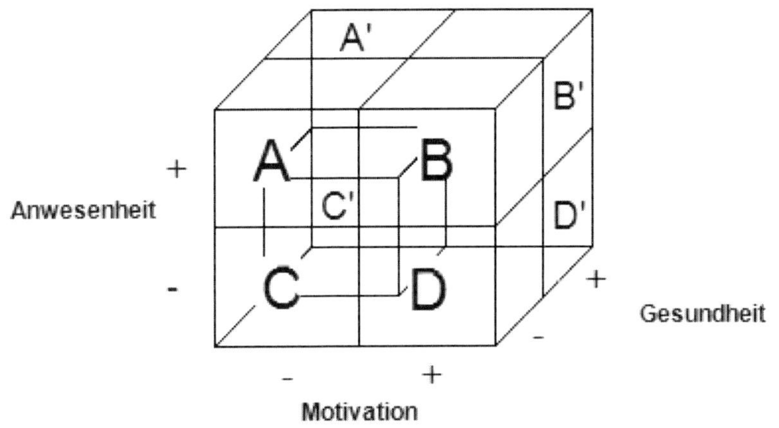

Abb. 3: Anwesenheit, Motivation und Gesundheit als Facetten des Selbstausbeuters

	Anwesenheit	Motivation	Gesundheit	Klassifikation
A	+	-	-	Nicht-Leister (Präsentismus)
A`	+	-	+	Nicht-Leister
B	+	+	-	Selbstausbeuter (Präsentismus)
B`	+	+	+	Idealfall
C	-	-	-	Abwesend, „längere“ Genesung
C`	-	-	+	„Blaumacher“
D	-	+	-	Adäquate Genesung
D`	-	+	+	Schwarzarbeiter

Mitarbeiter der Kategorie A sind zwar anwesend, aber nicht arbeitsmotiviert und auch krank. Sie sind meist aus Angst vor Arbeitsplatzverlust oder wegen erwünschter Sozialkontakte trotz Krankheit anwesend.
Die bekannt gewordenen Fälle von Suiziden aufgrund von Arbeitsüberlastung, Zeit-, Verantwortungs- und Leistungsdruck sind wohl vor allem hier einzuordnen.
Personen der Kategorie A` sind die gesunden Anwesenden, die unmotiviert allenfalls Dienst nach Vorschrift machen.
Kategorie B betrifft Personen, die trotz Krankheit aufgrund ihrer Höchstmotivation arbeiten, (Flow, Workoholic, Selbstausbeuter), langfristig aber kaum eine adäquate WLB erreichen.
In Kategorie B` befinden sich die Idealfälle der gesunden und hoch motivierten Mitarbeiter, die das Ziel des ganzheitlichen Leistungs- und Gesundheitsmanagements sind.
Der Fall C betrifft Mitarbeiter, die wegen Krankheit abwesend sind, aber nicht hoch motiviert sind, schnell an den Arbeitsplatz zurückzukehren.
Bei C` handelt es sich um die klassischen „Blaumacher“, die in ihrer freizeitorientierten Schonhaltung zwar gesund sein mögen, aber wenig leisten.
Kategorie D beinhaltet Personen, die sich sinnvollerweise jenseits der Arbeit kurieren, sich aber bemühen, möglichst schnell wieder dem Unternehmen zur Verfügung zu stehen.
Und in Kategorie D` fallen Gesunde, die hoch arbeitsmotiviert in Bezug auf andere Tätigkeiten nicht an ihrem Arbeitsplatz erscheinen (Nebenjobs, extensiver Sport, (Selbst-)Bau des eigenen Häuschens etc.).
Beim Präsentismus geht im Falle der intrinsischen Arbeitsmotivation die Selbstachtsamkeit verloren. Das Überengagement lässt die eigene Person aus dem Fokus geraten. Die Fähigkeit und Bereitschaft zur Selbstreflexion vermindern sich. „Die Fische werden zuletzt das Wasser entdecken“ (Einstein). Im Falle des Präsentismus aus Angst vor Arbeitsplatzverlust ist meist die Selbstachtsamkeit durchaus vorhanden. Aber in der Angst vor dem Montag mit seinen Reportings rappeln sich die Mitarbeiter immer wieder auf und hoffen, nicht auszufallen.
Das Problem der selbstinteressierten Gefährdung oder Selbstausbeutung im Zusammenhang mit der indirekten Steuerung bzw. des Intrapreneurships verstärkt sich im Zuge der steigenden Anforderungen, verbunden mit zahlenfixierter Führung. Führungen von Unternehmen verlagern die Marktverantwortung möglichst weit nach unten, bieten ihren

Mitarbeitern viel Freiheit und Vertrauen, eine individuelle Arbeitsgestaltung etc. Aber man verlangt das Einhalten von Zahlenzielen, deren Erreichen provisioniert wird.
Leitungspersonal, das selbst unter der Dynaxität leidet, schätzt die „Anfassbarkeit" und Konkretheit von Zahlen, denkt in ihnen und vertraut auf eine bessere Vergleichbarkeit von Ergebnissen. Diese Art von „indirekter Steuerung" mittels Controlling führt bei den Mitarbeitern recht schnell zu Selbstausbeutung. Betriebsräte und Gewerkschafter leiden unter dem Problem, dass die Mitarbeiter, für deren Freiheit sie kämpfen, diese nun nutzen, um sich selbst auszubeuten. Muss man sie nun vor sich selbst beschützen? Der kapitalistische Gegner steckt in jeder Person selbst.
Meist werden die Zahlenziele peu à peu höher gehängt. Im Falle des Nicht-Erreichens drohen Arbeitsplatzverlust oder zumindest Gehaltseinbußen. Das macht Angst vor Verlust des Arbeitsplatzes, der Zukunft, der Selbstachtung und des Sozialprestiges. Oft müssen Feierabende, Wochenenden und Urlaub geopfert werden, um den wachsenden Berg an Anforderungen zu bewältigen. Denn gleichzeitig werden ja auch im Zuge der permanenten Reengineering-Maßnahmen die Unternehmen verschlankt. Anfangs gesunde Beschäftigte, die von immer stärkeren Arbeitsanforderungen und schließlich Arbeitsplatzunsicherheit betroffen waren, entwickeln Angstzustände und später psychosomatische Störungen. Mitarbeiter, die bei subjektiver Verausgabung keine hinreichende Gratifikation in Form von Lob, Anerkennung bzw. Wertschätzung erhalten, haben eine bis zu fast dreifach höhere Wahrscheinlichkeit, an einem Herzinfarkt zu erkranken, im Vergleich zu Mitarbeitern, die beides ausbalanciert sehen (Siegrist, 1999). Kommt noch der Eindruck von Nicht-Kontrolle hinzu, steigt die Herzinfarktwahrscheinlichkeit etwa auf das Vierfache. Angst vor Arbeitsplatzverlust und das Gefühl des Ausgeliefertseins fördern auch Depressionen, die im Übrigen substanziell mit Herzinfarkten korrelieren. Die Verbindung aus mangelnder Wertschätzung und Kontrolle über das Geschehen mit Angst und dem Gefühl von Ungerechtigkeit macht auf Dauer psychisch krank.
Japanische Untersuchungen zu den Auswirkungen der Anforderungen in der globalisierten Wirtschaft bestätigen, dass solche Arbeitnehmer, die Angst vor Entlassung haben, viermal so häufig depressive Störungen aufweisen wie Mitarbeiter ohne diese Befürchtung („Die Zeit" vom 19. April 2007). Es entwickelt sich eine Spirale der Angst vor der Angst vor der Angst, die sich generalisieren kann, bis hin zur Angst zu sterben, zu Tablettensucht und ganz konkreten „irrationalen" Befürchtungen. Körperliche Untersuchungen ergeben keine Befunde, so dass in der Folge der Patient als „vegetativ labil", „psychasthenisch" klassifiziert wird – eine Horrorvision für einen Extremjobber – und ein Beruhigungsmittel bekommt. Hier kann von Work Life Balance (WLB) keine Rede sein. Für die in deren Sinne eigentlich erforderlichen Aktivitäten, wie z.B. Bewegung, bleibt angeblich keine Zeit. Nur 13% der deutschen Bevölkerung schaffen es, in der Woche viermal mindestens 39 Minuten körperlich aktiv zu sein. Solch regelmäßige Bewegung senkt die spätere Wahrscheinlichkeit, an Altersdemenz zu erkranken um bis zu 60%.

2. Modelle zur WLB

Angesichts solcher Befunde fragt man sich, warum die von Überengagement, Selbstausbeutung, selbstinteressierter Gefährdung oder Intrapreneurship Betroffenen denn nicht mehr Selbstverantwortung übernehmen und stärker auf ihre Work Life Balance (WLB) achten. Damit ist, mal abgesehen von der geringen Sinnhaftigkeit dieses Begriffes, gemeint, dass sich Investitionen in Form von Zeit, Energie, Anstrengung, Anspannung, Aufregung auf der einen Seite möglichst die Waage halten sollten mit Konsumation in Form von Genuss, Entspannung, Lust, Erholung, Ruhe und „Akku aufladen" auf der anderen Seite. Dies schließt keinesfalls aus, dass z.B. Anstrengung auch Spaß machen kann. Die meisten Modelle zur WLB rekurrieren auf die Belastungs-Beanspruchungs-Achse, die den Vorteil bietet, sowohl auf psychologischer als auch auf physiologischer und neurobiologischer Ebene gesicherte empirische Befunde integrieren zu können. Einige Ansätze gehen eher von einem Konzept der Selbstreflexion aus, wobei die unterschiedlichen Perspektiven durchaus vereinbar sind, vor allem wenn auf systemtheoretischem Hintergrund argumentiert wird. Letztlich wird man, bei allem Wert externer Hilfen durch Therapeuten, Coaches oder unterstützenden Rahmenbedingungen sich selbst beraten und disziplinieren müssen und ist weitgehend für seine WLB selbst verantwortlich. Hierzu passt die internationale Entwicklung vor allem in Asien und Australien zum Internet-Coaching. Schließlich sind wir Menschen operativ geschlossene Systeme und „Gewohnheitstiere", die ihr Verhalten nach Luhmann (1984) nur – wenn überhaupt – durch anschlussfähige Angebote zur Veränderung neu gestalten.

2.1 Das Selbst-Coaching-Konzept

In einem Konzept zum Selbst-Coaching (Schneewind, 2009, S. 83 f.) geht es um eine selbst verantwortete Lebensführung, im Rahmen derer verschiedene Lebensbereiche ausbalanciert werden sollen. Dies geschieht mithilfe eines Selbst-Coaching-Rades mit folgenden Elementen:

- bei der Selbst-Klärung soll die Person ihre Ziele im Rahmen des Machbaren setzen,
- sich im Zuge der Selbst-Beschränkung auf das Wesentliche konzentrieren,
- und sich im Sinne der Selbst-Häutung von alten „Zöpfen" bzw. Gewohnheiten, Perspektiven etc. trennen,
- eine Balance zwischen Unter- und Überkontrolle finden,
- Fremd- in Selbstbestimmung umwandeln (Selbst-Motivation),
- eigene Potenziale erkennen und Kompetenzen stärken (Selbst-Wirksamkeit),
- den „inneren Schweinehund" überlisten und
- sich selbst verwöhnen sowie
- schließlich im Sinne einer Selbst-Erweiterung einen adäquaten Rhythmus zwischen Tun und Lassen finden.

Ausgangspunkt ist bei der Selbst-Klärung eine Fokussierung auf die persönlichen Basis-Bedürfnisse wie das der körperlichen Gesundheit, des Lebenssinns, der sozialen Beziehungen, des beruflichen Erfolges sowie des psychischen Wohlbefindens. Dadurch entsteht eine Vision vom eigenen zukünftigen Leben, die natürlich in konkrete Ziele heruntergebrochen werden muss.

Bezüglich der oben beschriebenen Selbstausbeuter wäre zu klären:
- inwieweit sie sich realistische Ziele setzen oder möglicherweise im Sinne eines Typ-A-Verhaltens sich in zu kurzer Zeit zu viel vornehmen bzw. ihre Ansprüche einfach zu hoch sind,
- ob die Selbstausbeutung zu einer Gewohnheit geworden ist, die zu so vielen „Hirnpfaden" geführt hat, dass das „Trampeln neuer Pfade" höchst unwahrscheinlich wird. Dies wird umso wahrscheinlicher, wenn dieses Arbeitsverhalten permanent zu subjektivem Erfolg geführt hat,
- inwieweit Selbstausbeuter sich Unterkontrolle – einmal loslassen – grundsätzlich nicht erlauben, weil Kontrollverluste noch mehr Angst verursachen,
- ob solche Personen einer Illusion der Selbstkontrolle unterliegen und sie sich Selbstwirksamkeit im Sinne internaler Fehlattributionen vorgaukeln,
- inwieweit solche „Zwangsdisziplinierten" gar nicht mehr in der Lage sind, loszulassen und einfach zu genießen
- und schließlich inwieweit solche „Macher" unfähig zu Rhythmen aus An- und Entspannung, aus Tun und Lassen sind.

In diesem Konzept des Selbst-Coachings werden natürlich die Visionen vom gewünschten Leben gemäß der Basis-Bedürfnisse mit der Realität abgeglichen, so dass man die Abweichungen konkret bearbeiten kann.
Es fragt sich allerdings, inwieweit eine solche Person überhaupt in der Lage ist, im Zuge eines Selbst-Coachings ihre Probleme zu erkennen. Schließlich kann gerade das entscheidende Problem in ihren blinden Flecken bzw. Balken im Auge bestehen. Sie verhält sich so, weil sie mangels Selbsterkenntnis keinen Anlass zur Veränderung sieht und weil sie aus ihrer Sicht mit diesem Verhalten Erfolg hatte, aus dem Selbstbewusstsein, -wert und Lebenssinn resultierten. Nicht nur in der Organisationsentwicklung gilt, dass ein System (meist von außen) irritiert werden muss, wenn es sich denn in andere Systemzustände einschwingen soll.

2.2 Das Work-Life-Balance-Konzept von Kastner

Dieses Konzept des Selbst-Coachings ist aber durchaus kompatibel mit dem WLB-Modell von Kastner (2004), in dem davon ausgegangen wird, dass nicht alle Bedürfnisse und Ziele gleichzeitig erreichbar sind, sondern dass Ziel- und Interessenkonflikte „normal" sind. Wir wollen alles, sogar Widersprüchliches, gleichzeitig. Es ist natürlich kaum mög-

lich, gleichzeitig beruflich höchst erfolgreich zu sein, den Haushalt in einer fairen Aufteilung zu managen, sich voll auf die Kindererziehung zu konzentrieren, genügend für die Gesundheit und das soziale Netz zu tun und persönlichen Hobbys nachzugehen. Ziel einer gelungenen WLB muss sein, kontradiktorische Ziele auszutarieren und eine Reihe von Lebensbalancen zu verwirklichen. Über den Gleichgewichtsaspekt hinaus ist der zeitliche Aspekt der Rhythmen wichtig, die in ihren Abfolgen verhindern, dass ein System sich in einen unerwünschten Zustand ab- oder aufspiralisiert. Und schließlich sind die in der Natur überall vorzufindenden Antagonisten nicht zu vergessen, die in ihrem Zusammenspiel wiederum synergetisch wirken, z.B. männliche und weibliche Hormone. Solche Balancen und Rhythmen sind ohne Anspruch auf Vollständigkeit:
- die Balance zwischen Investition und Konsumation (Basis-Balance),
- die zwischen Wachsein und Schlaf,
- Anspannung und Entspannung,
- Verausgabung und Gratifikation,
- Belastungen/Anforderungen und
- Ressourcen sowie Puffern.

2.2.1 Die Inhalte

Die Basisbalance besteht in der Austarierung von investivem und konsumativem Verhalten (vgl. Abb. 4). Unabhängig von den Handlungsbereichen Arbeit und Privates sollten Investitionen von Zeit, Geld, Energie, Anspannung und Anstrengung harmonieren mit Konsum in Form von Genuss, Entspannung, Zeit für sich, Ruhe und Erholung. Dies schließt keinesfalls aus, dass Anstrengung auch Spaß machen kann oder Arbeit Genuss bedeuten oder das Familienleben stressig sein kann.
Ein Durchschlagen auf der linken Seite wäre eine Fehlinvestition, man investiert Zeit, Energie, Geld, Anstrengung etc. und es kommt zu wenig Konsum dabei heraus. Ein Durchschlagen auf der rechten Seite steht für eine Fehlkonsumation, man bekommt alles, ohne etwas dafür zu tun. Das Glas Wasser schmeckt köstlich, wenn man sich vorher angestrengt hat, und immer nur gebratene Tauben können zur Qual werden. Sowohl Fehlinvestitionen als auch Fehlkonsumationen schaffen Unzufriedenheit.

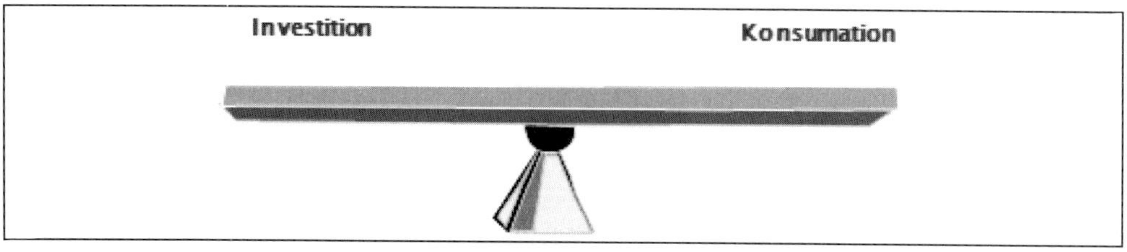

Abb. 4: Wippen mit Investition und Konsumation

Wenn nun der Beruf unter dem Aspekt Investition und das Privatleben unter dem der Konsumation gesehen wird, ergibt sich die Balance aus *Wippe Beruf und Privat* oder im Falle der beschriebenen Gratifikationskrise die aus Verausgabung und Gratifikation.
Wie nun diese Balance aus investivem und konsumativem Verhalten realisiert werden kann, ist eine Frage der Austarierung von Belastungen/Anforderungen, Ressourcen und Puffern über die Zeit (vgl. Abb. 5).
Belastungen und Anforderungen können von außen kommen in Form situativer physikalischer/chemischer Einflüsse wie Schalldruck, Temperatur, Luftfeuchte, Gewicht oder im Gewand von Aufgaben, Erwartungen Anderer (Kunden, Chef, Kollegen, Mitarbeiter) oder kultureller Phänomene wie Regeln, Regulationshindernisse, Zahlenziele etc.
Belastungen und Anforderungen können auch personal von innen kommen, etwa in Form bestimmter Werthaltungen, Erwartungen an die eigene Person, z.B. in Form von Perfektionismus bzw. im Sinne innerhalb der Haut konstruierter psychischer Belastungen.
Gleiches gilt für die Ressourcen. Sie können von außen kommen, z.B. situativ in Form von Infrastruktur, Equipment oder organisational im Gewand von Aufstiegsmöglichkeiten oder der Vertrauens-Fehlerlern-Innovations-Gesundheit-Kultur (Kastner, 2007). Oder sie betreffen als interne Ressourcen personale Fähigkeiten und Fertigkeiten bzw. Handlungskompetenzen (s.u.).
Sowohl Belastungen/Anforderungen als auch Ressourcen sind wertfrei zu sehen. Beide bedingen sich gegenseitig. Wir brauchen Ressourcen, um erstere zu bewältigen. Wir brauchen Belastungen/Anforderungen, um letztere aufzubauen und zu pflegen. Aber beide müssen zueinander passen. Was nützen die tollsten Ressourcen, wenn mit ihnen nicht die relevanten Belastungen/Anforderungen zu bewältigen sind. Die Fähigkeit, Geige zu spie-

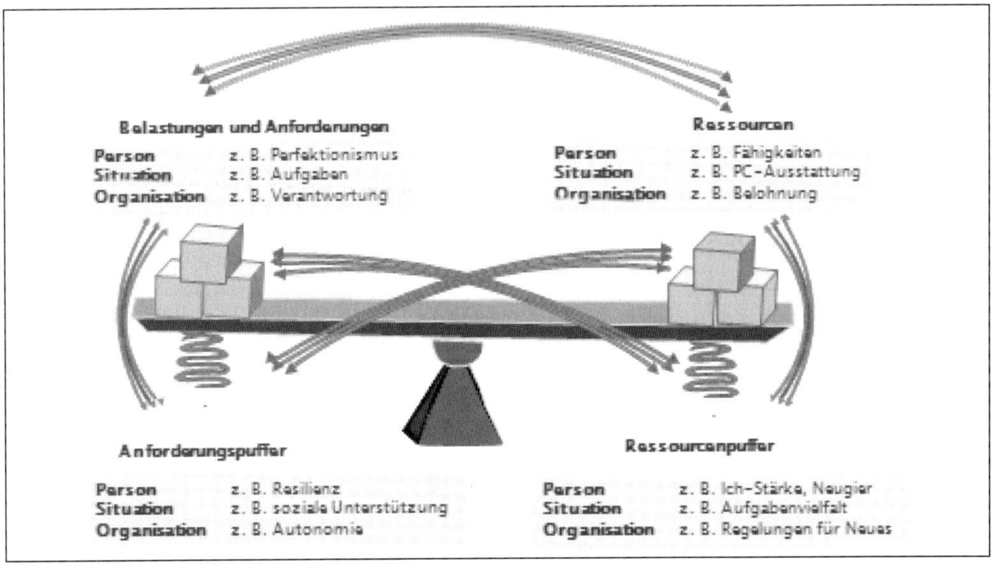

Abb. 5: „Work Life Balance"-Wippe

len nützt wenig bei Führungsaufgaben. Umgekehrt können nur solche Belastungen/Anforderungen Ressourcen aufbauen und pflegen, die in den Ressourcen eine Entsprechung finden. Beispielsweise nutzt die Belastung durch Schalldruck (Lärm) nicht der Problemlösefähigkeit.

Zwischen Ressourcen und Puffern besteht ein entscheidender Unterschied. Ressourcen dienen zur Verstärkung erwünschter Aktivitäten und Energien in der Hoffnung auf einen Return on Investment (siehe Wippe zur Investition und Konsumation). Wir eignen uns Fähigkeiten wie Englisch, den Umgang mit IT oder auch Fachwissen an (was uns fordert), um damit unser Brot zu verdienen. Puffer hingegen sind Phänomene, die unerwünschte Aktivitäten oder Energien bzw. Belastungen/Anforderungen mildern sollen und meist keinen Return on Investment bringen, sondern, im Gegenteil, durch ihre Pflege Geld kosten. Die Feuerwehr oder Versicherungen sind Puffer. Ihr „Gewinn" besteht im Eindruck von Sicherheit und evtl. in der Vermeidung größerer Schäden. Hier hofft man darauf, die Pflegekosten „umsonst" getragen zu haben. So gibt es beispielsweise Raum-, Zeit-, Geld- oder Personalpuffer, die wie ein Stoßdämpfer negative Wirkungen abfedern können. Mit Ausnahme des Schadensfalls sind Puffer, im Gegensatz zu Ressourcen, kein investives Kapital, das Früchte trägt. Vielmehr kosten sie „unnötig" etwas, wenn der Fall der negativen Aktivitäten nicht eintritt (z.B. muss eine Feuerwehr als Puffer vorgehalten werden, wird aber im Idealfall nie gebraucht und bringt so keinen Return on Investment). Risikofreudige „Gewinnmaximierer" neigen dazu, Puffer zu vernachlässigen.

Analog zu den Belastungs-/Anforderungspuffern werden Ressourcenpuffer postuliert, die bei zu vielen Ressourcen ohne Anforderungspendant ein „Durchknallen" auf der rechten Seite, z.B. zur Sinnlosigkeit verhindern sollen. In dieser Lage befinden sich beispielsweise Personen, die eben noch ihre Ressourcen sinnvoll zum Anforderungsmanagement einsetzen konnten, plötzlich arbeitslos sind und keine Einsatzmöglichkeiten für diese Ressourcen mehr finden. Man kann auch unter der Last seiner nicht genutzten Fähigkeiten zusammenbrechen.

Handlungsspielraum wäre demgemäß ein Anforderungspuffer, subjektive Arbeitsplatzsicherheit ein Ressourcenpuffer. In der Konsequenz werden in diesem Modell konkrete, möglichst präventive Maßnahmen zur Vermeidung übermäßiger psychomentaler Belastungen im Hinblick auf Belastungen/Anforderungen, Ressourcen, Belastungs-/Anforderungspuffer und Ressourcenpuffer ergriffen (s.u.).

Sowohl die Leistung als auch die Beanspruchung liegen in der Achse der Wippe.

Bei adäquater Beanspruchung kippt die Wippe weder allzu lange und intensiv nach links (Überforderung) noch nach rechts (Unterforderung).

Eine adäquate Leistung ist langfristig nur in ausgewogenen Wipp-Prozessen zu erwarten. Belastungen/Anforderungen, Ressourcen und Puffer werden konkret in den vier Welten (s.u.) austariert. In der Körperwelt werden etwa Belastungen erzeugt (z.B. Muskeltraining), um Ressourcen (Kraft) aufzubauen und zu pflegen und für den Notfall Reserven zu haben. Gleiches gilt für die drei anderen Welten (z.B. Hirnjogging in der Geisteswelt, Einüben von Umgang mit Ärger in der Lebenswelt oder gezielter Aufbau von Freundschaften in der sozialen Welt).

Abb. 6: Work Life Balance – Fahrrad

Wir können zweifellos kurzfristig Höchstleistungen erzielen, indem wir die Wippe kräftig auf der linken Seite sinken lassen. Eine Weile kommen wir mit unseren Ressourcen aus. Und vor allem in der Jugend puffern wir lange ab, ehe das System dekompensiert. Aber längerfristig können die Puffer überdehnt bzw. im Falle von Stoßdämpfern „überstaucht" werden und wirken nicht mehr. Der Aspekt der Zeit ist also ausgesprochen wichtig. Hinzu kommt der Aspekt der Stabilität durch Dynamik. Um beide Gesichtspunkte zu berücksichtigen, heben wir die Wippe auf unsere Schultern und fahren auf einem Einrad. Damit wird die Schwierigkeit des Balancierens noch deutlicher (vgl. Abb. 6).
Wir montieren an die eine Seite einen Stift und fahren an einer Leinwand entlang, auf der sich unsere Work-Life-Balance-Kurven abzeichnen (vgl. Abb. 7).

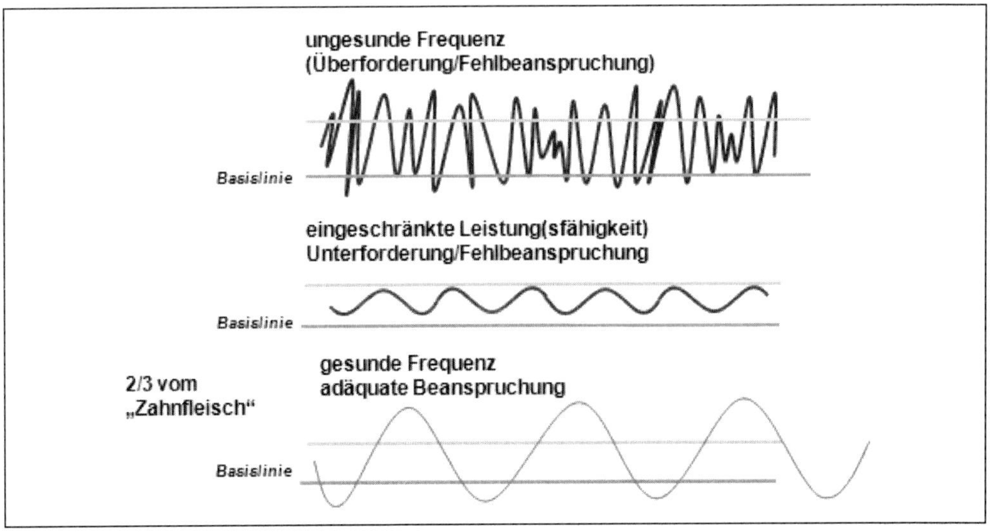

Abb. 7: WLB-Kurven

Die Wellen sehen im Idealfall wie die unterste abgebildete Welle aus.
Das Selbstmanagement zur Work Life Balance ist langfristig erfolgreich, wenn sich weiche WLB-Kurven abzeichnen. Dies kann durchaus bei steigenden Anforderungen und dennoch ohne Überforderung geschehen, es ist sogar eine Aufspiralisierung zur Resilienz möglich.
Bei der Wipp-Metapher geht es vor allem um den Prozess des Wippens. Die drei Komponenten Belastungen/Anforderungen, Ressourcen und Puffer sind Rollen, die von verschiedenen Phänomenen eingenommen werden können. Geld kann beispielsweise eine Ressource oder ein Puffer sein, kann aber auch zur Belastung werden. Viele Hyperreiche sind aufgrund der permanenten Angst, ihr Vermögen zu verlieren, psychisch labil.
Die Beanspruchung liegt in der Achse der Wippe. Beim „Durchknallen" auf der linken Seite liegt Überforderung vor, mit der möglichen Folge von Burn-out, beim „Durchknallen" auf der rechten Seite Unterforderung, mit der möglichen Folge von Bore-out (vgl. Fehlbeanspruchungen bei Arbeitslosen, Kuhnert & Kastner, 2002). Adäquate Beanspruchung über die Zeit besteht in moderaten Wippprozessen ohne exzessive Inanspruchnahme der Puffer, in denen permanent Belastungen/Anforderungen aufgesucht werden, Ressourcen aufgebaut und gepflegt werden. Bei Fehlbeanspruchungen – seien es Über- oder Unterforderungen – drohen auf Dauer Abspiralisierungen in Richtung Depression.

2.2.2 Die Belastungs-Beanspruchungs-Achse

Nun fragt sich, was konkret getan werden muss, um Fehlbelastungen und -beanspruchungen zu vermeiden bzw. langfristig adäquate Beanspruchungen verbunden mit hohen Leistungen zu erreichen. Dazu hilft eine genauere Betrachtung der „Wertschöpfungskette", von der Belastung, über die psychische Belastung und Beanspruchung, bis zur Gesundheit (vgl. Abb. 8).
Belastungen (z.B. Hitze, Lärm) und Anforderungen (z.B. Arbeitsaufgaben) sind Phänomene außerhalb unserer Haut, mit denen wir in irgendeiner Weise umgehen (müssen). Diese Betrachtung ist schon ein wenig künstlich, weil wir ja auch Situationen aufsuchen oder meiden. Sie „dringen" in unsere Haut und werden subjektiv wahrgenommen, in unserem Hirn konstruiert. Der paradoxe Begriff „psychische Belastung" erfährt seine Berechtigung dadurch, dass je nach Gewöhnung, Einstellung etc. derselbe objektive Belastungsreiz von verschiedenen Personen oder auch von einer Person zu verschiedenen Zeitpunkten völlig unterschiedlich wahrgenommen werden kann. Zudem werden innerhalb der Haut Belastungen erzeugt, die kein Korrelat mit der Welt außerhalb unserer Haut haben, z.B. ein Tinnitus (Ohrengeräusch, obwohl kein Schalldruck vorhanden ist). Je nach Ressourcen und Puffern wird die psychische Belastung zur Beanspruchung. Diese äußert sich in den vier Welten (s.u.) unterschiedlich. In der Körperwelt reagieren wir z.B. mit einer höheren Herzfrequenz, in der Geisteswelt mit Konzentrationsproblemen, in der Lebenswelt mit Ärger und in der sozialen Welt mit Rückzug.

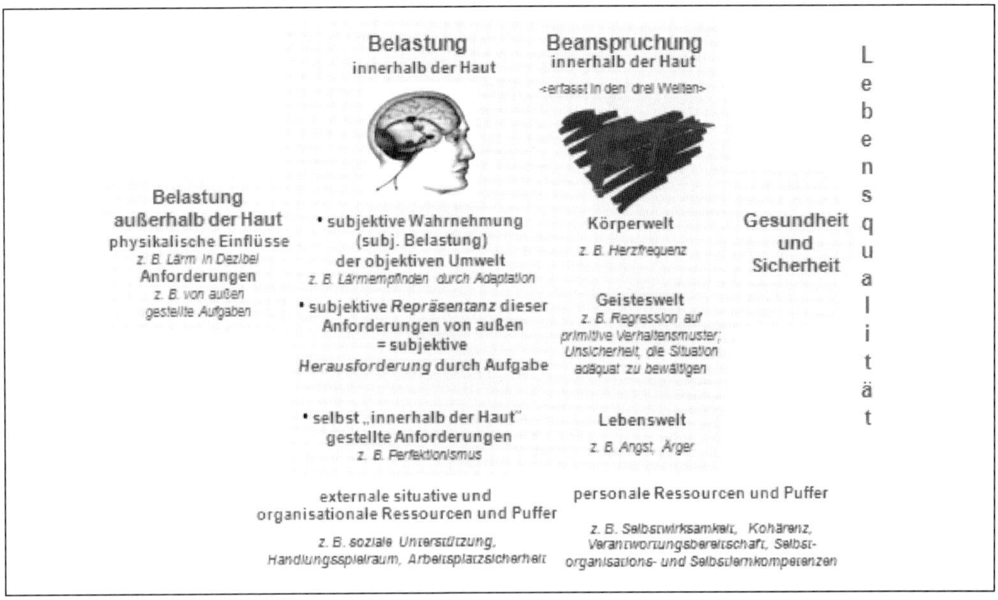

Abb. 8: Belastung und Beanspruchung

2.2.3 Interne Ressourcen

Selbstmanagement zur WLB beginnt im Sinne der Eigenverantwortung mit der kritischen Reflexion der persönlichen internen Ressourcen. Zu ihnen gehören bestimmte Kompetenzen, wie z.B. Probleme lösen, soziale Kompetenz, berufliche Qualifikationen und alle möglichen Copingfaktoren. Hier spielt der Begriff der Handlungskompetenz eine entscheidende Rolle, der von Weinert (2001) folgendermaßen spezifiziert wird:
- allgemeine und spezielle kognitive Leistungsneigung,
- sowie motivationale Tendenzen,
- wobei multiple kognitive, motivationale und soziale Leistungsvoraussetzungen integriert werden,
- Schlüsselkompetenzen, die zeitlich und situativ übergreifend angewandt werden und
- schließlich Metakompetenzen im Sinne von Wissen, Erfahrungen, Strategien.

Unternehmen meinen mit Employability meist berufliche Handlungskompetenz. Darunter verstehen wir das Vermögen von Mitarbeitern, (dynaxische) Aufgaben und Arbeitsprozesse zu verstehen und durch selbstbewusstes und -verantwortliches, zielgerichtetes und reflexives Handeln zu bewältigen. Diese Handlungskompetenz bezieht sich im Leistungs- und Gesundheitsmanagement auf die beiden Aspekte der Leistung und Gesundheit.
Wie in Abb. 9 dargestellt, kann nun jeder dieser beiden Aspekte differenziert werden hinsichtlich:

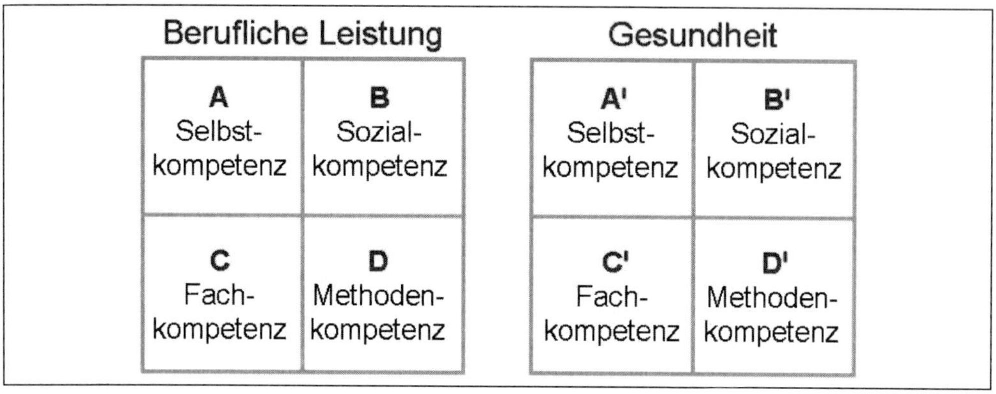

Abb. 9: Handlungskompetenz

- Selbst- oder Persönlichkeitskompetenz im Sinne von Dispositionen, Werten, Einstellungen, Motiven und Persönlichkeitseigenschaften wie die „Big Five" – Zuverlässigkeit, Gewissenhaftigkeit, Extraversion/Neurotizismus, Verträglichkeit, Offenheit.
- Sozialkompetenz, also soziale Intelligenz und Verantwortlichkeit, Kommunikationsfähigkeit und adäquates Verhalten in sozialen Systemen (Synegoismus, vgl. Kastner, 1999).
- Fachkompetenz, also berufs- und gesundheitsspezifische Kenntnisse, Wissen und Fertigkeiten, die zur Bewältigung der Arbeitsaufgabe oder auch der „Gesundheitsaufgabe" erforderlich sind.
- Methodenkompetenz, also situationsübergreifende kognitive Fähigkeiten und Kenntnisse im Umgang mit Instrumenten, Verfahren und Methoden.

Feld A bei Leistung betrifft z.B. die Arbeitsdisziplin. Eine hohe Ausprägung hier bedeutet noch lange nicht, dass der Mitarbeiter dieselbe Disziplin auch hinsichtlich Feld A` seiner Gesundheit aufbringt. Es ist oft zu beobachten, dass gerade der Flow bei der Arbeit nicht nur Raum und Zeit vergessen lässt, sondern auch die erforderlichen Gesundheitsaktivitäten. Man vergisst zu essen, zu schlafen und zu regenerieren. Dies kann durchaus zu der oben beschriebenen Selbstausbeutung gehören.
Hohe Sozialkompetenz bei der Arbeit in Feld B impliziert nicht, dass dies auch für den eigenen Gesundheitsbereich (Feld B`) gilt. So mancher geniale Verkäufer oder eine narzisstische Führungskraft krankt an privater sozialer Inkompetenz und emotionaler Armut hinter den Kulissen oder erweist sich beim privaten sportlichen Wettkampf als Ekel.
Hohe Fachkompetenz bei der beruflichen Leistung (Feld C) ist oft von einer erstaunlichen Unkenntnis hinsichtlich der Gesundheit (Feld C`) begleitet. Gleiches gilt für die beiderseitige Methodenkompetenz (Feld D bzw. D`).
Es gilt also sowohl hinsichtlich Leistung als auch Gesundheit, alle vier Handlungskompetenzarten zu stärken. Damit wird auch akzeptiert, dass Gesundheit in weiten Bereichen von einer ausgeprägten Gesundheitskompetenz abhängt. Schließlich gelten bis zu 80% al-

ler Krankheiten als wesentlich durch falsches Gesundheitsverhalten bedingt. Dies impliziert auch, dass wir weitgehend nicht nur lernen können zu leisten, sondern uns auch gesund zu verhalten. Damit wird die Gesundheitskompetenz zu einer zentralen Personengröße.

Natürlich müssen auch Lernumgebungen entsprechend anregend gestaltet werden.

Der Lernprozess hinsichtlich Leistung und Gesundheit sollte, soweit möglich, in Anforderungssituationen, also bei der Arbeit erfolgen. Der Mitarbeiter soll beispielsweise nicht nur lernen, wie er sich am Schreibtisch oder am Fließband bewegt, sondern dies auch in den Arbeitsprozess integriert tun. Wer abends nach Dienst noch den „Mumm" aufbringen soll zu Joggen, scheitert oft am „inneren Schweinehund". Die arbeitsintegrierten Tai-Chi-Übungen der Chinesen haben schon den Charme einer Automatisierung. Und wenn Kollegen sich gegenseitig animieren, wird Gesundheitsverhalten irgendwann „in", d.h. Teil einer gesundheitsförderlichen Organisationskultur sein (vgl. Hinding, Spanowski & Kastner in diesem Band).

Sowohl der Umgang mit Belastungen/Anforderungen als auch die Kompetenzentwicklung werden wesentlich durch den Alterungsprozess moderiert. Schließlich müssen wir bis 67 Jahre arbeiten und in der Konsequenz, wie bei Produkten auch – man denke an die Ergonomie in Autos bezogen auf Ältere – Arbeitsumgebung und -prozess altersgemäß gestalten. Zudem muss sich die Personalentwicklung darauf einrichten, ältere Mitarbeiter u. U. anderen Tätigkeiten zuzuführen (vgl. auch den Beitrag von Kast & Bandle in diesem Band).

Für die Gestaltung von Lernumgebungen zur Förderung der Gesundheitskompetenz älterer Mitarbeiter gibt Sonntag (1996) einige Hinweise:

- Übung und frühe Erfolge ermöglichen, da Ältere oft unsicher sind, ob „sie es denn noch bringen",
- Vertrautheit herstellen, d.h. an vorhandenes Wissen anknüpfen,
- Lerninhalte klar strukturieren und sequenzieren, weil Ältere ihre Aufmerksamkeit nicht mehr so gut teilen können,
- Organisieren des Lernens fördern, d.h. Vermittlung altersgerechter Lernstrategien,
- sowie genügend Lernzeit einplanen.

Kompetenzen müssen also differenziert erworben und gefördert werden, je nach Alter, Geschlecht, Qualifizierung, Branche kann dies anders aussehen.

Neben dem Ermöglichen von Kompetenzerwerb und dem Dürfen (Befugnis) sollte das Müssen, d.h. die Verantwortung, nicht vergessen werden. Gerade ältere Mitarbeiter neigen dazu, die letzten Jahre „noch überstehen" zu wollen und fühlen sich zu müde, noch Neues zu lernen. Solche Einstellungen sind mit zunehmenden Anforderungen immer weniger tolerierbar. Gerade wenn man z.B. in einem Bereich „nicht mehr so kann", etwa bei körperlich harter Arbeit, ist ein Wechsel in andere Tätigkeiten umso erforderlicher. Frühverrentung sollte möglichst vermieden werden. Dies verlangt aber, neu zu lernen, sich auf neue Herausforderungen einzulassen. Die entsprechende Verantwortung liegt sowohl bei der Organisation, die dies ermöglichen und anbieten sollte, als auch beim Einzelnen.

Empowerment als ermächtigen und ermöglichen verlangt, dass Mitarbeiter kraftvoll von sich aus das „Richtige“ hinsichtlich Leistung und Gesundheit tun und dabei nicht nur dürfen, sondern auch Unterstützung erfahren. Nur müssen sie dann auch die Verantwortung für die Verwirklichung übernehmen. Insbesondere psychisch Beeinträchtigte neigen aus Unsicherheit und Angst dazu, ihre Befugnisse gar nicht auszuschöpfen und rückzudelegieren.
Wenn nun Befugnis und Verantwortung übereinstimmen, muss das Können, also die Fähigkeit, dazu passen. Wer darf, muss und kann, will noch lange nicht. Die Motivation darf also nicht fehlen. Und wer darf, muss, kann und will, setzt noch lange nicht um. Man sollte also die Volition nicht vergessen.
Zur Kompetenz gehört der Bogen vom Denken zum nachhaltigen Tun, der in dem hier modifizierten Satz von Lorenz zum Ausdruck kommt:

Gedacht ist nicht gesagt,
gesagt ist nicht gehört,
gehört ist nicht verstanden,
verstanden ist nicht einverstanden,
einverstanden ist nicht behalten,
behalten ist nicht angewandt,
angewandt ist nicht beibehalten,
beibehalten ist nicht automatisiert.

Durch diese Kette müssen wir hindurch, um langfristig hoch leistungsfähig und gesund zu sein. Die Vornahme von vielen Maßnahmen gleichzeitig ist wenig zielführend. Erfolgversprechender ist hingegen eine „Salamitaktik“, bei der man sich immer nur eine konkrete Verhaltenskorrektur vornimmt und umsetzt, bis das erwünschte Verhalten automatisiert ist.
Das Wissen um die adäquate Balance aus Leistung und Gesundheit reicht also keinesfalls aus, nicht einmal die Motivation, sich entsprechend zu verhalten. Lippen spitzen genügt nicht, es muss auch nachhaltig gepfiffen werden. Wir müssen es steuern, handhaben – eben managen –, dass Mitarbeiter automatisch und ohne nachzudenken das richtige Gesundheitsverhalten an den Tag legen und wie beim Vergessen des Zähneputzens ein schlechtes Gewissen bekommen.

2.2.4 Externe Ressourcen

Neben der oben beschriebenen internen Ressource „Handlungskompetenz hinsichtlich beruflicher Leistung und zugleich Gesundheit“ brauchen wir externe Ressourcen. Hier kommen Faktoren der Arbeitssituation wie z.B. Hygienefaktoren (Herzberg, 1966) oder auch soziale Unterstützung zum Tragen.

Externe Ressourcen werden als Einflussmöglichkeiten auf die Arbeitsbedingungen verstanden (Ulich, 1994). Soziale Unterstützung wird meist differenziert, nach instrumentell als direkte Hilfeleistung, informational als wichtige Informationen bietend und emotional im Sinne des Verständnis-Zeigens, Tröstens etc. sowie bewertungsbezogen im Sinne von Bestätigung einer Entscheidung oder des Selbstbewusstseins (Kahn & de Byosiere, 1992).
Handlungsspielraum (hier Puffer) und soziale Unterstützung fördern gemäß zahlreicher empirischer Untersuchungen Arbeitszufriedenheit, Wohlbefinden und Selbstwertgefühl, sowie die Bewältigung von Stressoren. Bei vielen technischen externen Ressourcen, die den Arbeitsalltag erleichtern sollen, stellt sich die Frage, inwieweit diese selbst aufgrund ihrer Dynaxität zu Stressoren werden. Wer alle Nase lang sein neues Handy programmieren muss, landet allzu leicht beim guten alten Jahreskalender. Der externen Ressource muss also die interne Ressource „Fähigkeit, die Möglichkeiten des Handys zu nutzen" entsprechen.

2.2.5 Psychische Belastungen

Wenn nun Belastungen/Anforderungen auf der einen und die Ressourcen auf der anderen Seite nicht austariert und über Puffer genügend abgefedert werden, so dass die Person über kurz oder lang zunächst auf der linken Seite kippt und im Burn-out landet, möglicherweise mit der Folge, dass sie später auf der rechten Seite kippt, weil sie arbeitslos wird, dann stellen sich die Fragen nach anderen Balancen und Rhythmen:
- Wie sieht ihr Rhythmus aus Wachen und Schlafen, aus Arbeitszeit und Erholung aus?
- Wie derjenige aus An- und Entspannung?
- Wie das Verhältnis von Verausgabung und Gratifikation?

Es steht zu vermuten, dass die Balancen und Rhythmen von Wachen/Schlafen, Arbeit/Erholung, An-/Entspannung zwar inadäquat sind, aber vom Organismus sehr lange abgepuffert werden. Ein wesentlicher Grund dafür liegt in der schillernden psychischen Belastung. Die Pufferung gelingt umso eher, je stärker diese Imbalancen selbstbestimmt erfolgen und je stärker der Eindruck von Anerkennung, Wertschätzung, Selbstwirksamkeit, Handlungsspielraum etc. besteht. Je weniger dies aber der Fall ist und je stärker die betroffene Person zusätzlich den Eindruck von Nicht-Kontrolle und Ausgeliefertsein hat, umso negativer dürften sich die erstgenannten Imbalancen auswirken.
Mit anderen Worten, ein Workaholic oder Selbstausbeuter, der sich subjektiv selbstbestimmt ausbeutet, dürfte unter den Imbalancen von Wachen/Schlaf, Arbeit/Erholung, An-/Entspannung deutlich weniger leiden als jemand, der sich fremdbestimmt fühlt und keine Handlungsspielräume zur Systemveränderung hat.
Das Gleiche gilt für das Gefühl von Bewältigung. Je stärker der Eindruck von „im Griff haben", gestalten können, bis hin zum „flow" subjektiv zu Buche schlägt, umso weniger werden die anderen Imbalancen virulent.

Der typische Fall von Imbalancen über längere Zeit, mit der Folge von Abspiralisierungen, lässt sich folgendermaßen kennzeichnen:

- Belastungen und Anforderungen steigen, z.B. durch Verschlankungen und permanente Reengineering-Maßnahmen im Unternehmen, aber auch durch eigene höhere Ansprüche.
- Gleichzeitig werden keine neuen Ressourcen aufgebaut, weil die wachsenden Anforderungen dies zeitlich nicht zulassen.
- Frühere Pufferzeiten werden verkürzt und durch personelle Umstrukturierungen (Entlassungen, Versetzungen, Vorruhestand von Kollegen) vermindert sich die soziale Unterstützung. Privatzeiten werden dem Beruf geopfert, Urlaube verschoben, die Zeit für Privatkontakte, Freunde, Feiern usw. schrumpft etc.
- Die Wippe kippt immer öfter auf der linken Seite.
- Es entstehen negative Spill-Over-Effekte, Frustrationen, Ärger, das Gefühl mangelnder Wertschätzung etc. werden nach Hause getragen, lösen dort Unverständnis aus. Hinzu kommen Vorwürfe wegen mangelnder Beteiligung an Haushalt, Kinderbetreuung etc. Die Familie fühlt sich vernachlässigt. Neben der „Front" im Beruf tut sich eine im Privatleben auf.
- Ressourcen und Kraftreserven (Puffer) vermindern sich, in der Nacht vor den Montags-Reportings mangelt es beispielsweise an erholsamem Schlaf.
- Frustrationen, Aggressionen, Vorwürfe, Gefühle von Ungerechtigkeit und Konflikte schaukeln sich sowohl im Berufs- als auch im Privatleben auf und lassen „Mehrfrontenkriege" entstehen.
- Die WLB-Kurve „zackelt" permanent an der „100-Prozent-Zahnfleisch-Grenze".
- Eindrücke von Fremdbestimmtheit, mangelnder Wertschätzung, von wenig Lebenssinn und -qualität verstärken sich. Das Gefühl von mangelndem Durchblick (Transparenz), Handlungsspielraum, unzureichender Unterstützung durch Vorgesetzte, Kollegen und Familienmitglieder verstärkt sich. Körperliche und geistige Fitness nehmen ab. Als „Ausgleich" schleichen sich im Gegenzug ungesunde Lebensweisen (Alkohol, Rauchen, Medikamente etc.) ein.
- Die depressive Spirale setzt ein (vgl. Kastner, 1983). Die Anforderungen werden überschätzt, die eigenen Bewältigungsmöglichkeiten unterschätzt. Der Glaube an adäquate Bewältigungen schwindet, wird begleitet von Ängsten, Frustrationen und Insuffizienzgefühlen. Die Handlungsstrategien werden rigider und damit erfolgloser. Der Misserfolg wird als Bestätigung der eigenen Inkompetenz erlebt, die Zukunftsängste verstärken sich usw. Erkrankungen wie Burn-out, Depression, chronisches Erschöpfungssyndrom greifen Platz.
- Der Präsentismus ist nur eine Weile durchzuhalten, es tritt Arbeitsunfähigkeit ein, u.U. mit der langfristigen Folge der Berufsunfähigkeit.

Die Abbildungen zu den WLB-Kurven und die obige Beschreibung verdeutlichen, dass Belastungs- und Beanspruchungsprozesse nur über die Zeit sinnvoll zu interpretieren sind. Es gilt, die ganzen rekursiven Ketten von Belastung – psychische Belastung – Beanspruchung, Beanspruchbarkeit, Beeinträchtigung bzw. Resilienz und wieder Aufsuchen oder Meiden von Belastung – in ihrer langfristigen Entwicklung zu sehen. Wenn eine Belastung/Anforderung auftaucht, die psychisch auch als solche wahrgenommen wird und entsprechende Beanspruchungen entstehen, dann wird das (subjektive) Ergebnis der Handlung wichtig. Im Falle von Erfolg wächst die Bereitschaft, eine neuerliche Anforderung aufzusuchen, deren Bewältigung die Kompetenz fördert und zu positiven Emotionen führt usw. Dieser Prozess kann sich mit der Zeit zur Resilienz aufschaukeln. Wer z.B. bei seinem ersten Vortrag starkes Lampenfieber hat und sich immer wieder in entsprechende neue Aufgaben stürzt, wird mit der Zeit immer „stabiler", unaufgeregter, bis er eines Tages ganz ruhig aufgrund der hohen Beanspruchbarkeit Vorträge vor Tausenden von Zuhörern absolviert.

Umgekehrt wird jemand, der anfänglichen Anforderungen nicht gerecht wird, neue Belastungen vermeiden bzw. im Falle des Zwangs sich immer unsicherer verhalten, dadurch weitere Misserfolge provozieren, diese sich selbst zuschreiben und am Ende, aufgrund seiner niedrigen Beanspruchbarkeit, in einer depressiven Spirale landen (vgl. Abb. 10).

Es liegt auf der Hand, dass Führungskräfte auf diesen Prozess der psychischen Belastung einen erheblichen Einfluss haben. Im Falle der adäquaten Balance von Anforderung, Ressourcen und Puffern, des daraus resultierenden Erfolgs und des Aufbaus von Selbstwertgefühl durch Wertschätzung steigt die Chance der oben beschriebenen Aufspiralisierung. Man wächst mit seinen Aufgaben. Im Fall von Imbalance und des daraus resultierenden Misserfolgs steigt die Wahrscheinlichkeit der Abspiralisierung. Man „schrumpft psychisch" mit seinen Misserfolgen.

Die psychische Belastung dürfte für die WLB chronisch Überforderter das zentrale Problem sein. Dabei geht es um Phänomene, die unseren psychischen Apparat in Anspruch nehmen. Letztlich können psychische im Gegensatz zu physischen Belastungen nur im Rückgriff auf psychische Prozesse und Strukturen beschrieben werden. Wichtig hinsichtlich der Workaholics und Selbstausbeuter ist das Problem, dass sie bestimmte Belastungs-

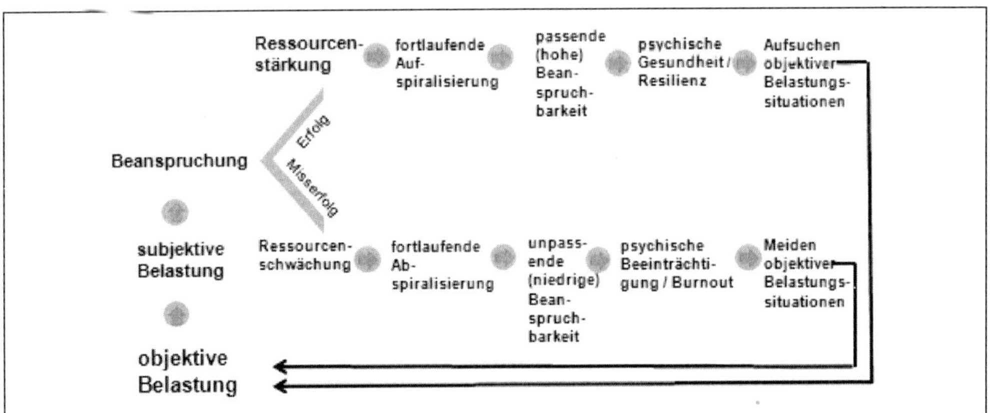

Abb. 10: Psychische Belastung

situationen überhaupt aufsuchen bzw. andere oft unbewusst geradezu ermuntern, ihnen mehr aufzubürden. Wie sieht es beispielsweise bei ihnen mit der Fähigkeit aus, „nein“ zu sagen? Gerade bei psychischen Belastungen zeigt sich die schwierige Trennung zwischen Belastung und Beanspruchung besonders deutlich (vgl. auch Nachreiner, 1997; Richter & Hacker, 1998).

Die Unterscheidung zwischen Belastungen und Anforderungen außerhalb der Haut, subjektiven (= psychischen) Belastungen und Beanspruchungen innerhalb der Haut, fällt oft schwer. Aber deren Differenzierung in der Beanspruchungshandlungsanalyse (Kastner, 1986, 2002a) eignet sich zu einer Präzisierung der Überforderung. Im Falle physischer, situativer Belastungen im Sinne physikalischer Variablen wie Temperatur, Luftfeuchtigkeit, Luftdruck, Stäube, Gase, Schall, Gefahrstoffe, biologische Arbeitsstoffe, Brand, Vibration, Strahlung etc. sind bei extremer Ausprägung über kurz oder lang gesundheitliche Schäden zu erwarten. Komplizierter wird es beim Lärm, einem psychologischen Konstrukt (= unerwünschter Schall). Seine Wirkung ist extrem abhängig von der inneren Einstellung. Flughafenanwohner, die zugleich Flughafenangestellte sind, erleben den Fluglärm kaum als belästigend. Anwohner, die den Flughafen selbst kaum nutzen und befürchten, dass dessen Erweiterung den Wert ihres Hauses weiter mindert, sind vom selben objektiven Schalldruck angenervt.

Für physische organisationale Belastungen, wie z.B. Schichtarbeit, Nachtarbeit, Arbeitsdauer, Pausenhäufigkeit und -länge, Unterbrechungen, Zeitdruck, und für physische personale Belastungen, wie etwa Schlafentzug, Einsamkeit im Sinne von alleine tätig sein etc., gilt dies in ähnlicher Weise. Statistisch am bedeutsamsten dürften die emotional negativ bewerteten Anforderungen sein, die keinen physikalischen Status haben. Prinzipiell kann alles Anforderung sein, was von der Person als solche gesehen wird. Anforderung setzt immer eine fordernde Instanz voraus, z.B. einen Chef oder Eltern oder auch man selbst, die eine bestimmte Reaktion oder Tätigkeit verlangen. Damit kommt bewertenden Prozessen (primary und secondary appraisal) im Hinblick auf Schwierigkeit der Aufgabe, Wohlbefinden, Schaden, Verlust, Herausforderung (primary appraisal) und Bewältigungsmöglichkeiten, auch hinsichtlich externer und interner Ressourcen (secondary appraisal), eine zentrale Bedeutung zu.

Ein Mitarbeiter, der hohen Anforderungen ausgesetzt wird oder sich diesen selbst in adäquaten Handlungsspielräumen aussetzt –, ein Vorstandsassistent arbeitet beispielsweise 70 Stunden pro Woche, wird dadurch subjektiv stark belastet, hat aber Autonomie, Erfolg und Anerkennung und arbeitet möglicherweise sogar im Flow-Kanal (Csikszentmihalyi, 1985) – wird in der Folge neue Herausforderungen meistern. Er wird immer kompetenter und schafft mehr bei weniger Energieeinsatz. Auf diese Weise wird er sich immer weiter bis zur Resilienz aufspiralisieren. Seine WLB empfindet er durchaus als gelungen, weil die hohen Investitionen an Zeit und Energie von viel Genuss in Form von Erfolg (Anerkennung, Status, Geld) mit entsprechendem Wohlbefinden aufgewogen wurden.

Wesentlich für einen solchen Aufschaukelungsprozess sind die subjektiven Eindrücke von:
- Erfolg,
- Anerkennung und Wertschätzung,
- Handlungsspielraum, Autonomie, Selbstbestimmung,
- Wohlbefinden,
- Selbstwirksamkeit (Bandura, 1997),
- Kontrolle bzw. Handhabbarkeit,
- Durchblick bzw. Transparenz,
- Sinn.

Die drei letztgenannten Phänomene kennen wir aus verschiedenen Ansätzen, zusammengefasst aber im Konzept der Kohärenz von Antonovsky (1997).

Das jeweilige Gegenteil, also der subjektive Eindruck von
- Misserfolg,
- Akzeptanzprobleme,
- Fremdbestimmung,
- Missbefinden,
- ausgeliefert sein,
- Intransparenz,
- Sinnlosigkeit

führt zu Abschaukelungsprozessen in Richtung Depression. Das bedeutet, selbst bei gleichen objektiven Bedingungen von physikalischen Belastungen und Arbeitsanforderungen, können sich je nach jeweiligen subjektiven Handlungsergebnissen völlig konträre Auf- und Abschaukelungsprozesse ergeben, die wir als extrem bezeichnen können.
Im ersten Falle sehen wir den freiwilligen, intrinsisch motivierten, lustvollen Workoholic, im zweiten den unfreiwilligen, gequälten Überforderten, der meist nur extrinsisch zu motivieren ist. Ein differenzierterer Blick auf das Wohlbefinden macht dies noch deutlicher. Warum sollte jemand, der gemäß seinen Werten sinnvoll und praktisch sein Leben bewältigt, „ja" zu sich selbst sagt, sozial eingebettet ist, selbstbestimmt agiert und Kontrolle über sein Leben hat, glaubt, seine Umgebung und sich selbst zu verstehen und dabei zu wachsen, sich nicht in einer Weise verhalten, die andere als Workaholic kennzeichnen?
Umgekehrt ist natürlich zu erwarten, dass jemand, der fremdbestimmt so viel arbeiten muss und die gegenteiligen Phänomene erlebt, auf Dauer krank wird.

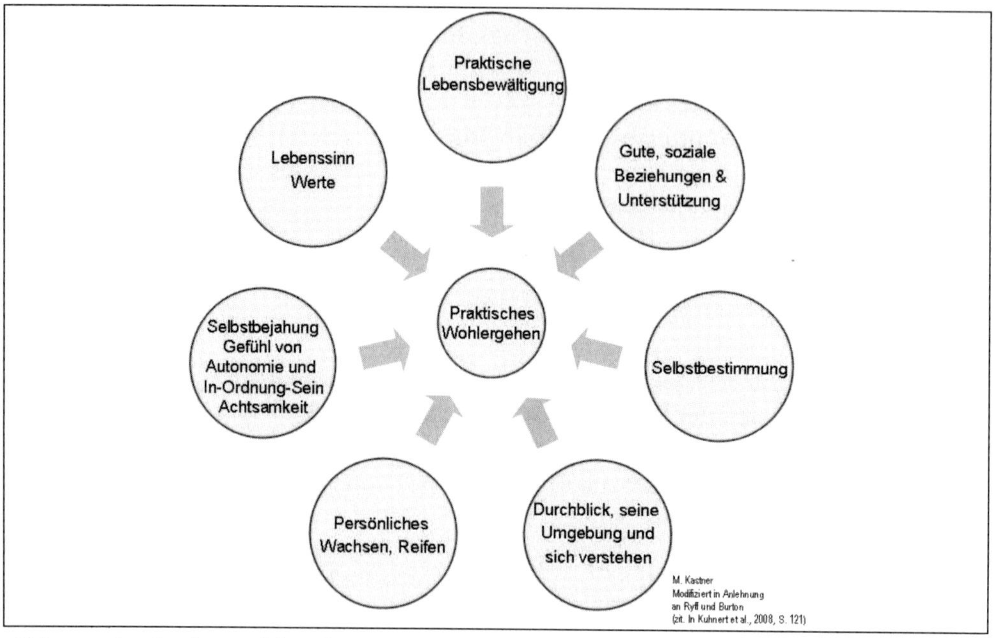

Abb. 11: Psychisches Wohlergehen (modifiziert in Anlehnung an Ryff & Burton, zit. in Kuhnert et al., 2008, S. 121)

2.2.6 Psychische Beeinträchtigungen

Burn-out und Depressionen als Krankheiten des 21. Jahrhunderts sind gerade dadurch gekennzeichnet, dass bewertende Prozesse in der Geisteswelt und emotionale Prozesse in der Lebenswelt sich gegenseitig auf- bzw. abschaukeln. Belastungen und Anforderungen werden über-, eigene Bewältigungsmöglichkeiten unterschätzt. Es resultiert eine subjektive Sicherheit, die Situation nicht adäquat zu bewältigen, gekoppelt mit Angst. In einer entsprechend „zappeligen" Konstitution und einer Self-Fulfilling-Prophecy entsteht Misserfolg, der wiederum als Bestätigung für die eigene Unfähigkeit interpretiert wird. In der Folge sucht die Person bewährungsgeeignete Situationen nicht mehr auf und spiralisiert sich so in die Handlungsunfähigkeit (Kastner, 1983).
Dass „echte" Arbeitslose, also Personen, die keiner Schwarzarbeit nachgehen, meist stärker gestresst und gesundheitsgefährdeter sind als arbeitende Menschen, ist hinreichend belegt (vgl. etwa Kuhnert & Kastner, 2001, 2002; Mohr, 1993). Und durch die Verschlankungen und Fusionen der Unternehmen tritt das Phänomen der Arbeitsplatzunsicherheit immer häufiger auf, was zweifellos psychisch belastet (Büssing, 1987) und auch physiologische Spuren hinterlässt (Brenner & Starrin, 1988). Aus den obigen Überlegungen ergeben sich zahllose Implikationen, wie man chronisch Überforderten bei ihrer WLB helfen kann. Dabei ist zunächst essentiell, ob es sich um freiwillig oder unfreiwillig Überforderte handelt. Im ersten Fall wären allenfalls Interventionen erforderlich, wenn die be-

treffende Person sich selbst und andere gefährdet und von Eigenverantwortlichkeit nicht mehr ausgegangen werden kann. Im zweiten, statistisch relevanten Fall, gelten alle Implikationen der beschriebenen Konzepte, etwa des Selbstcoachings und/oder des vorgestellten WLB-Konzeptes. Meist bedarf es aber gerade bei chronisch Überforderten externer Hilfe. Denn meist sind die üblichen Themen wie Zeitmanagement, Arbeitseffizienz, Anwendung rationellerer Arbeitsmethoden ausgereizt.

2.2.7 Psychische Stärkung

In dem beschriebenen Konzept zur psychischen Belastung und Beanspruchung wird von positiven Möglichkeiten des Aufschaukelns zur Resilienz gesprochen. Hierbei geht es (vgl. Kastner in diesem Beitrag zur individuellen und organisationalen Resilienz) um psychische Widerstands- und Pufferfähigkeit bzw. um das Vermögen, nach Niederlagen, Krisen, Konflikten, Katastrophen, wieder aufzustehen und sich nicht unterkriegen zu lassen. Es ist schwer zu klären, inwieweit Resilienz als angeboren oder erworben anzusehen ist. Wie meist, spielt beides eine Rolle, aber in Grenzen ist Resilienz sicher förderbar, ähnlich einer körperlichen Abhärtung, etwa in Kneipp-Kuren oder der Stärkung des Immunsystems. Im Grunde geht es um die Balance aus Stabilität, Verwurzelung, Halt auf der einen und Flexibilität, Anpassungsfähigkeit, Biegsamkeit auf der anderen Seite.
Resiliente geraten seltener in selbst-gefährdende kritische Situationen, weil sie ihre Balancen zwischen Belastungen und Ressourcen besser abpuffern können; ein Grund, die Resilienz den Puffern und nicht den Ressourcen zuzurechnen.
Im ganzheitlichen LGM wird versucht, Mitarbeiter bei der Steigerung ihrer individuellen Resilienz zu unterstützen. Die Erfahrung spricht dafür, dass Unternehmen gerade im Falle der Personalreduktion dazu neigen, sich die Resilienten herausfiltern zu lassen und sich von den Nicht-Resilienten zu trennen. Bei guter Führung, die gerade im Kontext von Führen und Gesundheit in Grenzen auch gelernt werden kann, ist zumindest zu erwarten:

- dass der Mitarbeiter mit Aufgaben konfrontiert wird, die schwierig, spezifisch, klar formuliert, aber erreichbar sind,
- Anstrengung und Erfolg, soweit möglich, vorprogrammiert sind und bei dessen Eintreffen wertschätzende Rückkopplung erfolgt, so dass
- der Mitarbeiter motiviert wird, sich höheren Anforderungen zu stellen, und die psychische Belastung sinkt,
- adäquate Beanspruchungsprozesse resultieren, die wiederum die Ressourcen fördern, Erfolgserwartung und damit das Selbstbewusstsein steigern und
- letztlich höhere Anforderungen bei gleichzeitig weniger Energieaufwand bewältigt werden können, woraus
- wiederum höhere Resilienz, Leistung und Gesundheit resultieren.

2.2.8 Konkrete Maßnahmen zur Optimierung der WLB

Bewährt hat sich, nach der Weisheit von Radio Eriwan vorzugehen: „Kann man einen Elefanten essen? Im Prinzip nein, aber, wenn man ihn in kleine Stücke schneidet, diese Häppchen appetitlich zubereitet, dem Esser Zeit zum Kauen und Verdauen gibt, dann ist es durchaus möglich". Der Elefant „Selbstmanagement zur Work Life Balance" wird also in Stücke geteilt, hier die Körper-, Geistes-, Lebens- und soziale Welt. Diese werden wiederum in kleine Häppchen aufgeteilt, die bewältigbar erscheinen und, wie im Projektmanagement, auch systematisch abgearbeitet werden.
In der Körperwelt des „Anfassbaren" können wir recht viel tun, um Leistung und Gesundheit zu fördern (vgl. Abb. 12). Hier sind die vielfältigen Bemühungen zu subsumieren, die oft für betriebliche Gesundheitsförderung gehalten werden: Bewegung, Ernährung, Regeneration, Drogen inklusive Rauchen und Alkohol etc.
So wichtig diese Themen auch sind, bezüglich der immer wichtiger werdenden psychischen Belastungen, Beanspruchungen und Beeinträchtigungen, reicht deren Optimierung keinesfalls aus. Es gilt, Stationen der Geisteswelt zu bearbeiten (vgl. Abb. 13). Hier kann nichts konkret gemessen werden, wie z.B. der Blutdruck oder das Körpergewicht. Die Geisteswelt unterscheidet sich von der Körperwelt durch Verweisungsbeziehungen (Kastner, 1999). Das eine theoretische Konstrukt hängt mit dem anderen zusammen und ist nur indirekt erschließbar.
Welche Werte, Visionen, kulturellen Ansprüche hat der Mitarbeiter, welche Zielvorstellungen und Einstellungen, sowohl hinsichtlich seiner Leistung, als auch seiner Gesundheit? Wie laufen seine (Selbst-)Wahrnehmungen, Denk- und Entscheidungsprozesse, Attributionen ab? Wie diszipliniert steuert er sich selbst? Welche Motive sind wie ausgeprägt und wie gut gelingt es ihm, seine Bedürfnisse und Ziele nachhaltig zu verfolgen?

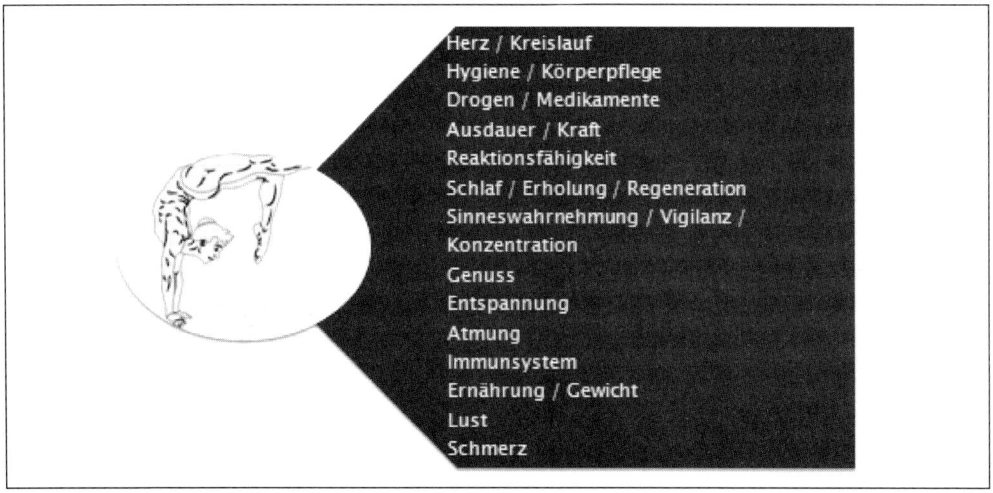

Abb. 12: Körperwelt

Abb. 13: Geisteswelt

Mitarbeiter werden oft von ihren meist logisch denkenden Führungskräften als rationale Wesen betrachtet, die doch, vernunftgesteuert und lernfähig, eigentlich leicht zu beeinflussen oder gar steuerbar sein müssten. Dem ist natürlich nicht so, weil der Mensch als „emotionales, soziales Tier" stark von seinen Emotionen beeinflusst wird (vgl. Abb. 14). Positive Gefühle wie Liebe, Freude, Lust, Glück können extrem motivieren und im Rahmen des Selbstmanagements ermöglicht, aber nicht determiniert werden. Für negative Emotionen wie Angst, Ärger, Hass gilt das Gleiche. Meist dominiert im Zweifel die Emotion die Ratio.
Die beschriebenen Prozesse „innerhalb" unserer Haut werden bei dem „sozialen Tier" Mensch stark moderiert durch die Prozesse auf und im direkten Umfeld der Haut, nämlich unserer unmittelbaren sozialen Umgebung, vor allem (Ehe-)Partner, Kinder, Kollegen, Freunde (vgl. Abb. 15).
Mit dieser Welt ist die unmittelbare, personenspezifische Ausstrahlung auf das unmittelbar nahe soziale Milieu als Personfaktor gemeint, das von der Ausstrahlung der Person abhängt. Wer Miesepetrigkeit ausstrahlt, muss sich über schlechte Kommunikation mit seinen direkten Mitmenschen nicht wundern, die ihrerseits kränkt bzw. krank macht. „Wie man in den Wald hineinruft…". D.h., sowohl negative Emotionen wie Ärger, Angst, Frustration, als auch positive Emotionen wie Liebe, Zuneigung und schließlich körperliche Berührungen (Umarmen, Streicheln) werden von der Person provoziert, geben etwas zurück und sind entscheidend für ihr Befinden.
Zusammengefasst sollen diese vier Welten zu Fitness (Körperwelt), Kohärenz (Geisteswelt), Glück (Lebenswelt) und Mitmenschlichkeit (Soziale Welt) führen (vgl. Abb. 16). Eine „Stationsausbildung" in den vier Welten soll bewirken, dass ein Selbstmanagement zur WLB optimiert wird (Kastner, 2004b). Dabei soll im Sinne des obigen Elefantenbeispiels in einer Salami-Taktik Schrittchen für Schrittchen vorgegangen werden. Erst wenn

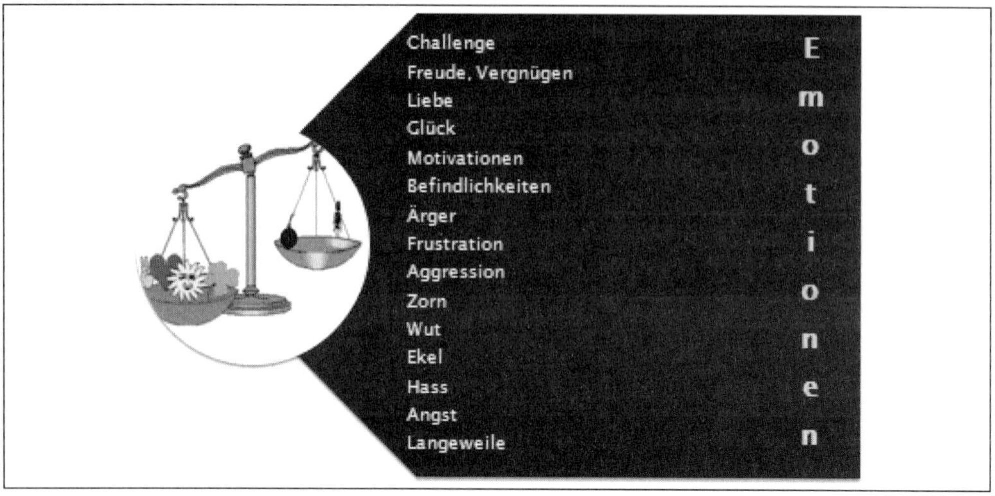

Abb. 14: Lebenswelt

Abb. 15: Soziale Welt

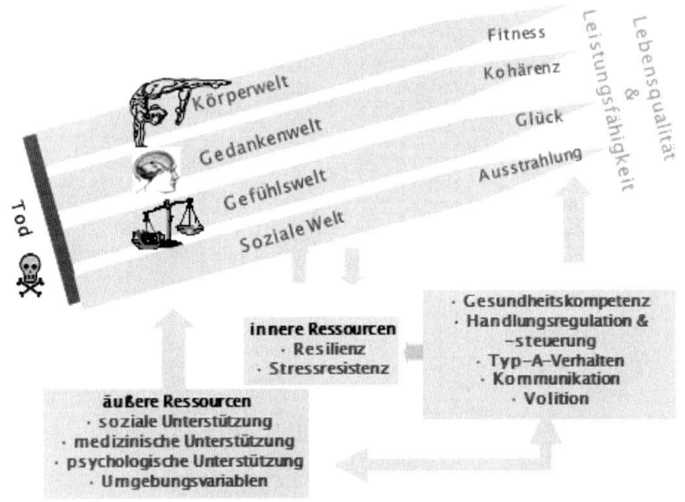

Abb. 16: Vektoren von Leistung und Gesundheit

ein „Häppchen" automatisiert ist, sollte das nächste angegangen werden, so dass in einem persönlichen Kaizen das Leistungs- und Gesundheitsverhalten Stückchen für Stückchen vorangetrieben und Fehler für Fehler vermieden wird.

2.2.9 Konkretes Vorgehen der Schulung und Beratung

Bei Kastner (2005c) werden die Schritte des Vorgehens zur Förderung des Selbstmanagements bei Arbeitslosen beschrieben. Dieses Prinzip lässt sich beim Coaching anwenden, das idealerweise zwischen verschiedenen Trainingsbausteinen liegt. Demnach wird in den Seminar-Stationen (s.o.) im Kollektiv das nötige Wissen erworben, um eine Gesundheitskompetenz aufzubauen. Im Coaching werden jeweils anschließend nach individuellem Bedarf, Ressourcen und Anforderungen im praktischen Berufs- und Privatalltag „die PS auf die Straße gebracht". Dies geschieht auf zwei Ebenen. Zum einen der der jeweils konkreten aktuellen Probleme, wobei durch die richtige Vorgehensweise Quick Wins winken. Zum Zweiten geschieht dies durch ein systematisches, strukturiertes Vorgehen nach dem roten Faden, der im Konzept der systemverträglichen Organisationsentwicklung (Kastner, 1998) wie folgt zu beschreiben ist (vgl. Abb. 17).

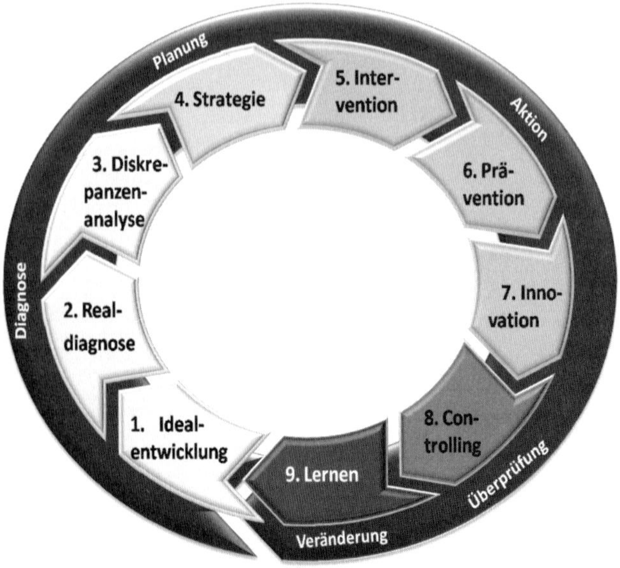

Abb. 17: SOE-Kreis

Nach den „üblichen“ Schritten des Coachings:
– Schmieden einer Allianz zwischen Berater und Klient (Kontrakt),
– Fokussierung auf Handlungs- bzw. Verhaltensbereiche (z.B. berufliche Leistung verbunden mit Gesundheit),
– Aufbau einer Veränderungsmotivation
wird nach obigem Schema vorgegangen.

Zunächst wird, moderiert durch den Coach, das individuelle Ideal des Leistungs- und Gesundheitsverhaltens entwickelt. Welchen Sinn des Lebens sehe ich (Philosophie)? Welche ethischen Prinzipien habe ich, was ist gut/schlecht, richtig/falsch, erwünscht/unerwünscht, welche Widersprüche gibt es (Ethik)? Wie will ich leben, arbeiten, genießen, welche Ansprüche habe ich (Kultur)? Wie sieht meine Vision des zukünftigen Leistungs- und Gesundheitsverhaltens aus, d.h. welchen Traum habe ich unter gegebenen, nicht änderbaren Bedingungen (Lebenswelt)? Welche Ziele habe ich und wie sind sie zu priorisieren und zu strukturieren (Zielsystem, Geisteswelt)? Welche Grundsätze, Prinzipien habe ich, über die ich nicht jedes Mal nachdenken muss? Dies alles gehört zur Idealdiagnose, d.h. wo würde ich sagen: „so soll es sein, so kann es bleiben“?

Es folgt die Realdiagnose in der Körper-, Geistes-, Lebens- und Sozialen Welt. Die Stationen der Körperwelt werden diagnostiziert (von Gewicht/Ernährung, Blutdruck über Ruhephasen bis zu Hygiene, Schlaf, An- und Entspannung etc.). Hier handelt es sich um den einfachsten Fall aufgrund der Konkretheit und leichten Messbarkeit. Körperchecks haben sich in etlichen Firmen, zumindest für Führungskräfte, durchgesetzt.

In der Geisteswelt fällt die Realdiagnose schon schwerer. Wie konzentrationsfähig bin ich? Inwieweit habe ich klare Zielvorstellungen oder -konflikte? Wie gut kann ich mit Komplexität umgehen, wie schnell passe ich mich an Veränderungen an (Dynaxität, s.o.)? Wie achtsam bin ich im Hinblick auf mein Leistungs- und Gesundheitsverhalten? Wie sieht mein Zeitmanagement aus?
Bezüglich der Lebenswelt und des „Emotionsmanagements" wird geklärt, wann und wie ich mich ärgere, Angst habe, Ekel empfinde, frustriert bin bzw. wann und wo ich mich freue, Lust empfinde, Liebe und Zärtlichkeit genieße etc.?
Schließlich wird in der Sozialen Welt geklärt, wie viele und wie gute Freunde ich habe, wie meine Familie „funktioniert", welche Ausstrahlung ich auf andere habe und welche Wertschätzung ich von wo erfahre.
Natürlich hängen diese vier Welten zusammen. Zum Beispiel gehen Angst (Lebenswelt) und Entspannung (Körperwelt) nie zusammen. Es muss also eine Prozessanalyse erfolgen. Wo führt eins zum anderen? Wie sehen meine Wippprozesse zwischen Belastungen/Anforderungen und Ressourcen aus, wo habe ich Puffer und wo fehlen sie? Wie schaukeln sich die Prozesse in der Kette Belastung – psychische Belastung – (Fehl)Beanspruchung – psychische Beeinträchtigung oder Resilienz auf oder ab?
Es folgt als letzter Teil der Diagnose-Phase die Diskrepanzenanalyse. Wo liegen die entscheidenden Differenzen zwischen Soll (Ideal) und Ist (Real)? Wie kann dieser „Sündenkatalog" geordnet werden? Wo liegen welche Treiber, d.h. an welchen „Rädchen muss zuerst gedreht werden", um in der Folge das ganze Variablennetz zu verbessern?
Darauf baut eine Planungsphase auf. Welche Strategie kann entwickelt werden unter gegebenen, nicht änderbaren Bedingungen? Wie müssen die Prozesse dazu definiert werden, in Teilprozesse und Aufgaben heruntergebrochen werden? Welche Strukturen werden benötigt (Infra-, Personal-, Finanzstruktur)? In welcher Reihenfolge sollen welche Maßnahmen erfolgen und wie sollen ihre (Miss-)Erfolge kontrolliert werden? In diesem Kontext werden auch Beratungsziele konkretisiert und vereinbart.
Nun kommt die Aktionsphase, die aus Interventionen, Präventionen und Innovationen besteht. Es werden konkrete Maßnahmen zur Reduktion des Deltas zwischen Ideal und Real festgelegt und, wie im Projektmanagement, mit Meilensteinen versehen. Der Einsatz von Zeit, Geld und Energie wird festgelegt. Interventionen sollen die Nähe zum Ideal erhöhen, stellen aber letztlich Reparaturverhalten dar, weil die Diskrepanzen schon aufgetreten sind. Zeitgleich mit den Interventionen sind Präventionen anzugehen, damit nicht zukünftig weitere Diskrepanzen entstehen. Diese werden nach Primär-, Sekundär- und Tertiärprävention unterschieden. Zur Primärprävention ist es z.B. in der Körperwelt immer sinnvoll, sich viel zu bewegen und richtig zu ernähren oder in der Sozialen Welt, sich um Familie und Freunde zu kümmern. Hinsichtlich der Sekundärprävention sind in sinnvollen Abständen bewährte Parameter wie z.B. Blutdruck, Blutfette oder PSA-Wert beim Mann zu erheben. Und im Rahmen der Tertiärprävention sollten nach eingetretenem Schaden beispielsweise auch die erforderlichen Tabletten eingenommen werden (Compliance).

Da Präventionen immer noch den Nachteil haben, dass die potenziellen Systemzustände bekannt sein müssen, ist eine Innovationsphase erforderlich. Was wäre z.B. eine „verrückte“ Änderung in meinem Leben, an die ich noch nie gedacht habe (Auswandern, anderen Beruf ergreifen, ...)? Welche unterschiedlichen Systemsichten kann ich einholen von Personen, die kein persönliches Interesse an meinen Veränderungen haben?
Diese Schritte der Aktionsphase (Intervention, Prävention, Innovation) müssen beobachtet, gemessen, überprüft, bewertet und gesteuert werden. Diese Überprüfung erfolgt mit Hilfe von Evaluationen. Was war wie erfolgreich oder Verschwendung von Zeit, Geld und Energie?
Aus den Fehlern und Erfolgen muss gelernt werden. Ich muss mich verändern, um langfristig Leistung und Gesundheit zu erleben. Dies kann z.B. bedeuten, dass ich meine Idealvorstellungen korrigieren oder die Schritte meiner Veränderungen kleiner wählen muss, mehr Geduld haben muss etc. Zum Lernprozess gehört auch, sich selbst Belohungen für Gelerntes zu geben, um die Veränderung emotional positiv zu besetzen.

2.2.10 Probleme beim individuellen LGM

Bei allen Maßnahmen zur Optimierung der WLB auf der individuellen Ebene stellen sich grundsätzlich drei zentrale Probleme, das der Allokation, der Volition und der Evaluation.

a) Alle Maßnahmen zur Verbesserung der WLB durch Staat, Unternehmen, sonstige soziale Umgebung bergen im Falle der freiwilligen Teilnahme das Problem, dass man immer „die Halbkatholischen in die Kirche bekommt“. Diejenigen, die Hilfe zur WLB am dringendsten benötigen, sehen dies oft am wenigsten ein. Hier kann es sinnvoll sein, sich selbst zu zwingen, den eigenen Schweinehund zu überlisten. Ein Erfolgsrezept besteht darin, andere in die eigene Verhaltenskorrektur einzubeziehen. In den USA haben Drillmaster Hochkonjunktur, die morgens um 6.00 Uhr vor dem Haus stehen und mit Stentorstimme brüllen: „Komm runter, du fauler..., du wolltest doch joggen“. Die Peinlichkeit, dass die Nachbarn dies hören, treibt so manchen in die Jogging-Schuhe.
b) Selbst wenn nun Einsicht und Veränderungsmotivation durchaus vorhanden sind, muss dem allgegenwärtigen Versandungsproblem entgegengewirkt werden. „Der Weg zur Hölle ist mit guten Vorsätzen gepflastert“ und es erfordert viel Disziplin, die erwähnte Lorenz-Kette zu durchlaufen. Von der Frage, ob der Mensch überhaupt einen freien Willen hat (vielleicht kann der Selbstausbeuter es ja nicht anders) bis zur nachhaltigen Verwirklichung einer erwünschten WLB ist ein langer Weg, auf dem Erkenntnisse aus der Volitionsforschung sinnvoll genutzt werden können (vgl. Kastner, 2006).
c) Die ökonomische Evaluation von Maßnahmen zur Verbesserung der WLB, d.h. die Frage „Was kostet was und was bringt was?“ stellt ein hoch komplexes Problem dar. Letztlich geht es, mit Hilfe welcher Instrumente auch immer (z.B. einer Gesundheits-Balanced Scorecard, vgl. Möller et al., 2008), um die unternehmerische Beeinflussung

personeller Ressourcen auf der Basis von Ursache-Wirkungs-Beziehungen in der betrieblichen Gesundheitsförderung und deren Einfluss auf die Leistung. Welche Investition bringt welchen Gewinn in Form von Konsumation? Viele angeblich sinnvolle Maßnahmen zur Förderung von Gesundheit und WLB halten einer Evaluation nicht stand.

d) Bezüglich der Gesundheit von chronisch Überforderten ist das generelle Problem der Multikausalität von Gesundheit schwer in den Griff zu bekommen. Die Korrelationen zwischen Arbeitsbelastungen und psychischem Wohlbefinden sind meist schwach ausgeprägt und klären knapp vier Prozent Varianz auf. Zur Gesundheit tragen mindestens folgende Faktoren bei: Alter, Geschlecht, kultureller Hintergrund, Umweltbelastungen, sozio-ökonomischer Status, physische Konstitution, individuelle Ressourcen, Gesundheitsverhalten, wie z.B. Rauchen und Sport, kindliche und jugendliche Entwicklung, frühere Unfälle und Krankheiten, Persönlichkeitsfaktoren, familiäre Belastung, Wohnverhältnisse, soziale Stressoren, familiäre Situation, kritische Lebensereignisse, organisationale Ressourcen und Puffer (z.B. Handlungsspielräume) und last but not least Arbeitsbelastungen und -anforderungen.

e) Unfreiwilliges Überfordern wird vielfach von den Führungskräften als nichts Besonderes wahrgenommen. Viele argumentieren: „Ich erwarte von meinen Mitarbeitern nicht mehr als von mir selbst". Wenn dies ein freiwilliger Workaholic sagt, übersieht er natürlich die vielen o.g., ihn gesund erhaltenden, die Mitarbeiter aber krankmachenden, Faktoren.

Literatur

Antonovsky, A. (1997). Salutogenese. Zur Entmystifizierung der Gesundheit. Tübingen: Dgvt-Verlag.

Badura, B. (2002). Gesunde Gesellschaften, gesunde Organisationen – eine salutogenetische Perspektive. In H. Kowalski (Hrsg.), Stress-Symposium (S. 27-38). Essen: Verlag CW Haarfeld.

Bandura, A. (1997). Self-efficacy: the exercise of control. New York: Freeman and Company.

Bosma, H., Peter, R., Siegrist, J. & Marmot, M. (1998). Two alternative job stress models and the risk of coronary heart disease. American Journal of Public Health, 88, 68-74.

Brenner, S.-O. & Starrin, B. (1988). Unemployment and health in Sweden: Public issues and private troubles. Journal of Social Issues, 44, 125-140.

Büssing, A. (1987). Arbeitsplatzunsicherheit – eine vernachlässigte Perspektive der psychologischen Arbeitslosigkeitsforschung. In M. Amelang (Hrsg.), Bericht über den 35. Kongress der Deutschen Gesellschaft für Psychologie in Heidelberg 1986 (Bd. 2, S. 609-620). Göttingen: Hogrefe.

Csikszentmihalyi, M. (1985). Das Flow-Erlebnis: jenseits von Angst und Langeweile. Im Tun aufgehen. Stuttgart: Klett-Cotta.

Europäisches Netzwerk Enterprise For Health (2002). Work Life Balance – Vereinbarkeit von Beruf und Privatleben. www.enterprise-for-health.org/index.php?id=6

Gerlmaier, A. (2004). Projektarbeit in der Wissensökonomie und ihre Auswirkungen auf die Work Life Balance. In M. Kastner (Hrsg.), Die Zukunft der Work Life Balance (S. 282-304). Kröning: Asanger.

Gerlmaier, A. & Kastner, M. (2000). Auswirkungen betrieblicher Restrukturierungen auf die Gewährleistung von Sicherheit und Gesundheit. In B. Badura, M. Litsch & C. Vetter (Hrsg.), Fehlzeiten-Report 2000 (S. 84-101). Berlin: Springer.

Gerlmaier, A. & Kastner, M. (2001). Belastungen und Ressourcen einer sich wandelnden Arbeitswelt und ihre Auswirkungen auf die Work-Life-Balance. In M. Kastner & J. Vogt (Hrsg.), Strukturwandel in der Arbeitswelt und individuelle Bewältigung (S. 195-226). Lengerich: Pabst Science Publishers.

Gerlmaier, A. & Kastner, M. (2003a). Der Übergang von der Industrie- zur Informationsarbeit: neue Herausforderungen für eine menschengerechte Gestaltung von Arbeit. In M. Kastner (Hrsg.), Neue Selbstständigkeit in Organisationen (S. 15-36). München und Mehring: Rainer Hampp.

Gerlmaier, A. & Kastner, M. (2003b). Was sind neue Selbstständige? In M. Kastner (Hrsg.), Neue Selbstständigkeit in Organisationen (S. 49-76). München und Mehring: Rainer Hampp.

Gerlmaier, A., Reick, C. & Kastner, M. (2002). Zwischen Autonomie und Selbstausbeutung: Gesundheitliche Auswirkungen der „Neuen Selbstständigkeit". In R. Trimpop, B. Zimolong & A. Kalveram (Hrsg.), Psychologie der Arbeitssicherheit und Gesundheit. Neue Welten – alte Welten (S. 261-266). Heidelberg und Kröning: Asanger-Verlag.

Glißmann, W. (2001). Arbeiten ohne Ende? Meine Zeit ist mein Leben! In M. Steinrücke et al. (Hrsg.), Neue Zeiten – neue Gewerkschaften. Auf der Suche nach einer neuen Zeitpolitik (S. 123-141). Berlin: sigma-Verlag.

Hacker, W. (1998). Allgemeine Arbeitspsychologie. Psychische Regulation von Arbeitstätigkeiten (4. Aufl.). Bern: Huber.

Heider, C. B. (2007). Doppelverdiener-Familien mit kleinen Kindern in Europa: Der Zusammenhang zwischen elterlichem Stress, dysfunktionalem Elternverhalten und kindlichen Verhaltensäuffälligkeiten sowie der kompensatorische Einfluss famlienexterner Kinderbetreuung und familienfreundlicher Arbeitszeiten. Unveröffentlichte Diplom-Arbeit. Department Psychologie der Universität München. München.

Herzberg, F. (1966). Work and the nature of men. Cleveland, Ohio: World.

Kahn, R. L. & Byosiere, P. (1992). Stress in organizations. In M. D. Dunnette & L. M. Hough (Eds.), Handbook of industrial and organizational psychology (2nd ed., B. 3, pp. 571-650). Palo Alto, CA: Consulting Psychologists Press.

Karasek, R. & Theorell, T. (1990). Healthy Work: Stress, Productivity, and the Reconstruction of Working Life: New York: Basis Books.

Kastner, M. (1983). Zusammenhänge zwischen Stress und Depression in einem umgrenzten Handlungsbereich. Diss. Med., RWTH Aachen.

Kastner, M. (1986). Zur Koppelung von Beanspruchungen im Rahmen der Arbeits- und Organisationspsychologie. In H. Methner (Hrsg.), Psychologie in Betrieb und Verwaltung (S. 43-66). Bonn: Deuter Psychologen-Verlag.

Kastner, M. (1994). Stressbewältigung. Leistung und Beanspruchung optimieren. Wiesbaden: Gabler.

Kastner, M. (1998). Verhaltensorientierte Prozessoptimierung: mehr Psychologik als Logik? In M. Kastner (Hrsg.), Verhaltensorientierte Prozessoptimierung (S. 13-30). Herdecke: Maori.

Kastner, M. (1999). Chancen und Risiken zukünftiger Arbeits- und Organisationsformen im Hinblick auf Gesundheit und Sicherheit. In M. Kastner (Hrsg.), Gesundheit und Sicherheit in neuen Arbeits- und Organisationsformen (S. 111-120). Herdecke: Maori.

Kastner, M. (2001a). Neue Arbeitswelt auch neue Arbeitslosenwelt? In M. Kastner & J. Vogt (Hrsg.), Strukturwandel in der Arbeitswelt und individuelle Bewältigung (S. 9-30). Lengerich: Pabst Science Publishers.

Kastner, M. (2001b) Neue Konzepte der Stressbewältigung, Gesundheitsförderung und Work Life Balance. In H. Kowalski (Hrsg.), Stress-Symposium – Aktuelle Ursachenforschung, moderne Methoden der Stressbewältigung (S. 55-94). Essen: Verlag CW Haarfeld.

Kastner, M. (2002a). Neue Qualität der Arbeit aus arbeits- und organisationspsychologischer Sicht. In G. Kilger & H.-J. Bieneck (Hrsg.), Neue Qualität der Arbeit (S. 259-268). Frankfurt a.M./New York: Campus.

Kastner, M. (2002b). Work Life Balance – ein Konzept für Gesundheitskompetenz. Bundesarbeitsblatt, 9, 12-17.

Kastner, M. (2004a). Verschiedene Zugänge zur Work Life Balance. In M. Kastner (Hrsg.), Die Zukunft der Work Life Balance (S. 67-106). Kröning: Asanger.

Kastner, M. (2004b). Work Life Balance als Zukunftsthema. In M. Kastner (Hrsg.), Die Zukunft der Work Life Balance (S. 1-66). Kröning: Asanger.

Kastner, M. (2005a). Gestörte Organisationen, gestörte Personen. Zur Psychologie der Autonomie. In Kulturwissenschaftliches Institut (Hrsg.), Jahrbuch 2005 (S. 241-264). Bielefeld: transcript-Verlag.

Kastner, M. (2005b). Gesundheitsmanagement als Teil der Organisations- und Personalentwicklung. In Tagungsbericht zum INQA-Personalforum am 11. November 2004 in Berlin, S. 12-21.

Kastner, M. (2005c). Selbstmanagement für unsicher Beschäftigte und Arbeitslose. Reihe Gesundheitsförderung und Selbsthilfe, Band Nr. 9, des Bundesverbandes der Betriebskrankenkassen. Bremerhaven: Wirtschaftsverlag NW, Verlag für neue Wissenschaft GmbH.

Kastner, M. (2006). Gestörte Organisationen, gestörte Personen. Zur Psychologie der Autonomie. In Kulturwissenschaftliches Institut (Hrsg.), Jahrbuch 2005 (S. 241-264). Bielefeld: transcript-Verlag.

Kastner, M. (2007). Vertrauensfehlerlerninnovationsgesundheitskultur zur Förderung von Kultursynergien und Meidung von Kulturkonflikten. In M. Kastner, E. M. Neumann-Held & C. Reick (Hrsg.), Kultursynergien oder Kulturkonflikte (S. 182-210)? Lengerich: Pabst Science Publishers.

Kastner, M. (2009). Umgang mit Belastungen und Anforderungen. In L. v. Rosenstiel, E. Regnet & M. Domsch (Hrsg.), Führung von Mitarbeitern (S. 88-96). Stuttgart: Schäffer-Poeschel-Verlag.

Kastner, M. (2010). Work Life Balance für Extremjobber. In M. Ringlstätter & St. Kaiser (Hrsg.), Work Life Balance (S. 1-27). Berlin, Heidelberg: Springer-Verlag.

Kastner, M., Ademmer, C., Budde, G., Hagemann, T., Udovic, A. & Vogt, J. (1998). Belastung und Beanspruchung in den Flugsicherungsdiensten. Forschungsbericht an die Deutsche Flugsicherung. Dortmund: Universität Dortmund. Lehrstuhl für Grundlagen und Theorien der Organisationspsychologie.

Kastner, M. & Schmidt, B. (2008). Von Trittbrettfahrern und Soldaten: In Hochleistungsteams macht's die Mischung. Wirtschaftspsychologie aktuell, 2, 9-12.

Kastner, M. & Vogt, J. (Hrsg.) (2001). Strukturwandel in der Arbeitswelt und individuelle Bewältigung. Lengerich: Pabst Science Publishers.

Knesebeck, O. v. d., Joksimovic, L., Dragano, N. & Siegrist, J. (2004). Belastungen am Arbeitsplatz und in der Familie: Die Auswirkungen von „Spill-Over"-Effekten auf depressive Symptome. In M. Kastner (Hrsg.), Die Zukunft der Work Life Balance (S. 261-281). Kröning: Asanger-Verlag.

Kötter, W. (2002). Projektarbeit – (k)ein Thema für die Arbeitspsychologie? In M. Moldaschl (Hrsg.), Neue Arbeit – Neue Wissenschaft der Arbeit? Heidelberg: Asanger.

Kuhnert, P. & Kastner, M. (2001). Zusammenhänge zwischen sozialen und psychischen Faktoren bei der Bewältigung von Langzeitarbeitslosigkeit. In M. Kastner & J. Vogt (Hrsg.), Strukturwandel in der Arbeitswelt und individuelle Bewältigung (S. 267-304). Lengerich: Pabst Science Publishers.

Kuhnert, P. & Kastner, M. (2002). Neue Wege in Beschäftigung – Gesundheitsförderung bei Arbeitslosigkeit. In Röhrle (Hrsg.), Prävention und Gesundheitsforderung, Bd. 2 (S. 373-406). Tübingen: dgvt-Verlag.

Kuhnert, P. & Kastner, M. (2009). Gesundheits- und beschäftigungsorientierte Beratung bei Arbeitslosigkeit – Das Konzept der Stabilisierenden Gruppen. In A. Hollederer (Hrsg.), Gesundheit von Arbeitslosen fördern (S. 203-229). Frankfurt a. M.: Fachhochschulverlag.

Kuhnert, P., Kastner, M., Bernds, E., Spahlinger, P., Kaczerowski, M. & Höcke, A. (2008). Handbuch Stabilisierende Gruppen – Ein Praxisratgeber für die Einzel- und Gruppenberatung mit ALG-II-Empfängern. Dortmund: TU Dortmund, Lehrstuhl für Organisationspsychologie.

Kupsch, M. (2006). Vereinbarkeit von Familie und Beruf in Europa: Auswirkungen beruflicher und familiärer Stressoren und Ressourcen in Doppelverdienerhaushalten mit jungen Kindern auf die Konfliktübertragung zwischen Familie und Beruf sowie die individuelle Symptombelastung. Hamburg: Verlag Dr. Kovac.

Leymann, H. (1993). Mobbing – Psychoterror am Arbeitsplatz und wie man sich dagegen wehren kann. Reinbek: Rowohlt.

Luhmann, N. (1984). Soziale Systeme. Grundrisse einer allgemeinen Theorie. Frankfurt a. M.: Suhrkamp-Verlag.

Mackensen, S. von & Morfeld, M. (1998). Der Einfluss von Mobbing auf Befindlichkeit und subjektive Gesundheit. In Posterpräsentation auf dem 41. Kongress der Deutschen Gesellschaft für Psychologie, 27.9. – 1.10.1998. Dresden: Technische Universität.

Mohr, G. (Hrsg.) (1993). Ausgezählt. Theoretische und empirische Beiträge zur Psychologie der Frauenerwerbslosigkeit. Weinheim: Deutscher Studienverlag.

Möller, K., Köper, B., Braun, M. & Kastner, M. et al. (2008). Strategische Steuerung der betrieblichen Gesundheitsförderung mit Strategy Maps. ZfM, 3, S. 247-280.

Nachreiner, F. (1997). Inhalt und Begriff der psychischen Belastung in der deutschen und internationalen Ergonomienormung. In KOPAG, HVBG und BKK (Hrsg.), Ermittlung psychischer Belastungen. Dokumentation der Expertentagung am 30. 10. 1997.

Pongratz, H. J. & Voß, G. G. (1997). Fremdorganisierte Selbstorganisation. Zeitschrift für Personalführung, 7 (1), 30-53.

Richter, P. & Hacker, W. (1998). Belastung und Beanspruchung. Stress, Ermüdung und Burn-out im Arbeitsleben. München: Asanger.

Schneewind, K. A. (2006). EU Research on Social Sciences. Family life and professional work: Conflict and synergy. Final report. Luxembourg.

Schneewind, K. A. (2009). Work-Life-Balance. In L. v. Rosenstiel, E. Regnet & M. Domsch (Hrsg.), Führung von Mitarbeitern (6. Aufl., S. 81-87). Stuttgart, Schäfer-Poeschel-Verlag.

Schneewind, K. A. & Kupsch, M. (2006). Perspectives psychologiques de la recherche sur les liens entre vie familiale et vie professionelle. La Revue Internationale de L'Éducation Familiale, S. 9-30.

Schwartz, J. E. & Stone, A. A. (1993). Coping with daily work problems. Contributions of problem content, appraisals, and person factors. Work & Stress, 7, 47-62.

Semmer, N. K., Zapf, D. & Greif, S. (1996). „Shared job strain": A new approach for assessing the validity of job stress measurements. Journal of Occupational and Organizational Psychology, 69, 293-311.

Siegrist, J. (1999). Soziale Krisen und Gesundheit. Eine Theorie der Gesundheitsförderung am Beispiel von Herz-Kreislauf-Risiken im Erwerbsleben. Reihe Gesundheitspsychologie 5. Göttingen/Toronto: Hogrefe.

Siegrist, J. (2002). Gesundheitliche Folgen von Stress: Was wissen wir und was können wir dagegen tun? In H. Kowalski (Hrsg.), Stress-Symposium, Themenband I. Essen: Verlag CW Haarfeld.

Siepe, C. (1998). Die Wirkung sozialer Unterstützung im Stressprozess. Eine Tagebuchstudie. Unveröffentl. Diplomarbeit. J.W. Goethe-Universität Frankfurt a.M.: Institut für Psychologie.

Sonntag, K. (2009). Kompetenztaxonomien und -modelle. Orientierungsrahmen und Referenzgröße beruflichen Lernens bei sich verändernden Umfeldbedingungen. In U. Staudinger & H. Heidemeyer (Hrsg.). Altern, Bildung und lebenslanges Lernen. Nova Acta Leopoldina NF Bd. 100, Nr. 364 (S. 249-268). Stuttgart: Wissenschaftliche Verlags GmbH.

Ulich, E. (1994). Arbeitspsychologie (3. Aufl.). Stuttgart: Poeschel.

Voß, G. G. & Pongratz, H. J. (1998). Der Arbeitskraftunternehmer. Kölner Zeitschrift für Soziologie und Sozialpsychologie, 1, 131-158.

Weinert, F. E. (2001). Leistungsmessung in Schulen. Weinheim, Basel: Beltz-Verlag.

Westman, M. (2002). Crossover of stress and strain in the family and workplace. In P. L. Perrewè & D. C. Ganster (Eds.), Historical and current perspectives on stress and health (pp. 143-181). Amsterdam: JAI.

Individuelle und organisationale Resilienz als Komponente eines ganzheitlichen Leistungs- und Gesundheitsmanagements

Michael Kastner

Zu den Bausteinen des ganzheitlichen Leistungs- und Gesundheitsmanagements gehört als wesentliche Komponente für adäquate Leistung und Gesundheit die Resilienz. In den folgenden Ausführungen werden Implikationen der in diesem Band präsentierten Modelle von Kastner (Leistungs- und Gesundheitsmanagement WLB) und des Resilienz-Trainings von Pietsch & Schumacher verknüpft.

Der Begriff stammt aus dem lateinischen Wort resilere = abprallen und spielte zunächst wie die Begriffe „Stress und Strain" auch in der Materialkunde eine Rolle, als Ausdruck für Spannkraft, Elastizität und Strapazierfähigkeit eines Materials. So soll das jeweils betrachtete System auch nach starken Verformungen seine ursprüngliche Gestalt (hier Identität) wieder annehmen, was anpassende Veränderungen ohne Identitätsverlust nicht ausschließt. Resilienz sei im psychologischen Kontext verstanden als psychische Widerstandskraft und Pufferfähigkeit, als Anpassungs- und Gestaltungsfähigkeit, insbesondere als Erhalt der Funktionsfähigkeit trotz beeinträchtigender Umstände (z.B. Krisen, starke Belastungen, Verluste, Traumata, existentielle Bedrohungen) und gegebenenfalls als Wiederherstellung normaler Funktionsfähigkeit nach erlittenen Traumata (vgl. auch Staudinger & Greve, 2001, S. 101). In den Sportwissenschaften wird Resilienz thematisiert in dem Sinne, dass anscheinend Goldmedaillengewinner in besonderer Weise in der Lage sind, sich selbst so zu regulieren, dass sie unter dem enormen Erwartungsdruck ganzer Nationen hoch konzentriert genau zum richtigen Zeitpunkt ihre maximale Leistung abrufen zu können.

Bei der Resilienz geht es also um gleichzeitige psychische Stabilität, u.a. durch soziale Verwurzelung sowie Elastizität bzw. Flexibilität im Hinblick auf biologische und psychosoziale Entwicklungsrisiken (s. etwa Wustmann, 2006). Dies beinhaltet u.a. Stressbewältigung und die Widerstandskraft gegenüber psychischen Störungen als Facetten einer psychisch stabilen Persönlichkeit. Unternehmen möchten möglichst leistungsfähige und gesunde, psychisch stabile Mitarbeiter, die „so schnell nichts umwirft" und auch nach Nackenschlägen sofort wieder aufstehen.

Im Zuge der Personalisierung von Organisationen stellt sich natürlich schnell die Frage, ob es, ähnlich einer lernenden Organisation, auch resiliente Organisationen gibt. Sind Unternehmen dahingehend differenzierbar, dass sie mehr oder weniger nach Krisen, Konflikten und Katastrophen wieder auferstehen, dass sie nach Verformungen ihre ursprüng-

liche Gestalt wieder annehmen, ihre Stabilität bewahren und dennoch sich flexibel an nicht Änderbares anpassen? Religionsgemeinschaften legen diesen Gedanken besonders nahe. Wie schafft es eine Organisation mit einer Milliarde Menschen und nur drei Führungsebenen 2000 Jahre zu überleben?
Eine Übertragung des Resilienzkonzeptes auf Organisationen und Gesellschaften, vor allem hinsichtlich ökologischer und sozialer Risiken, u.a. auch Naturkatastrophen, ist durchaus erfolgt (Dovers & Handmer, 1992; Blakie et al., 1994). Somit interessieren insbesondere Wechselwirkungen zwischen individueller und organisationaler Resilienz. Schaffen viele resiliente Personen eine resiliente Organisation oder kann umgekehrt letztere ihre Mitarbeiter resilienter machen?
Das hier präsentierte Verständnis von Resilienz entspricht durchaus im Sinne einer salutogenetischen Denkweise einer Abkehr von Defizitmodellen hin zu Ressourcenmodellen, in denen Gesundheit u.a. als Kompetenz gesehen wird, zu der sowohl die Fähigkeit zum Erhalt von Funktionsfähigkeit trotz Gefährdungen, Verletzungen, Krankheiten und Verlusten, als auch „Aufrappeln" zwecks möglichst schneller Wiederherstellung der Funktionstüchtigkeit gehören.
Letztlich geht es um eine Balance aus Erhalt der eigenen Identität und gleichzeitiger Veränderungsfähigkeit bis hin zur proaktiven Gestaltungsfähigkeit und Bereitschaft, Neues aufzubauen. Resilient in diesem Sinne wäre ein Individuum oder auch eine Organisation, das/die sich möglichst lange chamäleonhaft den Umfeldbedingungen anpassen kann, ohne seine/ihre Existenz und Identität zu verlieren. Im Kontext des hier präsentierten Work-Life-Balance-Konzeptes (Kastner in diesem Band) wäre Resilienz als Puffer zu sehen, der hilft, Niederlagen bis hin zu Katastrophen abzufedern, und sich nicht unterkriegen zu lassen.
Als wesentliche Wurzel der Resilienzforschung wird immer wieder die Familienforschung genannt, im Rahmen derer sich Befunde häuften, dass Kinder aus sehr schlechten Bedingungen als „Phoenix aus der Asche" herauswachsen konnten. Zitiert wird meist eine Längsschnittstudie auf der Hawai-Insel Kauai (Werner & Smith, 2001). Dort wuchsen über 200 Kinder unter stark belastenden Bedingungen wie kranke Eltern, Vernachlässigung bis zur Misshandlung auf und wurden im Alter von 1 bis 40 Jahren untersucht. Im Gegensatz zu etwa zwei Dritteln der Kinder mit starken Lern- und Verhaltensproblemen, zeigte sich bei etwa einem Drittel keinerlei Verhaltensauffälligkeit, sondern im Gegenteil, eine gute Entwicklung. Als Schutzfaktoren wurden Persönlichkeitsmerkmale wie Intelligenz und ein positives Temperament, eine enge emotionale Bindung an wichtige Bezugspersonen und ein sozial unterstützendes und ermutigendes sonstiges Umfeld identifiziert. In Verwandtschaft zu Phänomenen wie Hardiness, Vulnerabilität bis hin zum Neurotizismus wurde lange die Resilienz als transsituational konsistentes Konstrukt gesehen, also letztlich als relativ stabile Persönlichkeitseigenschaft. In Unternehmen war man durchaus daran interessiert, die Resilienten von den Nicht-Resilienten zu unterscheiden und dies in die Personalplanung einzubeziehen. Heute geht man eher von einem interaktionalen Konstrukt aus. Personmerkmale und Situationsgegebenheiten interagieren in einer Weise, dass sich effektive Bewältigungsmechanismen über die Zeit herausbilden (vgl. auch Knoll

et al., 2005). Das Aufsuchen von Belastungen/Anforderungen und deren erfolgreiche Bewältigung in einer adäquaten Relation aus Investition und Konsumption führen in dem in diesem Band präsentierten Work-Life-Balance-Modell über die Zeit zur Resilienz.
Dazu müssen natürlich situative Spezifika identifiziert werden. Wie psychisch stabil jemand ist, zeigt sich meist erst in kritischen und konfliktären Situationen. Nach Kastner (2006) ist bei Krisen die Existenz eines Systems gefährdet (z.B. Herz – oder Ehe), während bei einem Konflikt zwei oder mehrere Systeme aufgrund ihrer unterschiedlichen Systemsichten widerstreiten.
In Krisen (aus dem Griechischen für Wendepunkt, Zuspitzung, bedenkliche Situation) versagen oft die „normalen" Bewältigungsmechanismen, so dass das Gleichgewicht aus Belastungen und Ressourcen bedroht ist und durch Assimilation (Anpassung der Situation bzw. Realität an das Individuum) und/oder Akkommodation (Anpassung des Individuums an die Situation bzw. Realität) wiederhergestellt werden muss.
Psychisch nicht-bewältigte Krisen führen laut Modell der psychischen Belastung (vgl. Kastner i. d. B.) zu einem Abschaukelungsprozess in Richtung Burn-out, Depression, Sucht, posttraumatischem Stress-Syndrom etc. Gut bewältigte Krisen fördern umgekehrt in einem Aufschaukelungsprozess, u.a. aufgrund von durch die Erfahrung verbesserte Bewältigungsmechanismen, zur Resilienz.
Nun fragt sich, ob möglichst viele resiliente Mitarbeiter für ein Unternehmen überhaupt das Optimum darstellen. Dieses ändert sich laufend in allen möglichen Reengineering-Maßnahmen, wobei zu viel Stabilität evtl. kontraproduktiv sein könnte.
Vielleicht sind Resiliente ja besonders befähigt, den Status quo zu erhalten bzw. wiederherzustellen und somit erforderliche Veränderungen zu blockieren. Wenn bestehende Zustände als angenehm oder zumindest nicht als zu aversiv empfunden werden, meidet der Mensch Veränderungen. Diese werden schnell als Bedrohung empfunden, können andererseits aber auch zur Erhöhung der Lust gesucht werden („wenn's dem Esel zu gut geht, geht er auf's Glatteis") und dann neue Handlungsspielräume eröffnen. Im ersten Fall der unerwünschten Veränderung wird schnell etwas als Krise interpretiert. Möglicherweise neigen Resiliente weniger zu solchen Interpretationen als Nicht-Resiliente.
Die zunehmende Dynaxität führt schnell zu chronischen Überforderungen, die sich im Sinne einer schleichenden, fortlaufenden Krise chronifizieren. Eine solche „normale" Krise oder auch „der ganz normale Wahnsinn" (vgl. Pietsch & Schumacher, 2009) weiten sich im Arbeits- und Privatleben aus, ohne aber direkt Physis und Psyche grundlegend zu gefährden. Diese kompensieren oft erstaunlich lange und die Steuerungsfähigkeit des Individuums ist möglicherweise beeinträchtigt, aber es „bleibt Herr im eigenen Hause". Dynaxität, Turbulenz, Intransparenz, Unvorhersehbarkeit, Unsicherheit und Mehrdeutigkeit, Kontrollmangel etc. führen zu immer mehr zunächst „kleinen" Krisen und Konflikten. Diese kumulieren, kratzen die Resilienz an, machen uns dünnhäutiger und schneller provozierbar. Wir haben keine Zeit mehr, die angerichteten Schäden zu reparieren und reagieren nur noch statt zu agieren oder gar proaktiv und präventiv unterwegs zu sein. Diese kleinen Krisen und daily hazzles führen mit Zeitverzögerung u.U. zu einer großen Existenzkrise, gepaart mit einer Sinn- und Identitätskrise (vgl. Klein & Lindemann,

1961). Eine solche Krise überflutet die gesamte Persönlichkeit in allen Lebensbereichen. Da die Selbststeuerungsfähigkeit beeinträchtigt ist, bedarf es externer Hilfe. Diese erfolgt in der Reihenfolge „Diagnose und Erklärung der Zusammenhänge, Wiederherstellung der Balance, Üben in Normalbereichen und erst bei Automatisierung, Vordringen „in das schwere Wasser" kritischer Ausnahmesituationen.
Resiliente geraten seltener in selbst-gefährdende kritische Situationen, weil sie ihre Balancen zwischen Belastungen und Ressourcen besser abpuffern können.
Nun fragt sich, durch welche konkreten Verhaltens- und Vorgehensweisen gelingt ihnen dies eher als Nicht-Resilienten?
Gemäß Pietsch & Schumacher (2009, vgl. auch deren Beitrag in diesem Band) gehören zur Resilienz vier Facetten, die hier um weitere drei ergänzt werden.

a) Assertiveness als „Fähigkeit, eigene Gedanken, Gefühle, Absichten klar zu artikulieren und respektvoll durchzusetzen", dies in der richtigen Balance zwischen aggressiv-verletzend und passiv-unterwürfig auf der Basis der Akzeptanz der eigenen Person ohne narzisstische Überhöhung auf der einen und depressive Unsicherheit auf der anderen Seite.

Assertiveness ermöglicht die Verwurzelung in dem Resilienz-Konzept von Kastner (2009). Wer z.B. andere um Hilfe bitten kann bzw. sie dazu bringt, ohne seine Würde zu verlieren, erfüllt eine wesentliche Voraussetzung für die Verwurzelung, die in Form von Bindung soziale Unterstützung fördert, die wiederum bekanntermaßen einen der stärksten Stressreduktionsfaktoren darstellt. Auch hier geht es um eine Balance: Die Person muss in

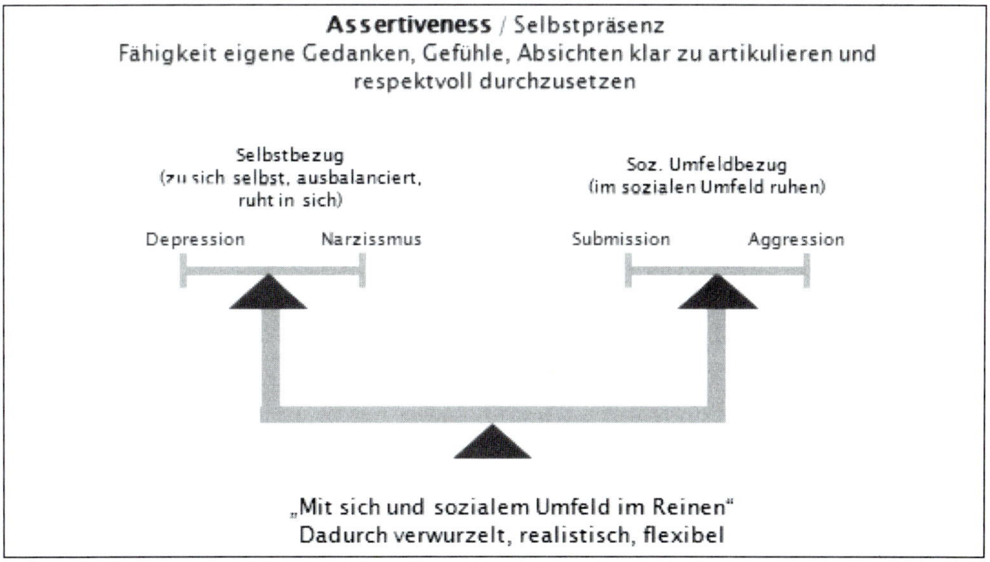

Abb. 1: Assertiveness

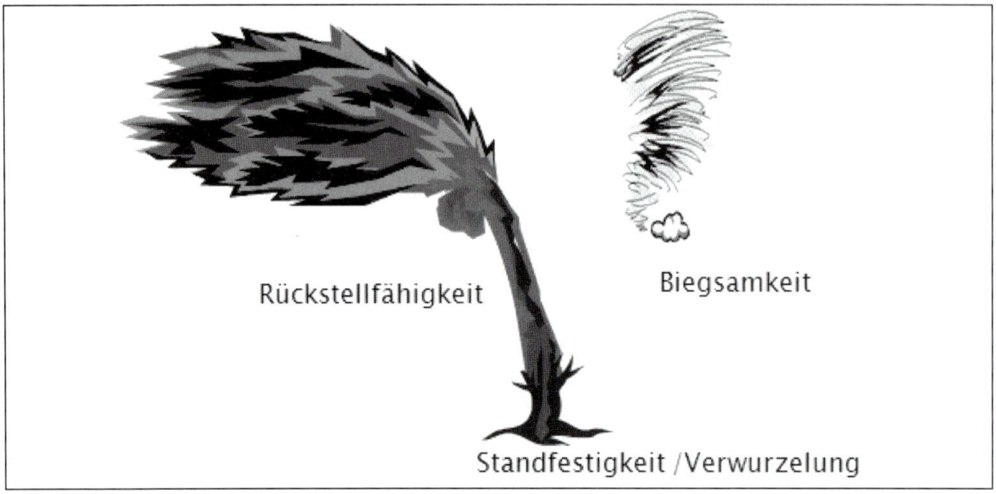

Abb. 2: Der Resilienz-Baum

sich selbst ruhen, „in sich selbst verwurzelt sein" und von anderen relativ unabhängig sein, auf der anderen Seite aber sich binden, Freundschaften pflegen, in der Gemeinschaft verwurzelt sein, also kurz, mit sich und der sozialen Umwelt im Reinen sein. Dies fördert Offenheit und eine ungetrübte Wahrnehmung. Sowohl zu aggressive als auch zu submissive Personen neigen zum Zwecke des Selbstschutzes zu selektiver Wahrnehmung und Fehlattributionen, die natürlich zu einseitigen Realitätssichten führen. Solche systematischen Wahrnehmungsverzerrungen schränken Flexibilität, Anpassungsfähigkeit und Gestaltungsfähigkeit ein. Narzisstische Führungskräfte neigen beispielsweise dazu, die Realität systematisch im Hinblick auf die Erhöhung der eigenen Person zu verzerren, „Ich bin nur von Idioten umgeben und mache am besten alles selbst", und Coaching allenfalls zur Perfektionierung der eigenen Fassade zuzulassen (Kastner, 2010). Solange dieses Bild nicht zerstört wird, können sie durchaus sehr lange nach außen psychisch stabil wirken, aber hinter der perfekten Fassade lauert die emotionale Armut.
Die Balance von Selbst- und Fremdbezogenheit (siehe Basis in Abb. 1 zur Assertiveness) impliziert ein leichteres Zurückschwingen nach Ausschlägen, etwa durch Krisen und damit die Wiederaufstellfähigkeit in Abb. 2: Der Resilienz-Baum.

b) Achtsamkeit: Durch einen adäquaten Bezug zu sich selbst und eine klare Selbstwahrnehmung achten Resiliente auf sich bzw. umgekehrt hilft diese Achtsamkeit natürlich, die eigene Mitte zwischen Depression und Narzissmus zu finden.

Resiliente sind in der Lage, ihre inneren Prozesse in der Körper-, Geistes- und Lebenswelt zu erkennen, damit verbundene Krisen und Konflikte einzuordnen und zwecks Wiederherstellung des Gleichgewichtes von Selbst- und sozialem Bezug zu reagieren. Wer seine Emotionen beherrscht und gelassen bleibt, neigt kaum dazu, in Wutausbrüchen andere zu verletzen und kann vor allem in Belastungssituationen kognitive (z.B. Konzentration und Abwägung verschiedener Standpunkte) und emotionale Balancen (z.B. zwischen Lieben und Hassen) aufrechterhalten. Der Jähzornige, dessen „Mandelkern schießt", sieht rot und ist schon gar nicht bereit, auf seine Emotion zu achten. Affekt- und Impulskontrolle und der adäquate Umgang mit eigenen Stimmungen (z.B. Launen) und physiologischen Prozessen müssen zwecks Steuerung beachtet werden. Eigene emotionale Reaktionen und innere Konflikte und deren Wirkung auf sich selbst und das Gegenüber müssen beobachtet werden und in einer „Balance of Power" in einer Verhältnismäßigkeit der Mittel verarbeitet werden. Gefühle sollten, soweit möglich, situationsadäquat und in der „richtigen" Intensität geäußert werden, ansonsten werden die sozialen Beziehungen problematisch. Wer das „Emotionsmanagement" beherrscht, wird wiederum sozial besser eingebettet, wer gibt, bekommt etwas zurück. Als Grundemotionen, aus denen sich die vielfältigen emotionalen Zustände ableiten lassen, gelten (vgl. Laux & Weber, 1993): Angst (Panik, Furcht, Sorge), Wut (Ärger, Aggressivität, Aufgebrachtsein), Schmerz (Trauer, Depression, Resignation) und Vergnügen (Spaß, Freude, Lust). Achtsamkeitstrainings fokussieren auf diese Basisemotionen und durchaus auch auf komplexere, unordentliche Gefühle wie Liebe (vgl. Precht, 2009) und sollen zu einer besseren Emotionsbalance führen. Dies bedeutet nicht, gleichbleibend „gefühlsarm" zu sein, sondern es gilt, die „richtigen Schwingungen" zwischen „himmelhoch-jauchzend und zu Tode betrübt" zu verwirklichen. Intensive Gefühle in der Lebenswelt haben die Qualität des unmittelbaren Erlebens fast wie im Flow. Wer liebt oder hasst, hat keine Distanz zu dem Gefühl bzw. ist assoziiert, von ihm überflutet und nimmt wahr, denkt, plant in Kategorien dieses Gefühls. Wem es gelingt, in die Vogelperspektive zu gehen, d.h. dissoziiert zu sein, verliert die unmittelbare Erlebnisqualität. Wer sich Jahre später an die große Liebe erinnert, weiß noch, dass es sich gut angefühlt hat, erlebt dies aber nicht mehr unmittelbar.

Resilienten Menschen gelingt es offenbar, in kritischen Situationen selbst bei Angst, Wut oder Schreck „cooler" und distanzierter zu bleiben als Nicht-Resilienten, was einerseits von Beobachtern bewundert wird, andererseits aber auch Befremden wegen „Gefühllosigkeit" auslösen kann.

Wer vorwiegend assoziiert erlebt, ist eher gefühlsbetont und begründet auch dieses Verhalten mit der Stärke des Gefühls „Ich kann nicht anders". Das Erleben von Höhen und Tiefen, gepaart mit viel Empathie und „Herz-Schmerz", frisst viel Energie und erlaubt keine Distanzierung und damit „objektivere" Beurteilung. Wer dissoziiert wahrnimmt, behält den Überblick, aber schwelgt natürlich nicht in dem Gefühl und lässt sich nicht von ihm mitreißen.

Achtsamkeitstrainings zur Wahrnehmung und Intensität der eigenen Gefühle fokussieren auf die assoziierten und dissoziierten Zustände und sollen Wechsel zwischen ihnen und damit eine beanspruchungssituationsadäquatere Passung ermöglichen. Achtsamkeit bedeutet somit, Gefühle in der „richtigen" Situation im „richtigen" Ausmaß zu empfinden und in ihrer Bedeutung „richtig" einzuschätzen. Man sollte sich nur ärgern, wenn es einen wirklichen Grund dafür gibt bzw. Freude, Glück richtig genießen, ohne sie sich von irgendwelchen mahnenden Stimmen die Laune verderben zu lassen. Gesellschaftliche Er-

wartungen führen vielfach zu Ersatzgefühlen (vgl. Pietsch & Schumacher, 2009, vgl. auch deren Beitrag in diesem Band), d.h. wir zeigen „ehrliche" Gefühle, wie z.B. Freude über unseren Erfolg, nicht, sondern „tun" bescheiden oder heucheln Anerkennung, obwohl der Neid an uns frisst. Es können auch Gefühle ausgelassen werden (Gefühlsauslassung), z.B. wenn sich Angst in Empfindungslosigkeit äußert.
Wer die eigenen Primärgefühle auslebt, wird freier, hat künstliche Übertreibungen oder Vermeidungen nicht nötig und leidet weniger unter inneren Konflikten, die oft in einem Widerstreit zwischen Wollen und Dürfen bestehen.
In Achtsamkeitstrainings kann gelernt werden, bei Assoziation und dem Sich-Verlieren in starken Emotionen eigene Kernkonflikte zu erkennen und dissoziierter wahrzunehmen und in der Folge Emotionen und Konflikte besser zu regulieren.

c) Zielklarheit/Prozessoffenheit: Wer seine Emotionen und Konflikte besser kennt, gelassener mit ihnen umgehen und sie respektieren kann, hakt sie unter der Rubrik „Lernen" ab und orientiert sich neu. Resiliente sind offenbar besser in der Lage, ihre Wünsche, Motive, Absichten und Vorsätze in konkrete Ziele umzusetzen und diese zu verwirklichen als Nicht-Resiliente. Damit wird deren Erreichen nicht dem Zufall oder Glück zugeschrieben, sondern eigenen Fähigkeiten, Ideen und Verhaltensweisen (Selbstwirksamkeit, realistische internale Attribution). Natürlich werden auch Ziele im Verhaltensprozess laufend modifiziert bzw. an die Wirklichkeit angepasst. „Wenn jemand nicht weiß wohin, muss er sich nicht wundern, wenn er falsch ankommt." Die Ziele sollten also innerlich klar formuliert sein, aber die Wege dorthin sollten nicht als Durststrecke ohne Lebensqualität erlebt werden, sondern jeder Moment sollte, soweit möglich, geschätzt werden – „carpe diem" – und die Merkmale der jeweils aktuellen Situation sollten genutzt werden, es sollte also eine hinreichende Prozessoffenheit bestehen.

Die Zielformulierung ist in der Führungsforschung vielfach beschrieben (vgl. etwa Locke & Latham, 1990). Pietsch & Schumacher (2009) nennen hinsichtlich eines Resilienztrainings zusätzlich:
– Positive Formulierung: Wer sein Ziel negativ formuliert, z.B. „Ich will mich nicht mehr ärgern", läuft Gefahr, das unerwünschte Verhalten zu verfestigen.
– Sinnesspezifische Beschreibung: Das Ziel soll konkret im Hinblick auf alle Sinne beschrieben werden.
– Kontextualität: Das Ziel soll im Kontext des Wo?, Wann?, Wie?, Mit wem?, In welchen Schritten? etc. formuliert werden.
– Beachtung der Ökologie in dem Sinne, dass die Rück-, Neben- und Wechselwirkungen der Zielerreichung hinsichtlich des eigenen Lebens bedacht werden. Vielleicht wäre es das Schlimmste, sein Ziel zu erreichen.
– Ressourcenklärung: Genügen die eigenen Ressourcen zur Zielerrechung?
– Eigenkontrolle: Ist man abhängig von anderen oder wird gar zu deren Zielerreichung instrumentalisiert?

– Testbarkeit: Wie sieht die Zielerreichung aus der Perspektive eines Dritten aus und woran würde dieser erkennen, dass das Ziel erreicht ist?
– Vision: Liegt dem Ziel eine persönliche Vision zugrunde bzw. liegt noch ein Ziel hinter dem Ziel?

Die Klärung dieser Fragen hilft hinsichtlich höherer Zielklarheit. Zugleich sollen flexibel alternative Wege und Lösungsmöglichkeiten erdacht werden. Es ist immer mit Problemen, Widrigkeiten und Hindernissen zu rechnen, so dass eine hohe Prozessoffenheit erlauben sollte, Chancen und Risiken zu erkennen und zu nutzen. Mit Überraschungen und unerwarteten Entwicklungen sollte gerechnet werden. Ähnlich den sechs Phasen eines Projektes (Euphorie, Ernüchterung, Panik, Suche nach dem Schuldigen, Bestrafung des Unschuldigen und Belohnung desjenigen, der mit der Angelegenheit nichts zu tun hatte) kann man im „Neugier-Erfolgs-Loop" (Dyckhoff & Grochowiak, 1996; vgl. auch Pietsch & Schumacher, 2009) auf vier Prozessphasen bei Zielvorhaben fokussieren. Die Neugier aktiviert, verbunden mit Vorfreude. Unerwartete Hindernisse führen zu Ernüchterung. Nun sind Beharrlichkeit und Ausdauer verlangt. Der Erfolg wird zwar kurz gewürdigt, aber vielfach wird sofort ohne hinreichende Entspannungs- und Genussphase das nächste Ziel ins Visier genommen. Zudem kann Angst entstehen, ob die eigenen Erfolge aufrecht erhalten werden können. Prozessoffenheit würde nun darin bestehen, dass man diese vier Phasen von vornherein erwartet und sich darauf einstellt.

d) Experiment/Reflexion und Synegoismus: Das individuelle Wissen soll ständig aktualisiert werden, d.h. der Kolb-Kreis soll ständig durchlaufen werden (Experiment – Erfahrung – Reflexion – Konzept, vgl. Kastner, 1998). Zudem sollen Beziehungsnetze geknüpft werden, die Win-Win-Situationen ermöglichen und somit sowohl egoistisches, als auch altruistisches Verhalten nicht auftreten lassen (Synegoismus, Kastner, 1999). Resiliente überprüfen fortlaufend, ob ihr Verhalten „funktioniert", d.h. entwickeln Konzepte, experimentieren, machen ihre Erfahrungen, werten diese aus und verändern die Konzepte. Zudem rechnen Resiliente dauernd mit dem egoistischen Verhalten Anderer, lassen sich davon aber nicht zur eigenen Rücksichtslosigkeit verführen. Sie sind immer auf der Suche nach „fairen Deals", bieten Hilfe, nehmen sie aber auch an und sind eher in der Lage, Beziehungsnetze zu knüpfen als Nicht-Resiliente.

e) Soziale Verwurzelung: Soziale Unterstützung ist einer der stärksten Stressreduktionsfaktoren. Im Synegoismus-Konzept (Kastner, 1999) wird die Sozialkompetenz auffacettiert nach den Facetten 1. Ordnung, „soziale Intelligenz" und „soziale Verantwortlichkeit". Erstere wird wiederum aufgegliedert hinsichtlich der Facetten 2. Ordnung, „Diagnose sozialer Beziehungen", „Wirkung auf andere" und „Kommunizieren". Die Diagnose sozialer Beziehungen wird wiederum auffacettiert nach den Facetten 3. Ordnung, „Umgang mit Verschiedenheit", „interpersonelle Flexibilität" etc.

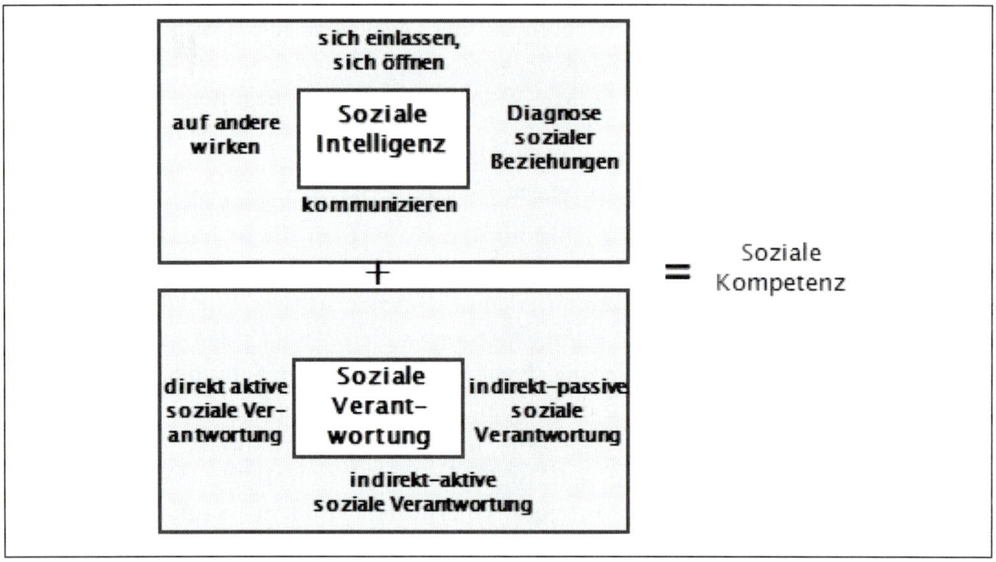

Abb. 3: Soziale Kompetenz

Die soziale Verantwortlichkeit wird auffacettiert nach indirekt-passiver sozialer Verantwortung (z.B. Bescheidenheit, Fairness), direkt-aktiver Verantwortung (z.B. Kompromissfähigkeit, Sich-Einmischen) und indirekt-aktiver Verantwortung (z.B. Vorleben, Authentizität).
Ohne hier alle Facetten 1., 2. und 3. Ordnung durchdiskutieren zu wollen, wird doch deutlich, dass viele Kompetenzen hinsichtlich dieser Inhalte in positiver Ausprägung typisch für Resiliente sind und dazu führen, dass solche Personen besser in sozialen Systemen verwurzelt sind als Nicht-Resiliente. Natürlich greift auch hier die Achtsamkeit, diesmal weniger hinsichtlich der eigenen Person, als vielmehr in Bezug auf die persönliche soziale Umgebung, Familie, Freundschaften, Vereine etc.

f) Flexibilität: Sie besteht in der Fähigkeit, sich an nicht-änderbare Gegebenheiten anzupassen (Akkommodation) bzw. Änderbares den eigenen Vorstellungen entsprechend an sich anzupassen (Assimilation). Die Ausgewogenheit von Akkommodation und Assimilation, also die Equilibration, spielt schon in dem Entwicklungskonzept von Piaget (1976) eine wesentliche Rolle. Derartige gelingende Anpassungen sparen Energie und bedeuten nicht Rückgratverbiegung, sondern realistische Reaktionen auf das Nicht-Beeinflussbare einerseits und ebenfalls realistische Aktionen hinsichtlich des Gestaltbaren andererseits.

g) Wiederaufstellfähigkeit: Disziplin, Zähigkeit, Beharrlichkeit und das Immer-wieder-Aufstehen nach jeder Niederlage kennzeichnen zweifellos ebenfalls resiliente Personen. Hier handelt es sich schlicht um das Gegenteil des Aufgebens seitens des Depressiven.

Wenn man nun diese sieben Facetten der Resilienz aufeinander bezieht und hinsichtlich möglicher Trait-Komponenten analysiert, liegt es nahe, als relativ stabile Persönlichkeitsmerkmale die

- Assertiveness, durchaus in vielem korrespondierend mit der Verträglichkeit bei den Big Five,
- die Prozessoffenheit analog zur Offenheit für Neues bei den Big Five,
- die Flexibilität,
- und die Wieder-Aufstellfähigkeit im Sinne von Disziplin und Zuverlässigkeit/Gewissenhaftigkeit bei den Big Five

zu identifizieren.

Achtsamkeit, Zielklarheit, Synegoismus und soziale Verwurzelung können sicherlich in Grenzen erlernt werden.

Wenn Resilienz im obigen Sinne als psychische Widerstandskraft und Puffer-Fähigkeit eines Individuums, bestehend im Wesentlichen aus sieben Komponenten, aufgefasst wird, stellt sich natürlich sofort die Frage, wie eine organisationale Resilienz aussieht.

Könnte man etwa eine resiliente von einer nicht-resilienten Organisation dergestalt unterscheiden, dass erste durch folgende Merkmale zu kennzeichnen wäre:

- Assertiveness: In einer solchen Organisation würden Absichten klar formuliert und gemäß dem Motto „tough on the issue – soft on the person“ (Frey, 2007) durchgesetzt. Mitarbeiter würden als Betroffene zu Beteiligten gemacht und sich an die Firma binden, ohne ihre Unabhängigkeit zu verlieren. Offene Kommunikation minderte die Wahrscheinlichkeit von Fehlattributionen. Narzisstische Führungspersönlichkeiten existierten nicht (Kastner, 2010). Nach Krisen würde die Firma schnell wieder in eine Gleichgewichtslage zurückschwingen.
- Achtsamkeit: Durch permanente kritische Reflexion würden Krisen und Konflikte schon im Ansatz erkannt, so dass emotionale Aufschaukelungsprozesse rechtzeitig unterbunden werden könnten. Emotionale Reaktionen würden in einer „balance of power“ und Verhältnismäßigkeit der Mittel verarbeitet werden. Gefühle würden in einer Vertrauenskultur situationsadäquat und in der „richtigen“ Intensität geäußert. In kritischen Situationen würde schnell, sicher und angemessen reagiert, ohne den Eindruck von Gefühlskälte aufkommen zu lassen.
- Mitarbeiter würden dahingehend trainiert, Gefühle in der „richtigen“ Situation im „richtigen“ Ausmaß zu empfinden und in ihrer Bedeutung „richtig“ einzuschätzen, Kernkonflikte zu erkennen und dissoziierter wahrzunehmen und in der Folge ihre Emotionen und Konflikte besser zu regulieren.
- Zielklarheit/Prozessoffenheit: Ziele würden in einer solchen Organisation klar formuliert und deren Erreichung adäquat attribuiert. Sie würden laufend modifiziert bzw. an die Wirklichkeit angepasst. Sie würden positiv und konkret formuliert, im Kontext geklärt und hinsichtlich ihrer Neben-, Folge- und Rückwirkungen rechtzeitig analysiert. Genügende Ressourcen würden bereitgestellt, die Zielerreichung evaluiert und hinsichtlich der ebenfalls formulierten Visionen und Strategien überprüft („Sind wir auf dem richtigen Weg?“).

Es würden flexibel alternative Wege und Lösungsmöglichkeiten erdacht. Eine hohe Prozessoffenheit führte dazu, dass Chancen und Risiken besser erkannt und genutzt würden.
- Experiment/Reflexion und Synegoismus: Das organisationale Wissen würde ständig aktualisiert. Beziehungsnetze würden geknüpft, um Win-Win-Situationen zu ermöglichen und egoistisches Verhalten zu minimieren.
- Soziale Verwurzelung und soziale Unterstützung würden gefördert.
- Flexibilität im Sinne von Akkommodation und Assimilation würden ohne Identitätsaufgabe praktiziert.
- Wiederaufstellfähigkeit, Disziplin, Zähigkeit, Beharrlichkeit und das Immer-wieder-Aufstehen nach jeder Niederlage würden als Kulturmerkmale etabliert.

Auf eher populärwissenschaftlichem Niveau werden sieben Resilienzfacetten unterschieden (Rampe, 2005):
- Optimismus im Sinne von Glaube, dass langfristig das Leben eher Positives als Negatives mit sich bringt und dass Krisen überwunden werden können,
- Akzeptanz hinsichtlich dessen, was geschehen und nicht mehr zu ändern ist,
- Lösungsorientierung, d.h. Fokussierung auf Zielerreichung, Suche nach konkreten Alternativen zur Bewältigung von Konflikten und Krisen,
- Verlassen der Opferrolle, d.h. Wiederaufstehen, sich auf eigene Stärken besinnen (Stehaufmännchen),
- Verantwortung übernehmen und nicht external attribuieren,
- Netzwerkorientierung, sich um ein stabiles soziales Netz kümmern,
- Zukunftsplanung, u.a. rechtzeitiger Schutz vor den Wechselfällen des Lebens, Visionen und Zielsysteme entwickeln.

Es wird deutlich, dass ein gewisser Charme in der Übertragung der Merkmale individueller Resilienz auf die einer Organisation liegt. Damit ergibt sich die Frage, inwieweit individuelle und organisationale Resilienz zueinander passen. Es erscheint plausibel, dass nur bei sowohl individueller als auch organisationaler Resilienz langfristig höchste Leistungen bei maximaler Gesundheit sowohl der Individuen als auch der Organisation zu erwarten sind. Das Bindeglied zwischen individueller und organisationaler Resilienz könnte der Synegoismus (Kastner, 1999) sein.

Die in diesem Band des Öfteren erwähnte steigende Anzahl psychischer Beeinträchtigungen (Burn-out, Depression, psychosomatische Erkrankungen) auf individueller Ebene und die Insolvenzen und Arbeitsplatzverluste auf organisationaler Ebene zeigen, dass es höchste Zeit wird, auf beiden Ebenen die Widerstandsfähigkeit der Systeme zu erhöhen. Individuen und Organisationen muss es deutlich besser gelingen, unter Bedingungen von Wandel, Unsicherheit und Unvorhersagbarkeit Balancen zwischen Stabilität und Flexibilität zu verwirklichen, um die dynaxischen Anforderungen zu bewältigen und gleichzeitig innere Orientierung und Verlässlichkeit zu gewährleisten. Dazu bedarf es sowohl einer individuellen als auch einer kollektiven Resilienz, verstanden als Anpassungs- und Gestaltungsfähigkeit sowie der Pufferungsfähigkeit gegenüber höchsten Belastungen, Krisen, Erkrankungen (s.o.).

Der hochleistungsfähige und gesunde Mitarbeiter in der hochleistungsfähigen und gesunden Organisation und umgekehrt, höchst leistungsfähige und gesunde Organisationen mit ebensolchen Mitarbeitern, können nur gelingen, wenn beide resilient sind und in einer Weise systemverträglich interagieren, dass sich egoistische Subsysteme nicht gegenseitig kannibalisieren, sondern im Sinne des Synegoismus Win-Win-Situationen erzeugen (Synegoismus, Kastner, 1999).

Beim Konzept des Synegoismus (Kastner, 1999) wird davon ausgegangen, dass egoistisches Verhalten („ich tue etwas für mich auf Kosten anderer") langfristig für jedes soziale System schädlich ist und zumindest in marktwirtschaftlichen Systemen Altruismus („ich tue etwas für andere auf meine Kosten") und Solidarität (der Starke tut etwas für den Schwachen, ohne etwas wiederzubekommen) nicht zu erwarten sind. Vielmehr sollen Individuen langfristige und systemverträgliche Synergien bzw. Win-Win-Situationen dadurch erzeugen, dass sie dem jeweils anderen bzw. dem sozialen System durchaus auch in Vorleistung helfen, in der vernünftigen Erwartung, dass diese später auch ihm helfen (Bergsteigermannschaft, „do ut des") und man gemeinsam den Erfolg feiert. Wesentlich ist, dass ein solches lokales synegoistisches Prinzip nicht auf Kosten der Umfeldsysteme agiert und damit wieder egoistisch wird („Seilschaft" im negativen Sinne, etwa in der Politik). Wir benötigen einen globalen Synegoismus, der sich in systemverträglichem Verhalten ausdrückt und in der Folge langfristig zur Überlebensfähigkeit der Systeme (Viability) führt. Dabei spielt die Zeit eine entscheidende Rolle. Das, was kurzfristig erwünscht ist, kann sich langfristig als höchst egoistisch und systemunverträglich herausstellen und umgekehrt.

Feld A beinhaltet z.B. das Abschreiben zweier Schulkameraden. Es ist kurzfristig erfolgreich, aber zum Nachteil der anderen Schüler.

Feld B betrifft beispielsweise alle Teilsysteme der EU, die sich gegenseitig kurzfristig helfen, aber langfristig das Gesamtsystem riskieren.

	lokal-	global - synegoistisch
kurz -	A	B
lang -	C	D
fristig		

Abbildung 4

Ein Beispiel für Feld C wäre die Jahrzehnte andauernde Politikerseilschaft.
Feld D beinhaltet das Ideal.
Synegoistisches Verhalten gelingt natürlich am besten bei Zielklarheit und Prozessoffenheit, Achtsamkeit im Hinblick auf die eigene und andere Personen sowie Assertiveness.
Die Basisthese besteht darin, dass organisationale Resilienz durch synegoistisches Verhalten am ehesten erreichbar ist und dass letzteres die individuelle Resilienz fördert.
Es wäre näher zu untersuchen, wie organisationale und individuelle Resilienz zusammenhängen, wie dabei der Synegoismus wirkt (als Bestandteil der Resilienz, als intervenierende oder moderierende Variable?), wie beide optimierbar sind und somit helfen, Krisen und Katastrophen besser zu meistern.
Wie können u.a. im Rahmen lokalen und globalen synegoistischen Verhaltens individuelle und organisationale Assertiveness, Achtsamkeit, Zielklarheit und Prozessoffenheit verwirklicht werden, so dass Verwurzelung, Biegsamkeit und Wiederaufstellbarkeit gewährleistet sind und somit zukünftige Dynaxitäten besser beherrscht werden?

Literatur

Blakie, P., Cannon, T., Davis, I. & Wisner, B. (1994). At Risk: Natural Hazards, People's Vulnerability, and Disasters. New York: Basic Books.

Brunsdon, D. & Dalziell, R. (2005). Making Organisations Resilient. Understanding the Reality of Change. http://ir.canterbury.ac.nz/handle/10092/2814.

Dovers, S. & Handmer, J. (1992). Uncertainty, Sustainability and Change. Global Environmental Change, 2 (4), 262-276.

Dyckhoff, K. & Grochowiak, K. (1996). Der Neugier-Erfolgs-Loop. Paderborn: Junfermann.

Frey, D. (2007) Wirtschaftspsychologie. Göttingen: Hogrefe.

Klein, D. C. & Lindemann, E. (1961). Preventive intervention in individual and family crisis. In G. Caplan (Ed.), Prevention of mental disorders in children. New York.

Knoll, N., Scholz, U. & Rieckmann, N. (2005). Einführung in die Gesundheitspychologie. München.

Kastner, M. (1998). Der Prozess der Prozessoptimierung. In M. Kastner (Hrsg.), Verhaltensorientierte Prozessoptimierung (S. 173-194). Herdecke: Maori.

Kastner, M. (1999). Synegoismus. Freiburg: Herder.

Kastner, M. (2006). Den Wandel managen gegen und mit Hilfe von Widerständen. In M. Kastner (Hrsg.), Auf dem Weg zum schlanken Staat – Der konstruktive Umgang mit Widerständen (S. 29-54). Herdecke: Maori.

Kastner, M. (2010). Narzissten in den Führungsetagen – ein verleugnetes Thema im Management. In K. D. Hildemann (Hrsg.), Persönlichkeit und Führungsverantwortung (S. 51-60). Leipzig: Evangelische Verlagsanstalt.

Kastner, M. (2010a). Ganzheitliches Leistungs- und Gesundheitsmanagement. Lengerich: Pabst Science Publishers.

Klein, D. C. & Lindemann, E. (1961). Preventiv Intervention in Individual and Family Crisis. In Caplan, G. (Ed.), Prevention of Mental Disorders in Children. New York: Basic Books.

Laux, L. & Weber, H. (1993). Emotionsbewältigung und Selbstdarstellung. Stuttgart: Klett.

Lightsey, O. R. (2006). Resilience, Meaning, and Well Being. Counseling Psychologist, 34 (1), 96-107.

Locke, E. A. & Latham, G. P. (1990). A Theory of Goalsetting and Task Performance. Englewood Cliffs, NY: Prentice Hall.

McManus, S. T. (2008). Organisational Resilience in New Zealand, University of Canterbury, Online-document: http/www.resorgs.org.nz/Organisational%20Resilience%20in%20New%20Zealand.pdf.

McManus, T., Seville, E., Brunsdon, D. & Vargo, J. (2007). Resilience Management. A Framework for Assessing and Improving the Resilience of Organisations. Resilient Organisations Research Report 2007/01. http://ir.canterbury.ac.nz/bitstream/10092/2810/1/126066763Resilience%20Management%20Research%20Report%20ResOrgs%2007-01.pdf

Piaget, J. (1976). Die Äquilibration der kognitiven Strukturen. Stuttgart: Klett.

Pietsch, G. & Schumacher, S. (2009). Personalentwicklung und Resilienz. In S. Laske, A. Orthey & M. Schmid (Hrsg.), Handbuch Personal entwickeln. Köln.

Rampe, M. (2005). Der R-Faktor. Das Geheimnis unserer inneren Stärke. Frankfurt a.M.: Eichborn Verlag.

Wagner, A. (2007). Gelassenheit durch Auflösung innerer Konflikte. Mentale Selbstregulation und Introvision. Stuttgart: Kohlhammer.

Staudinger, U. M. & Greve, W. (2001). Resilienz im Alter. In Deutsches Zentrum für Altersfragen (Hrsg.), Personale, gesundheitliche und Umweltressourcen im Alter. Expertisen zum Dritten Altenbericht der Bundesregierung (S. 94-144). Opladen.

Werner, E. & Smith, R.S. (2001). Journeys from Childhood to Midlife: Risk, Resilience, and Revovery. Ithaca.

Wustmann, C. (2004). Resilienz. Widerstandsfähigkeit von Kindern in Tageseinrichtungen fördern. Weinheim: Beltz.

P4C Prevention for Crisis
Das Resilienztraining im nachhaltigen Personalmanagement

Gotthard Pietsch, Stefan Schumacher

1. Nachhaltigkeit, Personalmanagement und Resilienz

1.1 Der alltägliche Spagat zwischen Leistungsdruck und Ressourcenorientierung im Personalmanagement

Seit geraumer Zeit erweist sich das Nachhaltigkeitsthema für Unternehmen als äußerst bedeutsam. Zahlreiche Institutionen (z.B. UN, EU-Kommission, NGOs) verlangen Rechenschaft über die Nachhaltigkeit unternehmerischen Handelns. Das Nachhaltigkeitsprinzip fordert dazu auf, die im Wertschöpfungsprozess genutzten natürlichen und menschlichen Ressourcen so einzusetzen, dass die Ressourcenbasis (zumindest) erhalten bleibt und die Konsequenzen für Umwelt sowie Gesellschaft Beachtung finden (Moldaschl, 2005). Die Ressourcenperspektive des Nachhaltigkeitsprinzips ist dabei nicht zuletzt für das Personalmanagement unmittelbar relevant, weil Letzteres für den Einsatz der Humanressourcen Verantwortung trägt.

Im Personalmanagement findet sich jedoch mitunter immer noch eine ausgeprägte „Verbrauchsorientierung". Im Extremfall werden Mitarbeiter dann bis zur Beanspruchungsgrenze oder sogar darüber hinaus belastet und schließlich bei auftretenden Leistungsdefiziten ausgetauscht. Dies erweist sich nicht nur als moralisch verantwortungslos, sondern auch aus ökonomischer Perspektive als überholt. So wird das Personal aus ökonomischer Sicht keineswegs mehr als reiner Kosten-, sondern zugleich als unerlässlicher Erfolgsfaktor angesehen, so dass sich die die Aufmerksamkeit verstärkt auf das „Humankapital" richtet, das es zu erfassen, gezielt zu steuern und weiter zu entwickeln gilt (Scholz et al., 2006).

Das nachhaltige Personalmanagement ist explizit mit dem Ziel des Aufbaus, Erhalts sowie der Weiterentwicklung eingesetzter Humanressourcen verbunden (Weissenrieder & Kosel, 2005). Es soll sowohl zur Unternehmenswertsteigerung beitragen als auch die Leistungs- und Zukunftsfähigkeit der Mitarbeiter fördern. Nachhaltiges Personalmanagement impliziert deshalb z.B. die Ermöglichung einer Work-Life-Balance, partizipative Entscheidungsstrukturen oder Gesundheitsförderung. Obwohl die Bedeutung des nachhaltigen Personalmanagements auch aus ökonomischer Sicht offensichtlich ist, haben sich die Chancen zu dessen Realisierung in den letzten Jahren keineswegs grundsätzlich verbessert. Im Arbeitsalltag treten verstärkt Belastungen auf, die sowohl von der Organisations- (z.B.

Arbeitsplatzunsicherheit, Versetzungen, Kosten-/Termindruck), der Gruppenebene (z.B. Führungsverhalten, Konkurrenzdenken, Mobbing) als auch von den Individuen (z.B. Personalverantwortung, Rollenambiguität, daily hassles im Privatbereich) ausgehen (Stoffer, 2006). Das nachhaltige Personalmanagement muss vor diesem Hintergrund ständig den Spagat zwischen der Umsetzung gestiegener Leistungsanforderungen einerseits und einem am Nachhaltigkeitsprinzip orientierten Humanressourceneinsatz andererseits leisten.

1.2 Bedeutung der Resilienz im Personalmanagement

Zur Bewältigung dieses Spagats erhält die Förderung der Resilienz der Mitarbeiter eine herausragende Bedeutung. Resilienz bezeichnet die psychische Elastizität bzw. Pufferungsfähigkeit im Umgang mit Belastungen und/oder Krisensituationen, so dass resiliente Personen psychisch balancierter unter erhaltenem Leistungspotenzial aus diesen Situationen hervorgehen (können). Für das nachhaltige Personalmanagement bildet Resilienz eine Schlüsselkompetenz der Mitarbeiter. So ermöglicht Resilienz ein flexibles Anpassungs-/Gestaltungsverhalten im Umgang mit belastenden Situationen, um Leistungsanforderungen bei gleichzeitigem Erhalt individueller Ressourcen zu bewältigen. Keineswegs kann sich das Personalmanagement dabei darauf beschränken, resiliente Personen bei der Personalauswahl zu identifizieren und weniger resiliente Personen „auszusortieren". Dies würde nicht nur dem Nachhaltigkeitsgedanken widersprechen; es fehlen darüber hinaus Techniken, um die Resilienz von Personen situationsübergreifend zu diagnostizieren und zukunftsgerichtet zu prognostizieren. Vielmehr kommt der Personalentwicklung und der Förderung der Resilienz der Mitarbeiter besondere Bedeutung zu.
Ziel der weiteren Überlegungen ist es deshalb, die herausragende Bedeutung einer Förderung der Resilienz von Mitarbeitern zu verdeutlichen, und das aus praktischen Erfahrungen sowie vielen Trainingsprozessen entwickelte Resilienztraining „P4C Prevention for Crisis" vorzustellen, das im Rahmen einer nachhaltigen Personalentwicklung effektiv einsetzbar ist.
Im Weiteren liegt das folgende **Vorgehen** zugrunde: Zunächst wird Resilienz als bedeutsames Thema der Personalentwicklung herausgearbeitet. Anschließend werden in Kapitel 2 die situativen Voraussetzungen eines Trainings der Resilienz geklärt. Schließlich erfolgt in Kapitel 3 die Darstellung des von den Autoren entwickelten Resilienztrainings „P4C Prevention for Crisis". In diesem Zusammenhang werden zunächst die 4 Basiskompetenzen der Resilienz („P4C-Modell") erarbeitet. Im Anschluss werden für jede Basiskompetenz des P4C-Modells erprobte Trainingsmethoden aufgezeigt. Das Kapitel 4 verdeutlicht schließlich die besondere Bedeutung spezifischer Basiskompetenzen des P4C-Modells für Krisensituationen und Kapitel 5 bietet ein kurzes Fazit im Hinblick auf das nachhaltige Personalmanagement.

1.3 Resilienz im Fokus der Personalentwicklung

Die Personalentwicklung richtet sich auf die Förderung berufsrelevanter Kenntnisse, Fähigkeiten, Einstellungen usw. und greift dabei vor allem auf Maßnahmen der Weiterbildung, der Beratung/Betreuung sowie der Arbeitsgestaltung zurück (Solga et al., 2008). Nicht zuletzt fokussiert sie auf die **Förderung von Schlüsselqualifikationen**. Dabei handelt es sich um solche Kompetenzen, die zur Problembewältigung und zu Lernprozessen in vielen sowie sehr unterschiedlichen Bereichen erforderlich und für die Realisierung der Unternehmensziele erfolgskritisch sind. Eine solche Schlüsselqualifikation bildet die (individuelle) Resilienz der Mitarbeiter und Führungskräfte. So werden die Mitarbeiter zunehmend mit belastenden, kognitiv häufig nicht klar einzuordnenden sowie dynamischen Situationen und hoher Unsicherheit konfrontiert. Zugleich sind sie alltäglich gefordert, diese Situationen im Dienste der Unternehmensziele zu bewältigen und gleichzeitig eine innere Balance sowie die eigene Gesundheit zu bewahren. Die durch den Resilienzbegriff bezeichnete psychische Elastizität bildet hierfür eine unabdingbare Voraussetzung. Die Personalentwicklung muss daher die Resilienz der Mitarbeiter im Blick behalten und gegebenenfalls zu ihrer (Weiter-)Entwicklung beitragen.
Effektive Trainingskonzepte zur Förderung der Resilienz wurden bisher jedoch nicht publiziert. Die Basiselemente des folgenden Resilienztrainings „P4C Prevention for Crisis“ wurden bereits in vielen Workshops, Seminaren, Trainings sowie Beratungssituationen erprobt und erwiesen sich als äußerst wirksam. Das Training ist dabei als Präventionskonzept (= „P4C Prevention for Crisis“) zu verstehen, das unter begrenzten Belastungssituationen Kompetenzen trainiert, die ihre Wirksamkeit auch in existenziellen Krisensituationen entfalten können.

2. Resilienz als Gegenstand des Trainings

Der Begriff der Resilienz basiert etymologisch auf dem lateinischen Verb resilere (= abprallen). Zunächst wurde er in der Materialkunde verwendet und bezeichnet die Spannkraft, Elastizität bzw. Strapazierfähigkeit eines Materials. Schließlich fand er auch Eingang in die (gesundheits-)psychologische Forschung. Hier markiert das Resilienzparadigma die Abkehr von dem Defizitmodell (= d.h. der Auseinandersetzung mit Funktionsstörungen) und die Hinwendung zu einem **Ressourcen- bzw. Kompetenzmodell** (Staudinger & Greve, 2001, S. 101). Aus dieser Sicht bezeichnet der Resilienzbegriff

- den Erhalt der Funktionsfähigkeit trotz vorliegender beeinträchtigender Umstände sowie
- die Wiederherstellung normaler Funktionsfähigkeit nach erlittenem Trauma.

Die Analyse richtet sich dabei auf die Identifikation der Widerstandskräfte und Ressourcen, um die psychische Elastizität in belastenden Lebenssituationen zu fördern. Das folgende Modell der Resilienz und das darauf gerichtete Training fokussieren auf diesen ressourcenorientierten Ansatz und unterstützen nicht zuletzt die Mitarbeiter in den Unternehmen dabei, ihre individuelle Resilienz (weiter) zu entwickeln. Da jedoch Resilienz nicht in jeder Situation trainiert werden kann, ist im Folgenden auf situative Voraussetzungen einzugehen.

Zunächst sind wir damit bei der zentralen **situativen Voraussetzung der Resilienz** angelangt: der Krise. Krisensituationen sind Momente im Leben eines Menschen, in denen er/sie Resilienz, d.h. Flexibilität und psychische Elastizität, benötigt, um gesund und gestärkt aus jenem Veränderungsprozess hervorzugehen. Dies gilt nicht zuletzt für Mitarbeiter und Führungskräfte, die bereits im Alltag hohen Belastungen ausgesetzt sind und nicht selten in eine existenziell bedrohliche Krise geraten, wenn zusätzlich zu den beruflichen Belastungen gesundheitliche Probleme oder weitreichende Anforderungen im Privatleben hinzu kommen.

Unter Krise (griechisch = bedenkliche Lage, Zuspitzung, Entscheidung, Wendepunkt) wird ein psychischer Ausnahmezustand bzw. eine akute Überforderung verstanden, bei der die gewohnten Bewältigungsstrategien unter dem Einfluss belastender bzw. traumatischer, äußerer oder innerer Lebensereignisse versagen (Stumm, Wilschko & Keil, 2003). Sie gilt als Zustand, der zur raschen Wiederherstellung eines neuen Gleichgewichts drängt, da sie das seelisch-körperliche Gleichgewicht bedroht (z.B. Klein & Lindemann, 1961; Erickson, 1968).

Die Krise als existenziell bedrohlicher Ausnahmezustand und Voraussetzung für das umfassende Sichtbarwerden von Resilienz ist aufgrund ihrer besonderen Merkmale jedoch nicht geeignet für das Resilienztraining. Um dies zu verdeutlichen, unterscheiden wir zwischen drei grundlegenden Belastungszuständen: Problem, normale Krise, Existenz-/Identitätskrise.

Das **Problem** stellt noch keine Krise dar. Im Unterschied zur Krise bleibt ein Problem gewöhnlich in seiner Wirksamkeit auf konkrete Kontexte bzw. Situationen begrenzt, d.h. es weitet sich nicht auf andere Lebensbereiche bzw. Situationen aus. Für Mitarbeiter bzw. Mitarbeiterinnen sind schlechte Performance-Kennzahlen im eigenen Aufgabenbereich zunächst unangenehm. Sie stellen ein Problem dar, das aber aus der subjektiven Sicht des Betroffenen keineswegs generell alle Lebensbereiche tangieren muss.

Das (relativ einfache) Problem ist jedoch abzugrenzen von der sog. **„normalen" Krise**. Bei der normalen Krise handelt es sich um ein Problembündel, das sich zunehmend auf alle Lebensbereiche ausweitet, ohne dass es aber die psychische Unversehrtheit der Person grundlegend gefährdet. Die alltäglichen Rahmenbedingungen von Mitarbeitern bzw. Managern in Unternehmen weisen Merkmale der normalen Krise auf. Die Unsicherheit, Mehrdeutigkeit sowie die hohen Belastungen und dynamischen Anforderungen im Arbeitsalltag führen dazu, dass sich das damit verbundene Konglomerat von Problemen und Konflikten häufig ausweitet und alle Lebensbereiche tangiert. Die verstärkt unsichere Arbeitsplatzsituation, die Konflikte mit Kollegen, die Unsicherheit über zukünftige Entwicklungen, die widersprüchlichen Erwartungen von Vorgesetzten und Untergebenen bearbeiten die Betroffenen (kognitiv, emotional und motivational) häufig in allen Lebensbereichen. Das Problembündel des Arbeitsalltags entwickelt sich dann zu einer normalen

Krise, die zwar nicht unmittelbar existenziell bedrohlich ist, jedoch zu einer permanenten Beanspruchung führt.
Die **Existenz- bzw. Identitätskrise** entspricht hingegen einem grundlegenden Ausnahmezustand (Klein & Lindemann, 1961). Hier sind die Existenz und/oder die Identität einer Person nachhaltig bedroht. Solche Krisen treten beispielsweise im Zusammenhang mit schweren Erkrankungen oder mit Entwicklungen auf, die das Selbstverständnis bzw. das Selbstwertgefühl einer Person grundlegend in Frage stellen. Die Existenz-/Identitätskrise betrifft und durchdringt alle Lebensbereiche. Angesichts der essenziell bedrohlichen Situation ist die bewusste (Selbst-)Steuerungskompetenz von Personen erheblich beeinträchtigt. Ein strategisches und gezieltes Vorgehen im Umgang mit der schwer belastenden Situation wird zumindest zeitweise weitgehend unmöglich. Bei Vorliegen einer Existenz-/Identitätskrise sind Menschen deshalb weitgehend auf – in anderen Zeiten erworbene – Routinen der Krisenbewältigung und/oder auf externe Hilfe angewiesen, um mittelfristig die bewusste Selbststeuerungskompetenz wiederzuerlangen. Hieraus ergibt sich ein zentraler Unterschied zur normalen Krise. Auch die normale Krise stellt zwar eine hohe Belastungssituation dar, die generalisiert alle bzw. viele Lebensbereiche durchdringt; im Gegensatz zur Existenz-/Identitätskrise bleibt die Person jedoch der „Steuermann des eigenen Bootes", d.h. sie sieht sich in der Lage, die belastende Situation kognitiv zu bearbeiten und zu regulieren, während bei der existenziellen Krise die Steuerungsfähigkeit aussetzt.
Diese Unterscheidung zwischen Problem, normaler Krise sowie Existenz-/Identitätskrise ist von äußerster Bedeutung, weil ein Resilienztraining nur im Rahmen der ersten beiden Situationen angewendet werden kann, während Menschen in existenziellen Krisen nicht mit speziellen Methoden des Resilienztrainings gecoacht werden können. Wer sich in einer Existenz-/Identitätskrise befindet, dem nützt dieser Artikel über ein Krisenbewältigungstraining nur wenig. Aus diesem Grund ist das hier vorgestellte Konzept der Krisenbewältigung ein **Präventionstraining.** Es richtet sich auf eine „Prevention for Crisis" und damit an Personen, die sich aktuell nicht in einer Existenz-/Identitätskrise befinden. Wer aber Theorie und Praxis der Resilienz erlernt, grundlegende Fähigkeiten, Routinen und Ressourcen in unterschiedlichen Problem- und Normal-Krisensituationen eingeübt hat, wird in existenziellen Krisen (trotz aller dennoch verbleibenden Unwägbarkeiten) intuitiv „krisentauglicher" reagieren.

3. Resilienztraining „P4C Prevention for Crisis"

3.1 Die vier Basiskompetenzen im P4C-Modell

Die Resilienzforschung verdeutlicht, dass Resilienz durch ein flexibles Anpassungs- und Gestaltungsverhalten im Umgang mit belastenden Situationen gekennzeichnet ist, das sich stets auf eine effektive Interaktion mit der Umwelt ausrichtet (Maddi & Khoshaba, 2005). Resiliente Personen lassen sich nicht von äußeren Rahmenbedingungen fremdbe-

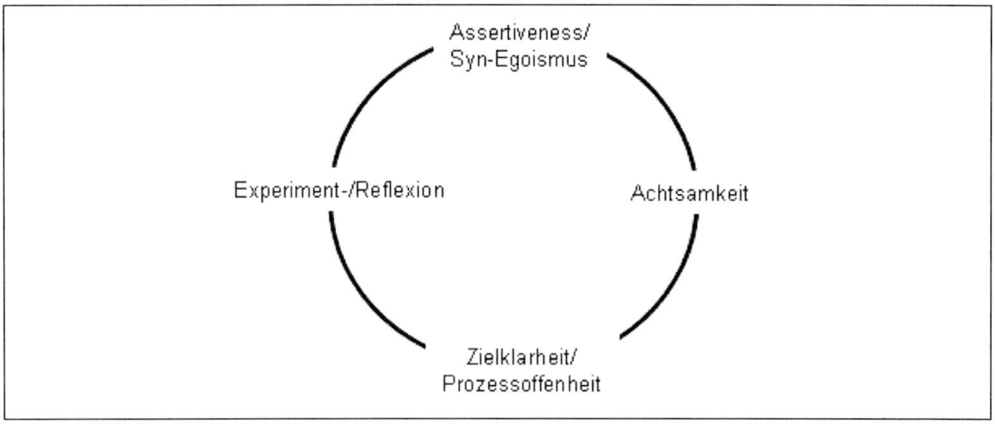

Abb. 1: Die 4 Basiskompetenzen des P4C-Training (Pietsch, 2008; Pietsch & Schumacher, 2009)

stimmen, sondern wollen ihr Leben und ihre Umwelt aktiv gestalten. Vor diesem Hintergrund kann man vier Basiskompetenzen der Resilienz identifizieren, die für eine effektive Interaktion mit belastenden bzw. krisengeprägten Situationen notwendig sind (auch Pietsch, 2008, und Kapitel 4). Bei den Basiskompetenzen handelt es sich um Assertiveness/Syn-Egoismus, Achtsamkeit, Zielklarheit/Prozessoffenheit und Experiment/Reflexion (vgl. Abb. 1).

3.2 Assertiveness und Syn-Egoismus

Der Begriff Assertiveness stammt aus dem angloamerikanischen Sprachraum (z.B. Holland & Ward, 1990). Eine genaue deutschsprachige Übersetzung gibt es nicht. Assertiveness lässt sich grob mit dem Begriff der „Selbstpräsenz" (resourceful presence) übersetzen. Demnach bezeichnet **Assertiveness** die Fähigkeit einer Person, die eigenen Gedanken, Emotionen oder Absichten in einer Interaktionssituation klar und bewusst ausdrücken zu können sowie zugleich einen durchsetzungswilligen, aber respektvollen Umgang mit anderen Personen zu wahren. Es handelt sich um einen Kommunikationsstil, der weder aggressiv-verletztend noch passiv-unterwürfig ist. Assertiveness charakterisiert damit eine ressourcenvolle Selbstpräsenz in sozialen Interaktionssituationen und bezieht sich auf den (nach außen gerichteten) Weltbezug einer Person; sie äußert sich klar, durchsetzungsbereit und respektvoll.

Dieser klassische Assertivenessbegriff ist jedoch noch weitergehend zu interpretieren. So setzt der assertive Kommunikationsstil stets einen akzeptierenden Umgang mit der eigenen Person (**Selbstbezug**) voraus. Verfügt eine Person über Assertiveness, ist ihr Bezug zu sich selbst balanciert; d.h. es besteht weder die Notwendigkeit, die Bedeutung der eigenen Person narzisstisch zu überhöhen noch sich selbst depressiv-selbstunsicher abzuwer-

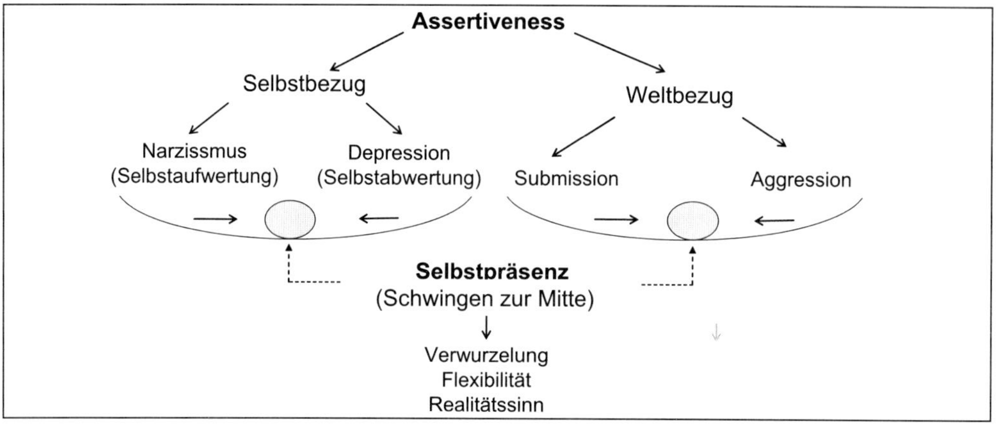

Abb. 2: Assertiveness als Selbstpräsenz im Selbst- und Weltbezug (Pietsch & Schumacher, 2009)

ten. Assertiveness vermeidet damit hinsichtlich des Weltbezugs die verletzende Aggression ebenso wie eine passive Unterwürfigkeit und hinsichtlich des Selbstbezugs den Narzissmus ebenso wie die depressive Selbstabwertung (vgl. Abb. 2).

Für Resilienz erweist sich Assertiveness als von zentraler Bedeutung. Assertiveness trägt insbesondere dazu bei, eine Verwurzelung in der eigenen Person zu finden und eine größere Unabhängigkeit von Bezugspersonen zu erreichen. Darüber hinaus unterstützt Assertiveness eine offene und flexible Wahrnehmung. Aggressive oder unterwürfige Personen sind ebenso wie narzisstische oder depressive Personen dazu geneigt, zum Schutz des eigenen Selbst-/Weltbilds rigide Wahrnehmungsfilter anzuwenden und über Verdrängungsmechanismen Wirklichkeit einseitig zu interpretieren. In belastenden Situation bleibt ihre Anpassungs- und Gestaltungsfähigkeit deshalb bereits aufgrund einer systematischen Wahrnehmungsverzerrung begrenzt, und sie können keine besondere Resilienz entwickeln.

Assertiveness bedeutet nicht, dass sich Menschen grundsätzlich nicht aggressiv, narzisstisch oder passiv und selbstabwertend verhalten. Jedoch bewirkt die Fähigkeit der Assertiveness, dass stets ein zügiges Zurückschwingen zu einem selbst-akzeptierend, selbstpräsenten Verhalten sich und anderen gegenüber bewirkt und eine Balance im Selbst- sowie Weltbezug hergestellt wird (vgl. Abb. 2). Die Literatur zur Assertivesness greift ausgiebig auf die Festlegung von Regeln zurück, um Orientierung zu bieten und zu verdeutlichen, wie sich Assertiveness im Alltag auswirkt. Beispielhaft werden im Folgenden einige dieser Regeln für die Kommunikation am Arbeitsplatz genannt:

– People have the right to know what is expected of them in their jobs.
– People have a right to be consulted about decisions that affect them in their work.
– People have a right to make genuine mistakes and do not deserve blame and put-downs.

Das P4C-Training der Assertiveness richtet sich darauf, in der Literatur empfohlene Regeln zu diskutieren, in Rollenspielen zu erproben, kritisch zu reflektieren, so dass schließ-

lich jeder Teilnehmer im Rahmen des Trainings seinen persönlichen Werterahmen entwickelt. Assertiveness bildet die notwendige Basis der Resilienz, weil sie die Verwurzelung in der eigenen Person fördert; zugleich sind „assertive" Menschen als eigenständige Persönlichkeiten auch nach außen erkennbar. Assertiveness reicht aber keineswegs aus, um die Basiskompetenzen der Resilienz hinreichend zu beschreiben.
Zur Assertiveness trägt nicht zuletzt auch **Syn-Egoismus** bei, weil er die Verwurzelung in einem relativ verlässlichen sozialen Beziehungsnetz fördert. Assertiveness basiert neben der Verwurzelung einer Person „in sich selbst" nicht zuletzt auf einen konstruktiven Umgang mit Kommunikationspartnern sowie den Aufbau förderlicher, sozialer Beziehungen. Resiliente Verhaltens- und Kommunikationsmuster setzen dabei keineswegs schlicht guten Willen oder gar Selbstlosigkeit von Interaktionspartnern voraus. Im Gegenteil, sie rechnen ausdrücklich mit dem egoistischen Verhalten, ohne deshalb aber in jedem Fall Rücksichtslosigkeit zu unterstellen. Resilienz beruht in diesem Zusammenhang auf der Verhaltensorientierung des „Syn-Egoismus" (Kastner, 1999a). Syn-Egoisten sind darauf gerichtet, Projekte zwischen (potenziellen) Egoisten zu initiieren und alle Beteiligten auf gemeinsame Win-Win-Situationen auszurichten, die sowohl die eigenen Ziele als auch die Ziele bzw. Interessen der Kooperationspartner realisieren. Erst der Syn-Egoismus bietet eine verlässliche Grundlage dafür, dass Kooperationspartner ihre Ressourcen einbringen oder sogar dauerhafte soziale Netzwerke entstehen, die auf der Würdigung auch unterschiedlicher Bedürfnisse und Interessen basieren können. Er ist daher ein unverzichtbarer Bestandteil „assertiver" Verhaltens-/Kommunikationsmuster. Im Rahmen des P4C-Trainings kommt zum Beispiel die Methode des Meta Mirror (Dilts, 1996) zur Anwendung, um die Verhaltensorientierung des Syn-Egoismus systematisch zu unterstützen. Diese Methode beruht auf dem Grundgedanken, Interaktionssituationen und Interessenkonstellationen aus unterschiedlichen Wahrnehmungspositionen (z.B. Ego, Alter, externe dritte oder vierte Person usw.) zu analysieren, um daraus Schlüsse für das eigene Verhalten zu ziehen. Da die Meta-Mirror-Methode hilfreich ist, Synergiepotenziale zwischen beteiligten Personen aufzuzeigen, unterstützt sie eine syn-egoistische Verhaltensorientierung und den Aufbau verlässlicher sozialer Netzwerke

3.3 Achtsamkeit

Die zweite Basiskompetenz der Resilienz stellt Achtsamkeit dar. Achtsamkeit verweist darauf, dass resiliente Personen über eine klare Selbstwahrnehmung – besonders auch im emotional-affektiven Bereich – verfügen (auch Heidenreich & Michalak, 2009). Dies bedeutet, dass sie ihre emotionalen Prozesse und die damit verbundenen inneren Konflikte genau wahrnehmen und eine innere Balance herstellen können. Dabei ist Achtsamkeit eng verbunden mit Assertiveness, denn beispielsweise aggressiv-verletzendes Verhalten können nur solche Personen vermeiden, die die Fähigkeit besitzen, auch in belastenden Situationen eine innere emotionale Balance aufrecht zu erhalten und somit achtsam gegenüber den eigenen Gefühlen zu sein.

Emotionale Zustände erfüllen unterschiedliche Funktionen: Sie geben Informationen über Wohl- oder Unwohlsein in Bezug auf Menschen, Objekte oder Orte; sie sind Teil der zwischenmenschlichen Kommunikation; sie geben Feedback für eine Vielzahl von Dingen wie den gesundheitlichen Zustand, die eigene Beanspruchungssituation, den Grad der Motivation, Über- oder Unterforderung, gesellschaftliche Verhaltensnormen etc. Da Emotionen an physiologische Reaktionen gebunden sind, lassen sie sich nur begrenzt in ihrem Ursprung kontrollieren, jedoch im Zuge der kognitiven Verarbeitung im Ausdruck steuern, balancieren und verarbeiten (auch Holodynski, 2005). Impulskontrolle, Affektregulation, Desensibilisierung, das Balancieren von Stimmungen und die Beeinflussung physiologischer Zustände sind lernbar und stellen Schlüsselkompetenzen für die Lebensbewältigung im Sinne der eigenen emotionalen Gesundheit dar. Jene Schlüsselkompetenzen zu trainieren, ermöglicht in Krisensituationen ein hohes Maß an emotionaler Kompetenz. Dies wird getragen von Achtsamkeit für die eigenen emotionalen Reaktionen und die dabei erfolgende Verarbeitung innerer Konfliktzustände. Emotionen zu balancieren heißt jedoch nicht, die Gefühle neutral, schwach oder abgestumpft zu halten, vielmehr gilt das Prinzip der Angemessenheit. Gefühle und emotionale Reaktionen können angemessen hinsichtlich ihrer Intensität sowie ihrer Qualität sein.

Hinsichtlich der Beeinflussung der **Intensität emotionaler Reaktionen** unterscheiden wir den Grad der Assoziation bzw. Dissoziation. Letzteres beeinflusst, wie stark ein emotional geprägtes Thema erlebt wird. Mithilfe des Trainings von Assoziation/Dissoziation kann man sich vor zu viel Intensität einer Emotion schützen. Es geht um die Balance von Nähe und Distanz zu dem aktuell erlebten Gefühl. Zu viel Nähe überflutet emotional; zu viel Distanz macht empfindungslos und abgestumpft. Den Unterschied kann jeder selbst überprüfen: Nehmen Sie eine erinnerte Situation aus den letzten Tagen, die Sie als emotional bedeutsam erlebten. Holen Sie die Situation vor ihr inneres Auge und sehen Sie sich die Situation noch einmal an. Prüfen Sie jetzt, ob Sie sich selbst in dem Bild sehen können, als ob man Sie gefilmt hätte (= dissoziierte Erinnerung) oder sind Sie original „in sich drin" und sehen nur ihre Hände bzw. das, was vor ihnen liegt (= assoziierte Erinnerung) (vgl. Abb. 3). Je nach dem, was sie sich automatisch vorgestellt haben, achten Sie dabei auf die Intensität der emotionalen Reaktion und wechseln Sie dann in ihrer Fantasie in die andere Art der Vorstellung und dann ein paar Mal hin und her zwischen assoziiert und dissoziiert. Sie werden bemerken, dass Sie in der assoziierten Erinnerung die Situation emotional intensiver erleben, während Sie in der dissoziierten Position nur „wissen", wie es sich angefühlt hat, aber nicht direkt etwas spüren.

Jene beiden generellen Unterschiede (**Assoziation vs. Dissoziation**) gibt es auch in Schreck-, Schock-, oder Krisensituationen: manche Personen reagieren schreiend, leidend oder verängstigt, die anderen kühl, distanziert oder unbeteiligt. Natürlich gibt es jene beiden Zustände nicht bloß digital, also „entweder-oder", sondern als analoge Zustände mehr oder weniger intensiv. Es gibt auch nicht den „guten" oder „schlechten" Zustand, denn beide Seiten haben Vor- und Nachteile: Menschen, die überwiegend assoziiert (er-)leben, sind gefühlsbetont, leben intensiv und erleben sich mit allen Höhen und Tiefen. Sie haben meistens eine sensible Situationseinschätzung, viel Empathiefähigkeit und eine

Abb. 3: Dissoziierte vs. assozierte Wahrnehmung

gute Intuition. Der Nachteil ist, dass sie viel Energie benötigen und in Problemsituationen viel leiden können und wenig Distanz zu den Dingen aufbauen. Dissoziierte Menschen behalten meistens den Überblick, können gut kalkulieren, sind strukturiert und orientiert, bleiben dabei aber meistens etwas freudlos, sind wenig beteiligt und haben relativ wenig Einfühlungsvermögen. Ideal ist die Kompetenz, beide Zustände intuitiv zur Verfügung zu haben und in einer Situation angemessen einzusetzen. Das Training der Achtsamkeit zur Wahrnehmung und Beeinflussung der Intensität emotionaler Reaktionen arbeitet mit assoziierten und dissoziierten Zuständen, dem flexiblen Wechsel zwischen ihnen sowie dem Transfer in emotional unterschiedlich beanspruchende Situationen.
Achtsamkeit besteht jedoch nicht nur in der Wahrnehmung bzw. Beeinflussung der Intensität von Emotionen, sondern ist auch mit der **Qualität des emotionalen Erlebens** eng verbunden. Es geht dabei darum, die Qualität von Gefühlen angemessen zu empfinden, d.h., dass die Art des Gefühls an der richtigen Stelle auftaucht und seine Bedeutung erkannt wird. Damit ist gemeint, dass man in der Lage ist, Ärger zu empfinden, wo es Grund gibt, wütend zu sein, dass Schmerz auftaucht, wenn etwas traurig ist, dass Furcht erlebt wird, ohne dabei die eigene „Coolness" zu gefährden oder dass man genießen kann, ohne dass eine innere Stimme verbietet, vergnügt zu sein. Diese emotionale Stimmigkeit ist keineswegs selbstverständlich. Im Laufe unserer persönlichen Entwicklung haben wir – nicht zuletzt unter dem Einfluss sozialer Erwartungen – in bestimmten Situationen oder Zuständen gelernt, Ersatzgefühle oder Gefühlsauslassungen zu produzieren. Ersatzgefühle sind Emotionen, die wir zeigen, wenn ein anderes Gefühl unerlaubt, verschüttet oder unerwünscht ist. Gefühlsauslassungen sind Zustände, in denen statt des Ursprungsgefühls z.B. Taubheit, Aktionismus oder Diffusion auftauchen, die die Emotion tilgen. Beispiele sind Menschen, die auf Lob und öffentliche Ehrung peinlich berührt reagieren, anstatt sich zu freuen oder Menschen, die auf Kränkungen gewalttätig reagieren, statt ihren Schmerz zuzulassen oder aber Menschen, deren Angst sich in Kälte oder Empfindungslosigkeit wandelt.
Das P4C-Training richtet sich vor diesem Hintergrund auch darauf, Ersatzgefühle von den eigentlich zugrunde liegenden Primärgefühlen unterscheiden zu lernen. So weisen

Primärgefühle üblicherweise eine andere Dynamik auf als Ersatzgefühle. Sie neigen dazu, schneller wieder zu verschwinden, während Ersatzgefühle aufgrund ihrer fehlgeleiteten Ausrichtung sich beispielsweise leichter verfestigen und ausbreiten. Das P4C-Training arbeitet mit solchen divergierenden Dynamiken, deren Identifikation die Einflussnahme auf die Qualität des emotionalen Erlebens ermöglicht. Die Fähigkeit, die Qualität der eigenen Primärgefühle zu (er-)leben, schafft Freiraum, denn emotionale Vermeidungs- oder Übertreibungstendenzen werden weitgehend unnötig; zugleich bleiben auch die Primärgefühle der eigenen Selbstregulation unterstellt. Dabei ist das Training der Achtsamkeit keineswegs so schwierig und komplex, wie es vielleicht zunächst den Anschein hat. So lassen sich die vielfältigen, emotionalen Zustände auf **vier Grundgefühle** reduzieren: Vergnügen, Schmerz, Wut und Angst (ähnlich Laux & Weber, 1993; auch Küpers & Weibler, 2005, S. 43-48). Die Fokussierung des P4C-Trainings auf diese Grundemotionen erleichtert Achtsamkeit und die emotionale Selbstregulation.
Neben der Wahrnehmung und Beeinflussung der Intensität sowie Qualität emotionaler Reaktionen erweist sich die Berücksichtigung der engen **Wechselwirkung zwischen Emotionen und inneren Konflikten** als von zentraler Bedeutung für das Training der Achtsamkeit (vgl. Abb. 4). Beispielsweise treten nicht selten ausgeprägte innere Konflikte auf, wenn unser wahrgenommenes Verhalten zu persönlichen Wertmaßstäben oder Erwartungen im Widerspruch steht. Solche Konflikte äußern sich mitunter nur als unklar „gefühlte Inkongruenz" oder – weit reichender – als „mentale Knoten", die sich in den kognitiven Prozessen nicht unmittelbar auflösen lassen (z.B. endlose Grübelei) und sofort emotionale Reaktionen (Wut, Angst etc.) hervorrufen. Wagner (2007) führt dies auf die **Verletzung subjektiver Imperative** zurück, die eigene oder fremde Handlungs- bzw. Verhaltensweisen erlauben bzw. verbieten. Es lassen sich mehrere Arten von Imperativverletzungskonflikten unterscheiden: Bei einem Realitätskonflikt ist die Wirklichkeit (möglicherweise) nicht so, wie sie sein soll; bei einem Imperativkonflikt drehen sich die Gedanken um zwei einander widersprechende Glaubenssätze; bei einem Undurchführbarkeitskonflikt fehlen die Handlungsmöglichkeiten zur Erreichung des Ziels.
Die Theorie subjektiver Imperative geht von der Annahme aus, dass die Gedanken im Zustand eines akuten Konflikts um eine wahrgenommene oder antizipierte Verletzung subjektiver Imperative (weitgehend ziellos) kreisen und die emotionale Balance stören. Das P4C-Training richtet sich darauf, die Teilnehmer darin zu schulen, mit inneren Konflikten effektiver umzugehen und auf diesem Wege immer wieder die emotionale Balance herzustellen. Es richtet sich vor allem auf zwei Schritte: Erstens werden die Teilnehmer darin geschult, die bei einer starken emotionalen Reaktion jeweils zugrunde liegenden Kernkonflikte zu erkennen; zweitens richtet sich das Training auf das Erlernen einer bestimmten Form der Wahrnehmung (die sog. Konstatierende Wahrnehmung; dazu Wagner, 2007), deren systematische Anwendung es ermöglicht, die Wirkungen des Kernkonflikts kontinuierlich abzuschwächen und den Konflikt schließlich sogar aufzulösen. Die zugrundeliegende Methode wird seit langem wissenschaftlich untersucht und gilt als äußerst effektiv (Wagner, 2008).

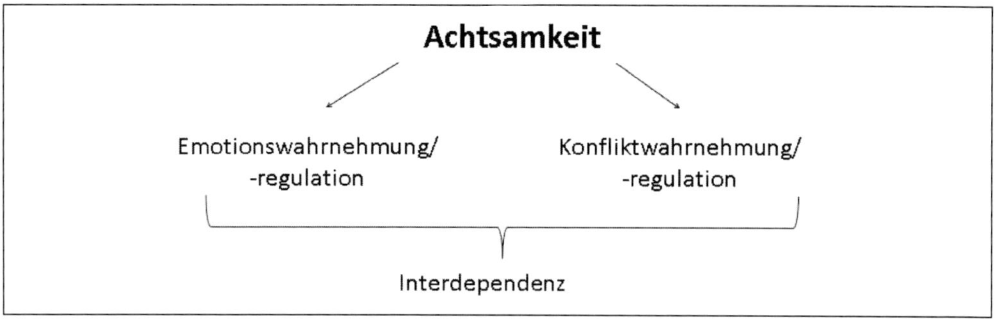

Abb. 4: Achtsamkeit als Emotions- und Konfliktwahrnehmung

3.4 Zielklarheit und Prozessoffenheit

Neben Assertivenes und Achtsamkeit ist die Fähigkeit zu Zielklarheit/Prozessoffenheit als wesentliches Element der Resilienz anzusehen. So erfüllt die Entwicklung von Zielen bei der Bewältigung von Krisen eine zentrale Funktion. Sobald die Krisensituation von dem/der Betroffenen zumindest rudimentär in die Lebenssituation integriert wurde, entsteht das Bedürfnis nach einer Neuorientierung. Die mit der Neuorientierung verbundenen Veränderungs- und Entwicklungsprozesse vollziehen sich auf der Basis der eigenen Erwartungen an die Zukunft. Es ist also wichtig, die eigenen Wünsche, Absichten, Motive in einem Zielrahmen derart zu konkretisieren, dass die Umsetzung nicht zufällig, sondern relativ vorhersehbar und konsequent erfolgt. Das Entwickeln von Zielen sowie ihre Integration in Wahrnehmungs- und Verhaltensprozesse unter wechselnden dynamischen Bedingungen bildet eine äußerst kreative Aufgabe und erweist sich zur erfolgreichen Krisenbewältigung als unerlässlich.
Dabei sind die Ziele nicht statisch zu verstehen, sondern immer wieder in der zirkulären Bewegung zwischen Wunsch und Wirklichkeit zu überprüfen. Aus diesem Grund gelten für die Ziel- und Prozessteuerung immer zwei Redewendungen zugleich:
– „Wenn Du das Ziel nicht kennst, ist kein Weg der richtige“ und
– „Der Weg ist das Ziel“.

Die erste Redewendung verdeutlicht, dass es vor dem „Loslaufen“ wichtig ist, zu wissen, wohin die Reise geht (= Zielklarheit). Die zweite Redewendung soll davor bewahren, ständig in der Zukunft zu leben und sich deshalb nicht auf den Moment einstellen zu können; vielmehr gilt es, die jeweils aktuelle Situation mit ihren Chancen und Risiken gezielt zu nutzen (= Prozessoffenheit).
Dabei ist der erste Schritt zur **Zielklarheit** eine Angelegenheit des klaren Formulierens. Deshalb nennen wir den Prozess der Zielformulierung in Analogie zum NLP „wohl formuliert“. Dabei ist es wichtig, sich den Zielzustand so konkret und unter Einbezug aller Sinne vorzustellen. Man erhält auf diese Weise eine sinnesspezifische Repräsentation, die die Zielidee erlebbar macht und kognitiv verankert, so dass sie auch in schwierigen Situa-

tionen aktiviert werden kann. Die acht wichtigsten Punkte, die zu einer klaren Zielformulierung sowie erfolgreichen Prozessführung beitragen und einen Gegenstand des P4C-Trainings bilden, sind hier in Kürze erwähnt:

Positive Formulierung:
Zielformulierungen sollten keine Negationen/ Verneinungen beinhalten, sondern positiv formuliert sein. Zielformulierungen wie z.B. „Ich möchte mich von dem Kollegen X nicht mehr ärgern lassen“ zementieren eher das Problem, als dass sie die Herbeiführung von Lösungen unterstützen.

Sinnesspezifische Beschreibung:
Ziele, die sich nicht auf unsere Wahrnehmungssinne beziehen (z.B.: „Ich will beruflich besser gestellt sein“ oder „Ich will glücklich sein“), bleiben durch ihren Abstraktionsgrad vage und damit letztlich unattraktiv. Attraktivität von Zielen ergibt sich erst dann, wenn das Ziel unter Bezugnahme auf alle Wahrnehmungssinne positiv beschrieben wird.

Kontextualität:
Die Spezifizierung des Kontextes klärt Rahmenbedingungen, unter denen das Ziel erreicht werden soll. Sie konkretisiert dabei die Bedeutung des Zieles, den Geltungsbereich, die Wirksamkeit und den Zeitbezug.

Beachtung der „Ökologie“:
„Ökologie“ bezieht sich hier keineswegs auf das Thema Umweltschutz, sondern betrifft die Rückwirkungen einer Zielrealisierung auf die persönliche Lebenswelt. Die Realisierung persönlicher Ziele verändert nicht selten die Lebensbedingungen; es ergibt sich Feedback durch andere, mitunter entstehen zunächst unbeachtete Nebenwirkungen. Die Beachtung der Ökologie setzt voraus, dass das Ziel hinsichtlich der Konsequenzen auf andere Menschen oder Sachverhalte untersucht wird.

Ressourcenklärung:
Die Fähigkeiten, Mittel oder Güter für die Zielrealisierung sind zu konkretisieren. Dabei ist zu klären, welche Dinge selbst einzubringen sind und an welcher Stelle Unterstützung von anderen erforderlich ist.

Eigenkontrolle:
Der Aspekt der Eigenkontrolle klärt, ob das Ziel weitgehend eigenständig realisiert werden kann oder ob die Zielerreichung von anderen abhängig ist. Zudem stellt sich die Frage: Ist das Ziel ein Projekt von mir oder bin ich eigentlich nur das Medium der Zielrealisierung anderer Personen?

Testbarkeit:
Das Kriterium der Testbarkeit betrachtet die Zielverwirklichung aus der Perspektive eines Dritten. Die folgende Frage ist dabei von zentraler Bedeutung: Woran würde ein externer Dritter erkennen, dass das Ziel erreicht ist?

Vision:
Ziele sind nicht selten mit der Vorstellung grundlegender persönlicher Visionen verknüpft. Gerade in Krisensituationen können positive Visionen einer (realisierbaren) Zukunft in erheblichem Umfang zur Krisenbewältigung motivieren. Vor diesem Hintergrund stellt sich die Frage, inwiefern dem formulierten Ziel eine persönliche Vision zugrunde liegt.

Die soeben dargestellten Schritte der Zielformulierung unterstützen vor allem das Erreichen von Zielklarheit. Die Verwirklichung von Zielen stellt jedoch gerade im Zusammenhang mit der Bewältigung von Krisen nicht selten einen langwierigen, äußerst schwierigen und belastenden Prozess dar. Das Gleiche gilt für viele Projekte im Management. Sie stoßen häufig auf unüberwindbar erscheinende Hürden, lassen zunächst nur unzureichende Erfolge erkennen usw. Um solche Prozesse zu einem Erfolg zu führen, muss man sich stets von Neuem auf dessen Eigenheiten, Widrigkeiten und Unerwartetes einstellen. Die Klarheit über die eigenen Ziele ist insofern unbedingt zu ergänzen um **Prozessoffenheit**. Hierdurch entsteht Freiraum, den Zielerreichungsprozess laufend mit der konkreten Situation abzustimmen und Chancen flexibel zu nutzen, aber auch Risiken offen wahrzunehmen. Gerade in der modernen Arbeitswelt können sich Manager nur auf – möglichst klar – formulierte Ziele verlassen, während sich die Wege zur Zielerreichung nur im Einzelfall klären lassen.
Prozessoffenheit weist allerdings deutlich darüber hinaus, weil sie auf der Bereitschaft beruht, den vorab großteils unkalkulierbaren Prozess der Zielverwirklichung mit seinen Überraschungen, unerwarteten Entwicklungen und Hindernissen konsequent bis zum Ende zu durchlaufen. Offenheit für den Prozess ist nur dann gegeben, wenn man sich bewusst ist, dass unterschiedlichste Schwierigkeiten auftauchen werden und dass immer wieder die Gefahr besteht, den Prozess (unnötiger Weise) abzubrechen. Es gibt jedoch Möglichkeiten, sich bereits bei der Zielformulierung grundlegend auf einige, wahrscheinlich auftretende Probleme einzustellen. So tauchen im Zuge des Prozesses der Zielverwirklichung unterschiedliche Prozesszustände auf, die in dem sog. „Neugier-Erfolgs-Loop“ in einfacher Weise abgebildet sind. Das Grundprinzip des **Neugier-Erfolgs-Loop** (NEL) wurde von Dyckhoff & Grochowiak (1996) entwickelt. Der NEL stellt eine Strategie dar,

die dabei unterstützt, grundlegende Ziel-, Projekt- oder Verhandlungsvorhaben durchzuhalten. Er interpretiert jedes zielorientierte Vorhaben als einen Prozess, der von den vier grundlegenden Prozesszuständen der Neugier, Ernüchterung, Ausdauer sowie des Erfolgs durchdrungen ist (vgl. Abb. 5):

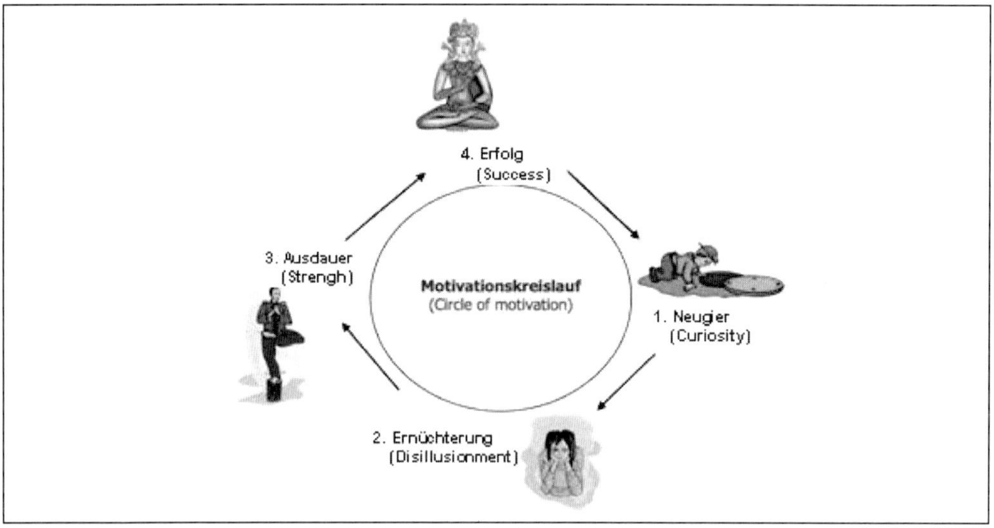

Abb. 5: Der Neugier-Erfolgs-Loop

1. Am Anfang steht die **Neugier**. Sie aktiviert zum Start in den Prozess der Zielverwirklichung und ist mit dem Gefühl der (Vor-)Freude auf die Zielerreichung verbunden. Auch im Zuge der Krisenbewältigung ist der Beginn jeder grundlegenden Neuorientierung von Neugier begleitet.
2. Die Neugier-Phase dauert jedoch häufig nicht lang an. Schnell tauchen unerwartete Probleme auf, die zunehmend Bedeutung gewinnen und die Erreichung des Ziels in weite Ferne rücken. In diesem Zusammenhang entsteht der Zustand der **Ernüchterung**. Es geht vieles nicht so leicht, wie anfangs erwartet. Mitunter muss das gesamte Vorhaben noch einmal neu geprüft und gegebenenfalls anders ausgerichtet werden.
3. Nach der Ernüchterung folgt die Phase der **Ausdauer**. In dieser Phase wird deutlich, dass sich die Schwierigkeiten einfach nicht kurzfristig überwinden lassen. Nicht selten nehmen die zu überwindenden Probleme sogar noch zu. In dieser Phase ist Beharrlichkeit notwendig. Nicht selten tritt Wut auf, weil einfach kaum etwas hinreichend gut gelingt.
4. Wird der Ausdauer-Zustand gemeistert, erreicht man schließlich die letzte Phase des Erfolgs, d.h. das angestrebte Ziel wird erreicht. Der **Erfolg** ist zunächst durch das Gefühl der Freude bzw. des Vergnügens geprägt. Jedoch gerade im Arbeitsalltag tritt die mit dem Erfolg einher gehende Entspannungsphase häufig nur kurz auf. Auf das abge-

schlossene Projekt folgt unmittelbar das nächste, so dass Erfolge nicht hinreichend gewürdigt werden können. Darüber hinaus entstehen in der Erfolgsphase nicht selten Gefühle der Angst, weil sich die Frage stellt, ob man diesen Erfolg weiter aufrecht erhalten kann. Es erhöht sich der Druck, in Zukunft noch mehr leisten zu müssen (zur damit verbundenen Problematik „iterativer Motive" Kastner, 1999b).

Prozessoffenheit bedeutet vor dem Hintergrund des NEL, dass bereits vor der Zielverwirklichung die Erwartung besteht, dass die Prozesszustände der Neugier, Ernüchterung, Ausdauer sowie des Erfolgs eintreten können und ihr Durchleben in jeweils unterschiedlicher Weise Schwierigkeiten hervorruft. Viele Personen neigen dazu, nicht alle vier Phasen zu durchlaufen, weil sie sich der Selbstverständlichkeit der Schwierigkeiten, die mit den Prozesszuständen verbunden sind, nicht hinreichend bewusst sind und sie deshalb vermeiden; sie bleiben dann bei einer Phase stehen oder brechen sogar den gesamten Prozess ab. Personen, die bereits in der Phase der Neugier abbrechen, haben mitunter viele gute Ideen, können sie aber nicht konsequent voranbringen. Personen, die bei der Ernüchterung stehen bleiben, ertragen es nicht, die Begeisterung zu verlieren. Andere haben erhebliche Probleme, die notwendige Ausdauer aufzubringen. Nicht selten handelt es sich dabei um eher ungeduldige Personen, bei denen alles möglichst schnell fertig gestellt sein muss. Schließlich gibt es Personen, die in der Phase des Erfolgs abbrechen, weil sie sich auf ihren Lorbeeren ausruhen bzw. das Gefühl haben, grundsätzlich genug geleistet zu haben.
Das P4C-Training richtet sich darauf, die subjektiven Erfahrungen der Trainingsteilnehmer mit den NEL-Zuständen zu aktivieren, auszuwerten und auf dieser Grundlage die verschiedenen Zustände miteinander zu integrieren. Im Training werden die vier NEL-Zustände derart miteinander verknüpft, dass sie fließend ineinander übergehen können und der Prozessabbruch unwahrscheinlicher wird.

3.5 Experiment und Reflexion

Experiment und Reflexion charakterisieren die vierte Basiskompetenz der Resilienz, die darauf gerichtet ist, das individuelle Wissen über die Welt ständig zu aktualisieren. Resiliente Personen sind vor allem daran interessiert, die Funktionsfähigkeit ihres Verhaltens ständig zu überprüfen. Tatsächlich experimentieren sie regelmäßig, um zu erfahren, welche Effekte ein für sie neues Verhalten hervorruft. Durch solche Experimente und die Reflexion über Ergebnisse aktualisieren sie ihr Wissen über den Raum der Gestaltungsmöglichkeiten und die Gültigkeit von Vorannahmen, die sie ihrem Verhalten zugrunde legen. Dieses Experimentierverhalten erleichtert es, die Effektivität des Verhaltens im Wandel zu sichern.
Das P4C-Training nutzt vielfältige Methoden, um alltägliches Experimentierverhalten systematisch zu fördern (z.B. Methoden des Beobachtungslernens, Wahrnehmungstechniken). Gleichzeitig ist jedoch zu bedenken, dass wir fast laufend intuitiv experimentie-

ren. Der Organisationsforscher Karl E. Weick (1995) bemerkt: Denken erfolgt nach dem Handeln. Menschen grübeln, diskutieren viel und versuchen ihr Handeln sehr genau im Voraus zu planen; sobald sie sich jedoch in der akuten Handlungssituation befinden, erfolgt das Verhalten dennoch eher reflexartig. Meist besteht erst im Nachhinein die Möglichkeit, aus dem intuitiv erfolgten Verhalten weiter gehende Schlüsse zu ziehen.

Im Folgenden stellen wir ein Modell vor, dass die Reflexion über Verhalten, die zugrunde liegenden Einflüsse sowie die dabei erzielten Ergebnisse unterstützt. Es ist sehr wirksam einsetzbar und findet im Rahmen des P4C-Trainings umfangreich Anwendung. Bei diesem Modell handelt es sich um das **Konzept der logischen Ebenen** von Robert Dilts (1996), das auf den Arbeiten von Whitehead & Russell (1910-1913) basiert, die ein mathematisches Modell der logischen Typen entwickelt haben. Gregory Bateson (1972) war der erste, der das mathematische Modell von Whitehead & Russell für die Analyse und Reflexion menschlichen Verhaltens nutzbar machte. Das Modell verbindet menschliches Verhalten mit hierarchisch verknüpften, kognitiven Ebenen, die in unserer Informationsverarbeitung allgegenwärtig präsent sind. Wenn wir unser Verhalten sowie dessen Wirksamkeit bewusst oder unbewusst interpretieren, sind die folgenden kognitiven Ebenen permanent betroffen:

- Die unterste Ebene des Modells ist die **Umgebung**. Es handelt sich um den jeweils – sinnesspezifisch zu beschreibenden – räumlichen und zeitlichen Kontext, in dem ein Verhalten erfolgt.
- Die nächsthöhere **Verhaltensebene** beschreibt die sinnesspezifisch konkreten Handlungen, die im Rahmen der genannten Umgebung stattfinden.
- Ein Verhalten setzt stets **Fähigkeiten** voraus. In der nächsten Ebene wird deshalb festgehalten, wie jemand ein Verhalten gestaltet, welche Fähigkeiten dazu genutzt wurden.
- Fähigkeiten werden nach bestimmten (Meta-)Kriterien und zwar insbesondere unter Rückgriff auf bewusste/unbewusste Glaubenssätze aktiviert. Hieraus ergibt sich die nächste kognitive Ebene der **Glaubenssätze/Werte**.
- Schließlich erreicht man die **Identität**, das Selbstbild oder Selbstverständnis einer Person bzw. Gruppe. Identitätskonzepte sind wandlungsfähig, jedoch relativ fest kognitiv verankert.
- Dieser Ebene folgt die **Zugehörigkeit**, welche die Vision oder Mission eines Menschen, also die „höheren", gegebenenfalls sogar spirituellen Ziele, beinhaltet.

Das Modell der logischen Ebenen kann in vielfältiger Weise zur Analyse des Verhaltens angewendet werden. Beispielsweise eignet es sich, um Gründe für **Inkongruenzen in Ver-**

haltensmustern aufzuzeigen. Aufgedeckte Inkongruenzen bieten Anhaltspunkte für weiter gehendes Lernen, neues Experimentierverhalten und sogar für die Entwicklung von Strategien zur Bewältigung persönlicher Krisen. Beispielsweise kann das Modell zur Analyse des Redeverhaltens einer Person Anwendung finden. Unbefriedigende oder sogar gescheiterte Versuche einer Person, vor einem großen Publikum zu sprechen (Verhaltensebene), werden analysiert, indem die Einflüsse der (anderen) logischen Ebenen auf das problematische Redeverhalten untersucht werden. Dabei kann sich möglicherweise herausstellen, dass auf der Glaubensebene Sätze wie „Sicherlich verliere ich wieder den roten Faden" oder „Ich kann gar nicht locker und humorvoll auftreten" das Verhalten und die Fähigkeiten grundlegend beeinflussen. Jeder weitere Versuch, effektive Reden zu halten, wird behindert, solange eine Inkongruenz dieses Verhaltens mit den höheren Ebenen besteht. Das heißt, jede höhere Ebene limitiert gegebenenfalls die Möglichkeiten der Verhaltensänderung. Einerseits führen neue Verhaltensweisen zu neuen Fähigkeiten und Glaubenssätzen, andererseits behindern jedoch alte Glaubenssätze neue Verhaltensweisen und den Erwerb neuer Erfahrungen. Ebenso kann aber eine Veränderung der Umgebungsebene die gesamten höheren Ebenen beeinflussen, wie das Beispiel eines Arbeitsplatzverlusts verdeutlicht. Die logischen Ebenen sind insofern zirkulär vernetzt und die Wirksamkeit von Veränderungs-/Lernprozessen hängt nicht zuletzt von der Integration der kognitiven Informationsverarbeitungsprozesse auf den logischen Ebenen ab.

4. Krisenverläufe und die vier Basiskompetenzen des P4C-Modells

Das hier vorgestellte P4C-Modell der vier Basiskompetenzen (Assertiveness/Syn-Egoismus, Achtsamkeit, Zielklarheit/Prozessoffenheit, Experiment/Reflexion) steht in enger Verbindung mit den zentralen **Phasen einer Krise**. So weisen Krisen einen (idealtypischen) Verlauf auf, im Zuge dessen bestimmte Phasen meist mehrfach auftreten. Diese Phasen sind zirkulär verbunden und lassen sich mit den folgenden Begriffen beschreiben (ähnlich Kast, 2008, und Abb. 6): Ungewissheit/Abwehr, emotionale Reaktion, Neuorientierung und Strategie.

Die Krise beginnt mit einer Phase der **Ungewissheit**, die zunächst nur begrenzte kognitive Irritation bzw. Verunsicherung hervorruft. Ein typisches Kennzeichen jener Phase ist die **Abwehr**. Der/die Betroffene will das Problem eigentlich gar nicht wahrhaben. Die sich verschärfende Krisensituation wird ignoriert bzw. bagatellisiert; dennoch taucht sie immer wieder auf und wird immer bedrängender. Es gelingt auf Dauer nicht, sich ihr zu entziehen. Allmählich entsteht die Einsicht, dass man sich unausweichlich in einer grundlegenden Konfliktsituation befindet.

Hierauf folgt die zweite Phase der **emotionalen Reaktion**, die meistens von unterschiedlichen emotionalen Zuständen begleitet wird. Wut, Hilflosigkeit, Ärger, Angst, Frustration oder blinder Aktionismus können chaotisch auftreten. Meistens dominiert eines der

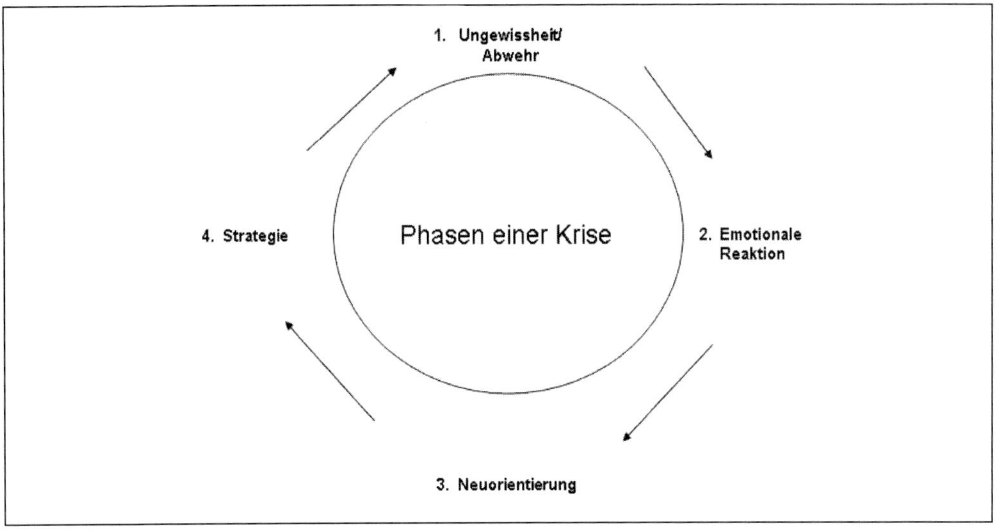

Abb. 6: Zirkuläre Phasen der Krise

Gefühle und breitet sich aus. Manche dissoziieren in dieser Phase erheblich, so dass sie völlig kühl und abgestumpft wirken.
Im Anschluss an die emotionale Reaktion schließt sich die Phase der Integration an. Die Problematik der Krisensituation wird als Teil der Realität akzeptiert und es beginnt die Zeit der **Neuorientierung** durch Abwägung, Flexibilisierung, Kanalisierung, Perspektivwechsel und das Aneignen neuer Ressourcen.
Durch diese kognitive Neuorientierung kann die letzte und vierte Phase der **Strategie** beginnen, die einen neuen Welt- und Selbstbezug sowie neue Handlungsstrategien hervorbringt. Dies erleichtert es allmählich, sich der neuen Situation praktisch zu stellen.
Die oben vorgestellten **Basiskompetenzen der Resilienz** (Assertiveness/Syn-Egoismus, Achtsamkeit, Zielklarheit/Prozessoffenheit, Experiment/Reflexion), die den zentralen Bezugspunkt unseres P4C-Trainings bilden, lassen sich in ihrer besonderen Bedeutung tendenziell bestimmten Phasen der Krise zuordnen, ohne dass dabei allerdings eine ausschließliche Beziehung unterstellt wird:

1. **Assertiveness/Syn-Egoismus** erweist sich insbesondere in der ersten Phase der Ungewissheit und Abwehr als von besonderer Bedeutung. Assertiveness (Selbstpräsenz) ermöglicht einen klaren, aufrechten sowie führungsstarken Umgang mit Krisenanfängen und verringert die Intensität sowie Dauer von Abwehrreaktionen. Ohne Assertiveness besteht die Gefahr, entweder in eine unkontrollierte Aggression zu verfallen oder verängstigt den stillen Rückzug in die Defensive anzutreten. Beide Reaktionen führen letztlich ins Abseits und verschlimmern die Krise. Zudem erleichtert die Verhaltensorientierung des Syn-Egoismus den Erhalt sozialer Unterstützung und die Einbettung in soziale Beziehungen, die besonders bei Krisenanfängen von unschätzbarer Bedeutung sind.

2. **Achtsamkeit** wirkt besonders in der Phase der emotionalen Reaktion. Sie fördert ein emotional kompetentes Vorgehen in Krisensituationen und hilft auch bei Unübersichtlichkeit und Überforderung intuitiv wertvolle sowie emotional ausbalancierte Entscheidungen zu treffen.
3. **Zielklarheit und Prozessoffenheit** ermöglichen es, in der Phase der Neuorientierung den richtigen Weg einzuschlagen und die Krise mit passenden Strategien zu überwinden. Ohne Zielbezug und Prozess-Steuerung erhält das Handeln keine aktive und flexible Ausrichtung.
4. Experiment und Reflexion aktualisieren das Wissen, reflektieren die wichtigen Lernschritte für Veränderung und stabilisieren den Prozess der Zielerreichung. Sie ermöglichen es, die für die letzte Krisenphase typischen neuen Strategien systematisch zu entwickeln. Ohne **Experiment/Reflexion** droht der Rückfall in alte Verhaltensmuster und ein Wiederaufleben der Krisensituation.

5. Fazit

Die Überlegungen verdeutlichten, dass Unternehmen unter den komplexen und dynamischen Wettbewerbsbedingungen zunehmend auf die individuelle Resilienz ihrer Mitarbeiter angewiesen sind. Insbesondere ein am Nachhaltigkeitsprinzip ausgerichtetes Personalmanagement richtet sich auf die Resilienz der Mitarbeiter als Schlüsselqualifikation, die den alltäglichen Spagat zwischen erhöhten Leistungsanforderungen einerseits und dem nachhaltigen Umgang mit Humanressourcen andererseits unterstützt. Der Resilienzförderung kommt daher nicht zuletzt in der Personalentwicklung eine herausragende Bedeutung zu. Die Literatur zur Resilienz bietet bisher jedoch keine effektiven und umfangreich dargestellten Trainingskonzepte.
Vor diesem Hintergrund richtete sich der Beitrag auf die Darstellung der Grundlagen eines eigenständigen Trainings der Resilienz (P4C Prevention for Crisis), das auf der Basis eines Modells von vier Basiskompetenzen der Resilienz (Assertiveness/Syn-Egoismus, Achtsamkeit, Zielklarheit/Prozessoffenheit sowie Experiment/Reflexion) verbreitete und langjährig erprobte und effektive Methoden kombiniert. Es ist nicht zuletzt in der Personalentwicklung einsetzbar, um die individuelle Resilienz der Mitarbeiter zu fördern, sie für die Anforderungen der modernen Arbeitswelt zu rüsten und somit das nachhaltige Personalmanagement zu unterstützen.

Literatur

Bateson, G. (1972). Steps to an Ecology of Mind. New York: HarperCollins.
Dilts, R. (1996). Visionary Leadership Skills. Capitola: Meta Publications.
Dyckhoff, K. & Grochowiak, K. (1996). Der Neugier-Erfolgs-Loop, Paderborn: Junfermann.
Erikson, E.H. (1968). Identity, Youth and Crisis. New York: W. W. Norton & Co.

Heidenreich, T. & Michalak, J. (Hrsg.) (2009). Achtsamkeit und Akzeptanz in der Psychotherapie. Tübingen: Dgvt-Verlag.
Holland, S. & Ward, C. (1990). Assertiveness. A Practical Approach. Bradwell Abbey/Milton Keynes: Speechmark Publishing Ltd.
Holodynski, M. (2006). Emotionen – Entwicklung und Regulation. Heidelberg: Springer.
Kast, V. (2008). Der schöpferische Sprung. Vom therapeutischen Umgang mit Krisen. Düsseldorf: DTV.
Kastner, M. (1999a). Syn-Egoismus. Nachhaltiger Erfolg und soziale Kompetenz, Freiburg i.Br.: Herder.
Kastner M. (1999b). Stressbewältigung: Leistung und Beanspruchung optimieren. Herdecke: Maori.
Klein, D.C. & Lindemann, E. (1961). Preventive intervention in individual and family crisis, In G. Caplan (Hrsg.), Prevention of mental disorders in children. New York: Basic Books.
Küpers, W. & Weibler, J. (2005). Emotionen in Organisationen. Stuttgart: Kohlhammer.
Laux, L. & Weber, H. (1993). Emotionsbewältigung und Selbstdarstellung, Stuttgart: Kohlhammer.
Maddi, S.R. & Khoshaba, D.M. (2005). Resilience at Work. How to Succeed No Matter What Life Throws at You, New York: McGraw-Hill.
Moldaschl, M. (2005). Nachhaltigkeit von Arbeit und Unternehmensführung. Eine integrative potentialorientierte Perspektive. In M. Moldaschl (Hrsg.), Immaterielle Ressourcen. Nachhaltigkeit von Unternehmensführung und Arbeit I (S. 19-46). München/Mering: Hampp.
Pietsch, G. (2008). Resilienz lässt sich lernen. Personalwirtschaft, 35 (11), 42-44.
Pietsch, G. & Schumacher, S. (2009). Personalentwicklung und Resilienz. In S. Laske, A. Orthey & M. Schmid (Hrsg.), Handbuch PersonalEntwickeln, Köln: Wolters Kluwer.
Scholz, C., Stein, V. & Bechtel, R. (2006). Human Capital Management. München: Luchterhand.
Schumacher, S. (1999). Die Architektur von Sinn. Marburg: Tectum.
Solga, M.v., Ryschka, J. & Mattenklott, A. (2008). Personalentwicklung: Gegenstand, Prozessmodell, Erfolgsfaktoren. In J. Ryschka, M. v. Solga, A. Mattenklott (Hrsg.), Praxishandbuch Personalentwicklung (S. 19-33). Wiesbaden: Gabler.
Staudinger, U.M. & Greve, W. (2001). Resilienz im Alter. In Deutsches Zentrum für Altersfragen (Hrsg.), Personale, gesundheitliche und Umweltressourcen im Alter (S. 94-144). Opladen: Leske + Budrich.
Stoffer, E. (2006). Die psychische Belastung leitender Führungskräfte, Hamburg: Kovac.
Stumm, G., Wiltschko, J. & Keil, W.W. (2003). Grundbegriffe der Personenzentrierten und Focusing-orientierten Psychotherapie und Beratung. Stuttgart: Klett-Cotta.
Wagner, A.C. (2007). Gelassenheit durch Auflösung innerer Konflikte. Mentale Selbstregulation und Introvision. Stuttgart: Kohlhammer.
Wagner, A.C. (2008). Gelassenheit und Handlungsfähigkeit durch Introvision als Methode der mentalen Selbstregulation – eine Einführung. Gruppendynamik & Organisationsberatung, 39 (2), 135-149.
Weick, K.E. (1995). Der Prozeß des Organisierens, Frankfurt am Main: Suhrkamp.
Weissenrieder, J. & Kosel, M. (2005). Nachhaltiges Personalmanagement. Acht Instrumente zur systematischen Umsetzung, Wiesbaden: Gabler.
Whitehead, A.N. & Russell, B. (1910-1913). Principia Mathematica. 3 Bände, Cambridge: Cambridge University Press.

Autorenverzeichnis

Dipl.-Päd. Selda Akca ist wissenschaftliche Mitarbeiterin am Lehrstuhl für Organisationspsychologie der Technischen Universität Dortmund sowie im Institut für Arbeitspsychologie und Arbeitsmedizin in Herdecke.

Heike Bantle ist Pädagogin und als Referentin für Betriebliches Gesundheitsmanagement bei der SICK AG für die Konzeption und Planung von Programmen und Aktivitäten des Betrieblichen Gesundheitsmanagement sowie der Forschungsprojektkoordination zuständig.

Dipl.-Psych. Anja Borowczak ist Diplompsychologin und wissenschaftliche Mitarbeiterin am Lehrstuhl für Organisationspsychologie der Technischen Universität Dortmund.

Dr. P. H. Jens Bucksch ist wissenschaftlicher Mitarbeiter am Lehrstuhl für Sport- und Gesundheitswissenschaft am Institut für Sport- und Bewegungswissenschaft der Universität Stuttgart.

Stefan Engelbrecht ist Psychologe und Sozial-Milieu-Pädagoge und war bis Januar 2010 wissenschaftlicher Mitarbeiter im Projekt ProWert, einem Verbundprojekt der TU Dortmund und der FHdD Bielefeld tätig.

Prof. Dr. disc. pol. Anke Fesenfeld ist Krankenschwester, Lehrerin für Pflegeberufe und Pflegewissenschaftlerin. Derzeit ist sie Professorin an der Hochschule für Gesundheit in Bochum.

Dipl.-Kfm. techn. Nils Gamm ist wissenschaftlicher Mitarbeiter am International Performance Research Institute in Stuttgart und Doktorand an der Universität Stuttgart bei Prof. Dr. Dr. h.c. mult. Péter Horváth International Performance Research Institute gemeinnützige GmbH Stuttgart.

Susanne Hellweg ist Soziologin und Krankenschwester. Sie arbeitet als wissenschaftliche Mitarbeiterin im Projekt ProWert, einem Verbundprojekt der TU Dortmund und der FHdD Bielefeld.

Dr. phil. Barbara Hinding studierte Psychologie und ist Dozentin am Lehrstuhl für Organisationspsychologie an der Technischen Universität Dortmund.

Dipl.-Psych. Anja Höcke ist Diplompsychologin und wissenschaftliche Mitarbeiterin am Lehrstuhl für Organisationspsychologie der Technischen Universität Dortmund.

Univ.-Prof. Dr. Dr. h. c. mult. Péter Horváth ist emeritierter Ordinarius für Controlling an der Universität Stuttgart, Mitglied der Geschäftsführung des International Performance Research Institutes (IPRI) und Vorsitzender des Aufsichtsrats der Horváth AG. International Performance Research Institute gemeinnützige GmbH.

Dipl.-Kfm. techn. Johannes Isensee ist wissenschaftlicher Mitarbeiter am International Performance Research Institute in Stuttgart und Doktorand an der Universität Stuttgart bei Prof. Dr. Dr. h. c. mult. Péter Horváth International Performance Research Institute gemeinnützige GmbH.

Julia Jung studierte Diplom-Pflegewirtin und Public Health (Master of Science) und ist wissenschaftliche Mitarbeiterin im IMVR.

Rudolf Kast ist Leiter Personal- und Sozialwesen bei der SICK AG in Waldkirch und Mitglied der Geschäftsleitung. Er ist Rechtsanwalt, Anwaltsmediator (DAA) und Mitglied im Vorstand des Deutschen Demografie-Netzwerks (ddn).

Univ.-Prof. Dr. phil. Dr. med. Michael Kastner ist Dipl. Psychologe und Arzt. Er hat den Lehrstuhl für Organisationspsychologie an der TU Dortmund inne und leitet das Institut für Arbeitspsychologie und Arbeitsmedizin (IAPAM) Herdecke.

Christoph Kowalski, M. A. studierte Soziologie, Mittlere und Neuere Geschichte und Theater-, Film- und Fernsehwissenschaft. Er ist wissenschaftlicher Mitarbeiter am IMVR Institut für Medizinsoziologie, Versorgungsforschung und Rehabilitationswissenschaft der Humanwissenschaftlichen Fakultät und der Medizinischen Fakultät der Universität zu Köln.

Dipl.-Arb.-Wiss. Dipl.-Päd. Peter Krauss-Hoffmann ist als wissenschaftlicher Mitarbeiter im höheren Dienst der Bundesverwaltung (BAuA) beschäftigt.

Dipl.-Kfm. Dipl.-Volksw. Nils Kremeskötter studierte Betriebs- und Volkswirtschaft sowie Organisationspsychologie und ist als wissenschaftlicher Mitarbeiter am Lehrstuhl für Organisationspsychologie der Technischen Universität Dortmund tätig.

Dr. phil. Peter Kuhnert ist wissenschaftlicher Mitarbeiter und Dozent am Lehrstuhl für Organisationspsychologie der Technischen Universität Dortmund.

Uwe Loß ist Diplom-Sozialwissenschaftler und Leiter des Referates „Berufliche Weiterbildung" in der Gruppe „Beschäftigungsfähigkeit und berufliche Bildung" des Ministeriums für Arbeit, Integration und Soziales des Landes Nordrhein-Westfalen.

Roland Matzdorf ist Diplom-Pädagoge und Leiter der Gruppe „Beschäftigungsfähigkeit und berufliche Bildung" im Ministerium für Arbeit, Integration und Soziales des Landes Nordrhein-Westfalen.

Dipl. Soz. Anika Nitzsche studierte Soziologie und ist wissenschaftliche Mitarbeiterin am IMVR Institut für Medizinsoziologie, Versorgungsforschung und Rehabilitationswissenschaft der Humanwissenschaftlichen Fakultät und der Medizinischen Fakultät der Universität zu Köln.

Dipl.-Kfm. Orhan Özkan studierte Wirtschafts- und Sozialwissenschaften und Organisationspsychologie an der Technischen Universität Dortmund und war wissenschaftlicher Mitarbeiter am Lehrstuhl für Organisationspsychologie.

Univ.-Prof. Dr. phil. Holger Pfaff ist Professor für Qualitätsentwicklung und Evaluation in der Rehabilitation und Direktor des Instituts für Medizinsoziologie, Versorgungsforschung und Rehabilitationswissenschaft (IMVR) der Humanwissenschaftlichen und der Medizinischen Fakultät der Universität zu Köln.

Prof. Dr. Gotthard Pietsch, Diplom-Ökonom, Diplom-Sozialwissenschaftler, ist Professor an der Hochschule Furtwangen; Arbeitsschwerpunkte: E-Business, Controlling, Orgnaisationsforschung/-entwicklung, Resilienztraining.

Willi Riepert ist Diplom-Soziologe und Leiter des Referates „Arbeit und Modernisierung" in der Gruppe „Beschäftigungsfähigkeit und berufliche Bildung" des Ministeriums für Arbeit, Integration und Soziales des Landes Nordrhein-Westfalen.

Dr. Gottfried Richenhagen ist Diplom-Mathematiker, stellvertretender Leiter der Gruppe „Beschäftigungsfähigkeit und berufliche Bildung" im Ministerium für Arbeit, Integration und Soziales des Landes Nordrhein-Westfalen sowie Leiter des Referates „Arbeit und Gesundheit".

Dipl.-Kfm. Burkhard Schmidt studierte BWL und Organisationspsychologie und ist wissenschaftlicher Mitarbeiter am Lehrstuhl für Organisationspsychologie der Technischen Universität Dortmund.

Heike Schneider ist Studentin an der Fachhochschule der Diakonie (FHdD) in Bielefeld im Studiengang Mentoring – Beraten und Anleiten im Sozial- und Gesundheitswesen – und Krankenschwester.

Univ.-Prof. Dr. med. Dr. rer. nat. Wolfgang Schneider ist Direktor der Klinik und Poliklinik für Psychosomatische Medizin und Psychotherapie an der Klinik der Universität Rostock und Geschäftsführer des Institutes für Psychotherapie, Gesundheitswissenschaften und Organisationsentwicklung (IPGO). Er ist Arzt für Psychosomatische Medizin und Psychotherapie, Psychiatrie, Psychoanalyse und Sozialmedizin.

Dr. Stefan Schumacher ist Sozialwissenschaftler, Diplomtheologe, psychologischer Berater, Lehrtrainer und Lehrcoach (DVNLP).

Dipl. Psych. Marion Andrea Spanowski studierte Psychologie und ist wissenschaftliche Mitarbeiterin am Lehrstuhl für Organisationspsychologie der Technischen Universität Dortmund

Dipl.-Sportwiss. Julia Thurn ist wissenschaftliche Mitarbeiterin am Institut für Sport- und Bewegungswissenschaft der Universität Stuttgart.

Dipl.-Sportwiss. Marcus Zinsmeister ist wissenschaftlicher Mitarbeiter am Institut für Sport- und Bewegungswissenschaft der Universität Stuttgart.

Kultursynergien
oder
Kulturkonflikte?
Michael Kastner,
Eva M. Neumann-Held,
Christine Reick
(Hrsg.)
PABST

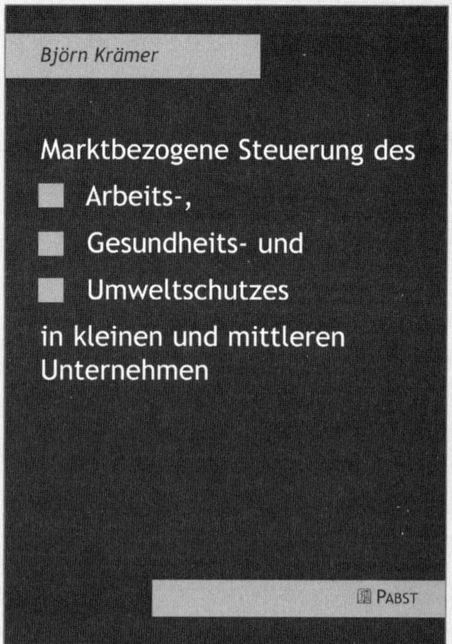

PABST SCIENCE PUBLISHERS
Eichengrund 28
D-49525 Lengerich
T. ++ 49 (0) 5484-308
F. ++ 49 (0) 5484-550
E-mail: pabst@pabst-publishers.de
Internet: http://www.pabst-publishers.de

Björn Krämer

Marktbezogene Steuerung des Arbeits-, Gesundheits- und Umweltschutzes in kleinen und mittleren Unternehmen

Arbeitssicherheit, Gesundheit und Umweltschutz sind besonders für kleine und mittlere Unternehmen ebenso klassische wie aktuelle Herausforderungen. Auf der innerbetrieblichen Ebene gibt es bereits eine Vielzahl technischer, personeller und organisatorischer Lösungsansätze. Präventionspotenziale in den überbetrieblichen Marktbeziehungen der Betriebe wurden jedoch bislang vernachlässigt.

Dieses Buch leistet durch die Betrachtung der Beschaffungsmärkte eine entscheidende Erweiterung der traditionell innerbetrieblichen Sichtweise. In den konzeptionellen und empirischen Teilen werden drei Problembereiche der marktbezogenen Steuerung des Arbeits-, Gesundheits- und Umweltschutzes untersucht. Im Zentrum stehen erstens Entscheidungsprozesse von Führungskräften für eine präventionsorientierte Beschaffung. Zweitens werden innerbetriebliche Strategien für die Umsetzung einer geeigneten Beschaffungspolitik vorgeschlagen. Den dritten Schwerpunkt bilden als überbetriebliche Voraussetzungen für eine präventionsorientierte Beschaffung das notwendige Marktangebot sowie die Informationsversorgung durch Präventionsnetzwerke.

240 Seiten, ISBN 978-3-89967-289-3,
Preis: 20,- Euro